U0305719

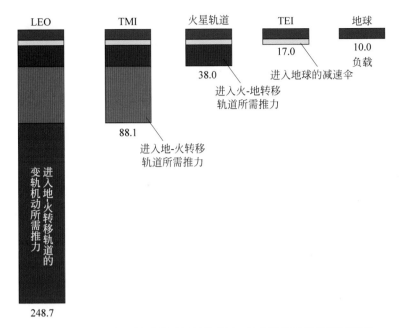

图 2.4　在飞往火星轨道并返回的旅程中,每个阶段的质量递减序列
每个列表示一个状态,并且从一列到下一列的过渡是一个步骤

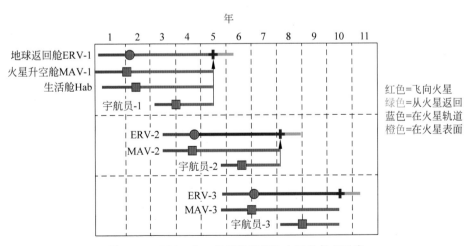

图 3.7　DRM-1 中 3 名宇航员前往火星的任务时序

2. 表面生活舱和探测装置进入到火星轨道

1. 生活登陆船和降落/升空飞船送往近地轨道。多燃料推动器用于在近地点将设备推向火星

3. 表面生活舱着陆和设备初步安装并建立初始前哨

4. 宇航员转移飞船发送到LEO，宇航员和转移舱通过航天飞机转移。多燃料推动器用于在近地点将设备推向火星

5. 宇航员通过高速轨道经180～206天的航程到达火星，减速进入火星轨道

6A. 宇航员和火星轨道上的降落/升空飞船对接，然后着陆在生活登陆舱附近

6B. 转移舱留在火星轨道

7. 宇航员登陆火星表面。30天的检测是否符合长期驻留条件

8. 深入500～600天的任务操作；宇航员升空和等待的生活运输舱对接

10. Direct航天舱进入地球；地球飞越和抛弃的目标航天器

9. 宇航员通过高速轨道经180～206天返回地球

总的任务周期：892～945天
在火星表面的时间：500～600天

(a)

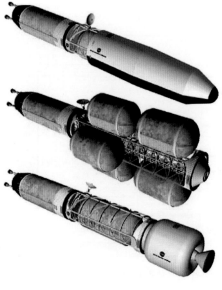

降落/升空飞船
(两个重型的火箭)
载荷　　　 72 t
阶段质量　 30 t
推进剂　　 59 t
总质量　　 161 t

地球返回舱
(两个重型的火箭)
载荷　　　 0 t
阶段质量　 54 t
推进剂　　 158 t
总质量　　 212 t

宇航员运输飞船
(两个重型的火箭)
载荷　　　 27 t
阶段质量　 58 t
推进剂　　 114 t
总质量　　 199 t

(b)

图 3.10　探测战略研究小组的任务计划

(a) 2006 年探测计划工作组给出的火星探测方案；(b) 方案中各飞行器的质量

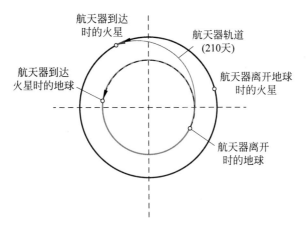

图 3.12　长停留方案中的地-火转移飞行

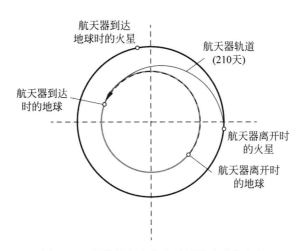

图 3.13　长停留方案中火星返回地球的飞行

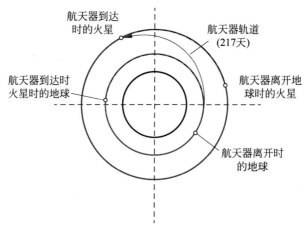

图 3.14　短停留方案中地-火转移飞行

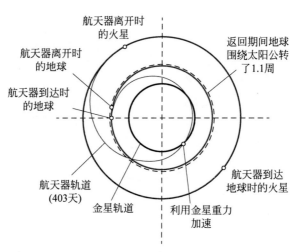

图 3.15　短停留方案中火星返回地球的飞行

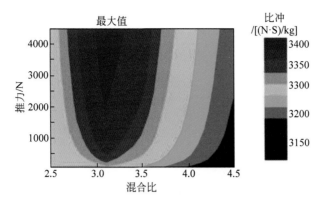

图 4.2 甲烷/氧混合推进剂比冲值关于混合比和推力的函数分布

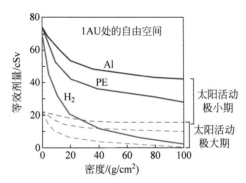

图 5.4 防辐射装置(铝、聚乙烯、液态氢)对 1AU 处的自由
空间中造血器官的年度等效辐照剂量的影响估计

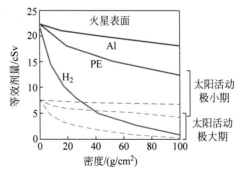

图 5.5 防辐射装置(铝、聚乙烯、液态氢)对火星表面上的
造血器官的年度等效辐照剂量的影响估计

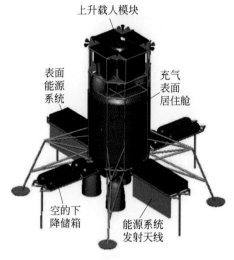

图 5.11　上面装有上升飞船的 DRM-3 栖息舱(Drake,1998)

这种设计似乎没有通过在栖息舱上堆积土壤给自身提供防护

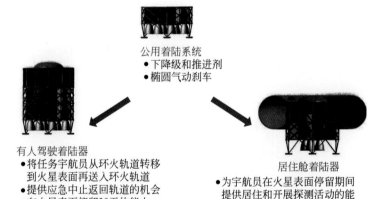

图 5.12　双着陆飞行器(Based on NASA JSC Dual Landers Study,1999)

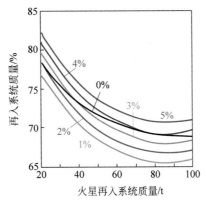

图 5.21　再入时各个质量组成部分 EDL 相关系统消耗的总质量
百分比[Based on Wells et al. (2006)]

这些数据对应飞行器直径为 15 m，L/D 为 0.3

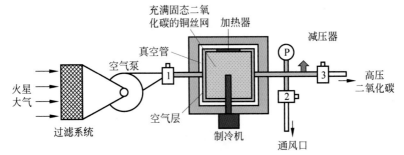

图 6.7　制冷二氧化碳累积器

蓝色区域的内部是在泡沫铜上冷冻的二氧化碳。绿色盒子是压缩管道，
它由真空套包围，外面再包裹着绝缘体

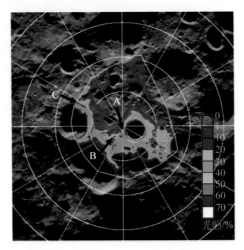

图 A.22　一个地球年内月球南极区域光照百分比[Reproduced from Bussey
et al. (2005), by permission of Nature Publishing Group]

三个光照最强烈的区域在图中标注为 A、B、C

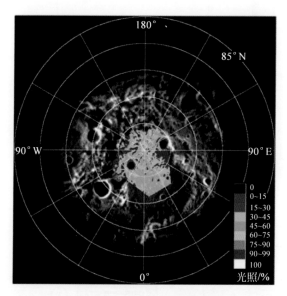

图 A.23 月球北极包含永久阴影区的简单撞击坑位置[Reproduced from Bussey et al. (2005), by permission of Nature Publishing Group]

北极 12°范围以内永久阴影区的总面积是 7500 km²

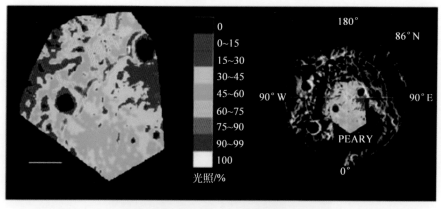

图 A.24 月球北极光照定量图[Reproduced from Bussey et al. (2005), by permission of Macmillan Publishers Ltd]

图上彩色温标表明,月球夏季的一天,表面某一处光照时间百分比。在左边,在 Peary 火山口边缘可以发现几个白色区域(78 km 直径范围)夏季会被连续照射。地图的空间覆盖范围为极点 1°~1.5°。左侧的光照比例尺是 15 km。右侧的彩色光照地图叠加在灰色组合的 Clementine 马赛克上,用于空间参考

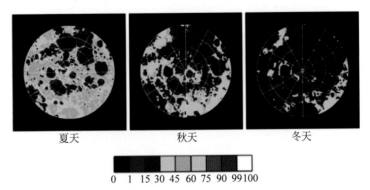

图 A.25 月球夏季、秋季和冬季的定量光照图［Reproduced from Bussey et al. (2010)，by permission of Ben Bussey］

每个图覆盖南纬 86°到极点的范围。经度 0°位于每张图的顶部

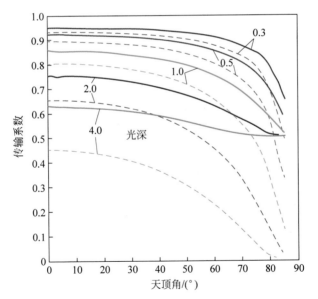

图 B.5 考虑/不考虑吸收作用时的双通量模型的传播系数估计

虚线包括吸收和散射；实线仅包括散射，忽略了吸收

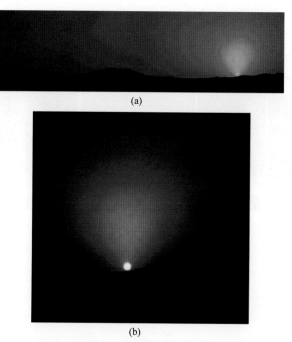

(a)

(b)

图 B.9　火星探路者号拍摄的太阳下山时分的照片

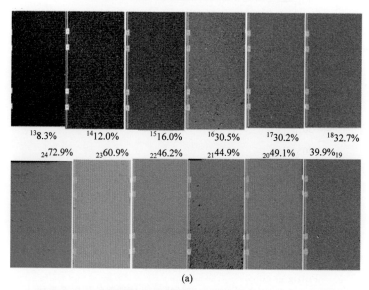

¹³8.3%　　¹⁴12.0%　　¹⁵16.0%　　¹⁶30.5%　　¹⁷30.2%　　¹⁸32.7%

₂₄72.9%　₂₃60.9%　₂₂46.2%　₂₁44.9%　₂₀49.1%　39.9%₁₉

(a)

图 B.41　一些测试电池的照片［Adapted from Rapp(2004)］

（a）一组涂有不同数量模拟火星尘埃(JSC 1)的 12 个太阳能电池照片。小字体数字为样本编号，大字体数字为每个样本的遮挡百分比。无尘埃表示样品会完全变黑；（b）一组涂有不同数量模拟火星尘埃(卡本代尔黏土)的 12 个太阳能照片。小字体数字为样本编号，大字体数字为每个样本的遮挡百分比。无尘埃表示样本会完全变黑

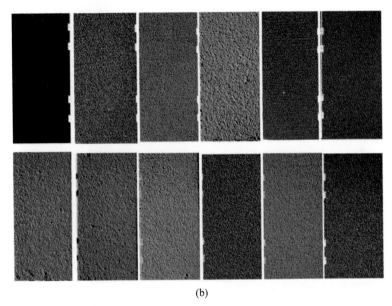

(b)

图 B.41 （续）

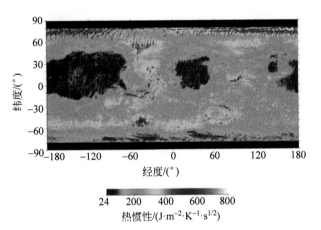

图 C.2 火星高分辨率热惯性分布［Reproduced by permission from Putzig et al. (2005)，by permission of Elsevier Publishing］

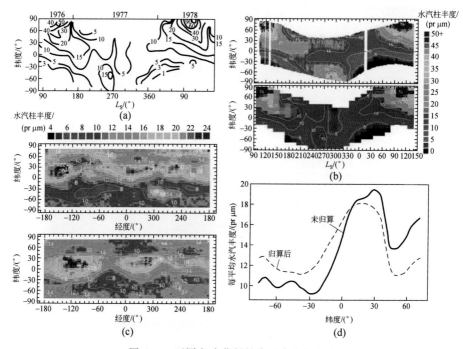

图 C.7　不同方式获得的火星水汽柱丰度

（a）Viking 获得的火星全球水汽分布。等高线单位是 pr μm；阴影部分没有数据。箭头表示尘暴。右下角表示采样点大小。深色黑线表示极夜的边界。作为粗略的估计，把 pr μm 数乘以 0.000 07 就可以得到用 mm Hg 表示的表面水汽分压［Reproduced with permission of the Copyright Clearance center and John Wiley and Sons Publishing Company（Jakosky, 1985）］

（b）由 TES（全球热辐射光谱仪）得到根据经纬度分布的水汽柱丰度。由 Viking 项目观测发现气象等高线是平滑的［Reproduced with permission of the Copyright Clearance center and John Wiley and Sons Publishing Company（Smith, 2002）］

（c）季节性的平均水汽柱丰度图，季节性的平均水汽柱丰度除以 $P_{surf}/6.1$ 来消除地形影响。气象等高线显示平滑［Reproduced with permission of the Copyright Clearance center and John Wiley and Sons Publishing Company（Smith, 2002）］

（d）年平均水汽柱丰度随纬度的变化。归算值是初始值除以 $P_{surf}/6.1$（Smith, 2002）

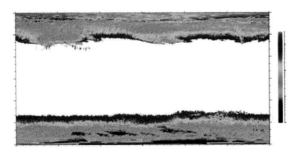

图 C.12　基于每年全球平均 10 pr μm 的水蒸气压力，Mellon 等绘制的"冰床"深度［Reproduced from Mellon et al.(2003),by permission from Elsevier Publishing］

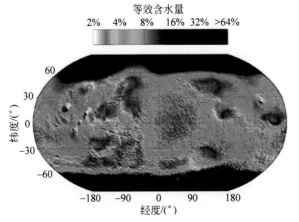

图 C.16　基于使用超热中子数据的均匀土壤模型（不分层）得出的在火星上层 0～1 m 水含量的全球变化(Feldman et al.,2004)

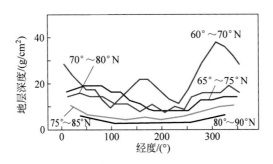

图 C.17　表示南极浅层地层的深度(Mitrofanov et al.,2003)

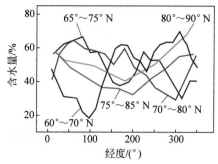

图 C.18　南极区域底层土壤目前的含水量(Mitrofanov et al.,2003)

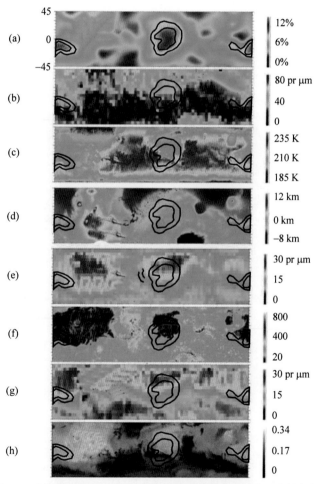

图 C.19　赤道附近高含水量地区的观测值与描述火星表面和局部气候
特征的参数之间的关系(Jakosky et al.,2005)

(a)中子谱仪测量到丰富的水储量；(b)水汽储量的年度峰值；(c)表面温度的年平均值；(d)地形；
(e)地形修正后的水汽年平均值；(f)热惯量；(g)未经地形修正的水汽年平均值；(h)反照率

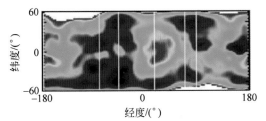

图 C.21　水等效氢的分布［Reproduced with permission of the Copyright Clearance Center
and John Wiley and Sons Publishing Company(Feldman et al. ,2005)］
红色表示约 10%的水,深紫色表示约 2%的水,图 C.22
沿着垂直的 6 条白线给出了 WEH 相对高程的比较

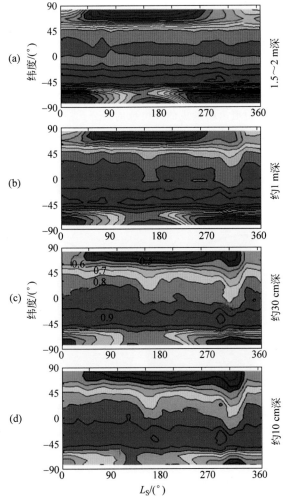

图 C.23　中子通量与季节和纬度的关系［Reproduced with permission of the Copyright Clearance
Center and John Wiley and Sons Publishing Company(Kuzmin et al. ,2005)］
(a) 最慢的中子(深度=1.5~2 m);(b) 慢中子(约 1 m);(c) 快中子(20~30 cm);
(d)最快的中子(约 10 cm)。高的中子通量表示低的水浓度,反之亦然

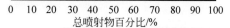

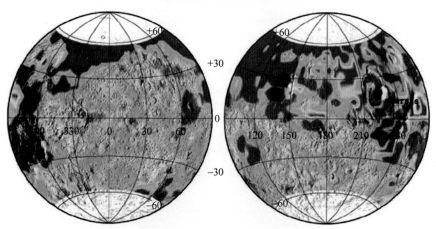

图 C.34　由挥发物喷出物形成的火山坑的百分比[Barlow and Perez(2003). Reproduced with permission of the Copyright Clearance Center and John Wiley and Sons Publishing Company]

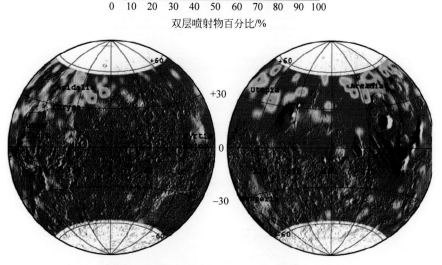

图 C.35　所有 DLE 形态喷发火山的百分比[Barlow and Perez(2003). Reproduced with permission of the Copyright Clearance Center and John Wiley and Sons Publishing Company]

Springer航天技术译丛

载人火星任务

火星探测实现技术（第2版）

［美］唐纳德·拉普（Donald Rapp）　著

郝万宏　樊敏　译

清华大学出版社

北京

北京市版权局著作权合同登记号　图字：01-2015-0878

First published in English under the title

Human Missions to Mars：Enabling Technologies for Exploring the Red Planet（2nd Ed.）
by Donald Rapp
1st Edition Copyright © Praxis Publishing Ltd.，Chichester，UK 2008
2nd Edition Copyright © Springer International Publishing Switzerland，2016
This edition has been translated and published under licence from
Springer Nature Switzerland AG.
本书中文简体字翻译版由德国施普林格公司授权清华大学出版社在中华人民共和国境内（不包括中国香港、澳门特别行政区和中国台湾地区）独家出版发行。未经出版者预先书面许可，不得以任何方式复制或抄袭本书的任何部分。

版权所有，侵权必究。举报：010-62782989，beiqinquan@tup.tsinghua.edu.cn。

图书在版编目（CIP）数据

载人火星任务：火星探测实现技术：第 2 版/（美）唐纳德·拉普（Donald Rapp）著；郝万宏，樊敏译. —北京：清华大学出版社，2021.2
（Springer 航天技术译丛）
书名原文：Human Missions to Mars：Enabling Technologies for Exploring the Red Planet（Second Edition）
ISBN 978-7-302-54724-2

Ⅰ. ①载… Ⅱ. ①唐… ②郝… ③樊… Ⅲ. ①火星探测 Ⅳ. ①P185.3

中国版本图书馆 CIP 数据核字（2020）第 000958 号

责任编辑：王　倩
封面设计：傅瑞学
责任校对：刘玉霞
责任印制：丛怀宇

出版发行：清华大学出版社
　　　　　网　　址：http://www.tup.com.cn，http://www.wqbook.com
　　　　　地　　址：北京清华大学学研大厦 A 座　　　　邮　　编：100084
　　　　　社 总 机：010-62770175　　　　　　　　　　邮　　购：010-62786544
　　　　　投稿与读者服务：010-62776969，c-service@tup.tsinghua.edu.cn
　　　　　质量反馈：010-62772015，zhiliang@tup.tsinghua.edu.cn
印　刷　者：三河市铭诚印务有限公司
装 订 者：三河市启晨纸制品加工有限公司
经　　销：全国新华书店
开　　本：153mm×235mm　　印　张：35.5　　插　页：8　　字　　数：635 千字
版　　次：2021 年 2 月第 1 版　　　　　　　　印　　次：2021 年 2 月第 1 次印刷
定　　价：198.00 元

产品编号：045911-01

Springer 航天技术译丛

编译委员会

主　任　董光亮

委　员　孙　威　李海涛　李　平

 书序

　　人类在进入 21 世纪的第二个 10 年以来,在航天领域一次又一次取得了突破性进展。有史以来最大的火星车——好奇号成功着陆火星并开展了旨在探寻火星生命痕迹的探测活动,开普勒空间望远镜发现了首颗太阳系外位于"宜居带"上最接近地球的行星"开普勒-452b",新视野号探测器首次近距离探测了冥王星及其卫星,火星勘察轨道器发现火星表面存在液态水,这一系列航天活动新成果再次掀起了全球范围的航天热潮,引起了广泛关注。以美国为代表的航天强国更是明确提出了要在 21 世纪 30 年代实现载人火星探测的宏伟目标。与此同时,我国的航天事业也在不断攀登新高度,先后取得了嫦娥三号首次月面软着陆与巡视探测任务以及探月工程三期再入返回飞行试验的圆满成功。

　　作为我国航天测控系统技术总体和顶层规划设计单位,我们强烈地意识到自己所肩负的使命与责任,持续跟踪国际航天技术发展动态,特别关注空间信息技术和航天工程总体领域的科研与工程进展情况。这套"航天技术译丛"就是我们组织相关学科领域专家,针对当前国际航天活动热点,并结合我国航天未来发展需求,从近年来国外出版的航天技术专著中,精心组织遴选、翻译和审校而成的,内容涉及空间信息技术、航天任务设计、阿波罗载人登月、载人火星探测等多个领域。希望这套丛书的出版可以为我国空间信息技术和航天工程总体领域的科研和工程技术人员提供有益的参考,对未来的研究和总体设计工作发挥一定的借鉴作用。

北京跟踪与通信技术研究所

2015 年 7 月

译者序

自从美国水手 4 号探测器于 1964 年成功获取火星表面环形山的第一幅影像以来,对火星的无人科学探测已持续了半个多世纪。美国国家航空航天局于 1994 年正式启动了火星探测计划,20 余年来几乎每个火星探测窗口均发射了环绕轨道器或软着陆探测器,并计划于 2030 年前后实现载人火星探测。欧洲空间局在 2003 年发射了首颗火星环绕轨道器——火星快车,并揭示了火星上甲烷和冰的存在,未来将以火星表面原位探测为主,并最终实现火星采样返回。以寻找水和生命为目标的火星探测仍是未来深空探测领域的重点和热点。

我国于 2016 年发布的《中国的航天》白皮书指出,2020 年将发射首颗火星探测器,实施环绕和巡视联合探测,未来还将适时启动火星采样返回、小行星探测、木星系及行星穿越探测等工程,以火星探测为代表的深空探测已被正式列入"科技创新 2030——重大项目",是我国未来航天领域发展的重点之一。

目前,我国已成功开展了嫦娥一号、二号、三号、四号和月球探测工程三期再入返回飞行试验任务,圆满完成了对月球的环绕和背面软着陆探测,不久的将来还将实现月面样本的采样返回。佳木斯 66m、南美 35m 和喀什 4m×35m 等大型综合深空测控设施共同构建了我国全球覆盖、功能全面的深空测控网,并将为我国后续火星等深空任务的实施奠定坚实基础。

北京跟踪与通信技术研究所是我国测控领域的技术总体单位,广大科技人员长期跟踪国际深空测控领域的技术动态和发展方向,并对深空测控通信技术进行了预先研究。此次我所组织翻译的《载人火星任务:火星探测实现技术》(第 2 版)是美国国家航空航天局喷气推进实验室资深工程师 Donald Rapp 关于载人探测火星任务的专著,作者回顾了过去数十年来有关载人探测火星的建议和方案,重点从工程学的角度论述了火星探测的难点与挑战,并以批评的态度着重讨论了短期内实现载人火星探测的艰巨性。

希望该书的翻译出版能够为我国后续的深空探测和载人空间探测提供参考，并帮助大众了解火星、认知空间探测。翻译中译者力求忠实于原著，但限于时间及水平，不妥之处在所难免，敬请读者不吝指正。

译者

2019 年 7 月

前　言

　　载人火星探测任务将是未来50年太阳系探测活动的顶峰,它不仅是探测火星的一种技术途径,还能够带来鼓舞人心的工程成就并开创载人深空探测的新领域。但是,由于载人深空探测任务需要开展大量的技术攻关并投入大量经费,因此,目前载人火星探测任务还处于论证和概念研究阶段。

　　本书第3章提及David Portree的观点,从20世纪50年代起,NASA内外的科研机构开展了上千项载人空间探测任务的研究项目,但是,绝大多数研究工作停留在任务概要设计层面,很多关键技术的推进依赖于热核推进技术,空间核能源技术,大尺度气动辅助再入、下降、着陆技术和长期高效循环系统技术等的发展,因此,尽管有些研究工作已经依托以上相关技术得以开展,但还未达到成熟的工程应用阶段。

　　NASA经过几十年的研究,依然没有实现任务概念研究和工程实践之间的跨越。其中一个重要问题在于地火距离是地月距离的100多倍,因此,地火飞行的时间非常长。到达火星后,为了等待地火相对位置关系适合从火星返回地球的机会,大部分任务都需要宇航员在火星表面工作一年半。因此,整个火星探测任务往返共需两年半时间,而且期间没有中止任务的机会。这就要求任务的所有系统都必须可靠运行,并且大量的系统部件还需要发射后在太空中组装。因此,准备载人火星任务需要约20年时间开展技术研究并在地球和火星上开展试验验证,整个任务准备和实施需要约1000亿美元的经费支持。

　　尽管实施载人火星探测任务存在许多障碍,但更大的障碍还在于经费。NASA的预算精简了载人火星探测任务的大量经费,其中,火星探测系统只有约32亿美元,科学经费预算中约50亿美元用于研究地外生命科学。

　　通常在科学和工程领域都是既有支持者又有质疑者。支持者能够在设想和追求梦想的过程中起到重要作用,他们深信即使梦想和现实之间可能存在很大的障碍,但是梦想终将实现。而质疑者总是明确指出前进道路上存在的障碍、困难、陷阱以及未知的情况,强调实现梦想所必需的技术储备。

但是，在载人火星探测领域，一直是支持者和倡导者在开展工作，却非常缺乏质疑者。本书首次从质疑的角度分析了载人火星探测任务，希望本书能够对 NASA、火星协会和社会各界普遍存在的乐观情绪构成有益的制约。

Donald Rapp

2015 年 7 月

目 录

第 1 章　为什么探测火星？

摘要：地球上的生命是如何起源的是一个至关重要的基本问题。生命来自其他地方，还是由地球本土养分孕育生成的？目前流行的观点是，生命会在一个有水、二氧化碳且温暖的星球上，经过几亿年的演变而产生。这就为美国宇航局信服这个观点的科学家打下了地外探索的基础。由于早期火星显然满足这个标准，因此科学家们制订了火星探测计划来探测火星早期生命。所有轨道探测器和火星上的无人着陆器在设计时以发现火星存在早期生命的证据作为一个主要目标。到目前为止，还没有发现相关证据，而且有充分的理由认为很可能不会检测到火星存在早期生命的证据。天文爱好者为"为什么应该送人类到火星"编造了各种各样的理由。在现实中，似乎将人类送上火星的真正理由是：登陆火星是在人类登陆月球之后的下一个合乎逻辑的步骤，而且必须要送人类到某个地方。尽管如此，载人火星探测任务仍将成为一项伟大的工程成就，并且也将是 60 多年火箭和太空探测的终极成果。

1.1　简介

阿波罗载人月球任务的成果已经被视为人类的伟大工程成就之一，特别是考虑到当时可用的是比较原始的电子产品。这毫无疑问是美国国家航空航天局（National Aeronautics and Space Administration，NASA，又称美国宇航局、美国太空总署）成就的高峰。此后，NASA 一直纠结于"对于人类探测太空接下来应该做什么"的问题。人们似乎一直偏好于改进进入太空的工具，这促使了航天飞机的发展。虽然，在空间中的任何人类活动都需要借助工具是一个事实，但为此人们需要面临的问题有：①航天飞机的开发和运营需要大量资金，以至于没有太多剩余资金去支持人们进入太空后要做的事；②直到下一次的航行开始之前，航天飞机的可靠性随着进入太空的时间变长而降低,搭载航天飞机进行航行的主要目标似乎只是为了安全降落;③将有效载荷送入轨道可以使用消耗性运载火箭,远不必使用相比之下昂贵得多的航天飞机。航天飞机之后,NASA开发了空间站,这被证明是像航天飞机一样花费昂贵的项目,却没有获得像航天飞机一样的收益。

本书第1版撰写期间(2006—2007年),Michael Griffin还是美国宇航局局长,他的观点与Robert Zubrin强调的一致:美国宇航局是在一定前提下将预算资金分配给其支持者从而进行技术开发的,这一前提是坚信只要完成了足够多的技术工作,就可以得到任务的基本构成要素(Zubrin,2014)。正如Zubrin所说:

在这种模式下,技术和硬件部分的开发依照了各技术界的愿望。在未来的某个时间,也许当大规模的飞行计划再次被发起时,这些项目将被证明是有用的。

理论上,这种方法如果被明智且有效地实施,还是存在一些优点的。然而经验是,技术发展和任务需求之间的关系很难被建立和维护。此外,以技术配合特殊任务的需求会扼杀技术,会阻碍具有较高回报的技术工作。

不同于他的前辈,Griffin青睐Zubrin所说的阿波罗模式:

首先,选择人类太空飞行的目的地。然后,制订计划以实现这个目标。在此之后,开发技术并进行设计来完成这项计划。然后实现这些设计,之后的任务是飞行。

Griffin的计划是选择特定的目的地,然后将NASA的资金聚焦在为到达这个目的地而进行的系统建造上。为了实现这个设想,他的策略是建立NASA内部的资金池,通过快速淘汰航天飞机、空间站和重定向NASA中心短期活动的科技经费直接解决目的地驱动的任务概念的需求。

Griffin再次选择了月球作为目的地,而这似乎是由缺乏资金而不得不推迟火星探测任务所导致。一些源自Griffin思维的深刻见解囊括于对Griffin(2010)的采访中。在那次采访中,他指出,奥巴马政府的做法"并不能让我们及时和有效地脱离低地球轨道"。他认为,载人登月是最终走向载人登陆火星的一个重要跳板。他还认为"月球本身很有趣""学习如何在另一个离地球仅需三天时间就能到达的星球上生存的经验是非常宝贵的"。不过,在NASA的预算中并没有分拨出足够的资金以便于Griffin实现他的目标。由于继续支撑航天飞机和空间站的正常运行已经负担深重,Griffin无法再为他的星座计划收揽足够的支持。此外,在经过进一步审查后,重返月球是否值得也备受质疑。奥巴马总统于2010年取消了星座计划,从那时起,NASA似乎已经恢复到支持者驱动模式。虽然NASA提出了一些狂热的声明，宣称将在 2030 年将人类送上火星[①]，但绚烂幻灯片中所展示出的内容似乎并非对这一任务的成功实现有利。

一个尚未解决的问题是生命何时何地如何起源于无生命的物质。众所周知的一个最基本的数据是，原始形式的生命在 30 亿年前就存在于地球上，这是通过鉴定存在于古老沉积物中的具有早期生命形式的化石遗骸来确定的。一些基本的问题包括：

（1）地球上的生命是在哪里，从什么时候开始繁衍生息的（在地球上或其他地方）？

（2）由无生命的物质形成原始生命的过程是什么？

（3）在太阳系其他地方或太阳系以外是否存在生命？

（4）所有这些问题在某种意义上屈从于一个大问题，即在具备了合理的时间长度、温暖的气候、液体水和元素周期表下部的微量元素的条件下，由无生命的物质形成生命是一个可能的（甚至是确定性的）过程吗？

在解决这些问题时，一些科学家应用分析和想象力构思了各种假设情景，以微薄的证据模拟了生命的形成过程。作者非常怀疑这些说法。正如自然界厌恶真空，科学界厌恶这个重要问题答案的缺失。因此，科学界已经制订了一系列有关生命是如何起源的"解释"，例如，Steuken 等（2013）、Meyer（2007）以及 Ricardo 和 Szotak（2013）的文章表明的观点。很多文章涉及宜居行星。当然，这些行星必须真实存在于各个星系中。但问题不是宜居行星是否存在，因为它们确实存在。真正的问题是，在这样一个星球上，生命会自发形成的概率有多大？广泛一致的观点似乎是在任何温暖的、拥有水和微量元素的行星体上，都会自发地进化出生命。鉴于此观点，一个可以寻找外星生命的地方自然是火星。因此，美国宇航局的勘探方案在很大程度上集中在对火星的生命搜索上。但是，这样一个星球会演化出生命的概率有多大？美国宇航局在探测的是概率极低的南柯一梦吗？

1.2　无人探测既有的观点

喷气推进实验室负责管理美国宇航局的火星探测计划（Mars Exploration Program，MEP）。这一计划已开展长达数年并实施了一系列探测火星的无人任务。火星探路者、火星探测车和火星科学实验室任务的成功已经表明，

---

① NASA Announces Plans To Send Astronauts To Mars In Mid-2030s，http://www.iflscience.com/space/ nasa-astronauts-will-head-mars-mid-2030s.

自动探测火星车能够横越火星表面并且在一定的范围内进行科学观测。

因此，基于领导火星计划的科学家的一些共识，MEP 提出了一个雄心勃勃的长期就地探测计划。最高优先级的目标是探测火星上过去或现在的生命。例如，喷气推进实验室网站①所涉及的："为什么探测火星？"该网站认为：

除了地球外，火星是太阳系中具备最适宜人类居住气候条件的星球。它是如此的适宜以至于曾经可能孕育了原始的、细菌般的生命。溢流河床等地质特征提供了充足的证据，这些证据表明，数十亿年前液态水曾流淌在火星表面。虽然液态水可能仍然存在于火星表面之下很深的地方，但是目前火星的温度太低，大气层过于稀薄，导致液态水无法存在于火星表面。什么引起了火星的气候变化？在火星上，生命起源的必要条件是否出现过？现在地下是否存在活细菌？这些都是引导人类探测火星的问题。火星的气候已明显大幅变冷。当开始探索宇宙和寻找其他太阳系行星时，首要问题是：生命是否存在于太阳系的另一个星球上？生命形成所必需的最低限度的条件是什么？

火星探测计划最重要的四个主题(McCleese, 2005)：

(1) 探索生命在过去存在的证据。

(2) 探索热液栖息地(发现过去和现在存在生命的证据的潜力会大大提高)。

(3) 探索现在存在的生命。

(4) 探索火星的演化历程。

主要的短期目标是对生命在过去曾经存在过的证据的探索。如果发现热液喷口(尚未被发现)，将专注于对热液喷口的位置进行探索。对于现在生命的探索将"遵循之前的环绕或着陆任务的发现，目前火星的环境有支持生命存在的潜力。"

火星演化的主题将会被强调，如果：

目前关于火星气候历史较受青睐的假设是不正确的。(如果今后的任务)表明，对于古代火星是否存在永久性水体的潮湿环境，仍然没有令人信服的证据，这已经用最新的轨道遥感数据进行了解释，目前集中于搜索表面栖息地的计划被放在异常低的优先级别——当然，除非今天在火星表面或附近找到液体水。伴随着这个惊人的发现，随之而来的是关于类地行星是如何进化得如此不同的谜题，因为它们有着惊人的相似之处。

---

① Mars Polar Lander website. http://mars.jpl.nasa.gov/msp98/why.html.

然而,在火星表面的温度和压强下,液态水是不能稳定存在的。因此,在火星表面或附近不可能出现长期蓄水池。设想液体水可以存在于火星表面下温度较高的深层区域,并且液体水有可能(但极不可能)由于一些地下事件,在压力的作用下向上流动到火星表面,并在那里迅速冻结。

火星的演化涉及水和二氧化碳随时间的损耗和渗透机制,以及与三个类地行星(金星、地球和火星)之间相似和差异的相互比较。

2004 年 10 月,130 多个地球和行星科学家在怀俄明州的杰克逊霍尔会晤,研讨早期的火星[①]。搜索火星生命是报告的中心主题。"生命"一词在 26 页的报告中出现 119 次,平均每页近 5 次。该报告的介绍称:

科学家们发现火星早期阶段的地质历史之所以如此引人注目,也许唯一重要的原因是,它的动力学特性可能不仅为生命的发展与繁衍创造了合适的条件与环境,而且为地质记录中那些早期环境的证据提供了后续保护。

三个"与早期火星相关的顶级科学问题"之一是"生命起源于早期火星吗?"报告接下来这样说道:"火星生命的问题,本质上体现在三个基本方面:第一个是火星可能存在生命独立起源的可能性;第二个是生命的潜在形式已经在一个星球上形成,随后由于撞击溅射和引力捕获(即胚种论)转移到另一个星球;第三个是在生命首次出现之后火星已经具有维持和进化生命的潜力。"该报告后来承认:"生命在何地如何形成仍是一个重大的未解之谜。"并进一步承认:

火星和地球的邻近导致了它们是否具有真正独立的生命起源的不确定性。那些传送火星陨石到地球的陨石撞击过程可能已经交换了两个行星的微生物。撞击事件在遥远的地质年代甚至更频繁,包括生命开始出现在地球上之后的一段时间。因此,不能肯定,在火星上发现的生命是否一定具有真正独立的生命起源。

由于液态水被认为是生命从非生命物质中衍生的必要(但不一定充分)条件,火星科学界非常重视在火星表面上探索液态水曾经存在并流动的证据(在当前条件下不可能存在)。搜索在过去的火星环境中是否曾存在支持生命繁衍的证据仍然是火星探测的中心主题。

---

① News and Views: "Key Science Questions from the Second Conference on Early Mars: Geologic, Hydrologic, and Climatic Evolution and the Implications for Life." Astrobiology 5, Number 6, 2005.

环境保护部表示：

火星探测的界定问题是火星上存在生命吗？在关于火星的发现中最重要的是，火星上可能存在液态水，要么是在古老的过去要么是保存于今天的地下。水是关键，因为可以发现在地球上水与生命的繁衍息息相关。如果火星上曾经存在液态水，或者今天仍然存在，就会令人激动地想去探知是否有任何微小的生命形式可能曾在其表面形成。这个星球的过去是否具备生命存在的条件？如果有，这些微小生命是否今天仍然存在？"是的！"想象一下，那将是多么令人兴奋的回答。

NASA 的网站[①]上说：

科学目标 1：确定在火星上是否出现过生命。

在接下来的 20 年里，NASA 将开展几项任务，以解决生命是否曾在火星上出现的问题。

同样，NASA 探测太阳系及系外天体的主要原则是搜索生命。包括土卫六（土星的一个卫星）上的生命搜索，利用射电望远镜的地外文明搜寻计划（Search for Extraterrestrial Intelligence，SETI）。

NASA 对寻找生命的重视，已经影响了许多在其他方向上有能力甚至杰出的科学家去制定方案、论文和报告来分析、推测和想象液态水和生命在其他星体上存在的可能性，重点放在火星上，这些偶然的想法已被新闻界夸大了。在对火星的研究过程中，已经有明显的压力压在寻找水和生命意义的火星科学家身上。如互联网上的一篇文章（De La Mater，2005）记录了对 Steve Squyres 的采访，他是火星探测漫游者任务的首席科学家。从这篇文章的两个摘要可以获悉，Squyres 说，他希望火星车将解决两个问题：

"人类在宇宙中是孤独的吗？"和"生命是如何起源的呢？"

最重要的是，他们已经发现了火星上曾经存在水的证据。而哪里有水，哪里就可以孕育生命。

令人难以相信的是，Squyres 说这确实是真的。新闻界怎么能说出这样荒谬的事情？有什么证据表明，一个曾经存在液态水的星球一定能够孕育出生命？能不能区分充分条件和必要条件？水对生命来说可能是必要的，但它是充分的吗？没有证据表明这种言论是正确的。思维正常的人如何去相信 MER 探测器将回答的生命如何形成的问题？这并不科学，也是最糟糕的伪科学。

---

① Mars Polar Lander website. http://mars.jpl.nasa.gov/msp98/why.html.

归因于杰出而有成就的空间科学家,互联网上的新闻稿中频繁地充斥着非正式的毫无根据的论断。

从什么时候开始,科学从在公布之前要通过长期的观测、保守低调的结论和细致严谨的理论验证来证明一个假说,变成了未经证实的断言、毫无根据的声明以及反复报道的毫无价值的新闻?

1.3　搜索火星生命的争论

一个重要的、尚未解决的科学难题是"生命是如何在地球上形成的"。如今科学家们普遍的看法似乎是:行星如果具有温带气候、液态水、二氧化碳,或者还具有氨气、氢气和其他基础化学物质以及可以打破分子来相互反应的自由基的放电(闪电),那么生命的形成就很容易,概率很高。

试问这样的谬论怎么可以在科学界公布?至少部分答案似乎可以归因于这些评论:"大约 46 亿年前地球是一块没有生命的石头;10 亿年后,它广泛存在早期的生命形式。"生命在地球的历史上出现比较早的事实是上述观点被广泛接受的基础之一,这种观点认为生命形成很容易,概率很高。可以断定这种观点没有任何依据。首先,不能确定生命是源于地球还是从另一个星球转移而来。其次,不能理解生命是经过什么过程形成的,所以,如何确定地球上生命相对较早的出现表示什么?没有证据或逻辑能说明,在地球形成的 30 亿年(而不是 10 亿)后,生命出现的概率比在地球形成 10 亿年内的概率更低。而且,即使这个争论成立,事实上它不成立,也只会是三个因素之一。然而,形成生命的先天概率必定是一个非常大的负指数。

如果可以想象,在数十亿星系中,有数百万行星围绕着恒星,所有这些星体都满足通常的要求[温带气候、液体水、二氧化碳,或许还有氨、氢气和其他碱性无机化学物质,以及放电(闪电)],能够注意到,如果生命起源于其中任何一个星体,并进化形成有思想的生物,那里的人都能感知自己,因为他们确实存在,正如笛卡儿所说的:"我思故我在。"现在假设,在这样一颗行星上形成生命的先天概率是非常小的,而且需要极不可能的聚合反应、放电和地质活动的集合,为天然化学物质形成生命提供必要的渠道。进一步假设,在数百万行星中,生命仅在一个星球上出现过一次。那么从那个星球演变而来的人会认为他们是其他行星的原型而且生命在宇宙中比比皆是。人类知晓生命,因为人类活生生地活着。但我们对生命是否曾出现在其他地方一无所知。

考虑到生命的复杂性(即使是最简单的细菌也需要大约 2000 种复杂的

有机酶来维持生命活动)，生命会从简单的无机分子开始自发地进化而来的可能性似乎非常小。Hoyle(1983)估计，这个概率是极其小的。他接着声称，宇宙生命起源于其他地方，并通过星际尘埃颗粒"播种"到地球。Korthof(2014)对 Hoyle 书中赞同生命的种子来源于外星的观点进行了详细的批判。这些批评大多数似乎有可取之处。但是，生命如何起源仍然是个问题，起源于地球还是其他地方。Hoyle 面临着一个困境：生命自发产生的可能性是很小的。为此他假设了一个准宗教的观点，即宇宙中的生命是由更高级的人类无法理解的力量，即"智能控制"创建的。值得注意的是，Shapiro(1987)讲述了一个关于寻找生命起源答案的探索者的幽默寓言，这位探索者在喜马拉雅遇到一位大师，每天大师都向他讲述另外一种牵强附会的"科学"理论，每天探索者都对此表示不满。终于在最后一天，大师向他诵读了《创世纪》的第 1 页("一开始……")，探索者认为这是一种再好不过的"科学"解释。

想象一下，大约在 40 亿年前，地球已经初步形成并且冷却了下来。在生命出现之前消耗了多长时间？一天？一个月？一年？一千年？几百万年？生命出现在一个地方，还是全球各地？如果生命形成得很快速，为什么现在没有继续形成？如果花了几亿年，这意味着生命的起源涉及一系列的非常罕见的事件。

所有关于生命起源于无生命物质的解释所面临的问题是，它们经不起哪怕是很粗略的推敲。似乎最有可能的一件事是：生命先天形成的概率是非常小的。而且，假设在宇宙中存在数百万颗行星，且这些行星理论上具有可以支持生命繁衍的气候，很可能只有经过某种极为罕见和偶然的事件的汇聚才导致生命得以在一个星球上形成(或可能很小)。如果生命只在一个星球上演化生成，那就正如我们从笛卡儿的逻辑论中认识到的。既然如此，对火星的生命搜索似乎注定是要失败的——或者至少是极其不可能的。

探索和研究的前进方向是否可以改变，取决于如何论述基本问题。例如，欧洲航天局(ESA)在宇宙愿景中[①]提出的"四大问题"之一：行星形成和生命出现的条件是什么？

这会使整个研究框架偏向主流观点，这种观点认为：如果拥有足够的时间，在一组(或数组)条件(温度、压强、大气成分、液态水、能量输入等)下，将必定可以由无机物通过化学反应形成生命。这一观点(在笔者看来是曲解了)已经影响了整个火星探测计划，使之变成一个徒劳的、必将失败的火

---

① Cosmic Vision: Space Science for Europe 2015-2025, ESA Report BR-247, October 2005.

星生命搜寻计划,并且已经导致了许多似是而非的关于寻找生命存在证据的文章的发表。

事实上,甚至不知道生命是起源于地球还是从别处传播而来。因此,行星上的生命起源根本就是不清不楚的。很有可能,由无机物到生命的进化是一个几乎不可能的过程,这个过程需要发生许多不可能的连续事件才能仅仅在宇宙中孕育出一次生命,而且永远不会知道在哪里,是如何发生的。普遍认为的宇宙中许多存在水和温带气候的恒星和行星必然会孕育出生命的观点看起来毫无道理。

有人宣布在理解无机物如何形成生命方面取得了重大"突破",这种情况每年都会发生很多次,而经由这些观点通常很容易得出这样的结论:生命形成的概率很高。例如,2014 年的新闻报道(Wolchover,2014)这样说道:

麻省理工学院的一位 31 岁的物理学家 Jeremy England,他认为自己已经找到了驱动生命起源与进化的基本物理学原理。生命为什么存在? 热门的假设是原生浆液、一道闪电和巨大的好运气。但是,如果一种具有挑衅性的新理论是正确的,它与运气的关系可能很小。相反,据物理学家提出的理念,生命起源与演化遵循自然的基本规律,而且应该像岩石滚下山一样不足为奇。

但所有这些理论都败于一个关键点。如果生命可以轻松而确切地从"原生浆液"中孕育形成,为什么新的生命没有如雨后春笋般出现在我们周围? 如果耗费了数百万年,那又如何解释从"原生浆液"中形成生命的先天概率?

话虽这么说,仍有一些很好的理由来支持进行火星探测。这包括以下内容[1]:

除了生命的问题外,了解早期火星上的普遍环境,也有可能为了解今天看到的火星是如何形成的提供重要线索。在这方面,火星还可能为了解早期地球的特性提供重要的理论帮助。多达 40% 的火星表面可以追溯到诺亚纪时代,但这在地球的地质记录中几乎难以被发现,因为这些裸露的地表从那个时候就已经确定发生了高度变质(即不一定保存了原有的纹理和化学性质)。由于地球和火星是太阳系中的邻居,它们无疑共享某些早期(37 亿年以前)过程,而对火星的研究可以为人类了解地球家园提供重要的线索。

---

[1] News and Views:"Key Science Questions from the Second Conference on Early Mars: Geologic, Hydrologic, and Climatic Evolution and the Implications for Life." Astrobiology 5, Number 6,2005.

1.4 为什么将人类送上火星？——支持者的看法

进行月球或火星探测的典型理由基于三个主题：科学、灵感和资源。Paul Spudis 为月球探测[①]提供了基础，但许多相同的结论也被支持者应用于火星探测中。

NASA 的火星设计参考任务(DRM-1)在一定程度上阐述了人类探测火星的理由(Hoffman et al.,1997)。1992 年 8 月，为解决"为什么"探测火星的问题，在得克萨斯州休斯敦的月球与行星研究所举行了一个专题讨论会。研讨会与会者确定了火星探测计划依据的六大要素，总结如下：

（1）人类进化——火星是地月系统外最容易到达的行星，人类有可能在上面生存。火星探测技术的目标应该是了解维持一个地球以外的永久性人类栖息地需要什么。

（2）比较行星学——火星探测的科学目标应该是了解这个星球和它的历史，以便更好地了解地球。

（3）国际合作——冷战结束时的政治环境有利于营造国际协同努力的环境，这对一个持续性的计划而言是有利的，可能还是必需的。

（4）科技进步——人类探测火星目前位于可实现性的边缘。实现这一任务所需的一些技术已经实现或将要实现。这一任务的需求将推进其他技术的发展。新技术或现有技术的新用途，不仅有利于人类探测火星，也将提高人们对地球生活环境的了解。

（5）灵感——火星探测的目标是大胆、伟大和充满想象力的。这些目标将挑战被动员起来完成这一壮举的民众的集体技能，将激励青年，将提升技术教育的目标，将激励全世界的人民和国家。

（6）投资——与其他种类社会支出相比，火星探测计划的成本是适度的。

然后 DRM-1 接着说："长期以来，人类探测火星的最大好处可能是在另一个星球定居所具有的哲学和实践意义。"DRM-1 提到了人类历史，过度拥挤导致的人类迁徙、资源枯竭、对宗教或经济自由的探索、竞争优势以及人类关注的其他热点。

在基础科学领域之外，火星可能有一天成为人类的一个家，这是众多火星探测中人类感兴趣的核心问题。人类在火星上居住，必须是自给自足、可

---

① P. Spudis. Why We're Going Back to the Moon. Washington Post, December 27, 2005.

持续的，能够满足人类挑战能力极限的欲望，创造从地球生态灾难中保存人类文明的可能性（例如，一个巨大的小行星撞击或核事件），并有可能开拓出一系列地球上没有的新的人类活动。

DRM-1 提出的三个建议是非常重要的：

（1）证明自给自足的潜力。

（2）证明人类可以在火星上生存和繁衍。

（3）证明在日常生活中，在火星上生活的人所面临的风险与能感受到的好处是一致的。

Robert Zubrin 是火星探测的杰出倡导者，也是火星协会的创始人和主席。Zubrin（2005）阐述了为什么他认为人类应该探测火星。事实上，当他暗示在未来 10 年内可以做到时，他的热情超出了他的认知。Zubrin 说："在当前可以到达的所有行星目的地中，火星展示了最科学的、最社会化的、目前可以预见的人类未来。"

Zubrin 呼应的主题是科学界普遍认同的，他相信任何表面上存在能够在阳光下流动的液态水的行星最终都会自发地演化出生命。因为有相当多的影像和地质证据表明，火星上曾经存在流动的液态水，Zubrin 总结道："只要有液态水、适宜的气候、充足的矿物质和足够的时间，生命即是一种由自然发生的化学络合反应导致的现象，如果这个理论是正确的，那么生命就应该出现在火星上。"根据他的推理："在火星早期历史中液态水在其表面流动了 10 亿年，这是地球上自有液态水之后到出现生命这个时间长度的 5 倍。"

Zubrin 考虑了"火星表面上以前的生命化石"和"用钻井设备钻探到地下水存在的地方，在那里火星生命仍然可能继续存在"两个发现。他认为，对火星的风险投资产生的灵感具有巨大的社会价值。最后，他说："前往火星的最重要原因是它开启了通向未来的大门。在太阳系内的外太空中，火星是独一无二的，它被赋予了支持生命和科技文明的发展所需要的所有资源……在火星上建立第一个立足点之时，人类将开启一段作为多行星物种的伟大事业。"

Zubrin 拥有相当多火星爱好者的支持（火星协会的目的是"进一步实现对红色星球的探测和居住的目标"。），他们似乎相信，"在 10 年内"可以送人类到火星并开始长期定居。每年国际太空发展大会都会召集一些未来学家制定火星长期定居详细计划。火星协会经常把定居火星作为"人类殖民历史的下一步"，并且警告不要犯殖民地球的同样错误。例如，火星协会在俄勒冈章节中说道[①]：

最初的定居点很可能是一些小聚居区。随着时间的推移，这些小聚居区会逐渐扩展。发展中的城镇越扩张，就越有可能发展自己的文化。在一开始，城镇将相互依赖，共享彼此的资源，如食物、水、燃料和空气。一旦在火星上建立了更稳定的基础设施，就应该鼓励人们建设更加独立的城镇。在任何殖民地或发生了扩张的地区，一个不可忽视的重要事项就是法律。火星需要某种形式的法律。回顾古老西方使用的制度，可以看出，不管是谁执行法律，都可能很难完成自己的工作。在火星上"警长"一定是个多数人认可的值得信赖的人。他们不应该由当前对政治感兴趣的社会成员选出，这只会助长腐败。相反，应该建立某种志愿者抽签制度。就法律本身而言，它的建立应该能够保障每个人从言论到隐私的基本权利。

虽然 Zubrin 的这些狂热支持者已经考虑在火星上建立法律和秩序，这位谦逊的作家只关心如何安全到达火星并返回地球。

另一种观点是由 Rycroft（2006）提出的。他认为"21 世纪空间探测的首要目标应该是将人类送上火星并让他们在那里生存。"实现这一目标的基础是为用户提供"在太阳系的第二基地……"因为，在未来的某个时刻，地球可能不再适合居住。Rycroft 指出，这可能
发生是因为地球面临的毁灭性灾难。文明可能自毁，或者是由于发生了严重的自然灾害使地球不再适合人类居住。这些可能性包括：人口过剩、全球恐怖主义、核战争或事故、网络战争或事故、生物战或事故、超级病毒爆发、小行星撞击、地质灾害（如地震、海啸、洪水、火山、飓风）、资源消耗（如石油、天然气储量）、气候变化、全球变暖和海平面上升、臭氧层破坏和其他人类对地球资源的滥用。

他引用 M. Rees 所说的："目前的文明在 21 世纪末仍将生存下来的可能性不超过一半。"特别是，人口过剩、污染、全球变暖、资源枯竭，这些是目前亟待解决的问题。

虽然 Rycroft 强调了这些威胁的严重性，但他提出的"21 世纪结束前殖民火星"的战略只会增加人类的苦难，并不会缓解问题。如果不能找到一种方法来促进地球生活的和谐，怎样面对火星上无限苛刻的气候呢？

本书的第 1 版出版后的 8 年中，已经出现了一些针对人类火星探测新

---

① Erik Carlstrom (1999). Society and Government：How can we Avoid the Same Mistakes on Mars? http://chapters. marssociety. org/or/msoec1. html.

的倡议。火星探测组织[①]一直致力于积极宣传把人类送上火星。他们的做法似乎是举行会议，并让重要人物进行演讲。

由火星一号[②]的探测任务了解到：

火星一号将在火星上建立一个永久性的人类定居点。从 2024 开始，4 名宇航员将每两年离开一次。第一个无人任务预计在 2018 年发射。快加入全球火星一号协会并参与我们的火星任务吧。

2014 年新闻报道[③]说：

专家组认为，在 2030 年前将人类送上火星是能做到的。但是如果要实现这一目标，必须做一些关键的改变。

一个由来自 30 多个政府、行业、学术部门和其他组织的 60 余人组成的研讨会宣称，如果 NASA 的预算恢复到预定水平，其领导的载人火星任务是可行的。

最近的一个新闻报道[④]说道：

人类登陆火星还要大约 20 年，但 NASA 的火星任务似乎正在稳步推进。

NASA 的人类探测项目负责人在一个参议院的小组会议上表示：对深空火箭、太空舱和到达火星需要的基础设施的关键零件的研发正在按 2030 年最终登陆火星的计划进行。

NASA 网站[⑤]写道：

NASA 正在开发 2025 年送人到小行星和 2030 年到火星所需的技术。2014 年 4 月 29 日，在华盛顿 NASA 总部的探测论坛上，NASA 局长 Charles Bolden 和来自该机构的官员详细介绍了 NASA 将人类送往火星的计划。

火星协会继续宣传人类火星任务。[⑥]

有几十甚至数百个网站宣称人类登陆火星只需 10～20 年。

---

① The Humans to Mars Summit 2015. http://h2m. exploremars. org/about-us/.

② Mars One Human Settlement on Mars. http://www. mars-one. com/.

③ Miriam Kramer （2014）. Manned Mission to Mars By 2030s Is Really Possible, Experts Say.

http://www. space. com/24268-manned-mars-mission-nasa-feasibility. html.

④ Ledyard King （2014）. NASA：Human landing on Mars is on track for 2030s. http://www. usatoday. com/story/news/politics/2014/04/09/mission-to-mars-still-on-track/7519019/.

⑤ NASA Exploration Forum Details Human Path to Mars（2014）. http://www. nasa. gov/content/nasa-exploration-forum-details-human-path-to-mars/#. VGJR59ZvObU.

⑥ The Mars Society. http://www. marssociety. org/.

然而，一些组织已经断定，上述所有的言论都是幻想。

美国国家研究委员会（NRC）开展了下述工作：

针对 NASA 的载人航天计划开展全面审查，得出结论：该机构的战略是不可持续且不安全的，这将阻止美国在可预见的未来实现人类登陆火星。

286 页的国家研究理事会报告是一个由美国国会授权的、花费 320 万美元、历时 18 个月的研究成果，报告指出，在不能与通货膨胀保持同步的预算条件下继续当前计划，将会造成失败、幻灭，损害长久建立起来的美国载人航天是最好的国际形象。[①]

1.5 把人类送上火星——质疑者的看法

笔者很高兴知悉，火星协会对于在火星上建立具有法律制度和良好秩序的城镇展现出了很大兴趣。然而，甚至只是想象在火星上建立定居点之前，将第一批人类送到火星的初步探索就面临一些短期挑战，并且成本和风险都很高。这里涉及几个问题：

（1）火星探测的主要目标是什么？

（2）无人探测与载人探测相比收益/成本是什么？

（3）在试图将人类送上火星时所涉及的风险和挑战是什么？

正如前几节讨论的，科学界和未来学家的普遍看法是，探测火星的主要原因是寻找生命，反过来寻找生命就要求寻找液态水（主要是过去存在过的水）。未来学家和梦想家们拥有远远超出这一初始阶段的想象力，达到了火星居住地是因其"社会的、鼓舞人心的和有资源价值的"而建立的境界。

即使我们接受了寻找生命是探测火星的核心这个毫无根据的论断，考虑到基于机器人的人类探测火星的相对成本和可预见的成果时，问题随之而来。无人探测的收益/成本比似乎将大得多。

此外，由于生命搜索很可能以失败告终，也许探测火星的真正价值在于更好地理解：假设这三个类地行星（金星、地球和火星）最初被赋予了类似的资源，它们为什么仍然如此不同。金星的大气层中有很厚的二氧化碳，而火星的大气层非常稀薄。有理论解释这个原因，但对行星进行探测可能对揭开如何产生这些地质历史是必要的。相比于采用机器人的无人探测，发

---

① Joel Achenbach (2014). NASA strategy can't get humans to Mars, says National Research Council spaceflight report. http://www. washingtonpost. com/national/health-science/nrc-human spaceflight-report-says-nasa-strategy-cant-get-humans-to-mars/2014/06/04/e6e6060c-ebd6-11e3-9f5c-9075d5508f0a_story. html.

送人类到火星似乎是一种非常昂贵和冒险的做法。

考虑到 DRM-1 中所表述的更广泛的、有远见的观点,追求人类在地球之外的可持续性的人类活动还不够成熟,似乎至少提前了几百年。当然,即使火星上只有少数人生存也不会缓解任何由地球人口过剩、污染或资源枯竭所造成的压力。比较行星学是一个有价值的目标,但是否需要人类来完成这一目标仍然不明确。当然,地球上是否有很多可以替代发送人类到火星的国际合作机会? 得出的结论是,相比于大量的社会支出,送人类到火星所需的投资是"适度的"。但相比于传统的太空支出,送人类到火星的投资是巨大的。另一方面,一个可能有价值的结论表明:新技术或现有技术的新应用,将不仅有利于人类探测火星,而且会提高人们的生活品质。大胆宏伟的火星探测"将激励青年,将提高技术教育的目标,并将激励世界各地的人民和国家"。这一切都归功于收益/成本比,而这个比值似乎是比较低的。

除了为什么和是否值得的问题外,载人火星计划面临的真正问题是技术、资金和逻辑上的挑战。本书 7.8 节解释了人类登陆火星为什么不可能在数十年内实现。载人火星任务将是一项伟大的工程成就,也将是 60 多年火箭和太空探测成果的最高体现。

参考文献

De La Mater, B. W. 2005. A surface scratched. http://www.berkshireeagle.com/fastsearch/ci_ 3289264.

Griffin, Michael. 2010. Goodnight moon: Michael griffin on the future of NASA. http://arstechnica. com/science/2010/04/01/goodnight-moon-michael-griffin-on-the-future-of-nasa/.

Hoffman, Stephen J. and David I. Kaplan ed. 1997. Human exploration of mars: The reference mission of the NASA mars exploration study team. Washington: NASA Spcial Publication 6107.

Hoyle, Fred. 1983. The intelligent universe. London: Michael Joseph Limited, ISBN 07181 22984. Korthof, Gert. 2014. A memorable misunderstanding. http://wasdarwinwrong. com/kortho46a. htm.

McCleese, Dan ed. 2005. Mars exploration strategy 2009-2020, Mars science program synthesis group, JPL.

Meyer, Stephen C. 2007. DNA and the origin of life: Information, specification, and explanation. http://www. discovery. org/scripts/viewDB/filesDB-download. php? com_ mand ＝download&id＝1026.

Ricardo, Alonso and Jack W. Szostak. 2013. Life on earth. https://www. mcb. ucdavis.

edu/ faculty labs/scholey/journal%20papers/ricardo-szostak-sa2009. pdf.

Rycroft，Michael J. 2006. Space exploration goals for the 21st century. Space Policy 22：158-161.

Shapiro，Robert. 1987. Origins：A skeptic's guide to the creation of life on earth. New York：Bantam New Age Press.

Stueken，E. E. ，et al. 2013. Did life originate from a global chemical reactor? Geobiology 11：101-126.

Wolchover，Natalie. 2014. A new physics theory of life. http://www. quanta magazine. org/20140122-a-new-physics-theory-of-life/.

Zubrin，Robert. 2005. Getting space exploration right. The New Atlantis. Spring 15-48. Zubrin，Robert. 2014. Why NASA is stagnant. http://www. national review . com/article/383100/why-nasa-stagnant-robert-zubrin.

第 2 章　规划的空间探测任务

摘要：火星探测任务设计的早期阶段,衡量任务成本的一个重要指标是低轨卫星的初始质量(initial mass in LEO,IMLEO),推进剂是此质量的一个重要组成部分。太空任务可以用由步骤关联起来的一系列状态来描述。一个状态是一种相对稳定和恒定的情形,一个步骤是一个变化的动作(如发射火箭)。使用状态-步骤数据,可以估计出运输有效载荷到火星轨道和火星表面的低轨卫星的初始质量。在任何任务设计中,首要和最重要的事情是设定所有任务阶段的 Δv。不同步骤的 Δv 可以通过标准的轨道分析来估算。每一步的推进剂需求量可通过 Δv 来估算。任务需要大量的 IMLEO 以发送航天器到火星轨道并返回,此外需要更多的 IMLEO 来运送物资到火星表面并返回。不幸的是,在 NASA 描述未来太空探测任务的标准报告中找出阶段步骤信息不仅费时而且结果也不尽如人意,这些信息通常是被遗漏的或者得到的只是不准确的数据。因此,很难确定 NASA 关于载人火星探测任务的具体步骤。

2.1　行动

一项行动是一系列密切相关循序渐进实现整体行动目标的空间任务。在某些情况下,行动中的每个任务都不一样,前一个任务向下一个任务提供的主要价值是从前一个任务中获得的知识,这些知识可能影响后续任务的站点、验证仪器、飞行技术或其他任务设计元素的选取。这种情况通常普遍存在于无人火星探测任务中。

对于载人火星任务,以前的无人任务对于验证在火星上将要由人类使用的新技术是非常必要的。而由一系列载人任务组成的行动将为后续任务建立基础设施并提供先进功能。

例如,MEP 设计了一场无人火星探测任务行动,每个任务都为下一个任务到哪里、去寻找什么提供了重要参考。在 2006—2008 年,NASA 的一个月球探测计划具备了初步的轮廓，但不幸的是，这项行动的定义不是很清晰，除了将要开始在短期内建立一个位置和功能均不明确的月球"前哨站"的"突击"任务外。事实上，最初的计划甚至没有解决突击任务的许多重要问题或改进月球表面接入模块（Lunar surface acess module，LSAM），而是几乎把所有的焦点都集中于所谓的"宇航员探测飞行器"（crew exploration vehide，CEV）。在这个过程中，NASA似乎已经忽视了整体行动以及如何相互配合。例如，虽然生产上升推进氧气的原位资源利用（in situ resource utilization，ISRU）技术是前哨基地的中心主题，但是取消氧作为上升推进剂表明，月球探测计划的不同工作组之间不仅没有沟通，甚至目标完全相反。

在最高层面，应该通过行动来开始实现一系列目标，定义一组构成一项行动的假设任务，这些任务可能是构成行动的基础。行动是任务的组合，但行动中任务的顺序可能具有概率性。例如：

（1）每个任务至少包括两种含有指定概率的可能结果。

（2）任务1后，如果事件A发生则执行任务2A，或者如果事件B发生则执行任务2B。

（3）每一项行动都存在一些可能的结果（每一项行动都有不同的任务，不同的成本、风险和行为表现）。

"树图"用来表示执行一项行动的可选途径，它将行动的可选模型显示为通过由有序排列的任务组成的空间路径。一些研究人员一直在根据行动的性能系数（figure of merit）寻找最佳的行动方法（如最佳的任务序列）。然而，这是一个复杂的问题，超出了本书讨论的范围。

为了做出明智的行动选择，需要理解组成行动的独立任务的性质、特点以及要求（Baker，Erin et al.，2006）。

2.2　规划太空任务

在规划一项空间任务时，要考虑的第一件事就是我们为什么要这样做，并且希望从中得到什么结果。接下来的问题涉及任务的可行性：

（1）成本是多少？负担得起吗？

（2）技术（和政治）上是否可行？

（3）安全性如何，失败的概率是多少？

（4）能否发射（并在太空组装）所需的运载工具？

没有进行初步分析并在建模方面开展大量工作，很难针对这些问题得到哪怕是很近似的答案。此外，通常情况下空间运载工具存在大量的架构变化，可以利用它们的排序、相位和目的地来实现空间任务。这些可替代的变化被称为"任务架构"或简称"架构",需要花费大量的资金、时间和精力对每一个可能的架构选项进行详细分析。此外,在规划载人火星任务过程中,实际的任务不太可能会发生在未来的几十年内,像核推进和大型航空项目等边际技术几乎是不可能在几十年内实现的。所以,相比于结构选项,广泛使用的典型方法涉及比较粗略的初始分析,由此可以列出一些简短的受欢迎的架构,进而开展更彻底的检验。对于粗略的初始分析,广泛使用 IMLEO 作为任务成本的粗略量度,因为在一定程度上 IMLEO 通常可以被推算出来,在早期计划中,它通常被用来代表任务成本。这是基于这样的概念:相比为了达到预期目标而完成一组可替代的潜在任务,需要运到低地球轨道的"物质"质量是成本的主要决定因素。IMLEO 是低地球轨道原始总质量,但它并不能明确表示出此总质量如何分配给单独的运载器。在低地球轨道最大运载工具的质量决定了对火箭运载能力的需求(在起飞瞬间运载火箭需要承载多大质量)——除非使用在轨组装。因此,太空任务的初步规划以及任务模块的初步选择主要取决于两个相关参数:①IMLEO;②所需的运载火箭和发射次数。

太空任务中快速提升运载器的飞行速度是很重要的。不像汽车那样有一个大的乘员舱和一个小的燃料箱,航天器通常具有大型推进剂罐和一个相对较小的乘员舱。太空任务由一系列推进阶段组成,其中每个阶段都装有超过有效载荷质量的推进剂。每一个推进阶段都不仅需要为有效载荷加速,还需要给为后续加速步骤而保留的推进剂加速。因此,通常 IMLEO 的大部分都是推进剂,而非有效载荷。空间任务是否可行和能否负担得起的决定因素(至少在一定程度上)是从这儿到那儿(并返回)所需要搭载的推进剂的质量。正如本书所指出的,能代表 IMLEO 值的是推进剂,而非有效载荷。未来的某一天,如果能够高效地给低地球轨道供给推进剂,这种情景可能会改变。

2.3　架构

在简单的空间任务中,单个航天器可以被安装在运载火箭的顶部,然后被发送到太空中的目的地上。在这种情况下,没有必要讨论"架构"。然而,在更复杂的太空任务特别是载人探测任务中,大量可选择的方法可以概念化为制定和执行发射、交会、组装和分离、下降和上升,以及在整个任务中涉及的其他操作。分析、评估并比较不同体系架构,是复杂空间任务早期计划的主要组成部分。

例如,为了完成月球突击任务,NASA 探测系统架构研究(Exploration Systems Architecture Study,ESAS)于 2005—2006 年采用了如图 2.1 所示

的任务架构①。这次"突击"任务是一项搭载了最小有效载荷的短期任务，目的是验证各种空间系统和操作的功能，并获得一定数量的有用数据。这通常是建立"前哨站"这样一个长期任务的先导项目。在这个架构体系中，运载工具被定义如下：

（1）EDS（Earth depavture system），地球逃逸系统（这是一个由推进剂罐、管道、火箭和发射装置组成的推进系统，它将组装好的系统从低地球轨道发射到通向月球的路径上）。

（2）LSAM，月球表面接入模块[包括着陆系统（descent stage，DS）、发射系统（ascent stage，AS）和栖息舱（habitab，H）]。发射和着陆系统是由推进舱、管道、发动机和推进剂组成的推进系统。栖息地是宇航员在月球轨道和月球表面之间以及在月球表面上停留的几天所居住的太空舱。DS 将H＋AS 送到月球表面。AS 将 H 送回到月球轨道以便于把宇航员转移到在月球轨道上等待的 CEV 中。

（3）CEV，宇航员探险飞船[包括服务舱（service module，SM）和宇航员舱（crew module，CM）]。CM 为从地球到月球并返回的宇航员提供住处，SM 提供了返回地球的推进系统以及其他支持系统。

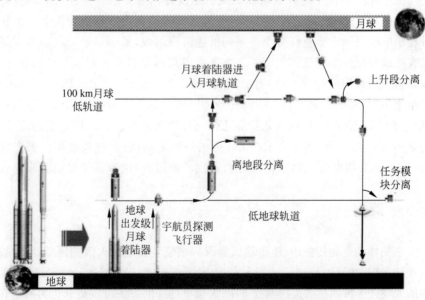

图 2.1　NASA 月球突击任务 ESA 架构

运载工具符号的定义如正文所示，LOI 是月球轨道插入

---

① Exploration Systems Architecture Study（ESAS）Final Report 2005. http://www. nasa. gov/pdf/140649main_esas_full. pdf.

ESAS 架构有两个发射装置：把货物（EDS＋LSAM）发射到低地球轨道（low Earth orbit，LEO）的货物运载火箭（cargo launch vehicle，CaLV）和把 CEV 中的宇航员发送到 LEO 的宇航员运载火箭（crew launch vehicle，CLV）。此架构要求 EDS＋LSAM 和 CEV 在 LEO 交会对接成一个单元，然后在月球轨道上分离。在这种架构中，CEV 留在月球轨道，而 LSAM 降落到月球表面（并丢弃 EDS）。H＋AS 从月球表面上升到月球轨道，与 CEV 交会，并将宇航员转移到 CEV 中。然后 CEV 载着宇航员回到地球。

图 2.2 中更充分地描述了 ESAS 架构。可以看出，在任务中存在各种各样的状态和阶段。

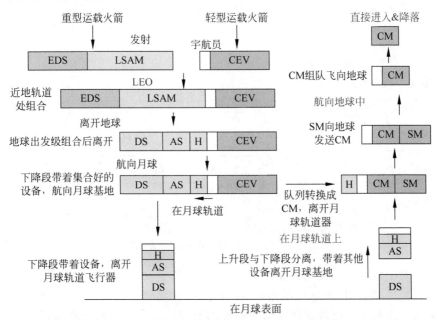

图 2.2 ESAS 月球突击架构的状态—步骤表示
整个任务包括一系列的交替状态和步骤

这仅仅是能想到的几种架构中的一种。这些概念架构中的一些架构会取消地球轨道上的交会，或是在月球轨道上的分离和交会。麻省理工学院的研究小组测试了大量备选的月球架构（Wooster et al.，2005）。正如麻省理工学院的报告指出："低地球轨道的初始质量（IMLEO）通常是架构选项的最高筛选标准；然而，确定优先结构必须考虑其他的附加因素。"这些附加因素包括成本和安全性。

麻省理工学院的研究得出，图 2.1 和图 2.2 所示的 ESAS 结构并非最佳。图 2.3 给出了 3 个由麻省理工学院定义的月球着陆简化架构。在

图 2.3 左图的架构中，CEV 直接前往月球并返回地球，没有月球轨道上的交会和宇航员转移。图 2.3 中间的图给出了架构的一个变型，在这个架构中，返回地球的推进舱保持在月球轨道上，所以它们不需要在月球表面进行卸载和装载。图 2.3 中右图的架构是 ESAS 架构，此架构涉及到到达与离开月球的航线上的交会和宇航员转移。关键的问题是：CEV 是否应该留在月球轨道或是否应该降落在月球表面。如果登陆月球，它需要更大的质量，因为将需要附加功能载荷。然而，这将排除开发第二栖息舱的需要，而且将取消月球轨道上几个重要的操作。麻省理工学院还发现了其他好处，研究表明，图 2.3 中的架构♯1 优于 ESAS 架构，因为它最大化了所需运载工具的数量和空间操作的次数。这里想说明的是，人类探测任务通常通过一系列的概念架构来实现，而选出最佳的方法需要做大量的分析和判断。

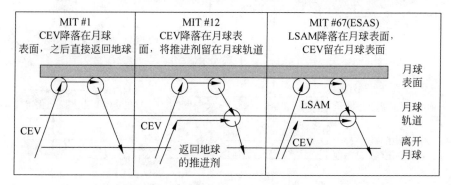

图 2.3　麻省理工学院为登陆月球考虑到的其中 3 个架构(Based on presentation at JPL by P. Wooster, March 2, 2005)

对于载人火星探测任务而言，发生过许多与载人月球探测任务相同的选择。地球发射、地球轨道组装、离开地球、火星轨道进入、火星轨道运行、火星下降和上升以及返回地球的步骤都有替代方案。从出发到返回，每个架构包括一系列的步骤。

2.4　一系列步骤组成的任务

空间任务可以用由步骤连接起来的一系列状态来描述。

（1）一个状态是一种相对稳定和恒定的（滑行、留在轨道上、表面上操作等）情形；

——每个状态可以由一组运载工具的质量来表征。

（2）一个步骤是一个变化的动作（发射火箭、抛弃多余的货物、在运载工具间运送宇航员等）；

——每个步骤的特点在于推进参数或其他相关数据,它们描述了在该步骤中发生的动态操作。

状态和步骤矩阵提供了总结一次太空航天飞行主要元素的简单方法。除非定义了任务的所有状态和步骤,否则对独立方来说,验证任务的特点是不可能的。在典型的描述未来太空探测任务的 NASA 报告中,搜索出状态步骤信息太费时而且令人沮丧,通常会遇到信息缺失或错误定义的数据。从最新的 NASA 和 ESA 的研究报告中概括、理解并重建一些复杂的多步骤任务的状态和步骤是极其困难的。

表 2.1 显示了一个简单假想任务的状态步骤,包含将质量为 10 个单位质量的有效载荷送往火星轨道以及从火星轨道返回地球的过程。真实情况下这个过程开始于发射台(发射到 LEO)。然而,发射过程通常被分开考虑,而且任务设计假定发射已经发生且初始物资位于 LEO。因此,第一个阶段被定义为位于 LEO 上。

表 2.1　到达火星轨道并返回的假想任务的状态步骤

行	步骤 ⇒	LEO 至 TMI	TMI 至环火星轨道	火星轨道至 TEI	TEI 至地球
1	Δv/(km/s)	3.9	2.5	2.4	*
2	推进系统	LO_x-LH_2	LO_x-CH_4	LO_x-CH_4	*
3	推进比冲/s	450	360	360	*
4	火箭方程指数	2.421	2.031	1.974	*
5	推进质量的推进部分百分比	10	12	12	*
6	运输质量的交付系统百分比	0.0	0.0	0.0	70.0
7					
8	开始阶段	LEO	TMI	火星轨道	TEI
9	结束阶段	TMI	火星轨道	TEI	地球
10					
11	交付系统质量	0.0	0.0	0.0	7.0
12	有效荷载质量	10.0	10.0	10.0	10.0
13	推进剂质量	146.0	44.7	18.8	
14	阶段质量	14.6	5.4	2.3	
15	开始总质量	248.7	88.1	38.0	17.0
16	结束总质量	88.1	38.0	17.0	10.0
17					
18	LEO 质量/有效荷载质量	6.5			
19	LEO 质量/往返程质量	24.9			

* 地球进入步骤通常使用减速伞,没有使用推进步骤,所以在地球再入的列中没有指定 Δv。这里假定的是,再入系统的质量是运到地球质量的 70%。

第 1 行给出了步骤。每一步的开始和结束阶段在第 8 行和第 9 行中给出。为了描述一个步骤，必须在第 2～6 行中指定相当数量的数据（但是读者没有必要理解所有的数据）。最重要的是 Δv，即速度变化，它通过发射火箭被赋予运载工具。

$$\Delta v = v(步骤之后) - v(步骤之前)$$

Δv 越大，达到 Δv 时火箭所需燃烧的推进剂越多。表 2.1 的第 1 行提供了 Δv 的一些典型值。1m/s 相当于 2.24 mph。4000 m/s 的 Δv 相当于 8960 mph。

表 2.1 中的列代表将 10 个质量单位运送到火星轨道并将其运回到地球任务所需的步骤。每个步骤是从初始状态到最终状态（表中的第 8 行和第 9 行）的过渡。每个步骤之前和之后的质量都显示在第 15 行和第 16 行中。起初，这可能看起来很奇怪，但估算太空任务的 IMLEO 的途径不是始于发射台或 LEO，而是始于目的地，然后倒推以获得对从 LEO 上运送各种运载工具到达目的地所需的初始质量的估值。因此，表 2.1 是通过从最右边的一栏启动，然后向左边倒推。任何列的最终质量都是其列右边的初始质量。

第一步是离开地球[或者是专业人员所称的地-火转移轨道入轨（trans-Mars injection，TMI）]，即发射火箭使运载工具脱离 LEO 进入飞向火星的轨道。这种运载工具将携带着后续发射的推进剂和推进系统朝向火星进行为期 6～9 个月的巡航。第二个状态是火星静态巡航。飞行过程中还需要做一些小的中途轨道修正，这就会引入额外的步骤，但这些都是次要的，不列入表中。一旦到达火星附近，就需要一个至关重要的制动火箭点火步骤，使运载工具减速到 2500 m/s 以进入火星轨道。要返回地球，还需要再发射另一枚火箭，为逃逸火星轨道并飞向地球提供 2400 m/s 的速度。在地球上，减速伞输入系统将代替制动推进系统。最后，在表 2.1 的第 18 行和第 19 行中给出了"传动比"这项数据。传动比给出了 LEO 上初始质量（IMLEO）与运送到火星轨道或往返火星运载的质量之比。要注意的是，在往返火星轨道上运送 1 个单位质量并返回地球 LEO 需要 LEO 上大约 25 个单位质量。类似的（虽然更复杂）表格可以用来描述携带多运载工具的火星表面任务。

对于读者而言，完全理解表 2.1 不是件轻松的事。本书将在后续内容中呈现对此表更深入的解读。然而，提前讨论这个表仍然是值得的。在此表中，最终有效载荷是 10 个单位的未定义质量（不管是 10 kg、10 t，还是其他的，都没有关系，因为其他所有的东西都要乘以这个质量）。

该 IMLEO 是 248.7 个单位质量。IMLEO 由许多部件构成，如图 2.4

所示。这些部件包括地-火转移轨道入轨（TMI）、绕火星轨道推进、火-地转移轨道入轨（TEI）以及最后再入地球大气层的减速伞。在发射台上的质量大约是 IMLEO 的 20 倍，或约 5000 个单位质量。因此，为了在往返火星轨道运送 10 个单位质量，要求在发射台上大约 5000 个单位质量。图 2.4 表明，发射到空间的大部分都是推进系统，而有效载荷通常只占总质量非常小的一部分。

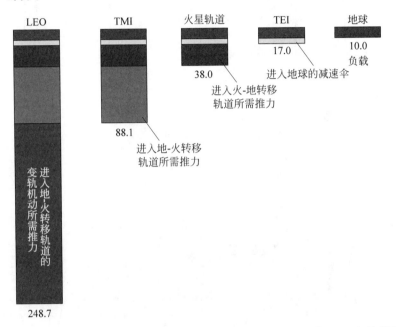

图 2.4　在飞往火星轨道并返回的旅程中，每个阶段的质量递减序列（见文前彩图）

每个列表示一个状态，并且从一列到下一列的过渡是一个步骤

可以得出的关键结论是：航天器发送到火星轨道并返回需要大量的 IMLEO。发送质量到火星表面并返回甚至需要更多的 IMLEO。"传动比"表示的是 IMLEO 与通过空间输送到特定目的地的有效载荷质量的比值。

任何任务设计，对所有的任务步骤来说，首先需要做的最重要事情是 Δv 的设置。在火星或月球任务的各个步骤中，可以通过标准轨道分析来估算 Δv。这些 Δv 值在一定程度上取决于其他因素。例如，在月球任务中，Δv 值的变化取决于能否全球进入、随时随地地回归以及在月球附近"游荡"。对火星任务来说，Δv 随发射时机和到达火星所需的行程时间而变化（行程时间越短，需要的 Δv 越高，因此需要更多的推进剂）。月球和火星任务中一些典型的 Δv 如图 2.5 和图 2.6 所示。

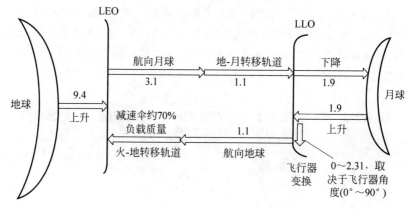

图 2.5　月球突击任务中每一步 Δv 的典型设置（单位：km/s）

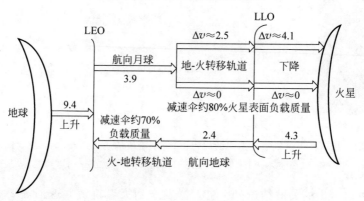

图 2.6　火星任务每一步中典型的 Δv（单位：km/s）

所示的两个选择是轨道进入和下降，一个使用推进，一个使用气动辅助

2.5　运送到目的地的是什么？

图 2.7 显示了载人火星探测任务的一个特定模式。有三个主要的运载物：①需要运到火星表面的宇航员；②需要运到火星表面的货物；③需要运到火星轨道的地球返回舱（ERV）。在这种情况下，在火星表面阶段的任务结束时，宇航员上升到火星轨道与 ERV 交会对接，并转移到 ERV 中以

返回地球。基于每一步的 Δv 值倒推,可以估算出沿路每一步所需的推进剂质量,从而最终计算出低地球轨道的初始质量(IMLEO)。进行倒推的原因是,推算过程的前一步都必须提供后续步骤中加速所需的推进剂的质量,如果从最开始计算,不可能知晓这个量。此外,地面发射台上运载火箭所需的运载能力可以从 LEO 上最重装置的质量中获悉。

基于DRM-3的火星任务
(离开地球使用化学能而不是核能)

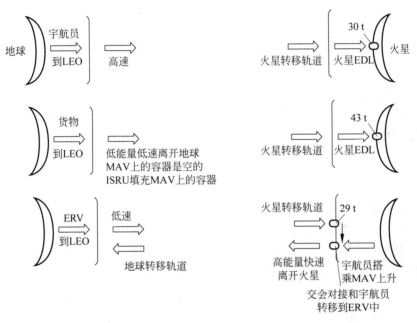

图 2.7　根据美国航空航天局的 DRM-3,被运送到目的地的载具

ERV 是地球返回舱,MAV 是火星升空舱

对运载工具在目的地处的质量的估算需要进行广泛详细的分析。以前的研究提供了一些它们大概会是什么样的见解,包括栖息舱、生命保障系统、辐射屏蔽系统、地面机动系统、电力系统、通信系统、推进系统以及其他各种支持任务的工程系统。特别是本书 3.8.1～3.8.3 节提供的数据,这些数据来自所谓的 DRMs:DRM-1 和 DRM-3。

2.6　在低地球轨道上的是什么?

正如本书所讨论的,必须从地球表面发射到 LEO 的初始质量(IMLEO)是(在没有更详细的数据时)粗略衡量任务成本的一个指标,并且被广泛用于早期任务架构的对比分析，以帮助确定规划初期的最佳架构。2.5节指出，从最终目的地所需要的运载工具（如图2.7所示的三种载具：宇航员着陆器、货物着陆器和地球返回舱）开始，可以依据与各个步骤对应的Δv倒推每一步骤加速运载器所需要的推进剂质量。在把所有的推进阶段和任务中各种航天器完成其各种行动和步骤所需的推进剂相加之后，可以最终得到从LEO到火星所必须运送的总质量。IMLEO是去往火星的道路上所必须运送的质量和离地系统质量的总和。离地系统是一种推进系统，它将动力传递给飞船使其脱离LEO进入飞往火星的航线。使用当前基于氢氧推进剂的化学推进系统时，自LEO发送的地-火转移轨道上的有效载荷质量通常约为低地球轨道上总质量的1/3。剩余2/3的IMLEO由大约88%的氢氧推进剂和约12%的固体推进系统（推进剂罐、推进器、结构系统、管道系统、控制系统等）组成。一旦推进系统点火并将飞船发射到火星上，液体推进剂将会被用完，固体部分由于不再有用处而被抛弃在太空中。例如，如果一个40 t的运载工具需要被送到飞往火星的轨道上，这需要约40 t+80 t=120 t的IMLEO，其中40 t是有效载荷，10 t是固体推进系统，70 t是液体推进剂。

2.7　在发射台上有什么？

运载器是用于将基础空间飞行器送入LEO的火箭，它们看起来像橄榄。有三种不同的尺寸：大型、巨型和巨无霸型。尽管航天飞机可以被看作一种巨无霸型运载火箭，但自从阿波罗登月任务使用了土星五号后，巨无霸型火箭一直未被使用。运载火箭的大部分由发射一个相对较小的有效载荷到达LEO所需的推进剂组成。发送1 t的有效载荷到达LEO，发射台通常需要承载约20 t的质量。这20 t包括大约2 t的结构材料以及推进部分和约18 t的推进剂。

因此，如果发送3 t质量到LEO，发射台需要承载约20 t×3=60 t质量，相应地，可以发送1 t有效载荷到达火星。

2.8　太空探测任务对IMLEO的要求

在空间探测任务的早期规划中，首先也是最重要的要求是初步估算IMLEO。接下来必须为运送这些质量到低地球轨道设计一个方案，要么是使用大的运载火箭一次性送到，要么像载人火星任务那样，多次发射然后在LEO处交会对接。

参考文献

Baker，Erin et al. 2006. Architecting space exploration campaigns：A decision-analytic
approach. IEEEAC paper ＃1176.

Wooster，Paul D. et al. 2005. Crew exploration vehicle destination for human lunar
exploration：The lunar surface. Space 2005，30 August-1 September 2005，Long
Beach，California，AIAA 2005-6626.

第 3 章　60 多年来载人火星探测任务的规划

摘要：基于 David Portree 的出色历史记载，载人火星探测计划已经有了 60 年以上的历史。从 20 世纪 50 年代 Von Braun 的构想开始，许多人开始尝试提出可行的载人火星探测计划。核热推进技术（nuclear thermal propulsion，NTP）的发展始于 20 世纪 50～60 年代。1968 年波音公司公布了大量运用核热推进技术的载人火星探测任务的详细设计。波音公司 1968 年的研究为火星飞船所需的各种子系统和部件分析设立了极高的标准，不幸的是后来的许多研究均未能达到这个标准。火星飞船的设计贯穿 20 世纪 70～80 年代，在 20 世纪 90 年代，NASA 开发了设计参考任务 DRM 系列 DRM-1 和 DRM-3 作为火星设计的标准载体。DRM 系列引入了 ISRU 的重要用途，并且继续采用了核热推进技术。同一时间，Zubrin 提出了"火星直通车"（Mars Direct）的概念，加州理工大学提出了"火星协会任务"（Mars Society Mission）的概念，2005 年 NASA 出版了一份详细的 DRM-1 研究总结，但是这个总结却没有得到后续支持。2014 年 NASA 发布了"火星演化运动"（Evolvable Mars Campaign，EMC），似乎 EMC 只是 NASA 另一个打了水漂的计划，一个似是而非并且完全缺乏详细工程计算的模糊且短暂的概念。当 NASA 开始着手于新的长期计划时，EMC 就会被堂而皇之地废弃。经过 60 多年的规划设计，仍然没有任何可行的计划被发布。

Portree(2001)曾撰写过有关人类前往火星历程的文章。本章的某些部分着重参考了 Portree 的成果。除此之外，Platoff(2001)完成了 1952—1970 年的部分历史撰写工作。

值得注意的是，Portree 和 Platoff 都尽力描述了那些在早些时候决定 NASA 研究方向和资金的政治背景，摘要中并没有将这些政治观点包括进来。我们强烈建议读者们阅读 Portree 和 Platoff 的文献以全面了解人类火星任务史的背景。

Portree 写道：

1950—2000 年，有超过 1000 份关于载人火星探测飞船的研究，其中大部分研究来自 NASA 和行业研究小组,其余则来自热衷于此的个人和组织。由于篇幅限制,此书只收录了 50 份研究报告(每年一个任务,或少于总数的 5%)。这些收录进来的报告被认为是最具代表性的关于载人火星探测飞船技术的研究。

3.1　Von Braun 的版本

1947 年和 1948 年,Von Braun 写了一本关于火星探险队的小说,他将火星探险队的规模描述得非常宏大,包括 10 艘 4000 t 级的飞船和 70 名宇航员。使用 3 级运载火箭来运输组装飞行器所需要的部件,大概需要 950 架次运载火箭才能将物资输送到地球轨道,并且将火星飞船船队在地球轨道上组装好。

他(Von Braun)设想的是一支包含 10 艘星际飞船的船队,其上宇航员至少有 70 人。其中 7 艘飞船被专门用于运载人员来往火星和地球,剩下的 3 艘货船将装载用于在这个红色火星着陆的着陆船。飞往火星的旅程需要 260 天的时间,当飞船到达火星轨道时,3 个着陆器会带着大部分的宇航员降落在火星,这些着陆器可能装载着机翼,用来利用火星上的大气进行飞行。

建造火星舰队所需要的物资质量在 37 000 t 左右,Von Braun 估算每一个运载火箭的运输能力是 39.4 t,所以决定了在这项"火星计划"中在地球轨道上组装好火星舰队需要大概 950 架次运载火箭的运送量。他设想用 46 艘运载火箭来完成这项工程,运载火箭从发射至地球轨道到返回需要 10 天时间,于是完成整个工程需要 8 个月。

一些飞船的设计见图 3.1。

在 20 世纪 50 年代早期,《科利尔杂志》(Collier's)出版了 8 篇文章来展示 Von Braun 的计划(见图 3.2)。Platoff 认为大概有 1500 万人阅读了这一系列的文章。《科利尔杂志》上的文章被拓展成由 4 本经典著作组成的系列书籍。1956 年出版的那本《火星探险队》(The Exploration of Mars)包含了火星观测历史和当时最新的知识成果。Von Braun 和他的同事 Willy Ley 认为,人类能利用现有技术(20 世纪 50 年代的技术)实现火星登陆。这本书中所描绘的火星探险队是《科利尔杂志》在 1954 年设想的探险队的明显缩减版,只有两艘飞船和 12 名宇航员。运送探险队进入地球轨道所需的零件、推进剂和补给需要大概 400 架次的运载火箭的运力,每天发射两艘运载火箭,需要超过 7 个月的时间完成。

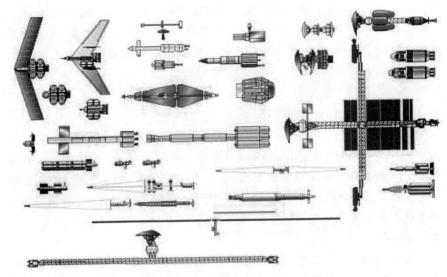

图 3.1　Von Braun 火星探测任务的各类探测器（*Encyclopedia Astronautica*. Attributed to Mark Wade）

图 3.2　Von Braun 火星探测工程刊发在《科利尔杂志》上的封面

《火星探险队》中所描述的火星探测任务和 Von Braun 的"火星计划"
(Mars Project)有些相似,整个项目耗时 2 年零 239 天:到达火星需要 260
天,在火星表面停留 449 天,然后用 260 天返回。虽然基本设计和 Von
Braun 早年的计划相似,但最重要的区别就是探险船队的规模。和"火星计
划"中至少 70 名宇航员所不同的是,该任务缩减到 12 人,并且宇航员的减
少也使船只数量从 10 艘减少到两艘,其中 1 艘是用来载人的客舱,1 艘被
当作货船,每一艘在出发时的质量是 1870 t。货船装载的最大的货物是一
个 177 t 重的着陆船,它能装载 9 人并且当这些人在火星表面停留时给他
们提供给养。着陆船外观和大型飞机相似,可以利用火星上稀薄的大气进
行滑翔。当任务完成返回火星轨道时,宇航员会将机翼和起落架卸下并且
将着陆船调整到竖直状态。当卸下所有不必要的部件之后,载有 9 名宇航
员的飞船在升空时的总质量只有 76 t。在火星轨道和飞船对接后,客舱和
货船就会留在火星轨道,宇航员将飞回地球。

值得注意的是在 20 世纪 60 年代以前,人们普遍认为火星表面的环境
和地球上的沙漠类似。

3.2　NASA 最早的概念

3.2.1　早期的研究

1958—1959 年,NASA 的格伦研究中心(Glenn Research Center)[在当时
叫刘易斯研究中心(Lewis Research Center)]的研究人员开始研究为火星
探测飞船配备核热推进技术,并且该技术最终成了 NASA 的标准模式:

整个计划由在地球轨道上的运载系统开始。根据整个运载船的质量,
可以选择将其整个发射到轨道上,或者是在轨道上进行组装。载有 7 名宇
航员的飞船通过大推力核动力火箭被推进到地球至火星的转移轨道上。当
到达火星时,飞船减速并开始进入环绕火星轨道。一个登陆舱载有两名宇
航员进行火星登陆。在探测结束后,这些宇航员将搭乘化学动力火箭返回
火星轨道并且在火星轨道上与返回舱进行对接。之后返回舱会加速进入返
回轨道,当其到达低地球轨道(LEO)附近时,地球着陆舱会和火星返回舱
分离并且减速,然后带着所有宇航员返回地球表面。

3.2.2　20 世纪 60 年代早期的研究

1961—1962 年,马歇尔研究分部(Marshall's Research Project Division)的

Ernst Stuhlinger 提出了一个载人火星探测飞船计划，目标是在 20 世纪 80 年代早期登陆火星，这个计划包括 5 艘 150 m 长的火星飞船，每一艘飞船载有 3 名宇航员。之所以进行人员缩减是基于安全方面的考虑。每个钻石形的飞船质量为 360 t(显然 IMLEO 为 1800 t)。3 艘 A 级飞船各自配备一个 70 t 的火星着陆舱。登陆人员会在火星上停留 29 天。每一艘飞船都装配一个核反应堆来驱动涡轮或发动机，为一个电动推进器提供 40 MW 的能量。每一艘船都携带了 120 t 或 190 t 的铯作为核动力原料。通过每分钟旋转 1.3 次为飞船提供大约 0.1g 的人工重力。位于与船员舱相对一端的核反应堆也同时是人工重力的配重物。

1962 年，NASA 的未来项目研究室发布了关于早期载人星际往返探险 (Early Manned Planetary-Interplanetary Roundtrip Expeditions, EMPIRE) 的研究，并且建立了三个项目来研究新的超大型火箭(Nova)、核动力火箭和先进人造飞船的应用前景。其中之一便是利用两艘不同飞船(代号 Direct 和 Flyby)的飞越-交会(Flyby-Rendezvous)模式。无人驾驶飞船 Flyby 会比载人飞船 Direct 提前 50～100 天离开地球轨道，开始其 200 天飞往火星的旅途。而携带登陆器的 Direct 飞船经过 120 天的大推力飞行会比 Flyby 飞船提早到达火星。之后宇航员会登上登陆器并把 Direct 飞船遗弃。登陆器会在火星上登陆，而 Direct 飞船则会飞离火星轨道进入太阳系轨道。40 天后 Flyby 飞船会在火星周围经过并且开始返回地球的航程，宇航员会进入一个升空舱内，飞离火星大约两天后和 Flyby 飞船进行交会对接，见图 3.3。这种方法存在一个明显的风险，就是返回地球的飞船不在一个封闭的火星轨道上运行。升空舱只有一次机会来和快速飞行的 Flyby 飞船进行交会对接，而一旦错过了交会对接的时机，宇航员就可能会在宇宙中殉难。后来在 1983 年，SAIC 计划采用了相同的方法，SAIC 认为"该风险可以接受"，但是 Portree 打趣地说道，他不知道那些宇航员是不是这样认为的。

1963 年，约翰逊航天中心(Johonson Space Center, JSC)的创始人提出了三个火星探测任务的备选方案。他们宣称在火星上使用了核动力火箭和航空制动之后，可以使工程的 IMLEO 值从超过 1000 t 降低到原始质量的 1/3。

1964 年，NASA 的艾姆斯研究中心(Ames Research Center, ARC)建立了一个项目来研究无核火星登陆，目的是减轻质量。TRW 系统组 (TRW Systems Group)的目标是在 1975 年实现首次载人火星登陆。他们宣称全部任务所需的 IMLEO 是 3600 t，而当采用了航空制动之后任务所需的 IMLEO 将降到 700 t。

1964—1965 年的一个马歇尔太空飞行中心(MSFC)的研究认定，在 20

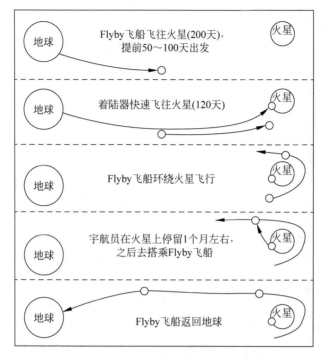

图 3.3　1962 年火星短停留方案的时序

世纪 70 年代中后期,通过使用土星运载火箭和其他阿波罗计划中的硬件,可以在技术上实现载人火星飞越任务。像以前一样,在火星任务中使用的航空制动技术被视为减轻质量的主要措施。整个计划需要 6 艘土星五号运载火箭和 1 艘土星 IB 号运载火箭。

　　1965 年,NASA 建立了行星联合行动组(Planetary Joint Action Group,JAG)来进行对人类探测火星任务各个方面的研究。NASA 资助了 12 个研究课题来支持 JAG。1966 年 10 月,JAG 发布了其第一阶段的报告,结论包括:①载人飞越飞船应当先登陆火星;②如果希望实现一种灵活的火星登陆计划,即不考虑能量需求而随时登陆火星,那么核动力推进技术就是必不可少的。这种任务的实现需要在 12 h 的间隔内发射 3 艘加强型土星五号运载火箭——这需要很高的技术。

　　土星运载系统成功地向 LEO 输送了超过 100 t 的物资,极大地鼓舞了火星计划的研究者们,虽然当时 NASA 将研究中心转移到了阿波罗计划,越南战争等政治因素也对此产生了极大阻碍。1960 年早期还是出现了一些关于载人火星任务的研究,Portree 和 Platoff 记叙了一些关于这些研究的描述。

3.2.3　核动力火箭的发展

对核发动机在运载火箭上的应用(nuclear engine for rocket vehicle application,NERVA)的研究始于 20 世纪 50～60 年代。NERVA 是一种实芯核热发动机。氢推进剂通过一个铀核反应堆加热,使推进剂转化为等离子体,迅速膨胀,并排出喷嘴,产生推力。核热火箭比化学动力火箭具有更高的效率,意味着其完成相同工作所需要的推进剂要比对等的化学动力火箭系统少得多。

1961—1962 年,NASA 完成了初步的 NERVA 设计并且组装了一个约 6.7 m 的发动机样机。最初的三引擎地面试验同时警报故障,所以飞行试验被推迟了。1963 年,NERVA 的重点转向针对地面的研究和技术开发。1964 年成功进行了地面测试。1967 年 12 月完成了一个 60 min 的地面测试。核热火箭的相关内容将会在本书 4.4.3 节和 4.12.2 节中讨论。

3.2.4　波音公司在1968年所做的研究

20 世纪 60 年代中后期有大量的研究指向人类如何实现探险火星的计划,并估算了这类任务的各种要求。1968 年 1 月,波音公司发表了长达 14 个月对核动力飞行器进行细致研究后得出的成果。将它从众多研究中单独提出来讨论的原因有 4 个:①这项研究内容深入而详细;②这篇文献可在互联网上找到①;③这个概念的提出是经过深思熟虑的;④和其余项目不同,波音公司并没有试图通过低估项目的要求来推销他们的计划。

Portree 对波音公司这个研究的评论是消极的"晕眩",他将其中的飞行器称为"巨兽"和"设计夸张的火星飞船的巅峰",但是波音公司的计划是经过精心设计的,他们所采用的架构设计在当时是一种很有效的设计模型,虽然与 20 世纪 90 年代和 21 世纪头 10 年的设计格格不入。除此之外,波音公司的概念可以利用从一颗小行星中获取的氢能来驱动核热火箭,从而可以不使用重达 240 t 的运载火箭。

波音公司飞船的概念和 1962 年 EMPIRE 任务有相似之处。波音公司没有使用两艘飞船,而是在地球轨道上组装一艘巨型"巨兽"飞船来发射所有飞往火星的飞行器。图 3.4 描述了这种飞行器。

表 3.1 是波音公司 1968 年推进方案中的航天器质量分布。

---

① Boeing Integrated Manned Interplanetary Spacecraft (IMIS) (1968). http://www. secretprojects. co. uk/forum/index. php? topic=7583. 0.

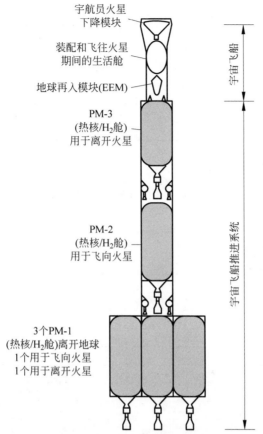

图 3.4 波音 1968 年航天器的组装方案

航天器部分长度 33 m，推进部分长度 144 m，总长度为 177 m

表 3.1 波音公司 1968 年推进方案中的运载器质量

任务组成模块	质量/kg
地球再入模块	7893
任务模块	37 603
任务模块连接级	4854
火星漫游模块	43 224
探测器	11 104
火星漫游级[①]和探测器连接级	4672
返回段中途推进模块	1823
推进模块 3	174 078

---

① 火星漫游级（Mars excursion module，MEM）。

续表

任务组成模块	质量/kg
轨道调整推进模块	7720
推进模块 2	243 084
前往段中途推进模块	14 352
推进模块 1(3 个单元)	685 430
地球轨道初始质量	1 235 838

表 3.2 是推进模块的质量。

表 3.2　波音 1968 年推进方案推进模块质量(单位：kg)

项　　目	推进模块		
	1	2	3
储箱	50 268	16 756	16 756
斜度隔板	4472	1492	1492
储箱支撑机构	10 247	3420	3420
隔热材料	2536	971	1560
发动机	38 824	12 941	12 941
推力矢量控制单元	2722	907	907
推进伺服	680	227	227
推进结构	1293	431	431
级间设备	5484	2830	2830
流星型护盾	57 154	19 051	19 051
连接级	15 676	5225	5225
11% 的裕量	3633	7067	7131
未使用的燃料	21 228	4123	2440
推进系统总净重	214 217	75 443	74 413
可操作推进物	459 896	167 641	99 665
可操作推进物净重	0.47	0.45	0.75
比冲/s	850	850	850

图 3.5 的(a)～(f)是波音公司 1968 年设计的飞行器图示。

波音公司 1968 年的研究为载人火星任务所需的各种子系统和部件的详细分析建立了极高的标准,不幸的是随后跟进的研究均未能达到这个标准。

1968 年之后华盛顿的政治氛围使得载人星际飞行计划被搁置,波音公司 1968 年的研究是当时最后的一个项目。这种情况一直持续到 20 世纪 80 年代末期。1968 年越南战争的到来终结了载人星际飞行计划的命运。

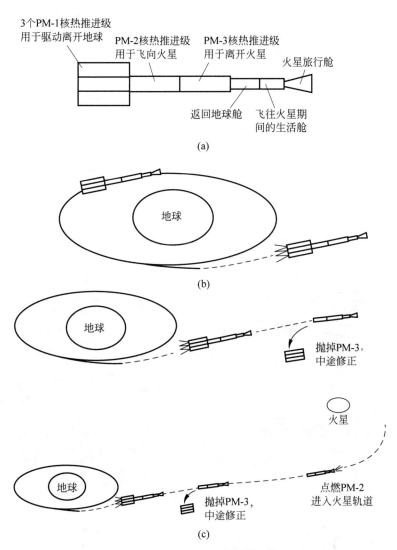

图 3.5　波音公司 1968 年设计的飞行器

（a）使用 3 个 PM-1 核热火箭从近地轨道出发；（b）抛掉 3 个 PM-1 核热火箭并中途修正；（c）点燃 PM-2 核热火箭进入火星轨道；（d）进入火星轨道时抛掉 PM-2核热火箭；（e）火星漫游级（MEM）下降至火星表面而任务级（mission module，MM）停留在火星轨道；（f）MEM 上升与 MM 交会；MM 点燃 PM-3 核热火箭驶离火星返回地球。抛掉 MM，地球进入级再入地球

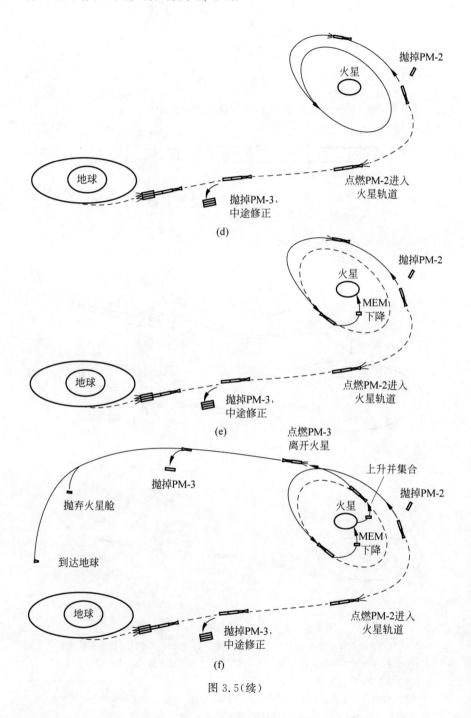

图 3.5(续)

1968 年，预算办公室发表声明称：

核热推进技术带来的优势还不足以与载人登陆计划的成本相媲美。国家尚且不会在这个预计花费 400 亿～1000 亿美元的项目中投入资金……然而，发展核动力火箭给 NASA、工业界和国会带来了很大压力。

1969 年，尼克松总统创建了空间任务小组（Space Task Group，STG）用以给 NASA 的未来发展提供建议。STG 采纳了一个颇为浮夸的综合集成方案（integrated program plan，IPP），这个集成方案包括进行 12 次阿波罗月球探险，建造 3 座空间站（两座位于地球轨道，1 座位于月球轨道）以及建造太空飞船。然后，NASA 一贯倾向在纸上设计雄伟的项目规划、时间表、计划书和愿景，且在这张纸上充满了令人印象深刻、多姿多彩的插图。但不幸的是大多数计划都没有得到资金支持。

1969 年，关于火星探险队的讨论还在继续。民意调查结果是反对者居多。1982 年 Von Braun 在核动力飞行器的基础上设计了这样一种探险队模式：两艘 LEO 上同样的飞船质量均为 800 t，其中大部分质量是液氢（LH$_2$）。他表示通过多次的飞行运输，在 1989 年可以建成一个拥有 50 名工作人员的基地。1969 年末，NASA 的预算削减了，使 NASA 不得不关闭了土星五号运载火箭的生产线。最终的结果就是载人火星航行的计划应该被铭记在心，但是国家在这个项目上给予的拨款被无限期推迟。

1971 年早期又有另一个关于载人火星计划的研究被发表（MSC PMRG 报告），其中用到了波音公司研究中涉及的某些内容，但是为了降低成本却用化学动力火箭替代了核动力火箭。在 1968 年波音公司的设计中，所有的推进单元和飞船都在地球轨道上组装成一个巨大组合体然后飞离地球。不知道他们从哪里找到了这个几乎要被遗忘的研究的副本，ebay 上买到的吗？

根据航空百科全书（*Encyclopedia Astronautica*）的记载，整个任务耗时 570 天，其中用在火星表面的时间有 30 天，然而 Portree 认为有 45 天时间用在火星表面。IMLEO 总量为 1900 t，其中 1470 t 为 LO$_x$-LH$_2$（液氧-液氢）推进剂。

Portree 表示，该计划采用的是 6 段化学动力助推火箭，每一段总质量是 30 t，并且每段可以携带 270 t 的 LO$_x$-LH$_2$ 推进剂，助推航天飞行器用于向 LEO 输送物资。整个工程需要 71 架次的运载火箭来运输，6 架次用来组装飞船，66 架次用来运输推进剂。

1972 年 NASA 削减了 NERVA 的预算，转而支持继续进行太空飞船的研究。

根据 Portree 的描述：

MSC PMRG 报告在 NASA 内部仅获得了少量的支持，实际上在 NASA 以外根本没有人支持这个计划。之前所有 NASA 主持的载人火星项目都已经停止，直到 1984 年和 1985 年才重启。

3.3　NASA 之外的早期火星探测计划

当 NASA 在 20 世纪 70～80 年代搁置了载人火星飞行计划时，NASA 内部和 NASA 以外的许多航天爱好者仍然通过各种非官方渠道继续他们的研究，1980 年春，"火星地下"组织认为自 20 世纪 60 年代以来举办首届关于火星项目的公共论坛的时机已经成熟。"驶向火星"（The Case for Mars）会议汇集了全国各地的火星爱好者。大约有 300 名工程师、科学家和爱好者参与会议，这是自 1963 年以来这些火星探险家们规模最大的一次聚会。

这些人所提出的概念中首推 S. Fred Singer 的计划，该计划耗资约 100 亿美元，使用火星的外卫星火卫二作为探测火星系统的操作基地。此计划需要 6～8 名宇航员，但他们都不会在火星上登陆，而是使用一个简单的返回着陆器采集火星样本，并且有两名宇航员会在火星的卫星火卫一登陆。在 2～6 个月的任务期间宇航员将远程遥控大约 15 个火星表面探测器。Singer 设想的探险队将依靠太阳能电动推进器，使用大型太阳能电池阵列，以氩气为推进剂。据称，采用电推进系统加上金星借力飞越可以使该计划的 IMLEO 降到大约 300 t。

3.3.1　行星学会和国际科学应用公司的分析

1983 年，行星学会委托国际科学应用公司（Science Applications Internctional Corporation，SAIC）进行自 1971 年以来最详细的载人火星探测计划研究。这项由 SAIC 耗时 9 个月进行的研究被形容成以"低廉价格"完成的"爱的劳动"，并且在 1984 年 9 月结束。

Portree 提供了一些关于此计划的描述。

SAIC 的火星探测计划和 MSC 在 1963 年提出的飞越-交会模式相似，4 人的探险小队会搭乘重达 121 t 的出发飞船飞向火星，出发飞船由 4 个小型飞船构成：

（1）星际飞行器，质量 39 t；

（2）火星轨道飞行器，质量 19 t；

（3）火星登陆器，质量 54 t；

（4）火星返航飞行器，质量 10 t。

星际飞行器通过每分钟旋转 3 次来提供 1/4 的地球重力，包含一个基于空间实验室模型的增压宇航员模块。轨道飞行器、返航飞行器和圆锥形的两段火星登陆器一起构成了火星探测飞船（Mars exploration vehicle，MEV），MEV 包含了一个直径 54 m 的气动刹车装置。宇航员将搭乘一个 43 t 重的地球返回舱（Earth return vehicle，ERV）返回地球，ERV 的结构和星际飞行器相似，不过它额外包含了一个嵌套在直径 13 m 的气动刹车内重达 4.4 t 的圆锥形地球返回舱（Earth return capsule）。在这些飞行器中只有 MEV 会减速进入火星轨道。通过大量使用气动刹车技术，减少了实施 SAIC 火星探测项目所需的推进剂质量，从而减少了飞行器的质量。

根据这个描述，IMLEO 为 121 t＋43 t＝164 t。但并不清楚这些飞行器中是否包含了推进系统所需的推进剂，这些应当被包括进来。如果将这些必须包括进来的推进剂加上，那么飞离地球时整个飞船的质量将是其在 LEO 上运行质量的两倍。Portree 提到，该计划中采用了轨道转换飞行器（orbital transfer vehicles，OTVs）来飞离地球。显然书上记载的是采用这样一种方式进行的：飞离地球是自由的，因为 OTVs 将在飞离地球之前将所有的飞行器带到高地球轨道（high Earth orbit，HEO）上。而且 OTVs 也是必须要被发射到低地球轨道（LEO）上的。

根据航空百科全书，整个计划需要 18 架次的运载火箭来将物资输送到地球轨道上。这样似乎会使得其 IMLEO 超过 160 t。航空百科全书中写道：总质量为 460 t。因此具体的 IMLEO 是多少还不得而知。

ERV 出发 10 天后宇航员们将搭载星际飞行器（interplanetary vehicle）离开地球。经过大约 6 个月的飞行，宇航员们飞达火星附近，登上 MEV 并且释放它，然后利用大气减速进入火星轨道。被抛弃的星际飞船会飞离火星进入太阳轨道。4 名宇航员中的 3 人将进入火星登陆器（Mars Lander）并且下降到火星表面，在火星表面使用增压巡视器进行探测。在火星探险 1 个月后，这些宇航员们会带着 400 kg 的火星岩石标本，乘着火星登陆器返回火星轨道，登上火星轨道飞行器（Mars orbiter）与在轨的同事们会合。

与此同时，ERV 正好位于飞越轨迹中靠近火星的区域。宇航员们会进入火星返航飞行器（Mars departure vehicle），抛弃火星登陆器和轨道飞行器，和 ERV 一起返回地球。火星返航飞行器在 ERV 飞离火星时将与之进行交会和对接。这个计划需要进行精确的时间计算。该计划由于没有将 ERV 置于火星轨道上所以节省了输运的质量。ERV 绕过火星，飞向地球，宇航员们搭乘返航飞行器只有在某个精确的时刻有唯一的一次机会与

ERV 对接。在 20 世纪 90 年代的《设计参考任务》中没有任何一个计划采用这种风险极高的程序。

18 个月后，宇航员们进入地球返回飞船并且和 ERV 分离，减速进入地球大气层，此时 ERV 飞过地球进入太阳系轨道。

SAIC 团队估算整个火星探险项目花费在 385 亿美元（折算成 2014 年的美元是 900 亿），但是建造和应用可重复使用的 OTVs 的花费没有被包括在内。

3.3.2　驶向火星Ⅱ期

"驶向火星Ⅱ期"会议在 1984 年召开，会议主题是计划使用 2000 年的技术在火星上建立一个永久的火星研究基地作为最终在火星定居的前驱。"驶向火星Ⅱ期"工作室利用了循环器内长期质量最小化技术和火星 ISRU 技术。

3.4　20 世纪 80 年代后期的 NASA 计划

3.4.1　洛斯·阿拉莫斯国家实验室

洛斯·阿拉莫斯国家实验室（Los Alamos National Laboratory，LANL）作为合伙人与 NASA 在 1984—1985 年合作进行了载人火星计划研究（Manned Mars Mission，MMM）。他们之间的合作是在 NASA-LANL MMM 工作室中开展的，该工作室位于 NASA 的马歇尔空间中心，且在 1986 年出版了 3 卷研究成果。

3.4.2　Sally Ride 的研究

在整个 20 世纪 80 年代后期，NASA 一直为实现人类在未来太空活动中占据一席之地而努力，包括开发宇宙飞船、空间站、重返月球和载人火星任务。

1987 年，Sally Ride 建议将载人火星计划设置为 NASA 四大主要研究方向之一。Ride 之后坦言，以下两种根本不一致的观点几乎不可能得到调和。一种观点认为 NASA 应当采取更加有远见的目标。另一种观点是 NASA 在 20 世纪 90 年代投入过度，认为他们努力研究太空飞船和建造空间站，无法再开展另一个主要研究。在当时，"那些与探月或者探测火星相关的研究只获得了 NASA 当前预算的 0.03% 左右"的资金支持。回顾过去不难发现，NASA 一直有着一个高优先级的政治需求，将宇航员送往太空，即使这种活动在当时没有什么太大作用，而建造空间站和宇宙飞船的计划正好满足了这一需求。研究和建造空间站和宇宙飞船的花费不仅大幅推迟了对载人火星计划的研究,还消耗了可用于这样一个经过认真规划的任务的资金。

3.4.3　SAIC

1987 年,SAIC 进行了一项可供载人火星计划选择的分析,包括如下的活动:

在 20 世纪 90 年代进行无人火星探测任务,包括获取真实的工程数据。主要研究在空间站中,长时间失重环境对宇航员健康的影响,以及发展重型运载火箭、高能量轨道转换级和大规模的气动刹车技术。

在 21 世纪进行载人火星探测任务,往返时间约为 1 年,飞越火星并且在其轨道上停留 30~45 天,在火星表面停留 10~20 天。这些任务会开发潜在的前哨基地并为星际飞行积累经验,为期 1 年的飞行是为了减少宇航员暴露在辐射和失重环境中的时间。

2010 年以后在火星建造科考基地,用来长期支持火星科学技术研发和基础设施建造等活动。

Portree 提供了一些相关技术细节。一个在低能量轨道上运行的运货飞船先于载有宇航员的载人飞船飞往火星。整个任务会使用 15 艘重型运载火箭,表明整个任务的 IMLEO 可能超过 1500 t。

3.4.4　星际探险办公室的案例研究(1988 年)

NASA 的星际探险办公室在 1987—1988 年进行了一项关于在 LEO 以外的轨道上进行无人或载人火星探测的重要研究。审核了 4 个重点案例:载人登陆火卫一、载人火星探测、月球天文台、观测火星早期演化的月球前哨站。不幸的是,不清楚如何弄到这些研究的副本,一般来说它们对公众是保密的。

ESAS 的研究报告中写道[1]:这些研究有意在各种情况下做得非常超前,目的是探究出未来进行优化选择的首要准则和趋势,以及对未来研究方向的选择和各种研究先决条件的设置和修改。(这和 NASA 的许多研究相似:大大超出可行的实施范围然后就不需要真正地完成这些工作了。)1988年的案例研究给往后的研究提供了这样关键的建议:

(1)空间站是人类在太空中生存和工作的关键。(对 NASA 管理层而言这已经是陈词滥调了,然而空间站的实际价值却很有限,并且已经占用了

---

[1]　p. 79,ESAS Report. http://www.spaceref.com/news/viewsr.html? pid=19094.

NASA 太多的预算经费导致其无法开展更多更有价值的研究。）

（2）继续重视研究和技术（Research and Technology，R&T）能带来范围更广的太空探险计划，并且加强美国民用空间计划的技术基础。（这是个很好的概括，但 NASA 会实施那些远大宏伟的载人太空探测计划吗？或是选择安抚选民？（Zubrin，2005）并且用于 R&T 的经费是不是已经被用于维持飞船研究的经费挤压得所剩无几？ NASA 一直以来在 R&T 方面给人的印象不太好，并且 R&T 在当下 NASA 的计划中并不具有很高的优先级。）

（3）重型运载系统必须具备能将大量物资输送到 LEO 的能力。（这本没错，但是他们要运送些什么东西，这些飞船飞往哪里还不得而知。）

（4）无人设备观测到的数据将是未来实施载人任务的基础。（存在的问题是现在很多前驱无人设备和载人任务之间并没有什么联系。一个例外就是为 2020 年无人火星探测车所做的 MOXIE 实验会测试一个原型 ISRU 系统。）

（5）如果美国想在 21 世纪的头几十年保持率先进行星际探险工程的能力，那么对人造重力的研究必须与对零重力对策的研究并行启动。

3.4.5　星际探险办公室的案例研究(1989 年)

ESAS 的报告提及[1]，在 1988 年的研究之后，OExP 继续领导着整个 NASA 来对国家进行载人探测太阳系的各种项目提供决策建议和方案。1989 年规划了 3 个案例研究的详细开发和分析：月球演化、火星演化、火星探测。这些研究成果都被包含在 1989 年 OExP 的年度报告中，包括如下这些关键性结论。

（1）火星航道：载人火星任务是以其必要的停留时间来区分的——短期停留任务一般是"对点型"任务，而长期任务则是"合点型"任务。然而，实际上 OExP 的研究是这么写的[2]：

由于需要大量发射地球运载火箭，高水平的太空装配、加油操作和由此导致的成本问题以及多次在火星短暂停留的需求，使得这种短暂停留的方案情况在 1988 年的发展基本规划中是不可行的。

（2）太空推进技术：完全使用化学动力火箭进行运输将会导致整个计划所需的物资质量大幅增加，从而使任务难以进行（每次任务需要的物资质

---

① P. 80 ESAS Report，loc cit.

② OExP（1989）Annual Report，p. 5. https://archive. org/stream/nasa _ techdoc _ 19930073686/19930073686_djv -u. txt.

量为 1500~2000 t)。另一方面,和化学动力推进相比,在进入火星轨道时采用气动刹车可以节省约 50% 的质量。再加上一些先进技术带来的改善,如核热火箭或者是核电推进技术,能使任务所需的质量比化学动力系统或者气动刹车系统大幅减少。(然而 NASA 在核热火箭和大型气动捕获系统中并没有投入足够的预算,并且也没有认真在这方面做研究。如果核热火箭不能在低地球轨道运用,那么其价值就无法体现,并且根据以往的估计,空气辅助系统所带来的质量减轻效益也是非常可观的。)详细内容在本书 4.12.2 节和 5.7 节有介绍。

(3) 可回收的宇宙飞船:采用可回收宇宙飞船主要是出于经济方面的考量;然而可回收宇宙飞船要求太空设备对其进行存储、维护和翻修,或者是这些宇宙飞船被设计成在太空需要很少或不需要维护。

(4) 原位资源利用技术(in situ resources utilization,ISRU):原位资源利用技术减少了在月球设立和维护前哨站的后勤需求,并且有助于发展独立于地球的自主前哨站。(奇怪的是,在 Griffin 时代,NASA 忽视了非常具有实际意义的火星 ISRU,转而研究不怎么具有现实意义的月球 ISRU,月球 ISRU 对整个计划的贡献是值得商榷的。)

(5) 太空能源:由于月球前哨站的能源需求上升到了高于 100 kW 的水平,核能就显得非常重要了,其可以提供更高的功率系数。(但是 NASA 会不会咬紧牙关坚持和 DOE 合作发展核反应堆呢?)

3.4.6　空间探测发起人和其后继者

1988—1989 年,布什总统宣布其对一项新空间探测倡议(Space Exploration Initiative,SEI)的兴趣。1989 年,NASA 进行了为期 90 天的研究以探索 SEI 如何实施。结果报告采用通常的优先选项:空间站、返回月球和火星。其宣称采用全新的 15 m 宽的重型运载火箭,可以输送 140 t 的物资,并确定了执行这项任务的若干方法。(值得注意的是 NASA 给这个具有最重要影响的研究投入的精力是最少的。)

空间站项目、返回月球和火星的方案会在 30 多年的时间内完成。在 1991—2001 年建造永久月球基地的初步花费(包括 55% 储备金)大约为 1000 亿美元(1991 年的美元),火星探险计划会在 1991—2016 年再增加 1580 亿美元的费用。所以为了实现重返月球和载人飞向火星的计划总共预计会消耗 2580 亿美元,其中 55% 作为储备金(1410 亿美元)。

追加计划自然会增加成本,预计在这个方案中 2001—2025 年运行月球基地的花费大概为 2080 亿美元,而在 2017—2025 年运行一个火星前哨站的花费预计是 750 亿美元。所以 1991—2025 年这 34 年间的花费（包括运行费用和 55％的储备金）一共是 5410 亿美元，众所周知对这些预算的估计总是偏低的。但是他们设想 NASA 的年度预算会从 1990 年的 130 亿美元增加到 2007 年的 350 亿美元，当然这只是一厢情愿。

NASA 在为期 90 天的时间内除了进行 NASA 内部对空间探测倡议（SEI）的评估以外，一个名为综合分析小组（Synthesis Group）的独立团队还对潜在的探测路径进行了审查，该小组研究了一系列任务框架和技术方案，除此之外还负责寻找影响深远的创新思想和观念，而这些概念和想法都可以用于完成整个计划。

综合分析小组的 4 个备选架构包括火星探险、月球和火星的科学研究、月球和火星长期研究、空间资源利用。技术支持是未来探测的关键。

综合分析小组列出来的技术都是非常正确的，但是 NASA 在幻灯片以外有没有对这些技术进行深入研究呢？这个综合分析小组还进行了广泛的推广计划，在全国范围内征集创新的想法。他们收集到了很多想法，但结果如何呢？

此外，综合分析小组为"有效实施空间探测倡议"提供了具体建议。包括

建议 1：以 SEI 为核心在 NASA 内部创立为国家民用太空计划服务的长远战略计划，NASA 规划的问题就是他们很少在放弃之前实施计划持续超过 1 年，然后又会回到原点。笔者从来没有目睹过 NASA 的项目能够持续超过 1 年。有人说 NASA 计划的价值只是设计计划，而不是实施计划，因此，NASA 的这种"很快就被废弃的计划"的价值越来越多地遭到冷嘲热讽。

建议 4：为 SEI 建立一个新的积极收购策略。首先弄清楚需要做什么，为什么需要。

建议 6：发展核热火箭技术项目。为什么？在什么基础上？需要在上升到 1000 km 高度之前把它打开吗？究竟需要花费多少？风险是什么？是不是应该把资金投入到开发氢气储存技术中，更好地改善长期低温推进技术？

建议 7：启动基于 SEI 要求的空间核动力技术发展项目；目前有 SP-100 和普罗米修斯（Prometheus），显而易见 NASA 和 DOE 会找到某种方法搞砸它，或者完不成它。

建议 8：进行集中生命科学试验；目标不是进行试验，而是产生结果和对象。

建议 9：把教育设为 SEI 的首要主题。对于笔者来说并不知道为什么要把教育作为 SEI 的主题。事实上，在为什么不是方面有很好的理由。

建议 10：继续扩大宣传。虽然 NASA 的宣传计划偶尔奏效，但大部分时间宣传的都是官僚且愚蠢的东西。

1995 年 9 月，NASA 的高层组织 JSC 的工程师们进行了一项载人登月研究（the Human Lunar Return，HLR），这项研究的成本相比之前的载人计划有了显著降低（减少了 1～2 个数量级）。然而并不清楚这些估算的依据是什么。HLR 计划的关键目标是展示火星探测所需的技术并吸取经验，着手开展一个在 LEO 以外的低成本载人探险计划，建立和明确人类开发月球资源所需的技术，调研商业开发和应用这些资源的可行性。并不存在一种在 LEO 以外进行载人航天探测的低成本方法，而一旦采取了这种目标，这项研究就注定会在幻想中结束。

3.4.7　劳伦斯利弗莫尔国家实验室

劳伦斯利弗莫尔国家实验室（Lawrence Livermore National Laboratory，LLNL）主导了另一个研究：大探险计划（The Great Exploration Program）。该计划为期 90 天，并宣称可以在计划公布两年以后也就是 1992 年开始实施。

正如 Portree 所描述的，整个计划的开始是发射重达 50 t 的两个可展开的空间站：

地面科考站是由 7 个 15 m 长的香肠形状的模块首尾相连而成的。它每分钟旋转 4 次来产生人造重力环境，重力值会随着模块距离中心的位置变化而变化，给宇航员提供月球和火星的重力体验。加油站将利用太阳能将水电解为液态氢或液态氧，将其作为航天飞机的推进剂。水量供给工作由政府招标后选择竞价最低的公司来完成。

1994 年底，一艘单独的运载火箭将搭载一个 70 t 左右的折叠月球基地，火箭的顶部带有一个厘米级的阿波罗地球返回模块。月球基地将在加油站中充能，飞向月球，并在月面展开。宇航员生活在简陋的条件下，机组人员每 18 个月进行一次轮换。到 1996 年，第二组工作人员到达时，月球上会建成提供燃料的工厂和月球轨道加油站。

1996 年底会发射一艘 70 t 重的火星探测飞船，在地球轨道上展开，并且在加油站中充能。然后该飞船会飞向火星轨道，在登陆火星之前它会登陆火卫一和火卫二。火星基地会在火星表面展开，第一批工作人员会在火星表面停留 399 天。他们将开采火星水来制造火箭所需的推进剂。

现在还不清楚他们如何将 IMLEO 从超过 1000 t 降到差不多 130 t。

这是可行的吗？根据 Portree 的描述，NASA 的高层和工程师们都认为这是不可能的。国家研究委员会在审查这个计划以后也认为这是不可能的，笔者也认为这是不可能的。

3.5　20 世纪 90 年代的一些独立研究

3.5.1　苏联的研究

根据 Portree 的描述：

1990 年 7 月，苏联内部颇具人气的《苏联科学》(*Science in the USSR*)杂志刊载了一篇关于能源号火星探测计划的文章。任务规划者拒绝使用化学推进系统，原因是采用化学动力推进会使整个 IMLEO 超过 2000 t。采用核热火箭的火星飞船的 IMLEO 是 800 t。他们宣称使用太阳能电推进(solar electric propulsion，SEP)系统可以减少 IMLEO 到 250～400 t。然而，在通常情况下，当任务规划者采用太阳能电推进系统时，他们往往没有将 SEP 系统本身的质量计算在 IMLEO 中。

该文章列出了苏联的几大优势：①他们拥有大型运载火箭；②能实现航天器在轨道上的自动对接；③解决了宇航员在飞往火星的漫长旅途中零重力条件下面临的各种问题；④电推进技术已经成熟。

1991 年，为了应对世界范围内反对发射核热火箭的呼吁，苏联发射了重达 355 t 的太阳能动力火星飞船，其部件是通过 5 艘资源号重型运载火箭运送到地球轨道上的。设计师设想采用一对 40 000 m^2 的太阳能电池板，在地球附近可以提供 7.6 MW 电力，在火星附近提供的电力是3.5 MW。他们选用锂作为推进剂。一辆 60 t 重的火星登陆车将在火星表面水平着陆，宇航员们生活在火星车顶部的锥形空间中。一周以后，宇航员乘坐返回舱与在火星轨道运行的飞船对接。然而，对这个项目所做的研究显然永远停留在了论文阶段。

3.5.2　火星直击

20 世纪 90 年代，火星协会(Mars Society)的创始人和主席 Robert Zubrin 公布了一种把人类送上火星的方法，他宣称这种方法特别简单并且成本特别低(Zubrin，2000)。他指的就是火星直击(Mars Direct)计划。Zubrin 认为"将人类送往火星所必要的技术条件已经成熟"，他和其他那些天真地只会提出毫无根据的想法的火星爱好者不同，Zubrin 是一名出色的工程师和一个伟大的创新者。但笔者还是觉得 Zubrin 的载人火星计划过于乐观。不过他还是提出了一些非常有创意的想法。他的火星计划是直接向火星发射配备助推火箭的小型飞行器,这和阿波罗计划中土星五号的作用相似。

火星直击采取的策略和早期的宇宙探险计划类似:轻松出行,自给自足。为了减轻质量,火星直击只使用了两艘飞船:一艘无人驾驶的地球返回舱(ERV)和一艘载有 4 名宇航员的飞船(6 个人会增加总质量使任务无法实现自给自足)。同时期的 NASA 计划是将 ERV 留在火星轨道,在火星表面发射火星升空舱(MAV)并且与 ERV 对接,然后宇航员们进入 ERV。而火星直击则与其不同,它将 ERV 和 MAV 合并成一个飞行器,载着所有乘组人员直接从火星表面飞回地球。MAV 采用原位资源利用技术(ISRU)制作推进剂来实现"靠山吃山,靠水吃水"。由于 MAV 必须从火星表面直接飞回地球,其所必需的推进剂仍然远超 NASA 任务中的用量,不过这些推进剂可以由"火星直击"中的 ISRU 产生。可以从地球携带足够多的消耗品完成这一任务,但采用 ISRU 可以增加推进剂的供应。这个计划设想的回收效率非常高。

无人驾驶 ERV 在第一年从地球发射,在 LEO 上的质量是 45 t。ERV 到达火星后使用气动捕获进入火星轨道,并且使用降落伞和制动火箭登陆火星。其携带用来充当 ISRU 原料的 6 t 液态氢,一个 ISRU 机械设备,一个安装在大型火星车后部的 100 kW 的核反应堆(火星车由甲烷和氧气驱动),其他设备如表 3.3 所示。值得注意的是,6 t 重的液态氢需要 86 m^3 左右的体积储存,加上隔离材料后体积更大。举例来说,如果隔离材料厚度为 20 cm,储罐体积将超过 110 m^3。使氢气稳定储存所需要的能量似乎没有明确地说明(无论是在飞往火星的过程中还是在火星表面的时候)。

表 3.3 火星直击任务中到达火星表面各组成部分的质量分配

生活区组成	质量/t	生活区组成	质量/t
ERV 客舱结构	3.0	裕量(16%)	1.6
生命保障系统	1.0	气动外壳(地球再入)	1.8
消耗品	3.4	巡视器	0.5
太阳阵列(5 kW)	1.0	氢燃料	6.3
反作用控制系统	0.5	ERV 推进级	4.5
通信和信息管理	0.1	推进生成机构	0.5
家具和内部物品	0.5	核反应堆(100 kW)	3.5
宇航服(4)	0.4	ERV 总质量	28.6

生活区组成	质量/t	生活区组成	质量/t
生活区结构	5.0	裕量(16%)	3.5
生命保障系统	3.0	增压巡视器	1.4
消耗品	7.0	开放的巡视器(2)	0.8
太阳阵列(5 kW)	1.0	实验室仪器	0.5
反作用控制系统	0.5	现场科学仪器	0.5
通信和信息管理	0.2	人员	0.4
家具和内部物品	1.0		
宇航服(4)	0.4	生活区总质量	25.2

可以采用一些简单的反向工程来估计 ERV 的 IMLEO。着陆到火星表面的质量是 28.6 t,整个任务可能的 IMLEO 如表 3.4 所示。

表 3.4　火星直击任务中到达火星表面各组成部分的质量分配(单位：t)

各阶段消耗燃料	燃料质量
抵达火星表面质量	29
启动辅助系统,占总着陆质量的 57%[a]	16
TMI 总质量	45
TMI 推进,为 TMI 燃料的 14%	12
TMI 燃料	88
IMLEO	145

a. Braun 推算气动辅助系统的质量是着陆载荷质量的 230%,而火星直击任务中使用了57%。按照 Braun 的推算,气动辅助部分的质量将增大到 67 t,对应到 IMLEO 部分则增大到196 t。见 5.7 节。

在火星直击计划中,核反应堆降落后自动部署在距 ERV 几百米处。紧接着化学 ISRU 设备会使用萨巴蒂尔(Sabatier)反应或者电解处理技术在数个月内提供 48 t 氧气和 24 t 甲烷。除此之外,采用固态电解技术电解气态二氧化碳可以获得另外 36 t 氧气,再将这总共 108 t 气体按氧气：甲烷为 3.5：1 的比例混合做成推进剂。整个过程耗时 10 个月,并且会在第一批宇航员返航之前完成。推进剂中的 96 t 用于 ERV(包括 MAV)上升并返回地球,剩下 12 t 用于火星车在火星上工作。理论上可以产生更多的气体来做推进剂,但是这将需要从地球上带来更多的氢。

火星直击计划中 ERV 所必须具备的推进能力远超 NASA 计划中的DRM 系列任务,因为在火星直击计划中,ERV 的实际作用等同于 NASADRMs 中 MAV 和 ERV 作用之和,并且必须携带从火星表面直接飞向地球所需的推进剂。但火星直击计划也有其优点,那就是在 NASA 的 DRMs 中,需要把一个独立的 ERV 放置在火星轨道上,这在火星直击中是不需要的;并且其返回地球所使用的推进剂都是在火星上自己生产的(ISRU 技术)而不是从地球带来的。然而,这些自己生产的推进剂必须从火星表面发射到火星轨道,这样就增加了进入轨道的推进剂载荷。直接从火星表面返回地球可以免去在火星轨道放置 ERV 这一工作,但是也显著增加了从火星表面升空的推进系统的大小、ISRU 设备的大小和储存推进剂所需空间的大小。最初的两艘飞船发射后,在 26 个月的时间内会发射额外两艘火箭。

将 ERV/MAV 加满 96 t 低温推进剂后,宇航员们乘着一个带有 15 t 重的生活舱,总质量 40 t 的返回舱返回地球,他们在火星表面大约停留 1 年半。

表 3.3 中所提供的质量数据都是非常乐观的估计。

(1) ERV 中的用于维持宇航员出发和返航的生命保障系统仅为 1 t,并且列出的生活消耗物资为 3.4 t,一共 4.4 t。而且根据 5.1 节中的讨论,即使假设水的回收利用率达到 99%,用来维持 4 名宇航员生存的系统质量也会达到 9 t,而在一般情况下水的回收利用率不可能达到 99%,那么这个数字会更高。

(2) 储存液态氢系统的质量没有被涉及进来,用于维护存储系统及电源系统的质量也没被计算进来。根据 5.7 节的说法,运载液态氢和在火星上储存液态氢的系统是必不可少的。

(3) ERV 的推进舱需要使用 96 t 的低温推进器,但其质量估计仅为 4.5 t 或小于推进剂质量的 5%。然而按照传统的法则,推进舱的质量至少需要在推进剂质量的 10%～15%,这一点也很重要。

(4) 核反应堆的质量估计为 3.5 t,实际上似乎 8～10 t 更为可信。

所以 ERV 的总质量远远超出原先估计的质量,即 TMI 上 45 t 和火星表面的 29 t。

在火箭方程式中用 Δv 表示从火星返回地球时火箭的速度大概为 6.8 km/s。可以算出对于 96 t 的低温推进剂($I_{sp}=360$ s)而言,为了达到这个速度,其最大荷载质量不能超过 16.5 t(包括推进系统的自重)。这和表 3.3 中的 ERV 在返航时的质量相符合,前提是返航所必需的各个子系统都已经被包括进来了。然而,推进系统的自重也非常重要。火星直击计划估算的推进系统自重为 4.5 t,而标准的经验值是推进系统的自重为所使用推进剂质量的 10%～15%,况且在该任务中使用的这个远距离、低温、上升推进系统的质量应当占据推进剂质量的 20% 左右。

根据火箭方程式：

$$\frac{M_P}{M_S} = \frac{q-1}{1-K(q-1)}$$

其中，M_P 表示在火箭发射之前储存在火箭中的推进剂的质量，t；M_S 表示空间飞行器的质量，t；K 表示火箭自重和推进剂质量的比值，$K = M_R/M_P$；$q = \exp\{(v)/(gI_{sp})\}$；$M_R$ 表示用于加速飞船的火箭自重（包括自身结构、低温储罐、管道、推进器等），t。

如果 ERV 的质量（不包括推进系统）从 12 t（火星直击计划中估算的）增加到一个更为合理的数值，比如 30 t（$M_S = 30$ t），并且推进系统增加到推进剂质量的 12%（$K = 0.12$），那么火箭方程式规定：

$$q = \exp\{6\,800/(9.8 \times 360)\} = 6.87$$
$$M_P/M_S = 5.87/(1 - 0.12 \times 5.87) = 19.9$$
$$M_P = 30 \text{ t} \times 19.9 = 596 \text{ t}$$
$$M_R = 596 \text{ t} \times 0.12 = 71 \text{ t}$$

因此，计划中所需要的推进剂质量会从 96 t 增加到 596 t，上升推进器的自重会从 4.5 t 增加到 71 t。即便将火箭推进器的质量设为推进剂质量的 10%，根据火箭方程，推进器的自重也必须达到 43 t，并且推进剂的质量也会达到 426 t。航天器从火星返回地球时所必须超过的 6.8 km/s 的速度在推进剂和推进器的质量之间设置了一个非常高的杠杆条件。只有将 ERV 的质量降到一个不合理的低值才能使推进剂的总质量要求降到 100 t 以下。

表 3.5 表示采用 2 级火箭把 30 t 重的返回舱从火星表面直接带回地球时所必需的推进系统和推进剂的质量（在不同的 K 值下）。

表 3.5　利用两步将 30 t 载荷送回地球对应的推进和燃料系统需求

K	推进剂质量/t			推进系统自重/t		
	1 阶段	2 阶段	总和	1 阶段	2 阶段	总和
0.10	181.5	58.0	239.6	18.2	5.8	24.0
0.11	188.8	59.2	248.0	20.0	6.5	27.3
0.12	196.5	60.4	256.8	23.6	7.2	30.8
0.13	204.6	61.6	266.2	26.6	8.0	34.6
0.14	213.3	62.9	276.2	29.9	8.8	38.7
0.15	222.5	64.3	286.8	33.4	9.6	43.0

　　然而,通过采用分级火箭进行推进可以减少推进所需的质量。如果从火星起飞和返回地球通过两个阶段进行,每段的 $\Delta v = 3.4$ km/s,可以估算出任意 $K = M_R/M_P$ 值所需的推进剂质量,假设 ERV 的质量是 30 t,得到的结果如表 3.5 所示。对于 $K = 0.12$,必要推进剂的质量是 257 t,而不采用分级火箭,所需推进剂的质量是 596 t。

　　上面的讨论遗漏了大气进入系统的质量问题。正如 5.7 节讨论的,火星直击使用的入口质量很有可能非常小。

　　火星直击计划这样处理通往火星的飞行过程中所面临的无重力环境:束缚住船舱和上级助推火箭,并且每分钟旋转大概 1 圈来创造一个人造火星重力环境"火星 g"。并且在飞船上还配备一个防辐射的食品储藏室以防止宇宙射线辐射风暴造成的食物变质。

3.5.3　火星协会推出的计划

　　1998 年,JPL 的 Jim Burke 带领 4 名加州理工学院的学生进行一项他们称之为火星协会计划(Mars Society Mission,MSM)的研究。这个研究结合了火星直击和 NASA 的 DRM-3 各个方面的设计,其目的是改进 DRM-3 在安全性、成本、政治上的可行性。MSM 比大多数的 DRMs 计划记载得更为详细(Hirata et al.,1999)。

　　在 MSM 的计划中,第一次将会发射 3 艘火箭,包括地球返回舱(Earth return vehicle,ERV)、火星升空舱(Mars ascent vehicle,MAV)、货舱(cargo lander,CL)。第二次将发射另外两艘飞船,一艘生活舱(habitat,Hab-1)用来把宇航员从 LEO 送到火星表面,一艘宇航员返回舱(crew return vehicle,CRV)和生活舱相连,宇航员返航的时候如果 Hab-1 发生意外,就可以进入这个小型返回舱里,小型返回舱在 Hab-1 出现问题的时候给宇航员们提供生存的条件,MAV 和 ERV 一起返回地球,在返程的时候提供后备。这些飞船在表 3.6 中有描述。

表 3.6　MSM 中的各种飞行器

飞　行　器	发射日期	作　　用	路　　径
地球返回飞行器 ERV	1st	从火星返回时提供生命保障(同 CRV 一起)	火星轨道;保持直到从火星上升;将宇航员送回地球
火星升空舱 MAV	1st	提供 MAV 和 ISRU	在火星登陆,将宇航员送到火星轨道的 ERV,和 ERV 一起返回地球
货舱 CL	1st	提供能源、氢气、机动性,科研等	在火星降落,给 MAV 加满推进剂

飞 行 器	发射日期	作 用	路 径
生活舱 Hab-1	2nd	将宇航员送往火星及驻留时为其提供居住环境及生命保障	把宇航员送往火星并且为他们在火星驻留时提供住所
返回舱 CRV	2nd	在返航时作为 Hab-1 的后备	在进入 LEO 时将宇航员送入 Hab-1。去往火星时和 Hab-1 在一起,回来时经由自由轨迹返回地球

第一次发射时的总质量在表 3.7 中给出。第二次的总质量在表 3.8 中给出。

表 3.7 MSM 的各部分质量估算

货 舱	质量/t	备 注
核反应堆 160.0 kW	9.3	DRM-3,使用登陆器灵活部署
氢	11.8	化学计量
氢罐	4.7	占液态氢总质量的 40.0%
核反应堆电源线	0.8	不考虑 DRM-3 的质量
科学与探索	4.7	保持能发射到火星表面的能力
燃料电池	0.3	5.0 kW 的功率(DRM-1)
货舱着陆器	5.5	按整个货物质量的 15.0% 估计得出
5.0 kW 太阳能转换器	0.5	DRM-1
星际飞行的 RCS	0.8	提供 45.0 m/s 的速度
着陆舱总重	38.5	上述各项之和
下降推进单元	0.6	4 组 RL-10M 引擎
下降推进燃料	7.2	为达到 632.0 m/s 的速度
燃料罐	0.6	燃料质量的 9.0%
降落伞	0.7	DRM-3
飞行器外壳	8.2	有效载荷的 18.0%
TMI 的总转移质量	54.9	上述各项之和
MAV 登陆器	**质量/t**	**备 注**
MAV	15.0	
ISRU	9.0	
第 1 级	12.4	推进剂质量的 9.0%＋14 组 RL-10M 引擎
第 2 级	2.4	推进剂质量的 9.0%＋2 组 RL-10M 引擎
燃料电池	0.3	DRM-1
星际飞行的 RCS	0.8	提供 45.0 m/s 的速度
太阳能转换器	0.5	DRM-1
登陆的总重	40.4	
登陆所需推进燃料	3.7	足够提供 324.0 m/s 的速度

续表

MAV 登陆器	质量/t	备　注
降落伞	0.7	DRM-3
飞行器外壳	8.4	有效载荷的 18.0％
TMI 的总转移质量	53.2	上述各项之和

ERV	质量/t	备　注
CRV	15.5	
TEI 级架构	2.4	推进剂质量的 9.0％＋2 组 RL-10M 引擎
TEI 阶段的燃料	23.0	将宇航员们带回地球所需的燃料质量
电力供应设备	0.8	NASA 的参考质量为 1.0 t
气动刹车	7.5	有效载荷的 18.0％
星际飞行的 RCS	0.8	提供 45.0 m/s 的速度
TMI 的总转移质量	50.0	上述各项之和

表 3.8　MSM 中的 Hab-1 与 DRM-3 和火星直击质量测算对比

	火星直击	DRM-3	MSM	MSM 的备注
宇航员生活模块结构	5.0	5.5	4.8	从 DRM-3 改进而来
生命保障系统	3.0	4.7	3.8	NASA 模型按 6 名宇航员来计算
消耗品	7.0		3.2	每个宇航员一天的食物和氧气及水为 0.000 63 t，一共 900 天，假设关闭了 98％回路循环
下降时燃料电池	1.0	3.0	1.3	
反应控制系统	0.5		0.5	火星直击
通信/信息系统	0.2	0.3	0.3	DRM-3
科研	1.0			
宇航员	0.4	0.5	0.4	
EVA 宇航服	0.4	1.0	1	DRM-3
家具及室内设备	1.0		1.5	
户外巡视器	0.8	0.5		按火星表面的功率估算质量
增压巡视器	1.4			不在 Hab 载荷中计算
氢和 Hab 中的 ISRU			0.4	
备用设备	3.5			包括某些独立的清单
医疗系统			1.3	
供暖系统		0.6	0.5	DRM-3 标准
宇航员住宿		11.5		
火星表面供能的反应堆		1.7	5.0	至少需要 25.0 kW 的功率
EVA 的消耗		2.3		由 MAV 和 Hab 中的 ISRU 系统提供

续表

	火星直击	DRM-3	MSM	MSM 的备注
配电		0.3	0.3	DRM-3 标准
登陆火星的总质量	25.2	31.8	24.2	以上总和
末端的推进系统和推进剂			5.3	
降落伞		0.7	0.5	
轨道供能（太阳能）			1.7	
航空器外壳结构和 TPS			9.5	$(24.2+5.3+0.5+1.7)\times 30.0\%$
人造重力（125 m）			1.4	
转换太阳能系统			1.7	
反应控制推进剂			1.7	
注入地-火转移轨道的总质量			46.0	以上各项之和

ERV 用来把宇航员从火星轨道带回地球。包含一个基于 CRV 的载人飞船和一个等同于 MAV 第二阶段的火-地转移轨火箭。与 MAV 不同的是，其携带的甲烷-氧气混合的推进剂是从地球上带来的。

采用 ERV 和 MAV 的联合协作可以预防在返航时出现的突发事件，如果 ERV 在进入地球轨道时失败了，宇航员们就会放弃 ERV 进入 MAV 继续返回地球。如果 ERV 的生命保障系统、通信系统或者其他关键系统的功能受损，造成 ERV 在火-地转移入轨（trans Earth injection，TEI）之后无法保证宇航员的生存，ERV 仍然伴随着宇航员。这是因为：①不考虑生命保障系统，ERV 和 MAV 组合在一起可以使飞船进入更快的轨道；②ERV 可以给 MAV 提供后备零件或在空气制动减速进入地球轨道以后能够被维修。

由于升空飞行器必须直接从火星表面飞回地球，所需的 137 t 推进剂全部由 ISRU 系统产生。这需要从地球上携带 11.8 t 的液态氢。MSM 在计划中分配了 4.7 t 的质量用于液态氢的储存，而火星直击和 DRM-3 都没有分配用于储存液态氢的质量。ISRU 系统的生成物见表 3.9。

表 3.9　DRM-3 和 MSM 中的 ISRU 系统的生成物对比（单位：t）

	DRM-3	MSM
氧气	30.33	106.38
甲烷	8.67	30.40
宇航员生活消耗	23.00	23.00
总和	62.00	159.78

MSM 选择的升空飞行器质量是 15 t，但实际上这个质量至少为 30 t。此外，MSM 给推进系统分配的质量是推进剂质量的 9%。可以运用之前计算火星直击计划的方法，使用两级相同的推进段，估算升空飞行器的推进剂质量。计算结果和表 3.5 中的一样。显然，MSM 计划对此的估算过于乐观了。

人工重力系统是 MSM 计划中去程飞行所必需的。有如下几个原因：①减少骨质流失和自由落体的影响；②减少制动进入火星轨道时带来的冲击；③保证宇航员在登陆火星时处于最佳状态。和火星直击采用的方法一样，MSM 计划中为了节省质量，其人工重力系统通过燃尽一个运载火箭以对宇航员生活舱起到平衡作用。如果每分钟旋转 3 次是宇航员们在漫长的旅途中可以忍受的最大转数，火星上的重力是被需要的（虽然它比地球上的重力更容易模拟，但是这也取决于宇航员目的地的重力环境），生活舱和燃尽的运载火箭之间的距离为 125 m。然而并不知道长期暴露于 0.38g 的重力条件下对人体的生理健康产生的影响。

值得注意的是，无论是 ESAS 的报告还是 NASA 的报告或者出版物，都没有提及或承认火星直击和 MSM 的存在。

3.6　DRM 出现之前的时期

Cooke(2000)在 JSC 做了一个关于近期人类探测研究的概述。他对 20 世纪 80～90 年代的研究进行了简要的总结。虽然 Cooke 的总结在某些方面令人印象深刻，但并没有为我们充分理解将人类送上火星的需求提供依据，也没有传达一种积极向上的感觉，即我们对于那些验证方法所涉及的发展趋势和证明过程具有现实认知。同时也未提及成本。

星际探险办公室在 1988 年进行的案例研究

星际探险办公室推出的计划是 2003 年在火卫一上对火星进行长达 13 个月的观测，全部采用化学动力推进，IMLEO 为 1800 t。如果在火星附近使用核热火箭 NTR 和气动捕获技术，IMLEO 可以降到 1000 t。他们还提出了一个在火星表面停留 20 天的短期计划作为备选方案，在 2006 年或者更后面的时间发射。1988 年的研究充满着乐观主义情绪，他们也承认这项任务是"能量密集型"的。

星际探险办公室在 1989 年进行的案例研究

星际探险办公室认为对火星探测和观测是个渐进的过程，首先建立"永久、大型、自给自足的火星表面前哨站"并且在 2007 年首次进行载人飞行。

这个计划采用了重型运载火箭(在 LEO 的质量为 140 t)，但是即使采用了重型运载火箭，在 LEO 上还是要开展大量的组装和检修工作。该任务中在火卫一生产推进剂，配备人工重力设备，并且在火星表面的停留时间从 30 天增加到 500 天。整个任务需要每年向 LEO 输送 500 t 的物资。

他们还规划了另一个火星探测项目，于 2004 年发射，在火星表面停留 20 天。一如既往，整个计划也过于乐观了。

1991 年，碰到门槛的美国人——综合分析小组

NASA 进行了广泛的推广计划，来募集涉及航天领域的各种投资，从而使人类的太空计划能够继续进行。一个综合分析小组提出了很多备选方案。

这项研究提出使用载人登月任务作为测试场景，验证那些能最终用于火星任务的技术，在 2012 年和 2014 年会有短暂的火星停留计划，到 2016 年会有长时间的停留计划。这似乎是本末倒置了，因为短期停留任务实际比长期停留任务的要求更高。

通常情况下，在 2005—2010 年会实施月球探测计划。2012 年将会使用核动力火箭发射一个无人货运飞船。而首个 6 人规模的载人飞船会在 2014 年飞离地球，经过大概 120 天的航行，使用核热火箭减速进入火星轨道，与火星转移生活舱分离后，在 2012 年发射的货运飞船附近着陆。宇航员会用大约 30 天的时间进行系统测试和初步探测，然后返回转移飞行器，乘着核动力火箭飞回地球。

3.7　NASA 的 DRM 计划(1993—2007 年)

3.7.1　设计参考任务-1(DRM-1)

简介：

综合分析小组在 1993—1994 年继续他们的工作，该项研究在火星探测研究小组工作室的框架下进行，成果即为包含了如下概念的设计参考任务(Design Reference Mission, DRM)：

(1) 不在低地球轨道(LEO)进行操作或组装——就是不依赖空间站作为火星任务的中转站。

(2) 不依赖月球前哨站或者其他月球行动。

(3) 重型火箭能向低地球轨道(LEO)运输 240 t 物资，向火星轨道运送 100 t 物资，向火星表面运送 60 t 物资(运载能力是土星五号运载火箭的两倍以上)。

(4) 采用 NTR(核热火箭)技术进行推进。

(5) 第一次探险去往火星和回来所消耗的时间很短暂,在火星表面的停留时间比较长(属于"合点型"任务)。

(6) 有 6 名宇航员参与任务,确保有足够的人力和技能组合。

(7) 将物资运输和人员运输分离。

(8) 早期依靠 ISRU 技术将发射到火星上的质量减到最少。

(9) 对运输阶段和火星表面的探测阶段进行常规设计来减少成本。

DRM-1 被认为是之后在 20 世纪 90 年代 NASA 所开展的一系列 DRM 计划的先驱。在所有工作完成之后的几年,NASA 于 1997 年 7 月出版了一份详细的关于这些概念的报告(Hoffman et al.,1997)。和之后的 DRM 报告相比,这份报告细节最详细、最完整,对整个任务进行了最真实的描述。乐观估计,整个任务涉及的 3 个货运飞船和 1 个载人飞船的 IMLEO 总量为 900 t。

DRM-1 被记载得非常详细,以下是一份 DRM 的客观可靠的自我评价:

当前形式的 DRM 是不可实现的。现在提出的只是一些假设和预测,如果不进行后续的研究、发展和技术演示,DRM 是无法实现的。也没有制定实施的细节,这些细节都需要通过工业系统工程程序来进行满足相应需求的系统开发。参考任务的主要用途是为比较不同的方法和标准奠定基础,并从中选择最好的一个。参考任务的主要目的是激发深入思考和研究可替代的方法,以提高效率、减少风险、降低成本。

为了实施 DRM-1,研究人员制订了一些基本规则,其中的两个包括:

(1) 火星表面停留时间需要 500~600 天(长期任务)。

(2) 利用 3 个连续的载人火星任务,每个任务都从第 1 个任务的起始点开始,即渐进式地在火星表面建设基地。

DRM-1 设想宇航员们会探索前哨站半径数百公里的区域,这意味着需要使用一个能力更强的增压巡视器。

DRM-1 利用 ISRU 系统生产火星升空舱(MAV)所需的甲烷和氧推进剂,并且使用从地球带来的液氢加速这一反应,然而任务存在一个明显的漏洞,就是没有顾及液态氢的存储要求(体积、功率等)。

DRM-1 的飞船

定义下述飞行器:

ERV(地球返回舱),飞往火星轨道并且在火星轨道运行等待从火星表面升空的宇航员。ERV 包括一个可供 6 名宇航员生存的生活舱和装满推进剂的推进系统,将宇航员从火星轨道送往地球,并在地球降落。

MAV（火星升空舱）/基础设施货运飞船，运送的有效载荷包括：①携带了用于装载氧气和甲烷空罐的 MAV；②包括氢供应装置的一个 ISRU 推进剂生产设备（计划中存在一个明显的疏忽就是没有考虑用于储存推进剂的罐子，并且没有考虑液态氢的汽化损耗）；③一个功率为 160 kW 的核能发电设备；④火星表面研究需要的 40 t 左右的基础设施。

栖息登陆飞船——把生活舱 1 号飞船（其中包括一个实验室）投放到 MAV/基础设施货运飞船旁边。飞船中还携带了另一个 160 kW 的核能发电设备。

宇航员登陆飞船——把生活舱 2 号（和生活舱 1 号相似）投放到生活舱 1 号和 MAV 附近，其和生活舱 1 号相连，提供额外的宇航员生活空间。

值得注意的是，DRM-1 的安全系数非常高，核能发电设备和宇航员生活舱都是双份的。其后的 DRM 计划为了减少 IMLEO 并且使任务成本降低去除了这些冗余的设施。在未来，降低成本和提升安全性之间的平衡将会最终由风险评估给出的任务失败概率来确定。

经过一系列体积、质量和任务分析，DRM-1 采用的生活舱为直径 7.5 m，垂直双层缸型结构。DRM-1 包含以下三种居住单元：①火星地表实验室；②火星运输及生活舱；③返回地球生活舱。并且这三类单元拥有大量基本相同的初级和次级结构：窗、舱门、对接系统、配电系统、生命保障系统、环境控制系统、安全系统、配载系统、垃圾处理系统、通信系统、空气闸门系统和逃生通道。

以下是对 DRM-1 的这三个单元各自独特之处的简要描述：

（1）火星地表实验室第一层是宇航员生命保障单元，第二层是科学和研究实验室。

（2）火星地表运输生活舱包含了去往火星和在表面停留的约 800 天所需要的消耗物资（180 天的飞行时间，600 天的停留时间）及 180 天飞行期间宇航员们所需要的设备。它是保证宇航员们在无重力和微重力条件下生存所必不可少的元素。地表生活舱在火星表面降落后就会和之前的地表实验室对接，从而增加一倍的宇航员增压空间。

（3）返回地球生活舱只在无重力的条件下使用，其对生活物资和空间的需求都是最小的。返回生活舱没有体积限制，但是有质量约束以满足地球转移入轨 TEI 段的限制。在这一阶段中，宇航员除了地球环境适应和返回地球的轨控训练外没有其他活动，所以返回生活舱内部结构中最关键的就是质量约束和防辐射保护。防辐射可能仅仅是一项需关注的问题，而没有具体的缓解措施。Rapp（2006）和本书的 5.2 节都涉及关于辐射影响的讨论。然而在该任务中并没有为防辐射外壳分配质量。

DRM-1 的任务序列

DRM 任务中一个重要的考虑因素就是所有的飞船在同一地点降落还是各自降落在不同地点。主要需权衡在 3 个不同地点登陆从而可以进行额外探测与建设测试定居技术的能力(如封闭的生命保障系统的能力)以及在同一地点积累地表资源所引起的风险降低的好处之间的关系。由于在单一火星基地周围进行观测和探索已满足需求(火星探测车可以探索数百公里的范围),所以对于 DRM-1 而言,在多个基地进行探索就显得没那么必要。于是 DRM-1 的前 3 次任务都会在同一地点降落并且建设基础设施。

DRM-1 采用的策略被称为"分割任务",将任务分解为若干单元,可以使用大型运载火箭进行发射,免去了在 LEO 进行交会对接和组装的步骤。这些单元需要在火星表面进行对接,需要很高的登陆精确度并要求主要元素在火星表面具有机动性,才能使这些任务单元在火星表面对接成功或靠近。该策略的另一大特点就是允许宇航员在出发之前可以使用无人飞船有一次或多次机会将货物运往火星,允许选择低能量、长时间的转移轨道输送货物,然后用高能量、短时间的轨道进行载人飞行。每一个单元的发射都分为两个阶段进行,这可以保证在载人计划开始前有足够的时间来检查和放置设备,并且使任务更加有把握被实现,后一阶段的发射任务可以给前一阶段的发射提供后备支持或提高初始能力。最重要的是,ERV 会被放置在火星轨道上,火星表面的 MAV 的燃料槽会利用 ISRU 技术在宇航员升空前填满。

在 DRM-1 计划中,第一阶段会发射 4 艘飞船,然后 3 艘飞船按任务时序发射。最开始的 3 艘飞船是无人飞船,它们将把物资设备运送到低火星轨道和火星表面以供后续任务使用(见图 3.6)。

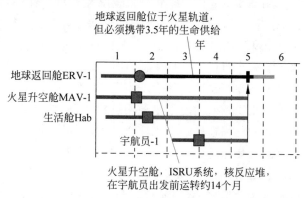

图 3.6　DRM-1 中第一次火星探测任务的事件时序

每个随后的任务序列都包含向火星发射一名宇航员和两艘货船。两艘货船中的一艘带有 ERV，另一艘带有包含 MAV 的登陆器和额外的供给品。通过这一系列的任务在火星逐渐建立基地，在第 3 名宇航员的任务结束后，火星表面上会保留一些能够用于建立永久性火星基地的基础设施。

将宇航员送到火星表面的整个任务序列包括 3 个阶段，间隔大约为 26 个月，如图 3.7 所示。

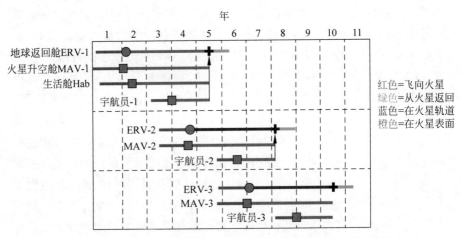

图 3.7　DRM-1 中 3 名宇航员前往火星的任务时序（见文前彩图）

第一批载人任务包含 4 艘飞船：ERV 货运飞船（ERV cargo vehicle）、MAV/基础设施货运飞船（MAV/infrastructure cargo vehicle）、栖息登陆飞船（habitat landing vehicle）和宇航员登陆飞船（crew lander）。这三艘货运飞船比载人飞船提前 26 个月发射，在一个低能量的轨道中飞向火星（这就意味着可以不用在 LEO 上进行组装和装填燃料）。当降落在火星表面时，核反应堆会在升空舱附近几百米范围内自动部署。在宇航员从地球出发之前，MAV 的燃料槽需要 14 个月左右的时间来进行燃料补充。宇航员登陆飞船提供了第 2 个可供宇航员休息的地方。

首批 6 名宇航员在第二次发射阶段从地球出发（第 4 次发射，如图 3.7 所示），他们在地球出发的时间晚于之前两艘货船，但是由于宇航员们是在只需 180 天航行时间的高速轨道上飞往火星的，所以会比之前两个货船提前大约 2 个月到达火星轨道（第 5～6 次发射）。宇航员们会生活在一个表面生活舱中，它与之前部署在火星表面上的实验室/生活舱极其相似。在捕捉到更高的火星椭圆轨道之后，宇航员们会下降到生活运输舱来和火星前哨站的其他设备对接。DRM 计划是这样描述的：宇航员们携带了足够用来在火星表面停留期间生活的物资,以防可能发生无法与这些已经部署好的设备成功对接的意外。然而为了能正常升空,宇航员在火星表面还是必须要和 MAV 进行对接的。第二阶段和第三阶段的宇航员在登陆时就不会采用分离的火星地表生活舱,而只是使用 ERV 货运飞船、MAV/基础设施货运飞船和宇航员登陆飞船。

DRM-1 设想的是通过技术的发展可以实现在火星表面精确登陆,并且所有的设备都能在地球上安装好并且在火星上进行简单对接。这些技术可以在先前的机器人任务中进行验证。

在完成火星上的科学任务后,每个宇航员都会登上先前的升空飞船(此时飞船已经利用 ISRU 技术填充好燃料)返回火星轨道,和在火星轨道等待的 ERV 进行对接。宇航员们会在 ERV 的栖息舱中返回地球,与之前宇航员前往火星时所使用的栖息舱相似。这个栖息舱是 ERV 的一部分,是在之前的一次货运飞行中部署的,它在宇航员们到达火星表面之前的 4 年就开始以无人照料模式在火星轨道运行。

火星升空舱

ISRU 系统会在宇航员们离开地球之前 14 个月之内把 MAV 的燃料槽充满。14 个月是这样来的,两次发射的间隔是 26 个月,其中飞往火星耗时 9 个月,需要 1 个月时间来启动程序,宇航员准备出发的时间是两个月。于是:$26-9-1-2=14$。

MAV 有 9 m 高,直径为 4 m。上升推进系统需要达到 5.6 m/s 的 Δv。通常情况下进入火星圆轨道的 Δv 是 4.3 km/s,但是在 DRM-1 和 DRM-3 的计划中,ERV 在一个大椭圆轨道运行,因此除需一个圆轨道脉冲外,Δv 需要上升到 5.6 km/s。

从火星表面上升到火星轨道所需推进剂的质量与需要从地面发射入轨的飞行器质量成正比,飞行器包括一个供 6 名宇航员乘坐的太空舱、推进系统(燃料槽、推进器、管道等)和用于在火星轨道进行对接的控制系统。DRM-1 对于这些质量设想得都太过理想,他们预计的宇航员乘坐的太空舱和推进系统的质量分别为 2.8 t 和 2.6 t,只需 26 t 的甲烷和氧推进剂就可以将整个飞行器加速到 5.6 km/s 从而实现轨道上升并在火星轨道和之前部署的 ERV 对接。在之后的 DRM-3 中燃料质量增加到 39 t,但这个数字还是过于理想。在 DRM-1 和 DRM-3 中假定的火箭比冲量为 379 s,实际上 360 s 更为现实。

火星表面的能量来源

在 DRM-1 的计划中,货舱和栖息登陆舱都携带一个 160 kW 的核反应堆发电设备。因此第一批宇航员可以使用 320 kW 的核电，或者将 160 kW 作为完全备份。每个任务后续阶段的宇航员会再携带一个 160 kW 的核反应堆。为什么 160 kW 是必需的，以及它将如何被使用都没有解释。似乎一个较低的功率就已经能够满足任务的需要。位于火星表面的供能系统的设计寿命在 15 年以上，这是为了使其能够为 3 次任务提供良好的安全保证。火星表面的送电系统的寿命在 6 年以上，以减少在执行任务期间对送电系统进行更换的可能。

除此之外，每个栖息舱在往返火星的行程中要保证太阳能电池阵列是可用的，并且保证这些太阳能设备也能在火星表面工作。每个太阳能系统能产生 30% 的电能。出现紧急情况时，增压巡视器会使用动态同位素电力系统（dynamic isotope power system，DIPS）提供 10 kW 功率。（现在还不清楚动态同位素系统的质量有多大，是否有足够的同位素可供使用，系统是否足够可靠。目前可用的同位素是非常有限的。）

星际运输系统（interplanetary transportation system）

DRM-1 的星际运输系统包括：地-火转移轨道入轨（trans-Mars injection，TMI）级；火星轨道捕获和再入的双锥形减速伞；火星表面运输的下降级；宇航员返回火星轨道的上升级；离开火星系统的地球返回级；地球再入和降落的载人太空舱。

DRM-1 采用的运输策略是任务中不用在 LEO 进行各种飞船和设备的组装对接，但是在宇航员们离开火星时，需要在火星轨道进行飞船和设备的对接。

DRM-1 使用基于核热技术的地-火转移轨道入轨级（TMI，就是将设备从 LEO 推进到火星转移轨道上）。然而，如 4.12.2 节所述，如果由于安全原因在推进之前需要把整个设备运输到高地球轨道（大于 1000 km）上的话，NTP 的优势就会大大减少。DRM-1 和 DRM-3 都假设直接在 LEO 上点火。地-火转移轨道入轨级使用的是 4 个 15 000 lb（约 6804 kg）推力的核动力火箭（$I_{sp} = 900$ s）。该火箭设想的最大直径为 10 m，总长度为 25.3 m，大部分的体积用来储存氢，每个 TMI 级需要的氢为 86 t。86 t 的液态氢在 100 kPa 大气压下需要储存的体积是 1300 m^3，如果采用一个条形燃料槽来储存液态氢，对于 10 m 的直径来说，燃料槽的长度为 16.5 m。于是估计 TMI 级的自重为 30 t，或占整个推进剂质量的 35%。

在完成推进任务后，TMI 级将会进入一个在 100 万年之内都不会与地球和火星相遇的轨道。载人 TMI 级在引擎和液态氢燃料槽之间包含一个具有防护措施的外壳，目的是保护宇航员不被核反应堆和核动力引擎工作时产生的辐射灼伤。所有货运飞船都使用了同样型号的 TMI 级,它能运输到火星表面的货物质量大约为 65 t,单次发射到火星轨道的货物质量大约为 115 t。如前所述,这些数字的产生都是基于两个前提:一是 NTP 可以在 LEO 上点火,二是对推进系统的质量估算是准确的。

火星轨道捕获和大多数的火星降落轨控的演习都采用减速伞来实现,进行火星轨道捕获和轨道控制是基于以下事实:①无论采用何种方法进行火星入轨都需要使用减速伞;②对降落过程中减速伞的要求没有入轨阶段要求的那么严格;③采用单一减速伞消除了一个级间事件,在登陆火星表面前,也就是消除了一个潜在的失败模式。然而大型飞船减速技术的开发非常具有挑战性,成本也非常高,这一点在 5.7 节中会有讨论。DRM-1 和 DRM-3 中都没有涉及这一内容。NASA 的 DRM 计划对于入轨系统的质量预测也过于乐观,要比佐治亚技术小组的估计低得多(见 5.7 节)。

宇航员们登陆火星搭乘的生活舱和之前货运任务中在火星表面部署好的生活舱结构基本一致。这种在运输途中和火星表面停留阶段都可以对生活舱进行设计的行为,对整个任务有很多好处:

(1) 两个生活舱可以在火星表面的长期驻留期间互为备份。

(2) 从功能齐全的生活舱中降落到火星表面后,宇航员不需要立即从太空专用的生活舱转移到表面栖息舱,这可以让宇航员用适合自己的方式来适应火星的重力环境。

(3) 整个计划只需要采用一个生活舱,之所以设定了两个是为了地面使用的需要。尽量减少为了适应失重环境而进行的改造。

设计一个普通的降落级包括运输舱/表面栖息舱、升空舱和一个表面货舱。下降级的运输能力大概为 65 t。如果用着陆器将宇航员带到火星地表,它的尺寸就有点大了;设计一个小型登陆器和与之配套的相关设备可以降低成本。为了在气动捕获后、降落之前执行圆化点火并将速度降到 500 m/s,普通的下降级采用 4 个改进的以液氧甲烷(LO$_x$-CH$_4$)为燃料的 RL6 型引擎。使用降落伞是假设当减速伞失效时,它可以在终极推进轨控前减小下降级在着陆前的速度。采用 LO$_x$-CH$_4$ 作为燃料可以使降落和升空阶段都可以采用普通的引擎,上升级的燃料受限于在火星表面使用 ISRU 系统所制造的推进剂。上升舱安装在降落器的顶部,它由一个上升级和一个上升载人太空舱构成。上升级被运送到火星表面时其燃料槽是空的。而下降级带到火星表面的 MAV 中包含了数个燃料槽(5 t 左右,体积大于 70 m^3),槽中装有用于 ISRU 系统生产 26 t LO$_x$-CH$_4$ 推进剂的种子氢以把 MAV 送上火星轨道与 ERV 进行对接。上升舱采用两个以 LO$_x$-

CH_4 为燃料的 RL6 改进型引擎。然而计划中并没有涉及储存和冷却这么大体积的氢气会受到怎样的限制，也没有涉及氢气储存系统。将升空火箭和上升级送上火星轨道所需的 26 t 推进剂的估计也过于乐观，实际所需的推进剂质量可能大于 40 t，事实上，DRM-3 之后把推进剂的质量增加到了39 t。

ERV 飞船由火-地转移入轨（TEI）级、地球返回运输生活舱和一个把宇航员带回地球大气层的地球再入舱组成。TEI 级在发射到火星轨道的时候是装满燃料的，它在宇航员返回地球之前会在轨道上运行大约 4 年，使用的是两个改进型 LO_x-CH_4 为燃料的 RL6 引擎，这些引擎和火星降落火箭、火星升空火箭使用一样的燃料，目的是减少研发费用并提高设备的可维护性。返回用的生活舱和出发时宇航员所在的生活舱是一模一样的。但是任务中并没有讨论任何低温储存推进剂的方法和需求。

运载火箭

地球轨道的发射能力由任务中规定的送往火星的最大荷载量所决定。名义上 DRM-1 单次任务中将一个搭载 6 名宇航员的生活舱，送往火星的设计质量为 50 t，其中生活舱会经过高能轨道飞往火星。这是根据从地球送往 354 km 高的轨道（LEO）的单次运载火箭的运力应该在 240 t 左右估算得出的。由于如果采用 200 t 级的运载火箭将会大幅增加研发成本，所以计划开始考虑另一个方案，就是采用小型火箭，在飞往火星之前将设备在 LEO 组装好。小型运载火箭（110～120 t）具有低开发成本的优势。然而，较小的运载火箭给 DRM-1 任务引入了某些潜在的困难。使用小型运载火箭最显而易见的优势就是各个设备可以在地球轨道上进行简单对接，然后立马出发飞往火星。为了避免低温推进剂在发射阶段由于汽化产生损失，所有飞行器必须小间隔快速发射。这给单次发射工作和地面操作人员的操作提出了较高的要求，并且也需要两次发射工作之间的合力配合。发射之前在 LEO 进行火星飞行器的组装和在轨燃料的装填可以减缓发射设备的压力，但是每一次发射窗口对应的火星任务的最佳地球轨道都不同。

DRM-1 设想的是采用 240 t 的运载火箭。然而，这种火箭的研发设计已经超过了所有具有航天经验国家的研究范围。即使研发出这种火箭，其配套的运载工具、发射设备和地面处理设备以及开发成本都不可估量。在 DRM-1 的研究结束后，运载火箭的选择仍然是一个悬而未决的问题。

原位资源利用技术（ISRU）

在 DRM-1 中，ISRU 系统提供两种基本资源：①MAV 使用的推进剂；②生命保障系统（life support system，LSS）的后备资源（这其中存在一个奇怪的逻辑，一方面宇航员们完全依赖 ISRU 所生产的推进剂做燃料来完成返航任务，另一方面 ISRU 只是作为生活消耗物资的后备。并不清楚为什么 ISRU 不是作为这些资源的来源，因为推进剂和生活物资都是必需的）。ISRU 的生产系统包含两台冗余的 ISRU 反应设备，第 1 台反应设备由第 1 艘升空飞船运输，第 2 台设备由第 2 艘飞船运输。每一个 ISRU 反应设备都能生产足够两个 MAV 任务使用的推进剂。然而，只有第 1 台反应设备用来生产生命保障系统所需的后备生活消耗物资。对于每一个 MAV 飞行器来说，任务中设定 ISRU 反应设备能以 3.5：1 的比例来生产 20.2 t 的氧气和 5.8 t 的甲烷。然而根据之前的设想这个数字还是偏低。之后的 DRM-3 将推进剂的数字从 26 t 增加到了 39 t，实际上这个数字应该大于 40 t。不仅如此，首个 ISRU 系统还需要产生 23.2 t 水和 4.5 t 呼吸用的氧气以及 3.9 t 的氮气/氩气等惰性气体作为任意 3 名火星宇航员使用的后备存储。该系统将所有的这些材料液化储存起来，作为生命保障系统的后备，或者之后给 MAV 使用。ISRU 进行生产的原料是火星表面的气体和从地球带来的氢。两套 ISRU 反应设备的主要生产过程相同。二者的区别是，第 2 台反应设备比较小并且没有缓冲气体提取设备。DRM-1 指出，如果火星上有可利用的资源和现成水源的话，ISRU 系统还可以进行简化。

DRM-1 必须从地球携带 4.5 t 的氢。而计划中并没有涉及运送氢和在火星上储存氢的要求和可行性（见 6.7 节，关于在运输途中和火星表面储存制冷剂所面临的困难）。DRM-1 的 ISRU 系统采用萨巴蒂尔（Sabatier）过程、电解水、电解二氧化碳和缓冲气体吸收过程来达到目的。

萨巴蒂尔过程得到的水和甲烷的质量比为 2.25：1，并且产生 1 t 甲烷需要消耗 0.5 t 的氢气。由此产生的甲烷作为燃料被低温保存。产生的水可以直接用于生命保障系统储备或者电解出氧气储存，所得的氢气可以被循环利用。

氧气通过两个不同的过程产生。DRM-1 通过电解萨巴蒂尔过程得到的水来获得氧气，除此之外，电解火星大气中的二氧化碳也可以直接获得氧气。电解水是一项比较成熟的技术。推进剂的生产就是将萨巴蒂尔过程和电解水产生的氧气与甲烷按 2：1 的质量比混合。在组合过程中对氢进行回收用于萨巴蒂尔过程，因此生产 1 t 甲烷只需要 0.25 t 的氢。DRM-1 选取的引擎所需要的推进剂中，氧气和甲烷的比例为 3.5：1。所以还需要有另外的途径来获得氧气以避免甲烷的过度生产，那就是通过电解二氧化碳技术来获得所需的氧气。该方法通过在高温下使用氧化锆电池来把大气中的二氧化碳直接转换为氧气和一氧化碳。这一方法除了第一阶段的任务需要萨巴蒂尔过程中生产的水以外，消除了甲烷生产过剩的问题。

在这项研究中没有详细的关于缓冲气体提取的讨论。其很有可能是氮气和氩气的吸收过程，在这一过程中压缩气体通过一个填满了可以完美吸收这些气体物质的隔层。之后气体会被加热并从这个隔层中释放出去，在通过一个冷却设备之后被储存起来。任务中的气体吸收和气体加热装置是并行的，可以使一个隔层在吸收大气的时候另一个隔层释放吸收到的气体。然而，较新的低温二氧化碳采集过程可能会产生作为副产品的缓冲气体。

进行大气摄入、产品的液化储存和运输的辅助系统在任务中必不可少，这些在 DRM-1 中都没有涉及。

宇航员必须在第 1 台 ISRU 反应设备在火星部署好至少 1 年以后才能从地球出发。在这 1 年多的时间内，ISRU 系统会生产后续任务所需的所有推进剂和生命保障系统所需的生活资料。也就是只有在火星上停留期间和返回阶段所需的一切物资都就绪后，宇航员才会从地球出发飞往火星。这台 ISRU 反应设备也会给整个 DRM-1 任务中的第 3 批宇航员搭乘的 MAV 提供推进剂。

ISRU 反应设备的尺寸只是被粗略估算后得出。这些估计值的来源是基于在选择 ISRU 系统之前所进行的一些测试工作的数据和在 15 个月内必须生产出所有资源的任务速率的要求（在笔者看来这一过程大概只需要 14 个月就足够了）。ISRU 的质量和功率要求都在表 3.10 中列出，但是很难去求证这些数值是否准确。在 JSC 以外没有相关报告被发布出来也无法得到研究数据，甚至在 JSC 内部也找不到相关的文件。

ISRU 反应柱的质量和功率的估算见表 3.10。

表 3.10　DRM-1 的对 ISRU 反应柱的质量和功率的估算

反应柱部件	生产速率/(kg/d)	生产速率/(kg/h)	部件质量/kg	部件功率/kW
压缩机	269.70	11.20	716.00	4.09
电解二氧化碳	53.20	2.20	2128.00	63.31
萨巴蒂尔过程	22.90	1.00	504.00	1.15
电解水	27.80	1.20	778.00	0.00

反应柱部件	生产速率/(kg/d)	生产速率/(kg/h)	部件质量/kg	部件功率/kW
缓冲气体提取	8.70	0.40	23.00	0.13
低温冷却器	84.80	3.50	653.00	3.59

DRM-1 没有给出这些数字的解释,但我们可以从一定程度上对此进行分析,尽管如此,这些数字还是非常的混乱。

压缩机每小时吸入 11.2 kg 的火星大气(95.5% 为二氧化碳),电解二氧化碳得到氧气的速率是 2.2 kg/h。在超过 15 个月的时间内,工作时间一共为 10 800 h,所以总计生产 10 800 h×2.2 kg/h=23 760 kg 氧气。因此在 DRM-1 中升空飞行器所需要的推进剂中氧气质量是 20.2 t,所以额外的 3.5 t 氧气可以作为生命保障系统的储备使用。

萨巴蒂尔过程的生产速率是 1.0 kg/h,但是这个 1.0 kg 是指的甲烷还是氧气我们不得而知。或许可以采用一种更好的方法来分析,在整个 10 800 h 的生产过程中消耗的氢是 4.5 t,所以在这 15 个月中氢的利用率为 0.417 kg/h。现在有两种可能,一种就是萨巴蒂尔过程中不涉及电解操作,只生产甲烷和氧气;另一种则是将萨巴蒂尔过程中产生的水进行电解,生产氧气,并且将电解产生的氢回收再利用于萨巴蒂尔过程。

根据萨巴蒂尔过程的反应方程式

$$CO_2+4H_2=CH_4+2H_2O$$

可以看出 1 t 氢气能够产生 2 t 甲烷和 4.5 t 水。如果对这 4.5 t 水进行电解,会产生 0.5 t 氢和 4 t 氧。如果将氢回收再利用于萨巴蒂尔过程,整个反应方程式可以变为

$$CO_2+2H_2=CH_4+O_2$$

这样 1 t 氢能产生 4 t 甲烷和 8 t 氧气。然而事实是 DRM-1 在首次登陆时选择不进行水电解。

根据 DRM-1 的任务要求,需要的甲烷总质量是 5.8 t,采用萨巴蒂尔过程而不使用电解技术,一共可以产生 10 800 h×0.417 kg/h×2=9000 kg=9 t 的甲烷。与此同时产生了 20.3 t 水。

DRM-1 的任务中需要的水是 23.2 t,需要供宇航员呼吸的氧气是 4.5 t,DRM-1 的 ISRU 系统产生的用于生命保障系统的水和氧气是相对缺乏的,而甲烷是相对富足的。显而易见,DRM-1 的 ISRU 系统中并不需要进行电解水的操作。

然而，如果 DRM-1 的任务中消除了对于备份水资源的需求，并且将萨巴蒂尔过程和电解水的过程结合，那么有一个好处就是可以减少氢的消耗从而可以使从地球上携带的氢的质量减少。因为对甲烷的需求量是 5.8 t，对于 10 800 h 的工作时间来说，每小时需要产生 0.537 kg 的甲烷。如果将萨巴蒂尔过程和电解水的过程结合，利用 1 t 氢气可以产生 4 t 的甲烷，于是氢的利用率降低到了 0.134 kg/h。在 10 800 h 的工作时间中，总量为 1.45 t。所以正如之前所提及的，任务中从地球带到火星上的氢是过多的。

表 3.10 存在另一个疑点，电解水的那一行显示的功率为零，意味着 DRM-1 没有利用电解水技术进行任何操作，但是电解水的那一行却显示了存在生产速率，还不知道生产的究竟是什么物质。

DRM-1 的 ISRU 系统的能量消耗主要来自固态电解。理论上破坏二氧化碳中的化学键来达到 2.2 kg/h 的氧气生产速率所需要的功率为 10.8 kW，如果算上热损失这个数字应该会增加到 15 kW。表 3.10 中显示的功率要求为 63.3 kW，也不清楚为何这个数字如此之高。

生命保障系统中的生活消耗物资

生活消耗物资主要是水和呼吸用的空气（混合了惰性气体和氧气）。然而在 DRM-1 中并没有关于这些生活消耗物资的说明。在 20 世纪 90 年代 NASA 提出的所有火星计划中，作为和安全问题同等重要的对生活消耗物资的需求却都只是被简单地提及了一点。DRM-1 为生活舱中的宇航员住处规划了 7.5 t 的生活消耗物资，并且还有额外的 3 t 生活物资用于维持植物生长和生命保障系统。关于呼吸空气的组成和潜在回收的讨论非常具有价值，但是 NASA 并没有进行这方面的工作。整个任务中还缺少各个任务阶段（地-火转移阶段、火星降落阶段、表面停留阶段、升空阶段、火-地转移阶段）中所需要的氧和水的质量。看来 DRM-1 采用了回收率远大于 90% 的系统。

3.7.2 设计参考任务-3（DRM-3）

1997 年，NASA 提出 DRM-3 用来细化 DRM-1。在 DRM-3 中 NASA 重申他们所做的参考任务的主要作用（如 DRM-1 所述）有两点：①形成一个能够评估后续关于人类探险火星计划的模板；②在探测界内、外鼓励新的思想和发现。

DRM-3 主要的修改围绕 DRM-1 的发射系统来进行。具体来说，需要尚未研发的大型运载火箭将任务所需的物资输送到低地球轨道（LEO）。

如果想要通过 4 次发射将载人任务的全部物资部署好,那么需要运载量大于 240 t 的运载火箭。普遍认为在 DRM-1 中研发出运载量 200 t 以上的运载火箭是一个非常大的技术性难题和挑战。设计大型运载火箭会使相关方面的成本增加(研发成本,新的火箭发射设备等),并且大型火箭的尺寸会对 DRM-1 的完成产生潜在阻碍。大型运载火箭的质量主要受低地球轨道上的初始质量(IMLEO)限制;于是开始努力减少每次发射运载火箭的体积和质量。这些工作就是为了在以下两个方面达到平衡:一是减少发射次数从而降低地面发射的成本;二是限制在 LEO 上进行对接和组装的操作复杂度。为了减小运载火箭的尺寸,需要对其所携带的物资进行严格的大小和质量检查。这样修改的目的就是要将其携带的物资质量限制在 160 t 以内,并且分为两个较小的运载火箭(每个运输量在 80 t 左右)进行运输,而不是使用单一的大型运载火箭。

此外,就设计运载火箭的许多方面而言,对重要系统进行重新包装能够有效减少发射部件的物理尺寸,如能减少系统的质量并且减少载荷覆盖物的空气动力负荷。在 DRM-1 中给火星登陆器配备了大型减速伞(直径超过 10 m),在登陆器和减速伞之间有大量没有被利用的空间。在 DRM-3 中对此进行了重新设计,将宇航员生活舱结构与火星再入减速伞和发射覆盖物集成在一起。除此之外为了降低各个部件的质量,集成设计方案设计了几个额外的功能:①带有热保护系统(thermal protection system,TPS)生活舱的耐压外壳作为离开地球上升时的覆盖物和再入火星时的减速伞;②减速伞不再需要在轨道上进行组装和验证;③可以采用 80 t 的小型运载火箭进行运输。

在飞往火星和返航的行程中,DRM-1 给每个宇航员分配的加压量是 90 m^3。这在 DRM-3 中得到了保留。

DRM-3 的另一个改变是减小了飞行器的质量。载荷的质量都经过严格的检查,并且所有的备份设备都被取消了。除此之外,研究中还把系统的总质量进行了"缩减"以达到质量要求。这项工作的目的是把一艘飞船所携带设备的质量和体积减少到依靠两艘 80 t 运力的运载火箭就能完成的程度。把设备物资和星际推进系统分开投放到地球轨道上的方案需要在飞往火星之前将其对接组装好。虽然发射次数增加了一倍,但是这一策略免去了 DRM-1 中研发 200 t 运力以上大型运载火箭的成本。(然而这一"缩减"质量的过程究竟是如何进行的,其最终结果的可靠性如何,都不得而知。)

回顾最初的任务战略，作为发射组件的初始生活登陆舱是可以被消去的。我们可以在 MAV/基础设施着陆器中设置一个小型充气生活舱来代替生活登陆舱，经过这一步骤又减少了一个飞行器。1 号货运飞船的任务可以证明，充气模块的质量（不包括宇航员的生活用品或者生命保障系统，大约为 3.1 t）可以被增压巡视器的质量所替代。然而，DRM-1 中所估计的增压巡视器的质量是 15.5 t，到了 DRM-3 中减少到了 5 t。和第 2 艘货船中所带的设备不同，增压巡视器会比宇航员晚几个月到达火星，并且在整个任务中可以继续发挥作用。从本质上说，第一批宇航员所带的增压巡视器的质量之所以这么大，就是为了使整个火星货运飞船的质量可以得到减轻。DRM-3 中声称尽管消除 Hab-1 可以降低系统的冗余，而即使没有 Hab-1，DRM-1 中还是有许多的质量是多余的。DRM-3 提到：

（1）ISRU 系统工作时，会产生整个地面停留任务阶段所需的足够的水和氧气，从而产生一种"开循环"。

（2）在宇航员之后几个月到达火星表面的 2 号货运飞船带来的升空飞船和 ISRU 反应设备会被用来供给生命保障系统，而不进行推进剂的生产。

（3）如果需要，在火星轨道运行的 ERV 可以将火星表面的一切设备舍弃，它有足够的食物储备用以维持到下一次火-地转移入轨。（然而这就意味着宇航员要在高能宇宙射线的辐射和零重力环境下多待 500 多天，并且 ERV 需要提供这 500 多天所需的一切能源。除此之外，长期处于封闭条件下进行飞行对宇航员的心理所产生的影响也是非常大的。）

（4）后续任务中的 ERV 飞船（ERV-2）会在宇航员之后几个月到达火星，且在必要情况下可以充当宇航员的避难所。

上述所有叙述都是基于假设，非常令人怀疑和经不起推敲。这些叙述意味着整个任务拥有一个回收效率接近 98％～99％ 的回收系统来进行资源回收，并且这个回收系统永久运行且不需要进行维护。在宇航员们到达火星时使用 ISRU 系统而不是在他们离开地球之前就开始使用具有非常大的风险。从地球上携带大量的氢去往火星，并且将它们保存妥善这一设想，对质量、体积和散热的要求都非常严格，而固态氧化物的电解技术还是如天方夜谭一般。

关于"入轨中止模式"（abort to orbit）的问题，极有可能是人为因素造成宇航员们被困在绕火星飞行的狭小的飞行器中超过 600 天。Jack Stuster 对之前的载人航天任务中的各种人为因素进行了研究，并且利用其结果对类似太空任务中可能会遇到的、孤立环境中产生的各种人为因素进

行了模拟。他所做的报告可以从互联网中下载[①]。用来描述这些类似环境
的元素包括：飞行持续时间、自由活动的时间、探险小组的人数、物理隔离、
心理隔离、个人动机、群体组成、社会组织、环境的险恶、风险的感知、任务的
类型、任务的准备、生活保障条件的质量和栖息舱的物理环境。通过对之前
的各种探险日志的研究，Stuster 已经能够确定哪些因素会导致在宇航员的
日记中出现大量的消极情绪。他发现群组互动是最常见的产生不合的根源。
因此笔者建议那些制订载人火星探测计划的学者们重视 Stuster 的研究。

DRM-3 的研究中写到：

将任务中设备的各个部件拆分之后，由小型火箭进行运输，并且取消了最
初的生活登陆舱，这两大措施使运载火箭所必需的运载量从 200 t 降到 80 t，
并且在整个发射清单中只需要添加两艘额外的运载火箭就能达到目的。

但是 DRM-3 并有讨论如何将那些主要的飞行器（ERV、货物登陆舱、
宇航员登陆舱）拆分为两个部分，也没有讨论如何将它们在地球轨道上
组装。

DRM-3 采用了相同的降落-升空系统。上升火箭和降落火箭的推进系
统有着相同的引擎和推进剂输送系统。这样就没必要设计一个单独推进系
统，并且可以减少整个任务的质量和成本。该系统所采用的引擎都是以液
氧甲烷作为推进剂的 RL6 改进型引擎。估计 DRM-3 在升空阶段所需要的
推进剂质量是 39 t，在 DRM-1 中这个数字是 26 t。数字的增加是由于为宇
航员舱和上升推进系统分配了额外的质量。

3.7.3　DRM-3 和 DRM-1 中的质量比较

我们很难完全理解 DRM-1 和 DRM-3 所提供的质量分布表，因为这些
表格都不完整，并且没有将任务中各个步骤的质量体现出来，甚至在一些情
况下，它们似乎不满足火箭方程。即使这些数字和 NASA 提供的数据存在
一些不同，但是利用这些表格里的数据还是能给出一些合理解释。经过计
算，NASA 的那些关于在 LEO 使用核热火箭、高效的生命循环系统以及氢
的运输和利用 ISRU 技术生产上升推进剂的设想都太过乐观，但为了进行
比较，还是采纳了这些设想。

首先是关于 ERV 的讨论。根据 NASA 所提供的数据制作了表 3.11。

---

① Analogue Prototypes for Lunar and Mars Exploration. Aviation，Space，and Environmental
Medicine，Volume 76，Supplement 1，June 2005，pp. B78-B83. http://www.ingentaconnect.com/
content/asma/asem/2005/000000 76/A00106s1/art00012.

如果在飞离地球时采用氢-氧化学动力火箭来替代核动力火箭，那么 IMLEO 的值会有一个显著的增大。具体增大的量取决于设想中 NTR 的质量，粗略估计 IMLEO 将会增加 58%。

表 3.11　ERV 的质量估计（单位：t）

ERV	DRM-1	DRM-3	备　　注
火星轨道载荷	45	29	调整载荷质量以达到 IMLEO 和 NASA 的估计一致
地球入轨推进系统	8	4	假设是推进剂质量的 15%
地球入轨推进剂	51	25	根据火箭方程，$\Delta v = 2.4$ km/s，$I_{sp} = 360$ s。假设 7.4 t 的食物（用于入轨终止模式）离开火星前被扔掉了
大气进入系统	16	9	来自 NASA 的乐观的估计：15% 的总质量。实际上这个数字为 60% 左右可能更现实（Rapp,2008），见本书 4.6 节
火星轨道上的总质量	120	66	
火星入轨推进系统	29	23	数字来自 NASA 的报告
火星入轨推进剂	96	58	由火箭方程计算得来，其中 $\Delta v = 4.4$ km/s，$I_{sp} = 900$ s。在此表中的数据高于 NASA 提供的数字（86 和 50）
IMLEO	249	147	NASA 的估计

对 MAV/货舱的质量估计见表 3.12。注意 DRM-1 和 DRM-3 中关于上升舱和上升推进级的质量估计的区别。如果上升舱和上升推进级自重为 7 t，那么其需要的推进剂质量为 26 t，如果这一数字变为 11 t，则推进剂的质量变为 39 t。表 3.13 表示的是对宇航员登陆舱的质量估计。在此，一个最重要的未知数就是进入系统的质量。

表 3.12　MAV/货舱的质量估计（单位：t）

MAV/货舱	DRM-1	DRM-3	备　　注
轨道上的质量	4	6	升空舱
升空推进剂	0	0	由 ISRU 生产所需的推进剂，不必从地球带来
升空火箭	3	5	根据火箭方程，DRM-1 与 DRM-3 推进剂质量分别为 26 t 与 39 t，以此进行调整
升空舱	4	6	
货物设备	57	32	根据 NASA 对 IMLEO 的估计进行相应调整
火星表面的质量	64	42	

续表

MAV/货舱	DRM-1	DRM-3	备　注
降落系统	32	17	具体数据无从得知。只能以 DRM-1 表面质量的 50% 与 DRM-3 表面质量的 40% 进行估计。需要注意的是 Braun 估计火星入轨系统加上降落系统的质量应该为运送到火星表面质量的 2.3 倍
在火星轨道上的总质量	96	59	包含了减速伞质量
火星入轨推进系统	29	23	来自 NASA 的报告
火星入轨推进剂	81	53	由火箭方程得来。$\Delta v = 4.4$ km/s, $I_{sp} = 900$ s。计算结果和 NASA 的数据不同(86 和 45)
IMLEO	205	135	JSC 的估计数字

表 3.13　宇航员登陆舱的质量估计(单位：t)

宇航员登陆器	DRM-1	DRM-3	备　注
火星表面的质量	61	40	根据 JSC 做出的 IMLEO 估计量进行调整
降落系统	33	16	具体数据无从得知,按 DRM-1 的 54% 和 DRM-3 的 40% 估计。需要注意的是 Rapp(Rapp,2008)估计(见 4.6 节)火星入轨系统加上降落系统的质量应该为运送到火星表面质量的 2.3 倍
火星轨道上的总质量	94	57	
火星入轨推进系统	32	27	来自 NASA 的报告
火星入轨推进剂	82	54	由火箭方程得来。$\Delta v = 4.4$ km/s, $I_{sp} = 900$ s。结果和 NASA 提供的数据接近(86 和 50)
IMLEO	208	137	

3.7.4　DRM-3 中的 ISRU 系统

DRM-3 中关于 ISRU 系统的讨论比在 DRM-1 中的少了许多。DRM-3 中的 ISRU 系统和 DRM-1 中的相似,都采用了萨巴蒂尔过程来产生甲烷和氧气,此外,还利用了固态电解二氧化碳技术生产额外的氧气来满足氧气和甲烷的比例为 3.5∶1。除了生产用于升空阶段使用的 39 t 推进剂外(DRM-1 中是 26 t),ISRU 系统还需要额外生产用于生命保障系统的 23 t 水作为储备。升空阶段所消耗的推进剂需要 30.3 t 的氧气和 8.7 t 的甲烷。

整个任务中有 5.42 t 的氢被带到火星,但是没有任何关于如何保存这些氢,如蒸发、隔离或者制冷措施的描述。

由萨巴蒂尔过程方程式：

$$CO_2 + 4H_2 = CH_4 + 2H_2O$$

可以知道每吨氢气可以产生 2 t 甲烷和 4.5 t 水。

生产任务所要求的 8.7 t 甲烷仅仅需要 4.4 t 氢，与此同时产生了 20 t 氧气。因为带去火星的氢为 5.42 t，所以最终会生产 24.6 t 的水和 10.7 t 的甲烷，这就意味生产了过多的甲烷。

DRM-3 中没有明确表明生产推进剂和储备用水的速率，但是可以大概估计出来。假设发射 MAV/货舱需要 9 个月的时间，在火星上进行部署需要 1 个月，并且燃料槽需要在宇航员离开地球两个月之前充满，即 MAV/货舱离开 LEO 后的 26 个月。于是留给 ISRU 系统进行生产的时间就是 26-9-1-2=14 个月，约为 10 000 h。

根据萨巴蒂尔过程，要在 10 000 h 内生产 10.7 t 的甲烷，每小时需要生产 1.07 kg。则生产水的速率是 2.25×1.07 kg/h≈2.4 kg/h。10 000 h 以后，可以生产 24 t 水。

上升阶段所需推进剂中的氧气需要在 14 个月内生产 30.3 t(NASA 可能计划的是 15 个月)，这就意味着生产速率为 2.2 kg/h。这些氧气由固态电解二氧化碳产生。

DRM-3 的 ISRU 系统的质量和功率要求见表 3.14。值得注意的是在 DRM-1 分配了很高功率的二氧化碳电解部分在 DRM-3 中降到了一个更准确的水平。然而其他所有的功率都增加了。ISRU 系统的整个功率要求在 DRM-3 中是 41 t，在 DRM-1 中为 72 t。

表 3.14　DRM-3 中的 ISRU 系统的质量和功率需求

	子系统质量/kg		子系统功率/W	
	推进剂	生命保障	推进剂	生命保障
压缩机	496	193	5645	2893
萨巴蒂尔反应器	60	50	0	0
氢膜分离器	29	23	288	225
甲烷水分离器	394	315		1690
高温分解单元	711	1172	3397	3911
电解二氧化碳单元	277		18 735	
液化氧装置	43		2215	
液化甲烷装置	41		2093	
小计	2051	1753	32 373	8719
总计	3804		41 092	

有趣的是,在表 3.14 中可以看到增加了一个高温分解装置,它的作用可能是从多余的甲烷中回收氢气。然而除了在表中进行表示外,DRM-3 没有对此再进行讨论。Rapp(1988)对高温分解装置的细节进行了一些讨论。

如果在 DRM-3 中没有生产后备水资源的需求,并且使用萨巴蒂尔过程和电解技术来电解多余的水,则从地球带到火星的氢将大大减少。由于任务中对甲烷的需求是 8.7 t,这就意味着 10 000 h 内甲烷的生产速率是 0.87 kg/h。但是在萨巴蒂尔和电解水的过程中,1 t 氢产生了 4 t 甲烷。因此 10 000 h 内氢的利用速率为 0.22 kg/h,氢的总量为 2.2 t。显而易见 DRM-1 携带的氢也是过多的。

根据萨巴蒂尔过程方程式

$$CO_2 + 4H_2 = CH_4 + 2H_2O$$

1 t 氢产生 2 t 甲烷和 4.5 t 水。如果电解这 4.5 t 的水,会产生 0.5 t 氢和 4 t 氧气,将氢回收再利用于萨巴蒂尔过程,则方程式变为

$$CO_2 + 2H_2 = CH_4 + O_2$$

图 3.8 对 DRM-3 中 ISRU 系统的两种不同操作方法进行了对比。DRM-3 采用的是方案 1。其优点是产生了储备水,方案 2 将从地球带去火星的氢的质量降到了最低,但是没有产生储备水。这就产生了一个问题:这些储备水是不是必需的,并且需要在以下 3 个选项中进行选择:①将氢带去火星生产水;②直接将储备水带去火星;③完全不需要储备水。这个问题的答案不是那么简单明显。根据 4.1 节中 Rapp 的分析,一个 6 人的小组在超过 500～600 天的长期任务中大约需要 100 t 水。如何获取这些水没有准确的答案,但采用回收循环系统似乎可以解决部分问题。如果能在火星上发现可利用的水,那么将会给任务提供便利。如果系统失效,20 t 的储备水资源会提供在极端条件下生存所需要的最低水量。固态电解技术不会产生水。氢的来源不论是以某种形式从地球获取还是从火星上开采,都非常必要。

3.7.5 设计参考任务-4(DRM-4)

DRM-4 是在 1988 年对 DRM-3 进行的修正,避免了使用在政治上容易引发争议的核热火箭(NTR)技术,而是采用了问题更多的太阳能电推进系统(solar electric propulsion,SEP)。

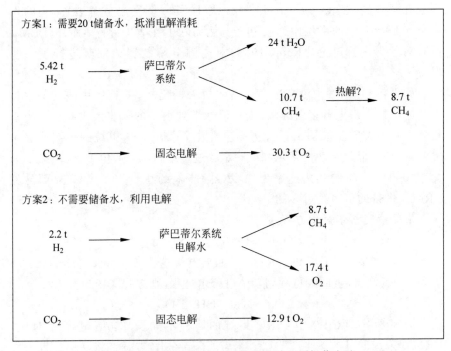

图 3.8　DRM-3 中 ISRU 系统的两种不同操作方法

DRM-3 采用方案 1 的好处是产生了储备水，

方案 2 可使从地球携带的氢气质量最小化，但没有产生储备水

3.7.6　双登陆器计划

这项 1999 年的研究故意舍弃了所有的核电系统，包括 NTR 和火星表面的核能。任务中使用的是 SEP，在火星表面使用太阳能。

其基本设想是：

(1) Magnum LV 可以向 LEO 运送 100 t 的物资；

(2) 可回收的太阳能动力火箭用于把飞船从 LEO 运送到高地球轨道；

(3) 空气减速进入火星；

(4) 在火星上使用太阳能（核电也是一种选择）；

(5) 采用双登陆器（生活舱和升空飞船）；

(6) 最初没有采用 ISRU 系统——最终还是兼容了 ISRU 系统；

(7) 宇航员们在火星上停留时间为 500～600 天。

双登陆器计划见图 3.9。

这些飞行器质量的预算也一并给出。

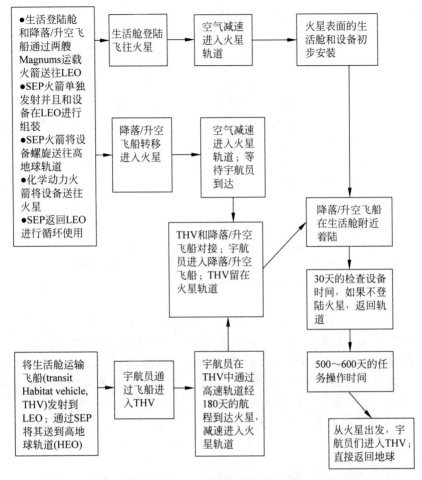

图 3.9　双登陆器计划

对生活登陆舱的质量预计过于乐观,估计值为 32.7 t。进入、下降和着陆(entry,descent and landing,EDL)系统逐步进行入轨操作,之后降落。任务中使用的是一个 7.2 t 重的气闸。火星入轨使用的推进剂和推进系统总质量是 10.6 t,最终降落使用的总质量为 14.6 t。EDL 系统的总质量是 32.4 t。根据本书 5.7 节,对此进行的估计为 1.5×17.8 t$=26.7$ t(译者注:其中 1.5 为估算质量的齿轮比的近似值)。生活舱着陆器的 IMLEO 总质量为 99.6 t。

升空飞船的质量估计基于一个极轻的宇航员质量模型,仅为 2.06 t,并且推进系统自重为 3.7 t,送入圆轨道所需推进剂(甲烷和氧气)质量为 15.6 t,推进系统占推进剂质量的比例为 0.237,IMLEO 估计为 104 t。

3.7.7　设计参考架构-5（DRA-5）

在 Cooke(Cooke,2000)的报告之后,NASA 于 2007 年又着手开始进行载人火星任务的研究,并且在 2009 年 7 月出版了设计参考架构-5 (Design Reference Architecture-5,DRA-5)的报告(Drake,2009)。这个报告对除去准备工作和辅助材料以外的所有系统研究进行了简要总结,使之被压缩到 55 页左右。DRA-5 的本质是一份完整报告的摘要,即使存在完整的报告我们也无从得到。

编写 DRA-5 时,NASA 正专注于重返月球的计划,但是月球计划被视为完成终极火星计划的铺垫。编写 DRA-5 的目的是为火星计划提供更新版本,来给月球计划的可扩展性提供参考。

DRA-5 计划在大约 10 年时间内实施 3 次连续火星考察任务,每一次任务中宇航员均在不同地点登陆,这样可以在任务中探索更广泛的地区,但是取消了在火星建立设备聚集站的计划。任务的进行顺序和 DRM-1 所采用的顺序相似,如图 3.6 和图 3.7 所示。和之前的任务一样,寻找生命在任务目标中占据了重要位置。

每个飞船的构造和功能与图 3.9 中描述的双登陆器任务相似。在 DRA-5 中,火星运输飞船由生活运输舱(transit habitat)和宇航员探险飞船 (crew exploration vehicle)构成。宇航员们乘坐生活运输舱飞向火星并且返航,探险飞船还可以充当地球再入飞船。一些质量相关指标的简要总结如下(不包括所需的燃料和推进剂):

（1）生活运输舱：41.3 t;

（2）宇航员探险飞船：10.0 t;

（3）宇航员质量：0.6 t.

除此之外,进行火-地转移轨道入轨(TEI)和返回地球时轨道修正所需的推进系统和推进剂的质量必须要被包括进去(42.7 t)。于是,进入和离开火星轨道的整个飞船的质量就是 95 t。NTP(核热推进)和化学动力推进技术都要被考虑进来,不过 NASA 更青睐 NTP 技术。任务中的飞船在 407 km 高的轨道上离开地球,因此需要额外的推进系统将飞船运送到这个较高轨道上。

两艘货运飞船也会登陆火星,见表 3.15。

表 3.15　登陆火星的系统质量（单位：t）

飞船	荷载	升空系统	航天器外壳	降落系统	总质量
生活登陆舱	40.4		42.9	23.8	107
升空/降落登陆器	18.4	21.5	42.9	23.8	107

注：升空系统质量包括推进系统自重和甲烷质量,氧气由 ISRU 系统提供。

DRA-5 中没有提供升空阶段所需氧气的相关数据。如果做一个大胆的猜想，将推进系统自重 M_p 设定为整个升空系统质量的 20%，推进剂中氧气与甲烷的比例（M_o/M_c）为 3.5∶1，可以写成如下方程式：

$$0.2 = M_p/(M_o + M_c)$$

$$21.5 = M_c + M_p$$

$$M_o/M_c = 3.5$$

方程组的解为

$$M_c = 11.3 \text{ t}$$

$$M_o = 39.6 \text{ t}$$

$$M_p = 10.2 \text{ t}$$

这些推进剂的质量比先前的各种 DRMs 中的要大得多。相关的质量总结在表 3.16 中给出。

表 3.16　DRA-5 中各部件质量总结（单位：t）

部　　件	生活登陆舱	降落/升空登陆器	火星运输飞船
荷载质量	40.4	18.4	51.3
升空系统		21.5	
登陆总重	40.4	39.9	
在火星轨道上的总质量			51.3
减速伞	42.9	42.9	
降落系统	23.8	23.8	
火-地转移轨道入轨（TEI）的推进系统/推进剂			42.7
在火星轨道上的总质量			94.0
火星轨道入轨（MOI）的推进系统/推进剂			65.8
投放到火星的总质量	107.0	107.0	160.0
地-火转移轨道入轨（TMI）的推进系统/推进剂	207.0	207.0	326.0
飞船标称的 IMLEO	314.0	314.0	466.0
升到 407 km 轨道的推进剂/推进系统	48.0	48.0	100.0
包括升高轨道的 IMLEO	362.0	362.0	566.0
包括升高轨道的所有飞行器的总 IMLEO		1290.0	

DRA-5 中 IMLEO 和最终投放到火星表面的质量比为 9∶1。如果从地球携带 40 t 氧气去往火星，经过简单计算可以得知 IMLEO 为 360 t。然而，给降落/升空登陆器增加 40 t 的冷却剂对飞船的设计和任务行动计划的影响非常巨大，于是应该需要 3 艘飞船而不是两艘来进行物资运输。

在火星上，一个 30 kW 功率的核裂变反应堆将被用来提供能量。为了使核辐射减少到可承受的程度，核反应堆会自动部署在距离登陆器 1 km 的地方，并通过电缆输送电力。一旦降落，移动的核反应堆车将会瞄准正确的方向进行部署和防护。设置这些装置可能花费 30～40 天。部署核反应堆的系统拥有独立的电力系统，但是其功率不得而知，放射性同位素发电机的数量是否足够也不得而知。

对电力系统功率水平的粗略估计如下。

载人飞行之前：

（1）ISRU：26 kW；

（2）升空飞船：1 kW；

（3）其他：3 kW。

载人飞行阶段：

（1）生活舱：12 kW；

（2）升空飞船：1 kW；

（3）其他：5 kW。

这些数字存在一些问题。首先，ISRU 系统需要在 14 个月内产生 40 t 的氧气，也就是生产速率为 4 kg/h。要达到此速率，将二氧化碳转化为氧气的化学能转换功率至少需要 20 kW，如果考虑固态氧气电解的热损失又会额外增加 6 kW。按此生产速率，ISRU 系统吸收二氧化碳的速率应该为 $44/32 \times 2 \times 1/0.6 \times 4$ kg/h=18.3 kg/h。粗略估计这个过程需要的功率为 20 kW。因此氧的生产速率大约为 46 kW，也就是说计划声称的 26 kW 是远远不够的。其次，升空飞船起飞时需要携带 40 t 的低温推进剂，而用于保持推进剂低温状态所需的功率仅为 1 kW，这实在是过于寒酸了。最后，生活舱所需要的功率估计值为 12 kW，也是太过于乐观了。

DRA-5 对 ISRU 系统的研究比之前的 DRMs 系列都要广泛。DRA-5 对数个 ISRU 方案的质量和能量要求进行了深入研究，但是研究的细节无从获知。报告中只能看到一个小型条形图。在各种方案的抉择中，研究人员似乎将功率的要求视为主要的决定因素；然而他们对于功率的各种估计显然也非常不准确。除功率外，还需要考虑其他各种因素。对于计划的制订者而言，如果在火星上发现了一个含水量在 8% 左右的水源，那么这个计划就比其他任何方法都要好。

3.7.8　探测战略研究小组（2006 年）

在 Michael Griffin 任 NASA 管理者期间，他成立了一个探测战略研究小组(exploration strategy workshop),来研究重返月球计划,并且将其作为后续探险的铺垫。该研究小组的成果基于全部使用核热推进技术得出。任务的计划为:一个表面生活舱和一个降落/升空飞船在同一时间分别被送到火星轨道上。

表面生活舱降落到火星上并且建立一个前哨站。

宇航员们乘坐宇航员运输飞船(包括宇航员太空舱和地球返回舱),并和降落/升空飞船进行快速对接。宇航员们进入降落/升空飞船,将地球返回舱(ERV)留在火星轨道上。经由降落/升空飞船在火星降落,降落后有30天的检查时间,如果一切正常,他们就会开始进行为期500天的火星表面探测任务,然后再返回火星轨道,和ERV对接,再返回地球。如果出现问题,那么他们将会直接返回位于火星轨道上的ERV,并且在ERV中待上500多天再返回地球。仅仅使用27 t推进剂是否能够完成任务非常值得怀疑。因此ERV必须具备往返火星加上在火星轨道上停留500多天的生命保障能力。所有飞行器都使用NTP(核热推进)技术。图3.10是对这些飞行器的简单介绍。NTP技术被3类飞行器用于从地球出发和火星轨道入轨以及离开火星返航,但是在进入大气层、降落和登陆阶段(EDL)或从火星升空采用什么技术无从得知。似乎EDL阶段会利用大气辅助系统,并且在升空阶段采用化学动力推进,这些技术细节都没有被描述清楚。任务没有使用ISRU技术,IMLEO据称为446 t。

任务计划见图3.10(a)。在此可以看到许多地方参考了DRM-3,如保留了NTR,使用空气辅助系统进行EDL,火星表面的电力系统如何部署还不得而知,并且和往常一样,没有考虑辐射和低重力环境对人的影响。

其与DRM-3存在的区别有:

(1) 任务中包含了返回"轨道中止模式",也就是在登陆火星的30天检查期结束后,如果发生意外情况宇航员将会直接飞回ERV,这就要求ERV能提供额外的600多天的生命保障。

(2) 任务中改变了阶段模式,宇航员们乘坐升空飞船登陆火星。

(3) 升空飞船位于降落飞船顶部,这是模拟登陆月球时的构造。

(4) 升空飞船并未在宇航员出发前26个月发射,所以在宇航员离开地球之前使用ISRU系统来填满升空推进剂储罐是不合适的。

(5) 在火星入轨和返回地球阶段都使用核热火箭。(这就要求把几十吨的氢气带到火星,并且能在两年的任务期间内在火星轨道上储存这些氢。)

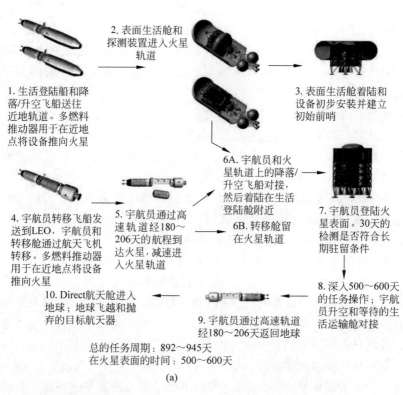

1. 生活登陆船和降落/升空飞船送往近地轨道。多燃料推动器用于在近地点将设备推向火星

2. 表面生活舱和探测装置进入火星轨道

3. 表面生活舱着陆和设备初步安装并建立初始前哨

4. 宇航员转移飞船发送到LEO，宇航员和转移舱通过航天飞机转移。多燃料推动器用于在近地点将设备推向火星

5. 宇航员通过高速轨道经180～206天的航程到达火星，减速进入火星轨道

6A. 宇航员和火星轨道上的降落/升空飞船对接，然后着陆在生活登陆舱附近

6B. 转移舱留在火星轨道

7. 宇航员登陆火星表面。30天的检测是否符合长期驻留条件

8. 深入500～600天的任务操作；宇航员升空和等待的生活运输舱对接

10. Direct航天舱进入地球；地球飞越和抛弃的目标航天器

9. 宇航员通过高速轨道经180～206天返回地球

总的任务周期：892～945天
在火星表面的时间：500～600天

(a)

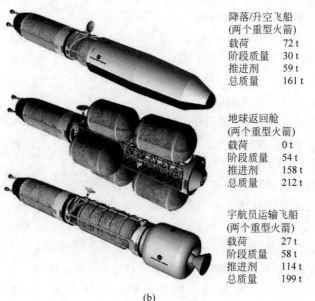

降落/升空飞船
(两个重型火箭)
载荷　　　 72 t
阶段质量　 30 t
推进剂　　 59 t
总质量　　 161 t

地球返回舱
(两个重型火箭)
载荷　　　 0 t
阶段质量　 54 t
推进剂　　 158 t
总质量　　 212 t

宇航员运输飞船
(两个重型火箭)
载荷　　　 27 t
阶段质量　 58 t
推进剂　　 114 t
总质量　　 199 t

(b)

图 3.10　探测战略研究小组的任务计划（见文前彩图）

（a）2006 年探测计划工作组给出的火星探测方案；（b）方案中各飞行器的质量

（6）在 DRM-3 中,宇航员出发之前,火星升空飞船就已经携带 ISRU 反应设备飞向火星,并且在宇航员准备从火星飞回地球之前就把升空飞船的燃料槽充满。在 2006 年的任务模型中,升空飞船和宇航员在同一时间登陆火星。

（7）任务没有采用 ISRU 系统,实际上除非升空飞船提前发射,不然采用 ISRU 技术就是不切实际的。NASA 的探索战略研究组要求在月球发展 ISRU 技术(而不是火星 ISRU),讽刺的是月球 ISRU 技术相比火星 ISRU 技术的应用更加困难,带来的效益更小。

DRA-5 中和 DRM-3 的相似之处有:

（1）在宇航员到达前 26 个月预先部署了一部分设备。

（2）采用 3 组飞船,表面生活舱、火星登陆器、火星运输飞船(和地球返航回舱 ERV 相似)。

（3）任务总耗时 500～600 天。

（4）运载火箭向 LEO 的运输能力为 100～125 t。

（5）在出发离开地球的时候使用了核热火箭。(事实上,ESAS 的报告中提及,核热火箭和火星运输飞船在 800～1200 km 的轨道上交会,这就意味着采用核热火箭技术所带来的效益非常小。)

以下是在任务中没有明确说明的部分:

（1）在火星表面执行任务所需的能量来自核能还是太阳能? 探测战略研究小组似乎没有呼吁开发核反应堆。

（2）火星运输飞船的轨道是圆轨道还是椭圆轨道? 这对升空、火星轨道入轨和离开火星轨道时的推进剂要求具有重要影响。

从地球轨道转移到火星表面的传动比为 $163/72 = 2.3$ 和 $131/49 = 2.7$,这个计算太过理想。使用 NTP 离开地球时的传动比取决于离开时的轨道高度和 K(K = 火箭自重/推进剂质量)。根据图 3.10(b),降落/升空飞船的 K 值为 0.49,火星表面生活舱的 K 值为 0.58。使用 NTP 从地球出发时的传动比见表 4.24。如果选择 $K = 0.5$ 并且起始轨道高度为 100 km,则离开地球的传动比 G_{ED} 为 2.9。根据本书 5.7 节的讨论,利用大气辅助系统从火星上空接近火星表面时的传动比为 2.5。因此,在 NTP 和完全空气辅助作用下,从地球轨道到火星表面的传动比为 $2.9 \times 2.5 = 7.3$。所以,图 3.10(b)中所设计的传动比是无法将降落/升空飞船和生活舱从地球轨道运往火星表面的。使用 NTP 进行轨道入轨的传动比见表 3.17。将 K 设为 0.5,可以计算进入或者离开一个圆轨道的传动比为 1.56。先考虑离开的情况,离开时火箭需要携带 27 t 载荷和 39 t 推进剂,所以离开之前的质量为 $1.56 \times$

66＝103 t。在进入轨道之前的质量为 1.56×103＝161 t。这个数字和图 3.10 中的数字非常接近(161 t)。

表 3.17　使用核热火箭技术条件下，火星轨道入轨的传动比的估计值

轨道形状	$K=0.2$	$K=0.3$	$K=0.4$	$K=0.5$	$K=0.6$	$K=0.7$
圆形	1.4	1.45	1.5	1.56	1.62	1.68
椭圆	1.18	1.20	1.22	1.24	1.26	1.28

为了满足火箭方程，整个任务的 IMLEO 应该为 7.3×(72＋49)＋2.9×161＝1350 t，而不是 446 t。

3.8　其他火星探险计划

3.8.1　Team Vision 的星际探测计划

Team Vision 公司在 2006 年提出了另一种火星探险的方法(Metschan, 2006)。他们提出的星际探险的概念包括如下几个阶段：

(1) 载人航天探索阶段(2004—2016 年)；

(2) 重返月球阶段(2012—2020 年)；

(3) 载人月面任务阶段(2016—2020 年)；

(4) 利用火星任务级别的硬件开发月球资源(2020—2030 年)；

(5) 使用月球资源进行载人火星探测任务(2024—2030 年)。

虽然这些任务选取的时间都过于乐观且不可实现，特别是对于火星探险来说，但是这个计划还是有一些优点的。第一阶段的重点是取代空间飞船在国际空间站任务中的地位。这一目的的实现依托现有的中型运载火箭(expendable launch vehicles,ELV)，通过在运载火箭上使用月球任务级别的宇航员模块和轻质的月球前哨服务站模块来实现。在第二阶段重返月球中，他们引入了一组新型混合动力重型运载火箭(heavy lift vehicle,HLV)，该火箭基于之前的中型运载火箭而设计，并且其发射系统可以完成月球前哨任务。这些月球前哨设备之后会进行合并，并且通过高级版本的混合动力运载火箭组来完成将两名宇航员直接送到月球并返回的月面探测任务。这些载人月面探测任务和之前的远程遥控机器人的月面探测任务相似。高负载能力的直接返回架构可以展开成一个月球表面对接(lunar surface rendezvous,LSR)工作站。这可以实现利用火星任务的前哨装备对月球资源探测任务进行扩展。这些设备和资源会极大地减少未来进行月球或者火

星探测任务的发射和设计成本,使今后的任务能得到更大范围的扩展。在火星附近和其小行星上的火星前哨任务会使用在月球上测试过的火星任务级别的设备硬件,为载人火星表面探测任务奠定最后的基础。这些计划是否可行还有待观察。

Team Vision 的理念是将机器人设备和载人设备混合使用——但是NASA 似乎一直将二者分离开。他们计划通过加入核心系统来逐渐增加火箭运载能力的想法非常可取(这种方法在火星协会的 DRM 系列中并不常见)。此外,他们在计划中对 LEO 上 125 t 的质量限制进行了突破,这也是非常有必要的。

3.8.2　麻省理工学院 MIT 的研究

有多种能够执行载人火星任务的可行架构。2005 年,一个来自 MIT 的研究小组对多种任务结构进行了分析(Wooster et al. ,2005)。MIT 对1162 种火星载人任务的架构进行了分析,对比它们的 IMLEO 和风险、成本等因素。他们分析的任务中,IMLEO 分布范围为 750~10 000 t。但是其中有大约 200 个任务的架构接近最小的 IMLEO。

MIT 的研究中采用的飞船定义如下。

ERV:地球返回舱(Earth return vehicle,将宇航员从火星轨道送回地球,某些情况下会用来将宇航员送往火星并且返回);

ITV:星际运输飞船(interplanetary transfer vehicle,将宇航员从 LEO 送往火星轨道,并且返回);

LSH:登陆与表面生活舱(landing and surface habitat,将宇航员从火星轨道送往火星表面);

MAV:火星升空舱(将宇航员从火星表面送往火星轨道);

TSH:运输与表面生活舱(transfer and surface habitat,将宇航员直接从 LEO 送到火星表面)。

MIT 的小组对如何合理地安排载人火星任务的结构进行了研究。在图 3.11 中给出了他们重点研究的 3 种结构类型。

(1)直接返回型:ERV 和 TSH 直接在火星登陆。然后 ERV 带着宇航员直接从火星表面返回。

(2)火星轨道交会型(返程):MAV 和 TSH 在火星着陆,ERV 留在火星轨道上。任务结束后 MAV 升到火星轨道和 ERV 对接然后宇航员们搭乘 ERV 返回地球。

（3）火星轨道交汇型（往返）：MAV 在火星着陆，LSH 留在火星轨道。ITV 将宇航员带到火星轨道，宇航员进入 LSH 进行降落。返回时，MAV 将宇航员送往 ITV，ITV 带着宇航员返回地球。

研究小组开始系统地分析各种变化对 IMLEO 的影响：改变推进系统、添加或者移除 ISRU 系统，以及改变各种功率等。

MIT 对图 3.11 中的各个任务结构在使用不同推进系统（化学动力、电力和核动力）时的 IMLEO 进行了评估。很难确定 MIT 对飞行器和推进剂所做出的具体假设。大体而言，他们对 IMELO 的估计过低。一个重要的结论就是：在直接返回型任务结构中如果不配备 ISRU 系统，那么该项任务将具有很高的 IMLEO，因为需要将大量的推进剂从地球带到火星表面。在使用了 ISRU 系统后，任务中的 IMLEO 将与其他任务架构处于同一水平。并且 MIT 对于推进系统和物资回收利用系统的性能估计也过于乐观（甚至比 NASA 的 DRMs 系列还要乐观）。MIT 的研究中有大量有价值的数据，但不幸的是 NASA 所做的每一项研究都几乎很少参考之前的研究成果（或者根本不参考）。非常可惜 MIT 的研究被埋没在档案之中。

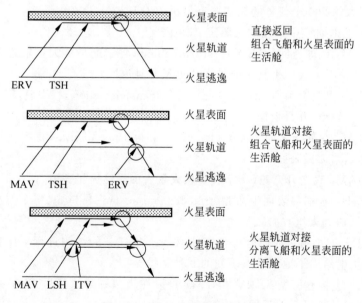

图 3.11　MIT 火星任务的架构

3.8.3　欧洲航天局的并行设计设施研究（2003 年）

欧洲航天局（European Space Agency，ESA）在 2004 年初进行了大量

关于载人火星任务的研究[①]。这些研究包含如下几个基本原则：

（1）宇航员人数为 6 人，3 人登陆到火星，3 人留在火星轨道（研究中没有涉及留在火星的 3 人克服零重力环境和各种不利因素影响的方法）。

（2）取消了开发去往 LEO 的新型 100 t 级运载火箭的计划。

（3）不在宇航员到达之前提前用货运飞船投放物资和设备。

（4）在飞行阶段和火星地表停留阶段不使用核能。

（5）不使用电推进系统和核热推进系统。

（6）推进剂的生产和生命保障系统不使用 ISRU 系统。

（7）不生产食物（如温室）。

（8）生活舱模块没有采用可折叠展开结构。

这些基本原则非常不成功，因为它们忽略了之前几十年间设计者们绞尽脑汁想出来的用来节省质量和成本的方法。这就意味着整个计划将变得非常冗余、低效并且成本极高。任务中的发射方案是使用目前具有最大运输能力的运载火箭将 80 t 的物资送往 LEO，这将导致组装工作非常麻烦。不提前进行物资设备输送，将会给宇航员降落系统增加额外的风险和质量。在火星地表不采用核能将给任务电力系统带来很大问题，增加了风险和阻碍，非常不切实际。不使用 ISRU 系统将会大大增加任务发射的总质量。

ESA 的研究提出了 3 个可能的任务计划：①一个传统的合点型任务，飞行时间 963 天，火星地表停留时间 533 天；②一个分点型任务，在火星表面停留 30 天，总耗时 376 天；③一个短期任务，在表面停留 28 天，使用金星探测技术返航，总耗时 579 天。任务 1 的 Δv 与发射时间相对独立，为 $8.5 \sim 9$ km/s。任务 2 的 Δv 与发射时间有较大关联，在 2025—2038 年，Δv 的范围为 $17 \sim 23$ km/s。采用金星探测技术可以使速度减少到 $10 \sim 15$ km/s。以 2033 年为例，相关参考数据如表 3.18 所示。

表 3.18　ESA 对 2033 年任务的估算

项　　目	联合任务	对照任务	金星变轨
任务总耗时/天	963	376	579
可能的表面停留时间/天	533	30	28
$\Delta v/(\text{m/s})$	8368	15 120	10 230

---

①　CDF Study，Human Missions To Mars—Overall Architecture Assessment，Executive Summary，CDF-20（A），February 2004. http://emits. sso. esa. int/emits-doc/1-5200-RD20-HMM_Technical_Report_Final_Version. pdf.

续表

项 目	联合任务	对照任务	金星变轨
辐射剂量（GCR，Sv，BFO）	1.087	0.496	0.756
消耗品质量/t	10.2	4.2	6.4
发射到 LEO 的质量/t	1336	45 938	2481

幸运的是，ESA 放弃了对短期任务的研究，并将其报告的剩余部分全部投入进对长期任务的研究中。辐射数字很难被具体计算，因为宇航员停留在火星表面的时候，脚下的行星和头上的大气都会对宇航员进行保护。551 天的金星变轨任务中的辐射暴露是最强的（更不用说任务中长期处于微重力环境所产生的影响下）。对消耗品的估算也低于合理水平，并且这个假设还是基于任务中存在一个非常高效和可靠的环境控制/生命保障系统。然而对这个系统并没有在概要上进行讨论。

为了保证宇航员在 30 天内受到的辐射总量不超过限制值，任务计划采用一个能防护 $25 \ \mathrm{g/cm^2}$ 辐射量的风暴保护壳，用来保护宇航员免受太阳质子影响。并且还能为生活舱提供至少 $9 \ \mathrm{g/cm^2}$ 的防护，来保证宇航员所受的银河宇宙射线辐射不超过年摄入量限值和职业生涯摄入量限值。但仅仅 $9 \ \mathrm{g/cm^2}$ 的防护措施能否发挥作用还是令人怀疑。

任务主要采用俄罗斯能源号运载火箭，该火箭能将 80 t 物资送到 $200 \ \mathrm{km} \times 200 \ \mathrm{km}$ 高的轨道上，然后将这些物资再提到 $400 \ \mathrm{km}$ 的飞离地球轨道上。还有一些小型运载火箭（到 LEO 的运输能力为 20 t）也被用于任务所设计的组装战略，总共需要发射 28 次。在 ESA 的概念中，在 LEO 进行设备组装简直就是一场噩梦。任务至少需要 5 个服务平台，耗时 4～5 年在 LEO 组装好。包括这些服务平台在内一共需要发射 1500 t 的设备，而真实数字可能比这个值还要高。不发展重型火箭是一种权宜之计，但是在载人火星任务这种大型任务中，权宜之计显然不合适。

ESA 继续其权宜之计的哲学，在任务中自始至终采用可储存的推进系统，虽然避免了开发进入火星大气层的大气辅助系统的需求，但是却存在低比冲的缺点。

组装好的飞船由如下部件构成：一个推进模块（propulsion module），一个地球返回舱（Earth re-entry capsule），一个将宇航员从地球带到火星轨道并且返回的运输栖息模块（transfer habitat module），以及一个所谓的火星远途飞行器（Mars excursion vehicle），在降落、停留和离开火星表面期间，宇航员都停留在这个远途飞行器中。这个远行飞行器又可以分为 3 个部分：降落模块、表面停留模块、升空模块。

运输栖息模块的质量估计为 67 t，包括了 10 t 生活物资。

火星远途飞行器（MEV）的作用很难被描述。一个问题就是表面生活模块设计的使用期限是 30 天，但实际上在火星表面的停留时间大于 500 天。使用可储存的推进系统会增加整个任务的质量。在远途飞行器中只留有 0.3 t 的生活物资，整个远途飞行器的质量是 46.5 t，其中有 20.5 t 的推进剂。氢氧燃料电池可以提供 30 天的能量供给，但是停留超过 500 天的话，燃料明显不充足。任务给出的这些质量都值得怀疑。

ESA 在最大限度地利用现有技术的前提下开展了研究，这就导致整个任务的设计显得非常不实用，并且自相矛盾，包括选择了非常传统的推进系统、对于生命保障系统和生活消耗物资过分乐观的估算、对供能系统难以描述的设计。整个任务注定失败并且会遭到忽略。

3.8.4　使用轨道遥控火星表面无人探测火星的 HERRO 任务

Schmidt 等（Schmidt et al.，2011）在 2011 年提出了载人火星任务的概念：使用实时遥控机器人进行载人火星探测任务（human exploration using realtime robotic operations，HERRO）。

这是一个通过在火星轨道上直接操作机器人来进行火星地表探险的载人火星任务。这个任务所采用的策略是避免把人送往具有大引力井的星球。

HERRO 任务同时也避免了引入复杂昂贵的载人登陆/升空以及表面停留所需系统的工作。此外，操作人员距离火星地表的距离也非常近，这可以消除双工通信延迟产生的误差，并且允许航天员进行表面操作和实验的实时发令和控制。通过运用当下最先进的通信和机器人技术，HERRO 保留了和载人任务一样的认知和决策优势，并且其成本只占载人任务的一小部分。这和海洋石油公司在人类所达不到的地方使用遥控潜水器工作类似，是在人类登陆火星或者其他大型行星之前非常具有实际意义的短期步骤。结果表明，6 名宇航员的一次 HERRO 任务与 3 次传统的载人火星地表探测任务所达到的效果差不多。

这个任务设计具有如下几个特点：①不需要为设备和宇航员设计降落和升空系统；②不需要设计宇航员升空系统；③不需要设计地表生命保障系统和生活系统；④不需要设计火星轨道对接。任务可以使用卡车造型的探险车在火星表面的 3 个独立区域进行探测工作，并且不需要人在车上亲自操作。研究中没有设计将火星表面的岩石和土壤样品送回火星轨道飞行器的运输系统，但这可以在后期进行添加。但是这种设计也会使宇航员长期暴露在低重力和辐射影响之下，并且宇航员也没有机会直接进行火星地表的探测。

虽然在此任务中缺少传统意义上宇航员潇洒地在火星地表行走的场景，但是其所取得的科研成果要比仅在单一地点登陆的传统载人火星任务多得多。并且 HERRO 的任务成本比登陆火星的载人火星任务少得多。

HERRO 采用了分割的任务结构，将 3 辆卡车造型的火星探险车分别投放到火星表面的 3 个不同地点。每辆火星探险车都由两个小型地质车支持。使用电池和太阳能进行驱动。每个火星探险车的质量估计为 3.6 t，每个小型地质车的质量估计为 0.15 t。HERRO 的研究指出，火星探险车可以通过运载量为 25 t 的运载火箭进行投放，这就意味着 3 辆探险车的 IMLEO 不会超过 75 t。然而笔者看来，每个火星探险车至少需要一个放射性同位素热电发电机（RTG）来提供持续的电力（假设 RTGs 是可用的）。

26 个月之后宇航员会从地球出发前往火星轨道，到达火星轨道之后就开始操作火星探险车。宇航员和火星车之间的通信延迟会降到最小。宇航员会在火星轨道停留约 500 天，然后带着火星车收集的数据和图像返回地球。

HERRO 使用了核热火箭来进行从 LEO 到达火星的转移轨道入轨和火星入轨。需要在 200 天的奔向火星航程中储存一些氢，并且为离开火星之前在火星轨道运行的 700 天储存额外的氢。现在还不知道在任务中如何控制液态氢的汽化。系统中的设备会通过 3 个重型运载火箭运送到 LEO（约 130 t）然后组装，宇航员则在之后通过一个载人火箭被送到这个系统之中。整个飞行器全长 116 m，核热火箭和其燃料槽为 82 m，其余 34 m 为宇航员生活舱和其他设备。宇航员生活舱直径 11 m，长 12 m。

整个飞行器配备 14 t 的水来防止宇宙射线的辐射。不幸的是其他各种设备的质量都没有被明确表示。但可以使用反向工程来对这些质量进行估计。假设核热火箭在 1000 km 的位置点火，并且火箭自重所占的比例为 0.5，表 4.10 表示在使用核热火箭的情况下，地球轨道的初始质量是送往火星设备质量的 2.78 倍。假设进入火星椭圆轨道的 Δv 为 1.5 km/s，地-火转移轨道的质量是进入火星轨道质量的 1.4 倍。相似地，火星轨道质量是进入地球转移轨道质量的 1.4 倍。如果忽略在 500 天的时间内，生活舱在火星轨道发生的质量变化。可以计算：

设生活舱的质量为 M_H，于是在火星轨道的质量就是 $1.3M_H$（译者注：1.3 为齿轮比），在火星转移轨道的质量就是 $1.4 \times 1.4 M_H$（译者注：1.4 为齿轮比），在 1000 km 高的地球轨道的质量就是 $2.78 \times 1.4 \times 1.4 M_H =$

$5.4M_H$。在 200 km 高的轨道上使用 3 艘重型运载火箭可以运送 400 t 的物资，这些物资在 1000 km 高的轨道上的质量为 330 t，则可以计算出 $M_H = 330$ t$/5.4 = 61$ t。

如果因为政治或者技术上的问题不能采用核热火箭，仍然可以使用化学动力火箭进行推进。如果使用 LO_x-LH_2 来完成地-火转移轨道入轨，在 200 km 高的地球轨道上的质量为 $3.0 \times 1.6 \times 1.6 \times M_H = 7.7M_H$。使用 3 艘重型运载火箭运送的 IMLEO 在 200 km 轨道上为 400 t，那么 M_H 的质量可以为 400 t$/7.7 = 52$ t。

显然，HERRO 的概念比载人登陆火星的任务更容易实现。然而任务中还有许多方面的问题未被完全解释清楚，如以下 4 个方面：

（1）如何在 2.5 年的时间内给宇航员在狭小的生活舱内提供生命保障和生活设备？关于循环系统、食物和水的供给、呼吸空气、锻炼以及射线防护和低重力环境影响等的设想是什么？

（2）让宇航员在狭小生活舱中生活 2.5 年，会给他们带来什么心理影响？

（3）长期暴露在宇宙射线影响之下有什么影响？

（4）长期暴露在低重力环境下有什么影响？

3.8.5　波音公司(Boeing)在 21 世纪所做的研究

波音公司 2009 年的研究

波音公司 1968 年的经典研究被提出的 40～50 年后，波音公司的研究人员进行了新的载人火星任务概念的研究。Benton(2009)提出了使用核热火箭的载人火星任务概念。这个概念在 2006—2008 年的会议上不断被提出。

任务的细节有些粗糙。整个任务耗时 1129 天，航行时间 259 天，在火星地表停留 454 天，返航时间 416 天。主要飞行器在 556 km 高的火星轨道上运行，登陆器将宇航员和物资设备降落在火星地表。整个任务的 IMLEO 据称为 617 t，其中燃料总重 373 t。他们还定义了一个"火星基地再补给"任务，该任务的飞行时间比较短(123 天)但是停留时间较长(702 天)。这个"火星基地再补给"任务的 IMLEO 为 2146 t。

Benton 采用了两个登陆模块(LM2 和 LM3)，LM2 在 556 km 的圆形停泊轨道进行火星轨道和火星表面之间常规的 3 名宇航员输送工作(往返)，LM3 进行单向(由轨道发往火星表面)自主物资设备投放工作。任务中使用了 3 个 LM3 与两个 LM2，这样可以使 6 名宇航员进行 3 人一组的换岗操作，极大地延长了在火星表面能够停留的时间(约 450 天)。这两个登陆模块的设计包括：宇航员舱、燃料槽、隧道/气闸舱、货舱港、起落架支柱/车轮、降落系统。进入、下降和着陆（EDL）的步骤是这样：先进行离轨点火，再进行第一阶段的动态空气制动，然后使用降落伞进行后续阶段的空气制动，最后使用自身动力制动降落。航天器的外壳由维京登陆器（Viking lander）按比例扩大制成，并且还配备重启隔热罩，使得其直径从 7.5 m 增加到了 16 m，这个数字超出了现有的发射整流罩的大小，为的是控制弹道系数。

LM2 模块包含一个宇航员生活舱、一个降落起飞系统。质量 21.5 t，其中 13.5 t 用来储存燃料。降落需要消耗 3.5 t 燃料，起飞升空需要 10 t。降落系统质量 4.8 t，起飞升空阶段是 1.2 t，宇航员生活舱和宇航员质量为 1.8 t，这都比之前的估计值低很多。

LM3 和 LM2 具有相似的结构，但因为它只是单程运输货物所以没有配备升空系统和宇航员生活舱。LM3 的质量为 21.5 t，其中 3.5 t 是降落需要的燃料，降落系统自重 8.2 t。因此 LM3 货舱模块一次只能运送 9.8 t 的物资设备，这显得非常寒酸。

波音公司 2012 年的研究

Benton 等（Benton et al.，2012）对 2009 年的研究进行了优化，在进入火星轨道的时候加入了气动刹车，显著减少了 IMLEO。其余的改进包括增加了一个人工重力系统和一个电磁防辐射外壳。登陆火星时采用 3 艘飞船：两艘货运飞船，1 艘运输宇航员的飞船。这 3 艘飞船都在地球轨道完成组装工作，分别发射到火星，然后在火星轨道对接。IMLEO 估计为 650 t，其中 445 t 为燃料。

波音公司 2014 年的研究

2014 年波音公司宣布进行"6 段火星任务"研究，但这并不像看上去那么简单（Rafery，2014）。值得注意的是任务的一项基本原则：

在任务风险和保证安全地将宇航员送往火星并且安全返回的可能性（大于 90%）之间保持一种平衡。

风险评估是一个非常难的命题，特别是在任务的初期，像载人火星任务这样的复杂任务。并不清楚波音公司是如何做到使安全达到并且返回的可能性大于 90% 的，并且大于 90% 是不是可以接受的目标也不得而知。

在此任务中，先向 LEO 发射两艘货运飞船。在 LEO 上，货运飞船会展开太阳能电池阵列，驱动太阳能电推进系统（SEP）把货运飞船送往不受地球引力影响的拉格朗日点（Lagrange point）。货运飞船在拉格朗日点进行组装。SEP 用来将组装好的货运飞船送往火星，航行时间为 515 天，并且会用到仅仅为 25 t 的氢推进剂。货运飞船靠近火星的时候会把 SEP 系统抛弃,并且一个(假设的?)可展开的外壳会在进入大气层之前展开。登陆的最后阶段使用的是化学动力。波音研究成果没有提及的是,有一个 ERV 留在了火星轨道。

26 个月之后发射载人登陆系统,并且使用 SEP 将其送往拉格朗日点进行组装,这和发射货运飞船一样。之后一个高速化学动力火箭会将宇航员带到拉格朗日点,使其进入载人飞船中。SEP 推进系统用 256 天将宇航员送往火星。和货运飞船的发射过程一样,SEP 系统会被抛弃,一个(假设的?)可展开的外壳会在进入大气层之前展开。登陆的最后阶段使用的是化学动力。升空飞船位于降落飞船的顶部,升空飞船和 ERV 对接以后使用 SEP 系统进入火-地转移轨道,对接的地点是拉格朗日点,返回地球大气层时会使用一个可展开的外壳。

和 1968 年的研究不同,波音公司没有详细地说明这些复杂步骤如何实现。波音公司 2014 年的研究几乎完全缺乏细节,但是拥有令人印象深刻的飞行器和阵列插图。插图中显示的登陆系统似乎没有使用反应堆进行能量供应,并且只部署了一个较小的(10 m?)太阳能电池阵列。显然对这个研究还需要进行大量深入的分析工作。

3.8.6　返回计划

存在这样一种轨道,当航天器被直接发射到火星上时,如果其在火星附近进入了正确的朝向并且具有合适的速度,就会由于受到火星的重力影响围绕火星弯曲 180°,转到返回地球方向,并且不需要动力系统进行推进。不幸的是,实际上这种飞行器不是直接返回地球,而是以较高的速度经过地球。可以将飞行器的轨道配置到金星附近,使其在金星附近进行第二次转向,使飞船转向一个合适的角度返回地球。这就导致飞行器在金星附近耗费了额外的时间(Okutsu and Longuski,2002)。需要注意的是金星附近的日照强度是地球附近的两倍。

许多组织都提出了利用这种轨道的计划。最近,Tito 等(Tito et al.,2013)提出了一个自由返回计划(火星灵感),在计划中飞行器在火星附近飞过时,只需要 10 h 就能飞过 10 000 km。整个任务耗时 1.4 年,但是飞船在一种高速高引力条件下返回地球。在此任务中,宇航员们在 1.4 年的时间内都要生活在狭小的飞行舱内。生命保障系统将会成为一个重大问题。研究者对此进行了一些讨论,但是他们的设想都过于乐观。表 5.1 显示每个人每天对水的需求约为 27.6 kg,Tito 等的估计是每人每天需要水 3.9 kg,

并且试图将这个数字降到 1.2 kg。他们设计了一个环境控制/生命保障系统来为两名宇航员提供 500 天的生命保障。整个任务系统的质量为 5.5 t，平均功率要求为 2.2 kW，这些数字都太过乐观。

3.8.7　短期停留与长期停留任务

之前已经谈到，早期的火星任务采用的都是短期停留任务，而 NASA 在 20 世纪 90 年代和 21 世纪的 DRMs 系列任务都关注长期任务。关于短期任务和长期任务的讨论已经在文献和会议中存在许久。

Patel 等（Patel et al.，1998）指出：

火星公转的周期约为 1.875 年（3 位有效数字），这就意味着地球和火星的轨道每 2.143 年会重合一次，这样在 2.143 年这两个星球会在太空中重复它们的相对位置，但是它们重合时所处的位置在惯性空间里每次会增加 1/7（51.4°），在经过 7 次重合后，重合位置又复原了。

一个不明身份的网站（有 NASA 的标志）对短期和长期任务进行了一些简单的讨论[①]，在此引用了这些讨论来作为本节的来源。

短期和长期任务多种多样，这里选取最具有代表性的一种，见图 3.12、图 3.13、图 3.14 和图 3.15。图 3.12 表示在长期任务中，从地球飞往火星的过程，耗时 210 天。红色曲线表示飞行器从地球飞往火星的轨迹。两条虚线表示地球和火星在飞行器飞行过程中走的轨迹。在飞行过程中，地球和火星的位置非常接近。当飞行器到达火星的时候，地球已经绕过了太阳。如果宇航员在火星停留的时间不够合理的话，他将很难返回地球，除非等到 1 年半以后地球和火星之间的位置变得接近。如果将宇航员在火星的停留时间设定为 500 天，那么等到宇航员离开火星的时候，地球和火星之间的位置关系如图 3.13 所示。在 500 天的停留期间内，火星在其公转轨道上转过了 $500/687=0.73$ 圈。地球转过了 $500/365=1.37$ 圈。此时地球和火星之间的位置关系变得比较适合进行星际飞行。这个长期任务尽最大可能利用了地球和火星之间的位置关系来减少进行星际飞行所需的推进要求，但是任务需要在火星停留 500 天，并且整个任务耗时约为 900 天。

短期停留任务一般包括一个短期飞行过程（来或回）和一个长期飞行过程，后者需要靠近太阳（0.7 天文单位或者更少）。在此假设从火星返回地

---

① This website appears to be tied to DRA-5 in some way that is difficult to resolve：Decision Package #1：Conjunction Class Missions (Long Surface Stays) versus Opposition Class Missions (Short Surface Stays) July 23，2007. http://spacese. spacegrant. org/uploads/Homework9/4-Decision_Package-Long_Short-clean. pdf.

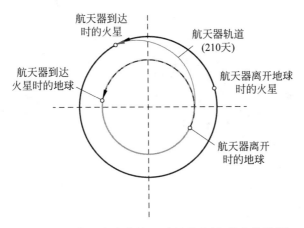

图 3.12　长停留方案中的地-火转移飞行(见文前彩图)

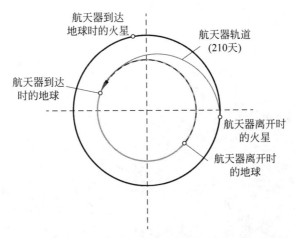

图 3.13　长停留方案中火星返回地球的飞行(见文前彩图)

球是一个长期飞行过程。实际上从地球出发前往火星也是类似的,除非是在进行短期飞行的时候,离开时火星引导地球,防止在飞行过程中地球远离了火星。但是在计算返回轨迹时,可以发现此时飞行器不能切进地球轨道,只能穿过地球轨道并且进入更内部的太阳轨道中。但是任务中可以重新安排飞行器进入金星的重力场,此时飞行器受到金星引力作用轨道发生弯曲,最终接近地球轨道的切线方向然后安全返回。但是在此飞行器必须经过金星附近的区域,在该区域内太阳照射强度是在地球附近的两倍。

表 3.19 对比了短期任务和长期任务的诸多方面。4.2.2 节提供了另外一些关于短期和长期任务的信息。

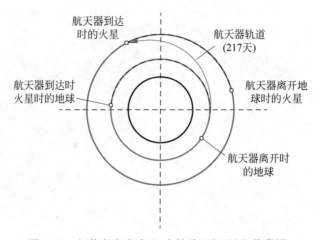

图 3.14　短停留方案中地-火转移飞行(见文前彩图)

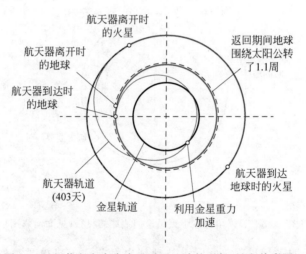

图 3.15　短停留方案中火星返回地球的飞行(见文前彩图)

表 3.19　短期任务和长期任务的对比

对 比 项	短 期 任 务	长 期 任 务
在火星上完成的任务	需要花费 30 天来进行设备安装和安顿,设置反应堆需要约 30 天	增强了对更长距离、更深范围的探测能力,并且可以和地球上的科学家合作
在太空中的时间	6 个月和 13 个月	都是 6 个月

续表

对　比　项	短　期　任　务	长　期　任　务
暴露在强烈的太阳辐射中	需要在金星附近穿过。在某些情况下需要在金星轨道内部飞行超过 100 天,并且最近的距离可能接近 0.5 个天文单位	整个任务都在地球轨道外部进行
Δv 的要求	Δv 的要求很高并且每次发射之间的 Δv 变化很大	Δv 的要求不高,并且每次发射之间的 Δv 变化不大
出发与返回	完全不同,需要分别设计	非常相似,可以一起设计
整个任务耗时	大约 650 天	大约 900 天

3.8.8　基于飞越和自由返回轨道的设计

最近几十年,出现了许多关于飞越型轨道任务设计的报道。实际上,在本书 3.2.2 节讨论的 1962 年的 EMPIRE 计划和 3.2.4 节讨论的 1968 年波音公司的设计就是飞越型轨道任务很好的例子。最近一段时间,Thomas 等(Thomas et al.,2015)对此种类型概念的任务进行了全面研究。他们研究的是一种低速型轨道,以较低的 Δv 从地球出发,飞越经过火星然后返回地球。图 3.16 是他们评估的一种包含双栖息舱的轨道模型。出发飞船(outbound habitat,OH)带着宇航员经由双曲自由返回轨道前往火星,并且在将宇航员送进 MTV(火星运输飞船)后 MTV 飞船会进入火星轨道。出发飞船继续飞行然后被抛弃。几个月之后,返回飞船(return habitat,RH)通过一个经过火星的自由返回轨道,在经过精确的时间计算后,宇航员在MTV 中离开火星轨道并且和返回飞船对接,然后离开火星区域。

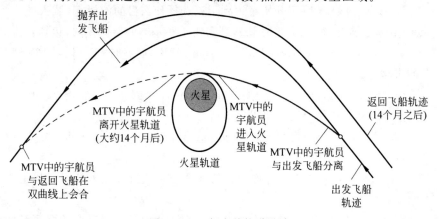

图 3.16　双栖息舱轨道设计

Thomas 等对 2020—2049 年可能完成这些任务的 15 次发射机会都进行了评估，内容包括任务的时长、两艘飞船在离开地球时对 Δv 的要求。有些发射机会显得比其他的更加吸引人。在 2032—2033 年有一个特别有利的发射机会。如果在此期间开展任务，首先发射返回飞船（RH），返回飞船需要 898 天到达火星，RH 离开 LEO 的 185 天之后，出发飞船（OH）带着宇航员和 MTV 从 LEO 发射，经过 274 天到达火星。然后 MTV 和出发飞船分离，宇航员待在 MTV 中绕火星轨道运行 439 天。返航需要 219 天。所以宇航员在 OH 中飞行 274 天，在 MTV 中停留在火星轨道 439 天，随 RH 返回需要 219 天，一共有 932 天的时间都要待在宇宙飞船之中，期间将暴露于辐射和零重力环境之下。

3.9 NASA 近期的活动

NASA 在如何将宇航员送往近地太空以外的地方这一决定上长期处于窘境。许多年来，宇宙飞船和国际空间站这两个项目占据了其太空研究预算的首要位置。但这似乎并没有推进 NASA 将宇航员送往近地太空以外的地方。

在 Griffin 任职期间（2005—2008 年），NASA 的全部精力都用在载人探月计划之上，但是跟进的研究显示继续实施重返月球计划的成本比最初所估计的要高出许多，所以探月计划严重影响了 NASA 其他项目的进展。此外，也没有强有力的依据可以用来证明重返月球计划能带来收益。

在 2009—2012 年，NASA 在将人类送往更远的外太空这一举措上没有明确的方向。

2013 年，NASA 终于开始意识到无论选择什么目的的研究（载人航天、火星的卫星、火星飞越、火星登陆），都需要一些基本的架构模块，包括：

（1）运载火箭系统（space launch system，SLS），能够向 LEO 运送 120 t 物资的重型运载火箭。

（2）地面系统的开发与操作（ground systems development and operations，GSDO），给 SLS 和猎户座飞船提供支持。

（3）猎户座多功能载人飞船（Orion multi-purpose crew vehicle，Orion）用来将宇航员送向太空。

在 2014 年末，GAO 报告称现有的 3 个与载人航天相关的项目将花费大约 210 亿美元。

在 2013—2015 年，研究者们发现实施载人火星任务所需的资源明显是不够的,于是数个研究小组开始转向较小的火星卫星任务(例如,Mazanek,2013;Price,2015)。Mazanek 提供的数据表明不同发射窗口的需求变化很大。火星-火卫一-火卫二(Mars-Phobos-Deimos,MPD)的任务概念被认为是人类近地空间探索(near-Earth asteroid,NEA)的后继任务,同时也是登陆火星的可能的基本步骤。然而对这些任务的设想都过于乐观了。希望有一天隐藏在这些美轮美奂的图纸背后的细节都能被披露出来。但是对火星卫星进行探测的投资回报非常值得怀疑,我们能从中获得什么?

2014 年,NASA 提出了一个名为"火星演化任务"(EMC)的计划[①]。在此计划中,NASA 将登陆火星设定为任务的最终目的,同时终于承认"登陆火星非常艰难",他们推行"能力进化工程",希望有朝一日能作为载人火星任务的模块架构。NASA 精心选择的模块包括以下三个部分。

到达和返回部分:

-发射高能火箭的能力

-可靠的宇宙飞船

-船舱的大小要求

-验证 SLS 和猎户座多功能载人飞船在深空的性能情况

-深空导航

-交会、对接和组装

-生命保障系统

-高速再入技术

心理健康部分:

-骨质疏松

-辐射

-视力退化

-卫生

-空气、水、食物

-垃圾处理系统

-心理影响

-零重力/低重力环境影响

-医疗应急

---

① Crusan (2014) Director. NASA Advanced Exploration Systems, Presentation, The Evolvable Mars Campaign. http://www. nasa. gov/sites/default/files/files/20140429-Crusan-Evolvable-MarsCampaign. pdf.

装备部分：

-样品处理

-微重力操作

-太空服

-先进的宇航员培训和工具

-任务规划

-情景认知和决策

-宇航员间的关系

至今为止,这些项目都进展良好,都很值得进行深入研究和发展。现在已经没有陪审团在审查 NASA 执行项目的效果了。NASA 会不会为了获得 Zubrin 所谓的"选民们"的持续支持而陷入无休止的研究和发展中呢? 会不会进行那些零散的设计,而不是把它们组合成一个可运行的综合系统呢?

有一个非常关键的需求没有被列入进来,那就是设计用于进入火星大气的大型减速伞。对这个课题需要进行重点研究。如果最终设计出来的减速伞的直径大于 SLS 的外壳直径,那么它们必须在太空被组装,或者在太空中进行展开。有些测试能在高地球轨道上进行,但是最终的测试必须在火星上进行。这都需要大量的时间和投资。

另一个没有提及的关键要求就是如何在太空和火星表面储存液体,使其在任务进行的数年时间内不会发生汽化。

除此之外,核热火箭的研究似乎也失败了。

笔者最关心的是,要实施之前所提及的计划和额外建议的项目,需要数百亿美元的资金和 20 年左右的时间以开展研究。笔者认为,NASA 并没有足够的资金来支持这些研究。除此之外,就算这些项目和计划能得到开发和验证,将它们整合成一个完整的载人探测火星计划又需要投入额外的花费和努力。

如果制作精美的插图能完成这些任务的话,那么他们可能已经到达火星了,如图 3.17 所示。

2014 年 12 月 2 号,NASA 宣布计划在 2025 年将 4 名宇航员送往火星和地球之间的太空,然后在 21 世纪 30 年代中期,将第一批火星探测宇航员送往火星表面[1]。然而,3 天之后,总统的科学顾问发言称[2]：

---

[1] NASA Announces Plans To Send Astronauts To Mars In Mid-2030s. http://www.iflscience.com/space/nasa-astronauts-will-head-mars-mid-2030s.

[2] Holdren: Current NASA Budget Is Insufficient To Send Humans to Mars. http://nasawatch.com/archives/20-14/12/holdren-current.html.

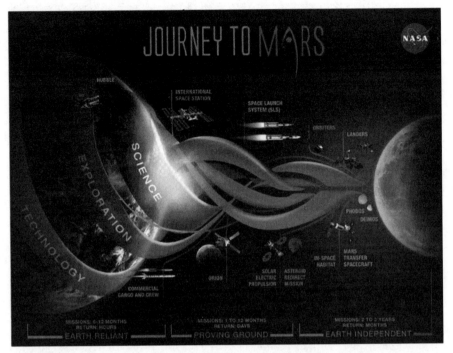

图 3.17　NASA 展示的火星旅程(2014 年 12 月 1 日，http://www.nasa.gov/content/nasasjourney-to-mars/#.VJQ8mAcA)

　　我认为现在的预算不能真正解决问题。我们会在合理的限度内完成我们的目标并最终实现登陆火星。实际上，从现在开始到 2030 年，我们会一直增加预算。按现有的预算水平我们是无法完成载人火星任务的。

　　似乎就连 Holdren(总统科学顾问)对此也持有非常乐观的态度。值得注意的是，他并没有具体表示 NASA 的预算会增加多少。

　　图 3.17 展示了最近 NASA 关于火星演化运动(EMC)的某些成果[1]。从中可以看出，他们出台了新的"集成的高级文件，用来说明 NASA 的顶级开发战略，包括机器人设计、人工操作设计以及近期和长期的技术发展"。借用 Hamlet 的话，就是"一种完美而虔诚的希望"。

　　Craig(2015)的文章认为：火星演化任务还需要"制订一个策略"，"确定一个计划"，用来"扩大人类在太阳系内的活动范围"，在缺少整体战略设计的情况下，他还提出了一些五花八门的正在进行或者已经设计好的某些

---

① Craig (2015). Evolvable Mars Campaign Overview to FISO Telecon. http://spirit.as.utexas.edu/*fiso/first.cgi.

策略。这些计划将由来自 NASA 的 8 个研究中心和 5 个 HQ 部门完成。Craig 参与了 NASA 许多制订长期计划的工作。但是这些计划仅仅是那些没有任何系统一致性的各个"选民"的愿望列表的简单组合，并且其预算需求非常之大。幸运的是，这些计划都被很快的否决了，因为 NASA 又开始着手制订下一个长期计划。

在近期目标的保护伞之下，Craig 列举了需要进行研究和验证的用来增加"太空环境探索能力"的研究项目，包括太空服、通信设备、对失重环境的缓解和宇航员的运输。紧接而来的是"太空试验场项目"，包括做更多有关宇航员健康和失重效应的研究工作，采用大型太阳能电推进(SEP)技术，并将月球远距离逆行轨道(lunar distant retrograde orbit，LDRO)作为向火星运输大量货物的中转站。然而当我们仔细审查这些设计参考架构时，可以发现，载人火星任务很少使用 SEP，并且根据本书 4.4.4 节的讨论，SEP 在载人任务中的价值也是值得商榷的，还不清楚 EMC 指向的是何种设计参考架构。LDRO 是一个有趣的概念，不知为何在 EMC 的理念中，近月球空间有着巨大的吸引力，在那些设计华丽的精美插图之后，很多几何图案都围绕着地球和月亮，并且突出表示了拉格朗日点。据推测 LDRO 提供了一个可供载人火星任务中的设备进行组装的轨道。但是 LDRO 的效益仍然是短暂的。根据作者的逻辑，EMC 通过增加 SEP 的功率水平提供了如下的任务演变：

卫星回收任务—近月球太空任务—火星的卫星—火星表面

所有这些都依赖 SEP 的功率水平。但是和往常一样，仍然不清楚其所涉及的究竟是哪种参考架构，也不清楚 SEP 在其中具体扮演的是什么角色。

EMC 的一个"基本原则"就是在"2030 年左右将人类送往火星"，但是这似乎只是个幻想，并不会真的发生。

依据幻灯片中的内容可以得知，研究小组正专注于解决这个问题："未来 5 年内，EMC 需要何种能力的投资"。因为缺乏具体的设计参考架构，无法回答这个问题，但是本书提供了这个问题的答案。具体来说，一个适用于火星的巨型大气辅助再入、降落、着陆系统是减少载人火星任务花费和质量的关键杠杆，并且研发这种系统并不需要 13 个组织构成的团队。但是在幻灯片中没有涉及这个用于大气辅助再入、降落和着陆的系统。另一个可以提供高杠杆性作用的技术就是核热推进技术。虽然在幻灯片中有一个显眼的标题"先进的推进技术"，但是在进行幻灯片展示时并没有涉及核热推进技术。有一整张幻灯片都在解释 ISRU 技术，但是这就和耐克(Nike)鞋的广告"just do it"一样没什么用。2015 年 9 月的报告显示 EMC 正在考虑采用化学动力推进和太阳能动力推进的组合来实现在 2030 年左右将人类送往火卫一和火星。大概需要发射 8～14 架次运载火箭,具体数字取决于任务的细节。然而,大部分的任务细节都是让人怀疑并且无法实现的。

似乎 EMC 仅仅是 NASA 的另一个打了水漂的、设计华丽但是重点模糊而短暂的概念,并且非常缺乏针对细节的工程计算。它会因为一个牵强的理由而被废弃,因为 NASA 正着手于另一个长期计划。

参考文献

Benton，Mark G. 2009. Spaceship discovery—NTR vehicle architecture for human exploration of the solar system. In AIAA，5309.

Benton，Mark G. et al. 2012. Modular space vehicle architecture for human exploration of Mars using artificial gravity and mini-magnetosphere crew radiation shield. In AIAA，0633.

Cooke，Douglas R. 2000. An overview of recent coordinated human exploration studies. http://history. nasa. gov/DPT/Architectures/Recent％20Human％20Exploration％20Studies％20DPT％20JSC％20Jan_00. pdf.

Drake，Robert，ed. 2009. Human exploration of Mars—Design reference architecture 5. 0. NASA Report SP，566.

Hirata，C. et al. 1999. The Marssociety of Caltech human exploration of Mars endeavor. http://www. lpi. usra. edu/publications/reports/CB-1063/caltech00. pdf.

Hoffman，Stephen J. and David I. Kaplan，eds. 1997. Human exploration of Mars：The reference mission of the NASA Mars exploration study team. NASA Special Publication 6107. http://www. nss. org/settlement/mars/1997-NASA-HumanExplorationOfMarsReferenceMission. pdf.

Mazanek，Dan. et al. 2013. Considerations for designing a human mission to the Martian moons 2013 space challenge. Pasadena：California Institute of Technology，25-29 Mar 2013.

Metschan，Stephen. 2006. An alternate approach towards achieving the new vision for space exploration. In AIAA，7517.

Okutsu，M. ，and J. M. Longuski. 2002. Mars free returns via gravity assist from venus. Journal of Spacecraft and Rockets 39：31-36.

Patel，M. R. ，et al. 1998. Free return trajectories. Journal of Spacecraft and Rockets 35：350-354.

Platoff，Annie. 2001. Eyes on the red planet：Human Mars mission planning，1952—1970. NASA/CR-2001-208928，July 2001.

Portree，David S. F. 2001. Humans to Mars：Fifty years of mission planning，1950—

2000. In Monographs in aerospace history, vol. 21. NASA History Division, Office of Policy and Plans, NASA Headquarters, Washington, DC 20546, Feb 2001.

Price, H. 2015. Affordable missions to Mars. http://www. space. com/29562-nasa-manned-mars mission-phobos. html.

Raftery, Mike. 2014. Mission to Mars in six (not so easy) pieces. http://spirit. as. utexas. edu/ * fiso/telecon/Raftery_5-14-14/Raftery_5-14-14. pdf.

Rapp, Donald. 1998. A Review of Mars ISPP Technology. JPL Report D-15223.

Rapp, Donald. 2006. Radiation effects and shielding requirements in human missions to the moon and Mars. Mars Journal 2: 46-72.

Schmidt, George R. et al. 2011. HERRO missions to Mars and venus using telerobotic surface exploration from orbit. JBIS 64. telerobotics. gsfc. nasa. gov/papers/ Schmidt 2011. pdf.

Thomas, Andrew S. W. et al. 2015. A crewed Mars exploration architecture using flyby and return trajectories. In AAS, 15-372.

Tito, Dennis et al. 2013. Feasibility analysis for a manned Mars free-return mission in 2018. http://www. inspirationmars. org/IEEE_ Aerospace_ TITO- CARRICO_ Feasibility _Analysis_for_a_Manned_Mars_Free-Return_Mission_in_2018. pdf.

Wooster, Paul D. et al. 2005. Crew exploration vehicle destination for human lunar exploration: The lunar surface space 2005. In AIAA, 6626. Long Beach, California. 30 Aug-1 Sep 2005.

Zubrin, Robert. 2000. The Mars Direct plan. Scientific American, March 2000.

Zubrin, Robert. 2005. Getting space exploration right. The New Atlantis, Springer.

第4章　去程与返回

摘要：设计载人火星探测任务面临着许多挑战,其中发射、转移、着陆以及往返地火之间的大质量载重可能是最大的障碍。推进系统可被用于以下过程：由近地轨道进行地-火转移入轨,火星轨道入轨,火星再入、下降和着陆,以及上升到火星轨道,火-地转移入轨,地球再入、下降和着陆。对于任一特定的轨道转移段,都对应特定的 Δv。推进系统的净重和比冲可用于计算从任意 Δv 运输负载所需的推进剂质量。使用理想的环地球和火星轨道模型,可以近似地估计出飞离地球和火星入轨所需的 Δv 数值。JPL 已开发出更可行的模型。载人火星任务各个转移段对推进剂的需求均基于化学推进或核热动力推进进行了估计。分析了每一次变轨的传动比(初始质量/传输的载荷质量)。同时回顾了用于提升地球轨道高度的太阳能电推进方式。详细分析了火星表面上升段及上升段对推进剂的需求。

4.1　推进系统

对于火星或者月球的载人往返任务,需要对一些典型的步骤进行详细研究：

(1) 发射至近地轨道。

(2) 从近地轨道进行地-火转移轨道入轨。

(3) 火星轨道入轨。

(4) 再入、下降和着陆到火星。

(5) 上升进入火星轨道。

(6) 火-地转移轨道入轨。

(7) 再入、下降和着陆到地球。

上述每一步骤都是重要的阶段,所需推进剂或推进系统的质量都很大,并且可能需要减速伞。因为这些步骤都按顺序执行,它们之间满足杠杆关系,传输到最终目的地的有效载荷总质量是每个变轨步骤有效载荷质量的乘积。例如,总体来说,若希望将 1 t 的载荷送上火星并成功着陆,那么发射台就需要装载大约 200 t 的质量。

将航天器送到太阳系内的各个天体上时,需要火箭助推来改变航天器的速度。当离开一个地球大小的天体时,需要损耗很大一部分能量以克服地球引力。如果存在大气(如地球),大气阻尼也会损耗一部分能量。当接近火星大小的天体时,需要大幅降低航天器速度实现入轨。下降到火星表面需要进一步大幅降低速度。因此,离开入轨和着陆到天体是最需要火箭产生加速和减速推力的两个阶段。另外,航天器改变航向以及飞行过程中的轨道机动也都需要火箭产生加速度,然而此时的 Δv 要小得多。

4.1.1 空间运输对推进剂的需求

空间运输的典型过程中火箭“燃烧”和燃料消耗完毕之后,空的推进系统被抛弃,不会跟随航天器继续前进(见图 4.1)。

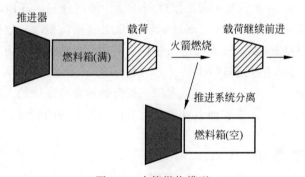

图 4.1 火箭燃烧模型

火箭的性能由 3 个参数决定:

比冲(I_{sp})是损耗燃料的排气速度(除以 $g=9.8 \text{ m/s}^2$)。它是对推进系统效率的评估,因为当火箭排出定量的燃料时,其对载荷产生的动量与火箭的排气速度成正比。

下面是一些典型火箭系统的 I_{sp} 大小:空间可储存单组元燃料(肼),固态燃料,可储存双组元燃料和 $LO_x\text{-}LH_2$。

$$I_{sp}(单组元)=225 \text{ s}$$

$$I_{sp}(固体)=290 \text{ s}$$

$$I_{sp}(双组元燃料)=315 \sim 325 \text{ s}$$

$$I_{sp}(LO_x\text{-}LH_2)=450 \sim 460 \text{ s}$$

用来使航天器离开近地轨道的 LO_x-LH_2 化学燃料系统的典型比冲值是 450 s，对应火箭的排气速度约为 4400 m/s（大约 9860 mph），高于其他化学燃料系统的排气速度。

对于任意的推进剂组合，火箭系统能获得的实际比冲还取决于其他一些次要因素，如发动机的额定推力、推进剂的混合比、推进剂的供应（压力还是泵馈）、排气是在真空中还是大气中以及喷嘴的设计。任务设计者们只选择火箭的混合推进剂比冲值，而很少规定上述细节。不同研究结果给出的混合推进剂的比冲值差异较大，每种组合混合推进剂的比冲值大小趋向两类（乐观和悲观）。此外，在估算任务比冲值时发现，JPL 的推进系统方面的专家倾向悲观的结果，而 ISRU 提倡者以及 NASA 任务设计者们倾向乐观的结果。

对于甲烷-氧混合推进剂，DRM-1 和 DRM-3 使用的比冲值是 374 s，"火星直击"使用的是 373 s。其他一些乐观者使用的比冲值高达 379 s。目前，一些不是那么乐观的团队较为普遍使用的是 360 s。针对不同混合比和推力水平的甲烷/氧混合推进剂，利用严格的 JANNAF 程序并假设采用抛物壁型喷嘴，Thunnissen 等计算了理论比冲值，并进行了详细的分析（Thunnissen et al.，2004）。理论值（包括动力的、二维的以及边界层损失）降低了 2%，导致了假定的燃烧效率（蒸发和混合效率）为 98%。结果见图 4.2。

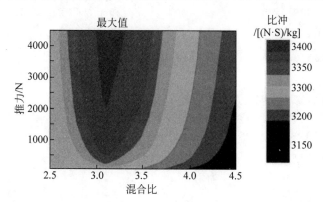

图 4.2　甲烷-氧混合推进剂比冲值关于混合比和推力的函数分布（见文前彩图）

从图 4.2 中可以看出，即使是采用最理想的混合比（约 3.1∶1）的大推力火箭，甲烷-氧混合推进剂的最高比冲值为 347 s（3400/9.8）。而 Thunnisen 等指出，如果利用基于氢和萨巴蒂尔电解的 ISRU 系统去产生 1∶4 混合比的甲烷和氧气，可以在这一更高混合比的情况下获得近地轨道的最优初始质量，即使比冲值为 337 s 左右。Thunnissen 等（Thunnissen et al.，2004)在 2004 年完成了关于甲烷/氧混合推进剂的补充分析。该工作对额定推力为 450 N 的发动机展开了二维动力学分析。发现当混合比为 3.0：1 时，最大的比冲值可达到 348 s。有趣的是，NASA 在 DRM-1 和 DRM-3 中均假定混合比在 3.5：1 时获得了更高的假定比冲值。

对于液氧/液氢(LO_x-LH_2)混合推进剂火箭，乐观派使用的典型比冲值为 460～470 s，而悲观派使用的值则低至 420 s。Thunnisen 团队在一份详细报告中指出，当氢-氧混合推进剂混合比在 3～5 时，其比冲值相对稳定在大约 440 s，混合比继续增加时比冲值迅速下降(混合比为 5 时比冲值为 430 s，混合比为 6 时比冲值为 420 s)。

在一些乐观的任务规划者间广为流传的比冲数值与推进系统专家们汇编的不太乐观的比冲数值似乎不太匹配。

推进系统的净重

由于干推进系统(推进器、燃料箱、管道等)需要和载荷一起被加速，所以会成为火箭加速的拖累。对于用来使航天器离开近地轨道的 LO_x-LH_2 推进系统，干推进系统是推进剂质量的 10%～12%。这种干推进系统会在推进剂消耗完之后被丢弃，然而在某些情况下，它们也会被保留用以进一步的燃烧。

火箭产生的速度变化[$\Delta v = v$(初始)$-v$(最终)]

速度变化是火箭点火的有效效果。载荷和干推进系统作为一个整体被加速到一个新的速度上，在这个过程中随着推进剂燃烧，燃料箱逐渐变空(事实上燃烧完成后在燃料箱内总会残存一些推进剂，但这里可以忽略不计)。

推进剂需求量随着 Δv 增加而呈指数增长，但随着比冲值的增加而呈指数递减。在整个任务中每次火箭燃烧推进，Δv 是决定需要多少燃料的关键参数。归根结底，推进剂质量占据了从地球运输到太空中质量的绝大部分，而其质量又取决于任务中各个步骤所积累的 Δv 的大小。

4.1.2 火箭方程

任何空间探测任务的一个关键点就是将空间飞行器从一个地方转移到另一个地方。这些转移大多数都是利用推进系统向后喷气，通过牛顿作用力与反作用力定律使飞行器向前飞行。这里涉及的最基本原理就是动量守恒。为了使飞行器获得速度增量，需要燃烧适量的推进剂向后喷气以产生推力。所谓的火箭方程就是用来计算使飞行器产生速度增量 Δv 所需要的燃料剂量。

在此定义以下变量：

$M_S = M_{PL}$　　空间飞行器（或载荷）质量（t）；

M_R　　用以使飞行器获得加速度（t）的火箭干质量（包括装置、燃料储箱、管道、推进器等）；

M_P　　发射前初始储存在火箭里的推进剂的质量（t）；

m_P　　火箭燃烧过程中任一时刻燃料箱中剩余的推进剂质量（t）；

$M_T = M_{initial}$　　火箭开始燃烧前的质量总和$= M_S + M_R + M_P$；

v_E　　火箭向后喷气时的排气速度（km/s）；

v_S　　飞行器的速度（km/s）；

g　　地球的重力加速度$= 0.0098$（km/s^2）；

I_{sp}　　火箭的比冲值$= v_E/g$（s）；

Δv　　速度增量（飞行器＋火箭系统）（km/s）。

如果对火箭推进剂燃烧时的质量进行微分，在任意燃烧时刻由动量守恒可得以下公式：

$$(M_S + M_R + m_P)\mathrm{d}v_S = v_E \mathrm{d}m_P$$

将该微分方程整理，可得

$$\mathrm{d}v_S = -v_E \mathrm{d}m_P/(M_S + M_R + m_P)$$

如果将v_S从初始速度积分至飞行器最终的速度，从等式左边可以得到速度增量Δv_S，而等式右边则为$[v_E \log\{M_T/(M_R + M_S)\}]$。重新整理便可得到所谓的火箭方程的其中一种形式：

$$M_T/(M_S + M_R) = \exp[\Delta v/(gI_{sp})] = q$$

其他形式的火箭方程如下：

$$M_P/(M_S + M_R) = q - 1$$

$$M_T/M_P = q/(q - 1)$$

对于任何质量为M_S的飞行器而言，目标都是尽可能使用高效率的火箭来获得速度增量Δv，从而减少所需携带的推进剂质量（M_P）。这可通过使用高比冲值的推进剂来实现。然而，由于火箭的干质量（M_R）需要被一起加速，因此成为飞行器飞行的一个不利因素，而比冲值并不是决定最优性能的唯一要素。此外，燃料箱的体积也是决定火箭性能的一个重要参数。Guernsey 和 Rapp（Guernsey and Rapp, 1988）与 Thunnissen 等（Thunnissen et al., 2004）定义了综合考虑各类因素的推进系统品质因数。

在许多情况下，空间飞行器的质量M_S是已知的，需要估计将飞行器运送至目的地所需的燃料质量。通常情况下无法得知火箭精确的干质量，但

可以通过经验公式估算其质量。经验公式是关于燃料质量的函数,通常合理假设有如下形式经验公式:

$$M_R = A + KM_P$$

在某些情况下甚至忽略掉常数 A,近似如下:

$$M_R = KM_P$$

然后利用下面这个形式的火箭方程:

$$M_P/(M_S + M_R) = q - 1$$

可以得到

$$M_P = (q-1)KM_P + M_S(q-1)$$

整理后得

$$\frac{M_P}{M_S} = \frac{q-1}{1 - K(q-1)}$$

接下来,使用另一个形式的火箭方程:

$$M_T/(M_S + M_R) = q$$

可以发现

$$M_{initial} = qM_S + qM_R$$

用 KM_P 代替 M_R,M_{PL} 代替 M_S,可得

$$\frac{M_{initial}}{M_{PL}} = \frac{q}{1 - K(q-1)}$$

利用该式就可以估算出基于 Δv 以及特定比冲值 I_{sp} 运输一定量的载荷所需的初始质量。

在离开地球轨道时使用 $I_{sp} = 450$ s 的 LO_x-LH_2 混合推进剂的情况下,离开地球轨道所需的速度增量 Δv 为 3.61 km/s,因此 q 约为 2.26。如果假设参数 K 为 0.12,那么就可以得到

$$\frac{M_{initial}}{M_{PL}} = 2.67$$

由此可见,在近地轨道上只有总质量的 37% 可以作为有效载荷被送往火星。需要注意的是,速度增量 $\Delta v = 3.61$ km/s 对应的是在地-火转移轨道上缓慢飞行所需的理想值。如果需要使飞行器以更短的时间飞向火星(如载人任务),则速度增量需要增大到 4 km/s 以上,而此时质量比上升至 3。那样的话,在近地轨道上就只有大约 33% 的质量能作为载荷被送往火星。以上这些估计仅仅是为了举例说明,在实际情况中,Δv 会随着不同的发射窗口及发射窗口内的日期改变而改变。

当飞行器飞近火星时,如果使用双组元推进系统来使飞行器减速至 2.09 km/s,可得 q 约为 1.95。假设在这种情况下参数 K 为 0.12,可以得到

$$\frac{M_{\text{initial}}}{M_{\text{PL}}} = 2.20$$

这是接近火星时飞行器的质量和进入高度为 300 km 的环火星圆轨道时的载荷质量之比。飞行器在近地轨道的质量和进入环火星圆轨道时的载荷质量之比可以大致估算如下:对于较慢的飞行过程为 $2.67 \times 2.20 = 5.9$,对于较快的飞行过程为 $3.0 \times 2.2 = 6.6$。

如果飞行器以 $\Delta v = 0.82$ km/s 的速度先进入一个椭圆轨道,然后再利用大气制动使飞行器进入一个圆轨道,那么 q 为 1.30,并且

$$\frac{M_{\text{initial}}}{M_{\text{PL}}} = 1.35$$

那样的话,在近地轨道时的质量和进入环火星轨道载荷质量之比:对于较慢的飞行为 $2.67 \times 1.35 = 3.6$,而对于较快的飞行为 $3.0 \times 1.35 = 4.1$。

以上的所有计算讨论都是基于单级火箭燃烧。特别要注意的是,当速度改变量很大时,分级提供了很大的便利。如果采用分级火箭,而这在运载火箭中十分常见,那么将上述方程应用到各级,所需要的燃料质量 M_{R} 将会逐级减少。对于从行星表面上升来说,由于行星的自转、克服重力以及大气阻力,情况会更加复杂。

另外需要指出的是,任何情况下燃料箱中储存的全部燃料都不可能彻底耗尽。总是会有些残余的燃料被留在燃料储箱内。在上述等式中 M_{P} 应当是实际消耗掉的燃料质量,而那些没有燃烧的燃料应被归到火箭系统的质量中。

一般而言,火箭点火前的初始总质量与火箭燃烧后或完成其他操作后的传送载荷质量之比称为传动比。由于送达太空的大部分质量为燃料,传动比是确定一次空间任务质量(或费用)的重要因素。对于一次典型的 K 为 0.12 的在轨任务,传动比的表达式如下:

$$\frac{M_{\text{initial}}}{M_{\text{PL}}} = \frac{q}{1 - 0.12(q - 1)}$$

表 4.1 为在轨空间转移中涉及的各个 Δv 值所对应的传动比。注意,当 Δv 值足够大时,轨道转移是不能够实现的。加速火箭所需的燃料量太大导致加速整个载荷的燃料量不足。

表 4.1　不同 Δv 与 I_{sp} 对应的传动比，假设 $K=0.12$

Δv /(km/s)	$I_{sp}=450$ s		$I_{sp}=400$ s		$I_{sp}=360$ s		$I_{sp}=320$ s	
	q	传动比	q	传动比	q	传动比	q	传动比
0.5	1.120	1.14	1.136	1.15	1.152	1.17	1.173	1.20
1.0	1.255	1.29	1.291	1.34	1.328	1.38	1.376	1.44
1.5	1.405	1.48	1.466	1.55	1.530	1.63	1.613	1.74
2.0	1.574	1.69	1.666	1.81	1.763	1.94	1.892	2.12
2.5	1.763	1.94	1.892	2.12	2.031	2.32	2.219	2.60
3.0	1.974	2.24	2.150	2.49	2.340	2.79	2.603	3.22
3.5	2.211	2.59	2.442	2.95	2.697	3.39	3.053	4.05
4.0	2.477	3.01	2.774	3.52	3.107	4.16	3.581	5.19
4.5	2.774	3.52	3.152	4.25	3.581	5.19	4.199	6.82
5.0	3.107	4.16	3.581	5.19	4.126	6.60	4.925	9.31
5.5	3.480	4.96	4.068	6.44	4.754	8.65	5.777	13.53
6.0	3.898	5.98	4.621	8.17	5.478	11.8	6.775	22.07
6.5	4.366	7.33	5.250	10.7	6.312	17.4	7.946	47.74
7.0	4.891	9.17	5.964	14.8	7.273	29.4		
7.5	5.478	11.8	6.775	22.1	8.380	73.3		
8.0	6.135	16.8	7.697	39.2	9.656			
8.5	6.872	23.3	8.744	123.6	11.126			
9.0	7.697	39.2	9.934		12.820			

　　对于从遥远行星表面起飞并使用低温燃料的多级推进系统，K 很有可能远远大于 0.12，甚至达到 0.2 或更大。

4.1.3　火箭的干质量

　　在早期空间任务的高层规划中，火箭的干质量通常由其和燃料质量的比例关系估算得出：

$$M_R = KM_P$$

　　Thunnisen 等非常详细地分析了影响行星际飞行器的"K"大小的各个因素，包含几类值：转换器、传感器、滤波器、流量控制器、各类线路和配件、推进器、液位测量装置、支撑结构和燃料箱。可惜的是，他们的报告并没有给出如何具体估算 K 值大小的方法，而是用绝对 K 值估算了采用不同的推进剂组合运送载荷至地外行星的能力。另外需要注意的是，燃料箱的质量取决于推进剂的体积，所以低密度的推进剂比高密度的推进剂需要更重的燃料箱。

不同的研究团队将各类应用的 K 值假设为 $0.05 \sim 0.20$ 以上。各种研究的一致结论似乎是,对于空间可储存的推进系统 K 值随着推进系统尺寸的增加而减小。对于小型无人行星飞行器,K 值为 $0.12 \sim 0.15$,而对于大型载人飞行器推进系统,K 值会小一些,为 $0.10 \sim 0.12$。然而,使用低温推进剂,或增加被动系统的绝缘防护和体积,或增加主动系统的动力和制冷装置(绝缘防护),都可以增大 K 值。

2005 年设计的月球着陆舱的相关质量参数见表 4.2。如表中所示,下降和上升推进系统的干质量和推进剂质量之比分别为 0.15 和 0.25。由于下降系统使用了相当于上升系统 5 倍的推进剂,因此具有规模经济性。

表 4.2　月球着陆舱的下降和上升系统的质量参数(单位：kg)

项　目	月球着陆舱上升系统		月球着陆舱下降系统	
	质量[a]（2005 年）	质量[b]（2007 年）	质量（2005 年）	质量（2007 年）
1.0 太空舱/支撑结构	1025	1147	1113	2214
2.0 防护物	113	113	88	88
3.0 推进系统	893	718	2362	2761
4.0 动力	579	1205	468	486
5.0 控制	0	0	92	92
6.0 电子设备	385	385	69	69
7.0 环境	896	1152	281	284
8.0 其他	382	382	640	715
9.0 增长	855	1020	1023	1342
10.0 非货物	834	153	1033	2498
11.0 货物	0	0	2294	500
12.0 非推进剂	131	173	486	659
13.0 推进剂(已燃烧)	4715	6238	25 105	30 319
干质量		6123		8051
惯性质量	5962	6276	9464	11 049
湿质量(1～13 项和)	10 809	12 687	35 055	42 027
推进系统				
推进剂	CH_4/O_2	NTO/MMH	CH_4/O_2	H_2/O_2
主发动机	94		527	
RCS 推进器	155			
CH_4-O_2 燃料箱	485		1758	

项　目	月球着陆舱上升系统		月球着陆舱下降系统	
	质量[a]（2005 年）	质量[b]（2007 年）	质量（2005 年）	质量（2007 年）
结构	44		0	
增长	179		472	
管道和增压箱	159		77	
总计	1116		2834	
残余燃料和受压物体	188		650	
燃料蒸发	0		384	
推进系统合计	188		1034	
推进剂燃烧（B）	4715		25 105	
推进系统干质量	1116		2834	
残余燃料和受压物体	188		1034	
推进系统合计（A）	1304		3868	
A/B	0.28		0.15	
A/(A＋B)	0.22		0.13	
RCS 推进剂	172			
RCS 推进器	155			
RCS 燃料箱	0			
RCS 总和	327			
推进剂（油包水）RCS I	4543			
推进系统（油包水）RCS(D)	1149			
C/D	0.25			
C/(C＋D)	0.20			

a. 数据来源：NASA 报告，2005。

b. 数据来源：NASA 网站"MoonHardware22Feb07_Connolly. pdf"。

由于缺少更多详细的资料，因此对于大型低温推进系统，这里 K 值选取为 0.12。

对于下降和上升推进系统，更高的 K 值看似比较恰当。此外，对于上升和下降系统，因为需要一个支撑结构，公式 $M_R = A + K M_P$ 中的因子 A 不可再被忽略。

2007 年最新公布的数据作为比较在表 4.2 中列出。

4.2　轨道分析

正如之前所提到的,一项航天任务包含了一系列的推进步骤,每个推进步骤都需要消耗大量的推进剂。推进系统的性能是已知的。因此,任务中所有步骤的主要因素是 Δv,它决定了所需的推进剂质量以及最终飞向近地轨道所需的初始质量(IMLEO)。

4.2.1　火箭科学基础

本节基本由 JPL 的 Mark Adler 博士撰写完成,本书作者仅对他的论述做了微小改动。

轨道分析为航天任务的各步骤提供了详细的 Δv 估算。然而,高保真度的轨算分析相当复杂,目前仅能对以下三步作近似处理:①飞离地球轨道驶向火星(地-火转移轨道入轨 TMI);②火星轨道进入;③飞离火星轨道(火-地轨道转移入轨 TEI)。

4.2.1.1　运动常数

处于地球轨道或火星轨道的航天器备受关注。因此,处理对象是质量为 m 的航天器在质量为 M 的行星的影响下的运动。行星吸引航天器的径向力为 GMm/r^2,其中 r 是航天器到(球形)行星中心的距离,G 是重力常数,值为 6.6742×10^{-11} m^3/(s$^2 \cdot$ kg)。这个力可以由势能求得($-GMm/r$)。在此可以将乘积(GM)记为 μ。

在行星影响下航天器的任何无扰动轨迹中,能量和角动量是两个关键的运动常数(它们是守恒的)。

总的来说,v 是半径 r 上速度的大小。轨道能量是动能与势能之和。然而,要处理的是特殊轨道能量 ε,它指的是航天器每单位质量的能量。

$$\varepsilon = \frac{v^2}{2} - \frac{\mu}{r}$$

定义 ρ 为特殊轨道角动量(每单位的航天器质量),γ 是半径 r 上的航迹角(γ 是速度矢量偏离向径垂线的角度)。按照惯例,当目标驶离天体时 γ 是正值,当驶向天体时 γ 是负值。在圆轨道中,γ 始终为零。$v\cos\gamma$ 是速度在向径垂线上的分量,这个特殊角动量可简化为

$$\rho = vr\cos\gamma$$

值得注意的是,这实际上是角动量的数值,它是一个矢量。从这里开始,定义黑色斜体字的**能量**和**角动量**为一般意义上的矢量(并对应每单位

的航天器质量），而正体字角动量则表示标量。

利用开普勒第一定律进行推导，其表述为在重力作用下轨道是一个椭圆，中心天体位于该椭圆的一个焦点上。图 4.3 是航天器绕行星飞行的轨道示意图。图中，r_1 是近心点，r_2 是远心点，a 是长半轴，b 是短半轴。注意，按照惯例，图 4.4 中的 γ 为负值，因为图示中速度矢量方向位于向径垂线的内部（即驶向天体）。

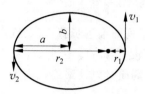

图 4.3　近心点处的飞行轨迹
表明其垂直于半径

4.2.1.2　轨道能量

考虑如图 4.4 所示的一条封闭椭圆轨道，其近心点半径为 r_1，远心点半径为 r_2。近心点处速度为 v_1，远心点处速度为 v_2。注意这两点处的航迹角 γ 均为零（即航迹都垂直于向径）。由此，得出

$$\rho = v_1 r_1 = v_2 r_2$$

现在想要通过 μ（代表行星）和 a（代表轨道）来确定行星近似轨道中航天器的能量。对于圆轨道这一特殊情况，向内的吸引力为 $m\mu/a^2$，向外的离心力为 mv^2/a（见图 4.5）。

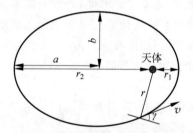

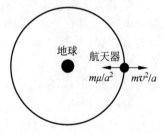

图 4.4　航天器位于绕行星轨道椭圆的焦点上
近心点是最近距离处（右端点），远心点
位于最大距离处（左端点）

图 4.5　圆轨道的力平衡

假设两力相等，可以发现

$$\varepsilon = \frac{mv^2}{2} - \frac{\mu}{a} = -\frac{\mu}{2a}$$

在更为普遍的椭圆轨道情况下，通过设置远心点能量和近心点能量，利用角动量守恒（近心点和远心点处都相等），经过大量代数计算之后，可以得出近似轨道中航天器能量的表达式同样也是

$$\varepsilon = -\frac{\mu}{2a}$$

正如本书之前章节中提到的,航天器能量 ε 对规则的轨道是负值。然而,如果 ε 是正的,那么航天器就不会束缚于行星,它会飞向无穷远处,r 变为 ∞。

$$\varepsilon = \frac{v_\infty^2}{2}$$

v_∞ 是(单次)经过天体的双曲线轨迹驶进、驶出速度。v_∞ 和最近点半径 r_{CA} 共同确定了轨迹。能量由 v_∞ 确定,角动量由 v_∞ 和 r_{CA} 确定。最近点处的速度 v_{CA} 可以由能量计算得到

$$\varepsilon = \frac{v^2}{2} - \frac{\mu}{r} = \frac{v_\infty^2}{2}$$

$$v_{CA} = \sqrt{\left(v_\infty^2 + \frac{2\mu}{r_{CA}}\right)}$$

由于最近点处的速度垂直于半径,可以得出

$$\rho = v_{CA}r_{CA} = \sqrt{v_\infty^2 r_{CA}^2 + 2\mu r_{CA}}$$

一种典型的双曲线轨迹见图 4.6。

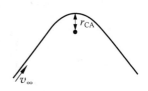

图 4.6　典型的双曲线轨迹

4.2.1.3　太阳、地球和火星的测量值

利用 μ 和空间距离的实际值可得到以下结果:

一个天文单位

$$1\,\mathrm{AU} = 1.495\,978\,706\,91 \times 10^8\ \mathrm{km};$$

三个天体的 GM

$$\mu_{\mathrm{Sun}} = 1.327\,124\,400\,18 \times 10^{11}\ \mathrm{km}^3/\mathrm{s}^2$$

$$\mu_{\mathrm{Earth}} = 398\,600.44\ \mathrm{km}^3/\mathrm{s}^2$$

$$\mu_{\mathrm{Mars}} = 42\,828.3\ \mathrm{km}^3/\mathrm{s}^2$$

地月系的 GM 用于更细致地进行逃逸运算(留给读者作为练习)

$$\mu_{\mathrm{EM}} = 403\,503.24\ \mathrm{km}^3/\mathrm{s}^2$$

地球、火星绕太阳轨道的半长轴

$$a_{\mathrm{Earth}} = 1.000\,002\,61\ \mathrm{au}$$

$$a_{\mathrm{Mars}} = 1.523\,710\,34\ \mathrm{au}$$

地球与火星赤道半径

$$r_{\mathrm{Earth}} = 6378.14\ \mathrm{km}$$

$$r_{\mathrm{Mars}} = 3396.2\ \mathrm{km}$$

典型低轨高度

$$z_{\text{Earth}} \approx 200 \text{ km}$$
$$z_{\text{Mars}} \approx 300 \text{ km}$$

4.2.1.4 逃脱行星的影响

对于双曲线轨道上的航天器来说,当其飞过行星时,因为势能中有一项 $1/r$,行星的影响会持续相当长的时间。本节将简要处理航天器从脱离行星影响到速度达到 v_∞ 的过程中实际所需的时间。当然,速度永远不会达到 v_∞,但可以做到相当接近。如图 4.7 所示,其画出了典型的逃离地球时速度和距离的关系,其中将 v_∞ 随意设为 3 km/s(它可以是任意值)。注意,当航天器位于地球的万有引力作用下时,相对于无穷远处的速度,其加速非常快。

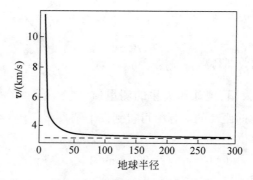

图 4.7 双曲线轨迹上逃脱地球时速度与距离的关系
点线是 v_∞ 值的渐近线 $v_\infty = 3$ km/s

尽管永远不能完全达到 v_∞,但可以任取 $(1.05 v_\infty)$ 作为标记点,在这里航天器几乎脱离了地球的影响(大约达到95%)。

通过应用两点的能量守恒定律,找到了航天器速度为 $0.95 v_\infty$ 时的距离(一个点位于 $v = 0.95 v_\infty$ 处,另一点位于 ∞ 处)。因此

$$\frac{v_\infty^2}{2} = \frac{v^2}{2} - \frac{\mu}{r}$$

$$\rho = v_{\text{CA}} r_{\text{CA}} = \sqrt{v_\infty^2 r_{\text{CA}}^2 + 2\mu r_{\text{CA}}}$$

取如下值:

$$\mu = 3.986 \times 10^5 \text{ km}^3/\text{s}^2$$
$$v_\infty = 3 \text{ km/s}$$

可以求得

$$r = 8.642 \times 10^5 \ \text{km} = 135.5 r_{\text{Earth}}(6378 \ \text{km})$$

到达该点的粗略时间估计可以由假设速度 3 km/s 求得,结果为 8.642×10^5 km/(3 km/s)$=2.88 \times 10^5$ s$=3.33$ 天。然而,实际时间为 2.9 天,因为航天器的运动速度大于 3 km/s,尤其当接近地球时速度更大。

相比地球公转的 365 天的轨道周期,这个值是个小量。因此,航天器脱离地球的过程相对于地球绕太阳的运动是非常快的,当航天器脱离地球时,可以视地球是近似静止的。假定航天器相对于地球的速度达到了 v_{∞},而在这期间地球相对于太阳是静止的。

4.2.1.5　地球和火星的太阳轨道速度

任意轨道的能量可以表达为

$$\varepsilon = -\frac{\mu}{2a} = \frac{v^2}{2} - \frac{\mu}{r}$$

对于圆轨道,r 总是等于 a,因此由上式得出

$$v^2 = \frac{\mu}{a}$$

地球绕太阳的速度为(忽略偏心率)

$$v_{\text{Earth}} = \sqrt{\frac{\mu_{\text{Sun}}}{a_{\text{Earth}}}} = 29.7847 \ \text{km/s}$$

火星绕太阳的速度为(忽略其更大的偏心率)

$$v_{\text{Mars}} = \sqrt{\frac{\mu_{\text{Sun}}}{a_{\text{Mars}}}} = 24.1291 \ \text{km/s}$$

4.2.1.6　火星的霍曼(Hohmann)转移

从地球轨道到火星轨道能量效率最高的转移是半个太阳轨道,如图 4.8 所示,其近心点恰好相切于靠近星体(地球)的轨道,其远心点恰好相切于远离星体(火星)的轨道。

假设地球和火星均为圆轨道,并假设它们位于同一平面上。此时的任务是估算出需要多大的速度 Δv_{Hper},才能使地球轨道上的航天器转移到奔向火星的霍曼转移轨道;以及估算需要多大的速度 Δv_{Hapo},才能使得霍曼转移轨道上的航天器到达火星时进入火星轨道。地球轨道、火星轨道相切处的转移轨道速度矢量,与地球、火星的轨道速度的方向是一致的。因此,可以从霍曼转移轨道上每点的速度中减掉其轨道速度,以获得每个末端所需的 Δv。地球最后一点的 Δv 用来转入奔向火星的转移轨道,火星最末一

点的 Δv 用来匹配火星的公转轨道速度。

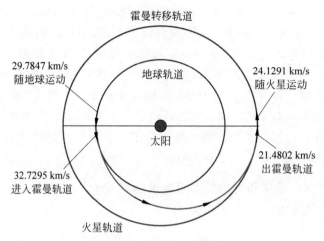

图 4.8　先沿地球轨道转入霍曼轨道，再沿霍曼轨道运动，
之后沿火星轨道运动的转移过程
图中 $\Delta v_{\text{out}} = 2.945$ km/s，$\Delta v_{\text{in}} = 2.649$ km/s

具体计算步骤如下。

（1）本节中考虑一种假设的情况：航天器随地球一同在地球绕太阳的公转轨道上运动（但不受地球引力影响），由该轨道出发进入霍曼转移轨道，最终到达随火星一同绕太阳运转的轨道上（但不受火星引力影响）。

（2）在 4.2.1.7 节中，计算航天器处于地球轨道上相对于地球的速度，以及处于火星轨道上相对于火星的速度；

（3）在 4.2.1.8 节中，计算需施加在地球轨道（200 km）航天器上的速度增加量，以使其进入对应 v_∞ 的双曲线轨道，从而由地球轨道进入转移轨道；

（4）在 4.2.1.9 节中，计算需施加在地球轨道（200 km）航天器上的速度减小量，使之与航天器由转移轨道进入火星轨道的速度变化相匹配。

注意，这些 Δv 的值基于以下前提计算得到，即航天器从地球围绕太阳公转轨道移向火星围绕太阳公转轨道，而忽略了实际上其他行星的作用力。然而，当考虑行星的存在之后，由于行星作用力的影响，所需的 Δv 将会改变。但是，我们需要这些纯粹的轨道转移速度（忽略了行星），以便估算行星影响存在时的更真实的航天器转移速度 Δv（见 4.2.1.7 节）。因此，需要进行这种并非现实的运算，作为实现更真实估计过程中的一步。

首先要注意的是，已知火星和地球在它们假定圆轨道上的理想速度分别为 29.7847 km/s 和 24.1291 km/s。紧接着，期望估算出使航天器由地球轨道进入霍曼转移轨道需施加的速度增量，以及航天器切向接近火星轨道时的速度。

为了计算转移轨道能量，将霍曼转移轨道的半长轴记为 a，它是地球、火星的公转轨道的半长轴之和：

$$a = a_{\text{Earth}} + a_{\text{Mars}}$$

霍曼转移轨道上的航天器的能量为

$$\varepsilon_{\text{H}} = -\frac{\mu}{2a} = \frac{\mu_{\text{Sun}}}{a_{\text{Earth}} + a_{\text{Mars}}}$$

$$= -351.517 \ (\text{km/s})^2$$

由此，可以计算出霍曼转移轨道近心点和远心点处的速度：

$$v_{\text{Hper}} = \sqrt{\left[2\left(\varepsilon_{\text{H}} + \frac{\mu_{\text{Sun}}}{a_{\text{Earth}}}\right)\right]}$$

$$= 32.7295 \ \text{km/s}$$

$$v_{\text{Hapo}} = \sqrt{\left[2\left(\varepsilon_{\text{H}} + \frac{\mu_{\text{Sun}}}{a_{\text{Mars}}}\right)\right]}$$

$$= 21.4802 \ \text{km/s}$$

航天器转移的速度 Δv 现在可以由 v_{Hper} 减去 v_{Earth} 和 v_{Hapo} 减去 v_{Mars} 来得到。从地球公转轨道转出进入霍曼转移轨道，以及从霍曼转移轨道转到火星公转轨道的结果为

$$\Delta v_{\text{out}} = v_{\text{Hper}} - v_{\text{Earth}} = 32.7295 \ \text{km/s} - 29.7847 \ \text{km/s} = 2.945 \ \text{km/s}$$

$$\Delta v_{\text{in}} = v_{\text{Mars}} - v_{\text{Hper}} = 24.1291 \ \text{km/s} - 21.4802 \ \text{km/s} = 2.649 \ \text{km/s}$$

正如之前所说，这些都没有考虑行星存在的影响，计算结果仅作为后续章节中给出更实际估算的输入值。航天器需要一个速度增量使航天器从霍曼转移轨道转移到火星绕太阳公转的轨道上，但计算过程忽略了火星的存在。在后续章节中，将证明火星重力场的存在会使航天器加速，而为了使航天器进入火星轨道，航天器实际上必须减速。

4.2.1.7　地球、火星的低轨速度

前面的章节中计算出的 Δv 的值，它使航天器：①脱离地球公转同步运动进入霍曼转移轨道；②从霍曼转移轨道进入火星公转同步运动。实际上需要知道的是多大的 Δv，才能使低地球轨道（近地轨道）上围绕地球运动的航天器到达近火星轨道（LMO）围绕火星运动。首先，需要知道轨道速度。再次应用

$$v^2 = \frac{\mu}{a}$$

对于圆轨道，发现近地轨道和 LMO

$$v_{\text{LEO}} = \sqrt{\frac{\mu_{\text{Earth}}}{r_{\text{Earth}} + z_{\text{Earth}}}} = 7.7843 \text{ km/s}$$

$$v_{\text{LMO}} = \sqrt{\frac{\mu_{\text{Mars}}}{r_{\text{Mars}} + z_{\text{Mars}}}} = 3.4040 \text{ km/s}$$

以上是航天器相对行星低轨处的速度（$z_{\text{Earth}} = 200$ km，$z_{\text{Mars}} = 300$ km）。

4.2.1.8　地球逃逸

接下来，航天器将从低地球轨道转移到双曲线逃逸轨道，即奔向火星的转移轨道。双曲线轨道的速度将达到 v_∞，它等于从地球轨道飞往转移轨道所需的速度增量 Δv。原因正如之前所说，考虑到地球和太阳转移轨道，航天器从双曲线轨道逃离地球的速度达到 v_∞ 的过程可以被视为瞬时运动。然后 v_∞ 被简化为航天器相对地球的速度。（当然，需要使相对速度的方向与地球轨道速度对齐。）地球轨道速度与该点处新轨道速度 v_∞ 之和是航天器在霍曼转移轨道中相对太阳的速度。因此如果 v_∞ 的值等同于 Δv_{out}，则航天器将停留在转移轨道上。

由于历史原因，运载火箭在逃离地球任务中的性能总是由被称为"C_3"的量来表示；C_3 是 v_∞ 的平方的简写。因此，为了转移到火星，可以得到

$$C_{3\text{M}} = \Delta v_{\text{out}}^2 = 8.6719 (\text{km/s})^2$$

对于实际轨迹，典型的火星 C_3 值可以由 $8.67(\text{km/s})^2$ 升至 $16(\text{km/s})^2$，甚至更高。这种不同是基于上述假设不是完全正确的事实——地球和火星的轨道不是圆形的，而且二者的轨道也不在同一平面内。

现在计算双曲线轨道在低地球轨道高度处的速度

$$\frac{v_\infty^2}{2} = \frac{v^2}{2} - \frac{\mu}{r}$$

$$v_{\text{ESC}} = \sqrt{\left[\Delta v_{\text{out}}^2 + \frac{2\mu_{\text{Earth}}}{r_{\text{Earth}} + z_{\text{Earth}}} \right]}$$

$$= 11.3957 \text{ km/s}$$

假设低地球轨道的平面已经和逃离轨迹严格对齐。这是运载火箭任务设计师在选择停泊轨道时的工作。然后，可以仅从航天器的逃逸速度中减

去低地球轨道速度以获得从近地轨道到地-火转移轨道所需的 Δv：

$$\Delta v_{\text{inject}} = v_{\text{ESC}} - v_{\text{LEO}} = 11.3957 \text{ km/s} - 7.7843 \text{ km/s} = 3.611 \text{ km/s}$$

在现实中，由近地轨道变换至火星转移轨道的速度变化可取 $3.6 \sim 4$ km/s 的任意值，具体数值取决于地球、火星的空间位置，以及点火时刻。

4.2.1.9　火星轨道入射——第一部分

火星轨道入轨的处理方式和飞离地球的情况非常相似。当到达火星时，火星处的逼近速度为 Δv_{in}，它是火星与转移轨道之间的相对速度。低火星轨道高度上的双曲线轨道的速度为

$$v_{\text{app}} = \sqrt{\left(\Delta v_{\text{in}}^2 + \frac{2\mu_{\text{Mars}}}{r_{\text{Mars}} + z_{\text{Mars}}} \right)}$$

注意 $\Delta v_{\text{in}} = 2.649$ km/s，$z_{\text{Mars}} = 300$ km，可以得到 $v_{\text{app}} = 5.4947$ km/s。

然后使到达轨道与理想的轨道平面相符合，这样就可以从逼近速度中减去近火星轨道的速度，得到航天器进入火星环日轨道所需的 Δv：

$$\Delta v_{\text{insert}} = v_{\text{LMO}} - v_{\text{app}} = -2.0907 \text{ km/s}$$

航天器的速度必须降到 2.0907 km/s，才能将它送入高度为 300 km 的火星圆轨道。这证明地球和火星绕太阳公转的方向相同。

4.2.1.10　简述霍曼轨道的转入与转出

地球和火星以相同的方向围绕着太阳运动。忽略它们的轨道离心率（假设为圆轨道，对火星来说这种近似十分粗略），两颗行星在公转轨道面上的速度为

$$v_{\text{Earth}} = 29.7847 \text{ km/s}$$

$$v_{\text{Mars}} = 24.1291 \text{ km/s}$$

地球比火星运动得快，这导致航天器沿着圆轨道到达火星是如此困难。与此同时，航天器到达火星时，地球已经绕着太阳运动了，致使航天器不能立即返回地球，除非长时间地等待地球在火星靠近太阳一侧再次出现。

如果将从地球驶往火星的轨道视为一个简单的霍曼转移轨道，假设航天器开始是沿着地球绕太阳的公转轨道运动，结束时沿着火星绕太阳的公转轨道运行，霍曼轨道上近火点和远火点对应的速度分别近似为

$$v_{\text{Hper}} = 32.7295 \text{ km/s}$$

$$v_{\text{Hapo}} = 21.4802 \text{ km/s}$$

因此，在简单模型中，即航天器围绕行星运动，不受行星影响，而是与行星同步运动，从伴随地球运动转移到霍曼轨道所需的 Δv 为

$$\Delta v_{\text{out}} = v_{\text{Hper}} - v_{\text{Earth}} = 32.73295 \text{ km/s} - 29.7847 \text{ km/s} = 2.945 \text{ km/s}$$

以及从霍曼轨道转移到伴随火星运动所需的 Δv 为

$$\Delta v_{\text{in}} = v_{\text{Mars}} - v_{\text{Hper}} = 24.1291 \text{ km/s} - 21.4802 \text{ km/s} = 2.649 \text{ km/s}$$

这个过程如图 4.8 所示。

然而，我们真正关心的是从近地轨道转移到霍曼轨道，再从霍曼轨道转移到近地轨道。已知航天器在近地轨道或近火轨道处相对于行星的速度为

$$v_{\text{LEO}} = 7.7843 \text{ km/s}$$

$$v_{\text{LMO}} = 3.4040 \text{ km/s}$$

（近地轨道处的速度较大的原因是地球的质量更大，致使需要更高的速度来产生离心力以平衡向内的重力引力。）

已知航天器在近地轨道处的速度，它必须从霍曼转移轨道近地轨道处的速度中被扣除，以便获得从近地轨道到霍曼轨道时的近地轨道所需的速度增量

$$\Delta v_{\text{inject}} = v_{\text{ESC}} - v_{\text{LEO}} = 11.3957 \text{ km/s} - 7.7843 \text{ km/s} = 3.611 \text{ km/s}$$

同理，当到达火星时，需要低火星轨道与霍曼轨道的 LMO 处的速度之差，以获得航天器进入 LMO 所需的速度增量

$$\Delta v_{\text{insert}} = v_{\text{LMO}} - v_{\text{app}} = 2.0907 \text{ km/s}$$

见图 4.9。

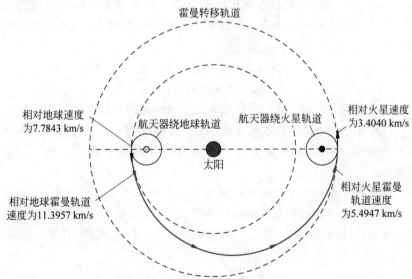

图 4.9　地球轨道转移到霍曼轨道与霍曼轨道转移到火星轨道
地球和火星轨道大小在图中被夸大显示

4.2.1.11　轨道周期

为了计算轨道周期,利用开普勒第二定律(Kepler's second law),即在相等的时间内扫过相等的面积。假想一个三角形,其一个顶点位于中心引力天体上,另外两个顶点位于椭圆上,并相距无限小的距离 $\mathrm{d}x$,如图 4.10 所示。

该三角形的面积用 $\mathrm{d}x$ 的一阶形式表示为

$$\mathrm{d}A = \frac{r\,\mathrm{d}x\cos(\gamma)}{2}$$

其中,γ 是飞行路径角。半径 r 处的速度给出了 x 的变化率:

$$v = \frac{\mathrm{d}x}{\mathrm{d}t}$$

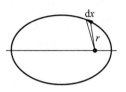

图 4.10　推导开普勒第二定律用图

回忆角动量$\boldsymbol{\rho}$ 的定义,面积的扫过速率可以简化为

$$\frac{\mathrm{d}A}{\mathrm{d}t} = \frac{rv\cos(\gamma)}{2} = \frac{\boldsymbol{\rho}}{2}$$

由于

$$A = \pi ab$$

完整扫过一个圆所需的时间为 $A/(\mathrm{d}A/\mathrm{d}t)$ 或者

$$T = 2\pi ab/\boldsymbol{\rho}$$

如果回到图 4.3,并在图中的点 1 和点 2(近地点和远地点)处应用能量守恒和角动量守恒,可以得到用 r_1 和 r_2 表示的角动量。其步骤如下:

$$\boldsymbol{\rho} = r_1 v_1 = r_2 v_2$$

$$\varepsilon = \frac{v_1^2}{2} - \frac{\mu}{r_1} = \frac{v_2^2}{2} - \frac{\mu}{r_2}$$

$$\frac{1}{2}(v_1^2 - v_2^2) = \mu\left(\frac{1}{r_1} - \frac{1}{r_2}\right)$$

$$\frac{1}{2}\left(\frac{\boldsymbol{\rho}^2}{r_1^2} - \frac{\boldsymbol{\rho}^2}{r_2^2}\right) = \mu\left(\frac{1}{r_1} - \frac{1}{r_2}\right)$$

$$\frac{\boldsymbol{\rho}^2}{2} = \mu\left(\frac{r_1 r_2}{r_1 + r_2}\right)$$

角动量用 r_1 和 r_2 表示,接下来可以继续将周期表示成轨道参数的形式。解出$\boldsymbol{\rho}$ 并代入周期 T 的表达式,得到

$$T = 2\pi ab \sqrt{\left(\frac{r_1 r_2}{r_1 + r_2}\right)}$$

注意到 $a = r_1 + r_2$，可得到

$$T = 2\pi \sqrt{\left[\frac{a^3 b^2}{\mu (r_1 r_2)}\right]}$$

椭圆的焦点有一个几何特性：椭圆上任何一点与两个焦点连线的长度之和是常数(实际上，椭圆可以定义为满足这一条件的点的轨迹)。利用这一特性和勾股定理，可以用 r_1 和 r_2 表示的形式计算半短轴 b。在图 4.11 中，注意到水平线的长度为 r_1 和 r_2。因此，直角三角形中直角边的长度为 $(r_2 - r_1)/2$。然后，可以构建这一直角三角形，将高记作 b。由于直角三角形的斜边和另一侧的斜边相等，二者的和是 $r_1 + r_2$。因此，斜边的长度是 $(r_1 + r_2)/2$。

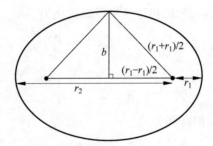

图 4.11　半短轴和焦点至椭圆的定长连线的一半所构成的直角三角形

现在，对图 4.11 中的直角三角形应用勾股定理，得到

$$b^2 + \left(\frac{r_2 - r_1}{2}\right)^2 = \left(\frac{r_1 + r_2}{2}\right)^2$$

从上式中，可得到

$$b^2 = r_1 r_2$$

于是，得到了开普勒第二定律

$$T = 2\pi \sqrt{\frac{a^3}{\mu}}$$

4.2.1.12　火星轨道入射——第二部分

本节中，考虑一组由霍曼转移轨道进入火星的轨迹，从航天器到达距离火星最近的 300 km 时使航天器减小任意的速度。在 4.1 节中，已给出当距离火星表面的高度为 300 km 时，航天器在霍曼转移轨道上的逼近速度

为 5.4947 km/s。同时也给出了要将航天器射入一个高度 300 km 的圆轨道，需要给航天器提供的 Δv 为 -2.0907 km/s，以使其速度减少至位于 300 km 高度的圆轨道上的航天器速度：3.4040 km/s，从而使航天器在 300 km 高的火星轨道上运行。

现在可以对比：如果给航天器提供的 Δv 小于 2.0907 km/s，会发生什么。首先，注意到，如果没有给航天器施加 Δv，它只会飞越火星，并飞向太空。接着，确定航天器被捕获至绕火星飞行的极端椭圆轨道时所需的最小 Δv。这一极限情况对应能量为零的状态，此时恰好处于被捕获的边界。这一轨道和 300 km 高度的火星轨道相切于近地点，计算这一临界轨道的近地点的速度

$$\varepsilon = \frac{v^2}{2} - \frac{\mu}{r} \approx 0$$

$$v_{\text{Zero}} = \sqrt{\left[\frac{2\mu_{\text{Mars}}}{r_{\text{Mars}} + z_{\text{Mars}}}\right]}$$

结果为

$$v_{\text{Zero}} = 4.8140 \text{ km/s}$$

因此，所提供的速度变化为

$$\Delta v = v_{\text{Zero}} - v_{\text{app}} = 4.8140 \text{ km/s} - 5.4947 \text{ km/s} = -0.6807 \text{ km/s}$$

这意味着，如果航天器的速度减小少于 0.6807 km/s，它不会被捕获。如果提供给航天器的 Δv 恰好是 0.6807 km/s，它将被捕进入一个非常细长的椭圆轨道。随着 Δv 的绝对值增加至 0.6807 km/s 以上，椭圆轨道的大小（和周期）会减少，直到 Δv 取为 -2.0907 km/s，航天器进入 300 km 高度的圆轨道，速度为 3.4040 km/s。

例如，考虑 Δv 取一个中间值，使航天器进入 48 h 的椭圆轨道。之前已经得到了周期和长半轴之间的关系式：

$$T = 2\pi \sqrt{\frac{a^3}{\mu}}$$

利用这一关系，计算得到 $a_{\text{P48}} = 31\,878$ km。

对于任意轨道：

$$\varepsilon = -\frac{\mu}{2a} = \frac{v^2}{2} - \frac{\mu}{r}$$

在上述情形下：

$$r = r_{\text{Mars}} + z_{\text{Mars}}$$

其中，$z_{Mars}=300$ km，速度 v_{P48} 是距火星最近处的速度。因此，可以求得将航天器送入 48 h 轨道所需的速度

$$v_{P48}=4.6723 \text{ km/s}$$

所需的速度变化为

$$\Delta v_{P48}=4.6723 \text{ km/s}-5.4947 \text{ km/s}=-0.8223 \text{ km/s}$$

因此，可以看出，当航天器接近火星时，可以进入各种轨道，这主要取决于降低航天器速度所用的 Δv。如果在 300 km 高度处，提供 -2.0907 km/s 的 Δv，那么航天器将进入一个 300 km 高的圆轨道。如果 Δv 介于 $-0.6807\sim-2.0907$ km/s，航天器将进入一个细长的椭圆轨道，该椭圆轨道的周期会随着 Δv 的增加而减小，参见图 4.12。

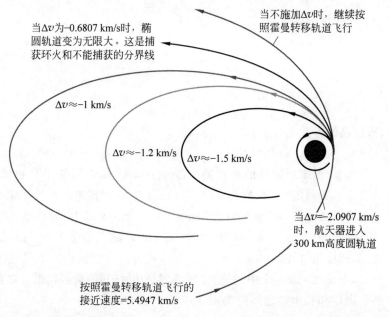

图 4.12　在航天器与火星表面 300 km 接近距离上不同飞行轨道与接近速度的对应关系

显然，将航天器射入一个圆轨道需要更多的推进剂。为了减少将航天器射入圆轨道所需的推进剂质量，设计了大气制动过程。在这个过程中，航天器最初进入 48 h 的椭圆轨道（$\Delta v\approx0.8$ km/s），然后受到大气阻力的作用逐渐减速进入较小的轨道。虽然还需要做一些小的推进修正，但总的 Δv 约 1.0 km/s，而不是完全利用推进剂进行轨道入射时所需的约 2 km/s 的 Δv。

4.2.1.13　总结

根据本书前面章节所提出的简单模型,可以得出以下结论:

(1) 通过霍曼轨道从地球轨道前往火星所需的 Δv 的理想值为 3.61 km/s。

(2) 通过霍曼轨道进入 300 km 高度的圆轨道估计所需的 Δv 理想值为 -2.09 km/s。

(3) 通过霍曼轨道将航天器捕获进入大椭圆轨道所需的 Δv 绝对值的估值大于 0.68 km/s。随着 $|\Delta v|$ 增加至 0.68 km/s 以上,所得到的轨道的偏心率降低,直到 $|\Delta v|$ 约为 2.09 km/s,轨道变成了圆形。捕获进入 48 h 椭圆轨道所需的 Δv 约 1.0 km/s。

这些估值都是理想化的,实际数据与其并不相同,而是取决于特定的发射日期。

4.2.2　火星任务的持续时间及所需的推进条件

这一部分将对火星轨道进行总体概述,基于一个简化的模型:假定圆轨道、二体问题、平面轨道。对于真实的情况,尽管在许多方面可以用简化的模型表达,但在许多重要细节方面的差别还将在 4.2.3 节讨论。

地球围绕太阳旋转的速率为每地球年 360°,火星围绕太阳旋转的速率为每地球年 191°。两颗行星绕太阳旋转的方向是一致的。在前面的章节叙述过,从近地轨道转移到火星所用能量最低的轨道称为霍曼轨道,从该轨道离开地球时和到达火星时均分别与地球、火星公转轨道相切,因为作用在航天器上的推力总是指向航天器运动的方向。该轨道在图 4.9 中表示。

航天器在从火星返回地球时,同样可以定义霍曼转移轨道。

Wertz(2004) 对这类轨道做出了极佳的描述。根据 Wertz 的模型,从近地轨道转移到火星轨道的总 Δv 值为 5.6 km/s,而且再返回地球轨道的 Δv 值也是 5.6 km/s。注意,简化处理所得出的由近地轨道转移到火星轨道的 Δv 为 3.6 km/s+2.1 km/s＝5.7 km/s,与 Wertz 的结果很接近。

根据 Wertz 的描述,来去火星的霍曼转移需要 259 天,航天器在火星等待适合返回的时间约 454 天。由于地球对太阳运动的速度大于火星绕太阳的运动速度,因此进行霍曼转移时要求,航天器发射时火星必须领先地球,这样当地球在太阳的另一边时,航天器到达火星时与火星轨道相切。对于这种位置构型,需要花费 1.25 年的时间等待火星和地球到达恰当的位置以使航天器从火星返回。在 Wertz 的模型里,从离开近地轨道到返回近地轨道,整个霍曼转移花费的时间粗略估计为 2.7 年。这些模型基于圆轨道和二体计算。精确的计算会因不同原因而有所不同,但这里给出的粗略估算结果都会被保留。

对于将货物运送至火星,霍曼型轨道是一个理想的选择,因为它需要的推进剂最少,且相对较长的飞行时间(约 265 天)对于货物来说并不会产生太大的影响。与之前描述的火星应领先地球问题相似,航天器从火星飞往地球时,也要让地球"追赶"航天器,使航天器朝向地球轨道方向相对移动。

值得注意的是,地球和火星两颗行星需要定位在适合航天器在其间进行转移的位置,现实情况是,每 26 个月才会出现一次适合转移的机会,而这个有限的周期将会持续数周。这也就是说,为最小化燃料需求,后续前往火星的发射机会也必须间隔近似 26 个月。

如果使用推力更强的系统,会产生比最小值(霍曼)更高的 Δv 值,行程时间将减少,在火星上停留的时间将会增加。在这种情况下,推力并不是沿着航天器的路径方向,因为额外的推力用来减少从地球到火星的行程。返回行程是相反的过程。这一类轨道可能会被用于向火星运送宇航员及返回地球。将 Δv 提高至超过霍曼轨道所需的速度值,其往返火星行程时间将会大幅减少。然而,从火星返回时,仍需要等待两个行星移动到合适的位置,所以从离开地球到最终返回地球所花费的时间不会因 Δv 的增加而大幅变化。随着 Δv 的增加,往返火星的行程时间减少,但停留在火星阶段的时间增加,因此全部任务的持续时间并不会发生很大的变化。Wertz 提供的估值在表 4.3 中给出。这些真实值会根据任务的情况产生些许变化,但总体上仍将与简单模型的预测保持大致相符。

表 4.3　火星长期停留任务中的时间

总 Δv /(km/s)	在火星上的年数	任务持续时间/年	在火星上的天数	平均行程时间/天(任一时间)
11	1.25	2.70	456	265
12	1.37	2.72	500	246
13	1.50	2.70	548	219
14	1.58	2.68	577	201
15	1.64	2.65	599	184
18	1.70	2.64	621	171
20	1.75	2.62	639	159
25	1.84	2.61	672	141
30	1.90	2.60	694	128

总 Δv /(km/s)	在火星上 的年数	任务持续 时间/年	在火星上 的天数	平均行程时间/天 （任一时间）
35	1.97	2.58	719	111
40	2.03	2.56	741	97
45	2.08	2.55	759	86

注：增加 Δv 对于飞行时间、停留在火星的时间以及任务持续时间的影响。

表 4.3 列出的所有轨道都是基于地球比航天器多绕太阳公转一圈的前提。总体来说，Δv 越大，航天器就越迟离开并越早到达给定的对立点（该对立点是指火星和地球相距最近的点）。对于给定的火星位置，如果航天器在火星上停留的时间足够短，以至于它仍能够及时"赶上"返回地球的行程（在地球走远之前），那么整个行程的时间将会被相对缩短。因此，可以设想一个"短停留"任务，在这项任务中，高能轨道用来快速转入及转出火星，且在火星上最多停留数周的时间。Wertz 对"短停留"任务所需的条件进行了估计，表 4.4 对此进行了总结。

表 4.4　火星"短停留"任务特性

总体 Δv / （km/s）	总年数/年	在火星上 的天数/天	到达火星 所需天数/天	返回所需 天数/天
35	1.06	7	112	268
38	1.12	38	106	264
40	1.14	55	102	259
45	1.25	117	94	245
50	1.30	147	88	240
55	1.37	193	81	226
60	1.41	223	75	217

注：总体 Δv 对应近地轨道往返火星轨道。

可以看出，对于"短停留"任务来说，总的行程时间从约 2.7 年减少了将近一半。然而，Δv 的值也必须大幅提高，所需的推动力也随着 Δv 的升高而呈指数增长。另一个问题是，在航天器返航时，近日点靠近或在金星的轨道内。这对该任务的影响（从受到辐射和热影响的角度考虑）是不容忽视的。Wertz 指出这些模型基于全推动力任务，并且使用大气捕获技术可以减少对 Δv 的要求，尽管减速伞的质量也是必须被考虑的因素。不过，由于飞船在往返飞行中有大量的时间暴露在高辐射、高温、零重力环境中，且宇航员在火星的 20～30 天内可以做任何有用的事情的不确定性(如在火星上插国旗、留下脚印等)，Δv 仍然将维持很高的值，使这种方法看起来也不是那么可行。Robert Zubrin 曾经说过，如果支持"短停留"任务，那么只有以下三种可能：

（1）开发一个奇特的推进系统；

（2）不理解其问题的所在；

（3）想毁掉整个计划。

4.2.3　更加现实的模型

对往返火星进行轨道分析是一项复杂的工程。JPL 已经对未来 30 年每一个往返火星任务(26 个月的间隔)的需求及选择进行了现实、细节性的分析。

每一个任务机会包含一个约两个月的"窗口期"，期间可以实施合理的推进以从近地轨道离开前往火星。在窗口期之外，推进需求会迅速增长。在两个月的窗口内，可以选择一个特定离开地球的时间和 Δv。对于更高的 Δv 值，航天器的轨道总是保持在火星轨道内，并且去往火星的时间是最短的(通常是 150～250 天，由离开地球的时间和 Δv 决定)。对于向火星运送宇航员，则需要考虑更短的行程时间，以减轻失重和辐射对宇航员的影响。

对于较低的 Δv 值，航天器的轨道从火星轨道外掠过，然后绕回与火星重合(称之为"2 型轨道")。航天器利用这些低能量的轨道需要 300～400 天的时间抵达火星，因此更适合使用这类轨道向火星运送货物。

Δv 和行程时间在任务期间的相关性是很重要的。持续 150～200 天的快速行程，依据发射时间的不同，离开近地轨道需要的 Δv 值为 3.8～4.4 km/s；持续 300～400 天的缓慢行程，依据发射时间的不同，离开近地轨道需要的 Δv 值为 3.6～4.0 km/s。从火星返回也有着类似的变化。

由于进入火星轨道的典型 Δv 为 2.4 km/s，对于从近地轨道到火星轨道总体的 Δv 值应该略高于在简单模型中低能量轨道给出的值 5.6 km/s。

4.3　从地球到近地轨道

过去数十年来已经应用过很多发射工具[①]。商业航天发射主要关注将通信卫星送到地球同步轨道(geostationary orbit，GEO)，即海平面上 35 786 km。

---

① Comparison of orbital launch systems. http://en. wikipedia. org/wiki/Comparison_of_orbital_launch_systems.

典型的运载器是将 10～30 t 的质量送到近地轨道。上述质量的一半为用于将载荷送到地球同步转移轨道(GTO,用以到达地球同步轨道的大椭圆霍曼转移轨道)的推进剂的质量。而 GTO 轨道上约一半的剩余质量同样作为燃料推进至 GEO。因此最终送达 GEO 的质量是送上近地轨道质量的一半。将 1 t 质量送达近地轨道的费用平均为 1300 万美元,但新出现的Falcon 系列运载器号称可将费用降至 500 万美元。不过发射大型低温载荷的费用可能更高。

影响运载器的另一个重要因素是整流罩直径,即适用于圆柱形有效载荷的有效直径。用于通信卫星发射的运载器典型整流罩直径为 4～5 m。载人火星任务将需要直径大得多的整流罩。

对于载人月球或火星任务,任务分析表明需要"重型"运载器将 100 t质量送到近地轨道。尽管在太空中装配该系统也许会降低对整流罩直径的要求,但载人火星的整流罩直径可能需要大约 15 m 或更大以容纳气动再入系统。用于阿波罗任务前往月球的土星五号运载器可将 118 t 的质量发送至近地轨道,其整流罩直径为 6.6 m。该运载器已在几十年前退役。因此可见目前可用的运载器不能满足载人火星的任务需求。一些私人企业也提出了新的重型运载器的设计方案,NASA 也启动了相关的开发工作[①]。

除运载器外,建造用于发射这样一个庞然大物的设施也很费脑筋并且十分昂贵。同时,相邻两次发射期间可能需要花费相当长的时间对发射设施进行整修。如果需要在短时间内多次发射以便在轨道上完成装配工作,则尚不清楚需要多长时间来准备下一次发射,或许需要多少个这样的大型发射场。

1999 年,Dr. Michael Griffin(后任 NASA 局长)在 Wisconsin 大学发表了一系列题目为"用于月球探测的重型运载火箭"的讲座。他定义了对载人月球探测运载火箭的需求。他认为,如果没有强制要求,从地球低轨运送大约 50 t 的火箭到月球选择运载能力大于 100 t 的重型运载火箭是"非常令人满意的"。

Zubrin(2005)分析了探月任务运载火箭的需求任务整体构型的依赖(发射以及交会点的数量)。他估计了实施多次发射并在太空进行组装的情况下,即将载荷拆分成 4、2 或 1 个组件,对应进行 4、2 或 1 次独立发射时对

---

① Space Launch System. http://www.nasa.gov/exploration/systems/sls/.

运载火箭的要求。他还比较了从月球表面直接返回与月球轨道交会返回的差异。对于一个 4 次发射的任务,他预计送到近地轨道的最大单个组件质量是 33 t。对于单次发射的任务,他估计运载质量约为 120 t。NASA 在 Griffin 时代规划的探月任务似乎需要运载火箭能够将 125~150 t 的质量送到近地轨道。相似的设想可以被应用到火星探测任务中,当然运载质量和推进需求都要更高。

2004—2005 年,轨道科学公司开展了一系列权衡经济费用的研究,总结了从发展重载发射系统到支持载人登陆月球和火星任务中获取的主要好处(Nelson et al. ,2005)。

2005 年,Zubrin 讨论了发射火箭的经济问题,并指出使用基本的品质因数(运送到近地轨道每千克的美元开销),发射更大型的火箭(LVs)更加省钱。他在表 4.5 中给出了相关数据。从那以后,新型运载火箭的研发都瞄准了将单位质量送达近地轨道的费用降至 5000 美元的目标,虽然这些成果可能并不适用于运送低温载荷。

表 4.5 由 Zubrin(loc cit.)给出的运送到近地轨道每千克的开销

火　　箭	近地轨道输送质量/kg	开销/百万美元	开销/(kg/百万美元)	开销/(美元/kg)
Pegasus XL	443	13.5	32.8	30 488
Taurus	1320	19.0	69.5	14 388
Delta IV medium	8600	82.5	104.2	9597
Delta IV medium plus	13 600	97.5	139.5	7168
Delta IV heavy	25 800	155.0	166.5	6006
Atlas IIAS	8618	109.9	88.4	11 312
Atlas IIIB	10 718	97.5	109.9	11 312
Atlas V 400	12 500	82.5	151.5	6607
Atlas V 500	20 050	97.5	205.6	4864
Lockheed HLV(待定)	150 000	300	500	2000
Falcon 9(v1.1)	13 150	60	219	4560

注:Lockheed HLV 正在计划中,尚未建造。Falcon 9 对应的一行是对 Zurbin 文章的补充。这些并未包括后续分期的研发费用。

Hoffman 等(Hoffman et al. ,1997)以及其他研究者(Zubrin et al. ,1991;Hirata et al. ,1991)完成了假想的对人类登陆火星任务的研究,称为

"设计参考任务"(DRMs)。从目前已有的 DRMs 工作中总结出的最重要结论是,火箭的尺寸和操作规模对于人类登陆火星来说非常巨大。火箭发射、运送它们去火星并安全返回过程中所遇到的挑战仍是阻碍人类探测火星最主要的原因。此外,将整体货物分成各个单元并由可靠运载火箭运输的方式也依然存在问题,在这种连接形式中,货物体积受到限制或许会成为重要影响因素。某些情况下货物需要在地球轨道装配,但特定部分的装配及完成方法都没有被详细的描述。

　　根据 NASA DRM-1 项目的估计,对于载人登陆火星,如果没有空间装配过程,则需要一个运送能力为 240 t 的运载火箭将载荷送往近地轨道。表 4.6 给出了他们对于 LV 的 4 种可能的选择。

表 4.6　NASA DRM-1 运载火箭概念

选项	360 km 圆轨道的有效载荷/t	关键技术假想
1	179	改进的"能源"核心使用八个天顶类型的捆绑式助推器。新上面级使用单一航天飞机主发动机(space shuttle main engine,SSME)
2	209	新的核心级是基于空间转移系统(space transportation system, STS)外部储箱以及 SSMEs。七个新的捆绑式助推器,每一个使用单独的 RD-170 引擎。新上面级使用单一航天飞机主发动机(SSME)
3	226	新的核心级基于 STS 外部储箱以及四个新的空间转移主发动机。四个捆绑式助推器,每个都是土星五号第一级使用的 F-1 引擎演变而来。新上面级使用一个航天飞机主发动机(SSME)
4	289	新火箭使用土星五号运载火箭的技术。助推火箭和第一级使用 F-1 引擎的技术,第二级使用 J-2 引擎的技术

　　由于开发 240 t 级运载火箭的成本较高且具有一定的技术难度,因此 DRM-1 给出了使用小型火箭将硬件运送到近地轨道的选择,之后在太空将它们组合起来,然后将组装好的系统运送到飞往火星的轨道上。使用这个小型运载火箭(运送至近地轨道有效负载为 110～120 t)的成本将更具优势,并且处于未经改造的美国"土星五号"以及俄罗斯"能源"项目所展示的能力范围内。但是,这种小型运载火箭也给飞后任务设想带来了许多潜在的困难。使用小型运载火箭最令人满意的地方就是可以使两个组件在地球

轨道空间简单对接后立即飞往火星。为了避免启程阶段汽化的损失（假设使用液化氢作为推进剂），所有的组件都必须依次快速地从地球发射，给现有发射装置和地面操作人员都带来了巨大的压力。在轨道中组装火星飞行器，并在发射前装载推进剂可以减轻发射设备的压力，但是对于火星任务来说，每次发射机会所对应的最佳地球轨道并不相同，所以对地球轨道上的永久性的结构和（或）推进剂储存设备产生了额外的限制。DRM-1 总结出的情况如下：

假设参考任务使用 240 t 有效载荷级的运载火箭。然而，这超过了任何一个太空大国现有的经验。即使这样一个火箭是可能存在的，仍需要为发射工具、发射装置以及地面处理设备的技术能力提升做努力；而且对于整个任务而言，这些开销也是巨大的。对于任何火星任务，运载火箭的选择仍是一个未解决的问题。

NASA 的 DRM-3 是 DRM-1 的补充，它通过进行以下两个重要的改变解决了在近地轨道大质量需求的问题：①减少了 DRM-1 中所估计的运载工具的质量，并成功地减少了进入近地轨道所需物体的质量，从 240 t 到 160～170 t（尽管减少的理由仍不明确）；②假定由航天飞机运送的重载火箭可以将 80～85 t 的物体送到近地轨道，并采用在轨组装，在近地轨道达到所需质量。这种新的重载火箭概念被设计成"Magnum"以区分过去其他对运载火箭所做的研究。随后 NASA 的"双着陆器"DRM 将"Magnum"的运载能力提高至能够将 100 t 的物体运送到地球转移轨道（Earth-to-orbit，ETO）上。

Robert Zubrin 的"火星直击"DRM 任务假定了一个先进的运载火箭"战神"，它是为飞离地球任务优化过的。"战神"可以将 47 t 重的物体送往火星，这是在将约 121 t 质量送到近地轨道的基础上实现的。但是，这一结果基于一个十分理想化的比冲值 465 s 以实现从地球出发。"火星直击"任务还提到了一个更加保守的运载火箭，它可以基于运送 106 t 重的物体到近地轨道的火箭将 40 t 重的物体运送到地-火转移轨道（TMI）。"火星直击"的运载火箭起飞时的质量为 2300 t。

火星协会任务（Mars Society Mission，MSM）定义了一族第二级用于 TMI 的运载火箭，该级与火箭整体质量成比例（Hirata et al.，1999）。在这类火箭中，最大的运载火箭可以将 55 t 的物体运送至火星。对于 MSM 所设想的最大运载系统，它从地球起飞时的质量约为 2450 t。这种发射构型的干重为 264 t，推进剂质量约为 1976 t 以到达地球轨道。TMI 上面级的干重为 18 t，推进剂质量为 187 t。送入近地轨道的质量估计为 150 t。

2005 年，NASA"探月系统架构研究"(exploration systems architecture study，ESAS)相当详细地讨论了运载火箭的可选项。在探月任务中，ESAS 架构分别使用了运送宇航员的运载火箭和货运飞船执行月球任务，而且可以确定的是，NASA 会将相同的方案用于火星任务。ESAS 提出的这两个运载火箭是：

(1) 宇航员运载火箭(crew launch vehicle，CLV)——用于将 20～25 t 有效载荷送入近地轨道的宇航员运载火箭。

(2) 货运火箭(cargo launch vehicle，CaLV)——用于将 125 t 有效载荷送入近地轨道的货运火箭。(事实上，这类火箭用于近地轨道的运送能力为 145 t，但大约 20 t 已被推进级占用，剩余 125 t 用于载荷。这个推进级是亚轨道燃烧的遗留物，用于将系统送入近地轨道，驶离地球时也使用相同的推进系统。如果 NASA 将两个推进系统分级，那么在驶离地球前通过采用抛弃燃烧完的推进级再入轨的方式可以节省相当大的质量，但这需要投资研发两个推进系统，会产生更多的开销。实际上 NASA 选择了为实现成本最小化而接受低效率的发射质量。)

ESAS 声称，对于火星任务，使用运送能力为运送 100～125 t 的物体到近地轨道的运载火箭就足够了(尽管这种论断的证据还不够确凿)。

基于上述 DRM 以及 2005 年 ESAS 的研究，似乎 NASA 会将运载火箭的起飞质量限制在约 2500 t 以使其具备近地轨道上 125～150 t 有效载荷的运送能力。可见，运送到近地轨道的质量和发射架上的发射质量的比值为 1∶20。

在 2007—2014 年，NASA 对研发重型运载火箭表现出极大兴趣，并将其作为载人探测遥远目标的必要元素。在一份日期为 2014 年 8 月 27 日的报告中，NASA 表述到：

NASA 制订了未来空间探测的新计划。新计划将最终实现载人火星探测。实现此目标需要很多步骤，并需要研发新的技术。NASA 目前正在开发新的重型运载火箭。

一种方案是使用从航天飞机中衍生出的推进元件[1]。

研发新式重型运载火箭的主要问题是费用[2]。如果将开发土星五号(近地轨道 130 t 的运送能力)所花费的 75 亿美元(1966 年美元所对应的购买力)换算至 2014 年，则以 2014 年美元购买力计算需要 550 亿美元。此

---

[1]　Shuttle-Derived Heavy Lift Launch Vehicle. http://en. wikipedia. org/wiki/huttle-Derived _Heavy_Lift_Launch_Vehicle.

[2]　Jeff Foust (2004). The myth of heavy lift. http://www. thespacereview. com/article/146/1.

外，土星五号单次发射的操作费用 4.3 亿美元，或以 2014 年美元购买力计算为 31 亿美元。但是，技术上的进步确实会使 2014 年对应的花费大大低于上述数字。一个乐观的估计是，承担重型火箭订单的费用约为 150 亿美元，单次发射的费用可能是 10 亿美元。

截至 2015 年[①]，NASA 一直致力于研发用于发射 130 t 载荷至近地轨道的空间发射系统（space launch system，SLS）。NASA 将其描述为：

美国空间发射系统，简称 SLS，将为地球以外的载人探测提供全新的能力。同时它也将作为国际空间站商业和国际伙伴运输服务的备份系统。设计为可灵活用于载人和货运任务的系统，SLS 将是安全的、经济的并且可持续的，以延续美国在空间探测方面中的优势地位。SLS 会将宇航员送达比以前更遥远的地方，并与地面上的空间力量一起探索太空。

SLS 高 98 m，重达 3800 t。它号称可最终运送 130 t 载荷到近地轨道，而目前的试验型仅可运送 70 t 到近地轨道。

SLS 研发项目在 NASA 的启动研发经费为 70 亿美元。后来提高到 90 亿美元[②]。"NASA 观察"（NASA Watch）暗示最终的实际开支也许会高得多[③]。

关于 SLS 项目"太空瞭望"（The Space Review）提到了另外一个问题[④]：

正如数年前所预测的，看上去巨型的火箭和国会庞大而浪费的空间发射系统项目刚刚开始就结束了。因为目前尚未研发出足以配合该尺寸火箭的大型载荷，讽刺者则称它为"无处可去的火箭"。

4.4　飞离近地轨道

4.4.1　所需的 Δv

从近地轨道点火进入地-火转移入射轨道所需的 Δv 可以用以下方式

---

①　Space Launch System. http://www. nasa. gov/exploration/systems/sls/.

②　http://blog. chron. com/sciguy/2014/08/nasas-space-launch-system-formally-moves-from-designinto-construction/.

③　Eric Berger（2014）. NASA's Space Launch System formally moves from design into construction. http://nasawatch. com/archives/2013/07/whats-the-true. html.

④　Boozer（2014）. The downhill slide of NASA's "rocket to nowhere". http://www. thespacereview.

描述[①]。理想情况是在航天器离开地球后,其从近地轨道飞往火星(或月球)的速度是 v_∞。

对于近地圆轨道,航天器的速度为

$$v_{\text{ORB}} = (GM_{\text{E}}/R_{\text{LEO}})^{1/2}$$

其中,G 是引力常数,M_{E} 是地球的质量,R_{LEO} 是低轨(近地轨道)半径(从地心起算)。

如果使用火箭为航天器提供额外的速度使其离开地球轨道,那么航天器的速度必须超过地球的逃逸速度

$$v_{\text{ESC}} = (2GM_{\text{E}}/R_{\text{LEO}})^{1/2}$$

在离开地球引力影响进入自由空间后,航天器获得的速度是 v_∞,由于历史的原因,定义

$$C_3 = (v_\infty)^2$$

在近地轨道上逃逸所需的总动能称为 E_{TOT}。该能量是逃逸能量的总和,它包括刚好使航天器在速度为零时脱离轨道的最小逃逸能量和在无穷远处的动能。

$$E_{\text{TOT}} = (1/2)m_{\text{SC}}(v_{\text{ESC}}^2 + v_\infty^2)$$

其中,m_{SC} 为航天器的质量。

因此,航天器在近地轨道上由火箭点火所获得的总速度为

$$v_{\text{TOT}} = (C_3 + v_{\text{ESC}}^2)^{1/2}$$

从近地轨道进入地-火转移入射轨道[或者是地-月转移入射轨道]所需的 Δv 为从近地轨道上获取的总速度与近地轨道初始速度(火箭点火之前)之差。即

$$\Delta v = v_{\text{TOT}} - v_{\text{ORB}}$$

因为 $GM_{\text{E}} \approx 398\,600 \text{ km}^3/\text{s}^2$,$R_{\text{LEO}} = (6378 + H) \text{ km}$,则

$$\Delta v = [C_3 + 7.972 \times 10^5/(6378 + H)]^{1/2} - [3.986 \times 10^5/(6378 + H)]^{1/2}$$

给定任意的高度 $H(\text{km})$ 以及 $C_3[(\text{km/s})^2]$,即可计算 Δv 的值。显然,随着 C_3 数值增加,行程时间是减小的。但那样的话,离开近地轨道所需燃料是增加的。

对于 TMI,适合的 C_3 值随着发射时机(近似每 26 个月)的变化而变化。在每一次发射时机,根据严密的星际航行学(超出本书范围)可以画出一组图形,显示到达日期与出发日期的对应关系,常数 C_3 的等值线以及飞往火星行程时间等值线。图 4.13 基于 2022 年发射时机给出了这样一个

---

① 笔者很感谢 JPL 实验室 Mark Adler 博士,对于本节他给了笔者很多帮助,笔者转述了他关于这一部分的描述。

"pork-chop"图的典型例子。根据最小的 C_3 值图中分成了两部分。上半部分的等值线称为Ⅱ型轨道，这类轨道的航天器绕太阳飞行大于 $180°$；下半部分的等值线属于Ⅰ型轨道，这类轨道的航天器绕太阳飞行小于 $180°$。两部分的分界线是霍曼轨道，正好绕行太阳 $180°$。

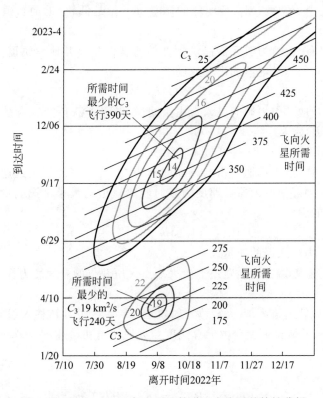

图 4.13　2023—2024 年由近地轨道飞向火星的特性分析
等值线代表不同 C_3 的值，斜线代表前往火星的飞行时间

对于上半部区域，C_3 等值线到达了一个对应最小值 14.5 $(km/s)^2$ 的碗形区域，行程时间大约为 390 天。这是对应需要最少燃料的最低能量航程的那次发射机会。这种航程适用于运送货物，因为对货物运输而言时间并不是最优先的考虑因素。$H = 200\ km$，$C_3 = 14.5\ (km/s)^2$ 时 TMI 对应的 Δv 计算值为 3.86 km/s。

对于下半部区域，C_3 等值线到达了一个对应最小值 19 $(km/s)^2$ 的碗形区域，行程时间大约为 240 天。高能量航程适用于运送人员，辐射暴露和失重的时间应该尽量减少。$H = 200\ km$，$C_3 = 19\ (km/s)^2$ 时 TMI 对应的 Δv 计算值为 4.06 km/s。

基于圆形、平面轨道建立的简单模型,霍曼 180° 轨道具有最低的能量需求,但这并不是真实的情况。在 2022 年用火箭运送货物适合使用 II 型轨道,其合理发射时机中最低能量轨道位于 C_3 为 14.5 $(km/s)^2$ 等值线上半部分中心小椭圆区域,行程时间约为 390 天。如果 C_3 增加到 17 $(km/s)^2$,则行程时间可缩短至 350 天。对于运送宇航员,其合理发射时机中最快飞行轨道为位于 C_3 约为 22 $(km/s)^2$ 等值线下半部最内层椭圆中心附近的 I 型轨道,行程约为 175 天。

4.4.2　运送至火星的质量

对于从 H 为 200 km 的地球轨道出发前往火星,计算得出 Δv 的值为

最低能量运送货物(400 天)　　3.86 km/s;

用 350 天运送货物　　3.97 km/s;

用 175 天运送宇航员　　4.18 km/s。

正如之前所说,这些只对应一次发射机会,不同发射机会有很大的变化。表 4.7 给出了 2009—2026 年数据的"pork-chop"图。然而,这并没有考虑到达时间,如果要求在白天到达以便和地球建立联系,那么会更进一步超出表 4.7 给出的 Δv 值。可以看出,如果通过提高推进脉冲来减少行程时间,那么在近地轨道的有效载荷质量比例将会减少。

对于 $I_{sp} = 450$ s,推进级干质量为推进剂质量 13% 的使用 LH_2-LO_x 推进剂的近地轨道至地-火转移轨道推进系统,送往火星的质量占近地轨道阶段质量的百分比如表 4.8 所示。这些数值用以说明不同发射时机间的变化。

表 4.7　不同发射时机对于从地球出发去火星快速和慢速行程的阶段特性

年份	最低能量 II 型航程			低能量 II 型航程		
	C_3 /(km/s)^2	航程时间/天	Δv /(km/s)	C_3 /(km/s)^2	航程时间/天	Δv /(km/s)
2009	11.0	325	3.71	12.0	300	3.76
2011	10.0	300	3.67	11.0	275	3.71
2013	10.0	325	3.67	13.0	275	3.80
2016	9.0	300	3.63			
2018	14.0	280	3.84			
2020	18.0	400	4.01	23.0	340	4.22
2022	14.5	400	3.86	17.0	350	3.97
2024	13.0	350	3.80	16.0	320	3.93
2026	11.0	300	3.71	12.5	275	3.78

年份	快速 I 型航程			最快 I 型航程		
	C_3 /(km/s)^2	航程时间/天	Δv /(km/s)	C_3 /(km/s)^2	航程时间/天	Δv /(km/s)
2009	23.0	175	4.22			
2011	20.0	175	4.10			
2013	15.0	175	3.89			
2016	12.0	175	3.76	15	150	3.89
2018	12.0	175	3.76	15	150	3.89
2020	16.0	175	3.93	20	150	4.10
2022	22.0	175	4.18			
2024	22.0	200	4.18	28	175	4.43
2026	17.5	200	3.99	23	175	4.22

表 4.8 对于 $I_{sp}=450\ s$，推进级干质量为推进剂质量 13% 的地-火转移轨道推进系统，送往到火星的质量占近地轨道阶段质量的百分比

年份	最低能量 II 型航程	低能量 II 型航程	快速 I 型航程	最快速 I 型航程
2009	36.0	35.0	30.0	
2011	36.0	35.0	31.5	
2013	36.0	35.0	32.5	
2016	37.0		35.0	32.5
2018	34.0		35.0	32.5
2020	32.5	30.0	33.0	31.5
2022	34.0	32.5	30.0	
2024	35.0	33.0	30.0	28.0
2026	36.0	35.0	32.5	30.0

4.4.3 地-火转移轨道中使用核热火箭

在地-月转移轨道（或地-火转移轨道）中使用的基本推进系统是安装在运载火箭上端的 LO_x-LH_2 推进级。对于使用 LO_x-LH_2 推进剂从近地轨道前往月球（或火星）的最低能量轨道，近地轨道上的质量约 55%（或 65%）为推进剂和推进级，约 45%（或 35%）的质量为运送至月球（或火星）的有效载荷。因此对于最低能量轨道（最长航程）由近地轨道运送 1 个单位质量前往火星需要消耗近地轨道上 2.8 个单位质量。对于火星，正如我们所见，实际的推进需求依赖很多因素（如特定的发射时机以及期望的前往火星的行

程时间)。既可以使用行程为 300～400 天、需要较少推进剂(适合于货物运输)的低能量轨道,亦可以使用行程为 170～200 天、需要较多推进剂(适用于宇航员运输)的高能量轨道。对于使用化学推进剂来说,LO_x-LH_2 是最有效的可用化学推进剂。使用 LO_x-LH_2 作为推进剂飞离地球的推进技术已经相当成熟。

尽管 LO_x-LH_2 是最有效的化学推进剂,但在近地轨道中需要约 2.8 个单位质量来发射 1 个单位质量,货物沿慢速轨道飞往火星的需求也是提高火星任务 IMLEO 的主要因素。为了减轻繁重的负担,NASA 任务计划者在他们的设计任务(DRMs)中,提出了以一种不寻常的推进形式替代化学推进从地球出发的方法。在 DRM-1 和 DRM-3 任务中,曾设想使用核热火箭(nuclear thermal rocket,NTR)。后来,ESAS 报告也对 NTR 给予了持续关注(ESAS 体系研究并未详细描述火星部分,但它表示"应认识到传统的化学推进不足以支持持续的载人火星探测。核热推进是一项在载人火星时代填补推进短板的技术")。

这里"干质量"是指核反应堆与火箭以及空的氢燃料储箱的总质量。

由近地轨道使用 NTR 代替化学推进实现从近地轨道进行火星(或月球)轨道转移可以极大地提高近地轨道上有效载荷的占比,因为推进系统的比冲可增加一倍,由 450 s 增加至 850 s 或 900 s。但是,有效载荷占比的增加受限于包括核反应堆和氢储箱在内的 NTR 系统干质量的增加。

DRM-1 假定氢推进剂的质量为 86 t,NTR 的干质量 28.9 t(干质量约占推进剂质量的 34%)。这里"干质量"是指核反应堆与火箭以及空的氢燃料储箱的总质量。DRM-3 使用了氢推进剂的质量为 45.3 t,NTR 干质量为 23.4 t(干质量约占推进剂质量的 52%)。Robert Zubrin 的"火星直击"计划给出了公式,它对上述两个系统的 NTR 干质量给出了更乐观的估算,为 20 t 和 12 t。波音公司 1968 年的研究给出了 NTR 系统与质量详细的估算(见表 3.2)。对于最佳尺寸的系统(燃料单元 2),他们得出了干质量与氢燃料质量的比值大约为 45%。这是目前公开发表的详细设计中给出的唯一一个估算值。

而且,目前还不清楚如何储存和维护大量的氢推进剂。对应的这些大质量液氢推进剂(86 t 和 45.3 t)的体积为 123 m^3 和 65 m^3。

因为 NTR 的干质量所占比例不确定,可以将这一部分假定成一个参数

$$干质量 = K(推进剂质量)$$

其中,K 是未知参数,可能为 0.2～0.6。

除 NTR 干质量的问题外,在现实中还有一个使用 NTR 的问题——安

全因素,包括真实的和设想的,公共政策可能会要求 NTR 在启动之前先上升到一个更高的地球轨道上。然而,这需要运载火箭燃烧更多的推进剂,因此与在近地轨道点火相比,就会减少使用 NTR 带来的净效益。事实上,ESAS 的报告也已经说明,NTR 将会被升高至 $800 \sim 1200$ km,而不是通常近地轨道约 200 km 高度的起点上。对于不同地球轨道高度,有效载荷的估计减少量在表 4.9 中给出。例如,升高到 1000 km 所能携带的质量约为升高到 200 km 高度所携带质量的 80%。

表 4.9　运转至不同高度圆轨道有效载荷质量的估计减少量（百分比）

高度/km	与 200 km 相比减少的百分比
200	0.0
250	1.9
490	9.8
750	16.5
1000	21.1
1250	24.0

表 4.10 给出了 2022 年从地球轨道进入快速火星转移轨道的质量占比（表中数字与 2022 年的快速飞行有关）。使用化学推进剂,并从 200 km 的近地轨道启程,可以将 31% 的质量运送到火星。利用 NTR 系统由 200 km 近地轨道进入快速地-火转移轨道的质量比例取决于 K 以及初始高度。对于 K 为 0.5,初始高度 1250 km,使用 NTR 仅带来微小的提升（33%）。这一点微小的提升导致了很大的代价,包括开发、测试及验证 NTR。另一方面,若 K 为 0.5,初始高度 1000 km,则在 2022 年 200 km 近地轨道上总质量的 42% 可被推进至火星快速转移轨道。这意味着,利用 NTR 可使有效载荷的运输能力提高 35%。除非将这些参数更准确地确定下来,否则收益/成本比还是无法确定。尽管如此,NASA 还是果断地在设计参考任务中包含了 NTR 系统。

表 4.10　地球轨道初始总质量与运送至火星载荷质量的比值

启动高度/km	化学推进剂	随 K 变化的 NTR				
		0.2	0.3	0.4	0.5	0.6
200	3.23	1.82	1.96	2.13	2.33	2.50
1000		2.22	2.38	2.56	2.78	3.03
1250		2.38	2.56	2.78	3.03	3.33

在 2006 年底 NASA 的一份报告中,建议 NTR 不仅要用于地球出发,还可用于火星入轨和从火星轨道返回地球。这就涉及在太空中要将数十吨氢储存 2 年或 3 年。但报告并未说明如何实现这个设想。

4.4.4　使用太阳能电推进技术升高轨道过程

对于任何空间探测,燃料的一个主要作用就是摆脱地球引力场的影响。尽管目前大多数空间任务都是在近地轨道进行地球出发推进级点火,另一个可能的替代就是用太阳能电推进技术将航天器从近地轨道升至更高的地球轨道,由于高轨道在地球强引力场区域的外部,因此大幅减少了对摆脱地球引力场束缚所需的推进剂的需求。这样问题就变成了对太阳能电推进系统的要求,以及这种系统是否可行和是否具有低成本高收益。

在载人火星探测任务的系列"设计参考任务"研究中,NASA 不得不面对将大质量的物体运送至火星这样一个不可避免的问题,这要求在近地轨道中有更大的质量。在 20 世纪 90 年代末,他们研究使用热核火箭(NTR)在 200 km 近地轨道飞离地球以降低 IMLEO。然而在"双着陆器"研究中(2000 年左右),他们在升高轨道过程中放弃了使用 NTR 而是用太阳能电推进技术(SEP)代替。目前还不清楚为什么会做出这种改变,但可能是因为在近地轨道中启动 NTR 是否在政治上可行具有不确定性,当然也考虑到开发 NTR 的成本。

在"双着陆器"概念中,使用了太阳能电推进系统产生的"拉力"将宇宙飞船从近地轨道运送到大椭圆地球轨道,因为使用化学推进剂从这个椭圆轨道到达火星转移轨道所需的推进剂质量远少于从近地轨道到达所使用的推进剂质量。用于从近地轨道离开所用的能量大多数也被太阳能替代,促进了使用电推动系统将航天器升到更高的轨道,虽然氙推进剂的质量是送往高轨道上载荷质量的约 80%。有关双着陆器任务的文件很少[①]并且很难评估任务概念中所用质量的可行性。从 SEP 拉力中缓慢地螺旋上升(需要转移数月的时间)产生了时间延迟和操作调度的难度。由于 SEP 拉力缓慢地拉着宇宙飞船通过辐射带,宇航员必须等候转移栖息舱到达高轨后乘坐另一架更快的"出租车"与转移栖息舱交会。

----

① 据笔者所知,"双着陆器"研究全文并未在互联网上发布,仅发布了一页纸的简短摘要,网址是 http://history. nasa. gov/DPT/Architectures/Recent%20Human%20Exploration%20Studies%20DPT%20JSC%20Jan_00. pdf. 笔者曾有幸借阅了数天的纸质版报告。

Woodcock(2004)描述了一种用于抬升重型货物轨道的假想 SEP 系统。这一参考基于由比冲为 2000 s 的 500 kW 太阳能电推进系统推进 50 t 有效载荷。行程时间是 240 天(上行)和 60 天(下行)。对于推进系统中的关键参数估计如下：

$$推进器质量 = 2 \text{ kg/kW}$$
$$电力处理系统质量 = 4 \text{ kg/kW}$$
$$太阳能电池阵质量 = 143 \text{ W/kg} = 250 \text{ W/m}^2$$
$$太阳能电池阵面密度 = 1.8 \text{ kg/m}^2$$

这是一组具有挑战性的数值,但是也许某一天会成为可能。表 4.11 中总结了不同单元的质量。每一次转移所需的氙气推进剂是 41.2 t。

表 4.11　有效载荷为 50 t 的 SEP 轨道上升系统中的质量估计

系统组成	质量/kg
有效载荷	5000
太阳能电池阵列	2500
推进剂	1000
周边处理器以及布线	2000
推进剂容器	2060
结构	4483
惰性	19 255
返回切断	19 255
上升推进剂	31 394
返回推进剂	7841
不可用推进剂	1962
总推进剂	41 196
近地轨道初始总质量	110 451

注：上升时间为 240 天；返回时间为 61 天；太阳能电池阵列面积为 2000 m²。

照明工业在 2013 年度共消耗了 3×10^6 L 的氙。这会累积到前面所提到的 10×10^6 L/a 的消耗量中。在过去数十年中,氙的价格波动幅度非常大,在 2008 年高达 25 美元/L,而在 2011 年则跌至 5 美元/L。对未来需求量所做的分析表明,未来对氙的需求会超出供给约 20%[1],价格会在 20 美元/L 左右。

---

[1]　Richard Betzendahl (2014). The Rare Gases Market Report. http://www.cryogas.com/pdf/Link_2014Rare GasesMktReport_Betzendahl. pdf.

依据目前的全世界氙的产量 13×10^6 L/a＝69 t/a,进行一次轨道转移需要氙的世界年产量的 45%。此外,如果氙的价格为 20 美元/L,则一次轨道转移需要氙的费用为 1.55 亿美元。虽然有可能大幅提高氙的世界年产量,但目前来说还是难题。SEP 拉力概念是否具有可行性主要取决于能否使用轻型高效的太阳能电池阵列和轻型推进组件,其中高效电池的开发难度很大。此外,似乎很难获取充足的氙推进剂,即使可以获取,不菲的价格也是令人难以承受的。每次通过辐射带时,辐射都会降低太阳能电池阵列的效率。整个系统的费用包括 SEP 拉力、所包含的任务操作,以及将宇航员转移至更高轨道与转移栖息舱交会的快速转移飞船。由于转移需要很长时间,因此需要很多组这种"拉力"。

至此,这样一个计划恐怕不具有可行性。

表 4.11 中的数据表明,由近地轨道到高地球轨道(假设为地球同步轨道)的质量运送传动比为 110 451/50 000＝2.21。由于飞离地球同步轨道所需的 Δv 是 1.27 km/s,传动比大约为 1.4(Curtis,2005)。因此对于 SEP 拉力的第一次推进操作,运送载荷前往火星的传动比为 $2.21 \times 1.4 = 3.1$。这与从近地轨道推进的传动比接近。由于 SEP 系统是可被重复使用的,在近地轨道上必须增加的质量在后续各步操作中会有所减少,但这并不能使这种方案足够吸引人。

Bonin 和 Kaya(Bonin and Kaya,2007)对行星任务中利用 SEP 提升轨道的优点进行了广泛的研究。他们指出,由于 SEP 推进过程的时间非常长,低温燃料的汽化对于利用 SEP 提升轨道而言是必须考虑的一个不利因素。时间本身也是一个不利因素。他们计算了对于不同半长轴长度条件下逃离大椭圆轨道所需的 Δv,并得出了如图 4.14 的结果。超过 8500 km,Δv 下降的速率随半长轴长度增加而下降。在 20 000 km 处已经可使 Δv 显著下降。因此没有必要将轨道抬升到 20 000 km 以上。

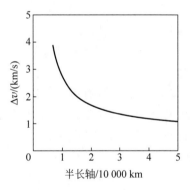

图 4.14 由地球出发前往火星的速度增量 Δv 与地球轨道半长轴的变化关系

Bonin 和 Kaya 给出的分析非常复杂而且有很多细微差别。令人吃惊的是他们都没有提到 Woodcock 的工作,尽管他们对太阳能电池阵列功率系数和密度的估算与 Woodcock 很相近。很难总结他们的所有工作,这里只给出了其中一小部分结论。他们发现推进剂汽化和拉回到近地轨道所需的备用燃料，以及电源退化会严重限制 SEP 相对有效载荷的增加。对于推进剂采购的经济考虑也是任务的一大障碍。尽管他们建议进行深入研究，但 SEP 抬升轨道的能力也是十分有限的。

4.5　进入火星轨道

4.2.1.9 节和 4.2.1.12 节讨论了进入火星轨道的问题。使用推进技术，需要 Δv 达到约 2.1 km/s 才能将航天器从霍曼转移轨道转移到火星表面 300 km 高的圆轨道上(见图 4.9)。如果航天器距火星表面 300 km 时，Δv 在 0.68～2.1 km/s，则它将进入火星椭圆轨道，Δv 越小则轨道变得越细长。如果航天器 Δv 低于 0.68 km/s，则它将不被火星捕获(见图 4.12)。当然，这些都是基于理想的霍曼转移。假设使用 I_{sp} 为 360 s，推进剂为 $CH_4 + O_2$ 进行火星轨道转移，则计算的传动比为：

(1) 进入 300 km 高的圆轨道时，传动比约为 2.0；

(2) 进入椭圆轨道时，传动比约为 1.24(偏心率最大的椭圆轨道)到 2.0(最接近圆轨道)之间。

基于"prok-chop"图，行星中心接近火星的速度 $\boldsymbol{v}_\infty$ 从 2.5 km/s 变动到 3.8 km/s(慢)或 7.2 km/s(快)，这取决于发射时机。这会影响入轨推力以及用来在火星上气动捕获减速伞所需的 Δv 值。

基于在火星上使用减速伞进行气动捕获对进入速度造成的影响，本书进行了粗略的估计[1]。采取了以下几种简化假设：

(1) 假定没有后盖。这需要减速伞足够大以便能扩大保护范围阻止尾波对飞船的撞击。因此可以不用研究后盖是如何随着再入速度变化的，对此进行研究是非常复杂的，这一假设只是在计算时用到。在现实中仍然需要后盖。

(2) 火箭有一个典型的中到高轨道系数，如从 100 到数百千克每平方米(例如，这种火箭不是可充气的)。

(3) 热保护层的厚度及其面密度与整个热负荷成正比。忽略非线性影响。

(4) 总的热负荷与飞船在气动捕获中消散的能量成正比。该假设过于简化了，因为再入时的高速产生了更多的热辐射，且可能会使用不同的策略

---

① 笔者感谢 JPL 实验室的 Mark Adler 博士对于本节编写的指导。

来平衡高速热负荷造成的耗热率,如调整再入飞行轨迹角,升高飞行轨迹,提高再辐射能量的利用率等。或许更重要的是,对于不同的再入速度可能会使用完全不同的烧蚀材料。

（5）减速伞的结构质量与热保护材料的质量成正比。

（6）在防热罩正向分离过程中不需要压舱物（若如此,则可以将压舱物质量无损失地转换成热保护材料的质量）。

对入射航天器被火星气动捕获所必须耗散的能量进行了研究。为了进行计算,首先计算航天器进入火星轨道之后的能量,并用航天器在远距离接近火星时的能量减去上述值。虽然这个计算是面向气动捕获的,但它还与进入推进轨道的预测 Δv 的值相关。

首先,计算飞行器在火星轨道上的能量。飞行器在圆轨道上的受力平衡方程为

$$mv_O^2/R = GMm/R^2$$

或

$$v_O^2 = GM/R$$

其中,m 为飞行器质量,v_O 为轨道速度,M 为行星质量,G 为引力常数。

$$R = r_{PL} + H$$

其中,r_{PL} 为行星半径,H 为轨道高度。

圆轨道飞行器能量为

$$E_O = mv_O^2/2 - GMm/R = -\frac{1}{2}GMm/R$$

对于椭圆轨道

$$E_O = -GMm/(R_A + R_P)$$

其中,下标 A 和 P 分别表示远火点和近火点。

当飞行器远离地球并接近火星时,能量为

$$E_\infty = mv_\infty^2/2$$

其中,v_∞ 为飞行器受到行星引力影响之前的接近速度。

所以,由进入椭圆轨道的气动捕获过程产生的能量变化量为

$$\Delta E = E_\infty - E_O = m\left[v_\infty^2/2 + GM/(R_A + R_P)\right]$$

一些重要的常量如下:

$$G = (6.6742 \pm 0.0010) \times 10^{-20} \ \text{km}^3 \cdot \text{kg}^{-1} \cdot \text{s}^{-2}$$

$$M_{Mars} = 0.642 \times 10^{24} \ \text{kg}$$

$$M_{Earth} = 5.97 \times 10^{24} \ \text{kg}$$

$$r_{\text{Mars}} = 3400 \text{ km}$$
$$r_{\text{Earth}} = 6380 \text{ km}$$

对于火星，$GM_{\text{Mars}} = 42\,800 \text{ km}^{-3} \cdot \text{s}^{-2}$。

因此

$$\Delta E = m\left[v_\infty^2/2 + 42\,800/(R_A + R_P)\right]$$

说明假设被捕捉到远火点高度 $H = 300 \text{ km}$，近火点高度 $H = 50 \text{ km}$ 的轨道中（一种可能的情况），那么 $(R_A + R_P)$ 约 $7\,150 \text{ km}$，且

$$\Delta E = m(v_\infty^2/2 + 6.0)$$

正如本节开头所提到的，到达火星中心的速度 $\boldsymbol{v}_\infty$ 对于长行程来说在 $2.5 \sim 3.8 \text{ km/s}$ 变化，对于短行程高达 7.2 km/s，这些变化依赖发射时机。在这一范围内，能量的变化 ΔE 归因于椭圆轨道气动捕获从 9.1 m 到 31.9 m 阶段的变化，一个约为 3.5 的动态范围。加热率依赖捕获中的能量耗散，这个简单计算表明，减速伞的需求对于不同发射时机或对于同一次发射运货以及载人来说有显著不同。

在专业术语——进入、下降和着陆（entry, descent and landing, EDL）技术中，"接近速度（v_∞）"是指航天器在没有受到行星引力场影响之前接近行星的速度。如果航天器进入到火星的环境中（直接进入），航天器就会由于完全进入火星重力井而加速。到达 125 km 高度的速度称为"进入速度（v_E）"。

当航天器远离行星时，其能量为 $mv_\infty^2/2$。在直接进入阶段，飞船直接飞往火星。当到达约 125 km 高度时，认为飞船"进入"了大气层，进入速度可以在这个高度进行计算。在这一点上的能量守恒为

$$\frac{mv_E^2}{2} - \frac{GMm}{R} = \frac{mv_\infty^2}{2}$$

因此

$$v_E^2 = v_\infty^2 + 2GM/R$$

在火星 125 km 高度，其减少为

$$v_E^2 = v_\infty^2 + 24 \; (\text{km}^2/\text{s}^2)$$

如前所述，基于"pork-chop"图，火星的行星中心接近速度（v_∞）从 2.5 km/s 变到 3.8 km/s（慢）或 7.2 km/s（快），这取决于发射时机。因此，再入速度有可能从 5.5 km/s 变动到 8.7 km/s。再入速度对于升温速度和 EDL 质量的影响很难被量化，但却很重要。

对于人类登陆火星，未来的飞船需要在预设的半径内"精准着陆"。准确的精度需求还没有确定，但是在 100 m 之内似乎是合适的。在执行这些

步骤时,有一个最大的减速限制,需要保持气动刹车机动阶段宇航员的健康和良好状态。JSC 的 DRM-3 任务对此估计为 5 g。货物着陆器假定可以承受更高的加速度。由此精准着陆所需的推进剂质量也可以减半。

对于推进火星轨道入轨,可以将其看成与离开火星轨道相反的过程。离开火星轨道 Δv 的估算在 4.7 节中给出。

4.6　从火星表面升空

从火星表面升空的推进燃料质量需求取决于升空系统的质量、推进系统的比冲,以及为进行交会对接所做的轨道转移。

火箭需满足以下等式:

$$M_p/(M_{PL} + M_P) = q - 1$$
$$q = \exp[\Delta v/(gI_{sp})]$$

其中,P 代表推进剂,p 代表推进系统,PL 代表载荷。

这里,通常假设 $M_p = KM_P$。其中,K 是未知变量。于是

$$M_P = M_{PL}(q-1)/[1 - K(q-1)]$$

对于甲烷-氧气推进系统,乐观估计 I_{sp} 为 360 s。

假设上升阶段 Δv 情况如下:500 km 的圆轨道为 4.3 km/s;250 km×1 sol(33 838 km)的椭圆轨道为 5.6 km/s。

举例来说,对于从火星表面上升到椭圆轨道,有以下等式:

$$Q = \exp[5600/(9.8 \times 360)] = 4.89$$
$$M_P/(M_{PL} + M_p) = 3.89$$
$$M_P = M_{PL}(3.89)/(1 - K \times 3.89)$$

于是,对于单位质量的有效载荷,针对不同 K 值编制一个推进剂质量/有效载荷质量的表格,见表 4.12,其中使用单级上升到达椭圆轨道。

表 4.12　使用单级从火星表面上升到椭圆轨道所需推进剂质量与参数 K 的关系

K	载荷质量/t	推进剂质量/t	推进系统质量/t	初始质量/t	推进剂质量/载荷质量
0.10	1	6.4	0.64	8.0	6.4
0.12	1	7.3	0.88	9.2	7.3
0.14	1	8.5	1.20	10.7	8.5
0.16	1	10.3	1.65	13.0	10.3
0.18	1	13.0	2.34	16.3	13.0
0.20	1	17.5	3.51	22.1	17.5

显然,需要的推进剂质量与假设的 K 值非常相关。

对于使用单级上升到圆轨道,推进剂需求对 K 的依赖性并不强,在这种情况下,$(q-1)=3.891$ 的值被 2.38 代替(见表 4.13)。

表 4.13 从火星表面上升到圆轨道所需推进剂质量与参数 K 的关系

K	载荷质量/t	推进剂质量/t	推进系统质量/t	初始质量/t	推进剂质量/载荷质量
0.10	1	3.1	0.31	4.44	3.1
0.12	1	3.3	0.40	4.74	3.3
0.14	1	3.6	0.50	5.08	3.6
0.16	1	3.9	0.62	5.47	3.9
0.18	1	4.2	0.75	5.92	4.2
0.20	1	4.6	0.91	6.46	4.6

火箭方程的指数性质表明,对于 $\Delta v = 5600 \ \mathrm{m/s}$ 和 $\Delta v = 4300 \ \mathrm{m/s}$,$K$ 的灵敏性存在较大的差异。

现在,对于一个质量单位的有效载荷,对于不同的 K 值,编制一个(推进剂质量/有效载荷质量)表,如表 4.14 所示是使用两个相同的级上升到椭圆轨道。注意,对于具有两级的上升至椭圆轨道的推进剂需求比单级的需求要低得多。然而,与单级相比,使用两级的复杂性将不可避免地增大 K 值。

表 4.14 使用两个相同级从火星表面上升到椭圆轨道所需推进剂质量与参数 K 的关系

K	第二级			第一级			全部推进剂质量/第二级载荷质量
	载荷质量/t	推进剂质量/t	推进系统质量/t	实际的载荷质量/t	推进剂质量/t	推进系统质量/t	
0.10	1	1.38	0.14	2.51	3.46	0.35	4.84
0.12	1	1.42	0.17	2.59	3.66	0.44	5.08
0.14	1	1.46	0.20	2.66	3.88	0.54	5.33
0.16	1	1.50	0.24	2.74	4.11	0.66	5.61
0.18	1	1.55	0.28	2.83	4.37	0.79	5.92
0.20	1	1.60	0.32	2.92	4.65	0.93	6.25
0.25	1	1.73	0.43	3.17	5.50	1.37	7.23
0.30	1	1.90	0.57	3.47	6.59	1.98	8.49

对于从地面上升和直接返回地球,有效载荷包括地球再入系统以及支持机组人员返回地球的返回舱。由于在这种情况下,$\Delta v = 6800 \ \mathrm{m/s}$,并且

$q=6.87$，上升推进剂的需求对于 K 值极其敏感。这种情况上升推进系统会被分级以减少推进剂需求。假定返回地球是由两个连续级执行的，Δv 分别为 4300 m/s 和 2400 m/s。在这种情况下，第一级的有效载荷还包括第二级的推进剂质量和推进系统质量。这种情况的结果见表 4.15。表中 K 值最大为 0.14，更大的 K 值会导致推进剂的需求大到不合理。

表 4.15　从火星表面直接返回地球的上升推进剂质量与参数 K 的关系

K	第二级			第一级			全部推进剂质量/第二级载荷质量
	载荷质量/t	推进剂质量/t	推进系统质量/t	有效载荷质量/t	推进剂质量/t	推进系统质量/t	
0.10	1	1.07	0.11	2.18	6.82	0.68	7.89
0.11	1	1.09	0.12	2.21	7.14	0.80	8.23
0.12	1	1.10	0.13	2.23	7.45	0.89	8.55
0.13	1	1.11	0.14	2.25	7.76	1.01	8.87
0.14	1	1.12	0.16	2.28	8.14	1.14	9.26

为了估计上升所需的推进剂质量，必须估计 M_{PL}。对于从火星上升，本节根据 NASA DRM 给出的数据提出了一些见解，见表 4.16，尽管可能低估了上升推进阶段（第 2 行）所需的质量。

表 4.16　NASA DRMs 的上升系统

项　　目	NASA DRM-1	NASA DRM-3	NASA 双登陆器
宇航员舱/t	3.4	5.4	2.0
上升推进级/t	3.0	5.0	3.7
宇航员/t	0.6	0.6	0.6
总干质量/t	7.0	11.0	6.3
目的地	火星椭圆轨道	火星椭圆轨道	火星圆轨道
DRM 假设上升 Δv/(km/s)	5.6	5.63	
DRM 假设的 I_{sp}	379.0	379.00	
推进燃料质量/t	26.0	39.00	15.6
本书假设上升 Δv/(km/s)	5.6	5.60	4.3
本书假设 I_{sp}	360.0	360.00	360.0
本书计算的推进剂质量/t	26.2	42.80	15.0

因为缺少可信数据，这里认为宇航员和栖息舱总重为 6.0 t。

对于上升到圆轨道，使用单级推进。因为没有合适的信息确定 K 值，假设 $K=0.18$。对于该 K 值，上升推进剂质量（见表 4.13）为 4.2 t$\times$6 = 25.2 t，并且上升推进级具有 4.5 t 的质量。在 25.2 t 推进剂中，氧气为 0.78×25.2 t = 19.7 t，甲烷为 5.5 t。

对于上升到椭圆轨道，使用两级推进。因为没有合适的信息确定 K 值，假设 $K=0.20$，且两级推进系统与单级系统相比具有额外的质量。对于该 K 值，推进剂质量（见表 4.14）为 6.25×6 t = 37.5 t，并且上升推进级质量为 7.5 t。在 37.5 t 推进剂中，氧气为 0.78×37.5 t = 29.3 t，甲烷为 8.2 t。

"火星直击"DRM 和"火星协会"DRM 中的航天器都直接由火星表面返回地球，升空飞行器需要超过 6 个月的生命补给、一个更重要的栖息舱、返回地球所需的附加 Δv 以及一个在地球上使用的再入系统。火星直击 DRM 估计了上升推进剂质量为 96 t，而火星协会 DRM 的估计值为 136 t，但他们对地球返回舱（ERV）质量的估计过于乐观了。ERV 包括 6 个月的生命保障、辐射防护和地球再入系统。本书假设它的质量是 30 t，乐观地假设大型推进系统的 K 为 0.14。根据这些假设，两级推进系统对于 $I_{sp}=360$ s 需要等于 9.26 倍有效载荷质量的推进剂质量（见表 4.15）。因此，推进剂质量估计约为 278 t，推进系统干重为 39 t。为了具有大于 100 t 的推进剂质量，ERV 将必须具有大于 100/9.26（约 11 t）的质量，这似乎不现实。

4.7　从火星轨道向火-地转移轨道入轨

4.4.1 节所用步骤可以在此处用来估计火星向地球的轨道转移入轨的 Δv，除了地球的质量和半径必须替换为火星的参数外。从圆形火星轨道向地球轨道转移入轨所需的 Δv 满足

$$\Delta v = v_{TOT} - v_{ORB}$$

由于 GM_E 约为 42 650 km^3/s^2，同时 $R_{LMO}=(3\ 397+H)$ km，则

$$\Delta v = [C_3 + 8.53\times10^4/(3397+H)]^{1/2} - [4.265\times10^4/(3397+H)]^{1/2}$$

对于任意高度 H(km) 和 C_3(km/s)^2，Δv 的值都是可计算的。表 4.17 中的值基于所谓的"pork-chop"图示针对 300 km 火星圆轨道计算得出。

表 4.17　从火星轨道返回地球的快慢航程特征

时间	最低能量航程			低能量航程		
	C_3 /(km/s)^2	航程时间/天	Δv /(km/s)	C_3 /(km/s)^2	航程时间/天	Δv /(km/s)
2020 年	16.0	260	2.85			
2022 年	13.0	282	2.61	18	250	3.01
2024 年	10.0	300	2.35			
2026 年	8.5	325	2.22	10	300	2.35

时间	快速航程			最快航程		
	C_3 /(km/s)^2	航程时间/天	Δv /(km/s)	C_3 /(km/s)^2	航程时间/天	Δv /(km/s)
2020 年				18	150	3.01
2022 年	20	175	3.17	27	150	3.68
2024 年	18	200	3.01	24	175	3.46
2026 年	18	200	3.01	25	175	3.54

4.8　地球轨道入轨

根据 pork-chop 图,返程航天器接近地球时地球中心速度(v_∞)对于慢的载货航程速度变化范围为 3.2~4 km/s,对于最快的载人返程速度达到 5~10 km/s,速度值取决于发射时机。根据再入速度的不同,需要不同质量的减速伞。已经导出有关火星的公式:

$$v_E^2 = v_\infty^2 + 2GM/R$$

当其被应用在 125 km 的高度上地球返回时,减少为

$$v_E^2 = v_\infty^2 + 123 \ (km/s)^2$$

在 v_∞ 的最大值处(大约 10 km/s),再入速度大约为 15 km/s。

4.9　传动比

4.9.1　前言

大部分载人火星任务都涉及向火星轨道和火星表面转移一些物资。关于任务成本的估计,一种被广泛接受的代替方法是利用低地球轨道处所需

的初始质量（IMLEO）。反过来可以计算出必须向火星轨道运送多少质量（M_{MO}），必须向火星表面运送多少质量（M_{MS}），以及乘以其相应的"传动比"。"传动比"是指送至火星轨道或火星表面 1 个单位质量所需的近地轨道上的质量。

将任意空间操作的传动比定义为操作之前的初始质量与操作之后的可用有效载荷质量的比率。一系列空间操作的总传动比是各种操作传动比的乘积。前提是空间飞行任务是一系列交互的状态和步骤；第一步骤将第一状态链接到第二状态，每个后续状态是下一步骤之前的初始状态（Oh et al.，2006）。

每个操作都是以下五种类型之一：Δv，反应控制系统（reaction control system，RCS），增加部件，抛弃部件，ISRU。

Δv 操作需要消耗燃料直到达到所需的速度变化量。

RCS 操作是在一定质量的推进剂被搁置以用于航向校正或者可能是交会和对接程序时进行的；这被称为轨控的 RCS 类型，它不管推进剂是否真的被主发动机或反应控制系统（RCS）消耗。

增加部件类型轨控通常用于将飞行元件（例如，行星样品）从一个航天器转移到另一个航天器。

抛弃部件操作最常被用于抛弃用尽的推进级，也包括留在星球上的部分着陆器（例如，流动站或货物）。

ISRU 部件表示由原位资源系统产生燃料并添加到推进飞行部件中。

为了估计飞行任务的 IMLEO，从结束点开始通过传动比反向推导所有任务步骤最终确定 IMLEO。

4.9 节主要分析了载人火星任务各步骤的 Δv 操作。正如前面所示，在推进步骤中，总的初始质量和发送的载荷质量比为

$$\frac{M_{initial}}{M_{PL}} = \frac{q}{1 - K(q - 1)}$$

这是推进步骤中的传动比，前提是如果火箭在燃料用尽之后被抛弃。但如果火箭没有被抛弃，而是留在后面继续被使用，则传动比表达式应为

$$\frac{M_T}{M_R + M_S} = q = \exp[(\Delta v)/(gI_{SP})]$$

对于气动辅助的轨道进入、再入、下降和着陆等，由 B. Braun 和 Georgia 团队给出的模型可以估计再入系统质量。

4.9.2　传动比计算

如前所述，IMLEO 可以通过估算向火星轨道和火星表面分别转移了

多少 M_{MO} 和 M_{MS}，然后乘以各自的传动比得到。火星轨道的最佳选择取决于：①是否采取原位资源利用（ISRU）来生产上升推进剂；②M_{MO} 的相对值决定了轨道进入和飞离所需的推进剂，升空舱的质量决定了上升推进剂的质量。如果使用椭圆轨道，轨道进入和飞离所需的推进剂较少，但是上升到轨道所需的推进剂就多了。如果利用了 ISRU，椭圆轨道无疑是首选，因为上升推进剂在火星上被生产出来，不需要从地球运输。没有使用 ISRU 的情况下，如果升空舱足够大那么圆轨道更好，因为较大上升推进剂质量这一缺点胜过椭圆轨道进入和飞离过程易于操作的优点。

传动比如下：

G_{MO} 为从近地轨道向火星圆轨道运送 1 个单位质量载荷所需要的质量；

G_{MS} 为从近地轨道向火星表面运送 1 个单位质量载荷所需要的质量。

因此，对于向火星轨道运送资产

$$IMLEO_{MO} = M_{MO}G_{MO}$$

对于向火星表面运送资产

$$IMLEO_{MS} = M_{MS}G_{MS}$$

总的 IMLEO 为

$$IMLEO = IMLEO_{MO} + IMLEO_{MS}$$

在最近 NASA 关于载人火星任务的方案中，从近地轨道到火星表面的转移过程是通过下降和登陆前进入火星圆轨道[①]的中间步骤而实现的。在"火星直击"和"火星协会"的设计参考任务中航天器可以从火星直接返回（不用在火星圆轨道上交会），MIT 的研究（Wooster et al.，2005）表明直接返回有优势，但最近 NASA 的文件表明，这种方法风险很大，因此不太可能被 NASA 接受。

如果给定了从火星圆轨道下降、着陆的传动比，即 G_{DL} 为火星轨道向火星表面运送 1 单位质量所需的质量。

那么

$$G_{MS} = G_{DL}G_{MO}$$

从近地轨道到火星轨道运送的传动比为

$$G_{MO} = G_{ED}G_{MOI}$$

其中，G_{ED} 为向地-火转移轨道运送 1 个质量单位时，近地轨道上为实现地

---

① Anonymous (2005). Exploration Systems Architecture Study (ESAS). NASA-TM-2005-214062，www. sti. nasa. gov，November 2005；Anonymous (2006). Project Constellation presentation on Mars mission architectures，attributed to D. Cooke.

球逃逸所需的质量；G_{MOI} 为从地-火转移轨道向火星圆轨道运送 1 个质量单位所需要的质量。

中间过程的修正所需要的质量可以被忽略。

从接近火星到达到火星表面转移过程中的传动比为

$$G_{ML} = G_{MOI}G_{DL}$$

从近地轨道到火星表面的传动比为

$$G_{ED}G_{ML} = G_{ED}G_{MOI}G_{DL}$$

4.9.3　地球逃逸的传动比

4.4 节讨论了从地球逃逸到地-火转移轨道的传动比。其所需的 Δv 的值随着发射时机、发射日期、到达火星时间的变化而变化。载人转移需要使用快速的"Type 1"轨道，其速度需要达到 4200 km/s；"Type 2"轨道适合进行较慢的货物转移，速度要求为 3900 km/s（它们仅是代表性的值）。Δv 的估计取自 JPL 内部的报告，此报告展示了与不同航行时间、不同逃逸日期相关的 Δv 的"pork-chop"图。LO_x-LH_2 逃逸级的比冲值大约是 450 s。Guernsey 等估计了推进系统干质量与推进剂质量的比值，对于太空存储的推进剂 K 约为 0.11。Larson 和 Wertz(Larson and Wertz,1999)指出对于低温地球逃逸推进系统，K 约为 0.11。然而，仍然希望火星转移的 K 为 0.12。基于这些值，对于快速的载人逃逸，G_{ED} 约为 3.2，对于较慢的货运逃逸，G_{ED} 约为 2.9。

关于地球逃逸时使用核热推进的影响已在 4.4.3 节中做过讨论。根据表 4.10，G_{ED} 取决于假设的启动高度和干质量。乐观的估计是假设启动高度为 1000 km，K 为 0.3，G_{ED} 为 2.4。对于一般估计，假设启动高度为 1250 km，K 为 0.5，G_{ED} 为 3.0。如果这些估计结果的确有效，那么采用 NTP 为系统带来了巨大的好处。

4.10　近地轨道到火星轨道

火星轨道入轨最简单的（但不一定是最好的）方法包括对火箭制动点火以使飞向火星的航天器减速直至进入轨道（见 4.2.1.9 节）。当飞行器接近火星，使用制动火箭可以使飞行器进入大椭圆轨道。进一步推进燃烧可以将轨道改变为高度 300~500 km 的圆轨道，便于在轨道上实现多用途火星遥感。在进入圆轨道中 Δv 的总量通常为 2.4~2.5 km/s（依据发射日期以及轨道而定），其中大约一半用于构造椭圆轨道，余下约一半用于将椭圆轨道转化为圆轨道。

有许多用于火星轨道入轨推进系统的可选方案：

（1）空间可储存推进剂（四氧化二氮和甲肼）。这些推进剂在室温下是液体的且不需要使用低温储罐就可以在飞行器上存储。它们相对来说密度较大，因此所需的储存体积最小。然而，其相对较小的比冲（大约 320 s）导致飞行器需要大量此类推进剂。

（2）低温液态氧和甲烷。这些推进剂能够产生较高的比冲（大约 360 s，而 NASA DRMs 假设是 379 s），但是它们必须被储存在 100 K（−173℃）左右的环境中。反过来需要一些额外的燃料来补偿在将上述推进剂转移到火星的 6～9 个月所产生的汽化损失，或者在条件允许的情况下，使用主动制冷系统以防止其汽化（随之而来的是质量补偿、复杂性以及风险）。

（3）低温液态氧和液态氢。这些推进剂的比冲约为 450 s，但是氢气需要被储存在 30 K（−243℃）左右的环境中，而这是非常具有挑战性的，且在将氢转移到火星的 6～9 个月还要接受相应的汽化损失，或者使用主动制冷系统以防止其汽化，无论采取哪种方案，都无法避免随之而来的质量补偿、复杂性以及风险。还应当注意，液氢的低密度会带来一些与容积有关的问题。

从近地轨道到火星轨道转移过程中产生的汽化效应使得在近地轨道所需的推进剂质量增加了（在较大的干推进系统上增加额外质量）。

如果忽略汽化效应，则基于不同推进剂组合，使用推进轨道入轨方式从近地轨道转移到火星圆轨道或者椭圆轨道的传动比数据如表 4.18 所示。

表 4.18　利用推进轨道进入实现从近地轨道到圆或椭圆火星轨道转移的传动比

离开地球				火星轨道进入							总传动比	
从	→	近地轨道				圆轨道	椭圆轨道	转移-火星		近地轨道		
到	→	火星转移		推进剂	I_{sp}			圆轨道	椭圆轨道	圆轨道	椭圆轨道	
行程	I_{sp}	Δv	G_{ED}			Δv		G_{MOI}		G_{MO}		
快	450	4.2	3.20	LO_x+LH_2	450	2.4	1.2	1.89	1.36	6.05	4.36	
快	450	4.2	3.20	LO_x+CH_4	360	2.4	1.2	2.24	1.48	7.17	4.73	
快	450	4.2	3.20	NTO+MMH	325	2.4	1.2	2.46	1.54	7.87	4.94	
慢	450	3.9	2.92	LO_x+LH_2	450	2.4	1.2	1.89	1.36	5.52	3.98	
慢	450	3.9	2.92	LO_x+CH_4	360	2.4	1.2	2.24	1.48	6.54	4.31	
慢	450	3.9	2.92	NTO+MMH	325	2.4	1.2	2.46	1.54	7.18	4.50	

此外还有另外两种方案可以用来实现火星的推进轨道入轨：气动刹车和气动捕获。气动刹车是一种非常渐缓的过程，且具有利用外部大气对太阳电池板拖拽来使飞行器实现小量减速的优势，因此没有必要配置会占据额外质量的防热层。然而，这个过程是缓慢的且需要数月的强化管理。气动捕获十分迅速，但缺点在于需要一个沉重的防热层而且会导致重力加速度非常大。

气动刹车需要先用反向推进使航天器进入一个大椭圆轨道。气动刹车利用大气拖拽来降低轨道能量，经过反复通过近火点附近的大气使得远火点变低。因此，气动刹车节省了从初始椭圆轨道转换为圆轨道所需的推进剂。基本的拖拽表面一般是太阳电池板。气动刹车已经用于地球、金星和火星的一些任务中。尽管在气动刹车自动化方面取得了一些进步，但仍保留了需要数月全天候维持的密集人工控制过程，需要导航、航天器、排序、大气模拟以及管理组的紧密协作。基于先前的任务经验，预计可以使用气动刹车，将慢速转移到火星与进入火星圆轨道载荷的质量(G_{MOI})比降到约1.6(再入系统的质量约为进入轨道质量的 $0.6/1.6 \approx 38\%$)，而近地轨道上与进入火星轨道的质量比也被降到了约 4.5。但如果使用推进系统且火星轨道是椭圆轨道，则气动刹车不可被使用。

气动捕获过程初始时刻，飞行器以一个相对行星很小的接近角着陆。当其以足够快的速度降落到相对稠密的大气中时，减速引发急剧加热，使航天器需要一个防热层(减速伞)。当航天器驶进大气区域，其轨道弯向火星，而当其驶出大气，先抛弃防热层之后通过推进机动来抬高椭圆轨道的近火点。全部的操作过程短暂且需要飞行器在行星大气区域内独自运行。接下来，通过最后一次推进轨控调整轨道使之变为圆轨道。对航天器的要求主要取决于目标行星以及相关任务的具体情况，而主要的变量包括大气属性、预期轨道进入几何结构、行星间路径精度、再入速度以及航天器几何结构。气动捕获方案已经多次被提议，甚至成为 MSP 2001 人造卫星的部分设计，但却从未实施。气动捕获曾经被考虑应用于 MSP 2001 人造卫星，但是最终人们决定使用气动刹车进入圆轨道。对于气动捕获来说，一个尤为关键的未知数是驶往火星的质量(接近质量)与进入火星轨道的质量之比的预期值。这个比值在相对小的 MSP 2001 轨道设计中是 1.7。这将意味着驶往火星的质量中有 $1.0/1.7 \approx 60\%$ 作为有效载荷被送入火星轨道。当考虑载人规模的载荷时，涉及重大的技术挑战(见 4.6 节；Wells et al. 2006；Braun and Manning，2006)。基于 Braun 及其同事在美国佐治亚理工学院(Georgia Tech)设计的模型，对于载人规模的载荷来说，驶往火星的质量中大约有 60% 通过气动捕获进入火星轨道$(G_{\mathrm{MOI}} \approx 1.7)$。

DRM-1 中假定进入火星轨道的质量是接近质量的 85％。DRM-3 中提到一些未公开的研究表明，估计值接近 85％，因此他们采用了这个值。这个结果似乎相当乐观。不幸的是，NASA DRMs 中任何假定的研究都没有被公开发表，所以没有方法可以用来验证这个结果。

使用气动捕获进入火星轨道的恰当质量比（接近质量/进入轨道的载荷质量）与采用推进点火相比是相当低的。这意味着当采用气动辅助后，对于给定的接近火星质量来说，更多的载荷质量可以被送入火星轨道。然而，气动辅助或许不能被简单地应用到载人规模的任务上。气动捕获过程迅速，但若是减速过快则会导致难以承受的强重力，并且更重要的是，按比例增加减速伞尺寸以适应载人任务所需的巨大负载会导致难以满足重型运载火箭防护罩直径的要求。研发大型载人规模的气动捕获系统需要长期、艰难且耗资昂贵的规划（见 4.6.5 节）。

表 4.19 提供了使用气动捕获的快速和慢速航行至火星轨道的相关传动比的粗略估计。

表 4.19　在火星轨道进入过程中利用气动捕获从近地轨道
转移到火星圆轨道的估计传动比

离开地球				MOI		总传动比	
从→近地轨道				转移到火星		近地轨道	
到→火星转移				火星椭圆轨道	火星圆轨道	火星椭圆轨道	火星圆轨道
行程	I_{sp}	Δv	G_{ED}	G_{MOI}	G_{MOI}	G_{MO}	G_{MO}
快	450	4 200	3.20	1.67	2	5.3	6.4
慢	450	3 900	2.92	1.67	2	4.9	5.8

4.11　从近地轨道到火星表面

从火星圆轨道着陆所需的 Δv 总量估计值为 4.1 km/s。和火星轨道入轨的例子一样，火星降落的最简单方法（但并不一定最好）涉及通过火箭点火制动使航天器脱离环绕火星的轨道，并且这种持续点火制动的方式可以使其轻轻地降落至火星表面。如同在火星轨道进入的例子中，使用高性能的低温推进剂有利于提高质量比，但是汽化现象起到相反的作用而使质量比降低。表 4.20 给出了从近地轨道到火星表面的传动比估计值。传动比受下降和降落过程中的推进剂比冲值影响特别明显。

表 4.20　从近地轨道经过火星圆轨道使用推进点火实现轨道进入、降落及登陆火星表面的传动比

| 行程 | 离开地球
从近地轨道转移到火星
G_{ED} | 推进剂 | 火星轨道进入 | | 火星降落及登陆 | | | | 总传动比 |
			转移到火星 火星轨道 G_{MOI}	近地轨道 火星轨道 G_{MO}	I_{SP}	Δv	火星轨道 火星表面 G_{DL}	转移到火星 火星表面 G_{ML}	近地轨道 火星表面 G_{MS}
快	3.20	LO_x+LH_2	1.89	6.05	450	4100	3.11	5.88	18.8
快	3.20	LO_x+CH_4	2.24	7.17	360	4100	4.34	9.72	31.1
快	3.20	NTO+MMH	2.46	7.87	325	4100	5.29	13.01	41.6
慢	2.92	LO_x+LH_2	1.89	5.52	450	4100	3.11	5.88	17.2
慢	2.92	LO_x+CH_4	2.24	6.54	360	4100	4.34	9.72	28.4
慢	2.92	NTO+MMH	2.46	7.18	325	4100	5.29	13.01	38.0

使用空间可储存推进剂从近地轨道将 1 个单位质量转移到火星表面需要大约 38 个单位质量。考虑到在载人任务中至少要把数十吨的质量送到火星表面,需要的初始质量将会高得不切实际。使用更高性能的推进剂可以大大降低在近地轨道处的质量。但是,尽管使用 LO_x-LH_2,从近地轨道将 100 t 的质量运往火星依然需要大约 1800 t 的质量。将需要发射约 12 架次最大的重型运载火箭(150 t 到近地轨道)。

采用气动辅助的手段从火星轨道降落的过程比较复杂,它涉及:①起始时刻对制动火箭点火使航天器脱离轨道开始下降;②在航天器降落过程中使用减速伞提供防热保护;③使用降落伞进一步对航天器减速;④抛弃防热罩;⑤最终制动推进着陆。Braun 和他的同事在美国佐治亚理工学院已经估算出采用气动辅助将载人规模的载荷从火星轨道降落到火星表面所需的质量。表 4.21 中给出了使用气动辅助将 1 个单位质量的有效载荷送至火星表面对应的在近地轨道的质量。

表 4.21　从近地轨道经过火星圆轨道使用完全气动辅助
实现轨道进入、降落及登陆火星表面的传动比

行程	离开地球			进入火星轨道,降落和登陆	总传动比
出发点	→		近地轨道	转移到火星	近地轨道
终点	→		转移到火星	火星表面	火星表面
状态	I_{sp}	Δv	G_{ED}	G_{ML}	G_{MS}
快	450	4200	3.20	3.6	11.52
慢	450	3900	2.92	3.6	10.51

很显然,气动捕获降落是完成火星载人任务的唯一希望,但尽管用这种方案依然需要发射大约 6 架次重型运载火箭来把 100 t 的质量运送到火星。

4.12　火星任务中航天器初始质量

4.12.1　化学推进和气动辅助

使用之前表格中给出的 G_{MO} 和 G_{MS} 的估计值,并根据火星任务中送至火星圆轨道的质量 M_{MO} 和到达火星表面的质量 M_{MS},可推算出任意任务所需的 IMLEO。至于这些质量是什么或者它们有什么作用都没有被具体的说明。表 4.22 给出了利用推进实现轨道进入和降落的结果,表 4.23 给

出使用气动辅助实现轨道进入和降落的最终结果。因此,假如任务中需要运送到火星轨道的 $M_{MO}=80$ t,到达火星表面的 $M_{MS}=100$ t,就能估计出利用推进的 IMLEO 为 3684 t,应用气动辅助的初始质量是 1579 t。显然,与推进相比,气动辅助拥有显著的效益。

表 4.22 快速飞往火星 IMLEO(t)的估计值,使用 LO_x-CH_4 推进完成轨道进入和下降着陆以运算任意组合质量到火星轨道及表面

$M_{MS}=$ 送至火星表面的质量/t	$M_{MO}=$ 送至火星圆轨道的质量/t				
	20	40	60	80	100
20	765	909	1052	1196	1339
40	1387	1531	1674	1818	1961
60	2009	2153	2296	2440	2583
80	2631	2775	2918	3062	3205
100	3253	3397	3540	3684	3827

表 4.23 快速飞往火星 IMLEO(t)的估计值,使用完全气动辅助运送任意组合质量到火星轨道及表面

$M_{MS}=$ 送至火星表面的质量/t	$M_{MO}=$ 送至火星轨道的质量/t				
	20	40	60	80	100
20	337	444	551	658	764
40	568	674	781	888	995
60	798	905	1012	1118	1225
80	1028	1135	1242	1349	1456
100	1295	1366	1472	1579	1686

4.12.2 核热推进的使用

表 4.24 提供了应用核热推进飞离地球的传动比。传动比取决于干质量比例以及启动高度。

表 4.24 使用核热推进飞离地球过程中 G_{ED} 的估计值

使用 NTR 启动时的高度/km	NTR $K=0.2$	NTR $K=0.3$	NTR $K=0.4$	NTR $K=0.5$	NTR $K=0.6$	NTR $K=0.7$
200	1.82	1.96	2.13	2.33	2.56	2.78
750	2.17	2.38	2.56	2.78	3.03	3.33
1250	2.44	2.56	2.78	3.03	3.33	3.70

将表 4.24 列出的值看作载人火星任务的 IMLEO 基准。它是基于这样的前提给出的：使用 LH_2-LO_x 推进剂飞离地球,利用气动辅助实现轨道进入、降落以及登陆的过程采用佐治亚理工学院的模型来进行气动辅助下的质量计算。

很难给 K 一个具体可追溯的描述。Boeing 在 1968 年给出 $K=0.45$。DRA-5(Drake,2009)给出了目前最新的估计。根据 DRA-5 的结果,每个货运飞船离开地球时,需要两个氢罐和一个推进器。整个推进系统的干重为 49.7 t,H_2 推进剂的质量为 93.5 t,推出 $K=0.53$。载人飞船的干重为 90.9 t,H_2 推进剂的质量为 202.7 t,推出 $K=0.45$。很明显,当 H_2 推进负载质量较大时,核心级的质量大小就不是那么重要了。

使用 NTP 完成火星轨道进入的传动比之前已经在表 3.15 中给出。

表 4.24 中的数据可简单地转换为"收益率"(β 越小越好)乘以表 4.20 和表 4.21 的任意数据就可以得到核热推进代替化学推进条件下飞离地球的初始质量的值。表 4.25 给出了一组 β 的值。举例说,假如 K 为 0.5,并且在 1250 km 处启动,采用 NTR 核热推进可以适当地提高送往火星的质量(β 为 0.94),但实现这一小小的改善会将以开发、测试以及验证 NTP 的巨额成本为代价。但是 K 为 0.3,启动高度为 200 km 的乐观假设会使收益率为 0.61,这是个明显的进步。

表 4.25　在离开地球的过程中当核热推进代替化学推进时效益因子(β)乘以表 4.16 和表 4.17 中的数据就得到初始质量(β 越小越好)

使用 NTR 启动时的高度/km	NTR $K=0.2$	NTR $K=0.3$	NTR $K=0.4$	NTR $K=0.5$	NTR $K=0.6$	NTR $K=0.7$
200	0.56	0.61	0.66	0.72	0.79	0.86
750	0.67	0.74	0.79	0.86	0.94	1.03
1250	0.76	0.79	0.86	0.94	1.03	1.15

通过以上分析,可以得到使用 NTP 飞离地球和在火星处使用气动辅助的传动比值,见表 4.23。使用较为真实的假设,$K\approx0.5$,起始段高度 1250 km,可以得到表 4.26。使用极其乐观的假设 $K=0.3$ 和起始段高度 200 km,可以得到表 4.27。

表 4.26　快速飞往火星时 IMLEO 的估计值(t),使用 NTP(高度 1250 km,$K=0.5$)飞离地球,使用全气动辅助运送任意组合质量到火星轨道及表面

$M_{MS}=$ 送到火星表面的质量/t	$M_{MO}=$ 送到火星轨道的质量/t				
	20	40	60	80	100
20	317	417	518	619	718
40	534	634	734	835	935
60	750	851	951	1051	1152
80	966	1067	1167	1268	1369
100	1183	1284	1384	1484	1585

表 4.27　快速飞往火星时的 IMLEO(t)估计值,使用 NTP(高度 200 km,$K=0.3$)飞离地球,使用全气动辅助向火星轨道和火星表面运送质量

$M_{MS}=$ 送到火星表面的质量/t	$M_{MO}=$ 送到火星轨道的质量/t				
	20	40	60	80	100
20	206	271	336	401	466
40	346	411	476	542	607
60	487	552	617	682	747
80	627	692	758	823	888
100	768	833	898	963	1028

4.12.3　ISRU 的应用

如果在火星上利用 ISRU 生产推进剂,则 M_{MS} 的绝对值通常会减少。而且如果利用 ISRU 技术从火星表面本地资源生产上升推进剂,肯定可以将 ERV 送入大椭圆轨道,从而可以将进入圆轨道的 Δv 从约 2400 m/s 降低到约 1200 m/s(因此降低了对推进剂的需求)。表 4.18 给出了转移到椭圆轨道的恰当传动比。

另外,飞离椭圆轨道的 Δv 应该大约是飞离圆轨道 Δv 的一半(同样为 2400 km/s),这样需要的质量也会减小。尽管这会提高用于从表面上升到轨道所需的 Δv,导致上升推进剂质量的大幅增加,但用于上升至椭圆轨道的推进剂的增加量可以用 ISRU 技术得到。因此,ISRU 在推进剂生产方面的好处有三部分:降低着陆质量(M_{MS}),降低 ERV 进入火星轨道的推进剂质量和降低飞离火星轨道的推进剂质量。此外因为从火星轨道进入椭圆轨道中所需的 Δv 大幅减小,可能取消利用气动捕获的方案,利用推进轨道进入的方案也因此更具竞争性,但气动辅助下降还是被保留下来了。假定

火星附近的所有推进转移都使用 $I_{sp}=360$ s 的 CH_4-LO_x 推进剂,并且假定可以快速地从近地轨道到达火星。但是,应当注意到即使不采用 ISRU 技术,椭圆轨道还是有益的,因为如果与送入火星轨道的质量相比上升舱足够轻且使用气动辅助完成再入、下降以及着陆,则简单地入轨与飞离带来的好处胜过较重的上升推进剂带来的不便。

使用 ISRU 技术生产生命保障耗材而进一步减小 M_{MS},这个值虽然难以量化,但似乎仍具有重要意义。

根据表 4.18,从近地轨道到椭圆轨道转移的总传动比是 4.73。通过推进进入椭圆轨道以实现从近地轨道到达火星表面过程的总传动比估计要通过 $G_{DL} \times 4.73$ 来计算,本书基于气动辅助下降给出 G_{DL} 为 2.16。因此,通过椭圆轨道从近地轨道到达火星表面总传动比的估计值是 $2.16 \times 4.73 = 10.2$。实际上这个值低于利用气动捕获进入圆轨道作为中间步骤的值。

利用 ISRU 技术减小的着陆质量取决于任务设计的诸多方面。在 NASA DRM 系列中,升空飞船、核动力系统及一套 ISRU 系统都在宇航员离开地球的 26 个月之前被送入火星,这些都被用来生产上升所需的推进剂,而升空飞船的燃料箱会在宇航员离开地球之前装满推进剂。这样就允许使用相对较小的 ISRU 设备一年全天候连续运行,它所需要的电力与宇航员到达后所需的总能源相等。最终,相同的能源(电力)系统在宇航员离开(地球)前支持 ISRU,在宇航员到达后为他们提供支持,并且核能系统的质量不计入 ISRU。上升推进剂的质量取决于在上升和轨道交会期间用来容纳宇航员的太空舱及上升推进系统的质量。上升到椭圆轨道所需的总 Δv 大约是 5600 m/s,并且假定使用 I_{sp} 为 360 s,LO_x-CH_4 推进。q 的值是 4.891。使用 4.1.2 节中给出的公式

$$\frac{M_P}{M_S} = \frac{q-1}{1-K(q-1)}$$

其中,M_P 是推进剂质量,M_S 是送至轨道的载荷。对于上升过程而言,载荷就是运输宇航员的太空舱。值得注意的是,当 $[K(q-1)]$ 趋近 1 时,分母趋近 0,此时不能利用这种推进系统搭载任何载荷。很显然,K 的值对于上升推进剂需求量有着重要的影响。因此 $q=4.891$,当 K 接近 0.257 时,分母趋近 0,无法搭载负荷。DRM-1 和 DRM-3 假定 $K=0.10$,根据未公开的星座计划文件,月球升空的初步规划数据表明 K 大于 0.2。当 $K=0.1$ 时,M_P/M_S 的值是 6.37,当 $K=0.2$ 时这个比值上升至 17.5。根据他们对 M_S 的估计,且使用假定值 $K=0.10$,NASA 得到了上升过程中 M_P 的值:DRM-1 中是 26 t,DRM-3 中是 39 t。很明显,上升过程的 K 值对于上升推

进剂质量有极强的杠杆效应。

采用 ISRU 技术对 IMLEO 造成的影响在 5.3.3 节和 6.6 节中给出了更为细致的论述。

参考文献

Bonin, Grant, and Tarik Kaya. 2007. End-to-end analysis of solar-electric-propulsion earth orbit raising for interplanetary missions. Journal of Spacecraft and Rockets 44: 1081-1093.

Braun, R. D., and R. M. Manning. 2006. Mars exploration entry, descent and landing challenges. In Aerospace Conference, 2006 IEEE, March 2006.

Curtis, Howard. 2005. Orbital mechanics for engineering students, Elsevier.

Butterworth-Heinemann Linacre House, Jordan Hill, Oxford OX2 8DP, 2005.

Drake, Bret, editor. 2009. Human exploration of mars—design reference architecture 5.0. In NASAReport SP 2009-566.

Guernsey, Carl and Donald Rapp (1988) Propulsion: its role in JPL projects, the status of technology, and what we need to do in the future. Jet propulsion laboratory, report No. D-5617.

Pasadena, CA, 8 August 1988; also see: Daniel P. Thunnissen et al. (2004) "Advanced Space Storable Propellants for Outer Planet Exploration. In AIAA 2004-3488.

Guernsey, Carl et al. 2004. Space storable propulsion—advanced chemical propulsion final report. JPL D-27810, February 17, 2004.

Hirata, C. et al. 1999. The Mars society of caltech human exploration of mars endeavor http://www.lpi.usra.edu/publications/reports/CB-1063/caltech00.pdf.

Hoffman, Stephen J. and David I. Kaplan, editors. 1997. DRM-1: Human exploration of mars: the reference mission of the nasa mars exploration study team. Lyndon B. Johnson Space Center, Houston, Texas, July 1997, NASA Special Publication 6107.

Nelson, Douglas K. et al. 2005. A heavy-lift launch vehicle to meet nasa's exploration mission needs http://arc.aiaa.org/doi/abs/10.2514/6.2005-2515AIAA-2005-2515.

Oh, David Y. et al. 2006. An analytical tool for tracking and visualizing the transfer of mass at each stage of complex missions. In AIAA 2006-7254.

Thunnissen, Daniel P. et al. 1999. A 2007 Mars sample return mission utilizing in-situ propellant production. In AIAA 99-0851.

Thunnissen, Daniel P. et al. 2004. Advanced space storable propellants for outer planet exploration. In AIAA-2004-3488.

Wells, G. et al. 2006. Entry, descent and landing challenges of human mars exploration. In AAS 06-072.

Wertz, James R. 2004. Rapid interplanetary round trips at moderate energy. International

Astronautics federation congress, Oct. 4-8, 2004, Vancouver, BC, Canada. Paper No. IAC-04-Q. 2. a. 11, and Paper No. IAC-03-Q. 4. 06; also Interplanetary round trip mission design, 54th International Astronautical Congress Sept. 29-Oct. 3, 2003, Bremen, Germany; also: http://www. smad. com/ie/ieframessr2. html.

Woodcock, Gordon. 2004. Controllability of large SEP for earth orbit raising. 40th AIAA/ASME/SAE/ASEE Joint Propulsion Conference and Exhibit, 11-14 July 2004, Fort Lauderdale, Florida, AIAA 2004-3643.

Wooster, Paul D. et al. 2005. Crew exploration vehicle destination for human lunar exploration: the lunar surface. Space 2005, 30 August-1 September 2005, Long Beach, California, AIAA 2005-6626.

Zubrin, R. M. et al. 1991. Mars direct: a simple, robust, and cost effective architecture for the space exploration initiative. In American Institute of Aeronautics and Astronautics, AIAA-91-0328, 1991.

Zubrin, R. M. and D. B. Weaver. 1993. Practical methods for near-term piloted mars mission. In American Institute of Aeronautics and Astronautics, AIAA-93-20898, 1993.

Zubrin, R. M. 2005. Review of NASA lunar program architectures. Pioneer Astronautics, Jan 10, 2005.

第5章 火星探测任务的关键要素

摘要：开展载人火星任务需要对多项关键技术进行深入研究，研究内容主要在生命保障方面，包括环境控制和生命保障系统（environmental control and life support system，ECLSS）、辐射和低重力效应的缓解方法、应急情况下具备中止任务的能力、行星本土资源的潜在挖掘利用和长期在幽闭空间生存对人类产生的影响等。2005 年前，有关 ECLSS 方面的研究已经取得了重大突破，但该项研究在此后的十多年却鲜有进展。NASA 开展了一些辐射效应分析方面的工作，但随着研究工作的不断深入，暴露出来的问题却越来越多。人造重力方面的研究工作也停滞不前。利用地球荒漠地区的仿真栖息舱有助于逐步了解人类处于幽闭空间所产生的问题。大质量有效载荷的气动辅助再入、下降和着陆（entry，descent and landing，EDL）也是载人火星任务的关键技术之一。目前还没有将数十吨的有效载荷成功着陆到火星的经验案例。而根据佐治亚理工学院技术组的建模结果，EDL 系统的质量会远大于 NASA 设计参考任务中设定的质量。不过，气动辅助 EDL 所需的质量将远小于基于推进的 EDL 所需要的质量，而利用推进进行 EDL 的质量可能是无法承受的。这种大质量再入系统的研发、测试和验证需要 20 年的时间以进行大量研究工作。考虑到之前的研究情况，NASA 可能不会再继续开展相关研究计划。

5.1 维持生命的消耗品

正如前面章节所述，发射、运载、着陆和从火星上带回大量物品等火星探测活动都包含很多问题，给研发工作带来极大的挑战。不仅如此，将人类送上火星还存在其他难题，包括生命保障系统研发（消耗品和可再生物品）、减轻辐射和低重力影响的方法、应急情况下具备中止任务的能力、行星本土资源的潜在利用方法以及长期在幽闭空间生存对人类产生的影响（Stuster，2005）。

5.1.1 对消耗品的需求(不可循环利用)

基于 NASA 高级生命保障报告的预算

在载人火星任务的 3 个主要阶段中(包括地-火转移、火星表面停留和返回地球,还有相对较短但很重要的下降和起飞过程),生命保障都面临极大的挑战。虽然整个任务在很大程度上依赖 ECLSS 中的循环系统,但是详细计算载人火星任务生命保障所需的消耗品总量也是非常必要的,可以实现对整个任务需求量级的宏观把握。

根据预算,1 个 6 人小组往返火星 1 次的消耗品总用量远超过 100 t(1 t=1000 kg),大约达到 200 t。如果物资不可重复利用而且不能利用火星本土的水,那么,仅是为了生命保障所需的消耗品,需要 2000 t 的 IMLEO 或者发射约 13 架次重型发射运载火箭。显然,生命保障系统占载人火星任务质量的主要部分,那么,循环使用并尽可能利用火星本土的水资源是保证任务可靠实施的必要条件。注意,虽然有大量相关研究的文献资料,但是这些资料几乎都没有给出实际消耗品的预算。这些研究只局限于使用了循环系统。

按照 NASA 高级生命保障(Advanced Life Support,ALS)工程的定义,生命保障系统包括以下要素:空气供给、生物产品、食物供给、废物处理和水供给。

上述每个要素都在整个 ECLSS 中起到了重要作用,ECLSS 系统可以最大化地实现废物循环利用。这些系统非常复杂且交互程度非常高。

为了分析载人火星任务 ECLSS 的特点,第一步先假设没有利用 ECLSS,将维持 6 人小组往返火星的每个阶段的消耗品目录进行分类。列出 1 个人需要多少食物、水(各种品质的水)、氧气、大气层缓冲气体和废弃处理材料,然后根据每个宇航员每天的用量来估计整个 6 人小组全程的用量。但是,NASA 关于生命保障消耗品的报告中并未给出总消耗量的数据,仅给出了他们估算的满足这些需求的 ECLSS 系统的质量。尽管如此,本书还是从 ALS 报告的相关描述中粗略估算出了总消耗量。表 5.1 归纳总结了消耗品的需求(每天消耗量),但还需要进一步细化,尤其是对水的需求。

表 5.1 每人在长期任务中的消耗品需求估算

项 目	需求/(kg/d)
口腔卫生用水	0.37
清洗手/脸用水	4.10

项　　目	需求/(kg/d)
冲洗便池用水	0.50
洗衣用水	12.50
洗浴用水	2.70
清洗餐具用水	5.40
饮用水	2.00
总水量	27.60
氧气	1.00
缓冲气体(N_2?)	3.00
食物	1.50
废弃处理物质	0.50

另外,在 ALS 报告中,还提供了其他两处数据资料源:

(1) 休斯敦大学 SICSA 报告中给出的总需求分析(见 5.6.4 节)。

(2) 载人火星自由返回任务可行性分析(Tito et al.,2013)。这份研究报告给出了对水的需求对比(7 kg/d,和表 5.1 中 27.6 kg/d),但没有考虑到洗衣用水,而这一项在表 5.1 中的预算是 12.5 kg/d。

表 5.2 给出在假设不利用可循环或本土资源情况下载人火星任务生命保障消耗品的总重。整个任务阶段消耗品总质量约 200 t。表中还列出了基于第 4 章估计的 IMLEO 的合理传动比。整个任务阶段的总 IMLEO 超过 2000 t,或者说仅供给生命保障系统大概需要发射 13 架次重型运载火箭。显然,不采用高效的循环利用方法,任务就不具备可行性。

表 5.2　对 6 人火星任务不考虑可循环或本土资源利用的生命保障必需品的总重(单位:t)

任务阶段	地-火转移	降落	表面停留	上升	火-地转移
持续时间/d	180.0	15.0	600.0	15.0	180.0
水	29.0	2.0	100.0	2.0	29.0
氧气	1.1	0.3	4.0	0.3	1.1
食品	1.6	0.1	5.4	0.1	1.6
废弃处理物质	0.6		1.8		0.6
缓冲气体	3.3	0.9	12.0	0.9	3.3
总消耗	36.0	3.0	123.0	3.0	36.0
IMLEO 的传动比	3.0	约 10.0	约 10.0	约 10.0	约 18.0
所需的 IMLEO	约 110.0	约 30.0	约 1230.0	约 30.0	约 660.0

SICSA 对水的估计与表 5.2 基本一致,但对食物的估计相对于表 5.2 要多出 80%。

欧洲空间局(European Space Agency,ESA)的预算

ESA 提供的一份不考虑循环系统的实际消耗品估算报告具有重大意义。这项研究的假设前提是:

(1) 人类生存需要的所有物品和消耗品都从地球运输到火星上。

(2) 人类产生的废弃物不再循环利用。

(3) 人均每天的氧气消耗量为 1020 g。

(4) 考虑两项备选身体清洁方案:

　　① 每天无淋浴人均用水量 1800 g(灌注肥皂的毛巾、干/湿毛巾、干洗发水、牙膏和口香糖);

　　② 每人每天淋浴 1 次,人均每天用水量 23 000 g;

(5) 每天用水需求:

　　① 饮用水 2100 g/人;

　　② 食物水化 700 g/人;

　　③ 清洁用水 1800 g/人(无淋浴);

　　④ 清洁用水 23 000 g/人(每天淋浴 1 次)。

(6) 每天用水需求总量 4600 g/人(无淋浴)或 25 800 g/人(每天淋浴 1 次)。

(7) 假设 EVA 运行 8 h,每次 EVA 的用水需求 5000 g/套。

(8) 食物是由冷冻干燥、脱水食物(每天供给量为(450 g+800 g 水)/人=47%)和罐装食物(供给量为 1350 g/人=53%)组成的混合食品。

(9) 气闸机动所需的空气是 4800 g/EVA(气闸舱体积约为 4 m^3)。

(10) 人类垃圾根据以下指标来估计:

　　① 呕吐物:发射后 3 天和火星着陆后两天内,每天每人呕吐 4 次;

　　② 排便:每人每天排便 1 次或每人每天 300 g;

　　③ 排尿:每人每天排尿 5 次或每人每天 1500 g。

(11) 根据目前使用的个人工具箱,按照任务持续时间的增加,个人工具箱的质量也随之增加。

(12) 每周所需更换的衣物是:

　　① 每人 3 套以上内衣;

　　② 每人 1 整套以上的衣服(不含内衣);

　　③ 每两周每人 1 套睡袋。

基于这些假设,地-火-地转移任务的生命保障系统所需物品的总量如表 5.3 和表 5.4 所示(ESA,2003)。

表 5.3 长期火星任务的生存需求和产生废物的情况(质量单位:kg,能量单位:kJ)

需求和产生的垃圾	地-火和火-地转移	火星表面停留 525 天
O_2	3654	2142
EVA 气闸机动需要的废物		432
水(总需求)	92 416	55 080
卫生目的用水	82 386	48 300
饮用水	10 030	5880
EVA 舱外服		900
食物	9564	5607
一次性用品	2673	1581
人类新陈代谢的废物		
CO_2	4442	2604
水蒸气	10 567	6195
能量	51 724 080	30 324 000
其他与人相关的废物		
固体(排泄物、包装、毛巾、衣物)	7508	4401
液体(尿、呕吐物、卫生用水)	85 616	50 192

表 5.4 长期火星任务的人体需求和产生垃圾的情况汇总(来自表 5.3)

任务阶段	需求/kg	废物/kg	能量/kJ
地-火-地	108 306	108 137	51 724 080
火星停留	64 843	63 395	30 324 000

将 ESA 的预算和从 NASA ALS 报告中获取的估算值进行比较是很有意思的。关于水的消耗量,ESA 特别强调了淋浴用水。不淋浴的情况下,每天的水需求总量是 4.6 kg/人,而每天淋浴的情况下,水的需求量是 25.8 kg/人。ALS 指出,通常在几个方面需要更多的水,然而对于淋浴用水的需求只是适量而已(2.7 kg/d)。ALS 给出的用于洗衣的水是 12.5 kg/d,但 ESA 似乎并未列出洗衣用水这一项。ALS 估算的每个宇航员用水是 27.6 kg/d,这和 ESA 包含淋浴的预算(25.8 kg/d)比较接近;然而,产生总消耗量的因素却差别很大。根据 NASA ALS 报告的预算,长期进行火星探测任务的总用水量是 162 t,ESA 的预算是 148 t。ESA 分配给停留在火星表面阶段的用水量占总水量的 37%,在地球和火星之间转移阶段的用水量占总水量的 63%,而 ALS 的预算是火星表面用水 62%,转移阶段用水

38%。考虑到在 ALS 任务中,宇航员在火星停留 525 天,转移阶段 420 天,在转移阶段的用水量似乎不可能是这个比例。同样地,在转移阶段人的能量消耗也和 ESA 的模型预算相差很大。ALS 分配给 420 天转移阶段的能量是 $5.17×10^7$ kJ,或者持续 1.4 kW。在火星表面停留的阶段,分配给 525 天转移阶段的能量是 $3.03×10^7$ kJ,或者持续 0.7 kW。该能量水平低得不可思议,但 ESA 报告中没有明确这个能量需求是指什么。

5.1.2　循环系统的使用

2006 年本书第 1 版曾指出,NASA 高级生命保障(ALS)计划正在开展针对 ECLSS 处理和原型硬件的工作,ECLSS 包括循环利用关键的生命保障消耗品,这样能够减少从地球携带的必需品质量。2002 年,ALS 的项目计划被发布出来,且该计划此后取得了很大进展(Hanford,2004),在相关文献中有对于后续进展的详细报告(Hanford,2006)。

ALS 项目似乎在一定程度上在 2006 年之后被遗忘了,未能找到 2006 年之后的任何详细报告。然而,2015 年,NASA 技术路线描述了 NASA 研发 ECLSS 的目的[1]。ECLSS 在 2006—2015 年近 10 年的时间里似乎是个黑洞。2015 路线图指出:

环境控制、生命保障和居住的首要子目标是研发并验证在深空环境(这种环境中,对地球供给的消耗品、消费品和设备更新的依赖要尽可能少,而且对宇航员的干预和维护的依赖也要最小)中长期维持生命所需的高可靠性的条件,以及有效利用当地资源和循环、再利用及重新使用消耗品及消费品的能力。可以利用距离地球相对较近的 ISS 或其他适合的平台作为基础,以表明准备支持火星和深空探测活动中以年计的长期任务。

只有深空任务包含的所有系统均已被验证具有可靠性,能够避免大量存储补给、大型冗余系统和大型的硬件更新储备所带来的任务成本增加,提高水和氧气闭环使用的效率才可以显著增强深空任务的意义。结合对不可预见环境和条件所做的鲁棒性处理,整个系统的可靠性和潜在闲置设备的裁减应该在子系统(硬件)和全系统层面以及设计和操作简化方面进行处理,并且需要在最重要的"完好性"测试中作为关键技术被研发和比较。

这份路线图规划地非常好,但是,在 2006 年之前所有这些好的研究工

---

① NASA Technology Roadmaps. TA 6: Human Health, Life Support, and Habitation Systems. May 2015 Draft.

作都是被如何完成的？如何将推荐的这些新工作和之前的工作结合起来？或者说这份路线图是否只是一个美好愿景的虚构而并不具有任何实际意义？

ECLSS 不仅要满足消耗品的总需求，还必须监视痕量污染物并将污染物含量降到可容忍的水平。2006 年前的 NASA 生命保障数据分两部分。一部分是基于国际空间站(International Space Station, ISS)升级任务的最新状态，另一部分是基于 NASA 最近研发的新技术的 ALS 系统。NASA 生命评估报告只包含已经处于正样测试阶段(作为最小集合)的技术。ALS 报告提供对 ECLSS 系统的质量和功率需求的数值估计。但是，很难查找出报告中的基线数据和 ISS 实际经验积累的数据之间的联系。有哪些是用来支持表格中项目的经验数据，又有哪些是从模型中估计的数据都还不清楚。而且这些系统对于火星任务中的长期转移飞行和表面停留而言是否可靠也不清楚。这些系统每次失效之间的最长和平均时间也没有被报道。值得注意的是，ALS 提供的所有质量估计都来自 NASA 的研究机构，而且这些估计值并未将差额、冗余和备件考虑在内。

能查找到的 2006 年前的大部分报告都给出了对 ECLSS 各个要素质量的系统性估计。报告列出了基本要素的质量以及等价系统质量(ESM)，包括所需的能源系统、热系统的附加质量以及与 LSS 操作相关的人体护理用品的质量。但是，本书不采用等价系统质量的相关论述。

循环使用的主要要素是空气和水。对于每个循环系统，需要预估提供消耗品所需的物理设备的质量以及空气和水系统的重复利用率。根据重复利用部分所占的百分比，可以计算出循环过程中，补充消耗掉的资源需要占用多少备用储存器的空间。那么，对于每个空气和水系统，在每个任务阶段需要记录 5 个量：

(1) 在任务过程中 6 人小组所需资源的总质量(M_T)。

(2) ECLSS 物理设备的质量(M_{PP})。

(3) 回收利用率(R_P)(在各个任务阶段，回收使用的资源所占的百分比)。

(4) 循环过程中，补充消耗资源所需的备用储存的质量

$$M_B = (100 - R_P)M_T/100$$

(5) 在任务期间，提供所需总资源 M_T 的 ECLSS 的总质量(物理设备和备用储存的和)

$$M_{LS} = M_{PP} + M_B$$

一个有意义的指标是 M_T/M_{LS}，它是所提供资源的质量和 ECLSS 系

统总质量的比值。该值越大,ECLSS 系统越有效。

除上述这些性能估计外,系统可靠性和寿命也是非常关键的指标,此外也必须要考虑差额、备件和冗余带来的额外质量。

最后,需要考虑利用火星当地水对火星表面工作系统产生的潜在影响,并将其合理地融入整个任务计划中。

只有水和空气容许循环利用,而生物元素的产生、食品供给、垃圾处理和热控等要素都不能循环利用。食物可以通过植物来补给,但是食品生产还需要利用其他的资源。

假设一个 6 人 180 天的地-火/火-地转移并在火星停留 600 天的任务。表 5.2 给出了对非循环要素的需求预估。利用 NASA ALS 估计的可循环能力,可得到表 5.5。任务每个阶段运送的总质量是 ECLSS 的空气和水的质量,加上食品和垃圾处理材料质量的总和,假设在短期上升和降落过程中没有可循环物品。整个任务期间生命保障系统总共所需的 IMLEO 是 570 t。但是,这只是乐观的估计,对于持续 2.7 年时间的火星任务,表 5.5 中所列的故障保护装置的重复利用率并不一定能达到。

表 5.5　根据 NASA 估计 ECLSS 的生命保障消费品所需的 IMLEO

任务阶段	地-火转移	降落	火星表面停留	起飞上升	火-地转移
持续时间/d	180.0	15.00	600.0	15.00	180.0
水的需求 $=M_T$	29.0	2.00	100.0	2.00	29.0
ECLSS 水处理设备 RFM 量	1.4		4.1		1.4
ECLSS 水重复利用率/%	>99.0		94.0		>99.0
ECLSS 水备份舱质量	0.3		6.3		0.3
ECLSS 的水总质量 $=M_{LS}$	1.7	2.00	10.4	2.00	1.7
M_T/M_{LS}	17.0	1.00	10.0	1.00	17.0
空气的需求 $=M_T$	4.0	0.90	12.0	0.90	4.0
ECLSS 空气处理设备质量	0.5		1.3		0.5
ECLSS 空气重复利用率/%	83.0		76.0		83.0
ECLSS 空气备份舱质量	0.7		2.9		0.7
ECLSS 空气的总质量 $=M_{LS}$	1.2	0.90	4.2	0.90	1.2
M_T/M_{LS}	3.0	1.00	3.0	1.00	3.0
食品	1.6	0.15	5.4	0.15	1.6
垃圾处理材料	0.5	0.05	1.8	0.05	0.5
需求的总质量	5.0	3.10	21.8	3.10	5.0
IMLEO 的传动比	3.0	10.00	10.0	76.00	18.0
ECLSS 所需的 IMLEO	15.0	31.00	218.0	235.00	90.0

Sanders 和 Duke 的报告（Sanders and Duke，2005）中给出："和平号国际空间站（Mir）、国际空间站（ISS）和航天飞机的经验表明，即使进行了大量地面验证，还是会发生硬件故障。对于长期任务，如 Mir 和 ISS，即使初始系统是双重容故障的，在轨修复单元（orbital replacement units，ORU）也必须在轨储备或从地球送到维修操作点。在月球和火星表面长期停留还需要采用与 ORU 的故障修复方法不同的方法。"这可能会增加所需的备份存储舱和/或需要一些备份或冗余单元，使系统质量增倍或更多。显然，这需要进行长期测试。

Sargusingh 和 Nelson（Sargusingh and Nelson，2014）在 ECLSS 长期可靠性工作组的报告中指出："NASA 强调可靠性是未来载人空间探测任务的关键，特别是环境控制和生命保障系统"，"但是，采用什么手段提升可靠性或评估可靠性还没有达成共识"，"如果把可靠性评估作为可再生水系统研究的一个评价指标，这些问题就会更加明朗。"

H. W. Jones 在 ECLSS 系统的长期可靠性研究方面开展了重要工作（Jones，2010，2012a，b）。他采用统计分析方法检验了提供余量和冗余的不同效果。下面给出了一些引自原报告并稍作修改的版本中的相关资料（引用得到了 Jones 的许可）：

短期任务，例如，阿波罗和航天飞机任务，使用存储的少量水和空气（可靠性不是问题）。长期任务，如国际空间站，水和空气的循环利用可以节省发射质量，但不需要高可靠性的生命保障系统。在低地球轨道或月球上，遇到故障时，生命保障材料或修复部分可以很快得到补给，或者宇航员可以应急返回地球。只有在深空任务中，如火星任务，才需要高可靠性，因为这种情况下补给生命保障材料或维修故障设备都是不可能的，宇航员也不能快速返回地球。必须为深空任务研发可靠性高的可循环生命保障系统。地月系以外的深空任务必须在发射时携带大量的水和氧气以充分保证任务的可靠性。

ISS 生命保障系统已成功运行 6 年或 7 年，可以提供大量有价值的有关可靠性和保障系统的资料。目前普遍认为，火星生命保障系统所需的高可靠性远高于 ISS 能实现的可靠性。ISS 的设计并不能满足火星任务所需的高可靠性要求。

Jones 继续讨论了地-火/火-地转移期间的 ECLSS 和火星表面工作的 ECLSS 之间的差异。理论上讲，可以通过改进 ISS 系统以用于地-火/火-地转移，但是，Jones 指出：

ISS 生命保障系统已经设计使用了 20 多年，期间发现很多问题并对之进行了改进。仅是小型探测器的再装配就需要进行大量的重新设计和不可避免的升级改造。即使从 ISS 开始并且尽可能保守地采用新思路和原料，火星生命保障系统也需要进行大量基础层面的重新设计。

Jones 还建议，火星表面生命保障系统毫无疑问应该充分利用引力和当地资源。Jones 报告的最后指出：

火星生命保障系统的最重要问题是通过设计来满足更高的可靠性和可持续性的要求。ISS 采用的 ORU 单元因其备件占据很大的质量而被诟病，因此建议采用较低级组元来代替 ORU。但是，ORU 和组元方法有两个同样的严重问题，二者都需要较好的预知故障率来确定所需的备件数量。精确测量出低级组元的故障率非常困难。两种方法都假设所有系统故障都是可更换部件的故障。但是，有些故障（多是在较新且测试较少的系统中）主要是因为设计误差、材料问题和规划与操作失误造成的。这些共性原因造成的故障无法通过更换部件来进行修复，只能进行重新设计和规划。目前，ISS 有几个故障模式就需要重新设计。众所周知，修复内部系统共性原因引起的故障需要采用多种系统设计。即使基于 ISS 的生命保障系统可以被改造后用于火星任务，还是需要针对火星转移和表面工作研发几套完全不同的系统设计方案。不存在单一的系统解决方案。

Sanders 和 Duke 强调，需要 ISRU 作为 ECLSS 的备份，并且指出 ECLSS 的不可靠性。有趣的是，ALS 对于在较大范围内利用火星水资源支持火星生命保障系统的潜能持谨慎态度，尽管事实上，这种影响主要的潜在好处在质量降低和安全性方面。诚然，这种水资源的获取将需要非常复杂精密的设备，而且关系到植被保护。不过，这方面似乎更应受到 ALS 活动的关注。

利用火星上的水可以产生很大的质量结余并极大地降低风险。可以想象，当宇航员在火星表面工作时所需的水供给可以通过近表水源获得，那么，就可以不考虑火星表面水循环系统的使用。此外，这也可以提供火星表面活动期间的全部氧供给。在火星上需要循环利用的日用品只有大气层缓冲气体。附录 C 讨论了火星的水资源。

NASA 的未来规划，希望能够实现以下 3 点：

（1）集中精力于长期任务的系统高可靠性方面，而不是系统的废物利用率。对于火星，废物利用率为 90%，可靠性为 99.8% 的 LSS 将比废物利用率为 99.8%、可靠性为 90% 的系统更有价值。

（2）提供对数据源更清晰的描述，特别强调哪些数据基于试验和试验持续多长时间。

（3）考虑利用火星上大范围的近表水资源。

显然，有些工作仍在 ECLSS 系统研发的过程中。例如，Stambaugh 等（Stambaugh et al. ，2012）在设计中列出很多进展。但是，并没有给出对质量、体积和能源需求的估算。

笔者曾有数十年在 NASA 从事技术规划与研发工作的经验，也曾了解很多关于未来技术发展蓝图的项目规划和路线图，它们通常写得令人印象深刻，语言优美。不幸的是，经验表明，在大多数情况下，这些计划都停留在纸面上而且大部分都被忽略了，这些年来的关注点和经费都用来解决目前和当下的问题。能够数年得到持续的经费支持并沿袭一贯的发展路线的项目在 NASA 比较少见。2012 年，NASA 给出了探测活动的 ECLSS 能力发展路线图（Metcalf，2012）。首先，这份报告给出了一个表，包含 NASA 内外共 13 个支持该计划的相关组织，但后来立即被证实这是一个缺少凝聚领导力且复杂的组织。报告接下来的几页非常简要地列出了量化目标，但没有给出时间计划，也没有明确量化评价指标，没有给出经费估算，最后，该计划以"研究一个合理的计划"而结束。

概括而言，关于生命保障消耗，可以得到如下结论：

（1）虽然生命保障系统包含 6 个要素，但水是决定生命保障所需质量的最重要因素。

（2）如果不利用循环的或当地的资源，端到端的载人火星任务消耗品的总需求约为 200 t，反过来，对于 IMLEO 需求大于 2000 t。这种情况令人望而却步，而且完全不切合实际。

（3）如果循环利用空气和水，对于 ECLSS，基于 ISS 经验的 ALS 质量估计可以接受，从地球携带的总质量可以从约 200 t 降到 38 t，而且 IMLEO 可以从超过 2000 t 降到约 570 t。这仍然需要多次发射重型运载火箭来运送生命保障消耗品和循环设备。

（4）ALS 估计的 ECLSS 系统质量和 ISS 的实际经验之间的关系还不清楚。因此，支撑上述 ALS 估计的试验基础还是不为所知。

（5）ALS 报告没有讨论 ECLSS 的寿命、可靠性和两次故障之间的平均时间。还不清楚 ISS 数据是如何转化到火星任务中的，火星任务要求 ECLSS 系统必须保证 2.7 年内无故障。

（6）这里给出的估计并不包括对余量、冗余或备份的考虑。

（7）利用火星当地水资源能够潜在消除在火星表面时水和氧气循环利用的需求。这些近表资源的定位和处理需求还不确定。

之前参考的 ESA HUMEX 报告给出了有关 ECLSS 技术的探讨，但没有提供任何关于预估质量和能源需求或转换效率的有用信息。

5.2　辐射效应和防辐射需求

2009 年度 NASA 报告（McPhee and Charles,2009）是辐射效应研究的一个好开端。空间辐射会对载人月球或火星探测任务中的人类造成威胁。不同水平放射性辐照的生物效应存在很大的不确定性,在深空中允许多大的辐照量也没有明确指标。在没有更准确信息的情况下,通常只能将 LEO 的标准外推到条件非常不同的深空中去。大量的研究报告比较了空间辐射剂量水平的"点估计"值和容许剂量,包括各种防辐射形式的效果。但是,对于辐射剂量的健康效应的理解还非常不明确。结果导致对辐射剂量的任何给定点估计都可以给出一种预估的平均生物学影响,但其实辐照产生的生物影响范围更大(小于或大于平均值)。最近,研究的重点是将"点估计"的置信区间提高到 95%。如果要求置信度为 95%,生物影响将比点估计的结果明显高 3～4 倍。

近 20 年来,Francis A. Cucinotta 带领的研究小组在研究辐射效应对空间活动中人类健康的影响方面取得了很大进步。他们的研究报告和出版物为本书 5.2 节的撰写提供了技术支撑。但是,本节并没有完全收录 Cucinotta 的出版物,感兴趣的读者可以直接查阅(例如,Cucinota et al.,2002,2012,2014)。初步估计表明,辐射效应至少对火星任务而言是一个严重问题而且可能是任务中止的一个原因。

5.2.1　辐射源

从人类在行星际空间辐射防护的立场出发,月球与火星任务有两个重要的辐射源,它们是:

(1) 银河系宇宙射线(galactic cosmic rays,GCR)的重离子(除去所有电子的原子核);

(2) 从较强的太阳粒子事件(solar particlee event,SPE)中产生的高能质子的爆发产物。

银河系宇宙射线由化学元素的核组成,这些化学元素的核在太阳系外被加速到极高的能量。整个流量中质子几乎占到 91%,α 粒子几乎占到 8%,HZE(Z 大于 3 的高电荷和能量)粒子比例小于 1%。即使 HZE 粒子的数量相对很少,但它占据了总剂量等价物中的大部分。在太阳极大条件下,GCR 流量被充分降低,产生的剂量约为太阳极小 GCR 流量的一半。

高能 GCR 粒子的持续辐射释放出较低的稳定剂量率,不同于大的太阳质子爆发,它可能在很短的时间内(小时到天的量级)瞬间释放出非常高的剂量。GCR 对剂量的贡献随任务持续时间增加而更加显著。对于长期任务,GCR 剂量超过可容许的年度极限和职业限制。此外,GCR 高能和高电荷粒子的生物学效应还不被完全知晓,导致生物学风险评估的不确定性。在向火星转移的过程中,防辐射装置是有用的,但是其作用有限而且这些装置很昂贵,质量也很大。对于火星表面的系统,行星自身屏蔽一半的 GCR,大气层消除其他的 GCR,此外还假设可以利用地表浮土来提供额外屏蔽。但是,应用的防辐射装置越多,受到的辐射就越少,因为高能粒子具有很强的穿透力,而且受到防辐射装置的影响会产生次生效应。因此,本书 5.6 节介绍的栖息地不宜使用地表浮土层来防辐射。

当大量的粒子,主要是质子,在太阳系中运动时,会发生太阳粒子事件(SPE)。这些事件发生在太阳活动增加的时期,而且表现出与大的日冕大量喷发相吻合的特点。大的 SPE 较少,而且仅持续约几小时或几天。在最近 50 年,典型的大 SPE 在每 11 年的太阳周期内仅发生了 1 次或两次。

历史观测的最大 SPE 发生在 1956 年 2 月、1960 年 11 月、1972 年 8 月和 2003 年 10 月。自 1972 年 8 月有记录以来最大爆发发生在 1989 年 8—10 月。1989 年 10 月爆发的量级与广泛研究的 1972 年 8 月事件相当。1989 年的其他 3 次爆发事件(这些事件发生在 3 个月内)可以提供对爆发环境相当现实的估计,这些事件可能在太阳条件活跃(太阳活动极大期)的 3 年或 4 年中的任务期间遇到。对于 SPE 辐照,最受关注的是可能超过 30 天的辐照期限。火星地表土被是非常好的屏蔽 SPE 辐射的屏障。

在整个太阳周期内也有较小的、更频繁的太阳粒子事件。本书不考虑这些事件,因为设计用于降低 GCR 剂量和大太阳粒子事件剂量以使其处于容许限制内的防辐射装置决定了防辐射设计的预算。自 1976 年以来的所有有关 SPE 的详细记录都可以从 NOAA 获取[①]。

5.2.2　定义和单位

用以描述人体辐射效应的单位有时难以清晰给出。下面的定义非常有用:

(1) 吸收剂量,度量目标上每单位质量所吸收的能量。基本单位是 1 拉德(Rad)=每克物质吸收 100 尔格(ergs)能量。

---

① Solar Proton Events Affecting the Earth Environment 1976-present. http://umbra. nascom. nasa. gov/SEP/.

（2）等效剂量，修正的吸收剂量，用于估计吸收能量的生物学效应。1 西弗特（Sievert）＝1 拉德（Rad）×权重因数，1 格里（Gray）＝100 西弗特，其中，权重因数放大或缩小基于影响组织的估计生物学效应的吸收剂量。

本书给出的大量数据是基于影响血液构成器官（blood forming organs，BFO）的生物学效应所估计的等效剂量。即使简写为"剂量"一词，对于 BFO 也是等效剂量的意思。

上述所有单位前都可以加上 c＝1/100 和 m＝1/1000，例如，1cSv＝0.01Sv，1mGy＝0.1Sv。

5.2.3 对人的辐射效应和允许剂量

因为空间放射性辐照的生物学效应非常复杂，不同个体差异很大，而且很多年后才能表现出所有的影响，所以允许辐照量的定义一直包含一些主观性。不仅客观地度量空间辐射辐照量的生物学效应很困难，定义合适的风险量也具有主观性。

在 Cucinotta 等 2005 年所做的工作之前，国家辐射防护与测量委员会（National Council on Radiction Protection and Measurement，NCRP）采纳的低地球轨道（LEO）标准是基于辐射水平的"点估计"，这会导致由这种辐照引起的致命性癌症的风险额外增加 3%。需要注意的是，如果死亡率是 3%，那么致病率大约超过 4.5%。点估计是一种表现最可能结果的估计，即使结果存在不确定性。表 5.6 和表 5.7 汇总了这些早期的研究指标。

表 5.6　不同年龄的器官剂量等效限制推荐值[①]

辐照时间间隔	BFO 剂量等效/cSv	接目镜剂量等效/cSv	皮肤剂量等效/cSv
30 天	25	100	150
1 年	50	200	300
专职	见表 5.5	400	600

注：BFO—造血器官。

表 5.7　LEO 专职全身作用剂量限制（单位：Sv）[NCRP-132（2001）]

性别	年龄			
	25	35	45	55
男	0.7	1.0	1.5	2.9
女	0.4	0.6	0.9	1.6

---

① 源自 NCRP-98(1989)而且 NCRP-132(2001)中重提了这些指标。

在 2005 年前，大部分分析工作的惯例是对各种不同场景的辐射剂量进行点估计，然后将结果和表 5.6、表 5.7 中的允许辐照进行比较。

但是，Cucinotta 等（Cucinotta et al.，2005）分析了辐照致死风险（risk of exposure-induced death，REID）的预报不确定性，他们指出，REID 点估计的不确定性非常大且呈现出非对称的特点。图 5.1 给出了 REID 可能性的示意曲线。可能性最大的 REID 值对应曲线的顶点。置信区间是 REID 的范围（低于和高于最大可能），由此可以指定概率水平。图 5.1 中，示意性地给出置信区间为 30％、60％和 95％的置信水平。为了使真实的 REID 有 95％的置信度，置信区间必须被放宽。为了保证估计的 REID 置信度为 95％，必须在区间中利用最高的 REID，记作点"B"。

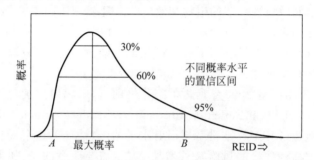

图 5.1　REID 可能性的示意曲线

最大概率的等效剂量是垂直线对应的，对于 95％置信度的等效剂量必须包括点 A 到点 B 的范围。于是，对于 95％置信度，最大等效剂量在 B 点，该值几乎是最大概率 REID 的 3～4 倍

Cucinotta 等采用 95％置信区间（confidence interval，CI）的 REID 作为评估辐射风险的基础（NASA 采用该标准）。这导致生物学风险比点估计高 3 倍（或更多）。因此，不同的研究人员计算剂量等效的点估计时，一种大致的权宜方法是给点估计值乘以约 3.5 的系数以得到一个较高的值（代表假设的 95％CI），使该值可以与表 5.6 和表 5.7 中的允许水平进行比较。

大部分辐射效应的资料和研究是关于 X 射线和 γ 射线辐照量的，关于连续小剂量重离子辐射的资料相对较少。从人在行星际空间的辐射防护角度，必须考虑银河系宇宙射线（GCR）的重离子（除去所有电子的原子核）和大太阳粒子事件（SPE）的高能质子的突发产物。Cucinotta 等（Cucinotta et al.，2014）的报告中强调：

宇航员会暴露在 GCR（由高能质子和高能带电原子核 HZE、地球辐射带和太阳粒子事件 SPE 中的质子和电子组成，均是大量低能至中能的质子)中,而人类暴露在这种辐射类型中的流行病学资料非常缺乏,因此,对这种情况进行风险预报具有很大的不确定性。而且,小剂量辐射对血液循环疾病的影响以及对中枢神经系统的早期和晚期影响也是太空旅行亟待解决的问题。

对于源自 GCR 和太阳质子喷发的高能辐射,释放到有生命器官的剂量对于潜在致癌物质的效应是最重要的。通常以全身辐照作为这种剂量,而且假设这种剂量等价于 BFO(组成身体的器官)剂量。不考虑具体的身体结构,保守计算 BFO 剂量为组织(可以用水模拟)中 5 cm 深处的剂量。对于皮肤和眼睛的剂量,采用更保守的估计为 0 cm 深度的剂量。对于 LEO 上的宇航员,规定了短期(30 天)辐照、1 年辐照和职业辐照的剂量等效限量。当考虑太阳爆发事件引起的高剂量率时,短期辐照非常重要。长期任务中吸收的来自 GCR 的辐射剂量对于年度限量和总的职业限量尤其重要。长期职业限量随个体的年龄和性别不同而不同。

近期研究似乎更倾向利用 LEO 限量作为深空任务辐照的指标,主要因为基于线性能量转移(linear energy transfer,LET)方法计算的目标介质受电离辐射流影响的传统辐照的模糊度很小。但是,在直接、复杂的方式中,连续低剂量率重离子辐射(银河系宇宙射线 GCR)对哺乳动物细胞系统的辐射损害主要与 LET 相关。对于给定的电离化粒子核素和能量,不同类型的细胞损害差别也很大。

Cohen(2004)给出了一份非常有趣的研究报告,该报告指出,1 GeV 带电粒子产生的生物学影响通过每剂量 150~3000 个细胞范围的淋巴细胞样本中染色体畸变数量来度量。他通过比较聚乙烯防护罩和碳防护罩发现,聚乙烯相对碳产生的剂量较低但生物学影响较大。

Hada 和 Sutherland(Hada and Sutherland,2006)调查研究了多种由高能辐射束对 DNA 产生损害的水平和类型,称为损害族。损害族非常危险,因为它们能引起基因突变和癌症,或者发生转化使 DNA 双链断裂。他们发现,质子产生的对细胞损害的能谱与高能铁离子和其他带电重粒子引起的模式非常相似。这些结论使对从 X 射线和 γ 射线辐照到高能质子的辐射效应的推断受到了质疑。

这些研究使对深空辐射所产生的生物学影响的估计具有很大的不确定性,因此备受质疑。

5.2.4　空间辐射

文献中给出了大量关于各种环境下对不同防辐射水平的辐射剂量的点

估计。图 5.2 给出了对 GCR 的防辐射效果。

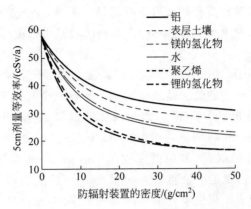

图 5.2　在太阳活动极小期时对 GCR 的 5 cm 深度剂量的点估计(Simonsen,1997)
该值是不同防辐射装置材料的实际密度的函数

　　适当数量的防辐射罩可以有效降低 GCR 的低能成分,但随着防辐射罩的增多,此种效果被削弱,这是由高能成分的穿透能量和次生产物的形成造成的。

　　图 5.3 给出了表层土壤对降低 SPE 辐射的影响。

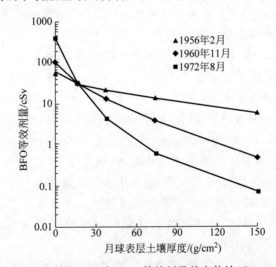

图 5.3　对于 3 次大的 SPE 中 BFO 等效剂量的点估计(Simonsen,1997)
该估计是月球表层土壤的函数

　　Durante(2014)采用由火星科学实验室(Mars Science Laboratory, MSL)上搭载的辐射评估检测器(Radigtion Assessment Detector,RAD)在

地-火转移和火星表面工作段获取的数据,估计了不同火星任务场景中的辐照剂量。因为这些数据是在太阳活动极大期获取的,所以 GCR 等价剂量率提高了两倍。但是,Durante 使用的数据并没有显示出类似的提高状态,这是因为在任务中使用了一些防护设施。

　　Durante 估计的防辐射效果如图 5.4 和图 5.5 所示。他利用"灵感"火星自由返回任务(见 3.9.6 节)作为他估算的部分值。这是一个两名宇航员(一男一女)约 500 天飞越火星的任务。他估算,男性和女性在这种任务中患癌症死亡的最大风险分别是 3.8% 和 7.3%。此外,他还估算,在这种任务中非癌症死亡的最大风险是 5.6%。

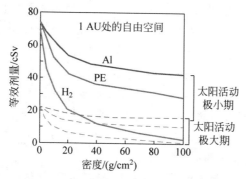

图 5.4　防辐射装置(铝、聚乙烯、液态氢)对 1AU 处的自由空间中造血器官的年度等效辐照剂量的影响估计(见文前彩图)

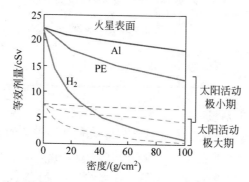

图 5.5　防辐射装置(铝、聚乙烯、液态氢)对火星表面上的造血器官的年度等效辐照剂量的影响估计(见文前彩图)

5.2.5　火星任务的辐射水平

　　一次火星表面登陆任务大约包括 400 天的太空往返转移和 600 天的火

星表面停留。这里给出的数据由 Rapp(2006) 和 Cucinotta(2013) 提供的文献中总结提炼得出。

地-火转移

在太阳活动极小期间进行地-火转移,考虑密度为 10 g/cm^2(约为 4 cm 厚的铝)的铝防辐射罩,GCR 等效剂量的点估计几乎达到 30 cSv。对比表 5.6,该值略低于年度允许水平。但是,基于等效剂量点估计的 REID 的计算值很可能会产生较大误差。正如前文所述,估计在 95% 置信区间(CI)内的最大生物学影响的粗略方法是将点估计乘以约 3.5。这将使等效剂量增加到约 100 cSv——也就是说,这相当于 BFO 年度允许剂量的两倍。

因为不同方式的载人地-火转移大约都需要在太空中度过 200 天,对于往返旅行的每一程,遭遇太阳活动极大期主要 SPE 的概率大约和在月球上停留 180 天一样。在太阳活动极大期内,对于单程的地-火/火-地转移,发生 4X 级 1972 年 SPE 的概率约为 1.2%,发生 1X 级 1972 年 SPE 的概率约为 10%。对于往返旅行,上述值分别为 2.4% 和 20%。即使有 10 g/cm^2 或 20 g/cm^2 的铝防辐射罩,对 1 次 1X 级 1972 年 SPE 的等效剂量点估计也和表 5.4 中 30 天限量相当。但是,如果计算 95%CI 的 REID,则 REID 风险超过基于表 5.8 的标称值的 3%。

表 5.8　载人往返火星任务的风险预估

时间	铝防辐射罩的密度/(g/cm^2)	建议的等效辐照剂量/Sv	建议的 REID 点估计/%	95% 置信区间内辐照导致死亡的风险/REID %
太阳活动极小期	5	1.07	5.1	1.6~16.4
	20	0.96	4.1	1.3~13.3
太阳活动极大期	5	1.24	5.8	2.0~17.3
	20	0.60	2.9	0.9~9.5

火星上的辐射剂量

相比于在太空中,火星大气对降低辐射水平的影响非常显著。在火星表面上,GCR 等效剂量的点估计结果约为 0.06 cSv/d。但是,铝和表层土壤防辐射罩都不能有效降低这个值。在大约 1 年期间内,GCR 等效剂量的累积点估计约为 22 cSv,该值仅低于表 5.4 中的年允许剂量。但是,和前面一样,如果计算置信度为 95%CI 的 REID,生物学效应可能超标。如前所述,最简单的方法是点估计值再乘以 3.5。在这种情况下,年度剂量超过 70 cSv,该值超过表 5.4 中年允许剂量 50 cSv。对于在火星上停留 600 天,95%CI 的累积剂量约为 125 cSv。该值超过了大多数女性和年轻男性的专职允许剂量。

火星大气对 SPE 辐射的影响很显著。对于 1956 年 SPE,在利用表层土壤防辐射的火星栖息地内,等效剂量的点估计约为 10 cSv/事件。其他主要 SPE 的剂量会少一些。不过,如果将点估计值乘以约 3.5 来大概估计 95％CI 的生物学影响,则该值将超过 30 天允许剂量。在太阳活动极大期间,在火星表面停留 600 天遭遇大 SPE,发生 4X 级 1972 年 SPE 的概率约为 3.6％,发生 1X 级 1972 年 SPE 的概率约为 30％。

Kennedy(2014)非常详细地综述了其在空间辐射的生物效应和化学应对措施方面的研究成果。

火星任务小结

本节给出 Cucinotta 等的分析结果。对于火星表面任务,包括 400 天的空间转移加上 600 天的表面停留,他们估算了假设在太阳活动极小期和太阳活动极大期时用 5 g/cm^2 或 20 g/cm^2 的铝板作为防护装置情况下的总辐照(等效剂量)。他们估计的等效剂量由 GCR 和 SPE 源共同产生。还给出了基于各种计算的等效剂量导致死亡的辐照风险(REID),但 REID 的不确定性很大。REID 的 95％置信区间(CI)变化范围很大。为了确保置信度为 95％,必须选择最高的 REID。结果见表 5.8。

注意,太阳活动极大期时估计的等效剂量略高,因为假设的 SPE 导致的剂量较高,不仅赶上甚至还超过了太阳活动极大期间 GCR 带来的较低剂量。还要注意,防护罩对屏蔽低能 SPE 比屏蔽高能 GCR 更有效,这正是太阳活动极大时防护效果更好的原因。

对于置信度 95％,不同时间和防护措施的 REID 变化范围为 9.5％~17.3％。

在近年的文献中,Cucinotta 等(Cucinotta et al.,2013)更详细地介绍了火星任务的辐射效应。文中指出:

对于空间任务,通常认为致命的癌症风险是主要风险。但是,最近关于辐射造成血液循环疾病风险的流行病学分析显示出了其他新的风险,而且将 REID 导致血液循环疾病的预报包括在了癌症风险预报中。还考虑了患中枢神经疾病的风险,但是,还未找到 CNS 效应的定量风险估算方法。

Cucinotta 等强调:"在约 11 年的太阳活动周期内,GCR 器官辐照变化约两倍,在太阳活动极小时达到最高,这时 GCR 的太阳活动最弱。"他们对太阳活动极小的 3 年时间内由 GCR 引起的癌症和血液循环疾病进行了预报,并指出:"太阳粒子事件的频率和规模大小很难被预报,但是,太阳活动极小的 3 年内发生太阳粒子事件的可能性显著降低。"对 SPE 的预报有待通过后续的研究来解决。

　　Cucinotta 等依据在运输飞船和火星表面栖息舱上分别安装 20 g/cm^2 和 10 g/cm^2 的铝防护罩的情况估算了典型的 940 天 DRM 期间的 REID 和 REIC。表 5.9 汇总了这些估算结果。95％置信区间的范围服从图 5.1 中曲线的一般形状。

表 5.9　在平均太阳活动极小时 940 天火星 DRM 期间患癌症和血液循环疾病的风险

分组	% REID，癌症		% REID，癌症		% REID，血液循环系统		% REID，综合征	
	最大概率	95％置信度	最大概率	95％置信度	最大概率	95％置信度	最大概率	95％置信度
平均年龄 45 岁女性组	9.15	0.95,22.2	5.32	0.95,14.3	1.48	0.57,3.05	6.57	1.38,14.8
45 岁女性无烟组	6.66	1.52,16.0	3.56	0.51,8.87	1.55	0.58,3.20	4.98	1.77,10.6
平均年龄 45 岁男性组	7.41	1.79,17.0	3.52	0.66,8.23	1.53	0.64,3.05	4.94	1.91,9.78
45 岁男性无烟组	6.09	1.56,14.0	2.75	0.63,6.52	1.62	0.68,3.21	4.28	1.86,8.22

　　Cucinotta 等（Cucinotta et al.，2014）继续给出了对中枢神经系统（central nervous system，CNS）的辐射效应分析的研究进展：

　　任务期间，CNS 可能存在的风险转变成了对认知功能的影响，包括短期记忆受到损害、运动功能降低和行为变化，这些可能会影响人体行为和健康。CNS 的晚期风险可能是神经错乱，例如，早衰、阿尔茨海默病（Alzheimer's disease，AD）或其他痴呆症。对辐射安全方面的需求主要用于防止所有临床的严重急性风险。但是，临床严重的 CNS 风险定义和这些风险所取决的辐射剂量、剂量变化率和辐射强度目前尚不清楚。对于 CNS 晚期影响，如增加患 AD 的风险，一旦发病就是致命的，从诊断发现早期 AD 到死亡平均只有 8 年时间。因此，如果任务中发生空间辐射引起的 AD 风险或其他 CNS 晚期风险，自然就会将这些风险包含到空间任务辐照引起死亡（REID）概率的所有可接受风险之中。

5.2.6　辐射

　　在载人火星任务中，有关辐射效应的问题充满不确定性。因为多少生物学影响是可以被容忍的这个问题本身就具有很大的不确定性。等效剂量和生物学影响之间的联系也包含大量的不确定性。对于任意给定的等效剂量点估计,在与允许的等效剂量进行比较之前,通过将等效剂量主观地乘以约 3.5 的系数来粗略地处理生物学影响的不确定性。由此给出 95％CI 生物学影响的粗略度量。这样做的结果是载人火星任务的辐照量超额。

Cucinotta 等得出结论:

火星任务中辐射引起的死亡率和患病率对于 95％CI 分别超过 5％和 10％,接近 10％和 20％。中枢神经系统(CNS)的额外风险和 GCR 与地面辐射生物效应的量化差导可能会显著提高这些估算,因此需要进一步研究以评估上述结论。

Durante 给出结论:

辐射风险成为载人火星探测的主要障碍。目前的风险评估结果认为,在没有合适的解决措施的前提下,任务不可能开展。生物学方面的措施还不成熟,很多研究正在进行中(Kennedy,2014)。在物理措施方面,被动防护是目前可行的方法,但受到发射运载器发射质量的限制,可能无法将辐射剂量降到可接受的水平。但是,采用新型防护材料可以极大地降低辐射,这可以在专用加速器试验中得到测试。主动屏蔽,尤其是采用环形磁性材料结构,非常有希望解决这个问题,但这种技术尚不成熟,不能直接用于空间飞行任务。

5.3　微重力影响

5.3.1　零重力值一般影响简介

Lackner 和 DiZio(Lackner and DiZio,2000)详细描述了零重力下缺乏接触力对生理取向、姿态和运动能力的影响。

人体处在 $1g$ 重力下。血液循环系统为克服重力从脚部向上的抽动力要比由上到脚部的抽动力大得多。La Torre 和 Gabriel(La Torre and Gabriel,2014)阐释了没有重力时血液如何从较低的末端输送到较高的躯干和头部(如参考文献中的图 5.3 所示)。

2004 年 NASA 报告[1]列出了 35 项与载人航天飞行有关的潜在健康和

---

[1]　NASA Human Research Roadmap: A Risk Reduction Strategy for Human Space Exploration,2004. http://humanresearchroad map. nasa. gov.

行为表现方面的风险：

行为健康与能力

（1）面临处在对认知或行为有害的状况中的风险和精神错乱的风险；

（2）由于缺乏团队合作、配合、沟通和精神适应而导致的能力和行为健康下降的风险；

（3）睡眠不足和生活规律被打乱造成的能力下降和不利于健康的风险；

（4）生物钟失调和超负荷工作。

探测医疗能力

（1）由在轨飞行医疗能力受限导致的无法接受的健康和任务风险。

人体健康对策

（1）关注临床相对不可预见的医疗影像；

（2）关注返回有重力环境后的椎间盘损害；

（3）营养不良的风险因子；

（4）由变化的免疫反应造成不利于健康事件的风险；

（5）由航天飞行引起骨骼变化带来的骨折风险；

（6）心脏节律问题的风险；

（7）减压病的风险；

（8）空间飞行造成的早期骨质疏松的风险；

（9）由空间飞行的前庭/传感动力变化引起的航天器/相关系统的控制力受损和关节灵活性降低的风险；

（10）由于肌肉质量、力量和耐力降低造成的动作障碍风险；

（11）长期储存造成的药物失效或转化为毒性的风险；

（12）由于舱外活动导致受伤和能力降低的风险；

（13）重回重力环境后完全立位耐力不良的风险；

（14）由于需氧能力降低引起的身体机能降低风险；

（15）形成肾结石的风险；

（16）太空飞行引发颅内高压/视力变化的风险。

载人因素和居住

（1）暴露于太空微尘中对健康和能力产生不利影响的风险；

（2）寄主—微生物相互作用对健康造成不利影响的风险；

（3）不舒适的飞行器/栖息舱设计风险；

（4）主要任务设计不充分的风险；

（5）人工和自动化/机器人整体设计不充分的风险；

（6）人机交互的风险；

（7）动态载荷使人受伤的风险；

（8）由食物系统匮乏造成的体能降低和生病风险；

（9）缺乏训练造成的体能问题风险。

对于上述每一项，报告都给出了风险描述以及与风险相关的认知差距，并给出了降低每一项风险的方案。10 年后发表的论文都参考了这份 2004 年的资料。最初的报告称为"路线图"。大家都想知道，10 年后，沿着这份路线图完成了哪些工作，现在进展如何。

根据维基百科：

短时间处于微重力环境中会引起空间适应综合征和由前庭系统的神经错乱造成的自我限制性恶心。长期处于微重力环境中会引起多种健康问题，其中最严重的是骨质疏松和肌肉流失。因为人体内大部分是液体，所以引力会将液体拉向下半身，我们身体的很多系统可以平衡这种环境。从引力中解放出来以后，这些系统会继续工作，引起体液往上半身分布。这就是造成宇航员看起来脸圆圆的虚胖的原因。体液在身体内重新分布会导致平衡失调、视觉变形失真和味觉、嗅觉失灵。

运动疾病　刚开始处于零重力值环境中的几天，大多数宇航员都会产生太空眩晕症，近似晕动症。症状包括恶心、呕吐、眩晕、头痛、无精打采和全身不适。3 天后身体才能逐渐适应新环境。

骨质疏松和肌肉流失　人体在 1g 环境中通常能够维持姿势并用肌肉群实现站立、坐下以及四处活动。"在失重环境下，宇航员几乎无法使用背部肌肉或腿部肌肉发力而站起来。于是这些肌肉开始变弱并最终变小。有些肌肉会迅速萎缩，缺乏有规律锻炼的宇航员在 5～11 天就会失去 20% 的肌肉。"

骨骼新陈代谢也会改变。通常，骨骼朝着机械应力的方向生长，但是在微重力环境下，这种力几乎不存在。于是导致每月骨质流失 1.5%，尤其是靠下的脊椎骨、髋骨和股骨。骨密度的变化非常惊人，这会使骨骼变得很脆并导致类似骨质疏松的症状。与骨质疏松病人不同，宇航员最终还会重新恢复骨密度。当宇航员完成 3～4 个月的太空飞行后，需要 2～3 年的时间恢复骨密度。

组织训练可以在一定程度上缓解这些影响。

其他影响　报告还指出很多其他方面的影响，包括液体结构的眼球由于后部压力增加引起的视力问题、不明原因的味觉消失、足底软化、眼睛流泪困难、嗅觉敏感、容易疲劳和睡眠紊乱等。

5.3.2　低重力值影响综述

Whedon-Rambaut 理论（Whedon and Rambaut，2006）

根据 Whedon-Rambaut 理论：

在长期空间飞行中，长时间处于失重状态的一个重要影响是骨质逐渐地从骨干中流失。在 1973 年和 1974 年 1 月、2 月、3 月的 Skylab 飞行中所开展的新陈代谢的研究分别给出了这种流失的主要特点。现在这些研究可以为后续关于载人空间飞行期间钙的研究提供基础（2005 年）。由于空间飞行和卧床休息对于钙新陈代谢的作用在方式和程度上都非常相似，所以也包含了很多关于长期卧床休息的研究。一份研究报告给出了有关程度、持续时间、显著性的骨骼钙流失数据以及飞行后可逆或可恢复性相对失效的情况。

W&R 从 Skylab 发现：①在太空中 1 个月，尿液中的钙含量几乎会增加到飞行前的两倍，而且还会继续增加；②钙失衡导致平均 5 g/月或身体总钙 0.4%/月的流失；③在 3 个宇航员的下肢中观测到骨密度的明显损失；④肠道净吸收的钙逐渐降低。

W&R 得到如下结论。

在 Skylab 中，尿液排泄的钙增加的方式在两种缺乏质量支撑的条件下有明显的相似之处：卧床休息和空间飞行（在物理静止范围的比例方面）。在 Skylab 任务期间，不同宇航员钙流失的程度非常不同，而且虽然空间飞行过程中钙流失量很大但不如水平卧床休息期间钙流失量大。但是流失的比例相对整个骨架似乎不大，充分说明钙流失只是发生在下肢的局部流失。此外，估算卧床休息时整个身体支撑体重的下肢矿物质流失和瘫痪的小儿麻痹症患者下肢的矿物质流失至少是整个骨骼的 5 倍。

对于长期卧床病人（大于 1 年）的研究表明，尽管使用药品（如 EHDP）并在跑步机上剧烈运动或者参与自行车竞速项目，钙的流失仍会持续 1 年以上，这种情况在太空中也类似。

W&R 也讨论了有关返回地球后的恢复身体问题：

在飞行期间发生骨质流失的 3 个 Skylab 宇航员中，只有 1 人在飞行后 90 天检查出骨质流失恢复的情况。3 人全部在 5 年后出现额外的骨质流失，是飞行后 90 天骨质流失量的 3.4%～5.6%。

W&R 引用的一篇文章指出："假设在两年飞行期间，骨质流失速度和 3 个月飞行一样，那么局部下肢骨质流失可能会非常大以至于宇航员在火星着陆或返回地球途中会直接面临健康威胁。"

最后,W&R 总结出:"空间飞行期间有关骨质流失恢复的研究表明,该项恢复要么缓慢、不完善,要么根本不恢复,而且不同宇航员之间的差异也很大。"

微重力的另一个次要问题是:

(肾)结石(一种钙的磷酸盐)通常是由静止不动引起的并发症。这需要宇航员保持对液体的吸收,从而使他们的日常尿量保持在 2 L 以上。除非能够将这种对液体吸收和排泄的高容量需求转化为其他处理方式,否则,这会给长期飞行(尤其是火星)带来一系列工程方面的问题(提供足够的液体摄入量)。肾结石的形成不仅威胁宇航员的健康和安全,而且威胁任务的成功。

最后,得到结论:

目前暴露于微重力环境中,通过锻炼的方式以维持或恢复受损肌肉、骨质和心血管的功能,这个对策还没有被成功实施。

Carpenter 等(Carpenter et al. ,2010)的理论

Carpenter 等给出了 MIR 和 ISS 的数据作为参考。在 $0g$ 值环境中生活 4~6 个月带来的影响包括如下几个方面。

(1) 脊柱:骨骼矿物质密度每月流失 1%。

(2) 髋骨:骨骼矿物质密度每月流失 1%~1.6%;骨骼强度每月损失 2%。

(3) 腿部肌肉:每月流失 2% 的肌肉量;每月损失 5% 的最大肌肉力量。

Carpenter 等还指出:

在 ISS 上,尽管宇航员参加了心血管和抑制骨密度与肌肉流失的训练计划,骨骼矿物质流失依旧会发生。这些训练的目的都是在任务期间维持骨骼和肌肉。在 ISS 上进行体能训练时,虽然宇航员使用了代替重力负荷的硬件系统,将他们朝跑步机的表面拖拽,但是可以测量到足部的受力相比在地球上明显降低(相比步行降低 25%,相比跑步降低 46%)。

Carpenter 等讨论了在空间飞行任务期间,肌肉活动降低导致肌肉萎缩、肌肉力量损失、肌肉生理机能发生变化(特别是下肢)的情况。研究给出了 ISS 在轨工作 6 个月后,即使采用训练计划(结合跑步机跑步、骑自行车运动和抵制微重力训练),小腿肌肉量损失仍会达到每月 2.2%,最大肌肉力量损失达到每月 5.3%。Carpenter 等强调:"在空间飞行任务中肌肉质量和力量的大量损失对成功完成火星任务有重要的影响。"他们估算了火星往返任务中肌肉力量的损失量,如图 5.6 所示,针对的场景是地-火/火-地转移各 6 个月、火星表面停留 1 个地球年的最恶劣情况。

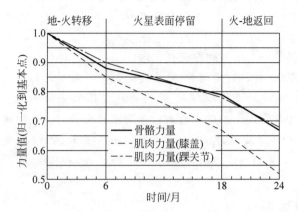

图 5.6 假定载人火星任务中可能发生的骨骼和肌肉变化

G. Schaffner（G. Schaffner，2006）理论

Schaffner 给出了空间飞行任务中骨质流失的详细资料。他指出：

最常用来描述骨骼质量、硬度、力量的参数是骨骼矿物质密度（BMD）。这不是工程传统意义上的"密度"，而是矿物质质量的"面积密度"（面积/质量）。在空间飞行任务中骨密度的严重流失与由于老龄化导致的流失相比是很明显的。一般来说，对于 55 岁以上的男性和女性的股骨和腰椎的 BMD 流失率估算是每年 0.5%～1%。通常认为这些流失率增加了老年人髋骨骨折的风险，每年达到 4%，对于超过 75 岁的人，该风险呈指数增加。如前所述，在空间飞行期间，同样骨骼区域的流失率为每月 1%～2%，比正常老龄化情况下的流失率大 10 倍或更多。

Schaffner 还给出了地面临床测试的骨质流失数据和空间飞行期间动物骨质流失数据。他得出的结果包括：

（1）当人和动物在空间飞行期间处于失重状态时会发生非常严重的骨质流失；

（2）尿液和粪便中钙排泄量的增加会破坏钙平衡；

（3）从骨骼中再吸收的钙增加了，而从胃部吸收的钙减少了；

（4）关键承重区域流失的 BMD 和流失率迅速增加，达到每月 1%～2%；

（5）骨骼生长缓慢；

（6）骨折修复能力受到损害；

（7）骨骼力量降低。

Norsk 等（Norsk et al. ,2015）的理论

Norsk 等测量了在 3~6 个月空间飞行之前、期间和之后的心脏喷出到血管中的血液量,并监测了血压的变化情况。他们发现,失重引起的血液和体液从下半身转移到上半身的量比此前预想得要高。即使在心率保持一样的情况下,心脏承受的血液量也比预期高。同时,血压明显降低了 10mm Hg (1333Pa),这与正常高血压药物的效果一样。

Carpenter 等（Carpenter et al. ,2010）还讨论了受损的治疗、受影响后的运动技能和视觉影响等其他方面的影响。

5.3.3　人造重力

很多系统工程师都探讨过载人任务的人造重力（Joosten,2002; Connolly and Joosten,2005；Paloski,2004）。

他们指出,一直重点关注的是人长期处于微重力情况下的生理变化,包括骨骼矿物密度流失、骨骼肌萎缩和直立引起血压增高。目前的对策被认为是无效的（特别是关于骨骼矿物密度流失方面）。

Paloski（2004）提出下述一般性问题:

（1）维持生理机能/性能需要多少人造重力?

（2）补充人造重力需要什么额外的对策?

（3）对于旋转航天器或航天试验离心机的径向和角速度,可接受的和(或)最优范围是多少?

Paloski（2004）还提出下述人造重力研究方面的特殊问题:

（1）对于有效引力的生理阈值是多少?

（2）转移期间应该使用的最小和/或最优的引力是多少?

（3）在月球或火星表面是否需要人造重力?

（4）旋转人造重力的异常生理结果是什么?

（5）对于角速度、g-梯度等值的生理极限是多少?

（6）什么是最优的工作循环?

这些都是值得关注的问题。到目前为止,我们还无法给出答案。假设火星任务需要某种形式的人造重力,在概念型的人造重力系统中,提出的第一个问题是,是否需要建立 $1g$ 引力环境或部分引力是否足够。Paloski (2004)表明没有获取到"低重"的生理作用数据,而且"获取这些数据似乎很困难、耗时且昂贵"。因此,大多数人造重力计划设定 $1g$ 为目标。基于空间旋转研究,人可以适应低于 4 rpm 的旋转空间,所以旋转水平被设置为不大于 4 rpm。还没有获取到室内旋转研究的报告,因此,难以验证这个结论的正确性。然而事实上，旋转天体可以产生一个朝外的加速度，可以利用这个加速度产生人造重力。还有一个事实是，如果一个人不是完全静止的，将会产生交叉耦合效应，这将带来一些困难。短径离心法是一种应对长期失重的潜在对策。如果航天器被当作一个线性运动的平台，航天器随着这个运动旋转，这样会产生离心力，将这种由线性运动和旋转共同产生的力称为科里奥利（Coriolis）力。不幸的是，在旋转环境中产生的头部运动会引起严重不适，使人失去稳定性，产生晕动症和身体倾斜的主观臆想（Young et al.，2001）。但是，这些感受可以通过逐渐适应环境而减轻（Lackner and Dizio，2000）。

为了在 4 rpm 时产生 1g 离心加速度，最小旋转半径是 56 m。图 5.7 表明，对于不同水平的人造重力，加速度依赖旋转半径和角速度。

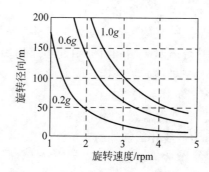

图 5.7　旋转半径和旋转速率之间的关系［Abstracted from Joosten（2002）］
最上面的曲线对应 1g 的情况。纵轴是旋转半径，横轴单位是 rpm。每条曲线表示加速度的水平（单位是 g）。设计点为 4 rpm 且半径为 56 m，可以实现 1g

NASA 描述了 3 种概念型的人造重力构形。最重要的"火棍"（fire-baton）方法如图 5.8 所示。在这种构型中，反应堆/能源转换系统和栖息舱的质量是平衡的，整个航天器绕质心旋转。在轨道分析、动力学、结构学、电能、推进器、栖息舱构型和其他系统体系结构等关键技术方面开展了很多分析。但是，相关细节并未公开。

Joosten（2002）讨论了人造重力的很多方面。这些讨论所基于的任务概念是往返火星用 18～24 个月（18 个月是任务目标）加上在火星居住的 3 个月。在返回飞行过程中，航天器必须经过距离太阳约 0.4 AU 的地方。IMLEO 被规定小于 200 t。对于空气和水，还包括 5～12 MW 的核电推进（NEP）和有效的 ECLSS。所有这些都是为了 2018 年的任务。考虑到关于 NEP 性能与有效性的假设，所规定的 IMLEO 和任务持续时间似乎是不切实际的，人们很想知道报告中有关人造重力方面的对策的可行性。2005 年，

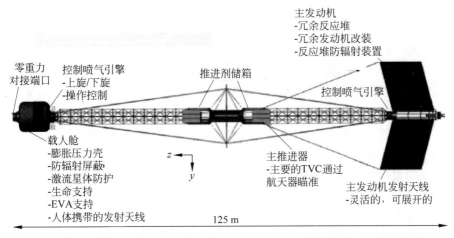

图 5.8　实现人造重力的"火棍"概念［Abstracted from Joosten(2002)］
栖息舱在一端,核反应堆在另一端。整个结构体绕中心轴旋转

Joosten-Connolly 的联合报告似乎主要简单重复了 2002 年,报告中给出的材料,人们同样想知道在 2002—2005 年是否取得了技术进展。

　　Zubrin 等(Zubrin et al. ,1991)提出,可以通过摆脱飞离地球时被烧损的上面级的束缚并以 1 rpm 旋转的方式为飞向火星的宇航员提供人造重力。在"火星直击"计划中提到:

　　只在地-火段使用一个栓链来产生人造重力。在栖息舱进入地-火转移轨道一会儿后,上面级从宇航员栖息舱底部分离,机动到栖息舱另一侧端,然后撤离,同时,在栖息舱飞行的过程中拉开其顶部的栓链。一旦上面级将栓链完全拉出,它的感应控制发动机将点火并沿切线方向加速。栓链逐渐被拉出并开始给栖息舱和上面级产生人造重力。当上面级相对速度达到 400 m/s 时,其发动机关机,所有剩余的低温推进剂都被抛掉。(低温推进剂驱动主发动机,使飞行器进入地-火转移轨道,但是感应控制发动机利用肼来实现栓链展开和旋转机动。)栓链长 1500 m,转速为 1 rpm,可以给宇航员带来的加速度为 0.38g(相当于 1 个火星引力加速度)。栖息舱通过 1 个可释放烟火的末端配件与栓链相连。这样可以使栓链在任何不可预料且无法挽回的栓链动态模式开始的时候被快速抛掉。由于栓链只将栖息舱和燃烧过的上面级连接起来,不是任务关键环节,所以,栓链可以被抛掉,任务继续进入零重力模式。在飞行过程中,栓链在栖息舱开始接近火星大气捕获点之前很短的时间内被抛掉。

　　显然,Zubrin 等也考虑了栓链系统无法工作致使宇航员必须在整个飞往火星的过程中承受零引力的情况。人造重力系统被称作"非任务关键点"。还需注意的一点是，从火星返回不使用人造重力。

Zubrin 等还提到：

一个自旋的航天器穿越行星际空间会带来很多设计挑战，机动如何执行？地球和航天器之间的通信如何保持？如何利用太阳能电池阵列汇集来自太阳的能量？如何通过导航传感器观测恒星、火星及其卫星？

与以往采用自旋航天器的任务进行类比后，Zubrin 等得到的结论是，这些都很容易实现。另一方面，Zubrin 等似乎假设所有事情都很容易完成。如果投入足够的经费，"火星直击"臆想的采用栓链的人造重力系统可能就会奏效。时间将会证明一切。

根据 Hirata 等（Hirata et al.，1999）的研究，人造重力系统对于火星协会 DRM 的栖息舱飞行是必要的，它可以①最小化骨质流失和其他自由落体效应；②降低火星气动刹车期间的减速振动；③具备直接着陆火星的最佳载人能力。在和平号空间站上生活了几个月的俄罗斯宇航员的经验表明，如果在奔火过程中不给他们提供人造重力，在到达火星时，他们的身体将非常虚弱。

他们还提出："除非研发一套能够使微重力引起的生理退化降低到可接受程度的对策，否则，对于通过自旋获取人造重力的航天器而言，唯一现实的选择是使航天器能够加速（然后减速）得足够快以便在几周内到达火星，而非几个月。"

为了节省质量，Hirata 等利用栖息舱与燃烧过的飞离地球所用的上面级相平衡，从而创建人造重力系统，这和"火星直击"一致。Hirata 等通过 125 m 的捆绑结构以 3 rpm 创造了类似火星的引力场。

火星引力场的使用是宇航员理想的健康状态和桁架结构的大质量预算之间的折中。使用栓链作为栖息舱和燃烧过的上面级的连接机构，因为①当受到微小陨石影响的时候，连接机构失效的风险较低；②没有尖突部件导致的风险；③连接机构中存储张力的能量较小，该能量一旦被释放会导致潜在的损坏。

Benton 等（Benton et al.，2012）研发了波音火星任务计划，在他们的设计中包括人造重力（AG），在旋转率约 3.4 rpm 时可以产生 0.38g 引力。他们的报告给出了关于这项设计的诸多细节。

Jokic 和 Longuski（Jokic and Longuski，2005）、Carroll（2010）和 Sorensen（2006）的研究报告都给出了栓链产生人造重力的方法。

零重力给健康带来的影响，从技术上来说，似乎可以通过增加一定程度的人造重力使其得到缓解。但是,还需要开展大量的研究,包括:生理影响和设计参数(旋转速度、旋转半径等),针对桁架和包含太空组装与部署功能的人造重力系统的配置的预期设计(包括在太空中捆扎和展开),指导这一结构制造的操作过程和方法,研发、试验验证和实施的实际费用估计。应用人造重力的缺点还不明确,不过,针对如图 5.8 所示的比一个足球场还要大的系统的部署和建造,显然会很大程度增加任务复杂性、风险和费用。

另外一个问题是,人造重力是否在火星任务全程(飞离和返回地球)都被需要,或者说像"火星直击"中介绍的那样,只在飞离地球时才被需要。

一个未知的问题是,在引力场约为地球引力的 0.38 倍的火星表面停留550～600 天,会对人类造成什么样的影响。如果在火星表面也需要人造重力,这将会增加更多的任务的质量、复杂性、费用和风险。

还有学者提出了另一种产生人造重力的方法,称为人造重力卧铺。Lackner 和 DiZio(Lackner and DiZio,2000)是这样描述的:

人造重力卧铺列车是像棺材一样的封闭舱,它的功能类似短臂离心机,其头部位于旋转中心。运用这种方法,研究人员正在试图探索可以防止太空飞行心血管不适和骨质流失的方法。例如,旋转率为 23 rpm,对于 6 ft(约 1.8 m)高的人,产生的引力梯度可以达到从旋转轴处的 $0g$ 到足部的$1g$。这还会在循环系统中产生流体静压力梯度,使心脏工作得更强劲,有利于维护心血管的正常。沿身体长轴的引力梯度会加固骨骼结构,有利于保持骨骼的完整性。

但是,他们也指出:

假设在太空飞行中经受 $1g$ 的负载和训练,这种环境下,足部的梯度是$1g$,质心的梯度只有 $0.5g$。这时,除非采用更高的旋转率,否则被动地待在 $1g$ 的卧铺中似乎不可能保持骨骼结构的完整性。

这种观点在 20 世纪 80 年代和 90 年代非常盛行,但是,之后似乎不再得到认同。

5.3.4　NASA 应对低重力影响的计划

Joosten(2002)的报告中包括了研发 AG 技术的建议路线图。显然,NASA 忽视了他的建议。

NASA 在"ESAS 报告"[①]中列出了月球与火星载人任务的计划(2005

---

　①　NASA ESAS Final Report (2005). http://www.spaceref.com/news/viewsr.html? pid=19094.

年)，包括 758 页的月球与火星任务构架和航天器介绍。从这份报告中可以看出，NASA 根本没有研发人造重力技术的规划。那时，NASA 决定全面开展重返月球计划，这是一个短期的太空旅行，还不需要人造重力。

于是，NASA 对待火星任务的方式似乎是，如果能够将去往火星和返回的时间分别缩短到 6 个月，他们将计划在此期间让宇航员在零重力环境中生活。

从那时起，NASA 就没有再大量开展关于人造重力方面的研究。有很多网站博客敦促 NASA 在空间站中增加人造重力。其中有两个例子：在 2010 年，*MIT news*[①] 敦促 NASA 研发人造重力，2014 年 11 月，Space Flight Insider 也指责 NASA 不研究人造重力[②]；一个学生项目提出了在地月 L1 点建造人造重力空间站的概念[③]，IMLEO 为 200～300 t。

1999 年，举行了一个人造重力研究方面的国际研讨会，研讨会的结论是：

在 AG 研究方面已经断断续续开展了 30 多年的工作，但是依然没有阐释清楚 AG 对策的基本操作参数。因此，不建议 NASA 中断对研究的支持。而是建议 NASA 合理利用地面和在轨飞行中的必要条件启动 AG 参数研究(主要是开展和资助同行评审研究计划)。这类基础研究可以作为研究 AG 对策的基础，而且必须先于 AG 在长期空间飞行中的应用计划之前开展。最后，给出结论，最终的建议是 NASA 建立常设的 AG 工作组。该工作组每年举行会议以便持续推进研究进展。

国际上第 2 个人造重力工作组成立于 2014 年 2 月(Paloski and Charles，2014)。他们得到的结论是：

1999 年至今唯一的差别是已经过去 15 年。上述结论至今仍然和以前一样有效，除了将开始的那句改为"在 AG 研究方面已经断断续续开展了 45 余年的工作，但是依然没有……"。因为 NASA 的未来空间探测构想包括约 9 项将人类送往深空的长期(以年计)设计参考任务，所以，最终选择的健康防护对策中应该包括对 AG 方面的深入考虑。

---

① The pull of artificial gravity (2010)，MIT News. http://newsoffice. mit. edu/2010/artificial-gravity-0415.

② OPINION：NASA Needs to add some "weight" to spaceflight. http://www. spaceflightinsider. com/editorial/opinion-nasa-needs-add- weight-spaceflight/.

③ Clarke Station：An Artificial Gravity Space Station at the Earth-Moon L1 Point，University of Maryland，College Park Department of Aerospace Engineering Undergraduate Program. http://www. lpi. usra. edu/publications/reports/CB-1106/maryland01b. pdf.

2014 年研讨会报告中的结论相当单薄,大多数讨论集中于 NASA 应该做什么,而不是已经完成了什么。

2014 年下半年,Cromwell(2014)公布了 1 项未来工作计划:

未来工作计划明确指出了对于装有人造重力舱的飞行器(断续离心法)来说哪些对策资源是必需的,还指出了对于能将载人火星探测中微重力影响降低的旋转转移飞行器(持续离心法)来讲哪些对策资源是必需的。

不过,这些研究结论似乎也会被忽略。

5.4　封闭空间中的人为因素

有很多文献资料介绍了太空飞行中的人为因素。本节仅就这些报告中的一部分进行介绍。

Stutser(2005)从空间类比的方式讨论了历史上地球探索活动中的人为因素。这包括 Columbus(1492 年)、Lewis 和 Clark(1804—1806 年)以及 19 世纪美国海军探险任务与极地探险活动。得出的结论是:

以前探险活动的环境和未来月球与火星探测活动中的环境差异很大。但是,未来探测活动中可能遇到的大多数问题和之前地球探险中遇到的问题类似。强烈的征服意愿、文化差异、理解错误、沟通延迟、设备故障和天气等会共同影响未来空间探测活动的调整和最终效果。

Sandal 等(Sandal et al. ,2006)指出:

虽然对于在南极过冬的人和载人空间任务中的宇航员来说,许多方面存在差异,但是,他们所处的环境都是孤立、封闭且极端的(isolated,contined and extreme,ICE),在这种艰难的物理环境中会存在很多挑战和危险,包括必须在微重力环境下冒着将会暴露在有害辐射中的风险工作,或者在极冷环境下穿着笨重的衣服工作。在面对危险的时候,从这种孤立环境中逃脱都非常困难甚至不可能。从个人观点来看,挑战可能还包括必须与少数性别不同的人进行交流合作、和不同文化个体近距离的生活和工作,例如,在一个小的南极过冬营地,或者在长途跋涉一天后住到一个帐篷里。此外,每个人的安全都依赖团队中的其他人,必须极好地适应团队合作并优化行为健康。

Sandal 等的文章回顾了长期空间任务中人为因素研究方面的许多成果。主要包括:①心理适应和时间模式;②认知适应;③团队动力;④人与人之间的紧张关系和凝聚力;⑤领导力;⑥种族观念;⑦团队内部关系;⑧适应/优化表现的人格因素。结论是:

尽管近年来我们对人类在极地和空间环境中所面临的挑战已经有了很多了解，但是仍有大量问题需要被进一步研究。

Mohanty 等（Mohanty et al. , 2006）分析了长期的太空任务中栖息舱设计对人的影响。

Kanas 和 Sandal（Kanas and Sandal, 2007）出版的报告：

描述了当前对于文化、心理、精神、认知和人际交流等议题的认识，比较了宇航员和地面支持人员在行为和表现方面的差异；对于未来载人空间任务提出了建议，包括飞行到月球、火星和更远的天体以及在星球表面进行任务操作等。

这项研究分为 4 个主要部分：个性、应对和适应；行为卫生和精神病学；认知和复杂表现技能；人际和组织问题。对于每个部分，他们都从人员选择、训练、监控与支持以及重新适应地球这几个方面综述了可能对任务操作产生的影响；还给出了未来地球轨道任务、月球表面停留或者到火星及更远的太空探测任务的操作和研究建议。

心理问题分为以下几类：

（1）环境带来的问题；

（2）由外部因素诱发的问题；

（3）个人问题；

（4）人际问题；

（5）不适应问题；

（6）能力问题；

（7）感知状态交互问题。

他们还总结了上述每一类问题所对应的几种症状。

不幸的是，该报告和很多此类报告一样，似乎都隐含了以下几个问题：

（1）这些问题都很重要；

（2）我们对这些问题的理解还不够；

（3）需要进一步深入研究（以及获得更多的经费支持）。

McPhee 和 Charles（McPhee and Charles, 2009）曾经指出：

无论长期或短期的太空飞行都是在极端紧张的环境下开展的。即使有非常完美的备选方案，太空飞行团队内部的行为问题仍然是任务成功的最大威胁。在目前的太空飞行报告中还没有记录发生情绪和忧虑错乱时会导致何种行为紧急情况。传闻和经验表明，行为状态和精神错乱发生的可能性随任务时间的延长而增加。此外，即使行为状态或神经错乱并未立即直接影响任务成功，但这种状态会反过来影响个人和团队的健康、幸福和表现,因此间接影响任务的成功。

明确任务各个阶段可能出现行为状况和神经错乱的风险的预测因素与其他因素后,可以增强对这些状态的预防和治疗效果。有很多因素能预测或以其他方式在行为状态或精神错乱发生时起到作用,包括发生的睡眠和生物钟的紊乱、人际关系、负面情绪、适应微重力时的生理变化、缺乏自主性、个人的日常烦恼、太空中生活的身体状态、工作负荷、疲劳、单调乏味、文化和组织因素、家庭和人际关系以及环境因素。

目前,预防行为状态和神经错乱的方法在选取宇航员时就开始实施了,一直持续到任务结束后。宇航员选拔系统中行为健康单元的目标就是找出那些在任务阶段不适应太空飞行要求的人,同时挑选出被认为在心理上最适合成为宇航员的人。而采取修复措施是防止在飞行任务前、中、后期发生行为状态和神经错乱的第二道防线。例如,在任务开始前、任务期间和任务结束后向宇航员及家人提供心理支持服务。

通常可以用防止或减轻行为状况和神经错乱的方法来解决行为问题。例如,私人心理会谈可以起到预防和治疗的作用。但事实上,目前虽然这些方法的实际应用很广泛但具体功效还没有得到系统地评估。

总之,有证据表明,行为状况和神经错乱的发展对人类太空飞行而言是一种潜在的风险因素,而且这项风险随着任务持续时间的延长而不断增加。虽然防止和治疗行为问题的有效程度还无法被量化,但已经采用多种方法来防止和治疗行为问题,而且也初见成效。

NASA 2009 年度报告指出,对于 14 天以内的快速往返飞行任务而言,行为问题的发生率非常低。在太空飞行中处于狭小的封闭空间会带来潜在的不良影响,包括情绪紊乱、神经衰弱(一种焦虑或神经衰弱,显现为疲倦、乏力、感知门限降低、情绪极度不稳定以及睡眠失衡)和身心反应。这份参考资料长达 400 页,提供了大量详细的论证分析。

对于火星任务,2009 年度报告指出:

预期地-火转移初期的情况和 ISS 长期飞行状态类似,存在失眠、工作时间延长和工作负担重的情况。据猜测火星表面白天并不明亮;在火星上看到的阳光亮度大约只有地球的 1/2,由于悬浮灰尘导致火星的天空看上去是粉色的而不是蓝色的,即实际火星表面比地球表面看上去要昏暗一些。根据前期研究,预计未来到火星上的宇航员和在地面支持火星任务的工作人员都要经历睡眠减少、生理节奏紊乱、能力下降和注意力不集中的问题。由此导致在火星任务中,失眠、虚弱、过度工作、生物钟紊乱和超负荷工作所引发的宇航员工作失误。

Noe 等(Noe et al.,2011)探讨了在长期空间飞行任务中用于减少异常行为可能性的团队训练方法。

NASA 人类研究计划(Human Research Program,HRP)寻求降低由于飞行器/栖息舱设计不合理的危险导致的空间飞行中人员健康和能力下降风险的方法。特别是,他们提出了一个问题:在飞行器/栖息舱中宇航员需要的最小空间是多少? 2012 年,HRP 组织了一个研讨会"开发具体产品以辅助设计并评估长期任务中空间飞行器/栖息舱内的可居住空间","明确了在居住设计和评估领域中研究和技术发展的差距"[①]。

NASA 于 2011 年出版了一本 267 页的关于空间探测心理学方面的书(Vakoch,2011)。显然,在这里无法公正地评价这份有价值的资源。这本书追溯了宇航员选拔的历史方法,并为这些被选中的人提供心理学支持。

该书得出一个重要论断:

经过数十年的研究发现了一个重要事实,在封闭环境研究中几乎不存在主因变量。几乎每一种结果都源于大量身体和社会环境变量以及个人因素的交互作用。因此,虽然从概念上将这种情况解构为特定的差异来源,但是,必须记住人是如何感受环境的,这比客观环境特征更重要。

重点指出一些关键问题:

(1)选拔问题涉及对团队成员现有能力、可训练能力和有潜力队员适应能力的评估。这并不只是选出有病态倾向的人,更重要的是选拔出符合要求的人。如何模拟环境以探究出不同个体和群体特征对个人和团队表现的作用。

(2)孤独和封闭所产生的负面影响极大地受到各种因素的干扰,例如,救援困难。当在国际空间站上发生紧急情况时,肯定会在救援时间方面存在一些困难,当然有人会说,执行火星任务甚至是在地球南极洲的冬天也一样面临这样的困难,因为这些地方的天气条件绝对不允许开展长期救援,具有在性质上不同的心理影响。在去往火星任务中出现紧急情况将会阻碍任何救援的机会,需要宇航员在没有实时任务支持的情况下高度自主地做出决定。这些因素对孤独和封闭产生的负面影响的放大程度对于评估是非常关键的因素。

(3)团队相互作用和团队处理过程并不是组成这个团队的个人作用的简单相加。复杂的相互作用能够在团队成员中强化、破坏或产生新的行为

---

① 2012 Habitable Volume Workshop Summary Presentation. http://www. houstonhfes. org/ conferences/conference2013/Proceedings/HHFES%202013%20HV%20Workshop%20Thaxton. pdf.

方式。团队融合(鼓励团队一致性的因素)和分裂(造成团队冲突的因素)因素的定义是创造居住地、制订工作计划、组建团队的基础,以及其他大量的能使团队有效工作、确保个人和团队状态良好的因素。例如,一项南极洲越冬人类研究表明,这些人在 60% 的清醒时间中都是一个人,而且会为了极大地保护隐私而待在卧室。这种行为可以被认为是分离因素,这些因素助长了分离、社会孤立和个体之间的距离感。另一方面,如果使用隐私来控制接触次数、减少紧张气氛和团队冲突,那么,这些因素也可以被认为是融合因素。此外,还发现断断续续的交流通信是团队成员和外部支持人员间产生冲突和误解的主要因素,而且是割裂影响的明确因素。在这个团队中,团队融合因素的一个例子是高效的领导风格,这种风格可以在工作站和宇航员的运作中起到重要作用,研究还表明搬运家具的方式和装饰公共与个人区域有助于宇航员适应环境和调整身心。

(4) 个人和团队表现也许是被研究得最清楚、最多的项目。但是,定义个人和团队层面有哪些是可被接受的成果还存在一些挑战。通过调研那些没有达到预期要求的任务,反复确认后发现个人和团队表现并不总是一样的。不理解团队动态、孤独和封闭的影响或栖息地大体环境而试图评估并最大化表现是错误的。假设标准仅仅是在个体中选择没有疾病、满足任务需求、精通技术的人的话,一点也不奇怪:努力实现性能提升只带来有限的成功和前后矛盾的结果。有必要采取措施进一步明确哪些个人和团队特征与这些高挑战环境下的适应性和机能特点存在很大关联。

Charles 在描述 NASA 的人类研究计划(Charles,2012)时指出:

该计划于 2005 年制订,关注 NASA 开展的在探测任务中对人类健康和能力面临的最大风险的研究,这些研究必须理解并降低宇航员健康和能力的风险以支持太空探测活动,研发技术来降低药物风险并开发 NASA 宇航员系统标准。

FY11 基金约为 1.5 亿美元。NASA 的 5 个中心和大量的科研院所都参加了这项计划。计划详细定义了各种与人为因素相关的风险。一个相关载人研究路线图[①]列出了 33 种风险、25 项认知差距和 1127 个任务。我们显然会期望路线图能在一段较长的时间内制订年度计划并起到阶段性成果里程碑的作用。载人研究路线图似乎并非这个意义上的路线图,而更像是定义了许多好的想法和方法的资源中心,但还没有制订具体的策略来实施这个计划。

---

① NASA Human Research Roadmap. http://humanresearchroadmap.nasa.gov.

2014 年,出版了一份关于在 520 天火星模拟星际任务中的封闭环境下人的心理和行为变化的报告(Basner et al.,2014)。报告描述了来自多个国家的 6 个健康男性组成的小组在地面 550 m³ 的空间内高保真地开展仿真火星任务,在长达 520 天后的行为和心理反应。值得注意的是,该项试验采用在火星表面停留约 30 天的短期任务模型,而实际的火星任务应包括 3 个阶段,分别持续约 200 天、500 天和 200 天。200 天的地-火/火-地转移期间的太空舱空间很可能小于 550 m³。这个试验允许在 8 天的时间内从封闭舱中进出多次,而长期停留任务会在时间更长的时段内允许距离更远的多次外出。

他们"观察到团队成员处于延期任务的封闭和孤独状态下,在行为反应方面出现大量的个人差异"。

通常,宇航员会表现出沮丧、与任务控制发生冲突等情况,并且出现不爱运动的倾向。

两名宇航员由于压力大和生理疲惫而爆发冲突的情况占已观察到的冲突类型的 85%。其中一名宇航员会患上持续失眠症,这种病症会伴随糟糕的睡眠质量、长期局部睡眠缺失、白天疲倦比例增加以及行为机敏度的频繁下降等症状。从任务开始后几个月到后来任务持续期间,另外两名宇航员的睡眠-觉醒时间也发生了改变。两名宇航员在任务封闭环境中待了 17 个月,没有表现出行为错乱也没有出现心理问题的报告。这些结果表明,明确行为、心理和生理上的特征点非常重要,这些特征点易于明确在长期空间飞行封闭环境中未来宇航员的有效和无效行为反应,从而为开展宇航员选拔、训练并制订个性化对策提供参考。

2014 年,中国宣布了开展载人空间任务研究的目标[1],未来几年中国的研究成果将令人关注。

5.5 中止模式和任务安全

5.5.1 ESAS 月球任务中的中止模式和任务安全

在本书发行第 1 版时,Michael Griffin 是 NASA 的主席,NASA 当时正关注人类重返月球任务,所以排除了其他任务目标。对于 NASA 的计

---

[1] Human Performance in Space：Advancing Astronautics Research in China. http://www.sciencemag.org/site/products/collection books/HFE_booklet_lowres_12sep14.pdf.

划,ESAS 报告进行了详细介绍。

ESAS 报告 314 次提到"中止"一词。显然,NASA 敏锐地意识到载人深空任务中包含的危险,并且制订了如果出现严重问题应采取的"中止"任务计划和措施。然而,也有一些情况是主系统失效但可能不允许任务中止和任务失败。主任务失败的后果分为两级:任务损失(loss of mission, LOM)和宇航员伤亡(loss of crew,LOC),显然 LOC 是比较严重的一级。

对于月球任务,ESAS 报告对任务所有阶段发生 LOM 和 LOC 的概率进行了估计,具体阶段包括:

(1) 发射货运飞船到 LEO;

(2) 发射载人飞船到 LEO;

(3) LEO 推进点火(亚轨道,轨道圆化和地-月转移入射轨道);

(4) LEO 交会对接;

(5) 月球轨道入轨;

(6) 月球轨道离轨;

(7) 降落月球表面;

(8) 月面工作;

(9) 从月面上升;

(10) 月球轨道交会对接;

(11) 月球轨道操作;

(12) 地-月转移轨道入轨;

(13) 返回地球;

(14) 再入地球和降落。

ESAS 针对 9 种不同概念的月球任务结构变化进行了概率估计。整个 LOM 的概率变化范围为 5.5%～7.5%,对于选定的月球任务结构约为 5.8%。整个 LOC 的概率变化范围为 1.6%～2.5%,对于选定的月球任务结构约为 1.6%。

基于以下因素,月球任务的安全性得到了很大提高:

(1) 在环月轨道上,宇航员可以选择任意时刻乘坐 CEV 返回地球。

(2) 在月面时,宇航员可以在任意时刻选择上升与 CEV 进行交会对接。(延续 ESAS 报告的 NASA 星座计划设计活动给出了有关载人登月任务中止情况需求的一些见解。基本需求是"月面上出现中止情况时,不管处于何种轨道面,宇航员返回地面的时间不超过 5 天"。)

(3) 在生命保障循环系统发生故障的情况下,备份存储器中始终有充足的资源用于快速返回地球(返回地球需要在 5 天内完成)。

需要强调的是，在子系统出现故障的情况下，始终都存在从环月轨道或月面逃逸的通道。

5.5.2　火星任务中的中止模式

但是，载人火星任务展现了完全不同的情况。虽然设计用于月球任务的发射和 LEO 运行阶段所有的中止模式都可以应用于火星任务，但火星任务 LEO 的中止模式流程是个难题。在从 LEO 转移到火星的 6～9 个月，地球远离火星，而且如果在到达火星时出现问题，立即返回对推进剂的需求非常巨大。

因此，在打算返回前，必须在火星附近停留很长时间（典型的是 500～600 天，具体取决于发射日期）。

在长期驻留火星的任务执行期间（前往火星需要约 200 天，在火星上停留 500 天，返回需要约 200 天），要求金属保护层、有自动保险装置的生命保障系统能够正常工作的时间不少于 2.5 年。该需求远远大于在月球任务中任意时刻返回地球只需要 5 天的要求。

5.5.2.1　NASA 任务

2007 年，ESAS 针对载人火星任务的计划包括：宇航员降落到表面进行短期的探测停留，约 30 天后制订表面停留任务的"去留决策"。如果表面系统和操作运转正常且满足要求，那么宇航员选择留在表面需满 500～600 天；否则，返回环火轨道。但是，如果返回环火轨道，后果是：

（1）需要生命保障系统额外工作约 500 天，因此必须在地球返回舱上增加生命保障必需品以维持这段时期内宇航员的在轨生活，但由此会增加任务质量和费用。对用于 6 个人约 500 天的有自动保险装置的生命保障系统的需求非常巨大。（如果宇航员按计划时间在表面停留的话，这部分是不需要的。）

（2）宇航员暴露在零重力环境下的在轨时间将额外增加约 500 天，除非在火星轨道应用人造重力——但这似乎不可能。

（3）宇航员暴露在过度辐射环境下的在轨时间将额外增加约 500 天，与此同时丧失了一些有利条件：①来自内行星的防护；②来自大气层的防护；③可能利用堆积在栖息舱顶部的土壤作为防护。

（4）如前面讨论过的，在空间中长时间将航天员隔离在小的栖息舱中产生的心理影响可能会使人非常衰弱。

在火星 DRA-5 任务中，采用了一种类似 ESAS 中完成月球任务的方法。

运输生活舱携带的食品包括：往返飞行所需要的运输消耗品和维持宇航员生命的应急消耗品，应急消耗品是在整个或部分表面工作任务中止情况下宇航员被迫返回火星轨道器 MTV 期间所需要的。MTV 暂时用作在轨"安全舱"，等待火-地转移入轨（TEI）的窗口。所有装在载人 MTV 上的维持紧急情况用的食品都必须在 TEI 点火返回之前丢弃。

任务安全的另一方面问题是下降/上升飞船是否具备中止入轨（abort-to-orbit，ATO）能力，这样，如果在下降期间发生任何故障，则可以终止下降并中止入轨。如果不采用 ISRU，就会包括 ATO；但是，如果采用 ISRU，则不可能包含 ATO，这是因为上升飞船氧气储箱在下降期间是空的。根据 DRA-5，这是该任务的一项主要缺陷。

通常理解的 ISRU 推进策略的缺陷是不具备 ATO 能力，这是 ISRU 推进驱动器内在的问题。原位推进剂生产策略的关键优势源于在行星上（就地）生产上升推进剂，于是极大地降低了任务所需的总运送量。这导致着陆器无法在着陆过程中实施 ATO 机动。ATO 策略是从载人航天探测活动开始就一直延续下来的风险规避原则。针对关键的任务轨道机动过程，制订了一系列明确定义入口和工作时序的中止策略，一旦许可则实施这些策略将宇航员送入稳定位置（称为入轨）。考虑火星原位推进剂生产策略，因为上升推进剂是在火星表面生产的而不是与宇航员一起运输过来的，所以不存在 ATO 情况。

由于推进剂在火星就地生产，所以不具备 ATO 能力，这会使整个 ISRU 策略大打折扣。在 DRA-5 任务的研发过程中，ATO 的问题就被提出来了。EDL 团队审核了典型的再入飞行时序，得到结论：由于大气层再入阶段所包括的物理因素，ATO 是几乎不可能的；如果需要 ATO，也只能在再入飞行时序的最后部分实施，也就是发生在接近表面时减速伞分离后的最终阶段。这时，再入轨道机动的最关键阶段已经完成。于是，EDL 原则的重点从 ATO 转到表面中止策略；也就是提供足够的 EDL 系统功能和可靠性，从而能够安全地着陆并和上升飞行器完成后续交会。从这种意义上讲，最后的着陆精度必须在宇航员可接触的距离之内，这包括宇航员携带的巡视器能够达到的距离范围。

但是，这份报告的作者并没有意识到，完成这一任务远比想象的困难得多。

5.5.2.2　火星社会任务

NASA 似乎还没有在设计参考任务中针对火星任务的风险评估和中

止情况处置方案开展大量工作。唯一尝试处理火星任务设计风险的工作在火星社会任务(Mars Society Mission，MSM)方案中被简要给出(Hirata et al.，1999)。MSM 明确指出："受到一致支持的在政治和科学方面可行的任务还没有实现。MSM 通过提出 NASA 的 DRM-3 和'火星直击'任务的安全与科学方面的缺点解决了该问题。"

MSM 包括发射失败时的发射逃逸系统；而 DRM-3 或"火星直击"任务不含该系统，但是，NASA 未来的火星计划几乎确定包含该系统。虽然任务经费会极大提高，但是 MSM 还是为获得最大安全性而增加了冗余度。在 MSM 计划中，奔火栖息舱通过一个桁架和燃料耗尽的运载火箭上面级相连从而产生人造重力(约 $0.5g$)。宇航员返回舱(CRV)将宇航员转移到栖息舱。CRV 和奔火栖息舱靠得很近，"而且在栖息舱发生故障的情况下，CRV 能够维持宇航员生活直到到达火星或者地球。在表面停留 612 天后，火星升空舱(MAV)和地球返回舱(ERV)一起随着宇航员返回地球。如果ERV 或 MAV 其中一个故障，要么不进行火星轨道交会，要么其组件将宇航员送回。"

在 MSM 中，CRV 护卫队紧随栖息舱到达火星为宇航员提供备份航天器，该备份航天器能够在栖息舱关键系统发生故障的情况下保证宇航员的生命安全。启用 CRV 的情况就是在栖息舱生命保障系统出现故障时。栖息舱生命保障系统被设计成拥有小的备份舱，并假设关闭了 98% 的回路循环。这意味着为再利用设备提供 2% 备份储存。因此，栖息舱生命保障系统能够在故障情况下维持 18 天宇航员的生活——900 天潜在运行寿命的2%。如果故障不能被修复，那么，18 天可以为栖息舱与 CRV 对接并转移宇航员提供时间。但是，MSM 假设这个 98% 可循环利用、有自动防故障装置的、经久耐用的生命保障系统可以由栖息舱和 CRV 代替，这样，每个生命保障系统仅重约 3 t。这种生命保障系统的实际质量会很大，满足约2.7 年的寿命要求非常困难。

MSM 还介绍了有关任务安全性方面的其他创新。其中一项是使用自由返回轨道。该主题比较复杂，本书不进行讨论。另一项创新是这样的：除了将大量的氢气(11.8 t)带到火星用于使用原位资源利用技术(ISRU)就地生产上升飞行器推进剂之外，MSM 的栖息舱携带相对少量(211 kg)的液态氢到火星表面用于生命保障消耗品的 ISRU 生成。虽不足以维持宇航员在表面上停留约 600 天，但是可以在应急情况发生时提供生命保障消耗品。尽管这项创新对于 MSM 不是关键的，但这种采用氢和小型 ISRU 设备生成氧气和水的结论是非常重要的安全性特性，因为它可以为宇航员提供 1.9 t 水和 0.1 t 氧气,"足够宇航员在火星表面采用开环生命保障方式生存 19 天,即使他们没有紧邻 MAV 和货运着陆器。在生命保障系统失效且只能有 97% 水和氧循环闭合的情况下,产生的水和氧也可以用于维持宇航员在火星表面生存 630 天。"

但是,如果宇航员没有在 MAV 附近特定范围内着陆,那么,他们将无法离开火星,维持生存 19 天似乎是徒劳的。此外,很显然如果宇航员的生存依赖 98%(或可能是 97%)的生命保障系统运行约 630 天,那么就应该通过初步测试来进行充分证实,而不是靠运气。

MSM 强调,"当载人登陆火星时,风险估计不是精确、科学的,因为相关的系统还不存在,所以估计非常粗略。"虽然 MSM 给奔火栖息舱增加了发射逃逸系统和备份 CRV,但更关心的是"以很高的速度实施火星气动捕获。不幸的是,目前关于未来 15 年的行星气动捕获的可靠性尚不明确;任何数值估计都是推测的。"

他们还说,"绝对的风险分析需要了解实际使用的系统;由于任务方案不包括这些特定的部分,所以自下至上的风险分析方法不可行。绝对的风险估计也需要分析很多因素,如辐射。"

如果宇航员不能离开 ERV 还可以采用所谓的"自由返回"轨道来中止火星任务(Landau and Longuski,2004),这需要宇航员在 ERV 上待 1000 天。Salotti(2012)提出了采用冗余 ERV 的类似方案。

5.5.2.3　中止模式方案的结论

显然,一旦开始火星之旅,就没有简单的机会能够立刻返回,必须完成整个任务,不像月球任务的空间系统在建立"前哨站"前的短期"突发"任务中可以进行验证,进行火星任务就需要超过 2.5 年的时间来往返。

但是,如果宇航员没有降落到火星表面,利用"自由返回轨道"可以立即离开火星,用两年时间在零重力且完全暴露在辐射环境下返回。这也要求地球返回舱(ERV)具有在此期间充分提供生命保障的能力。这似乎是不切实际的方案,但是进一步的研究还没有给出新的方案。

在到达火星轨道时,如果收到主系统故障(例如,核反应堆失效)的信号,那么就决定不降落到火星表面。但是这样的后果是:①宇航员必须在火星轨道停留比着陆任务原来确定的整个任务周期更长的时间,并忍受零重力和高辐射;②ERV 必须具有强大的生命保障能力以支持这些额外的停留时间;③这种封闭环境对心理产生的影响非常有害。

载人火星任务有很多潜在的任务方案,每种方案在中止模式和安全性方面存在一些不同的含义。所有早期的火星 DRMs(NASA 的 DRM-1 和 DRM-3,火星直击和 MSM)都先于宇航员离开火星前 26 个月将大型设备运到火星表面。设备的中心是核反应堆能源设备,一个装有空推进剂储箱的升空舱,一个能够通过使氢气(从地球带来的)和火星的二氧化碳发生反应生成推进剂并加满升空舱推进剂储箱的原位资源利用(ISRU)设备。如果升空舱储箱在宇航员离开地球时是满的,那么,这可以增加一点任务安全性。对于这种任务方案,下降后宇航员和着陆设备要连接上,否则他们没有办法从火星返回。于是,对于这种任务方案,必须要求着陆精度非常精确。如果他们没有和着陆设备连接上,剩下的方案依赖着陆栖息舱的能力,是否能够在火星表面停留的 26 个月内维持宇航员生命,直到援救任务飞船发射。但是,由于宇航员下降是在宇航员离开地球 6～8 个月之后,所以在营救任务启动前只有 18～19 个月的时间。因此,可以认为精确着陆和宇航员连接上着陆设备是这种方案的关键必要条件。一旦和着陆设备连接上,可选的方案是如果着陆设备发生故障,必须在任意时刻起飞。但是,这种上升会中止与火星轨道上等待的 ERV 对接以及将宇航员转移到 ERV。然后,他们必须在轨等待直到着陆任务原计划的完整周期结束,并忍受零重力和高辐射环境。此外,ERV 必须在此期间具备充分的生命保障能力。

2007 年的 ESAS 载人火星任务方案计划使用月球任务进行仿真。在这方面,升空舱直接放置于降落飞船上面的所谓"表面探测器"的一个简单结构内。利用该系统,升空舱不能在宇航员之前 26 个月着陆,而是和宇航员一起着陆。这可以防止 ISRU 在宇航员离开前将推进剂储箱加满,如果采用 ISRU,它将与宇航员同时平行降落在火星表面,那么,ISRU 不但不能降低反而增加了任务风险。这个方案将会去掉 ISRU 且升空舱将会加载所有上升推进剂并与之一起抵达火星(与月球任务类似)。但是,火星任务必然需要使用低温推进剂,对于长时间表面停留,汽化会是个严重问题。ESAS 载人火星任务方案的一个优点是,在下降过程中,不用和之前的着陆结构连接,满载推进剂的升空舱可以立即起飞。与之前的一样,这种上升会中止与环火轨道上等待的 ERV 交会对接并将宇航员转移到 ERV 上。然后,他们必须在轨等待直到着陆任务原计划的完整周期结束,并忍受零重力和高辐射。此外,ERV 必须具备在此期间充分的生命保障能力。

很显然,载人火星任务的每个细节都必须能发挥作用。因此,在实际将人送到火星之前,需要对所有任务系统的确认和验证达到前所未有的水平。这需要在逐步增加范围和复杂度的前提下持续几年先用无人先锋飞行器执行多次火星任务。NASA 没有显示出实施这种昂贵的长期往返无人飞行任务的倾向,虽然阿波罗计划在某种程度上能够胜任。

5.5.3　可接受的风险

欧洲空间局(ESA)2003 年发布的一份报告给出最大可容许的风险如下:

任务期间个体死亡风险(所有原因,包括航天飞机故障)应维持在每年 3‰以内。这个值是针对最缺乏防护的职业设定的,例如,战斗机飞行员、直升机飞行员或宇航员。

对于一个持续 3 年的火星任务而言,这项风险达到 9‰。ESA 继续评估了各个任务阶段预估的成功概率:地球发射、地-火转移、火星大气捕获、火星着陆、火星停留、火星发射、火-地转移、地球捕获和着陆地球。有些方法 ESA 并没有明确说明,但是他们预估的最大值超过 99‰。基于以往的航天任务,这个估值高于本书给出的估值。作为底线,他们设定的长期火星任务的"可靠性目标"是 92‰。

5.6　栖息舱

5.6.1　栖息舱设计与人为因素

5.4 节已经讨论了人在封闭空间中生存的一些要素。Mohanty 等 (Mohanty et al. ,2006)指出:

在探测月球和火星的长期任务中对人为与技术问题的认知和经验是非常少或不存在的,因为这些探测活动还未开始。在未来长期行星任务中,栖息舱或运输飞船的内部环境比在地球低轨任务或短期月球任务中的作用更大。

Mohant 等总结了影响宇航员心理和行为的栖息舱设计关键点:

(1) 外形;

(2) 尺寸和可居住容积;

(3) 方向;

(4) 布局;

(5) 内部装备;

(6) 界面;

(7) 对不可预见问题的处理。

但是，像往常一样，很难理解上述观点，所以研究人员需要进一步开展工作。

Bsaner 等（Bsaner et al. ,2014）给出了在为期 520 天的仿真星际火星任务中处于封闭环境中时人的心理和行为变化。

Suedfeld 和 Steel（Suedfeld and Steel,2000）详细综述了封闭栖息舱中人员的心理情况。这篇论文堪称该领域的最佳论文之一。他们描述了被封闭环境包围的狭小空间产生的副作用，并认为每个宇航员所需的居住容积还没有被完全确定。论文给出的结论是，从许多模拟源得到的轶事证据表明"大部分太空舱无法提供足够的个人归属、隐私和人陆距离等方面的相关要素，而且还需要一个能够独处的空间。"他们强调，睡眠区尤其是压力的一个潜在来源。

隔离的太空舱会引起神经质反应、嗜睡、睡眠紊乱、疲惫产生的心理压力、信息耗尽和隔离后轻度狂躁综合征。封闭通常伴随身体锻炼受限和继发的健康恶化。主体经受失眠、消沉和一般性的情绪低落、强迫行为、心理问题和体力衰弱以及运动不足所产生的后果。

Suedfeld 和 Steel 继续讨论了在太空舱里生活的单调乏味、冲突和相互交流等情况。他们似乎是仅有的研究"性"这个敏感主题的专家，并指出：

在太空中、轮船上和极地任务中关于性活动的缺乏和改进——这是一个无法言说的敏感话题。显然性活动在太空舱里是可以进行的，还有就是在长期生活的太空舱里性活动是否包括自慰。有许多关于男性宇航员间（或者现在在女性间也存在）同性恋关系的探索，以及关于男女混合宇航员团队中异性性行为的研究。大多数报告对于同性性行为采取"不问不说"的态度，对于异性行为采取回避态度；我们对此同他们保持一致的谨慎态度。

难道在执行长期火星探测任务的过程中，缓解枯燥生活的最好方式是纵欲？

关于宇航员遴选程序，他们讨论了一个悖论：尽管志愿者是在"寻求刺激、寻求新颖、能力/效果动机的各个标准中排名靠前的"，但是"他们很可能的确不高兴"，因为他们必须忍受"在乏味的封闭环境下，和同样的、一成不变的队友承受单调的、日常性的枯燥任务，而且还不能出来。"

尽管存在这些问题，和其他人相比，他们依然保持对环境相对乐观的看法，并指出：

进入太空舱的人通常都会面临挑战，而且大多数人都能很好地应对他们在那里遇到的挑战。虽然很多人经受了压力，表现出负面情绪，但是，大量研究发现很少有人出现严重堕落或精神病征兆。

5.6.2　火星栖息舱的地面模拟器

Hoffman(2011)在报告中明确给出了从 NASA 模拟栖息舱实验中吸取的经验教训的评估。如报告中所述,这些实验的目的是:

（1）获取对结构相关性、系统交互、驱动需求定义、操作概念、系统研发和技术调研策略等的深入理解;

（2）评估并验证需求、操作概念、技术和系统交互;

（3）在探索活动的模式和面临的挑战下训练宇航员、地面团队、管理者、工程师;

（4）通过联合载人/无人模拟任务激励、鼓励广大公众、国际合作者和有探测愿景的潜在团队机构,并教育下一代探险者。

Hoffman(2011)的报告指出:

当前载人探测活动的策略是以能力驱动方式构建的,而不是基于特定目标和计划构建的。这种架构能够支持多个目标,提供更多的灵活性、更大的效益和承受能力。

正如前言和 7.3 节所述,Bob Zubrin 抨击了这种构建方式,他说"这种方法是毫无希望的、无效的,因为需要投入大量的经费且没有明确的战略目标。"政府会为支持者提供资金,但不会资助没有明确目标的任务。

不幸的是,Hoffman 的报告包含很多 NASA 的信息:这些正在建设的模块将如何成为丰功伟绩,以及已经建设了些什么。但是,并不能在文中找到"吸取到的经验"。

火星栖息舱的地面模拟器可以提供有关如何设计栖息舱使效率最大以及在这种封闭空间中的人为因素的大量信息。已经建造了很多火星栖息舱的地面模拟器并有人在其中居住,但是,从这些实验中得到哪些经验教训还不明确。

NASA 提供了一份关于模拟任务的报告[①]。下文摘自该报告:

荒漠调研和技术研究（desert research and technology studies,荒漠 RATS）

该任务测试了在极端温度和复杂地形特征的环境中开展巡视和太空舱外活动(EVA)的操作。荒漠 RATS 计划每年在亚利桑那州的黑点熔岩流地区开展为期 3 周的探测任务,调研巡视器、栖息舱和自动技术系统的最有

[①]　NASA's Analog Missions:Paving the way for Space Exploration(2011),NASA Report NP-2011-06-395-LaRC.

效组合,最优化的人员规模,通信延迟的效率,自主操作的效率以及如何提高探测活动的科学回报。这个站点已经运行了 15 年。得到的经验包括更好地理解如何获取岩石样本和如何将摄像机装载到 EVAs 上。

NASA 极端环境任务操作（NASA extreme environment mission operations, NEEMO)

NEEMO 模拟任务利用位于佛罗里达州基拉戈水下 62 ft(约 19 m)的 Aquarius 水下实验室来模拟隔离、受限的栖息舱,荒芜的环境以及失重的情况。每年 2~3 周的任务(持续了 10 年以上)为 NASA 的深水操作员提供训练宇航员的机会;开展行为、生理和心理方面试验;测试硬件配置;试验探测操作;执行许多其他探测相关活动等的机会。但是,从这些活动中能够获得哪些经验教训还不太明确。

霍顿-火星项目（Haughton-Mars project,HMP)

加拿大德文岛的霍顿陨石坑在很多方面都比地球上其他地方更像火星表面,包括类似火星的干燥、无植被、岩石地表的地形,极端环境条件和远古的陨石坑。HMP 项目用于测试航天服设计和仿真增压巡视器。通过该计划发现了探测器会陷入沙地的问题。同时,获得了一些关于采样的信息。

亭湖研究计划（Pavilion lake research project,PLRP)

加拿大英属哥伦比亚的亭湖是稀有的碳酸盐结构体的聚集地,硅酸盐结构体被称为微生物族群,类似地球上一些早期生命的残迹。这项模拟任务每年开展对这些结构体的科学研究计划,同时,也试验科学研究运行情况,为未来载人航天探测活动提供宇航员训练方面的支持。

莫纳克亚火山的原位资源利用（ISRU）试验

NASA 的科研人员和工程师正在研发采矿设备和生产设备,这些生产设备是设计用来利用行星表面当地资源生成氧气、水、建筑材料及燃料的。为了在实验室外测试这些技术及操作,ISRU 模拟团队来到夏威夷莫纳克亚死火山开展实验。莫纳克亚火山的地形荒芜、干燥多尘,就像火星和月球表面一样,而且土壤含氧量丰富,这一点也和月球土壤非常相似。不幸的是,研究过程(从地球携带氢和本地土壤中的氧合成产生水)对太空任务没有价值。这是 Griffin 时代的遗留物,当时大家都关注月球,所有处理月球表层土壤的实验无论多么低效,都成了投资的对象。

南极洲充气月球栖息舱模拟研究

南极洲麦克默多站的环境非常极端且非常遥远,能够提供实验室无法产生的各种挑战。这项模拟任务允许科学家和工程师在这种环境下进行为期一年测试充气栖息舱的实验,从而获取设计和运行的新想法以用于太空任务设计与此类似的栖息舱环境。他们发现,充气栖息舱需要大量的干预操作,自主性不好,也许不适用于火星任务。

Bouchard(2015)报告中介绍了在犹他州汉克斯维尔以外的"火星社会"(Mars society)的"火星沙漠研究站"(Mars desert research station,MDRS)开展的两周模拟实验情况。报告重点介绍了巡视器活动存在的难点,给出了由行星探测设备导致的可穿越地形的限制。

相关报告[1]提供了一份非常有用的有关月球、火星栖息舱地面模拟器的图示综述,并给出了大量的设计图。NASA 的沙漠火箭推进深空栖息舱如图 5.9 所示。

图 5.9　亚利桑那州的 NASA 沙漠火箭推进测试栖息舱

ILC Dover 建造了几个充气栖息舱,在上述报告中有相关照片。"火星社会"负责犹他州沙漠火星研究站的运行,试验期间栖息舱中有人居住。"火星社会"还在加拿大北部,距离北极 1000 mi(约 322 m)处运行了一个有

---

① An overview of recent and future Lunar/Mars habitat terrestrial analogs. http://www.agrospaceconference. com/wp-content/ uploads/2014/06/Pres_ASC_2014_Sadler_s5. pdf.

人栖息舱。报告中还介绍了其他几个位于遥远地区的模拟栖息舱。

国际空间站(ISS)提供了测试长期暴露在太空环境中带来影响的机会。因此,这也为火星任务计划提供了所需的关键数据[1]。但是,ISS 进行测试的花费和执行一次火星任务相当,如此说来,为什么不干脆执行火星任务来代替 ISS 的测试呢?

5.6.3　DRM-1 栖息舱

DRM-1 选择相同的栖息舱用于地-火/火-地转移、下降和上升以及表面停留。下降/上升栖息舱提供表面停留期间的表面栖息舱的备份。因为需要 7 个独立的栖息舱来成功地将 3 个宇航员送到火星,所以设计的一致性节约了很多费用。虽然对栖息舱所有部件都采用相同设计不具备灵活性,但是很多通用部件可以采用统一设计方法,例如：压力舱(主副结构)、配电设备、舱口盖和对接机构等。但是,DRM-1 设计报告承认:

对栖息舱内部细节的规定和设计还需要开展大量工作,这也是与未来火星任务规划相关的部分工作。研究小组成员就星际转移、表面着陆和表面居住都选择相同的栖息舱的做法还没有达成共识。一些人认为,由于任务需求不同,相同的设计并不能实现任务最重要的目标。

在 DRM-1 中,宇航员乘坐转移/表面栖息舱到达火星,该舱与无人任务中使用的表面栖息舱/实验室一样。虽然较小的栖息舱可以满足 6 个宇航员在 6 个月转移时间内的需求,但是,进行转移段和表面工作段的栖息舱设计可以为最长任务提供备份并降低任务风险。

每个栖息舱包括直径 7.5 m、长 4.6 m,两端有椭圆帽子的圆柱体结构(总长 7.5 m)。每个宇航员可用容积是 90 m^3。内部空间分成两层,满足每层是一个直径 7.5 m、高约 3 m 的圆柱体。每个栖息舱的主副结构、窗户、舱门盖、对接机构、配电系统、生命保障系统、环境控制、安全指标、存储器、废物管理、通信、气闸功能和宇航员出口路线等都相同(表面栖息舱/实验室和返回地球栖息舱)。

火星转移/表面栖息舱装载火星转移和表面停留期间所需的约 800 天的消耗品(转移约 180 天,表面停留约 600 天)以及 180 天转移期间所需的载人航天器系统。表 5.10 给出了对这种特殊栖息舱估算质量的细目分类,不过,"宇航员食宿"包括什么以及"物理/化学生命保障"怎样与其相关联还

---

① Charlie Stegemoeller (2011). International Space Station Mars Analog Update. https://www.nasa.gov/sites/default/files/files/Stegemoeller_ISS_MarsAnalog_508.pdf.

不完全明确。将物理栖息舱同生命保障系统分开不是件简单的事。

表 5.10　DRM-1 火星转移/表面栖息舱(单位：t)

子　系　统	子系统质量	消耗品合计	净重合计
物理/化学生命保障	6.00	3.00	3.00
宇航员食宿	22.50	17.50	5.00
健康保护	2.50	0.50	2.00
结构	10.00	0.00	10.00
EVA	4.00	3.00	1.00
电力分配	0.50	0.00	0.50
通信/信息	1.50	0.00	1.50
热控	2.00	0.00	2.00
备用品/增长/余量	3.50	0.00	3.50
科学	0.90	0.00	0.90
宇航员	0.50	0.50	0.00
总估算	53.90	24.50	29.40

一旦落到火星表面,这个转移/表面栖息舱就会和之前着陆的表面实验室进行物理连接,对于 600 天的表面任务,宇航员可以使用双倍可用受压容积(约 1000 m³)。这种构型的图解见图 5.10,这是转移栖息舱和之前着陆的表面栖息舱/实验室第一次连接。显然,生命保障系统的质量分配比表 5.1、表 5.2、表 5.3 和表 5.4 更乐观。

5.6.4　DRM-3 栖息舱

DRM-1 中的第一个栖息舱是在宇航员前往火星前 26 个月被送到火星去的,DRM-3 将该栖息舱去掉,这样就去掉了表面栖息舱的备份。为了弥补这种保守方式的损失,研发人员采用基于充气结构的试探性方法开展栖息舱设计。但是,他们没有提供充气栖息舱设计的信息,只是单纯地从DRM-1 中减掉了对栖息舱的质量估算(见图 5.11)。

5.6.5　双着陆栖息舱

为了与 NASA 通过降低系统质量(见相关报告)提升火星任务可行性的原则一致,双着陆任务相对 DRM-3 进一步减少了质量并利用了充气栖息舱,不过相关细节未见报道。研发人员为降落/上升系统和栖息舱研发了通用着陆器系统(见图 5.12)。

图 5.10　DRM-1 中的双连接栖息舱(Hoffman and Kaplan,1997)

这种设计似乎没有通过在栖息舱上堆积土壤给自身提供防护

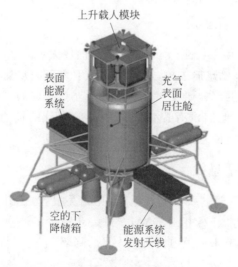

上升载人模块

表面
能源
系统

充气
表面
居住舱

空的下
降储箱

能源系统
发射天线

图 5.11　上面装有上升飞船的 DRM-3 栖息舱(Drake,1998.见文前彩图)

这种设计似乎没有通过在栖息舱上堆积土壤给自身提供防护

公用着陆系统
- 下降级和推进剂
- 椭圆气动刹车

有人驾驶着陆器
- 将任务宇航员从环火轨道转移到火星表面再送入环火轨道
- 提供应急中止返回轨道的机会
- 在火星表面停留30天的能力
- 帮助宇航员适应火星重力场
- 就地取材生产推进剂的能力

居住舱着陆器
- 为宇航员在火星表面停留期间提供居住和开展探测活动的能力(最长可达18个月)
- 具备将其他表面任务有效载荷运送到火星表面的能力

图 5.12　双着陆飞行器(Based on NaSA JSC Dual Landers Study,1999.见文前彩图)

　　表 5.11 给出了 DRM-1 最初估计的栖息舱质量为 53.9 t。简化版本将该质量降到 33.7 t,DRM-3 进一步降到 19.8 t。这部分不包括着陆栖息舱下降系统的质量。表中似乎没有为食物分配质量。注意,双着陆器包括 6.8 t 的食物。表 5.12 给出了地球返回舱的质量分配信息,该返回舱主要是一个星际栖息舱。表 5.13 不包括推进系统。DRM-1 最初估算的栖息舱质量为 53.9 t。简化版将该质量降到 31.4 t,DRM-3 进一步降到 21.6 t。由于缺少论证细节,所以很难核查这些数值的正确性。

表 5.11　有人驾驶载人着陆器 DRM-1、简化的 DRM-1 和 DRM-3 的质量比较(单位：kg)

项　　目	DRM-1	简化的 DRM-1		DRM-3	差异
栖息舱部件	53 900		33 657	19 768	−13 889
生命保障系统	6000	3000		4661	1661
宇航员食宿	22 500	16 157		11 504	−4653
EVA 设备	4000	1000		969	−31
通信/信息管理	1500	1500		320	−1180
配电	500	500		275	−225
热控	2000	2000		500	−1500
结构	10 000	5500		1039	−4461
宇航员	500	500		500	0
健康保护	2500				
配件	3500	3500		0	−3500
科学	900				

项　　目	DRM-1	简化的 DRM-1	DRM-3	差异
3 kW PVA/RFC		1700	1700	0
非增压巡视器(3)		440	500	60
EVA 消耗品		2300	2300	0
宇航员＋EVA 服		1300	0	−1300
总载荷质量	53 900	39 397	24 268	−15 129

表 5.12　"简化"的 DRM-1 和 DRM-3 的地球返回舱质量的比较（单位：kg）

项　　目	DRM-1	SDRM-1＝ 简化的 DRM-1	DRM-3	DRM-3- SDRM-1
栖息舱部件		31 395	21 615	−9781
生命保障系统	6000	2000	4661	2661
宇航员食宿	22 500	13 021	10 861	−2160
健康保护	2500			
EVA 设备	4000	500	485	−155
通信/信息管理	1500	1500	320	−1180
配电	500	500	275	−225
3 kW PVA/RFC		2974	2974	0
热控	2000	2000	500	−1500
结构	10 000	5500	1039	−4461
科学设备	900	900	500	−400
宇航员	500			
余量	3500	2500	0	−2500
总载荷质量	53 900	31 395	21 615	−9920

表 5.13　双着陆栖息舱和宇航员着陆器的质量（单位：kg）

项　　目	栖息舱着陆器	宇航员着陆器
能源系统	5988	4762
电子设备	153	153
环境控制与生命保障	3949	1038
热管理	2912	527
宇航员食宿	3503	728
EVA 系统	1174	1085
ISRU	165	0
机动	0	1350

项　目	栖息舱着陆器	宇航员着陆器
科学	830	301
结构	4188	3015
余量(15%)	1775	1438
食物	6840	360
宇航员	0	558
总有效载荷和系统	32 652	15 314

5.6.6　SICSA 栖息舱设计

在过去的几十年里，Sasakawa 国际空间体系中心（Sasakawa International Center for Space Architechure,SICSA)出版了大量空间任务栖息舱研究报告。

一份早期研究报告[①]回顾了 1988 年前的空间栖息舱。以下摘录提供了对此很好的介绍：

人为因素设计必须考虑维护宇航员在孤立和封闭环境下心理和身体健康的方法。内部空间要尽可能舒适和愉悦，重点是灵活性和便捷性。设备设计应该反映出对零重力或失重引起的姿态、力量、程序和其他条件变化的很好理解。多样化对于防止疲倦和沮丧非常重要。内部空间外观富于变化和人性化、将色彩和兴趣融入环境中的方法非常有效。宇航员的菜谱应该提供多样化的选择，强调味道和营养并重。作息安排和食宿应该鼓励运动、娱乐和社交活动，以帮助大家愉快地度过自由时间。人们需要私密的休闲时间和空间。例如，睡觉环境应该有益于读书、听音乐和其他独立活动，并配合一些设备以避免令人讨厌的声音、气味和其他干扰的介入。维持良好卫生条件的途径非常重要。因为空间栖息舱是一个封闭系统，所以可能会有微生物滋生并迅速传播，潜在地导致人员感染并散发污浊的气味。问题区域和表面应该触手可及并设计得易于清扫。

栖息舱在轨飞行时的失重最影响人类的活动。例如，在微重力条件下，"上"和"下"的方向通过设备内部布局来建立，而不是像在地球上一样通过方位来建立。人们可以在各个方向上自由移动。因此，房顶、墙和地板都能作为功能工作区使用。因为当人们从一个区域飘到另一个区域时，大部分

---

① Sasakawa Outreach, Living in Space: Considerations for Planning Human Habitats Beyond Earth, Vol. 1, No. 9: Oct.-Dec., 1988(Special Information Topic Issue).

内部表面都可能被按到或碰到，因此，像照明设备开关和易碎物品等应该被保护起来。发生碰撞时尖角会导致人员受伤，应避免尖角存在。在宇航员执行静态任务时需要固定设备将他们控制在任务区域内，同时，这些固定物还可以保护松散物品以防其随意飘落。为了实现这个目的，天空实验室成员将防滑钉连到他们的鞋上，在执行任务时，鞋可以插到地板上三角形格子缺口上。存储系统要设计成打开时能防止物品散落的形式。在失重条件下，体态的变化很明显。没有重力压缩脊椎，宇航员可以被拉伸几厘米，但是不能像在地球上那样坚挺直立。因为没有重力，坐在标准椅子上也不舒服，人需要持续地收缩腹肌以保持身体弯曲。不需要椅子、桌子和其他工作台面抬高到用户蜷伏的高度。桌面顶部可以倾斜以防止放在桌上的物品飘落。必须有严格的训练制度以帮助弥补长期失重对身体的影响。零重力条件下，人体会逐渐流失肌肉，心肺系统功能也会衰弱，骨骼中的钙流失并变脆。通常由于重力作用而汇集在腿部的血液和其他体液都将汇集在胸部和头部，引起脸部肿胀、鼻子充血和偶然呼吸暂停。

在后来的研究中，Bell 和 Hines（Bell Hines，2005）讨论了两种结构选项（见图 5.11）。

一种"腊肠切片方案"（图 5.13 中的左图）对于大直径舱有优势。这种结构只适合直径大于 15 m 的舱。较小的尺寸会限制光线，容易导致幽闭恐惧症。设备架和绕内径周围的其他物品会减少开阔空间的尺寸，而且两层之间垂直循环通道的存在会进一步缩小可用空间。宽底座可以使着陆面积更大，从而保证着陆稳定性，通过降低高度而降低重心可以进一步提高稳定性。高且窄的舱很容易在岩石多而且地形陡的区域倒塌。"香蕉切片方案"（见图 5.13 中的右图）对于直径大和小的舱都适用。一种纵向地面定位法可以很好地服务直径大于 5 m 的舱。不同于腊肠切片的圆形排列，矩形空间可以提供大量用途广泛的空间以容纳多种设备并进行功能化布置。但是，水平布局的长舱在行星表面应用情况中存在特殊的着陆问题。由于墙面的曲率半径小，所以直径小于 5 m 的舱不适合高效的设备架设计和布局。直径至少大于 5 m 的舱可以随着需要的楼层数量增加而调节，层高可以达到 3 m。

SICSA 团队选取 15 m 舱用于火星表面探测，选取 5 m 舱用于地-火/火-地转移轨道段（图 5.13 和图 5.14）。SICSA 团队倾向"香蕉切片"构型，但是他们按照图 5.15 对该构型进行了修改。

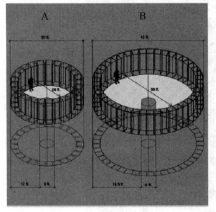
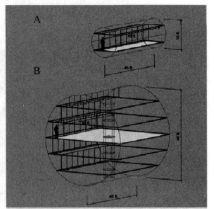

腊肠切片方案	香蕉切片方案
由于舱直径大使得可用的地面面积极大增加。	对于直径≥4.6 m 的舱,可用的地面区域非常有效。
• 每层总面积:(A)65 m²;(B)147 m²。	• 每层平均面积:(A)51 m²;(B)161 m²。
• 总开放地面面积:(A)42 m²;(B)111 m²。	• 平均开放地面面积:(A)27 m²;(B)130 m²。
• 可用的开放地面面积:(A)39 m²;(B)108 m²。	• 平均可用面积:(A)27 m²;(B)118 m²。
• 可用/总地面面积比:(A)0.59;(B)0.73。	• 可用/总地面面积比:(A)0.5;(B)0.74。
• 最大视线距离深景:(A)7 m;(B)12 m。	• 最大视线距离深景:(A)14 m;(B)14 m。

图 5.13 圆柱形舱的规划/结构选项[Bell and Hines,2005. By permission of Larry Bell of the Sasakawa International Center for Space Architecture(SICSA)]

SICSA 估计每人每天需要 28.3 kg(7.5 gal)的水。对于 8 人 500 天的任务,需要总量 113 200 kg(30 000 gal)的水(值得注意的是,NASA 在他们关于 ECLSS 的报告中没有给出所用资源的总量,而是只估算了 ECLSS 系统的质量。SICSA 报告是唯一引用该数值的美国文献)。SICSA 假设平均循环效率为 90%(采用 90% 的水循环效率数值是非常保守的,DRM 预估该值约为 98%)。每人每天预计食物消耗 2.3 kg,对于 500 天表面停留约需要 9200 kg。

图 5.14 SICSA 逻辑舱概念［Bell and Hines，2005. By permission of Larry Bell of the Sasakawa International Center for Space Architecture（SICSA）］

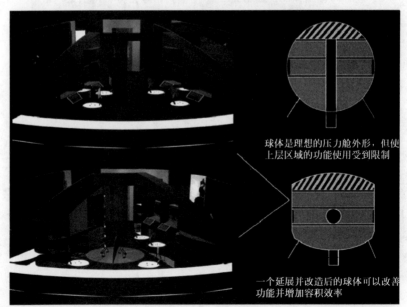

球体是理想的压力舱外形，但使上层区域的功能使用受到限制

一个延展并改造后的球体可以改善功能并增加容积效率

图 5.15 影响栖息舱几何的因素［Bell and Hines，2005. By permission of Larry Bell of the Sasakawa International Center for Space Architecture（SICSA）］

支持食物准备、盥洗、卫生和其他基本的栖息舱功能的设备必须被包含在内。一个生态封闭的生命保障系统对储藏水很关键。每个舱配有太阳辐射屏蔽罩，可以使用存储的水来进行屏蔽。增压舱可以提供相邻地表舱之间的通道，也可以用作气闸，它的空间足够容纳 EVA 的设备和工具。居住设施必须放置在着陆起飞区域的安全距离内。所有的居住环境要素都设计得能够联合起来提供交互连接的加压内部通道。连接处被密封起来以保证舱与舱之间处于隔离状态，因为其中一个舱可能会由于起火或其他紧急情况给其他舱带来危险。这些密封的连接处也可以用作气闸，为表面工作的宇航员提供进出的支持。

最近，Bell 和 Hines 进行了对栖息舱设计的全面讨论[①]。他们在开始的引言中列出了选择和开发栖息舱设计的过程，如图 5.16 所示。

Bell 和 Hines 讨论了多个主题，下面列出部分主题。

（1）传统舱：主结构变化，观察孔系统，副结构，气闸，对接和停泊系统。

（2）扩展舱：扩展结构，叠缩结构，充气结构。

（3）设计影响：体积因素，几何和布局因素，体积与可用空间的比值，内部配置，压力几何学影响，几何压力/功能关系，舱内有效载荷。

（4）表面运输和移动：着陆有效载荷的几何学影响，结构要素和质量，特殊表面着陆问题，舱体着陆器概念，着陆器选项因素，SICSA 捆绑着陆器概念，SICSA 水平着陆器，着陆有效载荷设计，垂直定向着陆，水平定向着陆，表面稳定性和运动，舱体入口/出口的考虑，垂直提升和水平导引，相对传统着陆器的捆绑方式。

（5）特征比较：体积特征，加压特征，表面运输和部署，表面结构和发展，外部检视特征，快速观测，计划和设计驱动因素，在质量预算内设计，平衡设备需求。

（6）设施和后勤：基础支持需求，载人支持影响，栖息舱体积考虑，体积与任务时长，消耗品与任务时长，体积，质量和功率估计，宇航员保障设备，宇航员保障电能，食物/水消耗和输出，水的预算，食物/水/行李的质量，生命保障消耗品，闭环的生命保障，食品生产，大气替代品。

（7）栖息舱问题：人为因素设计，居住的需求和挑战，居住设计驱动因素，特别的人文关怀，重要的规划优先顺序。

---

① Larry Bell and Gerald D. Hines. PART IV: Space Mission And Facility Architectures, SICSA Space Architecture Seminar Lecture Series. http://www. uh. edu/sicsa/library/media/4. Space％20Mission％20and％20Facility％20Architecture.

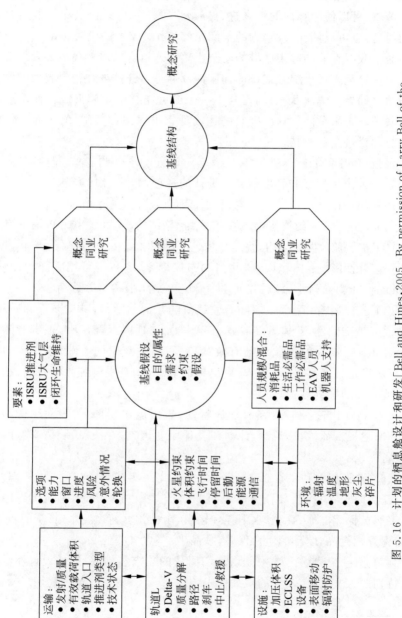

图 5.16 计划的栖息舱设计和研发[Bell and Hines，2005．By permission of Larry Bell of the Sasakawa International Center for Space Architecture (SICSA)]

（8）重力水平影响：失重条件，中立的悬浮姿态，失重操作因素，失重的适应，限制失重的系统，失重环境下的运动，失重对认知的影响，部分失重情况，部分失重情况的好处和限制。

（9）功能区和设备：宇航员保障设备，厨房和起居室，特殊的厨房要素，运动和娱乐，特殊的运动要素，健康维持，健康维持设备，健康维持补给，个人卫生，特殊的卫生因素，垃圾管理，特殊的垃圾管理要素，微重力睡眠因素，特殊的睡眠要素。

此外，还讨论了各种特殊设计理念。

5.6.7　其他栖息舱概念

2013 年和 2014 年，NASA 针对新型探测栖息舱发起了学术创新挑战征集令。2014 年和 2015 年分别选中 7 项和 5 项计划。

关于该计划只能找到一份由 Kibble 和 Jacob 撰写的报告（Kibble and Jacob,2015），他们对俄克拉荷马州立大学设计研发的火星栖息舱进行了讨论①，该项设计概念包括一个实心圆柱加压管结构，该结构有 4 个充气的向外扩展的软圆柱管。充气舱结构包括植物生长系统。最终着陆舱的总质量约小于 7 t。

网上介绍了欧洲的栖息舱设计理念②。法国在该领域已经启动相关工作。

5.7　气动辅助入轨、再入、下降和着陆

本节大部分材料摘自佐治亚理工学院的 Robert Braun 及其学生和 JPL 的 Rob Manning 的论文（Wells et al.,2006；Braun and Manning,2006；Christian et al.,2006）。

5.7.1　引言

本书充分证明了载人火星任务所需的大部分关键技术都是有效地用于火星入轨和从火星轨道降落到火星表面的航天辅助技术。与再入、降落和着陆（EDL）过程使用化学推进剂相比，所需的气动辅助技术可以典型地降

---

① Geoff Kibble and Jamey Jacob（2015）. Martian Greenhouse Design for the NASA Exploration Habitat Program. http://www. space -symposium. org/sites/default/files/downloads/G. Kibble_31st_Space_Symposium_Tech_Track_paper. pdf.

② Self deployable habitat for extreme environments. http://www. shee. eu/news.

低超过 1000 t(甚至更多)的 IMLEO。

下面定义各种气动辅助操作：

直接再入是直接从双曲轨道飞入行星大气层进而下降、着陆,不用先进入到环火星轨道。再入飞行器能够被动(弹道式)或主动控制。被动飞行器被引导到大气层再入之前,然后,根据飞行器形状和大气层特征,开始进入行星大气层。主动控制直接再入飞行器可以自主机动,在大气层中改进着陆位置或者调整飞行路线。海盗号、阿波罗、航天飞机、先锋号金星、伽利略号、火星探路者和 MER 任务都成功实施了直接再入。

在直接再入中,航天器以特定的飞行路径角度飞向火星,并在进入火星引力影响范围后逐渐加速。随着航天器撞击到高层大气,大气阻力会使航天器正面剧烈加热并减速。为了保护航天器,在其前部装配由热防护材料构成的很重的气动外壳。此外,可能需要后壳来避免热气流进入气动外壳后面的航天器中。虽然加热非常剧烈,但是减速的时间持续很短,因此转移到飞行器的热量非常有限。这种方法的劣势是会产生很高的减速负载以及厚气动外壳的质量负担。直接再入产生的加速度可能会超出人类的负荷,但是对于货舱是可接受的。典型的直接再入飞行时序如表 5.14 所示。

表 5.14   直接再入的飞行时序表

步　　骤	高度/km	距上一步的时间	注　　释
再入系统与巡航级分离	12 000	0	再入过程开始
到达火星大气层外部边缘	131	约 30 min	开始减速
达到最大峰值加热速率	37	约 70 s	
承受峰值重力负载	30	约 10 s	15～20 g
打开降落伞	8	约 80 s	
抛热防护罩	—	—	—
着陆	0	约 2 min	最终降落包括几个步骤

推进/气动制动指航天器进入环火低轨轨道(典型的是圆轨道)的过程。如果不采用气动制动,只用化学推进剂将一个即将到来的航天器送入火星轨道需要两步:

(1) 进入一个大椭圆轨道(Δv 约 1.7 km/s)。

(2) 在远火点和近火点点火将轨道降低到高度约 400 km 的圆轨道(Δv 约 0.8 km/s)。

采用气动制动技术可以省去第 2 步,因此,可以将用于入轨所需的 Δv

从约 2.5 km/s 降到约 1.7 km/s。气动制动是一种风险相对较低的轨道机动,包括反复多次下降至大气层内从而产生阻力并降低速度。为了适应大气层的剧烈变化,需要保留较大的性能余量。通常,总的热流量和温度峰值都非常低,所以飞行过程中不需要热保护系统。最主要的受阻表面是典型的太阳能电池阵列,最大受热率(典型值约 0.6 W/cm^2)用太阳能电池阵列的温度极限(典型值约 175℃)来描述。气动制动在许多地球、金星和火星任务中被采用。尽管气动制动在自动化方面持有很大的优势,但是气动制动仍然是需要有人密切关注的过程,需要全天候的维护来支持导航、航天器、飞行程序、大气模型和管理团队等之间几个月的密切合作。气动制动的时间序列[①]如图 5.17 所示。在这种特殊情况下,调整到最终轨道需要约130 天的气动制动。

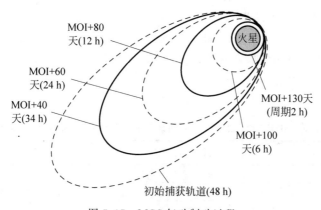

图 5.17　MGS 气动制动过程

气动捕获指利用行星大气层使航天器减速到轨道捕获速度并在一圈内入轨的轨道机动。快速降落到大气层内会产生很大的负加速度并且加热过程也需要厚重的热防护罩(减速伞)。入轨后航天器轨道环绕火星,如图 5.18 所示。随着航天器出大气层,热防护罩被抛掉,同时执行推进机动来提高近火点。整个操作过程很短暂,需要航天器在行星大气层中自主操作。然后,采用终级推进机动调整近火点。

其中一种设计是使初始气动捕获产生的大椭圆轨道半长轴约为10 000 km,偏心率约为 0.34(Christian et al.,2006)。后续机动将近火点抬高到安全高度 400 km(远火点降到约 3800 km),这需要约 250 m/s 的 Δv。

气动捕获被多次提出来并计划实施,甚至打算将其用于 MSP 2001 轨

---

① 　Mars Global Surveyor. http://mgs-mager.gsfc.nasa.gov/overview/aerobraking.html.

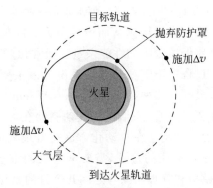

图 5.18　气动捕获中的时间序列

道器上，但是，还没有真正执行过气动捕获。MSP 2001 轨道器存在一个变化——在气动制动后进行了推进捕获。但是，回顾一下 MSP 2001 轨道器的设计还是有意义的。该设计在再入大气层后约 2 min 达到最低高度（约 50 km），在该点达到最大减速（约为 4.5 个地球重力）。到达最低高度后约 9 min（再入大气约 11 min）退出大气层。与该系统相关联的各种参数如表 5.15 所示。

表 5.15　MSP 2001 轨道器气动捕获系统的特征参数（任务 B 阶段末期）

项　　目	参　　数
最大减速	在 48 km 高度处约 4.4g
最低高度	约 48 km
高度低于 125 km 持续时间	约 400 s
火星再入前的质量	544 kg
热防护罩的质量	122 kg
后壳质量	75 kg
再入系统总质量（包括所有结构和机制）	197 kg
再入系统质量/火星再入前的质量	0.36
再入系统质量/入轨后的质量	0.6
接近段的质量/入轨后的质量	1.66
气动捕获后抬高近火点机动的燃料质量（400 km 圆轨道）	20 kg
火星轨道上的载荷质量	327 kg

　　MSP 2001 轨道器选择气动捕获和气动制动的比较如表 5.16 所示。需要注意，气动捕获再入系统的质量约为火星入轨质量的 60%。气动捕获相对气动制动在减轻质量方面的优势很小。但是，气动制动的劣势是需要几个月的时间，而气动捕获只需要几天就可以完成。

表 5.16　MSP 2001 轨道器选择气动捕获和气动制动的比较

项　目	气动捕获系统质量/kg	推进捕获/气动制动系统质量/kg
发射质量(净重)	647.00	730.00
巡航阶段	71.00	71.00
巡航推进剂	32.00	32.00
再入系统	197.00	0.00
火星处的推进剂	20.00	321.00
载荷质量	327.00	377.00
载荷质量比	0.51	0.52

5.7.2　无人驾驶航天器的经验

引言

在 2012 年的 MSL 任务前,Braun 和 Manning 指出,美国成功地在火星表面着陆了 5 个无人驾驶系统。因为需要在大气密度高的环境下执行 EDL 操作,这些系统着陆质量均小于 600 kg,着陆的巡视器轨迹在 100 km 量级,着陆点低于 -1 km MOLA 海拔。因此,2012 年火星好奇号着陆时,质量为 907 kg,着陆点在预定落点的 2.5 km 范围内,预定着陆区为 7 km× 20 km 的矩形区域。对于载人火星任务,实现着陆的探测器质量不小于 40 t。根据 NASA 任务理念,着陆器载荷将被气动捕获到火星轨道,然后降落到表面。由于一些有效载荷必须着陆在同一地点,需要 10~100 m 的精确着陆。相对无人驾驶着陆器,载人任务同时具备以下条件:可着陆质量提高两个量级,着陆精度提高 3 个量级,而且 EDL 操作需要在较低密度(较高表面仰角)环境下完成。

2012 年,无人探测系统工程师努力使可着陆质量提高到 2 t,同时将着陆误差降到 1 km 量级,着陆点 MOLA 海拔达到 0 km。2012 年 MSL 取得了巨大的进展,但是,在载人规模的有效载荷能够精确着陆到指定地点之前,还需要开展大量工作。目前正在研发的 2020 年火星巡视器与 MSL 相似。

大气变化

相比地球,火星大气更稀薄,大气密度约为地球的 1/100。因此,火星再入飞行器倾向在更低的高度减速,而且依赖质量,火星再入飞行器永远不会达到地球气动探测器亚声速的最终降落速度。因为在火星上超声速减速发生的高度比地球上低很多,留给 EDL 的时间就减少了。在火星上,当速度已经低到足以展开超声速或亚声速降落伞的时候，飞行器可能已经非常接近地面，没有充分的时间为着陆做准备。一个火星年内的大气变化限制了研发通用 EDL 系统的能力。此外，大量的大气尘埃含量（随机发生）提升了低层大气的温度，降低了大气密度并且要求着陆点仰角的选取尽量保守。火星表面海拔的双边模型更是增大了火星 EDL 的难度，因为大气减速不充分，所以火星表面有足足一半的区域是以前的着陆器没有着陆过的。目前，所有成功的火星着陆点高度都低于 −1.3 km MOLA。综合考虑火星大气密度低和任务对减速的需求，再入系统的设计需要产生高超声速阻力系数。美国 2012 年发现号任务之前的所有火星表面探测任务都采用海盗号时代的 70° 球形圆锥减速伞系统，发现号使用的是直径 4.5 m 的非对称双锥后壳和热防护。

减速伞外形和尺寸

研发火星气动辅助系统的主要挑战是稀薄的大气层。为了留出用于最后降落伞下降的高度并完成快速减速，相对需要减速的质量惯性力和气动力必须尽可能的大。惯性力和气动力的比值被定义为弹道系数（kg/m^2）：

$$\beta = m/(C_D A)$$

其中，m 为飞行器质量；C_D 为探测器阻力系数；A 为参考面积，通常根据直径最大值选取。

弹道系数较小的飞行器会在火星大气层较高高度获得较低的峰值热速率和峰值减速值。该系统的特点是后续的降落和着陆的时间余量更大。为了降低弹道系数，系统设计师要尽可能研发直径更大的减速伞，而减速伞的直径尺寸通常受限于发射运载器和（或）集成与测试设备的物理容积。对于无人探测任务，Delta II 型发射运载器能够容纳直径 2.65 m 的减速伞。造价更高的 Atlas V 型运载系统能够容纳直径 5 m 的减速伞。

为了实现较小的 $\beta = 64$ kg/m^2，海盗号任务的再入器设计为 70° 球形圆锥减速伞形（如图 5.19 所示）。海盗号任务研发了减速伞、SLA-561 V 型弹体前部热防护材料和超声速圆盘缝隙带降落伞。经过一些改进，这三个 EDL 部件构成了所有火星 EDL 架构的支柱。目前，火星任务的 β 范围为 $63 \sim 94$ kg/m^2。

为了能够在火星上着陆更大质量的探测器，需要采用 β 值较大的探测器。虽然这会降低降落伞展开时的可用高度，但是 β 值大到某个值时就会导致探测器无法安全着陆。此外，随着 β 值的增大，火星上的仰角也会增大从而导致着陆机会减少。Braun 和 Manning 指出 $\beta \approx 150$ kg/m^2 可能是

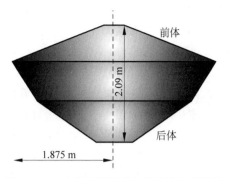

图 5.19　70°球形圆锥减速伞形的经典设计

"所能预见的未来几十年无人火星系统 β 的最大值"。为了防止 β 随 m 的增大而增大直至超过可容许的值，m/A 比值必须保持接近常数。m 随着再入器的容积增大而成比例的增大，再入器的容积与标准尺寸的立方体成正比，但是面积随标准尺寸的平方增长而增大。因此，减速伞内填充物的密度必须随 m 增大而降低。这意味着需要增大面积以适应 m 值的增大。

　　Braun 和 Manning 提出，为了增加火星着陆质量，可以变相地降低 β，采用非常大的超声速减速器。可充气再入减速伞是合理的选择。他们明确指出，β 低至 $25~\text{kg/m}^2$ 的钝体再入器具有不需要单独的超声速降落伞的优势。这些系统只需要一个稳定性浮标和大的亚声速降落伞或推进减速器。但是，减速伞依然非常大（对于一个 1 t 着陆器，减速伞直径必须达到约 11.5 m）。这样的系统必须在地球上进行类火星环境的全面测试（在很高的高度和超声速下）。

　　2012 年火星好奇号着陆器基于类似设计，利用 4.5 m 热防护罩和后壳将质量为 907 kg 的有效载荷放置到火星表面，其弹道系数为 126 kg/m^2。

亚声速降落伞

　　无延迟的火星再入系统最终速度通常大于每秒几百米。以该速度撞击会破坏着陆器。因此，所有以前和现在规划的 EDL 结构都采用超声速降落伞来使飞行器在高度降到很低之前减速到亚声速。除了增加阻力外，降落伞还可以通过超音速系统和明显增加的降落 β 值提供足够的稳定性，为减速伞前体（防热罩）正向分离留出余地，这是着陆准备中的关键步骤。

　　美国所有的火星着陆系统都采用直接在海盗号任务降落伞基础上研发的降落伞系统。1972 年，海盗号任务降落伞在地球大气层内进行的高海拔和高速度合格性测试成功地在火星相关环境中实施。由于测试费用昂贵，从此以后再也没有进行过类似测试。相反，所有后续火星 EDL 系统包括即将实施的任务所采用的系统都依赖类似海盗号设计的充气合格性,重点在于通过较低成本的亚声速和静态测试关注降落伞强度合格性。海盗号项目选取圆盘状开口带型(DGB)降落伞,由 1 个顶棚、1 个小的开口和 1 个圆柱形带组成。该系统的直径为 16.1 m。火星科学实验室(MSL)配置了一个直径 15.5 m 的超声速降落伞。为了使更大质量的着陆器降落到火星上,需要开展一个新的高海拔超声速降落伞合格性项目,该项目可能会很昂贵且耗时。

一旦达到了亚声速条件,就可以利用成本较低的更大的降落伞进一步降低速度,也可以潜在提供额外的时间用于着陆器重组和探测。对于大质量着陆系统,这种分级降落伞系统可以提供足以弥补其固有复杂性和有风险的、无法抗拒的系统级好处。

着陆精度

在 MSL 之前所有的火星着陆器都采用飞行弹道(无升力)再入方式,因此没有办法在大气层飞行轨迹上使用气动控制。这样设计的着陆点覆盖区相当大(沿椭圆长轴方向 $80\sim200$ km)。为了进一步提高着陆精度,可以采用能自主调整在火星大气层中飞行姿态的、可获得尽可能接近选定着陆点的实时超高声速制导算法,改进后的进场导航有望缩小着陆点覆盖区(大概到 60 km)。MSL 任务将迈出高精度火星着陆的第一步,联合气动机动技术和改进的进场导航技术可以使着陆器着陆到指定目标数千米范围内,目标区域为 7 km×20 km 的矩形。这种进步依赖改进星际导航技术和由自主大气层制导算法指引的升力减速伞构造的合格性,该算法在大气飞行的高动力压阶段控制减速伞的升力矢量。

MSL 的历程

本节摘自 NASA 网站。

MSL 减速伞在设计方面与海盗号相似,但它的直径为 4.5 m,而海盗号减速伞直径为 3.5 m。

火星科学实验室(MSL)首次采用所谓的空中起重机轨道机动的"软着陆"技术。MSL 的庞大质量限制了工程师们不能采用类似的气囊将巡视器安全地放到火星表面,为了容纳这种附加质量,工程师们设计了空中起重机程序将巡视器降落到火星表面上。

在降落伞使巡视器减速且热防护罩分离后,下降级与后壳分离。下降级采用 4 个转向舱使嵌套其中的巡视器减速,并进一步削弱水平风的影响。当巡视器速度几乎降到零时,巡视器从下降级中释放出来。系船索和"脐带"进一步降低巡视器的速度,将其放到火星表面。当星载计算机探测到着陆成功时,就会切断系船索。然后,下降级与巡视器分离,全速前进,在距离 MSL 很远的地方撞击着陆。

MSL 是首次采用精确着陆技术的行星任务。为了实现制导再入,MSL 具备星载计算能力,可以自主控制到达预定的着陆点。另一项创新是其具备在整个 EDL 过程中处理接收信息的能力。

精确着陆技术有利于确保安全着陆的可能性。实现精确制导再入可以将 MSL 的着陆精度从百公里量级提高到 20 km。这项能力有利于消除一些不确定的着陆危险因素,这种因素一般可能在大椭圆着陆时出现(例如,在较大的区域范围内可能会遇到着陆到陡峭斜坡上或岩石地形区的情况)。这也为未来任务所需的定点着陆能力奠定了技术基础。

动力下降的使用建立了稳健高效的着陆系统。与 NASA 早期的巡视器任务不同,MSL 采用动力下降到火星表面而不是采用气囊方式。在降落伞使巡视器减速且热防护罩分离后,下降级开始将航天器放到火星表面。反推火箭使飞行保持平稳,从而保护它不受水平风的影响。MSL 降落到火星表面时,还拥有三组系绳和一个电子"脐带"。

降落成像系统给出了 EDL 过程的图片。尽管还不知道该系统在 MSL 上使用的效果,但未来有望将该系统应用于下降穿过火星大气层时对火星表面危害的探测和规避。MSL 上采用降落成像系统的目的是使任务团队基于下降过程中搜集的火星表面图像,对巡视器着陆的精确位置做出早期判断。

整个过程如图 5.20 所示。此外,可以获取到 MSL EDL 段的信息(Way et al.,2006)。还有一份非常好的综述,通过令人印象深刻的图片介绍了自动 EDL 系统(Sostaric,2010)。

新设计的机器人大小的 EDL 系统正在研发中。Clark(2012)介绍了正在研发的新一类超音速减速器。该减速器包括一个 6 m 附加的圆环形 SIAD(超音速充气气动减速器),一个 8 m 直径的附加等强度 SIAD,一个约 4 m 的拖曳降落伞和一个大的 33.5 m 直径的环帆降落伞。Masciarelli 和 Miller(Masciarelli and Miller,2012)给出了超轻降落伞技术的优势。一种部分气球部分降落伞的新型降落伞被设计成可展开、充气的阻力装置,这种设计可以在高度和速度较高时实现减速(Mascisrelli,2008)。但是,这些文献资料没有明确降落伞的性能参数。

表 5.17 给出了对无人着陆器使用的减速伞的比较。

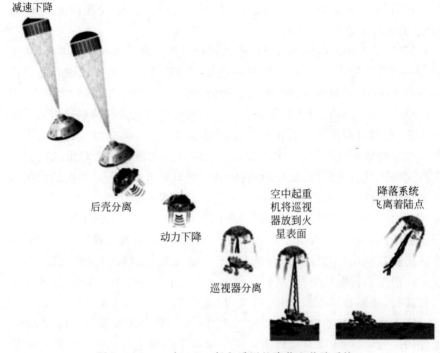

图 5.20　2012 年 MSL 任务采用的降落和着陆系统

表 5.17　着陆到火星上的减速伞比较（Munk，2013）

	海盗号 1/2	探路者号	MER A/B	凤凰号	MSL
直径/m	3.5	2.65	2.65	2.65	4.50
再入质量/kg	980.0	585.00	840.00	600.00	3260.00
弹道系数/(kg/m^2)	66.0	63.00	90.00	65.00	140.00
着陆质量/kg	600.0	360.00	540.00	410.00	1540.00
有效载荷质量/kg		10.50	185.00		900.00
有效载荷质量/再入质量/%		2.50	22.00		28.00
着陆高度/km	−3.5	−1.50	−1.30	−3.50	−4.40
峰值热率/(W/cm^2)	21.0	106.00	44.00	59.00	<210.00

5.7.3　载人火星任务的再入、下降和着陆需求

5.7.3.1　佐治亚理工学院的最初成果

载人火星探测任务需要将巨大的、非常重的飞行器送入火星轨道，进而

送到火星表面并将宇航员也送到火星表面。虽然直接再入被证明可以将货运舱送到表面,但是载人着陆任务显然应采用两步过程:初始进入环火星轨道后离轨,再降落到表面。

载人火星任务的飞行器质量可能大于 30 t,甚至大于 60 t。如果在转移轨道段采用化学推进剂,所需要的 IMLEO 将会增加数千吨,使得任务的成本和复杂性超过限制。因此,所有的 DRMs 都假设利用全气动辅助。利用气动辅助将这样一个大质量的飞行器送入火星轨道或将它送到火星表面,给任务设计者们提出了重大的后勤和技术挑战。

定点着陆的精度要求为 10~100 m。再入系统的可靠性必须非常高。再入期间的环境控制也是非常必要的,要同时考虑到温度和重力。

所有进入火星的过程都开始于火星轨道的气动捕获。但由于气动捕获过程持续时间长而被认为是不合适的。

Wells 等(Wells et al.,2006)开展了入轨和降落过程的仿真模型研究。对于入轨过程,他们假设 5g 是非健康状态的宇航员在短时间段内可容忍的最大减速极限。

气动捕获轨迹研究的开展可以确定边界再入速度以保证进入 400 km 环火星圆轨道的气动捕获再入走廊宽度至少为 1°。这可以适应到达时飞行航道倾角的导航需求为 ±0.5°。对于升阻比 $L/D=0.3$ 的飞行器,再入走廊宽度的这个限制会将载入速度限制在 6~8.8 km/s,这对应了大范围的星际轨道选择。因此,Wells 等得出结论,升阻比 $L/D=0.3$ 的再入飞行器可以满足火星气动捕获的要求。

气动捕获后,载人或货运飞行器必须实施再入、降落和着陆。假设在气动捕获时加速度极限是 5g。Braun 等估计的初始降落轨道的最终高度是质量的函数,具有马赫数为 2、3 和 4 的可变边界条件。这些结果定义了通过降落伞或推进剂或其他方式联合提供降落减速的可用高度。他们考虑了两种选项:①单个防热罩用于气动捕获轨道入轨和降落;②双防热罩,1 个用于气动捕获轨道入轨,降落前抛掉,降落时使用第 2 个。

单防热罩方法的优势是操作简单。但是,Braun 和 Manning(Braun and Manning,2006)就该方法提出了 3 点顾虑:第 1 点,既然热防护系统(thermal protection system,TPS)的尺寸必须考虑严苛的气动捕获环境,那么,飞行器需带着质量更大、弹道系数更高的防热罩实施离轨再入,这个防热罩是考虑降落、急剧加热和减速等名义上的标称配置。这也降低了飞行器减速到马赫数 3 或 4 的过渡高度时的高度;第 2 点,如果飞行器没有在气动捕获机动后抛掉气动捕获防热罩,那么飞行器必须被设计成能够承受从热防护系统(TPS)浸入到飞行器内部结构的大量热量；第 3 点挑战来自已经进入火星轨道的飞行器必须在降落前有效运行。还不明确如何容纳能源、热、轨道调整推进剂、通信系统和减速伞限制范围内的其他所需功能系统,这隐含了飞行器的后壳(可能的话还有前面部分)必须具有存放太阳能电池阵列、辐射计、发动机、推进器和天线等的空间。

TPS 构造的替代方式是为 EDL 之前的初始气动捕获使用独立的、嵌套的防热罩。这样带来的好处是气动捕获机动后立即可以抛掉热的气动捕获 TPS,可以采用更轻的 TPS 完成再入,由此可以使轨道机动中的弹道系数最小化。这种方法的缺点是在飞行器上安装两个防热罩时需要采用额外的方法来保障主防热罩结构并能够在分离时不破坏次级防热罩,而且会导致总质量增加。

针对采用单个或双防热罩,采用或不采用 30 m 降落伞辅助推进降落,分别开展了 10 m 和 15 m 直径防热罩的再入/降落系统分析。

EDL 系统的总质量由所估计的每个主要的 EDL 分系统[防热罩、主推进系统、反应控制系统(RCS)、后壳和降落伞]的质量相加来获得。此外,还包含了 EDL 净重 30% 的余量。

推进 假设主降落推进系统是液态双推进剂发动机,额定脉冲为 350 s 的 LO_x-CH_4 推进系统(注意,本书一直采用 360 s,而 NASA 不知为何在 DRMs 中采用 379 s)。推进剂的总质量可以通过动力下降段运动方程的积分来计算得到。

降落伞 分析发现,如果降落伞足够轻,那么可以降低整个 EDL 的质量。如果降落伞太重,要最小化 EDL 质量,只能全推力下降而不带降落伞。理论上,降落伞系统的质量占再入系统总质量的 1%～8%。不同情况下,降落伞质量有所不同,比较了有无降落伞的 EDL 总质量,可得,最大容许的降落伞质量百分比是由降落伞产生的净效益相比全推力下降来确定的。

防热罩 防热罩质量与两个因素有关：①可燃烧 TPS 材料的需求量；②基础结构的质量。TPS 质量通过计算预估的升温率所需厚度来确定。在单个防热罩情况下,即火星气动捕获和再入使用同一个防热罩,所需的总厚度是每个独立级所需厚度的总和。基础防热罩结构按照再入系统总质量的 10% 来估算。

后壳 后壳质量按照再入系统总质量的 15% 来估算。通常在载人任务设计中,减速伞被整合到飞行器主结构中,这是因为有研究表明,这种设计会使运送到火星表面的有效载荷实现净增长。

反应控制系统 假设飞行器的 RCS 构型采用单肼和四氧化氮混合推进

剂,额定脉冲约为 289 s。推进剂储箱和推进系统采用传统方法进行测量。

最初的研究比较了采用减速伞下降到约 3 Ma(马赫),然后不用降落伞而用推力减速最终降落到表面的不同情况。这项研究不包含降落伞是因为降落伞质量的不确定性比较大。这项比较可以用来确定最具有前景的防热罩策略(单个还是两个),再入飞行器的升阻比以及最终引力垂直向下转向所需的马赫数量。各种不同的参数如下。

(1) 再入飞行器 $L/D = 0.3$ 或 0.5;

(2) 防热罩:单个或两个,10 m 或 15 m 直径;

(3) 最终引力转向:2 Ma 或 3 Ma;

(4) 火星再入系统(再入系统和有效载荷的总和)的总质量:20~100 t。

选定的优值系数是分配给再入系统的总再入质量的百分比(有效载荷相对总质量的百分比是 100 减去此值)。注意:最好的系统应该有最低的优值系数。研究发现,通常情况下采用单个防热罩相比双防热罩的优值系数更好。对于覆盖所有参数的运转状况集合,优值系数变化范围从最低 65% 变到最高 94%。对于一个 15 m 防热罩和 2 Ma 的引力转向,总再入质量小于 60 t,最佳优值系数平均约为 67%。这表明,运到火星总质量 1/3 的有效载荷可以在这个质量范围内到达火星表面(满足该条件的最大有效载荷质量为 20 t)。对于更高的总再入质量,采用 L/D 为 0.3 或 0.5 及引力转向为 3 Ma 的单个防热罩也可以得到类似的结果。总再入质量从 60 t 到 100 t 的设计,优值系数是 70%,这表明,当总再入质量在这个范围内时,有效载荷的最大值为 18~30 t。

利用这个场景作为分离点,可以评估降落伞系统(最大直径 30 m)的潜在优势。对这个结果进行检验后发现,只要降落伞质量不超过总再入质量的约 3% 而且用了 3 Ma 展开降落伞增强系统就会具有非常好的效果。图 5.21 给出了不同降落伞质量百分比对应的优值系数,它是总再入系统质量的函数。

注意,当降落伞质量的百分比在 3%~4% 时,降落伞能否提供帮助是不确定的。假设再入质量是 60 t,图 5.22 给出了两种场景的质量细目比较。在这个例子里,装备了降落伞(占总再入系统质量的 3%)的系统能够将占总质量比例为 33% 的有效载荷运到火星表面,而仅有推进选项只能将占质量比例为 29% 的有效载荷运到火星表面。(但是注意,着陆有效载荷的质量几乎为 40~60 t,这意味着再入质量达到 120~180 t。)

Wells 等(Wells et al.,2006)得出的结论是:

根据预期的着陆质量需求,载人火星探测气动捕获及 EDL 系统与现有

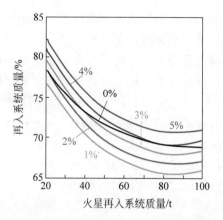

图 5.21　再入时各个质量组成部分 EDL 相关系统消耗的总质量百分比
[Based on Wells et al.(2006).见文前彩图]

这些数据对应飞行器直径为 15 m,L/D 为 0.3

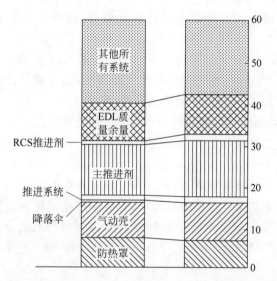

图 5.22　对于直径 15 m、60 t,L/D 为 0.3,单个防热罩飞行器有无降落伞
(占总再入质量的 3%)的质量细目[Based on Wells et al.(2006)]

"其他所有系统"指 20 t 或 17.4 t 的有效载荷

的以及未来 10 年的无人系统相比都没有共同点。因此,需要重大技术和工程投入以实现载人火星任务所需的 EDL 的能力。需要进一步分析的先进技术包括气动捕获……高马赫气动减速概念,而不是降落伞、超声速推进降落能力和大直径减速伞系统的热防护与结构理念。

　　Wells 等并没有针对气动捕获入轨和降落到表面两个阶段将 EDL 系

统分成各自独立的部分。看上去防热罩和减速伞的主要质量用于入轨部分,而推进剂(当然还有降落伞)的主要部分归于降落部分。既然估算的总EDL 系统质量约为接近火星质量的 70%,再入系统质量需求可以按照如下估算:对于 100 t 的接近火星质量,约 30 t 可以着陆到火星表面。剩余的70 t 包括两个次再入系统,其中约 40 t 分配给气动捕获入轨,约 30 t 分配给降落和着陆系统。这样,一个 40 t 的再入系统能够将 60 t 质量放入环火轨道,但在轨道上 30 t 质量是降落与着陆器系统的。可得到结论如下:对于大质量,入轨再入系统估计约为入轨质量的 40/60,即 67%;入轨、降落和着陆再入系统约为着陆有效载荷质量的 70/30,即 230%。

5.7.3.2　佐治亚理工学院的第二部分成果

在随后的研究中,Christian 等(Christian et al.,2006)指出,EDL 的大部分关键技术与防热罩设计有关。他们采用碳-碳(而不是纤维结构)作为热防护材料,而且发现单个防热罩性能更优越。但是,他们预估制造能力的限制会使任何一种碳-碳嵌板的最大直径不超过 5 m,为此碳-碳部分必须被镶嵌到较大直径的飞行器表面,从而会导致飞行器迎风面上产生大量缝隙。再入后,被保护的降落发动机必须被暴露出来。他们建议两种选项:①在发动机点火前抛掉防热罩;②打开防热罩的门使发动机暴露出来。他们在报告中指出这两个选项都面临关键挑战。其他选项由于过于复杂或风险太大不予考虑,包括在飞行器侧面或顶部或面向飞行器的背风面安装发动机。

他们还发现,在火星表面卸载货物增加了对构造的挑战。第一个问题是从火星表面的高平台上卸载货物。考虑到着陆传动装置、发动机尺寸和推进剂储箱,货物不可能非常接近火星表面。第二个问题是后壳是否在着陆前被抛掉的问题。在载人飞行器或压缩有效载荷着陆过程中,从压力舱和主结构中分离后壳可能会造成超大的质量、体积和复杂的嵌板的问题。因此,研究决定采用可以被集成到飞行器主结构上而且不用被抛掉的后壳。对于这种外形的飞行器,下降发动机结构也存在大量有意思的挑战。

研究包括直径为 10 m 和 15 m 的再入飞行器。防热罩包括热防护系统(TPS)材料和基础结构。假设碳-碳的厚度是 1 mm(密度是 1890 kg/m³),纤维结构的隔热材料(密度是 180 kg/m³)厚度可以根据任何时刻接合部温度保持在 250℃ 以下的原则来选择。对于 10 m 和 15 m 直径的飞行器,估计基础防热罩结构的质量分别是总再入质量的 10% 和 15%。

一个重要问题是在载人火星任务降落过程中采用降落伞是否可行。研

究表明,"基于材料强度和稳定性方面的考虑导致降落伞直径被限制在
30 m。"研究中调研的所有情况都突破了这个限制,需要直径 30 m 的降落
伞。因此研发了一个降落伞大小的工具来估计降落伞的质量。

假设后壳和主飞行器结构占飞行器干重的 25%。

假设 EDL 过程的动力飞行段采用推进系统,该推进系统利用混合比例
为 3.5、比冲约为 350 s 的 LO_x-CH_4 作为推进剂。正如多次指出的一样,
该值低于 NASA DRMs 的假设,但是与 Thunnisen 等的估计很一致,见
图 4.2。

该工作组先前的一项工作表明,30%的应急质量用于再入飞行器干重,
见表 5.18。

表 5.18   对于直径 15 m,质量 60 t,$L/D = 0.3$ 的再入
飞行器质量分解(Christian et al.,2006)

要 素	无降落伞的质量百分比/%	有降落伞的质量百分比/%
有效载荷	21.4	23.2
防热罩	17.7	17.7
后壳和结构	14.2	14.3
推进系统	2.8	2.5
降落伞		0.4
指令/控制/通信	0.8	0.7
功率	2.2	2.2
着陆装置	1.8	1.9
余量	17.1	17.1
降落推进剂	13.7	11.7
RCS 和 OMS 推进剂	7.9	7.9

研究中的优值系数是有效载荷比例＝着陆有效载荷质量和初始质量
(有效载荷质量和再入系统质量的总和)的比值。他们比较了 $L/D = 0.3$
和 $L/D = 0.5$ 的再入飞行器的结果,发现较低的 L/D 可以运送稍大的有
效载荷着陆到火星表面。结果如图 5.23 所示。

由图 5.23 可见,采用直径较小的再入飞行器有效载荷比例较高。但对
于初始质量大于 60~80 t(着陆有效载荷质量为 18~20 t)的情况,采用较
小的再入飞行器并不现实。采用较大的再入飞行器(直径 15 m),初始质量
约为 100 t,可以将 25 t 的有效载荷送到火星表面,此时有效载荷比例约为
0.25。在 NASA DRMs 中,假设有效载荷比例为约 0.7。NASA DRMs 显
然低估了将沉重的载荷放到火星表面的难度。

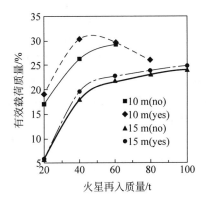

图 5.23　对于直径为 10 m 和 15 m，$L/D=0.3$ 的再入飞行器能够运到火星
表面的有效载荷所占初始质量的百分比(Christian et al.，2006)
图中，"yes"和"no"表示是否使用降落伞

另一个重要考虑是减速伞可利用的体积是多少。研究结果表明，在直径 10 m 和 15 m 的再入飞行器中，加压体积分别小于或等于 60 m³ 和 287 m³。这种加压体积的主要部分被货物、宇航员食宿物品和其他分系统占据，导致居住体积显著降低。研究发现，虽然这种小的太空舱可以用在短时间的降落和上升过程中，但在长期表面停留中是远远不够的。他们认为，载人火星任务需要配备一个专门的栖息舱，而足够尺寸的刚性栖息舱不能适配太空舱的胶囊形状。可充气栖息舱可能是必然的选择。

5.7.3.3　佐治亚理工学院的第三部分成果

Steinfeldt 等(Steinfeldt et al.，2009)在 2009 年开展了对火星 EDL 的研究。他们指出：

开展了对火星 EDL 设计空间的参数研究。再入速度、再入飞行器构型、质量和超音速减速方法等都与之前不同。特别关注再入飞行器的外形和超音速减速技术行业。同时测试了升阻比(L/D)为 0.68 的"纤细体态"飞行器和升阻比为 0.30 的"钝体态"飞行器。结果表明，虽然 L/D 较大的纤细再入构造更有利于最终下降，但是，钝体系统的结构效率较大，而且所需热防护系统面积减小，这两点共同作用反而使飞行器内在变得更轻便。由于超音速降落伞系统对于开展后续深入研究来说过于庞大，所以超音速减速技术行业关注可充气气动减速(inflatable aerodynamic decelerators，IAD)和超音速制动火箭推进技术。当再入质量(到达火星大气层顶部时的质量)在 20～100 t 时，可以实现的最大有效载荷能力为 37.3 t。特别需要注意的是，随着再入质量的继续增加，有效载荷质量的增加会减缓。结果还表明，钝体飞行器可以产生足够的垂直 L/D 以便使再入质量减速，该再入质量在飞行器穿越整个火星大气层的过程中都得到了仔细考虑，在这个过程中火星大气层为推进末端下降提供了充分的预备环境。纤细飞行器存在约为 30% 的有效载荷质量分数损失。这项调研的另一项发现是，增加气动热和气动载荷（由直接再入轨道而来，速度约为 6.75 km/s）使有效载荷质量比例相对从环火轨道再入（约为 4 km/s）降低了约 15%。值得注意的是，依据再入质量、构造和速度方面来评估 IAD 和超音速制动火箭推进技术，结果表明 IAD 在各方面的质量效率都更高。此外，还测试了这些结果对于建模假设的敏感度。纤细飞行器的有效载荷质量对建模假设和不确定性的依赖程度是钝体飞行器的 4 倍以上。

　　Steinfeldt 等利用两种有代表性的系统外形：①钝体，70°球锥体，外形与之前的有自动装置的火星再入体类似；②纤细型 10 m×30 m 的椭球柱体，外形与 DRM-5 中采用的再入体类似。两种外形的比较见图 5.24。

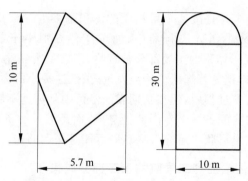

图 5.24　直径为 10 m 的 70°球锥体和 10 m×30 m 的椭球柱体

　　他们还比较了该结果和之前 Christian 等得出的结果的差异（见表 5.19）。

表 5.19　2009 年和 2006 年研究成果的比较

质 量 组 成	Christian 等（2006）		Steinfeldt 等（2009）	
	质量/kg	M/M（再入）	质量/kg	M/M（再入）
热防护	4800.0	0.121	6341.0	0.159
后壳	5000.0	0.125	5124.0	0.128
推进系统	1400.0	0.035	1079.0	0.027
下降推进剂	6400.0	0.160	6749.0	0.169
有效载荷	10 200.0	0.255	10 145.0	0.254
其他系统	8760.0	0.219	7161.0	0.179
气动捕获后的总质量	36 560.0	0.915	36 599.0	0.916
有效载荷质量/再入质量/%	25.5		25.4	

两种情况下,$L/D=0.3$ 的直径 10 m 飞行器到达火星时的质量为 40 t。在紧随气动捕获和再入之前实施的推进机动后,在再入面处系统质量达到 36.6 t。飞行器下降穿过火星大气层,实施推进重力转弯,目标是在 50 m 高度处速度降为 0 m/s。在到达高度 50 m 处后,实施一个 265 m/s 的平移机动,这样才能到达事先指定的着陆点。

还没有证据能够表明,如果能够将 100 t 的质量送到火星,着陆火星表面的最大有效载荷质量也许是 25 t。NASA 的 DRMs 任务中假设能够着陆 70 t 的质量似乎是过于乐观了。

5.7.3.4　载人着陆任务的 EDL

Sostaric 和 Campbell(Sostaric and Campbell,2012)(S&C)回顾了载人火星任务 EDL 的现状和需求。他们指出:

任务成功需要多项要素的配合,其中精确着陆是关键。火星大气稀薄也带来一些附加挑战,这会要求再入过程中的阻力面积足够大。此外,研究表明气动捕获比化学推进捕获在质量方面更具优势。这要求热防护能够承受两次大的热脉冲(气动捕获和再入),两次热脉冲之间的时间间隔会比较长(遇到沙尘暴事件时,可能达到数月量级)。

对于载人着陆,还需要特别注意以下几点:

负载——S&C 指出"在 6 个月地-火转移飞行期间,宇航员在零重力条件下的身体状况明显变差,"因此,宇航员不能在后续阶段(约 100 s 或更长)暴露在超重力中。他们粗略估计,重力限制到约 4g(在所谓的眼球进出方向),约 1g(在所谓的眼球下/侧方向),0.5g(在所谓的眼球上方向)。他们讨论了 EDL 期间的过载问题,指出:"取决于宇航员在再入飞行器中的定向和下降级推进轴的指向,可能需要从再入到动力下降之间的过渡中,重定向宇航员,这样才能满足负载的约束。"这是飞行内部空间设计的重要驱动。

运输——EDL 需要将大型降落系统(约 50 t)从"刚性大型后壳或大型可充气气动超高音速减速器"中分离出来,这时距离火星表面数公里,速度达到超音速条件。

可靠性——载人任务的可靠性和安全性直接决定对构造的选择,而且对总体实施成本有很大影响。

精确着陆——由于货运飞船会先于载人飞船着陆,因此,任务设计中载人飞船的精确着陆是非常重要的考虑因素。在末端下降阶段,非常需要主动再入制导。"为了避免撞到之前放到火星表面的设施以及天然危险物,例如岩石、斜坡或者环形山等，获取关于着陆区的高质量信息是必需的。"

动力下降——"支持超音速制动火箭推进需要启动超音速发动机。最大下降负载可能达到 3g""火星任务的时序非常紧凑""在超音速流条件下，从动力下降开始到抵达表面约为 60 s"。这隐含着"确认关键事件和做出决策必须非常迅速，获取高质量的着陆区域信息也更为重要。"

危害监测与规避——为进一步减少风险，可能需要进行实时危害检测。S&C 提出了几种方法，但还需要进一步研究。

5.7.4　精确着陆

目前准备的每一个火星 DRM 和构想的任何火星任务概念都需要精确定点着陆，包括对于不同发射窗口发射的载荷必须在同一着陆点着陆（相隔约 26 个月、52 个月等）。对于在这一着陆点，并不确定着陆精度需要达到什么水平。这取决于要互联的火星表面组件的机动性。但是，似乎要求着陆点精度是约为 10 m，顶多 100 m 范围。需求可能会变成瞄准点必须被绝对控制在 10 m 以内，实际着陆必须在瞄准点的 10 m 范围内（相对）。Benjamin 等（Benjamin et al.，1997）详细讨论了精确着陆的各种概念。

正如前面讨论的那样，MSL 任务将会向实施火星精确着陆、联合气动机动技术和改进的接近导航技术以实现在特定目标 8 km×20 km 区域的数千米范围内释放探测器迈出关键一步。载人任务的需求包括以 50 倍系数放大着陆有效载荷的大小，按 1000 倍系数提升着陆精度。实现这样的要求还需要研究什么尚不明确，是否已经制定好实现方法也不明确。

Wolf 等（Wolf et al.，2005，2010）分析了机器人科学着陆器在火星上实现定点着陆的方法。EDL 有关定点着陆的处理分为 4 个阶段：①接近段；②超声速再入段；③降落伞段；④动力下降段。接近段从再入大气层前的最后一次推进机动开始到再入的交界面（对于火星的典型高度约 125 km）结束。高超声速再入段从再入交界面开始到降落伞展开（如果有多个降落伞，指第一个降落伞展开）结束。降落伞段始于第一个降落伞展开，降落发动机点火。在稀薄的火星大气（足够高的动力压力和足够低的马赫数）中成功打开降落伞所需要的条件可以在距离火星表面之上典型的 10 km 或更低高度处实现。必须在足够的高度处展开降落伞以保证有足够的时间减速，进而实现软着陆并完成着陆前所有必需的操作。这在着陆点海拔较高且大气密度较低的季节非常难实现，因为这时大气最稀薄而且对系统的要求最高。动力下降段从降落发动机点火开始，直至着陆结束。降落伞在稀薄火星大气层中的最终速度比在地球大气层中大很多。在火星上,降落伞尺寸合适的情况下,典型的下降速率在约 50 m/s 范围内,而且需要利用推进发动机使降落过程充分减速,直到成功实现软着陆。

影响着陆定位不确定性的因素包括在大气层中将航天器导航到预计再入点的不确定性、大气模型不确定性、飞行器气动系数不确定性、地图连接误差和风偏流的影响。目前,火星着陆器的估计着陆精度已经得到不断改进,从火星探路者瞄准的约 150 km 到火星极地着陆器的约 90 km(不太确切),再到火星探测漫游器的约 35 km。

目前,在着陆精度方面的改进主要源于改进接近段导航精度。所有之前的着陆器在 EDL 阶段都无制导弹道飞行。研发了多种改进接近段导航精度的光学成像手段并将用于凤凰号和 MSL 任务中,任务的目标是使着陆误差小于 10 km。

采用最好的接近段导航系统,如果不进一步引入不确定性(例如,风的影响)或再入降落阶段的轨迹修正,粗略估计着陆误差椭圆约为 30 km× 3 km。仅通过改进接近段导航精度来进一步降低着陆误差椭圆似乎是不可能的。采用当前的技术发展最新水平,还估计了额外的不确定性,包括降落推进和降落伞漂移(未采用修正的新技术),这些不确定性使实际着陆椭圆增加了 38 km×5 km。

为了进一步降低着陆误差,需要在超高音体再入、降落伞和动力下降段进行主动控制。在超高音速再入段,再入飞行器减速到 3 Ma 使超声速降落伞能够展开,对该段的控制需要进行两项革新:①通过改变攻角实现引导转向的具有中等升阻比的再入飞行器;②观测飞行器位置与表面已知特征点相对位置的光学手段。将这些与星上存储的地图(由之前其他轨道器拍摄)进行比较,可以确定飞行器在超高音速再入段的位置和速度,由此,可以给上升的再入飞行器注入指令并操作飞行器落向预计着陆点。Wolf 等指出,如果没有降落推进不确定性和降落伞风飘引入的误差,联合最可能的接近段导航和先进的特征成像,L/D 为 0.20~0.25 的飞行器能够产生几十米的着陆误差。但是,风飘可能产生约 5 km 的着陆不确定性,降落推进变化也会额外增加 0.5~1 km 的误差。通过采用基于星上存储的地图实施降落成像特征识别技术,可以极大降低这些不确定性。为了修正这些因素,降落伞必须在足够高度展开,必须给降落推进系统增加更多的推进剂,使控制权操作降落着陆器在最后的 1~2 min 降落。

理论上按照以下方法可以实现定点着陆。采用最可行的先进接近段导航系统，后续不进行控制，着陆误差椭圆可能为 38 km×5 km。利用超高音速再入段的成像结果和存储的表面地图(源于之前在轨拍摄的图片)，采用上升飞行器，可以消除再入段产生的大多数误差。还有一项大于 5 km 的着陆误差是由风和下降推进的不确定性导致的。这项误差的大部分可以采用降落成像融合星上存储的特征地图来消除。实际上，对于大飞行器而言，研发并验证这些能力需要进行一系列技术和经费上的攻关。

相关发表的文献提出了改进火星巡视器级有效载荷精确着陆的方法。Putnam 和 Braun(Putnam and Braun，2012)给出了一个很好的例子。载人级别的飞行器的 EDL 似乎被降级到只能用于做幻灯片演示。

5.7.5　开发/测试和验证计划

笔者参与 NASA 计划 40 余年，期间见证了很多次的管理变更(有些相当突然)、重定向、重组和开发新构想。通常发生这些变化都需要准备路线图。由来自 NASA 各个中心的很多工程师组成一个庞大的团队，共同制定技术发展路线图。这是雄心勃勃而又相当耗资的。由于 NASA 持续支持其拥护者并不断对一些暂停和不可避免的倒退行为进行回应，致使路线图写好后即被束之高阁。用草根工程师的白话来说，这些路线图被称为"俯卧撑"。

2005 年，NASA 路线工作组为 EDL 技术准备了发展路线(Manning，2005)。这个工作组代表了美国大部分行星气动 EDL(AEDL)的经验和能力，他们进行了几十次会议并举行了 3 次为期 3 天的专题研讨会，会上一致同意，不能将现在的机器人 AEDL 系统按照某种比例升级成载人任务级别的 AEDL，而且并不清楚哪种替代方案能最终成功完成载人探测任务。发展路线工作组讨论并审查了很多关键技术，但其中一个挑战是最重要的：如何在足够的剩余高度上将 4 Ma 减到亚声速。可行的方法包括采用超音速推进减速器、Rosebowl 尺寸的超音速降落伞和可充气物品。此外，在气动捕获和再入过程中以及刚结束的宇航员值班过程中，需要理解影响宇航员正常生理机能的减速效应，同时，还需要更好地描述大气变化——风、密度和尘埃，以及载人级别的 AEDL 系统如何适应这些变化。

发展路线工作组为 AEDL 设想了一个持续 25 年的开发和演示验证计划。开始的 12 年分为 3 个平行路线，如表 5.20 所示。

表 5.20　EDL 发展规划概要（Manning，2005）

路线	1~4 年	5~8 年	9~12 年
载人级别的火星 AEDL 开发	确定可以做什么工作；AEDL 结构评估	确定基线：在地球上开展亚尺寸 AEDL 组件开发和结构评估飞行测试	验证 AEDL 模型：按比例缩小的火星 AEDL 验证飞行
验证火星模型	表面模型	通过火星任务验证大气模型	
应用火星机器人交叠技术	定点着陆雷达，地形相关导航，末端制导，避险传感器		

路线	13~16 年	17~20 年	21~25 年
载人级别的火星 AEDL 开发	继续验证 AEDL 模型：按比例缩小的火星 AEDL 验证飞行		
	开发并检验全尺寸硬件：地基和全尺寸开发和在地球上的飞行测试计划		
		实施第 1 次火星载人级别演示验证任务（大于 40 t 着陆能力）	
验证火星模型	继续通过火星任务验证大气模型		
应用火机器人交叠技术	AEDL 通信与导航支持		

　　EDL 开发与验证计划的经费和持续时间都将由先前测试的数量、规模和复杂性来确定，特别是在火星上开展这些测试的时候。显然应该最大化利用在地球高层大气上开展的测试，高层大气密度和火星表面相当，但这种测试是有限的，最终还是要在火星上做相应测试。2005 年，NASA 的 EDL 发展路线在这方面表述不是特别清晰。路线规划指出："全尺寸 AEDL 飞行测试可以在地球上实施（为了在多功能测试中快速反应）。"关于是否需要在火星上开展"全尺寸验证飞行测试"的问题，NASA 的 EDL 发展规划中说："并不一定，但是，AEDL 团队对第一个有人驾驶的全尺寸 AEDL 的概念设计是非常不满意的。载人着陆前的全尺寸无人驾驶 AEDL 先进货运任务可能能够成功。"相反，NASA 的 EDL 发展路线指出，需要在火星上展开约 1/10 比例的 AEDL 飞行测试。地球轨道上进行的大量测试也许可以

用于建立测量准则，利用这些准则可以由火星上 1/10 尺寸的测试结果推测出火星上的全尺寸表现。但是，笔者认为这是不可能实现的。需要验证的系统不仅是再入、下降和着陆，还有定点着陆。所幸货运舱着陆可以提供充分的验证，但是，在载人火星任务前至少需要进行两次这样的着陆演示，并展示在火星上已经建立的基础设施。

NASA 的 EDL 发展规划设想了一个约 25 年的开发和演示验证计划。虽然计划中并没有给出成本估算，但是估计经费有可能大于 100 亿美元。

2010 年，NASA 准备了 EDL 技术发展路线图（Adler et al.，2010）。该发展规划的牵头人是 Mark Adler 博士，他是 NASA 顶级工程师之一。这份发展规划列出了 2010—2030 年的 20 年发展计划。EDL 被分为 4 个部分：再入、下降、着陆和系统。图 5.25 给出了计划各个部分的概要。这份报告中的一个观点是：

如果 NASA 想实施载人火星探测任务，就必须花上几十年来持续地、协同地研究新的 EDL 系统技术。假设 EDL 期间的任务失败概率与发射期间的差不多，那么，EDL 技术发展将由一种提供鲁棒的、可靠的、地球上可测试的方案来确保任务通过可行的思维模式来推动，这是必要的。

也就是说，可以向 NASA 发出挑战，如果真的很想开展载人火星探测，那就必须接受这样的现实——必须致力于开展长期的、高花费的 EDL 研发计划，而且所有的似是而非的幻灯片演示稿中所展示的内容都不能解决这项难题。

这之后几年，Munk(2013)报道了载人尺寸的火星着陆器 EDL 路线图，如图 5.25 所示。

2013 年国际空间探测协调组准备了全球探测路线图[①]，该规划总结道：

全球探测路线图反映出了国际上在载人太阳系探测活动中做出的努力，火星是终极目标。

然而，他们提及的火星 EDL 非常简要，缺少详细内容。

---

① https://www.nasa.gov/sites/default/files/files/GER-2013_Small.pdf.

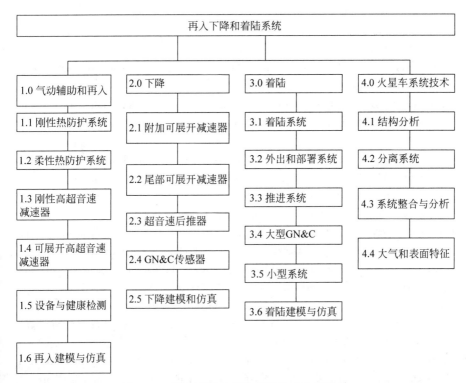

图 5.25　再入下降和着陆系统技术分类结构

参考文献

Adler，Mark et al. 2010. NASA draft entry，descent，and landing roadmap technology area 09. http://www. nasa. gov/pdf/501326main _ TA09-EDL-DRAFT-Nov2010-A. pdf.

Basner，Mathias，et al. 2014. Psychological and behavioral changes during confinement in a 520-day simulated interplanetary mission to mars. PLOS One 9：e93298.

Bell，L.，and G. D. Hines. 2005. Mars habitat modules：Launch，scaling and functional design considerations. Acta Astronautica 57：48-58.

Benjamin，A. L. et al. 1997. Overview：Precision landing hazard avoidance concepts and MEMS technology insertion for human mars lander missions IEEE 0-7803-4150-3.

Benton，Mark，G. et al. 2012. Modular space vehicle architecture for human exploration of mars using artificial gravity and mini-magnetosphere crew radiation shield. AIAA 2012-0633.

Bouchard, M. C. 2015. Crewed martian traverses ii: Lessons learned from a mars analog geologic field expedition. 46th Lunar and planetary science conference (2015) Paper 2596.

R. D. Braun and R. M. Manning. 2006. Mars exploration entry, descent and landing challenges. Aerospace conference, 2006 IEEE, March 2006.

Carpenter, R. Dana et al. 2010. Effects of long-duration spaceflight, microgravity, and radiation on the neuromuscular, sensorimotor, and skeletal systems. Journal of Cosmology 12: 3778-3780.

Carroll, Joseph A. 2010. Design concepts for a manned artificial gravity research facility. IAC-10-D. 1. 1. 4, http://spacearchitect. org/pubs/IAC-10-D1. 1. 4. pdf.

Charles, John, B. 2012. NASA's Human research program. 1st ISS research and development conference, denver, CO, June 27, 2012.

Christian, John, A. et al. 2006. Sizing of an entry, descent, and landing system for human mars exploration. Georgia Institute of Technology, AIAA 2006-7427.

Clark, I. G. 2012. Improving EDL capabilities through the development and qualification of a new class of supersonic decelerators. AIAA-4093.

Cohen, M. M. 2004. Carbon Radiation Shielding for the Habot Mobile Lunar Base, 34th International Conference on Environmental Systems (ICES) Colorado Springs, SAE Technical Paper Series 2004-01-2323.

Connolly, J. and K. Joosten. 2005. Human mars exploration mission architectures and technologies. January 6, 2005. Artificial gravity for exploration class missions.

Cromwell, Ronita. 2014. Artificial gravity research plan. http://ntrs. nasa. gov/ search. jsp? R= 20140011449.

Cucinotta, Francis, A. et al. 2002. Space radiation cancer risk projections for exploration missions: Uncertainty reduction and mitigation. NASA/TP-2002-210777.

Cucinotta, Francis, A. et al. 2005. Managing lunar, radiation risks, part I: Cancer, shielding effectiveness. NASA/TP-2005-213164, 2005.

Cucinotta, Francis, A. et al. 2012. Space radiation cancer risk projections and uncertainties—2012. NASA/TP-2013-217375.

Cucinotta, Francis, A. et al. 2013. How safe is safe enough? Radiation risk for a human mission to mars. PLOS ONE October 2013.

Cucinotta, Francis, A. et al. 2014. Space radiation risks to the central nervous system. Life Sciences in Space Research 2: 54-69.

De la Torre, Gabriel G. 2014. Cognitive neuroscience in space. Life 4: 281-294.

Drake, Bret, G. ed. 1998. Reference mission version 3. 0,—addendum to the human exploration of, mars: The reference mission of the NASA, Mars exploration study team. NASA/SP—6107-ADD, Lyndon B. Johnson Space Center, Houston, Texas.

Durante, Marco. 2014. Space radiation protection: Destination Mars. Life Sciences in Space Research 1: 2-9.

ESA. 2003. HUMEX: A study on the survivability and adaptation of humans to long-duration exploratory missions. ESA Report SP-1264.

Hada, M., and B. M. Sutherland. 2006. Spectrum of complex DNA damages depends on the incident radiation. Radiation Research 165: 223-230.

Hanford, Anthony, J., ed. 2004. Advanced life support baseline values and assumptions document. NASA Report NASA/CR—2004-208941.

Hanford, Anthony, J., ed. 2006. Advanced life support research and technology development metric—Fiscal year 2005. NASA Report NASA/ CR-2006-213694. Joe Chambliss, Joe. 2006. "Exploration Life Support Overview and Benefits" http://ntrs. nasa. gov/archive/nasa/casi. ntrs. nasa. gov/20070010485. pdf.

Hirata, C. et al., 1999. The mars society of caltech human exploration of mars endeavor. http:// www. lpi. usra. edu/publications/reports/CB-1063/caltech00. pdf.

Hoffman, Stephen J. 2011. Lessons learned from NASA's habitat analog assessments. First community workshop on capabilities for human habitation and operations in cis-lunar space: what's necessary now? Moody gardens, Galveston, TX, 21 & 22 September 2011.

Hoffman, Stephen J. and David I. Kaplan, eds. 1997. Human exploration of mars: The reference mission of the NASA mars exploration study team. Lyndon B. Johnson Space Center, Houston, Texas, July 1997, NASA Special Publication 6107.

Jokic, Michael D., and James M. Longuski. 2005. Artificial gravity and abort scenarios via tethers for human missions to mars. Journal of Spacecraft and Rockets 42: 883-889.

Jones, H. 2010. Life support dependability for long space missions. AIAA 2010-6287, 40th ICES (International conference on environmental systems).

Jones, H. W. 2012a. Ultra reliable space life support. AIAA 2012-5121, AIAA SPACE 2012 conference & exposition, 11-13 September 2012, Pasadena, California.

Jones, H. W. 2012b. Methods and costs to achieve ultra reliable life support. AIAA 2012-3618, 42nd international conference on environmental systems, 15-19 July 2012, San Diego, California.

Joosten, K. 2002. Artificial gravity for human exploration missions. NEXT Briefing, July 16, 2002.

Kanas, N. and G. M. Sandal. 2007. Psychology and culture during long-duration space missions. International academy of astronautics study group on psychology and culture during long-duration space missions, Final Report December 17, 2007.

Kennedy, Ann R. 2014. Biological effects of space radiation and development of effective countermeasures. Life Sciences in Space Research 1: 10-43.

Lackner, James R., and Paul DiZio. 2000. Human orientation and movement control in weightless and artificial gravity environments. Experimental Brain Research 130: 2-26.

Landau，Damon F. and James M. Longuski. 2004. A reassessment of trajectory options for human missions to mars. https：//engineering. purdue. edu/people/james. m. longuski. 1/ConferencePapersPresentations/2004AReassessmentofTrajectoryOptionsforHuman MissionstoMars. pdf.

Manning，Rob. 2005. Aerocapture，entry，descent and landing（AEDL）capability evolution toward human-scale landing on mars，capability roadmap ＃7：Human planetary landing systems，March 29，2005.

J. P. Masciarelli. 2008. Summary of ultra-lightweight ballute technology advances. 6th international planetary probes conference June 23-27，2008.

Masciarelli，J. P. and K. L. Miller. 2012. Recent advances in ultra-lightweight ballutes technology. AIAA 2012-4352.

McPhee，Jancy C. and John B. Charles，eds. 2009. Human health and performance risks of space exploration missions. NASA Report SP-2009-3405.

Metcalf，Jordan. 2012. ECLSS capability development roadmap for exploration. http：//www. astronautical. org/sites/default/files/issrdc/2012/issrdc_2012-06-27-0815_metcalf. pdf.

Mohanty，Susmita et al. 2006. Psychological factors associated with habitat design for planetary mission simulators. AIAA 2006-7345.

Munk，Michelle M. 2013. NASA entry，descent and landing for future human space flight briefing to the national research council technical panel. March 27，2013.

Noe，Raymond A. et al. 2011. Team training for long-duration missions in isolated and confined environments：A literature review，an operational assessment，and recommendations for practice and research. NASA Report TM-2011-216612.

Norsk，P.，et al. 2015. Fluid shifts，vasodilatation and ambulatory blood pressure reduction during long duration spaceflight. Journal of Physiology and Neurobiology 169：S1.

Paloski，W. H. 2004. Artificial gravity for exploration class missions? http://www. dsls. usra. edu/ paloski.

Paloski，William H. and John B. Charles. 2014. 2014. International workshop on research and operational considerations for artificial gravity countermeasures. Ames Research Center，February 19-20，2014，NASA/TM-2014-217394.

Putnam，Zachary R. and Robert D. Braun. 2012. Precision landing at mars using discrete-event drag modulation. AAS 13-438.

Rapp，D. 2006. Radiation effects and shielding requirements in human missions to moon and mars. Mars 2：46-71.

Salotti，Jean Marc. 2012. Human mission to Mars：The 2-4-2 concept. Technical report 2012-5-242，Laboratoire de l'Intégration du Matériau au Système （UMR5218）Ecole Nationale Supérieure de Cognitique Institut Polytechnique de Bordeaux.

Sandal, G. M. , et al. 2006. Human challenges in polar and space environments. Reviews in Environmental Science & Biotechnology 5: 281-296.

Sanders, J. and M. Duke. 2005. ISRU capability roadmap team final report. Informal report (Colorado School of Mines) March 2005.

Sargusingh, Miriam J. and Jason R. Nelson. 2014. Environmental control and life support system reliability for long-duration missions beyond lower earth orbit. 44th international conference on environmental systems, 13-17 July 2014, Tucson, Arizona.

Schaffner, G. 2006. Bone changes in weightlessness. http://ocw. mit. edu/courses/aeronautics-andastronautics/16-423j-aerospace-biomedical-and-life-support-engineering-spring-2006/readings/ bone_background. pdf.

Simonsen, L. C. 1997. Analysis of lunar and mars habitation modules for the space exploration initiative (SEI). Chapter 4 in Shielding strategies for human space exploration, Edited by J. W. Wilson et al. , NASA Conference Publication 3360, December, 1997.

Sorensen, K. 2006. A tether-based variable-gravity research facility concept. http://www. artificialgravity. com/JANNAF-2005-Sorensen. pdf.

Sostaric, Ronald R. 2010. "The challenge of Mars EDL" ENAE 483/788D, Principles of Space Systems Design. Maryland: University of Maryland.

Sostaric, Ronald R. and Charles C. Campbell. 2012. Mars entry, descent, and landing (EDL): Considerations for crewed Landing. AIAA 2012-4347.

Stambaugh, Imelda et al. 2012. Environmental controls and life support system (ECLSS) design for a multi-mission space exploration vehicle (MMSEV). NASA JSC report JSC-CN-27499, international conference of environmental systems (ICES); 14-18 July 2012; Vail, CO.

Steinfeldt, Bradley A. et al. 2009. High mass mars entry, descent, and landing architecture assessment. AIAA 2009-6684.

Stuster, J. 2005. Analogue prototypes for lunar and mars exploration. Aviation, Space, and Environmental Medicine 76(Supplement 1): B78-B83.

Stutser, Jack. 2005. Analogue prototypes for lunar and mars exploration. http://docserver. ingentaconnect. com/deliver/connect/asma/00956562/v76n6x1/s12. pdf? expires=1425571191&id=81023950&titleid=8218&accname=Guest+User&checksum=DDCD7311883D6DFA03ECA97171787AF3.

Suedfeld, P. , and G. D. Steel. 2000. The environmental psychology of capsule habitats. Annual Review Psychology 51: 227-253.

Tito, DennisA. etal. 2013. AfeasibilityanalysisforamannedMarsfreereturnmissionin2018. IEEE, http://www. inspirationmars. org/IEEE _ Aerospace _ TITO-CARRICO _ Feasibility_Analysis_for_ a_Manned_Mars_Free-Return_Mission_in_2018. pdf.

Vakoch, Douglas A. ed. 2011. Psychology of space exploration. NASA SP-2011-4411.

Way, David W. et al. 2006. Mars science laboratory: entry, descent, and landing system performance. IEEE aerospace conference big sky, MT March 3-10, 2006 Paper Number: 1467.

Wells, G. et al. 2006. Entry, descent, and landing challenges of human mars exploration. AAS 06-072.

Whedon, G. Donald, and Paul C. Rambaut. 2006. Effects of long-duration space flight on calcium metabolism: ReviewofhumanstudiesfromSkylabtothepresent. ActaAstronautica58: 59-81.

Wolf, Aron A. et al. 2005. Systems for pinpoint landing at Mars. AAS 04-272.

Wolf, Aron A. et al. 2010. Toward improved landing precision on Mars. IEEEAC Paper #1209.

Young, Laurence R., et al. 2001. Artificial gravity: Head movements during short radius centrifugation. Acta Astronautica 49: 215-226.

Zubrin, Robert M. et al. 1991. Mars direct: A simple, robust, and cost effective architecture for the space exploration initiative. AIAA-91-0328.

第 6 章　原位资源利用(ISRU)

摘要：载人火星探测任务的计划可以追溯到 20 世纪 50 年代,但是直到 20 世纪 90 年代才引入了一个新的方向——原位资源利用(in situ resources utilization,ISRU)。ISRU 最简单的方式就是利用火星本地资源来制造用于离开火星的上升段推进剂,这将显著减少需要从地球运送至火星的物资总质量。如果在合适的着陆点附近存在能够被方便获取的水源,或者可以有效地将氢运送至火星,那么不仅仅是上升段的推进剂,甚至是生命保障所需的水和氧气都可以在火星上生成。在缺乏氢的情况下,可以通过电解火星大气中的二氧化碳来制造氧气,而氧气恰恰占据了必要上升段推进剂总质量的 78%。尽管有研究人员认为,月球 ISRU 可以作为实现火星 ISRU 的先期铺垫,但本章将阐明两者之间几乎没有关联。而且月球 ISRU 对飞行任务仅有很小的益处,看上去似乎不会有任何投资回报。在对仅收获了一些不切实际概念的月球 ISRU 进行数年持续投资和对火星 ISRU 几十年如一日几乎没有任何投资的情况之后,NASA 终于在 2014 年决定对火星 ISRU 研究提供数量可观的经费支持。NASA 选择资助了专用于 2020 年火星着陆器的飞行验证项目,但技术相当不成熟。如果当初 NASA 决定在投入资金进行飞行硬件开发之前,就启动旨在促使各种必要技术成熟的实验室项目,整个过程就会非常高效而且压力也会小得多。

6.1　原位资源利用(ISRU)的价值

月球或火星上的原位资源利用(ISRU)技术是将本地资源转变成飞行任务所需的各种产品的方法。通过利用本地资源,减小了必须从地球携带的物资质量,进而减小了 IMLEO。当下述比值较大时 ISRU 具有最大价值

$$R = (\text{ISRU 为飞行任务提供的产品总质量})/$$
$$(\text{从地球上携带的 ISRU 系统的自身总质量})$$

因此,为了使 ISRU 获得净值,必须使 ISRU 系统的总质量(包括 ISRU 设备、为任务提供动力的发电设备和从地球携带的任何物资的质量总和)小于飞行任务使用和生产的各种产品质量总和。如果 R 远大于 1,通过比较两个相似飞行任务(其中一个使用了 ISRU,另一个未使用)的 IMLEO 值,发现使用了 ISRU 的飞行任务的 IMLEO 低一些。然而,对火星任务而言,发电设备不需要被包括在内,因为无论如何都能找到电力供应来支持人类火星基地的正常运转。对有无使用 ISRU 的 IMLEO 进行比较,可为衡量 ISRU"价值"提供一个标准。然而,从更广泛的角度来看,应该不仅仅比较有无使用 ISRU 来执行飞行任务的 IMLEO,而是比较有无使用 ISRU 的总投资来衡量 ISRU 的价值。如此看来,在 ISRU 上的投入包括以下各项费用:①用于定位和验证本地资源易用性的探测费用(如需要);②用于提高并验证本地资源提取能力的费用;③用于提高处理本地资源并使之转化为有用产品能力的费用;④任何辅助必需品的费用,特别是 ISRU 强制要求(例如,可能的核动力系统,尽管不用 ISRU 时这个系统通常也是必要的)。使用 ISRU 系统的飞行任务所减少的 IMLEO 的总投资数量就是使用 ISRU 系统所节约的费用。如果节约费用的数量大于(建设 ISRU 系统)所需的投资额,就意味着 ISRU 系统通过一次飞行任务或一系列相关飞行任务获得了净值。

除了可以使 IMLEO 潜在降低外,火星 ISRU 还有其他好处。从整体上看,必须从完整的端对端飞行任务的层面来考量是否采用 ISRU:

(1) 使用重型运载火箭进行密集发射的次数;

(2) 在轨装配的复杂度;

(3) 对低温推进剂在上升、装配、转移至火星轨道、进入、下降、着陆各阶段的管理;

(4) 用来与氧气配合为上升段提供推力的燃料选型。

NASA 研发的最新重型运载火箭预计能够将 120 t 的质量运送到 LEO,但还不清楚它是否能用于运送低温载荷。载人火星任务总的 IMLEO 取决于任务设计的很多方面,同时飞行任务的设计者对此做出了各种不同的估算。粗略估计,不使用 ISRU 的情况下大概需要 10 次重型火箭发射,使用 ISRU 的情况下大约 7 次发射就足够了。从根本上说,将有效载荷分成 3 个舱是必要的:运送到火星表面的货舱、到火星表面的宇航员飞船舱和发射到火星轨道上的地球返回舱。这些舱应该在地球轨道上装配。很难估算从上一次发射到下一次重型火箭发射之间预留给发射平台的周转时间,一般来说在两个月左右。NASA 建设两个以上重型火箭发射平台看上去不太可能。这表明,发射 10 次重型太空舱需要 1 年左右的时间。太空装配还需要至少几个月的时间,相应地,太空装配可能还会为施工人员提供额外的发射支持。使用 ISRU 可以将发射/装配周期缩短至少 6 个月。很难用金钱来衡量 ISRU 对载人火星任务的发射/装配过程的影响,但是从逻辑上讲,益处将会是显著的。

短期来看(接下来的 40 年左右),可能由 ISRU 提供给载人火星任务的主要产品包括:

(1) 上升段的推进剂,可以减小从地球携带的推进剂质量。推进剂也可以用于火星表面的运输。

(2) 生命保障消耗品(水和氧气)。在火星表面时,利用 ISRU 提供这些生活必需品来替代常规的生命保障再循环系统,或者把 ISRU 作为常规生命保障再循环系统的备份是可能的。

此外,原则上在火星栖息地顶部堆积的土壤可以屏蔽辐射。然而,NASA 所设计的火星表面栖息地的表面是否考虑使用土壤来屏蔽辐射仍有待观望。现有设计方案表明,月球和火星的栖息地与土壤辐射屏蔽是不兼容的(详情请看 5.6 节)。

从长期来看,随着工业和电子革命的成果从地球转移到了地外星体,生产出更加广泛的产品是有可能的。不幸的是,没有清晰的思路可以引导我们到达这种终极的理想状态。

尽管兴趣点主要是火星,但是提前研究 NASA 的月球 ISRU 计划非常值得,因为 NASA 在 2006—2013 年把资源和精力都集中在了月球 ISRU 上。在此期间,NASA 相信月球 ISRU 为实现火星 ISRU 提供了铺垫。

6.2　月球 ISRU

6.2.1　简介

2006 年的 NASA ESAS(Exploration Systems Architecture Study)报告将月球探测视为火星探测的铺路石。这份报告 62 次使用了"可延展性"或"可延展的"这一术语(主要集中于选择可扩展应用于火星探测的月球飞行任务技术)。重要的"铺路石"之一是对 ISRU 技术的验证。在这份 ESAS 报告中,术语"ISRU"出现了 106 次。下面列出了一些引用:

(1) 针对月球探测,ESAS 架构有两个主要目标。首先是开发和证明人类去往火星所需要的能力,第二个是月球科学。ISRU 是科学和探测能力开发的混合产物。ISRU 的特定需求相对基于未来月球无人探测器在月球表面的发现会有所变化,但是与 ISRU 相关的飞行任务组织工作的减少和飞行任务持续时间的延长所带来的好处非常值得期待。

(2) ISRU,作为就地取材的技术,是支持长期人类探测战略的必需品。

(3) 选择与 ISRU 生产的推进剂兼容并且与 CEV SM 推进系统存在共性的(月球)着陆器推进系统。

(4) 用来执行主要 CEV 平动和姿态机动的 SM 推进系统是一个使用了液态氧(LO_x)和液态甲烷(LCH_4)作为推进剂的推进系统。选择这种推进剂组合除了其具有一些有益属性外,它还具有高比冲(I_{sp})、良好的整体密度、太空可储存性、无毒性、与月球着陆舱(LSAM)存在共性的特点,并且可扩展应用到 ISRU 和火星。

针对月球 ISRU 的大部分讨论在最小化(或者甚至忽略)组织工作支持(勘探、挖掘月壤、月壤运输、反应器上月壤的沉积和移除、倾倒废弃月壤等)的同时,假设资源是可以随时获取的,然后着手强调加工物流。然而,最终产品的数量和成分为考量月球 ISRU 的使用和确定月球 ISRU 系统需求提供了基础。因此,接下来介绍这些潜在的最终产品。

6.2.2 上升段推进剂

在最初的 NASA ESAS 架构中,离月上升段推进系统是基于甲烷和氧气的推进剂,一方面是因为它的高比冲,另一方面是为了使用月球 ISRU 产生的氧气。尽管甲烷不得不从地球上携带,但这个推进系统与火星 ISRU 存在一种潜在的联系:火星上升段推进系统采用甲烷和氧气作为推进剂原料是明显的选择。后来,当开发甲烷和氧气推进系统的成本和计划的现实情况变得更为清晰时,这一上升段推进系统却被放弃了,取而代之的是与月球 ISRU 不兼容的太空可存储推进剂。但是,NASA 继续声称,ISRU 是探月工程的主要部分!

然而,充斥着前后矛盾的 2005—2006 年架构,在整个 Griffin 时代不停地被重新设计。在最初的 2005—2006 年架构设计中,计划是每年在月球前哨基地开展两次上升任务,每次大约需要 4 t 氧气,那么每年大约需要 8 t 氧气。如果用甲烷与氧配合作为燃料,那么,甲烷必须要从地球上携带上去。假如用氢与氧配合,相信可以利用极地冰来生成氢(不使用赤道的月壤生产)。在 2007 年 2 月①发布的一个报告中,NASA 声称,坚持在上升段使用与 ISRU 不兼容的太空可存储推进剂。

由于极地前哨站的传动比(在 LEO 处的质量/传送到月球表面的质量)大约是 4∶1,通过使用为上升段提供氧的 ISRU,可使每次载人发射的潜在 LEO 处质量减少约 16 t。然而,因为发射舱的设计没有考虑使用月球 ISRU,它们将不受月球 ISRU 的影响。因此,月球 ISRU 的益处是每次发射可以将额外的基础设施载荷(小于 4 t)输送到前哨站(但是在整个任务中这是相当靠后的)。如果 NASA 坚持在上升段使用太空可存储推进剂,继而导致用作上升段推进剂的氧的用量减少,那么即使是上述这个微小的益处也会消失殆尽。使用月球 ISRU 进行发射,每次增加的小于 4 t 的有效载荷所带来的价值可以通过下述方式评估:在数年间连续向前哨站运输基础设施载荷,随着每次发射输送的质量逐渐增加,每隔几年可以取消一次货舱的发射。

另外一个值得注意的事情是,如果轨道中止(ATO)仍是下降段的需求,那么将不可能利用 ISRU 提供上升段推进剂,因为即将到来的 LSAM(月球着陆舱)必须使用上升段推进剂。

6.2.3 生命保障消耗品

氧气需求量依赖宇航员的活动,但是平均值大约是每人每天 1 kg。水的需求量大约是每人每天 27 kg(具体需求量详见表 5.1)。

为支持 4 名小组宇航员为期 1 年的飞行任务,NASA 需要 4×1 kg$\times 365 =$ 1460 kg(约 1.5 t)的氧气和 4×27 kg$\times 365 = 39\,420$ kg(约 40 t)的水。

可以肯定的是,环境控制和生命保障系统(ECLSS)将被用来循环利用氧气和水,因此极大地减少了对总质量的要求。NASA 估计了 ECLSS 系统的质量。以 ISS 的经验为基础,NASA 对服务于 6 人小组在火星上生活 600 天的 ECLSS 系统所需总质量和能源需求量做出了估计(见 5.1 节)。可以以此作为基准,按比例估算一个 4 人小组在月球上生活 365 天所需的 ECLSS 系统的质量。每一种资源(氧气或者水)都对应一个系统质量和备份储备质量来补充资源损失。基于 NASA 估算得出的月球 ECLSS 系统的估算质量(以 kg 为单位)如表 6.1 所示。

---

① "MoonHardware 22Feb07_Connolly. pdf"on the NASA Watch website.

表 6.1　月球 ECLSS 系统的估算质量(单位：kg)

系统	物理设备质量	备份存储质量	总质量
氧气 ECLSS	510	380	890
水 ECLSS	4500	2700	7200

即使月球 ISRU 可能会提供全部所需的氧气和水,依然需要环境控制系统。一个只提供氧气的月球 ISRU 系统只会小幅减少 ECLSS 的质量,所以将只提供氧的 ISRU 系统集成到 ECLSS 系统中是不值得的。由表 5.1可以看出月球前哨站的 ECLSS 每年可能需要补充大约 3 t 水。能够提供水的月球 ISRU 系统可以弥补这一缺口,但是非常不值得,因为仅仅会减少几吨的 ECLSS 质量。如果用月球 ISRU 系统全部替换掉 ECLSS 系统来生产水,可以减少更多的质量,但是这样的话,由于每年必须提供约 40 t 的水,ISRU 系统的尺寸将会变得相当可观。

确切地说,将一个提供水的月球 ISRU 系统集成到 ECLSS 系统中的方法尚不明确。可能会产生一些质量方面的益处,但这些益处似乎并不会太大。如果 ECLSS 系统能够像 NASA 希望的那样运转,那么融合月球 ISRU系统和 ECLSS 系统可能不会带来多少好处。

6.2.4　从月球输送到 LEO 的推进剂

一个典型的 LEO 在轨火星运载火箭在进入火星转移轨道之前,从 LEO 中进入火星转移轨道所需的氢气加上氧气的混合推进剂大约占总质量的 60%。如果在 LEO 上可以用从月球运输过来的氢气和氧气作为火星运载火箭的燃料,那么需要从地球携带到 LEO 的质量仅仅是整个火箭运行质量的 40%(或更少),其他 60%将由月球资源提供。例如,一个在 LEO轨道上重 250 t 的火星运载火箭,包含大约 150 t 进入地-火转移轨道所需的推进剂。如果使用从月球运输过来的氢气和氧气作为燃料,则必须从地球运到 LEO 的质量将仅仅约 100 t 而不是 250 t。这将对发射大型火星运载火箭的可行性产生巨大影响。

必须要解决的问题是：如何将把水从月球转移到 LEO 上(然后通过电解产生氢气和氧气)变得可行的? 如果这一过程是高效的,那么从月球向 LEO提供推进剂的计划可能比从地球上发射推进剂花费更少。如果转移过程很低效,相比之下只是简单地从地球往 LEO 运送推进剂的成本可能会更低。

这里隐含的假设是在月球上可以开采水冰。如果不是这样,那么所有的概念将变得没有实际意义。而且,如果转移飞行器太重,这一进程将无法维持。如果这些转移飞行器太重,为了传送它们,在月球上挖掘的所有水冰都将被用来生产氢气和氧气以运送飞船,最终将没有多余的水可以被送到LEO。因此,有必要检查运输过程的细节和估计在月球上挖掘的水可以转移到 LEO 的百分比。在月球上开采的可以运送到 LEO 为火星运载火箭提供燃料的水的百分比会在 6.4 节中给出。

优值系数是在月球上开采并转移到 LEO 用于火星运载火箭的水所占的百分比。随着这一百分比的增大,从月球将水运到 LEO 的成本变得更低。6.4 节提供了从月球到 LEO,水的运输效率的详细计算。最好的估算是基于现有的航天器技术,将从月球开采的水运送到 LEO 时,水箱中的水已经用尽,并且几乎没有多余的水可以被运到 LEO。另一方面,如果可以将水箱制造得更轻,上述转移过程可能会实现。

6.2.5　运送到月球轨道用于下降(和上升)的推进剂

虽然从月球起飞的氧气需求量是微不足道的 4 t,下降的氧气需求量却超过 20 t。这些推进剂的质量是基于 2005—2006 年的数据。2007 年 2 月,NASA 在一次报告中表明,氧气将不再用于上升阶段,使用超过 30 t 的液氧/液氢用于下降[①]燃烧。如果氧气(以及不太重要的氢气)可以被运送到月球轨道作为月球车的助燃剂,那么来自月球 ISRU 的潜在贡献将比其仅仅用于生产上升推进剂高得多。从 LEO 到月球轨道的传动比是 2.5。因此,月球 ISRU 产生的作为每次下降任务推进剂的氧气会在 LEO 中节省约 50 t 质量。在 LEO 中,月球 ISRU 提供的上升和下降推进剂(氢气和氧气)的总和将会节省超过 80 t 的质量。相关概念如下:

通过在遮蔽的月球极地区建立前哨站,NASA 将开始开采表层土壤,提取水并进行一些扩展,电解水以及储存氢气和氧气。这些必须在没有人工参与的情况下机械化操作。这可能吗?目前看来在技术上和资金上都不太可行。

NASA 设计了一个运水器系统,将水从月球表面转移到月球轨道,并在月球轨道上建立一个加注站,用来电解水并为到来的飞行器加注氢气和氧气。这一运水器系统将充当在月球表面和月球轨道之间往返的航天飞机,并在飞往月球轨道的途中携带注满水的水箱,在落回月面的途中携带空水箱。在月球表面开采的可以运送到月球轨道的水(在提供了用于空水箱下降的推进剂之后)的百分比将在 6.4 节进行讨论。

LSAM 运载舱在即将到达月球表面的途中会携带空的上升和下降用

---

① "MoonHardware 22Feb07_Connolly.pdf"on the NASA Watch website.

的水箱，并且下降前在月球轨道中添加燃料。一旦发生突发事件，宇航员会搭乘 CEV 返回地球，绝不会在 LSAM 中下降。

系统建成后便可投入工作（至少理论上如此），但是如何开始建立？如果 NASA 必须运送宇航员到月球表面去建立前哨站和装配水箱/加注系统，那么 NASA 必须在前哨站和水箱/加注系统的建立之前先发射载有装满水的上升和下降水箱的 LSAM。

6.2.6　用于辐射屏蔽的表层土壤

利用堆在栖息舱顶上用于屏蔽辐射的表层土壤或许是 ISRU 的一个合理的潜在应用，但是要求和收益有待进一步研究。现在的居住地被设计规划以用于在月球表面安顿人员，它们是否和作为屏障的表层土壤兼容还不清楚，是否需要移除表层土壤也未知。事实上，如果检验了现有的居住舱设计（见5.6节），月球和火星居住地顶部覆盖的表层土壤似乎很不适用于辐射屏蔽。

6.2.7　预言性的概念

预言家和未来学家[①]已经明确了月球的 6 个基础理论。

（1）人类向太空的扩张——对扩张的追求。这一理论可以追溯到航海探险家们探索地球的时候并向前可以推断出一个对太空探测并殖民化的平行年代。这一思想确实不是 ISRU 的一部分，但是和整个探索太空的基础理论有很大关系。

（2）为地球提供能源。这包括：

① 太阳能卫星（solar power satellites，SPS）——位于地球静止轨道（geostationary Earth orbit，GEO）。在 GEO 卫星上配置大的太阳能电池阵列，并将其定位于需要能量的城市和地区上部。这些阵列会占据数百平方千米的面积。设计功率为 2 GW 的典型阵列将需要 50 000 t 的材料。有人声称将会在月球上制造这种卫星。使用这种系统所产生的环境影响、成本和风险既需要反对者也需要支持者来探究。

② 月球能源系统（lunar power system，LPS）——原则上和 SPS 相似，但是在月球的两侧边缘区含有大的 PV 阵列并通过微波向地球发射能量。将在月球上用表层土壤制造硅太阳电池，并将能量向地球传送。使用这种系统所产生的环境影响、成本和风险既需要反对者也需要支持者来调查。

---

① M. Duke et al. Development of the Moon. http://www.lpi.usra.edu/lunar_resources/developmentofmoon.pdf.

③ 氦 3——支持地球上的核聚变。月球的表层土壤储存有比重较低(约 2.5×10^{-8}),但是大量聚集的氦 3,理论上它能够与氘进行核聚变反应。氦 3 在地球上很罕见,但是已经通过太阳风作用植入月球表面。据估计 40 t 的氦可以提供现在美国一年所需的能量。然而,这将需要处理超过十亿吨的表层土。此外,即使准备好氦 3 的供应,核聚变是否能以一种实际的方式工作仍不清楚。

(3) 太空的工业化——各种类型的生产设备将最终定位于太空并作为产生利益的商业冒险或者用来缓解地球上的环境压力。迄今大部分有关太空材料处理的调查研究目的都在于利用微重力环境生产新的或独特的材料。很少有针对太空产品的研究,因为太空运输成本太高以至于只有当产品的出售价格是太空运输的单位质量成本的很多倍时才会被考虑。一项研究得出结论:只有把从地球到轨道运输的成本降到 1200 美元/kg,太空制造厂才可以获利。然而,即使来自地球的运输成本达到了那个水平,依然没有多少有价值的产品可以抵偿将原料运到太空的成本。经过 30 年的努力,太空材料加工项目几乎依然没有进展。实现太空工业化似乎还有很长的路要走。

(4) 太阳系统的探测与发展——太阳系统的探测与发展主要取决于低成本的太空运输。如果从月球运送到太空中特定点的推进剂花费低于从地球运送等量推进剂的花费,或者需求足够大可以分期偿还安装生产设备的花费,那么在月球上生产推进剂还是具有经济竞争力的。太空中的加注站的前景主要依赖减轻水箱的质量。这一可能性会在 6.4 节拓展讨论。

(5) 月球将作为行星科学实验室——月球为它自身的研究和行星进程的研究提供了一个天然平台,尤其是针对火山活动、地壳演化及其影响。

(6) 月球上的天文观测——月球可以为大型天文仪器提供一个特别有用的平台。尽管月球似乎为研究天文学提供了一些便利,但能在深空中部署的概念更占优势。对深空设备(特别是在 L2 点)和月球上的设备还需做进一步权衡、测试。

2004 年末,在 Micheal Griffin 博士领导 NASA 之前,NASA 的探测系统部门试图通过任命 26 个小组制订出 13 个选定领域中的潜在能力(13 个小组)和策略(13 个小组)的路线图,以准备制订出探测线路图。其中一个能力小组(ISRU 潜在能力路线小组)负责 ISRU 的技术领域。2005 年 5 月 13 日,他们在最终报告中列出了 ISRU 的应用领域,如表 6.2 所示。可以通过原位资源制造来衡量当前采纳的远景规划,这些制造包括:"生产备份零件、复杂的产品、机器和来自一个或多个处理资源的整合系统。"

表 6.2　依据 2005 年 ISRU 能力路线小组给出的 ISRU 的重要能力和状态

能力	可以应用的任务	现在的实际状态	时间点
月球/火星表层土壤挖掘和运输	全部月球 ISRU 和火星的水、采矿、建设 ISRU	Apollo 和 Viking 及 2007 年 Phoenix 的经验，以及地球上的经验	2010 年（演示）2017 年（试验）
用月球表层土壤生产氧气	持续的月球存在和经济的地-月运输	地球实验室概念实验；TRL2/3	2012 年（演示）2017 年（试验）
从月球极区表层土壤里提取水和氢气	持续的月球存在和经济的地-月运输	创始于 ICP/BAA 的研究和发展	2010 年（演示）2017 年（试验）
从表层土壤中提取火星水	没有地球原材料的推进剂和生命保障消费品的生产	Viking 经验	2013 年（演示）2018 年或 2022 年（缩比试验）
火星大气收集和分离	生命支撑和飞行任务消耗品生产	地球实验室和火星环境模拟、TRL4/5	2011 年（演示）2018 年或 2022 年（缩比试验）
火星氧气/推进剂生产	在火星上生产小型着陆器、储料器和燃料电池反应物	地球实验室和火星环境模拟；TRL4/5	2011 年（演示）2018 年或 2022 年（缩比试验）
从表层土壤中提取金属/硅	大规模本地制造和发电系统	月球氧气实验的副产品；TRL2/3	2018 年（演示）2022 年（规模化试验）
就地制造和修复	减少后勤需求、低飞行风险、前哨站的发展	陆地的加、减和形成技术	2010 年到 2014 年（ISS 演示）2020 年（规模化试验）
就地发电和存储	更低的任务风险，经济的哨站发展和太空商业化	模拟月球环境的太阳能电池实验室产品的效率小于 5%	2013 年（盈利性演示）2020 年（规模化试验）

和该计划有关的理论架构包括：

（1）2022 年前，9 次到月球的机器人 ISRU 飞行任务。

（2）2022 年前，4 次到月球的载人 ISRU 飞行任务。

（3）2022 年前，5 次到火星的机器人 ISRU 飞行任务，包括 2014 年前的 3 次。

（4）2010 年极地月球 ISRU 演示，没有原位勘探能力。

（5）在 2011 年进行月球氧气提取演示没有明确的进程。

（6）到 2013 年完成月球上太阳能电池的原位生产演示和使用。

（7）2013 年在没有就地勘探能力的情形下从火星获取水。

（8）2018 年火星上的 ISRU 自动储料罐演示。

（9）2018年月球上的全规模氧气设施。

（10）2020年月球上的生产和建设。

（11）2022年从火星带回ISRU样品。

（12）2025年在火卫一上使用ISRU。

（13）2025年在火星上提取金属/硅。

（14）2028年在火星上深钻找水。

ISRU能力组展现出来的与这些远景相关的主要问题有：

（1）第一代生产技术(氧气和水的生产)和后续的生产技术(太阳电池生产,金属提取,月球上的制造等)的要素之间几乎没有区别。

（2）假定的2014年前无人飞行任务和2022年前载人任务将不会被执行,即使真的实现了也不是主要致力于ISRU。

（3）没有原位勘探能力而强调极地月球ISRU和水的获取是不合逻辑的。原位勘探能力是任何合理地开采月球极地资源的计划中极其重要的元素。

（4）火星探测中采样返回任务使用ISRU不太可能。

（5）与任何有现实进度的计划相比,实现ISRU的计划过于庞杂,ISRU能力小组也缺乏可信度。

5.7.5节中已经综合评述了NASA的路线图。NASA路线图勾勒出了技术发展的远大前景,但这个前景是难以被负担得起的。不幸的是,大部分情况下这些计划被归档、被忽视,关注点和资金逐年地被分配到了新提出的议题上。在NASA团队中很少出现多年来有持续的资金支持,并且坚守路线图的例子。

6.2.8　月球资源和进程

有四种潜在的月球资源：

（1）表层土壤中含氧量超40％的硅酸盐。

（2）表层土壤中能还原氢的氧化亚铁。氧化亚铁的含量从5％～14％不等,导致可恢复的氧气含量范围为1％～3％。

（3）在表层土壤中嵌入的来自太阳风的原子(典型含量在10^{-6}量级)。

（4）极区撞击坑中永久阴影区的土壤中的水冰(比例未知,但是一些区域可能有几个百分比)。

6.2.8.1　来自表层土中氧化亚铁的氧气

NASA研究了将表层土壤中氧化亚铁的氢还原作为一种从表层土壤

中提取氧气的方式。表层土壤的氢还原依赖表层土壤中氢气和氧化亚铁的反应生成铁和氧气。表层土壤中的剩余物质不参与反应。电解(大约 1300 K 的温度)反应器中的水(蒸汽)并收集氧气,而氢气被再循环利用。因为整个过程不是百分百有效,所以还需要一些备用氢气。表层土壤如何加入反应器以及如何从反应器中取出还不清晰,也不知道如何阻止反应器"堵塞"。一些热复原可以通过使用蒸汽的热来完成,或许使用表层土壤也可以预热刚加入的表层土,但是这将增大复杂度并且固-固热量转移会由于"堵塞"引入失败模式。

预测的表层土壤中氧化亚铁含量的两大来源总结在表 6.3 中。

表 6.3　表层土壤中氧化亚铁含量的两大来源

位置	表层土壤中 FeO 百分比	表层土壤中氧的可恢复率 $=(16/72)\times(\%FeO)$	产生 1 t 氧气需要的表层土壤/t
月海	14	3.1	32
高地	5	1.1	90

处理 X kg 表层土壤所需的能量是将表层土从 200 K 加热到 1300 K 的能量。NASA 希望该系统可以从固-固热交换而消耗掉的表层土壤中恢复 50%的热量,并且热量损失乐观的估计为 10%。这表明(如果以表面值计)所需热量是

$$热量=(X\ kg)(0.000\ 23\ kW\cdot h/kg\cdot K)(1100\ K)(0.5+0.1)$$
$$=(0.152X)\ kW\cdot h$$

根据以上公式得出的用于加热表层土壤通过氢还原提取氧气所需的能量在表 6.4 和表 6.5 中给出,假定使用太阳能并且整个过程的工作周期比为 40%(每年处理 3500 h)。这些能量仅仅是用于反应器的,不包括用于提取、运送、液化和低温处理的能量。如果使用一些有磁性的或者经过预处理的表层土壤,能量需求量或许会降低。如果这样的热恢复不可行,那么能源需求量将翻倍。

表 6.4　假定 50%热恢复时从月海处表层土壤中提取氧气所需能源量

年均氧气生产速度/t	年均表层土壤速度/t	能量/(1000 kW·h)	小时/h	用于加热表层土壤的能量/kW
1	34	51	3500	1.44
10	336	51	3500	14.40
50	1681	255	3500	72.00
100	3361	510	3500	144.00

表 6.5　假定 50％热恢复时从高地表层土壤中提取氧气所需能源量

年均氧气 生产速度/t	年均表层 土壤速度/t	能量 /1000 kW·h	时间/h	用于加热表层 土壤的能量/kW
1	96	14	9864	4.1
10	947	143	9864	40.6
50	4737	719	9864	202.9
100	9472	1437	9864	405.8

到目前完成这一过程的技术可行性仍需验证。

整个过程包括用于挖掘表层土的系统、将表层土运送至反应器的系统、反应器中的氧气提取和存储、低温存储系统中的氧气存储。以下几个方面还未知：

(1) 开发并验证技术的成本；

(2) 人员监督和控制系统的需求；

(3) 可达到的自主程度。

6.2.8.2　来自表层土壤硅酸盐的氧气

基于从表层土壤中提取氧气的月球 ISRU 有两大优势：

(1) 土壤通常含有超过 40％的氧气。

(2) 表层土壤随处可得并且太阳能可被用于处理过程。

不幸的是,土壤中的氧气固结在目前已知的最强的化学结合剂即硅酸盐结合键中,显然,打破这些结合键需要非常高的温度。

NASA 曾针对碳热还原过程展开过研究。这一概念基于一项高温、直接能源处理技术,该技术通过在约 2600 K 高温下的碳热还原产生氧气、硅、铁和陶瓷材料。为了避免破坏容器,他们将热量运用于表层土壤的局部区域,而周围的表层土充当绝缘屏障来保护支撑结构(Balasubramaniam et al.,2008;Gustafson et al.,2009,2010)。

计划在碳热还原电池中利用一组太阳能集中器直接加热表层土壤将沼气注入减压室。根据 NASA：

月球土壤会吸收太阳能并形成小区域的熔壤。熔壤下面的一层非熔壤将会使处理盘与太阳能绝缘。减压室中的沼气将会通过裂缝到达熔壤表面产生碳和氢气。当氢气被释放到反应室时,碳将扩散到熔壤中并减少熔壤中的氧化物。一些氢气会减少土壤中铁的氧化物形成水,并通过碳热还原系统回收。移动太阳能集中器可以为土壤表面的集中加热提供热量。光缆系统将集中的太阳能分发到由集中反射能量的反射杯形成的小洞中。凝固炉渣通过耙式系统从土壤中被移走。炉渣废物和即将输入的新鲜土壤通过双密封系统被移进和移出反应室，以此来使反应气体的损耗尽可能小。

这些烦琐的方案在地球上会是场噩梦，在月球上将会更糟。初步测试并未产生令人鼓舞的结果。尽管从土壤中提取氧气是个巨大的挑战，但是有记录表明，NASA依然乐观地认为他们将会成功。很难不去敬佩这些忠实拥护者的韧性，对他们来说没有什么工程挑战是巨大的，也没有任何过程是太过不切实际的。然而，来自这些研究的可用于实际月球自主操作的可能性看起来非常小。

在极其不可能的情况下，从月球表层土壤中提取氧气的高温过程或许能够实现，但依然需要面对这些挑战（和成本）：用于从土壤中提取氧气的自主月球ISRU系统的研发和验证，土壤到高温处理器的运送，土壤能自由流动（土壤没有烧结，凝聚和堵塞）的高温处理器的操作，以及将用完的土壤运送到废物罐。

6.2.8.3 假定挥发物的提取

根据NASA的记录，对从阿波罗飞行任务中得到的月球岩石样品进行分析表明，对月球岩石加热可以形成多种挥发性材料。据月球资源书籍的报道显示，氢气和氮气浓度为$1\times10^{-5}\sim2\times10^{-5}$。据称，月球土壤中氢气和氮气可能浓度的估计值分别为$5\times10^{-5}\sim1.5\times10^{-4}$和$8\times10^{-5}\sim1.5\times10^{-4}$，但是没有数据能证实这些估计。

基于此，NASA认真地考虑了提取氢气用作推进剂，氮气用作可呼吸空气中氧稀释剂的前景——假定"一个最好的场景"是这些假定挥发物在1.5×10^{-4}水平下可用。假定当表层土升温到约800 K时这些挥发物会释放。假定表层土开始时温度为200 K，那么大约需要升温600 K。

NASA已经发展了很多烦琐的概念来实现这一过程。其中一个过程是："一个拥有中心驱动的铲土棒，类似农业简仓无顶装置的充气圆顶。"铲土机以圆扫方式移动并且土壤直接由一些小题大做的装置运到有近红外或者微波加热器的活动梯上。形成的挥发物通过制冷机（氮气）或者氢化物床（氢气）收集。这个过程需要相当纯的氢气用于操作，然而，氢化物床却易被杂质污染。假定可呼吸气体中氮气占3/4，氧气占1/4，那么4名宇航员一年大约需要氮气4380 kg。用于上升推进剂的氢气约为1130 kg/a，氧气约7350 kg/a。

不像NASA那么乐观，笔者假定挥发物浓度为2×10^{-5}，太阳能可用率为50%，导致反应堆占空比约为40%。基于这个假设得到表6.6。

表 6.6　加热表层土除去挥发物的所需量

项　　目	单位	氢气 1130 kg/a	氮气 4380 kg/a
待处理的土壤	1000 m³/a	37.5	147.0
待处理的土壤	10^6 kg/a	56.0	219.0
处理的土壤(时间的 40%)	m³/h	10.9	41.6
处理的土壤(时间的 40%)	1000 kg/h	16.0	63.0

对于氮气,每年需要将 63 000 kg 土壤从 200 K 加热到 800 K。

每小时所需的热量=(63 000 kg)[0.000 23 kW·h/(kg·K)](600 K)=8700 kW·h/h,或者 8700 kW 的恒定功率仅仅用于加热土壤。

这里没有包括其他能源需求量。这样的功率比太高了,显然,应当立即放弃这一过程。

6.2.8.4　利用极地的冰沉积物

简介

另一种代替月球 ISRU 的方法是处理易得到的两极永久遮蔽区的地下冰。这种方法有很大的优势,去除表层土里的水是一个物理(而不是化学)过程,需要很少的能量和更低的温度。然而,消极的一面是需要开展相当大量的调查才能确定有多少可以获取的地下冰;在土壤里水冰的比例可能很低,需要大量的勘探项目来找到最集中和最容易获取的冰沉积物,最终需要处理大量土壤;挖掘充满冰的土壤被证明是很困难的;土壤自动运送、水提取、从反应堆去除土壤都会非常困难。水提取过程必须在永久被遮挡的火山口进行,而且需要使用核能或者定向太阳能。

NASA 研究过一个烦琐的方案:在黑暗的火山口挖掘土壤,并且在黑暗中处理土壤,去除土壤中的水(估计有 1.5% 的水冰)。提取出来的水会被一个探测车带到位于火山口边缘的太阳能系统中,然后被电解为氢和氧。

很难确定有多少水冰存在、被埋在假想的干燥土壤层下面多深的位置。废弃的土壤被倾倒在约 100 m 远的地方,提取出来的水需要运输约 8 km 才能到达位于很高的火山口边缘的电解设备,假设这里阳光直射并且有 70% 的光照率,连续断电最长时间为 100 h。在火山口里面,方案假设所有用来挖掘和传输土壤以及提取水的能量,声称都是核能,但是,并没有在火山口安装一个核反应堆的计划,因为没有足够的放射性同位素热电机(radioisotope thermal senerator,RTG)来提供这种能量,并且也确实没有足够的钚来建造这种发电机。将水跨过火山口运输到电解设备看起来是一个低效率的过程。太阳能在火山口边缘的可用性取决于周围环境的形态。70% 的可用率伴随着最大 100 h 的连续断电状态能否实现,目前还是未知的。

月球勘测轨道飞行器(Lunar reconnaissance orbiter,LRO)使用包括照明、温度、中子通量、紫外线、S 波段雷达数据在内的多种证据来推断近极地永久阴影区水冰的存在(Spudis,2013)：

在永久阴影区找到的这些极反常并且很冷的沉积物,表明这些沉积物可能是水冰。如果这种解释正确,这些沉积物的范围和可能的厚度表明,月球两极表面下 2～3 m 的地方可能存在几亿吨水。

这些区域可能包括几个南极的火山口,这些扩展区域是使用地面测量进行进一步调查的最好区域[1],要在这些地区定位最佳站点需要开展一系列的现场勘察任务。最开始的时候,用装备有中子光谱仪(NS)的远程探测器来寻找最佳站点。在最佳站点,后续任务采取地下样本来验证中子光谱仪的结果,并对土壤强度进行测量。这种定位和验证可获得的水冰资源的活动可能需要开展至少 4 个或者多达 6 个长距离机动的降落任务,每个任务的成本可能超过 10 亿美元。如果这个系列最后阶段的任务带有宇航员,那么费用将会上升很多。用于自主挖掘土壤的 ISRU 系统的开发和演示、将土壤运输到水提取单元、表层土壤(没有结块、凝结、黏稠)可以自由流过水抽取单元的操作、将废弃的土壤移到废料堆,这些过程至少需要几十亿美元。值得注意的是,没有证据表明 NASA 计划提供资金来开发极地火山口寒冷黑暗情况下需要的核能系统。

总体来说,资源勘探和验证、土壤挖掘和传输、水抽取系统运行需要的投资金额会是数十亿美元。"收益/成本"比例仍不确定,这可能需要许多年才能达到"收支平衡"。

能量需求

从土壤获取的地下冰需要在一个大气压下加热到 380 K 来去除蒸汽,这也能净化水。假设土壤的初始温度是 40 K,那么必须提高 340 K。加热表层土壤去除土壤中水的能量需求在表 6.7 中给出。这并不包括在黑暗中开挖和运输所需的能量。

表 6.7 去除表层土壤中水的能量需求

氧气年产量/t	年表层土壤率/t	能量/1000 kW·h	时间/h	用于加热表层土壤的能量/kW
1	80	6.3	3500	1.8
10	800	63.0	3500	17.9

---

[1] Information supplied by Jim Garvin, NASA.

氧气年产量/t	年表层 土壤率/t	能量 /1000 kW·h	时间/h	用于加热表层 土壤的能量/kW
50	4000	313.0	3500	89.4
100	8000	626.0	3500	178.7

利用极地冰沉积物必要的活动

不幸的是，NASA 尚未明确规定勘探、展示和实现月球 ISRU 活动，注意，这里的"月球 ISRU"代表氧（也可能是氢）的生产，主要用于上升推进剂。虽然月球专家计划在月球上制造零部件，从月球土壤生产硅太阳能电池，将能量发回地球，并提取百万分之一的太阳风沉积原子，但这样的工作（幸运的是）没有资助，尽管它包含在 NASA 的路线图里面。

Griffin 执政 NASA 时期是对月球最感兴趣的时期，似乎只要有关于极地冰资源勘探的需求和演示 ISRU 系统的简单概念，就可以不需要进行严格审查。此外，月球无人探测计划的资金严重不足，必要的工作准备严重不够，而且似乎在 2007 年 5 月已经被完全取消了[①]。

正如 2.1 节讨论的，一个活动是端到端的序列任务和程序以完成一个最终目标（Baker et al.，2006）。笔者认为发展基于极地冰的月球 ISRU 所需活动的第一个五步走步骤如下。

（1）月球勘测轨道飞行器（LRO）确定两极附近永久阴影区的近地表可能存在水冰。

（2）发送几个配备动态活跃核光谱仪的长途漫游车到这些陨石坑，从以下几个方面开展：①用更多的地面测量证实氢信号的范围有多大及 LRO 的解释；②每个火山口氢信号如何分布，分辨率到 1 m 一个像素（是均匀分布还是像跳棋棋盘一样分布）；③对氢信号垂直分布的深度比较好的估计可能有 1～1.5 m，特别是估计覆盖在冰层上的干燥上表层的厚度和硬度。

（3）从（2）的结果观察，决定选择哪些特定的站点，并进行更详细的测量和验证。

注：所需冰的范围取决于水冰含量和累积需要。如果前哨站的要求是产生大约 24 kg/d 的氧气（24 kg/d 大约是 8 t/a），这需要 27 kg/d 的水（没

---

① Brian Berger，Space Com，March 16，2007，NASA Plan Scales Back Lunar Robotic Program.

有损失)，如果有损失则需要 30 kg/d。如果粗略地假设 2% 的水占上部 1 m 土壤层的 70%，那么每个平方米挖掘产量为 1500 kg×0.7×0.02≈20 kg 的水。因此，完整的 ISRU 系统的前哨站需要每天挖掘约 1.5 m^2(到 1 m 的深度)，能够每天处理大约 2250 kg 的土壤，每天提取约 30 kg 的水。在一年内挖掘的面积约 1100 m^2。5 年内面积约 5500 m^2(大约 75 m×75 m)。

(4) NASA 将发送一个短程探测系统用来选择站点，作用是：①在地图上标出站点的详细含水量；②采取地下样品验证探测器估计的水等价物的含量；③确定包含氢化合物的实际形式(几乎肯定是水占大多数)；④从一些样品中提取水，确定水纯度和需要净化的可能性；⑤确定土壤强度和挖掘站点的要求。在一些研究中，这一步的实现需要宇航员的支持。但如果机器人可以完成步骤 4，还会有人(除了 NASA 之外)想要送一个宇航员去做吗?

(5) 开发一个大约 1/10 规模大小的月球 ISRU 示范系统，在当前站点使用，在人类的监督下发送、运行、并让其自主运行。在这个任务中，有以下几个挑战因素：

① 即使是 1/10 的规模，也需要每天挖掘 225 kg 的土壤，并传输到水萃取装置(WEU)，将土壤加热超过 300 K 去除水蒸气，从 WEU 去除废弃的土壤，清除废弃的土壤和覆盖在含冰层上面的干燥土壤层，处理 3 kg/d 的水。如果是把水电解为氧气和氢气来存储，这需要提前将之设计到系统中。所有这一切都在温度非常低的黑暗环境中发生。

② 自主运行的定义包括清除废弃的土壤、开挖方法、来回从 WEU 运输土壤的车辆，这些需要大量的研究和分析。

③ 能量会成为这个计划每个阶段的大障碍(见表 6.7)。如果系统在宇航员离开后必须自主运行，它将如何得到足够的能量? 看起来非常不可能使用放射性同位素热电机(RTGs)。NASA 会不会开发一个核反应堆? 没有证据表明它会。月球 ISRU 系统似乎完全基于太阳能。

显然，NASA 没有充足地考虑月球 ISRU 系统在整个活动中的全貌、需求、收益/成本。对开发并实施月球 ISRU 系统需求的清醒评估相比于它能够节省的"质量"，让人对月球 ISRU 系统的价值产生很大怀疑。为了追求繁荣发展，NASA 开展了很多复杂但一点都不实用的策划。

NASA 活动概述

与上面列出来的活动相比，在载人任务之前，NASA 计划(关于 2006 年的)似乎只有两个月球验证任务：

（1）一个月球极地资源表征任务,需要硬件在 2009 年达到 TRL6(技术就绪指数),理论上 2012 年发射。为了满足极地挥发性资源特性、收集和分离的要求,需要进行实验来确定挥发物的形式和浓度。RLEP 2 任务会携带这个实验和月球 ISRU 系统,很大一部分的资金会用于设计和开发这个实验包,达到 TRL6。

（2）月球氧气提取演示要求硬件在 2011 年达到 TRL6,2014 年发射。RLEP 3 任务将会携带这个实验。虽然声明的不是很明确,但有一个强烈的暗示,这将是一次赤道着陆,氧气通过高温处理从土壤中提取。

NASA 的计划还提到:"RLEP 载荷质量和能量需求是未知的。但理论上应该是 10~100 kg 的有效载荷和不超过 100 W 的平均功率。"

注意,NASA 没有计划或预期去巡游不同撞击坑,这些撞击坑是 LRO 从太空识别[中子能谱仪(NS)]含有氢的撞击坑,来定位①最好的局部撞击坑;②基于最好撞击坑的最佳站点。NASA 的观点一直是,他们可以在该地区任何地方放置装置,用来"描述、收集和分开挥发物"。总的来说,笔者发现 NASA 的探测有耐克鞋一样的哲学:"想做就做!"问题是,如果不做底层技术开发和初步探测,就无法完成任务。

6.2.9　月球 ISRU 系统成本分析

基于 2006 年 ESAS 一个月球前哨战的架构,ISRU 减少了从月面上升需要输送的 4 t 的低温氧(一年两次),或者每年 8 t。根据经济分析,推进剂在月球表面价值是每吨 2500 万美元。因此 ISRU 理论上每年节省大约 20 亿美元。ISRU 的成本系统包括下列事项(不是完整列表)。

开发

处理技术的发展。包括这样一个系统:可以获得土壤、加热去除水蒸气、冷凝和收集水、排放用过的土壤。

挖掘和土壤运输技术的发展。包括自主系统挖掘土壤,转移到一个处理器里,清除用过的土壤。

在地球上仿真和测试系统。可能涉及非常大的冷真空室,在月球上测试之前先在地球上模拟现场操作。

必须研发一个核反应堆动力系统,这个系统会在南极附近黑暗的区域使用。

粗略估计 ISRU 组件的开发成本将达到 5 亿美元。此外,核反应堆乐观的估计是 50 亿美元。

探测

探测可能包括以下阶段：

(1) 从轨道上进行额外的观察：8 亿美元；

(2) 地面实况长途探测到定位站点(4 个任务，每个 10 亿美元)；

(3) 地面实况任务用于验证选择的可以探测到地表下的站点(1 个任务，12 亿美元)；

探测的总花费预计 60 亿美元。

原位测试和验证

从 1/10 大小的系统开始，再扩大到一个更大规模的"彩排"系统，自主 ISRU 需要两个重要的装置，它们需要开发、交付、安装、调试，并在月球表面操作。因为其中的每一个都需要宇航员参与操作，两次验证的花费初步估计需要 80 亿美元。

月球 ISRU 的总成本

实施 ISRU 的总成本估计为：60 亿美元用于开发；50 亿美元用于探测；80 亿美元用于原位测试和验证。总成本预计为 190 亿美元。

每年节省 20 亿需要大约 10 年达到收支平衡，更糟糕的是，考虑到这样一个事实：ISRU 是预先投资，但是回报会推迟数年。由于前哨站的生命周期是 10 年，系统将不能收回成本。

为了让 ISRU 对月球探测活动产生显著影响，关键问题是 ISRU 产品必须扩大到包括下降推进剂也包括上升推进剂。

虽然这种方式的收益/成本比还不太被接受，但是它远远优于 ISRU 只考虑上升推进剂的方式。无论如何，目前尚不清楚开采极地冰，尤其是缺乏电力供应的情况下，在技术上是否可行和能否负担得起。

6.3 火星 ISRU

6.3.1 介绍

火星大气中含有 95％的二氧化碳，其余部分主要由氩气和氮气组成，还有一小部分的一氧化碳和氧气。二氧化碳是用来制造氧气的原料，如果有氢的话，二氧化碳还能用来制造冰。大气压强随着时间和季节不断变化，通常情况下，气压只有不到地球气压的百分之一。飞行器上的仪器已经检测出火星表面 1 m 以下存在水，特别是在高纬度地区，水的分布广泛。

火星的 ISRU 系统比月球的 ISRU 系统有着如下优点：

（1）从 LEO 向火星表面输送设备的质量比率比向月球表面输送设备的质量比率高,这就意味着火星任务每个发射单元的 IMLEO 要大于月球任务。这就表明火星任务中使用 ISRU 进行的货物批量替换比月球任务中更加有意义。

（2）从火星表面离开所需要达到的速度 v 比从月球表面离开的速度要大得多,这就意味着升空阶段需要更多的燃料进行推进。这也表明火星 ISRU 在生产推进燃料这一方面比月球 ISRU 更重要。

（3）通过将地球返回舱(ERV)安置在大偏心率的轨道上,可以提高升空时需要的速度要求(并且也增加了 ISRU 提供的燃料),同时减少了 ERV 入轨和离开火星轨道返回地球时需要的速度(也就是减少了从地球携带前往火星的燃料)。

（4）由于大幅减少了 IMLEO,采用 ISRU 系统可以减少大型运载火箭的发射次数,使整个任务的发射计划和太空的组装计划更加灵活便捷。

（5）以上 4 点大幅减少了 IMLEO,使 ISRU 系统在火星任务中发挥着比月球任务中更加重要的作用。

（6）在火星表面停留 1.5 年的时间大约需要消耗 100 t 的生活消费物资。暂时还不清楚 ECLSS 系统能否在这么长的时间内提供持久耐用的服务。这种提供水和氧气的 ECLSS 系统的质量一般为数十吨。如果 ISRU 系统能够利用火星上的水,那么它将大大节省这一系统的质量,并且使系统更加可靠。

（7）和月球不同,火星大气可以提供现成的碳和氧。

（8）和月球不同,火星地表广泛存在着水(赤道附近的不清楚是地面冰,还是水化矿物)。

（9）如果将火星固有的水利用起来,可以确定,使用火星上大气中的二氧化碳和表层土壤中水的组合提供的原料,通过相对简单的 Sabatier 电解加工就能够产生甲烷和氧推进剂以及维持生命的水。

（10）结论就是火星 ISRU 系统更加容易实施并且对任务有重要影响。

火星 ISRU 系统存在的主要不确定因素：

（1）开挖含水的近地表土壤和提取水的要求是什么？

（2）赤道附近的含水地表土壤中的水究竟是地面冰,还是水化矿物？

然而 NASA 并没有一个明确的计划来研究这些问题。

6.3.2　火星 ISRU 时间表

火星飞行器发射任务之间的时间间隔大约为 26 个月。ISRU 系统在宇航员从 LEO 出发之前 26 个月从地球发射。货运飞船需要 9 个月的时间飞往火星,花费 1 个月时间在火星表面部署完成。ISRU 系统可以在发射后的 10 个月左右开始工作。NASA 在 16 个月之后可以发射载有宇航员的飞船,22 个月之后宇航员到达火星(宇航员乘坐的飞船是从较快的轨道飞向火星的,时间约为 6 个月)。假设发射日期是在发射前两个月确定的,那么,ISRU 系统会有 14 个月的时间来生产从火星表面离开时所需要的燃料,以确保在宇航员离开地球之前就已经把离开火星时需要的燃料生产完成。完整的任务时间表见图 3.6。

生命保障系统的情况就不那么确定了。火星表面停留阶段所需要的 100 t 水所占的体积大约有 100 m³。只有采用可折叠式的储存装置才能储存这么多水,并将其冷冻凝固。在宇航员到达之前的 16 个月期间只能够从土壤中采集一小部分水。6 名宇航员在 600 天的时间内所需要的氧气和保护气体分别为 3.6 t 和 10.8 t。然而,计划中并不准备将所有的保护气体储存起来,保护气体都会被循环利用。在水资源方面,他们还没确定究竟是在宇航员从地球出发之前就把所有的氧气生产完成,然后考虑如何储存这些氧气,还是在宇航员到达火星之前只生产一部分所需的氧气。

生产燃料和生活消耗品的策略与任务设备的质量、体积、安全性风险性和供能有关。最保守的方法就是假设 ISRU 系统已经部署完成,在 14 个月内将所有的燃料全都生产完毕。这样的话 MAV 的燃料槽就会在宇航员离开地球前两个月充满。在宇航员离开地球之前所需要生产的生活消耗物资还需要继续讨论。

供能方面,需要估计当人类抵达火星后 ISRU 系统处于低功率水平的运作下,在火星表面停留的 18 个月内进行任务活动所需要的能量。这是任务所需的最低能量。如果同样的功率水平能够供 ISRU 系统运行 14 个月,那么可以认为整个功能系统的质量全部来自生命保障系统,ISRU 系统并没有给整个系统增加额外的质量和负担。如果在宇航员停留期间 ISRU 系统仍然在进行生产,那么 ISRU 系统就会给整个功能系统增加额外的负担。

一个相似的场景(但绝不是唯一一个)就是在 ISRU 系统进行紧张工作的 14 个月的时期内,ISRU 系统会将用于从火星表面离开时所需要的甲烷和氧气全部生产完成,并且在燃料槽内进行低温储存。如果有热量泄漏进入了燃料槽,就会有一部分的燃料被汽化,除非采用防止汽化的技术,但采用这种技术无疑会增加整个任务所需要的能量、质量和复杂度。因此,可以考虑的一种方法就是,在宇航员飞往火星的过程中以及在火星表面停留阶段,使 ISRU 系统在一种非常低功率的条件下进行生产,这样可以有效防止燃料汽化。另外，将会在火星上部署一个额外的燃料槽，用来向升空火箭输送燃料。

6.3.3 ISRU 系统的产物

与火星任务相关的 ISRU 系统的基本产物就是用作升空阶段燃料的氧气。这些氧气会在 MAV 的低温液体燃料槽中储存。氧气的需求量取决于以下几个因素：①宇航员在升空和对接时所在的胶囊型飞行器的质量；②宇航员数目；③对接时所在的轨道以及在对接时使用的燃料。一般在采用氧气作为氧化剂的火箭（甲烷-氧气型）中，氧气占整个燃料质量的 75%～80%（取决于具体的混合比例）。因此，如果燃料是从地球带过来的，并且 ISRU 只产生氧气的话，ISRU 系统需要产生占所有燃料质量 75%～80% 的氧气。有些类型的 ISRU 系统不仅产生氧气，还产生甲烷。在这种情况下所有的升空所需燃料都由 ISRU 系统产生。在甲烷和氧气同时用于升空的情况下，所需燃料的总量将在后续章节中进行评估。

原则上说，火星 ISRU 系统也能生产生命保障系统所需的消耗品，在火星表面停留阶段所需要的物资在表 5.2 中给出，大概的数字是需要 100 t 水和 4 t 氧气。利用 ISRU 系统生产消耗品的好处基于任务中配备一种有效的物质循环系统的设想之下。本书根据 NASA 的估计数字（比较乐观的）估算了 ECLSS 系统的质量。根据 NASA 的估计，火星表面停留时所需要的水和空气仅仅为 15 t。而这种高效的物质循环系统是否能够高效地长期可靠运行取决于后续的进一步研究。

6.3.4 火星 ISRU 过程

6.3.4.1 氧气过程

现在已经有从火星大气中提取推进剂的计划。一种方法是只利用火星大气中的二氧化碳通过以下反应来生成氧气：

$$2CO_2 \longrightarrow 2CO + O_2 \tag{6.1}$$

利用火星二氧化碳两种最成熟的方法是①氧化锆固-氧化电解（solide-oxide electrolysis process，SOXE）过程，②水-气反转换（reverse water gas shift，RWGS）方法。

固-氧化电解

固-氧化电解（SOXE）基于超不寻常和独特带电陶瓷材料，它可以使氧离子（O^{2-}）作为电荷载子导电。通常，固态稳定氧化钇氧化锆（yittria stobilized zirconia，YSZ)离子也被使用上。当电场穿过时，杂质晶体里存在的小孔允许离子通过晶格。这个电场由有孔金属分布在两端的氧化锆晶片电极产生，并且产生电势的差别。在一个氧化锆电池中，高温二氧化碳在阴极接触催化剂，从而分解。氧原子接触阴极被电解形成 O^{2-}，由氧化锆运输到正极形成纯净的氧气（如图 6.1 所示）。YSZ 和其他类似的材料已经被研究了 30 多年。它的性质在 $800\sim1000$℃变得不稳定，所以所有电池部件的材料都将更加危险，并且封闭边缘也很困难，特别是当电池需要循环加热的时候。一些研究人员设计测试了单 YSZ 扁盘方案，但是不能在很小的体积下提供所需的 YSZ 表面积，一个碟盘状 YSZ 需要产生大量的氧气流。

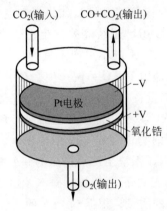

图 6.1　单晶片氧化锆电池原理

一个基本的离子电流和氧气流量换算关系是

$$1\text{ A 的氧气}=3.79\text{ std cc/min(sccm)}=0.325\text{ g/h}$$

因此，两端电压需要产生 0.325 g/h 的氧气才能产生电流。

这种系统中 12 300 A 的离子流可以产生 4 kg/h 的氧气。YSZ 碟片典型的电流密度范围是 $0.3\sim0.5$ A/cm^2。0.4 A/cm^2 大约需要 30 750 cm^2 的氧化锆晶片。如果一个氧化锆晶片的面积是 5 cm×5 cm，它的有效传输面积大约为 20 cm^2。这意味着 1540 个相同大小的晶片需要被完全整合起来。因此，一个完整的系统需要非常多的氧化锆晶片串联起来形成"堆"。在图 6.2 中，堆可能有某种几何排列。在两侧每个水平矩形表示 YSZ 多孔电极晶片。一个垂直的充气增压室携带进入的二氧化碳气体进入每一个水平的增压室。由于二氧化碳排出，一部分转化为氧气流经 YSZ 晶片和通入氧气增压室。一氧化碳和二氧化碳混合物一起进入排出增压室。

成堆的氧化锆所需的电源来源于驱使离子流穿过 YSZ 的电压。从实

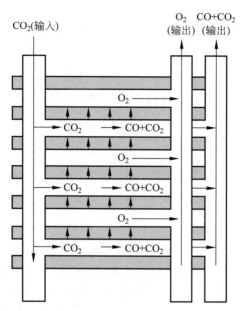

图 6.2　假想的 SOXE 堆

验中发现，当温度和电压上升时，电流密度（A/cm²）也随之上升。这可以减少 YSZ 的使用数量，使电池更紧凑。但是，随着温度的上升，会产生更多的封闭性和耐热循环的问题。

因为二氧化碳流量在 60 mL/min[①] 保持不变，如果转化率为 100%，则氧气的流速是 30 mL/min。又由于 30 mL/min 相当于 7.9 A 的流速，则可以推断，在最高温度以及最高电压下，转化率将达到 100%——在图 6.3 的右上角，近似的改正边缘效应，导致估计超过 100% 的情况。

虽然对 YSZ 晶体的利用方面的研究相对较少，但是我们发现它的封闭是个很有挑战性的问题。是否能生产出可用的坚固晶体细胞现在还是个未知数。

虽然 NASA 开发堆的计划已经慢慢发展[②]，到 21 世纪也一直持续发

---

① 标准状态下。

② Ceramic Oxygen Generator for Carbon Dioxide Electrolysis Systems. http://sbir. gsfc. nasa. gov/SBIR/abstracts/05/sbir/phase1/SBIR-05-1-X9.01-8156. html. Integrated Electrolysis & Sabatier System for Internal Reforming Regenerative Fuel Cells. http://sbir. gsfc. nasa. gov/content/paragonspace-development-corporation.

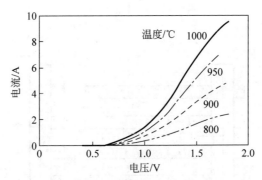

图 6.3　Crow 和 Ramohalli 采用"最小值"60 mL/min 流量的二氧化碳得到的离子束
［Based on data from Crow(1997)］

展[1]，但采用固体氧化物电解电池堆的实际数据是有限的(Iacomini，2011)。NASA 对有关 SOXE 的问题缺乏理解，例如：开发固体氧化物电解(SOXE)系统需要什么，它的成本是什么，以及该技术目前的准备。2015 年SBIR 要求生产氧气 0.4～0.8 kg/h，这是一个巨大的进步。20 次热循环扩展到 70 次热循环的要求是一个误解，一个真正的系统被开启并一直工作。笔者建议 SBIR 就算投入了大量的资金，也不能确保 2015 年该系统能够开发成功，但也许 5 年或 5 年以上可能会需要千万美元的资金。然而 SBIR资助几千万美金就能完成这项任务吗？

　　除了 NASA 项目开发 SOXE 系统外，另一个并行技术领域已经发展了20 年了，主要由美国能源部资助，开发固体氧化物电解堆和燃料电池堆。燃料电池是电解电池的倒退。与产生氧化化合物(如二氧化碳)以电解使它产生氧气不同，燃料电池通过氧气和伴随物质对伴随物质进行氧化产生的热反应来产生动力。因此，可以设想燃料电池随着一氧化碳和氧气进入，二氧化碳产生在出口处，伴随净发电。美国能源部工作的目标之一是：建立一个反应器，在可再生能源驱动的电解电池中将二氧化碳和水结合起来，产生一氧化碳和氢气作为燃料合成的其中一个步骤(Ebbesen，2012)。在美国能源部的资金支持下已经完成了固态电解和燃料电池研究的重要工作。正如 Laguna-Bercero(Laguna-Bercero，2012)指出，每年出版的固体氧化物电解相关的文献数量都会大幅上升，从 2000 年初(每年约 3 篇)上升到2011 年(每年约 45 篇)。然而这种技术似乎仍需要进一步发展，Laguna-Bercero 得出结论：

---

[1]　NASA SBIR 2015 Phase I Solicitation H8. O₂ Solid Oxide Fuel Cells and Electrolyzers Lead Center：GRC Participating Center(s)：JSC.

虽然该材料的结构和对电化学的理解还需要进一步的发展,但这种技术还是具有非常大的潜力。此外,还需要在 SOEC 设备的商业化之前研发新的材料。

笔者的印象中:公开发表的文献研究落后于目前的技术发展。由于事关重大,企业都不愿意透露他们的详细研发进度。例如,一个承包商运行燃料电池堆的用料多达几百种。然而,似乎没有一个单一的固体氧化物系统,可以作为一个成熟可操作的系统。

水-气反转换过程

Robert Zubrin 和其同事们已经在 ISRU 技术上开展了很多创新性的工作[103](Zubrin et al.,1997a,b,1998)。其中一个就是水-气反转换过程(reverse water gas shift,RWGS)。

水-气转换反应被工业广泛应用,将相对无用的一氧化碳和水转换成更加有价值的氢气。然而,如果反应条件被转换后,也会发生这样的变化:

$$CO_2 + H_2 \xrightarrow{\text{催化剂}} CO + H_2O \tag{6.2}$$

然后,二氧化碳可以被转换成水和 CO。如果水被电解:

$$2H_2O \xrightarrow{\text{电解}} 2H_2 + O_2 \tag{6.3}$$

这两个反应是二氧化碳到氧气的反应(6.1)。在理想情况下,第一个方程里面的氢气后来在电解中全部重新生成,所以不需要额外的氢气。实际上,虽然使用氢气回收装置能够降低氢气的损失,但是如果方程式(6.2)反应进行得不彻底还是可能会丢失一些氢气。上面的两个反应代表着 RWGS 过程,从二氧化碳中生产出氧气。

注意到 RWGS 反应的材料与 S/E(sabatier/electrdysis,萨巴蒂尔电解法)反应(见第 7 章)相同。主要区别(除催化剂外)在于 S/E 过程在低温下(200~300℃)有利于保持平衡,但是 RWGS 过程需要高温(大于 600℃)。如提供催化剂,想让两个反应同时进行,S/E 过程将主要发生在 400℃ 以下,主要产物将会是 $CH_4 + 2H_2O$。当温度达到 650℃,甲烷的生成量将为零,主要的生成物为 RWGS 产物($CO + H_2O$)。400~650℃ 存在过渡地带,两个反应同时进行。在其中,当温度从 400℃ 上升到 650℃ 时,一氧化碳的产量急剧上升,甲烷产量急剧下降。然而,在 RWGS 过程下,无论温度多高,依然有大约一半的二氧化碳和氢气在平衡点没有反应。

图 6.4 显示了 44 mg/s 的二氧化碳和 2 mg/s 的氢气在不同温度下反应(注意二氧化碳流被分成两份),RWGS 和 S/E 过程同时发生所产生的各种化学元素的量(假定有催化剂)。需要注意的是,这是 RWGS 过程的理想

配比值,对于 S/E 过程则不是。伴随着 S/E 过程产生额外 4 倍多余的二氧化碳。有了这些多余的二氧化碳,本质上来说,全部氢气都会在 S/E 处理过程发生的条件下高效地参与反应。

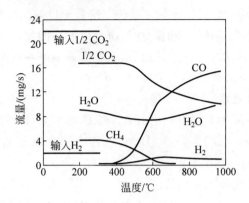

图 6.4　44 mg/s 的二氧化碳和 2 mg/s 的氢气在不同温度下反应产生的流量　为了减少图片垂直刻度,二氧化碳流被分成两份,RWGS 和 S/E 过程同时发生,产生的各种化学元素的量(假定有催化剂)

在低温(200～300℃)下,平衡决定了全部的氢气都用来产生甲烷和水,额外的二氧化碳也会消耗殆尽。这个就是 S/E 过程。基本上不产生一氧化碳。相比之下,高温(大于 650℃)条件下一氧化碳和水是主要的产物,产生非常少量的甲烷,大约有一半的二氧化碳和氢气没有参加反应。

在大于 650℃ 的情况下操作具有非常大的劣势,如果想在 400℃ 进行 RWGS 反应,反应(6.2)只能够完成 25%。Zubrin 和他的同事们提出了几个在 400℃ 下促使反应(6.2)的方法,包括:

(1) 冷凝水再循环一氧化碳结合二氧化碳(RWGS 生成的水凝结,顺流而下与流速小的原料气体结合再循环)。

(2) 使用过量的氢气(非化学计量混合气)促进反应,结合薄膜回收未反应的氢气。

(3) 增大反应的压强。

使用这些方法,Zubrin 在试验中得到了高转化率。今后还需要进行更深入的研究来调查此方法的效率和可行性。

大约 10 年的沉寂之后,一份关于 RWGS 过程的研究报告被发表出来(Houaday et al.,2008),结果表明,在温度 700～800℃ 时人们可以获得约 50% 的产量。不过,他们似乎并没有追求通过 Zubrin 的建议来提高产量的方法。除了这一项研究外,在 1998 年 Zubrin 开创性的工作之后,NASA 似乎没有资助这一过程的进一步行动。

6.3.4.2　萨巴蒂尔电解法

还有另一种利用火星大气中的二氧化碳和氢气(从地球上带来或者由火星水中提取)的方法——萨巴蒂尔电解(S/E)法。S/E 过程中,氢气和压缩的二氧化碳在热容器中反应:

$$CO_2 + 4H_2 \xrightarrow{\text{催化剂}} CH_4 + 2H_2O \tag{6.4}$$

反应器只是一个充满催化剂的简单管道。由于此反应有少量放热,反应一旦开始就不再需要任何能量。

甲烷与水混合物被分离在一个冷凝器中,甲烷是干燥的,可以用来做推进剂。水经过收集,去离子,并在电解槽中电解:

$$2H_2O \xrightarrow{\text{电解}} 2H_2 + O_2 \tag{6.5}$$

氧气被用来做推进剂存储,产生的氢气在化学容器中循环利用。注意到方程(6.2)只生成了方程(6.4)需要的氢气的 1/2,所以这里还需要额外的氢气供应。

压强 100 kPa 条件下,二氧化碳和氢气混合物中分子的平衡混合物如图 6.5 所示。当温度上升时,化学反应平衡移除所需要的水和甲烷,将其转化为 $CO_2 + 4H_2$,但是反应速率加快。现在面临的挑战是需要使反应器在温度足够高、运动足够剧烈的情况下仍然保持稳定。目前,温度不是很高,平衡产量不足。在实验上已经发现,大约到达 100 kPa 的程度,如果 $CO_2 + 4H_2$ 的混合物与催化剂接触,大约 300℃ 已经足够维持反应发生,生成 90% 的 $CO_2 + 4H_2$。如果反应器的通道口温度低于 300℃,产量将超过 95%。

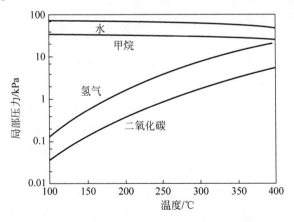

图 6.5　100 kPa 下二氧化碳和氢气的平衡混合物

在火星上使用 S/E 方法的早期计划中,推测氢气原料可以由地球提供。这会产生两个紧密耦合的问题,主要问题是从地球带来氢气并且在火星上保存非常困难。简单地保存氢气,它将会蒸发。如果用冷却法来保存,需要更多的质量和能量。

第二个问题是在 S/E 反应中把氢气当作原料来使用时,1 分子氧气产生 1 分子的甲烷,然而理想的混合比率大约是 1 分子的甲烷和 1.75 分子的氧气。因此,甲烷产生了剩余。本质上这种情况并不太坏,但是需要运送额外的氢气到火星来生成被浪费掉的甲烷。已经提出了几种方案从过剩的甲烷中提取氢,此外,已经提出了一些其他的减少氢气需求的方法,即通过转换成比甲烷 C/H 比例更高的高碳烃类燃料。这些方法并没有被继续研究,因为火星上面的水有可能被用来生成氢气。也有人提出存储低温甲烷可以通过将之转换成甲醇来简化,但是因为低温氧气无论如何必须被存储,因此这种方法似乎只能带来很少的好处。或者是,只有氧的过程,并行带有 S/E 过程操作时,可以产生额外的氧气,以实现期望的混合比。

现在明显的是,大量的水分布在火星近表面的土壤中,而且有可能提取该资源用作 ISRU 原料。这里涉及两个主要的优点,第一是不需要从地球带来氢气,第二是有火星水的供应可能不再需要 600 天内使用循环水。该过程将利用方程(6.5)产生氢,利用方程(6.4)产生甲烷和水,然后再利用方程(6.5)产生氧和恢复一半的初始氢气。整个过程将是

$$CO_2 + 2H_2O = CH_4 + 2O_2 \qquad (6.6)$$

这个过程产生了非常少的过量氧气,可用于维持生命。

6.3.4.3　从火星大气中获取二氧化碳

前面部分中描述的火星 ISRU 系统都要求从大气中供给相对纯的、加压的二氧化碳。

因为火星大气压通常为 800～1067 Pa,需要把它压缩大概 100 倍,在小的管道中达到合理的吞吐量用于后续处理。因此,ISRU 系统利用一个无尘子系统,分离来自大气成分中的二氧化碳并压缩(在此过程中,会有少部分氩气和氮气作为副产物)。大气中的其他组分没有被分离出来,仅仅作为惰性稀释剂通过这个过程,由此可以推测 ISRU 的一些流程。

加压大气中的二氧化碳的一种方法是吸附压缩机,其实际上不包含移动部件,通过交替冷却和加热吸附剂来实现压缩,吸附剂在低温下吸收低压气体,在高温下排出高压气体。通过将吸附压缩机暴露在火星寒冷的夜晚环境(中纬度约 133 Pa 和 200 K),吸附剂首先吸附火星大气中的二氧化碳。白

天，可以使用太阳能电力在一密闭容积中加热加压该吸附剂，从而在更高的压力下释放几乎纯的二氧化碳，用作反应器中的原料。在加热周期中，热控开关将吸附剂床与散热器隔离。然而，加热吸附剂需要很多的能量，夜间冷却吸附剂还存在问题，需要大质量和大体积的吸附剂（Rapp et al.，1997）。

LMA 团队研究了另一种明显优于吸附法的压缩和纯化二氧化碳的方法，它需要较少的能量、质量和体积以及更短的循环时间。这种方法是一个分批循环处理过程，第一步是当大气连续地吹过表面时在寒冷的表面冻结二氧化碳（使用机械式制冷机），再把大气通过出口管道排出。有必要把不能压缩的其他气体（主要是氩气和氮气）排出去，否则它们会在腔体内聚集，在将要进来的二氧化碳和低温制冷器的制冷终端形成一道扩散屏障。过了一段时间后，足量的固体二氧化碳积聚使该腔室与大气隔绝。然后腔室被动升温，导致二氧化碳升华，在腔室中产生高压。该高压二氧化碳可被排放到一个更大的蓄能室，连续输入的二氧化碳使压力逐渐增大。因为氮气和氩气在二氧化碳固化温度下仍然为气体，因此可以将其从腔室的出口排出，从而产生相对高纯度的二氧化碳。洛克希德-马丁样机试验（Lockheed-Martin prototype test）产生了非常令人鼓舞的结果。不幸的是，似乎从2001 年到 2014 年以来，NASA 已经不再资助这项研究。

基本上，有三种方法可用于二氧化碳获取和压缩：

（1）在连续升华的大聚积室内低温获取。

（2）在带有外部储存罐的小聚积室内低温获取。

（3）机械性压迫火星大气的方式获取。

当使用任一低温方法时，在串联循环操作中必须有至少两个重复单元同时循环运行，以便（在两个单位的情况下）一个从大气中累积冻结的二氧化碳，另一个将加压的二氧化碳传送到转换系统（见图 6.6）。当传送系统快要完成传送时，它被切换到积累模式，然后另一个单元开始输送加压后的二氧化碳。

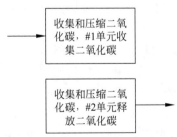

图 6.6　用于二氧化碳累积和压缩的两个制冷系统的串联操作

低温二氧化碳累加器的设计示意图见图 6.7。

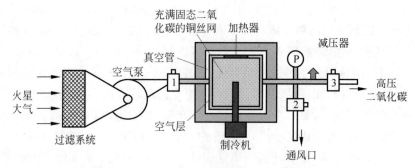

图 6.7 制冷二氧化碳累积器(见文前彩图)

蓝色区域的内部是在泡沫铜上冷冻的二氧化碳。绿色盒子是压缩管道，
它由真空套包围，外面再包裹着绝缘体

火星大气经阀 1 吹入蓄能室(或者它可以通过阀 2 吸入，而不是通过阀 1 推出)，在那里遇到了制冷铜网使二氧化碳固态结冰。如果这由一个封闭的系统来完成，剩余的氩气和氮气将随着二氧化碳的冻结而累积，形成一个扩散屏障，这将严重地抑制二氧化碳的进一步积累。因此，在积累阶段保持阀 2 被打开，且氩气和氮气被压出到大气中。一段时间后，该蓄能室充满冷冻的二氧化碳，阀 1 和阀 2 被关闭。然后聚积室加热，高压的二氧化碳被释放。氩气和氮气被移除，二氧化碳的纯度大于 99%。方法(1)在连续升华的大聚积室内低温获取和方法(2)在带有外部储存罐的小聚积室内低温获取的主要区别在于，方法(1)中在一段特定时间内，所有用于提供给转换系统的二氧化碳都被储存在聚积室里。而在方法(2)中，使用更小的蓄能室(以减少热增益)，并且有几个循环用于给阀 3 下游的外部存储卷充电。

冷处理过程的能量取决于进入火星大气的温度。冷却该气体和固化二氧化碳所需的能量大约是 630 J/g，从而使固体二氧化碳在每净热瓦的冷却功率下以 5.71 g/h 的速率在累加器(低温冷却功率更小的寄生热增益)中积累。全尺度系统产生氧气约 3 kg/h，如果将 SOXE 用于转换，所需的二氧化碳通量约为 3 kg/h×(44/32)×2×(1/0.6)=14 kg/h。系数 2 是因为二氧化碳变为一氧化碳和氧，系数 0.6 是因为只有约 60% 进入的二氧化碳由 SOXE 转化。对用于低温采集和压缩的热冷却功率的要求是 14 000 g/h×(1/3600)×630 J/g=2500 W。由一个制冷机生产 1 W 在冷端盖冷却的电力可能是 9~10 W。因此，对于该制冷机系统的电力需求是 22~25 kW。除了冷冻出二氧化碳外，也需要加热二氧化碳使其升华。在这种情况下电力供给为 2.5 kW。因此，不间断获取和冷压二氧化碳需要 25~27 kW。

火星大气中的机械压缩概念很简单。然而,火星大气压大约为 0.7 kPa,需要 50～100 的压缩系数以进行后续转换。此外,压力/温度/密度特性随时间和季节变化。涡旋压缩机采用两个交错的螺旋结构以压缩或加压气体。通常一个螺旋是静止的,另外一个周期性地运动以形成压缩气体。涡旋压缩机可以压缩来自火星的大气压力气体至 100 kPa。

如果考虑一个全态系统在 14 个月内生产氧气的速率为 3 kg/h,将需要处理约 $14 \times 30 \times 24 \times 14$ kg $= 141\,000$ kg 的二氧化碳。二氧化碳的体积大致为

$$V = [(1.4 \times 10^8 \text{ g})/(44 \text{ g/mol})(82.01 \text{ cm}^3 \cdot \text{bar/mol} \cdot \text{K})(230 \text{ K})/(0.007 \text{ bar})]$$
$$= 8.6 \times 10^{12} \text{ cm}^3$$

在火星大致每立方厘米(cm³)有 3 个灰尘颗粒,非常粗略估计每个灰尘颗粒的平均质量为 4×10^{-11} g。因此必须要除去的灰尘质量大约是 $8.6 \times 10^{12} \times 3 \times 4 \times 10^{-11}$ kg≈1 kg,必须除去的灰尘体积大约为 0.5 L。

6.3.4.4　NASA AO 在 2020 年火星探测器 ISRU 系统的有效载荷建议调查的规模

2013 年末,NASA 为即将到来的 2020 年火星车上的 AO 征求科学仪器建议。本次征集要求提交验证从火星大气生产氧气的有效载荷单元。该有效载荷设备的需求受到下述限制:

(1) 生成推进剂级氧气(体积大于 99.6%)。

(2) 验证一个 ISRU 系统在不同的火星大气条件,包括昼夜和季节变化条件下有效运行的能力。

(3) 利用技术扩展到未来载人任务的尺寸要求。

表 6.8 中给出了建议调查的规模。

AO 还有一些含糊不清的地方,表 6.8 也不例外。它要求 2020 火星探测器的元件必在 50 sols(火星日)内以 0.02 kg/h 的速度生产氧气。显然,理想情况是,该系统以 0.02 kg/h 的规模连续生产 50 sols。然而,众所周知,2020 火星车动力只能是间歇性的,所以表 6.8 当然不可能意味着连续运行 50 sols。事实上,有可能会是整个火星日都没有提供能量,因此要求的每 50 sols 连续工作一段时间似乎不太可能。但是,这意味着某个特定时段内 50 个非连续火星日的任务延长到一个火星年吗?还是意味着它在 50 个火星日期间对尽量多的火星日提供电力?其他解释也有可能。

AO 提到的一个要求:"有效载荷必须能够间歇操作"。但强烈的暗示是:间歇是可用间歇性电源导致的。AO 没有评价此模式下的循环处理过

程中的间歇现象。应当指出：在用于人类火星任务的一个实际系统中，ISRU 系统将连续工作至少 14 个月，对于间歇性的要求(是很难满足的)是由 2020 火星探测器搭载的有效载荷电力可用性限制造成的。

如果只是淡淡地把 2020 年的火星漫游者 0.02 kg/h 的要求和全尺寸的载人任务宣称的 2.2 kg/h 比较，可能得到的印象是 2020 火星车 ISRU系统不到全尺寸的 1% 而已。然而，2020 火星探测器单元间歇工作长达50 sols，而全尺寸系统宣称可以连续工作 1200 sols。因此，人们可以说：在某些方面 2020 火星探测器单元远低于全尺寸系统的 1%，进而为间歇操作要求的设计增添了压力，这不会在全尺寸的系统中出现。进一步的研究表明要求工作 1200 sols 没什么意义。

扩展至完全尺寸

接下来看表 6.8 的第 3 列和第 4 列，怎么知道全尺寸载人火星任务的ISRU 需要以 2.2 kg/h 的速度生产 1200 sols 的氧气呢？AO 没有任何特定任务设计或 DRM 来参考。目前尚不清楚 NASA 偏向哪一个全尺寸载人火星任务。前面已经讨论过一个可能的方法(见图 3.6)，包括一个货物中转提供一个火星 ISRU 单元和上升工具，产生上升推进剂有一段约 14 个月的时间(420 sols)以保证距离地球宇航员发射前两个月上升工具充满推进剂。如果 ISRU 系统具有足够长的寿命，可能会为第二批宇航员继续生成推进剂，或者在第一批宇航员离开地球的同时发射另一个 ISRU 系统和上升工具。

表 6.8　火星 2020 和未来探测计划中的 ISRU 的设备能力

项　　目	2020 火星车	亚尺寸验证任务	未来载人任务
最低氧气生产率/(kg/h)	0.02	0.44	2.2
最低工作寿命/sols	50.00	500.00	1200.0

在某些情况下(如尚未明确的)，一个 ISRU 系统可能工作长达1200 sols，但这似乎非常不可能，而且基本要求似乎不到上述持续时间的一半。对于 1200 sols 的生产率 2.2 kg/h，总产量的氧气将达到约 $2.2 \times 24 \times 1200$ kg$=63\,600$ kg 或 64 t，这暗示 NASA 在 1200 sols 时间内以 2.2 kg/h生成氧气，可能会有两次上升。但是，并不确定，因为 NASA 没有透露这些数字源自何处。表 6.8 中 2.2 kg/h 的更大问题是：14 个月的生产周期内可能不足以产生足够的氧气作为上升推进剂。在 14 个月内，生产氧气为22 t，而初步的需求大约是 30 t。

表 6.8 中提到的亚尺寸验证类的任务更神秘。氧气的生产将达到$0.4 \times 24 \times 500$ kg$=4800$ kg，约为全尺寸任务上升需求量的 16%。2020 年

ISRU 的产能似乎太小,不能作为亚尺寸验证任务的比例模型。当然,在 2020 年探测器验证和亚尺寸模型单元之间至少需要有一个(可能多于一个)中间步骤。在小尺寸上,它仍然可以被归类于概念证明,而不是一个可测量的模型。因此,可以得出结论,表 6.8 中描述的亚尺寸模型过大而不能推断出 2020 火星车的建造单元。

表 6.11 给出了火星上的全尺寸系统对氧气生产的电力需求为 30~40 kW。亚尺寸单元是全尺寸的约 1/6,将需要 6 kW。一个更严重的问题是,NASA 没有可以在火星上不断产生 6 kW 的电力系统,而且似乎没有在可预见的未来发展可用的电力系统。

通过在火星生产氧气减少着陆质量

AO 提到:

就地生产氧气可以显著减少必须从地球发射的氧气质量,这些氧气被用于从火星上升以及在火星上的人类消耗。NASA 发射任务研究表明,对于载人火星任务就地氧气生产可以使着陆质量减少 60%。通过使用原位资源利用(ISRU)技术节约质量,可以使任务设计师设计当前无法用到的方案,如取消火星轨道交会、减少进入、下降和着陆(EDL)系统性能以及交替上升推进剂的可选性。

"就地生产氧气使载人火星任务着陆质量减少 60%"的论断是一种误导。6.3.6 节讨论了在火星上使用 ISRU 着陆质量的节约百分比。在常规任务场景下,DRM-1、DRM-3 和 DRM-5 利用椭圆火星交会轨道,上升推进剂约 40 t,其中 3/4 是氧气。使用 ISRU 生产氧气可以减少约 30 t 的着陆质量,考虑到 ISRU 系统本身的质量,实际上减少的着陆质量大概为 28 t。如表 6.23 所示,根据使用的轨道,载人火星任务着陆质量的减少范围是 16%~21%。

正如 3.6.2 节、3.6.3 节和 3.9.2 节所述,有些(非 NASA)任务没有进行火星轨道交会,直接从火星表面发射上升舱并直接返回地球。NASA 在过去的 30 年里普遍对这种方法持消极态度,它可能会重新考虑这一点。直接返回时,发射工具必须提供大小合适的居住舱和生命保障系统用于宇航员 6 个月的返程、辐射防护和地球再入系统。发射工具和上升推进系统的规模将会大大扩大。如果不使用轨道中的 ERV 从火星直接返回地球,着陆质量的减少可能接近 60%(见 6.3.6.9 节的(3))。然而,在这种情况下,IMLEO 将会很大,任务也不切实际。

在 2020 火星探测车上操作一个 ISRU 系统端对端原型的优点和缺点

一个最终的全尺寸 ISRU 系统在火星上将降落、开启、连续工作 14 个月以生产约 30 t 的氧气。在此期间，所需要的 30～40 kW 的电能将由核反应堆提供，它位于与上升运载工具所在地有一定的距离的一座小山后面或护堤上。2020 ISRU 有效载荷约束条件包括严格控制的成本、质量、电力和体积。而 NASA 的 AO 没有指定使用哪种技术将二氧化碳转换成氧气，看起来比较明显的是，他们倾向使用固体氧化物电解（SOXE），SOXE 似乎是满足 AO 意图的唯一希望（如果不是 AO 所有要求）。虽然 NASA 似乎把这个有效载荷作为最终扩大规模的小验证单元，但 2020 探测车的限制使它成为一个艰难的命题。

根据目前情形，应对 AO（MOXIE）的成功提案由 JPL、MIT 和 Ceramatec 组成的联合小组撰写[①]。基于 Ceramatec 在能源部资助下开发的原型固体氧化物燃料电池和电解单元的经验，提案建议了一个用于 2020 火星车载荷上工作的 SOXE 堆。但整个 ISRU 有效载荷也包括二氧化碳获取单元，它已经被证明与在 AO 的限制下开发具有同等的挑战性。他们建立了这样一个目标：

收集的知识也许最好地定义了 MOXIE——关于参数和协议、风险、发展的挑战、利润率和威胁、全尺寸火星 ISRU 设施的要求和限制等知识。MOXIE 使用了一套控制参数，探测了性能余量，提供健康和退化的诊断，并利用冗余和模块来探索技术选择。我们的目标不只是要能说"它能工作"，而是要学会如何扩大 MOXIE 的规模来支持载人任务。

在 2020 火星车上的单元更多是个试验场，来获得在火星环境下与这样的系统交互使用的经验，不能认为它是一个可升级的原型系统（Rapp et al.，2015）。

虽然 NASA 宣称在火星将二氧化碳转化为氧气具有可观的价值，事实上从来没有任何技术需要做成那样。火星上的关键问题是如何将充满了灰尘的火星大气处理成压缩的二氧化碳源，以用于随后任意的转变过程中。该转变过程可以在实验室中很好地开发和测试，至少在开发和演化的早期阶段可以。此阶段需要摄取火星大气同时抑制尘埃，尽可能纯化火星大气中的二氧化碳，并压缩二氧化碳用于最终的转变过程。因为 NASA 坚持将 2020 火星车限制在一个端到端的系统中，所以设计需要做重大妥协。

NASA 没做什么

在发布火星 2020 AO 前 NASA 应该已经资助了 4 个实验室研发

---

① http://www. nasa. gov/press/2014/july/nasa-announces-mars-2020-rover-payload-to-explore-thered-planet-as-never-before/；http://newsoffice.mit.edu/2014/going-red-planet.

项目：

（1）研发二氧化碳高效转化为氧气的实验室研发项目，它能够进行多次热循环，也能够长时期的满足载人火星任务的需要(工作时长超过几百个火星日)。它还必须能够承受发射、着陆和巡游的压力。该系统必须能够被缩小为小型初步实验，最终增大到载人火星任务的规模。

（2）开发从仿真火星大气中捕获二氧化碳技术的实验室研发项目，将二氧化碳压缩以备后续处理所需。必须在火星大气压下操作摄入量，并根据流程 1 的要求运输足够纯度、压力、流速的二氧化碳。

（3）开发流程 2 的前段技术的实验室研发项目，充分去除大气中的尘埃以使流程 2 和 1 不受可能被吸入到系统中的任何少量的残余尘埃的影响。

（4）整合流程 1～3 以形成一个端到端系统的实验室研发项目，这个系统组成一个 TRL6 级的可扩展工业模型。

需要考虑分配充足的资金和时间来做这个初期工作，在火星上进行飞行验证之前取得满意的结论。

显然，在实验室处理的除尘方案只能作为近似方法，而最终该系统需要在火星上被测试。执行如上所述的流程 1～4，下一步将测试一个在火星上除尘和二氧化碳摄入系统的发射版本。这些系统通过验证之后，完整的端对端系统就可以在火星上进行验证。在这一过程中，NASA 应再次考虑，显著减少着陆火星质量的潜在价值是数十亿美元。验证这一系统的专用飞行，设计一个容纳端对端的 ISRU 系统，并专门进行飞行试验来验证这一系统是合适的。但它不需要探测器具有移动性，一个固定着陆器就足够了。

从火星大气采集二氧化碳的技术，二氧化碳转化为氧气的技术是否足够成熟，已做好在火星上验证的准备了吗？答案是否定的。NASA 试图缩短上述流程 1～4 定义的逻辑过程，这是非常低效和浪费的，因为研发飞行硬件比研发实验室工程模型昂贵得多。尽管由 AO 最初分配给这个项目的 3000 万美元对于飞行硬件来说很勉强，但看起来这笔资金仍然可以建立一个很健壮的工程模型。此外，把该验证装置置于火星车内，受限于很小的体积，有限的电力供应和质量限制，只会事与愿违。完全没有必把它放在可移动的探测车上。在一个固定的着陆器上该 ISRU 系统能工作得更好。由于火星车可用电源的间歇性，2020 火星探测器的飞行系统将经过数次热循环。然而，在现实中，原物尺寸的 ISRU 系统将在开机后连续运行。仅在未能预见的紧急情况下 ISRU 被关闭。因此搭上 2020 火星车的便车所施加的约束使 SOXE 的设计变成了不必要和无用的需求。看起来最佳的二氧化碳采集系统会是一个持续的鼓风机/压缩机,而根据 2020 火星 AO 给定的时限和资金,PDR 很难开发这个系统至 TRL6 级别。因此,低温二氧化碳采集系统很可能被采用;然而它可能不是最佳的系统。

必须揣摩 AO 的写作者们是否对气流系统的需求做了一些关于气流、存储量和操作流程基本化学计量的计算。他们似乎简单地假定在连续运行的基础上,可以很容易地从火星大气中吸取二氧化碳,变成氧气,存储产生的氧气,并测量其纯度至 0.1%;所有这一切都在 2020 火星车的制约范围内。根据笔者的经验,事实似乎并非如此。AO 根本不应该被写出来。NASA HEO 应该把 3000 万美元投入到一个持续多年的实验室研发项目中,直至 2020 年以后得到一个火星上的成熟技术示范。那将是一个专门用于验证 ISRU 的固定在火星表面着陆器上的任务。

如果 NASA 希望趁这个机会把一个 HEO 有效载荷顺带放在 2020 火星车上,他们应该限制有效载荷的范围,将火星上实验性载荷放在首要位置的唯一原因:吸入除尘后的大气。没有任何必要在这一阶段在火星上运行一个 SOXE。这仅仅能够用来装饰门面。

积极的一面

尽管笔者列举了很多问题,但这个项目也可以获得一些好处。二氧化碳采集系统将得到发展。第一次,一些资金将被投入开发 SOXE,并认真考虑带热循环的纯二氧化碳堆的运作。笔者毫不怀疑在这个项目结束时,对于火星 ISRU 我们会比现在更明智。

一些深入思考

普遍意义上说,给火星 ISRU 验证系统提供足够的电力是 NASA 面临的一个重大问题。ISRU 系统需要大量电力供应。即使是非常小规模的系统也可能需要几百瓦。当 ISRU 系统规模扩大时,电力需求也将增长。目前,NASA 可以用 RTG(系统启动后连续提供 120 W)或者太阳能给火星固定着陆器供电。太阳能电池可提供更多能量,由于昼夜的影响和灰尘积累,它只能间歇性供电。真正的 ISRU 系统应该一旦被打开后就不再循环。看起来 NASA 没有给 ISRU 系统持续供电的能力,当在 2020 火星车上安装的规模进一步扩大时,NASA 没有办法给这么大的验证系统供电。或许有一天,NASA 和美国能源部可以联合起来开发一个核反应堆电力系统,在火星上能连续供电几十千瓦,但目前看来这还是很遥远的事情。过去的努力付诸东流。所以,即使 NASA 试图在 2020 火星车上测试小于完整规模 1% 的验证系统,接下来该怎么做? 怎样才能给下一个更大规模的验证系统供电?

6.3.5　火星 ISRU 系统的能源需求

6.3.5.1　简介

在开始尝试讨论火星 ISRU 系统的质量和能源需求之前,必须考虑以下几点。

(1) 没有一个明确的可以作为分析基础的载人火星任务。已经起草了一些概念性的任务,但是利用 ISRU 还没有十分详尽的文档记载,并且这之中也没有明确的胜者。

(2) 对于是否使用最终的 ISRU 系统还存在很大的不确定性。因为至少数十年内 NASA 不太可能将人类送上火星,在此期间可能会出现一些新的任务概念。

(3) 虽然有可能在最终的方案中,氧气大约占加注上升推进剂的 3/4,但是实际上氧气含量还不确定,主要取决于上升太空舱和上升推进系统的质量。尽管如此,在将人类送上火星之前,需要 14 个月生成大约 30 t 氧气,这算是一个合理的估计。

(4) 与氧气搭配的燃料也不确定。DRM-1 和 DRM-3 携带氢气到火星上制造甲烷作为上升燃料。然而,对氢气的运输和储存系统的细节设计还没有具体说明。在这两个任务中,额外的氢气被带到火星上,产生超过 20 t 水作为备用来维持生命。携带更少的氢气不使用蓄水设备还是携带更多氢气产生一个蓄水设备仍在细节的制订中。尽管严格来讲,这并不直接影响扩大规模来生成氧气的问题,但它算是如何设计火星 ISRU 的全局问题中的一部分。尽管可以明确地知道为上升推进提供氧气是火星 ISRU 的核心,ISRU 的用途与生命保障的关联还在研究中。

(5) 与甲烷相比,可以从地球上携带高分子碳氢化合物作为燃料,但是这些物质有较高的碳氢比,因此会减少氧气部分的质量。而且这可能会减少上升火箭的比冲,但又引起了火箭喷嘴的清洁燃烧问题。

(6) 如果氢气能够在火星上制备,或者从地球上携带,或者在火星表面上提取水,可以用萨巴蒂尔电解过程产生甲烷和氧气。目前电解固体氧化物二氧化碳是个不太成熟的技术,相比之下,这个过程很容易理解,并且发展得较为成熟。

(7) 利用甲烷和氧气作为推进剂的火箭比冲在取值上存在一些差异。任务计划者倾向使用范围为 370~380 s 的值,然而关于推进的论文和乔治亚理工学院从事再入、下降和着陆系统研究的人员推断为 350~360 s。这是一个有意义的差异。

火星 ISRU 的质量和能源需求随着采取的特定方法而变化。表 6.9 给出了考虑的几种选择。

表 6.9　火星 ISRU 的选择

ISRU 选项	产　品	从地球携带	备　　注
SOXE	氧气	ISRU 系统	产生大约 75% 上升推进剂质量
用火星本土水的 S/E	甲烷,氧气,水	ISRU 系统；表层土壤开采和处理设备	需要初步的勘探任务定位近表面的水。有最大的优势但需要巨大的预付投资
用从地球上携带的氢气的 S/E	甲烷,氧气	ISRU 系统；氢气	生产过量的甲烷。优势在于只有氧气的 ISRU 系统例如 SOXE

6.3.5.2　SOXE 只有氧气的过程

对于生成氧气的 SOXE 过程(表 6.9 中的第 1 行),尽管存在 6.3.5.1 节提出的问题,但是基于下列假定特征进行分析看起来是合理的：

(1) 7×24 h 的连续电力需求在 $30 \sim 40$ kW 的水平。尽管如此,在临时停电情况下,全尺寸的 ISRU 系统会关闭或者重启。

(2) ISRU 系统必须在 14 个月内为火星升空舱(MAV)推进剂储存罐填满大约 30 t 的氧气(3 kg/h)。并且维护存储的低温推进剂。

(3) ISRU 系统不负责低温冷却生成的氧气,将氧气转移到 MAV 中,也不负责低温维护升空舱储存罐中的低温氧气。尽管如此,这些辅助的要求也是具有极大重要性的附加因素。

(4) 这里,不考虑在几百米的距离处使用核能的问题,不考虑自主部署着陆器的 ISRU 系统,或者是与 ISRU 系统相联系的上升舱。尽管如此,这些配套要求也是很重要的附加因素。

如前面章节所示,现实要求就是以大约 3 kg/h 的速率在 14 个月内 (420 sols)制造纯净氧气。在最初的 14 个月之后系统可能会继续运行,但更可能的是对于第二次任务 MAV 会携带自己的 ISRU 单元。固体氧化物电解(SOXE)不存在氧气纯净性的问题,因为 SOXE 能够生成 100% 的纯净氧气,除非存在系统泄漏的问题。

ISRU 系统由三个主要子系统组成：灰尘过滤系统、二氧化碳采集系统和固体氧化物电解(SOXE)系统。

图 6.8 显示了两个可相互替代的 ISRU 系统,一个是利用低温二氧化碳采集和存储系统,而另一个则是利用大气的直接压缩。表 6.10 中显示了质量流率。

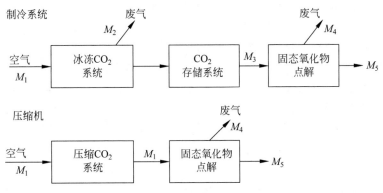

图 6.8　两个可供选择的 ISRU 系统

表 6.10　ISRU 系统的质量流(单位：kg/h)

系统	M_1	M_2	M_3	M_4	M_5
低温	18.6	6.2	12.4	9.4	3.0
压缩	13.0			10.0	3.0

表 6.10 中,

M_1=进入 ISRU 系统的大气质量流率;

M_2=从低温采集系统中排出的质量流率;

$M_3 = M_1 - M_2$;

M_4=从 SOXE 过程中排出的质量流率;

M_5=氧气的质量流率。

取值 $M_5 = 3$ kg/h,并反向倒推。SOXE 的本质是二氧化碳流一定会经过 SOXE 的阴极区。当二氧化碳经过阴极表面时形成一氧化碳,同时由于电位差氧离子会穿过固体氧化物。一氧化碳和二氧化碳的混合物不能排向大气。关于 SOXE 怎样作为流速的函数几乎没有任何经验。但是这里可以假设大约 2/3 的输入二氧化碳被转化为一氧化碳和氧气,而其余的 1/3 转化为不能被排放到大气中的一氧化碳。SOXE 的过程可以表示如下：

$$2CO_2 = 2CO + O_2$$

因此,进入 SOXE 中的二氧化碳的质量流率为 $[2 \times (44/32)/(2/3)]$。$M_3 = 12.4$ kg/h。

在采用低温系统的情况下,假设质量流率 M_3 基本上是纯二氧化碳。

因此 $M_3 = 12.4$ kg/h，$M_4 = 9.4$ kg/h。没有估计 M_2 占 M_1 多少百分比这样的资料。这里，非常合理的估计是 M_2 约为 M_1 的 1/3。因此，$M_3 = 2/3M_1$，$M_1 = 18.6$ kg/h，$M_2 = 6.2$ kg/h。

在使用机动压缩系统的情况下，假设质量流量 M_1 是二氧化碳的 95.5%。因此，M_1 在压缩情况下是 12.4 kg/h/0.955 = 13.0 kg/h，$M_4 = 10.0$ kg/h。

表 6.10 总结了这些数据。

电力需求分为二氧化碳的采集和 SOXE 的需求。

在氧气为 3 kg/h 的质量流率下，将二氧化碳分解为一氧化碳和氧气，理论上的电力需求为 14.7 kW。除此之外，热 SOXE 系统将会向周围的低温环境散发热量。此时，很难精确估计出热量损失，但是可以约略估计出热量损失是分解二氧化碳所需电能的 1/3。因此，假设 SOXE 在 20 kW 能量下可以连续工作。

如果低温系统用于累积二氧化碳，那么两个或以上的冷却单元会并行，在不协调的情况下，处于极端情况时，一个单元用来获取二氧化碳而另一个用来传送被压缩的二氧化碳并存储起来。因此，进入缓存的二氧化碳准连续流基本上保持在恒压状态。可以分析出：考虑在任意给定时间下的低温积累，一个系统用来冷冻二氧化碳而另一个用来给冷冻的二氧化碳加温。冷冻过程几乎消耗了所有电力。

冷却系统需要冷却 12.4 kg/h 的二氧化碳。冷却二氧化碳至冰点以下需要 630 J/g 的能量。达到二氧化碳冷冻速率时的冷却电力需求可以由下式决定：

$$冷却电力 = 630 \text{ J/g} \times 12\,400 \text{ g/h} \times \frac{1}{3600} = 2.2 \text{ kW}$$

冷却电力由制冷机提供。粗略估计：向制冷机输入 9 W 的能量能生成 1 W 的冷却电力。因此，将二氧化碳制冷到固态所需的电力需求为 9×2.2 kW ≈ 20 kW。

除了冷却二氧化碳之外，加热二氧化碳特别是使之升华也需要电力。这可以由电解电源提供，此时需要的电力为 2.2 kW。因此，用冷却的方法制备和增压二氧化碳大约需要持续不断的 22 kW 电力。

很难估计出从火星周围环境（大约 600 Pa）压缩到 SOXE 的工作压强（50～100 kPa）达到 13 kg/h 的情形下所使用机械压缩机的性能。与此应用紧密相关的压缩器为机械压缩泵。入口压强设计为 100～1000 Pa 而排出口为 100 kPa。大型的机械泵能够提供必要的质量流率达到 13 kg/h，这样的机械泵被用于大量的化学物品、石油和天然气以及制药工业设备领域，在肮脏工业环境下工作的工业设备的粗糙度和可靠性也非常重要，这几乎不考虑或者说根本不考虑质量和电力需求。

BOC Edwards 出售了一系列相关的涡旋真空泵。它们最大的泵(BOC Edwards XDS100B)可以达到大约 $100 \mathrm{~m^3/h}$ 的速率,在火星的周围环境下这个数值为大约 $1.7 \mathrm{~kg/h}$。8 个这样的泵并行运行,理论上可以提供所要求的 $13 \mathrm{~kg/h}$ 质量流率。然而这些设备的排出压强的最大值为 $6 \mathrm{~kPa}$。假设 SOXE 至少需要 $50 \mathrm{~kPa}$(尽管这不一定是真的),似乎在 XDS100B 之上还需要一个第二级。要注意运行的温度范围为 $10\sim40℃$,然而火星大气往往温度更低。尽管如此,在早期阶段合适的机械压缩机会适合未来发展。XDS100B 的电力需求大约为 $0.5 \mathrm{~kW}$,8 个泵大约总共需要 $4 \mathrm{~kW}$。第二级则需要额外的电力。大胆估计一个机械压缩机系统所需的总共电力大约为 $8 \mathrm{~kW}$。8 个 XDS100B 单元的质量为 $500 \mathrm{~kg}$,并且第二级的质量可能与之相似。其他供应商也生产类似的泵。

总共的电力需求如表 6.11 所示。

表 6.11　全尺寸只有氧气的 ISRU 系统的电力需求总结(氧气生成速率＝3 kg/h)

二氧化碳制备系统	电力需求/kW			
	SOXE	二氧化碳	其他	总电力
低温	20	22	1	45
机械	20	约 8	1	约 29

在相关论文中,机械压缩系统看起来在减少电力需求方面有明显的优势。然而,机械压缩系统开发相比冷却系统开发更艰难,成本也更高。对于这两个系统来说,如可靠性、成本、质量、体积和当下技术的问题都需要进一步探索。因此,尽管机械系统非常具有吸引力,但是最适宜全尺寸模型的方法(机械或者冷却)在早期阶段仍然不能确定。

6.3.5.3　基于火星本土水的萨巴蒂尔(Sabatier)电解过程

如前所述,用 SOXE 系统生产 3 kg/h 的氧气需要的电力包括:由冷却方法制备二氧化碳需要 22 kW,SOXE 需要 20 kW,控制和电解需要 1 kW,总共 43 kW。

在一个可供选择的 ISRU 方法中,天然火星水从表层土壤中提取,然后进行以下步进过程:

(1) $2H_2O = 2H_2 + O_2$;

(2) $CO_2 + 4H_2 = CH_4 + H_2O$(Sabatier);

(3) $2H_2O = 2H_2 + O_2$;

整体过程为

$$CO_2 + 2H_2O = CH_4 + 2O_2$$

假设系统规模能够生产 3 kg/h 的氧气,则可以生成 0.75 kg/h 的甲烷。

每个二氧化碳分子生成两个氧气分子（假设上述反应基本上反应完全）。因此,在萨巴蒂尔电解情况下的二氧化碳需求量是 SOXE 情况下的 1/6。因此,制备二氧化碳的电力需求大约为 3.3 kW。

水的流速（单位：kg/h）在第 1 和 3 步时为 $1.5 \times 36/32 = 1.69$,每单位二氧化碳被转化都需要电解 3.4 kg/h 的水。

质量流率为

（1）$2H_2O = 2H_2 + O_2$（$H_2O = 1.69$,$H_2 = 0.184$,$O_2 = 1.5$ kg/h）;

（2）$CO_2 + 4H_2 = CH_4 + 2H_2O$（Sabatier）（$CO_2 = 2.0$,$H_2 = 0.37$,$CH_4 = 0.75$,$H_2O = 1.69$ kg/h）;

（3）$2H_2O = 2H_2 + O_2$（$H_2O = 1.69$,$H_2 = 0.184$;$O_2 = 1.5$ kg/h）。

电解水所需电力为（假设转化效率为 100%）

$$237 \text{ kJ/md} = 13.2 \text{ kJ/g} = 13\,200 \text{ kJ/kg}$$

每秒水流速

$$3.4/3600 \text{ kg/s} = 0.000\,944 \text{ kg/s}$$

$$\text{电量} = 0.000\,944 \text{ kg/s} \times 13\,200 \text{ kJ/kg} = 12.5 \text{ kW}$$

因此,基于火星本土水的 S/E 过程的电力需求为 3.3 kW + 12.5 kW ≈ 15.8 kW。这是转化效率为 100% 时的理想状态。考虑到低效率情况,电力需求会上升到 20 kW 吗？那也只是 SOXE 过程一半的需求,并且：

（1）S/E 过程产生甲烷和氧气,氧气过量。

（2）火星土壤开采的水是一个重要的水源。（可以注意到 6 位宇航员 18 个月需要的水为 100 t。）

但是这也遗留了一个问题：从土壤中开采和提取水也需要电力。

6.3.6　在人类火星探测任务中使用 ISRU 时减少 IMLEO

6.3.6.1　传输

一般来讲,无法泛泛地估计出在人类火星探测任务中使用 ISRU 时 IMLEO 的减少量,而只能在一个明确的任务模式下估计。火星的任务模型来来去去发展了超过 60 年,但还是没有一个被广泛接受的特定模型。

猜想有如下三个任务模型：

（1）在 DRM-1 和 DRM-3 之后的模型,有 M_O 的质量被送入火星圆轨道,M_S 的质量发送至火星表面。M_O 代表地球返回舱（ERV）的质量,它的使命是将 6 个宇航员全部带回地球。M_S 包括栖息舱、表面设备和上升飞行器的质量。当在火星表面待停留 1 年半之后,全体宇航员与 ERV 交会对接并返回地球。

(2) 在 DRM-1 和 DRM-3 之后的模型,有 M_O 的质量被送入火星椭圆轨道,M_S 质量则被送往火星表面。M_O 代表地球返回舱(ERV)的质量,它的使命是将 6 名宇航员带回地球。M_S 包括栖息舱、表面设备和上升飞行器的质量。当在火星表面待停留 1 年半之后,全体宇航员与 ERV 交会对接并返回地球。

(3) 没有质量被送入火星轨道。M_S 被送往火星表面。上升飞行器将地球返回舱升起,一起返回地球。

表 6.12 给出了用于各种转移的 Δv 值。

表 6.12 不同转移的 Δv 的数值

出发地	目的地	$\Delta v /(\text{km/s})$
接近火星处	椭圆轨道	1.2
接近火星处	圆轨道	2.4
接近火星处	火星表面	6.8
火星表面	圆轨道	4.3
火星表面	椭圆轨道	5.6
火星表面	地球	6.8

所有的推进转移都采用火箭方程。假设对于所有基于甲烷和氧气的推进转化比冲为 360 s。

假设全部的大气辅助用于往火星表面上运送质量,再入系统质量是基于佐治亚理工学院的模型。送往火星的每 4 个质量单元中有 1 个质量单元是送往表面的有效载荷。

接下来需要计算每个推进转移的比率:

$$R_1 = \text{初始质量／载荷质量}$$

然而,有许多问题会增加这个过程的不确定性。如果 Δv 较大,那么 R_1 的值对假设的比率非常敏感,这是个特别重要的事实。

$$R_2 = M_P/M_p$$

火箭方程要求:

$$M_P/(M_{PL} + M_p) = q - 1$$
$$q = \exp\{\Delta v/(gI_{sp})\}$$

其中,下标 P 为推进剂;p 为干推进系统;PL 为载荷。

这里(通常)假设($M_p = KM_P$),K 是个未知参数。

因此:

$$M_P = M_{PL}(q - 1)/\{1 - K(q - 1)\}$$

对于采用空间可储存推进剂的太空推进（Thunnissen et al., 2004），K 通常设为大约 0.1，对于采用低温推进剂从行星表面上升而言，K 的值可能更大。数据可用于几个大型低温级[①]。数据表明存在规模扩大而带来的经济效益。对于数百吨的推进质量，K 的范围为 0.08～0.10。但是对于大约 40 t 的推进质量，K 的期望范围为 0.10～0.15。火星升空舱的特定环境中较难预测 K 值。在 DRM-1 中，K 的隐含值为 3/26＝0.12。在 DRM-3 中，K 的隐含值为 5/39＝0.13。用几乎任何标准衡量这些研究结果都较为乐观，所以真实情况下的 K 值会更大。在 DRA-5 中，包括从地球上携带的必要 LCH_4 在内，总共上升级的质量为 21.5 t。DRA-5 的表格 5.1 重复了这点。不幸的是，DRA-5 似乎从不明确规定上升推进剂的质量。所以，并不能明确知道这 21.5 t 中甲烷和推进系统的比例。假设 DRA-5 同 DRA-3 一样，对于上升推进剂的估计值为 39 t，其中甲烷占 22％。可以得出结论：甲烷的质量是 8.6 t，上升级的干质量是 12.9 t。这种情况下，K 值为 12.9/39＝0.33。但 DRA-5 利用两级上升推进，所以这样的比较是无效的。

其他关于载人火星任务的研究看起来也非常普通，似乎没有讨论到上升飞行器的质量问题（Griffin et al., 2004）。

例如，考虑到从表面上升至椭圆轨道：

$$q = \exp[5600/(9.8 \times 360)] = 4.89$$
$$M_P/(M_{PL} + M_p) = 3.89$$
$$M_P = M_{PL}(3.89)/(1 - K \times 3.89)$$

对于 1 个质量单元负载的不同 K 值编制一个（推进质量/负载质量）表格，如表 6.13 所示。采用一个单级上升到椭圆轨道。显然，需要的推进剂质量对于假设的 K 值非常敏感。

表 6.13　单级上升到椭圆轨道所需的上升推进剂与参数 K 值的关系

K	负载质量/t	推进剂质量/t	推进系统质量/t	起始质量/t	推进剂质量/负载质量
0.10	1	6.4	0.64	8.0	6.4
0.12	1	7.3	0.88	9.2	7.3

---

① Mass data for some liquid propellant launcher stages. http://www. lr. tudelft. nl/en/organisation/departments/space-engineering/space-systems-engineering/expertise-areas/space-propulsion/system-design/analyze-candidates/dry-mass-estimation/chemical-systems/mass-data-launcher stages/.

K	负载质量/t	推进剂质量/t	推进系统质量/t	起始质量/t	推进剂质量/负载质量
0.14	1	8.5	1.20	10.7	8.5
0.16	1	10.3	1.65	13.0	10.3
0.18	1	13.0	2.34	16.3	13.0
0.20	1	17.5	3.51	22.1	17.5

使用 1 个单级上升到圆轨道，K 值与推进剂需求的关系远没那么极端。这种情况下，$(q-1)$ 的值用 2.38 代替原来的 3.981，如表 6.14 所示。

表 6.14　上升至圆轨道在参数 K 值上的依赖性

K	负载质量/t	推进剂质量/t	推进系统质量/t	起始质量/t	推进剂质量/负载质量
0.10	1	3.1	0.31	4.44	3.1
0.12	1	3.3	0.40	4.74	3.3
0.14	1	3.6	0.50	5.08	3.6
0.16	1	3.9	0.62	5.47	3.9
0.18	1	4.2	0.75	5.92	4.2
0.20	1	4.6	0.91	6.46	4.6

显然，火箭方程的指数性质意味着 K 值相对 Δv 为 5600 m/s 和 4300 m/s 时的敏感性存在巨大差异。

对于 1 个质量单元载荷的不同 K 值，现在编制一个（推进质量/负载质量）表格。如表 6.15 所示，两个相同的级用于上升到椭圆轨道。可以注意到使用两级上升到椭圆轨道的推进剂需求远小于一个单级。然而相比单级，使用两级的复杂性必然会增加 K 的值。

表 6.15　两个阶段时上升到圆轨道对参数 K 的依赖性

| K | 阶段 2 | | | 阶段 1 | | | 共计 |
	阶段 2 的负载质量/t	推进剂质量/t	推进系统质量/t	阶段 1 的有效负载质量/t	推进剂质量/t	推进系统质量/t	总的推进剂质量/阶段 2 的负载质量
0.10	1	1.38	0.14	2.51	3.46	0.35	4.84
0.12	1	1.42	0.17	2.59	3.66	0.44	5.08

K	阶段 2			阶段 1			共计
	阶段 2 的负载质量/t	推进剂质量/t	推进系统质量/t	阶段 1 的有效负载质量/t	推进剂质量/t	推进系统质量/t	总的推进剂质量/阶段 2 的负载质量
0.14	1	1.46	0.20	2.66	3.88	0.54	5.33
0.16	1	1.50	0.24	2.74	4.11	0.66	5.61
0.18	1	1.55	0.28	2.83	4.37	0.79	5.92
0.20	1	1.60	0.32	2.92	4.65	0.93	6.25
0.25	1	1.73	0.43	3.17	5.50	1.37	7.23
0.30	1	1.90	0.57	3.47	6.59	1.98	8.49

接下来,对圆轨道或椭圆轨道的入轨(或者离开)进行类似计算,q 值分别为 1.40 和 1.97,如表 6.16 和表 6.17 所示。显然,对于小的 Δv 值,K 值的假设并不重要。

表 6.16　从圆轨道入轨或者离开时推进剂需求对参数 K 的依赖性

K	负载质量/t	推进剂质量/t	推进系统质量/t	起始质量/t	推进剂质量/负载质量
0.10	1	0.42	0.04	1.46	0.42
0.12	1	0.42	0.05	1.47	0.42
0.14	1	0.42	0.06	1.48	0.42
0.16	1	0.43	0.07	1.50	0.43
0.18	1	0.43	0.08	1.51	0.43
0.20	1	0.43	0.09	1.52	0.43

表 6.17　从椭圆轨道入轨或离开时推进剂需求对参数 K 的依赖性

K	负载质量/t	推进剂质量/t	推进系统质量/t	起始质量/t	推进剂质量/负载质量
0.10	1	1.07	0.11	2.18	1.07
0.12	1	1.10	0.13	2.23	1.10
0.14	1	1.12	0.16	2.28	1.12
0.16	1	1.15	0.18	2.33	1.15
0.18	1	1.18	0.21	2.39	1.18
0.20	1	1.20	0.24	2.44	1.20

对于从表面上升直接返回地球而言,载荷包括地球再入系统和支持宇航员返回地球的栖息舱。在这种情况中,$\Delta v = 6800$ m/s,$q = 6.87$,K 值对上升推进剂的需求非常敏感。然而,上升推进系统可以分级以减少对推进剂的需求。假设返回地球需要两个连续阶段,Δv 的值分别为 4300 m/s 和 2400 m/s。在此情况下,阶段 1 的载荷也包括阶段 2 需要的推进剂质量和推进系统质量。

这种情况下的结果如表 6.18 所示。这个表格中,K 值的上限为 0.14,因为更高的值会导致不合理的推进剂高需求。

表 6.18　从火星表面直接返回地球时的上升推进剂需求对参数 K 的依赖性

K	阶段 2			阶段 1			总计
	阶段 2 的负载质量/t	推进剂质量/t	推进系统质量/t	阶段 1 的有效负载质量/t	推进剂质量/t	推进系统质量/t	总的推进剂质量/阶段 2 的负载质量
0.10	1	1.07	0.11	2.18	6.82	0.68	7.89
0.11	1	1.09	0.12	2.21	7.14	0.80	8.23
0.12	1	1.10	0.13	2.23	7.45	0.89	8.55
0.13	1	1.11	0.14	2.25	7.76	1.01	8.87
0.14	1	1.12	0.16	2.28	8.14	1.14	9.26

估计火星 ISRU 优势的关键问题在于将 6 个宇航员送入火星轨道的上升舱质量,K 参数明确了干低温上升推进系统质量以及 ERV 质量。在 DRM-1 中上升舱为 4 t,在 DRM-3 中为 6 t。DRM-5 没有提供质量估计。事实上,太空舱质量没有得到很好的估计。因为一般来讲 DRM-1 和 DRM-3 都有些乐观,所以假设上升舱的质量为 6 t。对于从火星表面直接返回地球,整个 ERV(没有火星逃脱推进力)必须从表面上直接升起,载荷质量远远大于 6 t。

6.3.6.2　将 ERV 送入轨道并离开轨道

在 DRM-1 中,ERV(没有火-地转移轨道推进力)为 45 t。在 DRM-3 中为 29 t,此处假设为 37 t。

因为送入和离开轨道是一个空间推进过程,假设在计算中 K 值大约为 0.12。假设 ERV 具备在无损情况下存储低温推进剂长达数年的能力。对于离开火星轨道,得到如表 6.19 所示的结果。

表 6.19　离开火星轨道的 ERV 的质量(单位：t)

轨道	载荷质量	推进剂质量	推进系统质量	离开火星轨道的起始质量
圆轨道	37	40.7	4.8	82.5
椭圆轨道	37	15.5	1.9	54.4

对于送入火星轨道,需要起作用的载荷质量必须也包括离开轨道时所需的推进剂质量。因此,得到表 6.20。

表 6.20　ERV 进入到火星轨道时的质量(单位：t)

轨道	载荷质量	推进剂质量	推进系统质量	接近火星的起始质量
圆轨道	77.7	85.5	10.1	173.3
椭圆轨道	52.5	22.1	2.6	77.2

6.3.6.3　火星着陆

在 DRM-1 和 DRM-3 中,宇航员着陆器和货物着陆器(不计上升推进系统和推进剂)的负载质量分别为 118 t 和 72 t,假设为 95 t。然后估计接近火星时的质量(忽略上升系统的质量)。

根据佐治亚理工学院的结果,再入、下降和着陆系统的质量大约为着陆载荷质量的 3 倍。95 t 的着陆负载质量(不计上升推进)意味着接近火星时的质量大约为 380 t。

6.3.6.4　从火星上升

如前所述,假设上升舱的质量为 6 t。

上升到圆轨道使用一个单级。对 K 值的选择缺乏坚实的基础,任意选择 K 值为 0.18。对于这个 K 值,上升推进剂质量(见表 6.14)为 4.2×6 t= 25.2 t,并且上升推进剂为 4.5 t。对于 25.2 t 的推进剂,氧气为 0.78×25.2 t= 19.7 t,甲烷为 5.5 t。

对于上升到一个椭圆轨道使用两级推进。对 K 值的选择缺乏坚实的基础,任意选择 K 值为 0.20。假设同单级推进系统相比,两级的推进系统有额外的质量。对于这个 K 值,推进剂的质量(见表 6.15)为 6.25×6 t= 37.5 t,并且上升推进剂有 7.5 t。对于 37.5 t 的推进剂质量,氧气为 0.78×37.5 t=29.3 t,甲烷 8.2 t。

6.3.6.5　火星任务：没有 ISRU

圆轨道

ERV 接近火星时的质量：173.3 t。

着陆载荷接近火星时的质量(不包括上升推进)：380 t。

着陆推进系统和推进剂接近火星时的质量：4×29.7 t＝118.8 t。

总接近火星时的质量：672 t。

椭圆轨道

ERV 接近火星时的质量：77 t。

着陆载荷接近火星时的质量(不包括上升推进)：380 t。

着陆推进系统和推进剂接近火星时的质量：4×45 t＝180 t。

总接近火星时的质量：637 t。

6.3.6.6　火星任务：对于甲烷和氧气的 ISRU

圆轨道

ERV 接近火星时的质量：173.3 t。

着陆载荷接近火星时的质量(不包括上升推进)：380 t。

着陆推进系统和推进剂接近火星时的质量：4×4.5 t＝18 t。

总接近火星时的质量：571 t。

椭圆轨道

ERV 接近火星时的质量：77 t。

着陆载荷接近火星时的质量(不包括上升推进)：380 t。

着陆推进系统和推进剂接近火星时的质量：4×7.5 t＝30 t。

总接近火星时的质量：487 t。

6.3.6.7　火星任务：只有氧气的 ISRU

圆轨道

ERV 接近火星时的质量：173.3 t。

着陆载荷接近火星时的质量(不包括上升推进)：380 t。

着陆推进系统和推进剂接近火星时的质量：4×10 t＝40 t。

总接近火星时的质量：593 t。

椭圆轨道

ERV 接近火星时的质量：77 t。

着陆负载接近火星时的质量(不包括上升推进)：380 t。

着陆推进系统和推进剂接近火星时的质量：4×15.7 t＝62.4 t。

总接近火星时的质量：519 t。

6.3.6.8　各种载人火星任务的质量需求

表 6.21 给出了不同的任务质量需求。

表 6.21 各种载人火星任务的质量需求

任务	轨道	ISRU	接近火星时的质量/t	IMLEO/t
1	圆轨道	无	672	2015
2	椭圆轨道	无	637	1910
3	圆轨道	只有氧气	593	1780
4	椭圆轨道	只有氧气	519	1560
5	圆轨道	氧气和甲烷	571	1715
6	椭圆轨道	氧气和甲烷	487	1460

由于使用 ISRU 节省的质量。

总体来说，表 6.22 显示了由于使用 ISRU 节省的质量。

表 6.23 显示了使用 ISRU 节省的着陆质量百分比。

表 6.22 载人火星任务用 ISRU 节省的质量

对比	比较基准		与之相比的任务		质量节省/t	
	轨道	ISRU	轨道	ISRU	接近火星时的质量/t	IMLEO/t
A	圆轨道	无	圆轨道	只有氧气	79	237
B	椭圆轨道	无	圆轨道	只有氧气	44	132
C	圆轨道	无	椭圆轨道	只有氧气	153	459
D	椭圆轨道	无	椭圆轨道	只有氧气	118	354
E	圆轨道	无	圆轨道	氧气和甲烷	101	303
F	椭圆轨道	无	圆轨道	氧气和甲烷	66	198
G	圆轨道	无	椭圆轨道	氧气和甲烷	185	555
H	椭圆轨道	无	椭圆轨道	氧气和甲烷	150	450

表 6.23 通过使用 ISRU 节省的着陆质量百分比

	轨道	ISRU	不用 ISRU 的着陆质量/t	用 ISRU 的着陆质量/t	使用 ISRU 减少的着陆质量/t	使用 ISRU 减少的着陆质量的百分比
3	圆轨道	只有氧气	499	420	79	16
4	椭圆轨道	只有氧气	560	442	118	21
5	圆轨道	氧气和甲烷	499	410	89	18
6	椭圆轨道	氧气和甲烷	560	398	162	29

6.3.6.9 从火星直接返回

(1) 假设没有 ISRU

假设着陆质量由如下组成：

着陆载荷(不含上升推进)=95 t。

地球返回舱(不含上升推进,包括生命保障、辐射保护、地球进入系统)=30 t(注意笔者已经从之前的 37 t 减少到这个值,因为假设这是一个更简单的系统)。

参考表 6.18,对于上升推进剂,假设 K 值大约为 0.14。

推进剂质量:9.26×30 t=278 t。

推进系统质量:0.14×278 t=39 t。

总着陆质量:411 t。

接近火星时的质量:1640 t

IMLEO:4920 t。

(2) 假设 ISRU 只用氧气

总着陆质量:95 t+30 t+0.22×278 t=225 t。

接近火星时的质量:890 t。

IMLEO:2670 t。

(3) 假设产生甲烷和氧气的 ISRU 系统

总着陆质量:95 t+30t +39 t=164 t。

接近火星时的质量:656 t。

IMLEO:1968 t。

从 ISRU 中减少的着陆质量百分比=(4920-1968)/4920=60%。

6.4　用来自外星球的资源为火星车加燃料

6.4.1　月球资源

6.6.1 节讨论了位于低地球轨道 LEO 或者附近其他位置的推进剂补给站的使用,而这些推进剂是从地球带过来的。虽然这样的补给站在未来实施多次长期大规模任务时可能会有经济优势,但是对于近期的任务场景来讲似乎微不足道。

如果可以在 LEO 给火星车加注来自月球的氢气和氧气,与从地球上携带推进剂的质量相比,从地球运送到 LEO 所需的火星车质量将减少约 40%。

利用先前开发模型的延伸,在月球上开采的且可从月球运送到 LEO 的水的百分比被估计了出来（Blair et al.,2002）。这里假设月球上易得到的水在月球上是可以被开发利用的。如果情况并非如此,整个概念将变得没有任何实际意义。此外,如果火星车的质量太大,整个过程都将变得站不住脚。

我们可以（乐观地）假设在月球表面提取水的系统已经就位。月球上开采水的一部分被电解以便产生把水运输到月球拉格朗日点♯1（Lunar Lagrange point♯1,LL1）的推进剂（氢和氧）。LL1 是一个有趣的地方,因为只需非常少的推进剂就可以从月球轨道或高地球轨道（参见图 6.9）到达此点。有时建议在 LL1 这个接合点处建立推进剂补给站和放置星际飞船。

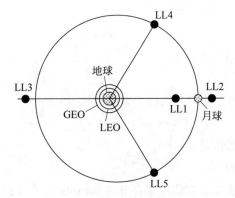

图 6.9　地月拉格朗日点 LL1～LL5（非等比例）

LLO 是近月轨道,LEO 和 GEO 为近地轨道和地球同步轨道

在该过程中使用两辆车。月球水采集车（Lunar water tanker,LWT）把水从月球表面运送至 LL1。在 LL1,一部分水被电解为 LWT 重返月球的推进剂,另一部分被电解为把 LL1 至 LEO 采集车（LL1-to-LEO tanker,LLT）和剩下的水运送到 LEO 的推进剂。在 LEO 水被电解成氢气和氧气,其中一部分用于 LLT 返回 LL1,剩下的作为 LEO 处火星车的燃料（见图 6.10）。

优值系数是从月球上开采的可被运送到 LEO、用于火星车的水的净百分比。

Blair 等给出了针对不同轨道变化的 Δv 值,见表 6.24。LL1 到 LEO 的数值需要在 LEO 处实施大气捕获。

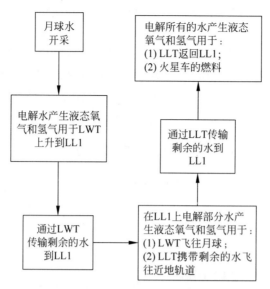

图 6.10　从月球运水到 LEO 的过程梗概

表 6.24　针对不同轨道变化的 Δv 估计值

转　　移	Δv /(m/s)
地球-LEO	9500
LEO-GEO	3800
GEO-LEO(启动刹车)	500
GEO-LL1（只是假设）	800
LL1-LEO（大气捕获）	500
LEO-LL1	3150
LL1-LLO	900
LL1-月球表面	2390
月球表面-LL1	2500

6.4.2　LEO 的月球水的价值

　　人类探测火星的一个主要障碍是对必须在火星上着陆的重型运载工具的要求。假设在进入、下降和登陆阶段使用了完全大气辅助系统，并且地-火转移入轨(TMI)使用了氢/氧推进剂，那么对于登陆火星的每千克载荷，可能需要 9～11 kg 的 LEO 在轨质量。因此，一个 40 t 的火星着陆器在 LEO 将需要大约 400 t 在轨质量。

至少有 60% 的 LEO 在轨质量由用于地-火转移入轨的氢气和氧气推进剂组成。如果火星车在 LEO 处可以使用来自月球的氢气和氧气作为燃料，火星车从地球运送到 LEO 所需的质量将减少到从地球携带推进剂所需质量的 40% 左右。例如，从地球带来燃料的情况有火星车在 LEO 的在轨质量为 250 t，如果用从月球得到的氢气和氧气作为燃料，火星车将仅约 100 t 重。这将对发射大型火星车的可行性产生巨大影响。

6.4.3　由月球开采运送到 LEO 的水百分比

在月球上开采的水可以运送到 LEO 的质量严重依赖运输车的质量。然而 Blair 等关注一个不同的问题：轨道抬升通信卫星的商业化，质量和推进剂分析都可以直接变成值得关注的问题，在 LEO 处用月球推进剂给火星车加注燃料。

6.4.3.1　通过 LL1 转移

在目前的分析中，通过将月球-LL1 水箱和 LL1-LEO 水箱的质量作为参数并允许其在大范围内变化，Blair 等的计算被进一步推广。使用表 6.24 中对 Δv 的估计，把在月球上开采的水运送到 LEO 的效率作为水箱质量的函数进行估计。定义每个步骤的量列于表 6.25 中。

水的电解为每千克氢气对应 8 kg 的氧气。由于 O_2-H_2 的最佳混合比为 6.5，所以每生产 1 kg 氢气将余出 1.5 kg 的氧气。尽管氧气在 LEO 对人类非常有用，但这些氧气可能会被排出。表明，每电解 1 kg 水，仅产生 7.5 kg/9 = 0.833 kg 的有用推进剂。

任一运载工具（LLT 或 LWT）的质量被表示为 3 个质量的总和：

M_p＝推进剂质量；

M_i＝惯性质量（包括结构、进入 LEO 的减速伞、进入月球表面的着陆系统、水箱、推进平台和航空电子设备）；

M_w＝由运载工具带到下一目的地的水质量。

所以一个运载工具的质量为

$$M_t = 全部质量 = M_p + M_i + M_w$$

LWT 和 LLT 的惯性质量在这个计划中至关重要。可以假设惯性质量占全部质量的比例。对于每个车辆，设

$$M_i = K(M_t)$$

其中，K 是一个可调参数，分别针对 LWT 和 LLT 独立定义参数 K_1 和 K_2。

首先假设将在月球上提取足够的水以便运送 25 t 水至 LL1。然后，反

向估计需要在月球上提取多少冰以便提供足量推进剂来运送 25 t 的水至 LL1。结果还可以扩展到运送任意质量的水到 LL1 的情况。

火箭方程提供了下面的等式：

$$M_p/(M_i + M_w) = q - 1$$

$$M_t/(M_w + M_i) = (M_p + M_w + M_i)/(M_w + M_i) = q$$

$$M_t/M_p = q/(q-1)$$

针对从月球表面到 LL1,有

$$q = \exp[\Delta v/(9.8 \times I_{sp}] = \exp[2500/(9.8 \times 450)] = 1.763$$

在月球表面的总质量是

$$M_t = M_p + M_i + M_w$$

$$M_t = M_t(q-1)/R + KM_t + M_w$$

$$M_w = M_t[1 - (q-1)/q - K]$$

$$M_t = M_w/[1 - (q-1)/q - K]$$

因为已经指定 $M_w = 25$ t,所以可以计算 M_t。然后,所有的其他量可立即被计算出来。表 6.25 列出了从月球转移到 LL1 的计算过程。

接下来的步骤是把空的 LLT 从 LL1 返回月球。此步骤数据如表 6.26 所示。H 栏 LL1 处剩余水的负值表明对于足够高的 K_1 值,没有水可以转移。

然后把水从 LL1 运输到 LEO,这里采用试错过程。在假设 K_2 值的前提下,猜测可以运输多少水并计算与这个负荷匹配的推进剂需求。LL1 处剩余的水(发送 LLT 回月球之后)减去必须在 LL1 处被电解水的量,然后把水的净量与所猜测的值进行比较。猜测值一直是变化的直到它与所计算值一致为止。假定 K_2 值的典型例子列于表 6.27,每一行对应来自表 6.25 的 K_1 值。这个过程可以针对不同 K_2 值重复。

最后,估计从 LEO 把空的 LWT 送回 LL1 的需求,如表 6.28 所示。

这些计算的结果总结于表 6.29 和表 6.30 中。

这种计算的关键在于估计 LLT 的 K_1 和 LWT 的 K_2。

对于 LLT,惯性质量包括着陆结构、飞船结构、水箱和推进平台。用于氢氧推进的推进平台通常大概为推进剂质量的 12％,并且由于推进剂质量可能大约占总质量的 42％(由火箭方程式计算可得),推进平台也许占总质量的 5％。水的质量可能约占 40％,并且如果水箱质量占水质量的 10％,水箱质量将是总质量的 4％。飞船和着陆结构质量难以估计:粗略估计约占总质量的 12％。因此粗略估算月球水箱的 K_1 值为 $0.05 + 0.04 + 0.12 \approx 0.21$。

表6.25 运送25t水到LL1的需求电子表格示例

C	D	E	F	G	H	I	J	K	L
全部质量	惯性质量	推进剂质量	电解水	额外氧气	运送的水	在月球上开采的水	火箭方程因子		K 值
$M_t =$ $H5/[1-L5-(K5/J5)]$	$M_i =$ $L5 \times C5$	$M_p =$ $C5-D5-H5$	$M_{el} =$ $1.2 \times E5$	$M_{xs} =$ $F5-E5$	M_w	$\dot{M}(\text{mined})$	$R = H5 + F5$	$R - 1$	$K_1 = J5 - 1$
53.50	5.35	23.15	27.78	4.63	25.00	52.78	1.763	0.763	0.10
58.51	8.19	25.32	30.38	5.06	25.00	55.38	1.763	0.763	0.14
64.55	11.62	27.93	33.52	5.59	25.00	58.52	1.763	0.763	0.18
71.99	15.84	31.15	37.38	6.23	25.00	62.38	1.763	0.763	0.22
81.36	21.15	35.20	42.25	7.04	25.00	67.25	1.763	0.763	0.26
93.53	28.06	40.47	48.57	8.09	25.00	73.57	1.763	0.763	0.30
109.99	37.40	47.60	57.12	9.52	25.00	82.12	1.763	0.763	0.34
133.49	50.72	57.76	69.31	11.55	25.00	94.31	1.763	0.763	0.38
169.74	71.29	73.45	88.14	14.69	25.00	113.14	1.763	0.763	0.42

表 6.26　LLT 从 LL1 返回月球的电子表格示例

C 全部质量	D 惯性质量	E 推进剂质量	F 电解水	G 剩余氧气	H 剩余的水	J 火箭方程因子	K	L K 值
$M_t =$ D17+E17	$M_i =$ D5	$M_p =$ D17×K17	$M_{el} =$ 1.2×E17	$M_{xs} =$ F17−E17	$M_w =$ 25−F17	R	$R-1 =$ J17−1	K_1
9.20	5.35	3.85	4.62	0.77	20.38	1.719	0.719	0.10
14.08	8.19	5.89	7.07	1.18	17.93	1.719	0.719	0.14
19.98	11.62	8.36	10.03	1.67	14.97	1.719	0.719	0.18
27.23	15.84	11.39	13.67	2.28	11.33	1.719	0.719	0.22
36.37	21.15	15.22	18.26	3.04	6.74	1.719	0.719	0.26
48.25	28.06	20.19	24.22	4.04	0.78	1.719	0.719	0.30
64.30	37.40	26.90	32.28	5.38	−7.28	1.719	0.719	0.34
87.21	50.72	36.49	43.79	7.30	−18.79	1.719	0.719	0.38
122.57	71.29	51.28	61.54	10.26	−36.54	1.719	0.719	0.42

表 6.27　把水从 LL1 输送 LEO 的需求

C	D	E	F	G	H	I	J	K	L
全部质量/t	惯性质量/t	推进剂质量/t	电解水/t	释放氧气 O_2/t	传输的水/t	传输的水/t	火箭方程因子	火箭方程因子	K 值
$M_t =$ H29/(1−L29− (K29/J29))	$M_i =$ L29×C29	$M_p =$ C29−D29 −H29	$M_{el} =$ 1.2×E29	$M_{ss} =$ F29−E29	M_w (guess)	M_w (check) = H17−F29	R	$R-1 =$ J29−1	K_1
22.12	2.21	2.37	2.85	0.47	17.54	17.54	1.12	0.12	0.10
19.46	1.95	2.09	2.50	0.42	15.43	15.43	1.12	0.12	0.14
15.26	1.53	1.64	1.96	0.33	12.10	13.01	1.12	0.12	0.18
12.29	1.23	1.32	1.58	0.26	9.74	9.75	1.12	0.12	0.22
7.30	0.73	0.78	0.94	0.16	5.79	5.80	1.12	0.12	0.26
0.83	0.08	0.09	0.11	0.02	0.66	0.67	1.12	0.12	0.30
0.13	0.01	0.01	0.02	0.00	0.10	−7.30	1.12	0.12	0.34
0.13	0.01	0.01	0.02	0.00	0.10	−18.80	1.12	0.12	0.38
0.13	0.01	0.01	0.02	0.00	0.10	−36.56	1.12	0.12	0.42

注：K_2 为常数 0.1，K_1 值与表 6.25 中值对应。

表 6.28　计算 LWT 从 LEO 到 LL1 返回的需求的电子表格示例

C	D	E	F	G	H	J	K	L
全部质量/t	惯性质量/t	推进剂质量/t	电解水/t	释放氧气/t	剩余水/t	火箭方程因子		K 值
$M_t=$ D41+E41	$M_i=$D29	$M_p=$ D41×K41	$M_{el}=$ 1.2×E41	$M_{xs}=$ F41−E41	$M_w=$ 25−F41	R	$R-1=$ J41−1	K_1
4.52	2.21	2.31	2.77	0.46	14.77	2.043	1.043	0.10
3.98	1.95	2.03	2.44	0.41	12.99	2.043	1.043	0.14
3.12	1.53	1.59	1.91	0.32	11.10	2.043	1.043	0.18
2.51	1.23	1.28	1.54	0.26	8.21	2.043	1.043	0.22
1.49	0.73	0.76	0.91	0.15	4.89	2.043	1.043	0.26
0.17	0.08	0.09	0.10	0.02	0.57	2.043	1.043	0.30
0.03	0.01	0.01	0.02	0.00	−7.31	2.043	1.043	0.34
0.03	0.01	0.01	0.02	0.00	−18.82	2.043	1.043	0.38
0.03	0.01	0.01	0.02	0.00	−36.57	2.043	1.043	0.42

表 6.29   不同 K_1 与 K_2 情况下从月球表面运输到 LEO 的水的质量(单位：t)

$K_1 \Downarrow K_2 \Rightarrow$	0.10	0.20	0.25	0.30	0.35	开采量
0.10	14.77	10.98	8.71	6.14	3.18	52.78
0.14	12.99	9.66	7.67	5.41	2.80	55.38
0.18	10.85	8.06	6.40	4.52	2.34	58.52
0.22	8.21	6.10	4.84	3.41	1.78	62.38
0.26	4.88	3.63	2.88	2.03	1.04	67.25
0.30	0.57	0.42	0.32	0.24	0.12	73.57
0.34						82.12
0.38						94.31
0.42						113.14

注：表中标出了开采的水质量(这只依赖 K_1)。从月球表面空运的水为 25 t。

表 6.30   不同 K_1 与 K_2 情况下从月球表面开采并运送到 LEO 水的百分比

$K_1 \Downarrow K_2 \Rightarrow$	0.10	0.20	0.25	0.30	0.35
0.10	0.28	0.21	0.17	0.12	0.06
0.14	0.23	0.17	0.14	0.10	0.05
0.18	0.19	0.14	0.11	0.08	0.04
0.22	0.13	0.10	0.08	0.05	0.03
0.26	0.07	0.05	0.04	0.03	0.02
0.30	0.01	0.01			

注：空白的单元格表示没有可供传输的水。

LEO 水箱不需要月球水箱的着陆系统,所以飞船质量估计占 LEO 水箱总质量的 7%。由 LLT 输送的水约占总质量的 55%,因此估计水箱占总质量的 5.5%。此外,还需要减速伞,其质量估计为入轨到 LEO 总质量的 30%,而入轨到 LEO 的总质量约占离开 LL1 到 LEO 总质量的 90%,所以减速伞约占离开 LL1 总质量的 27%。因此,粗略估计 LEO 水箱的 K_2 为 0.33。这些只是大概估计。

如果 K_1 为 0.21,K_2 为 0.33,则只有约 5% 的月球提取水转移到了 LEO。但是约 12% 的从月球上提取的水被转移到了 LEO。

6.4.3.2   对汇合点的依赖

本节将简要地比较从月球运到 LEO 的水运输与经过 LL1 或 LLO 等汇合点到 LEO 的水运输的区别。除了每个步骤的 Δv 值是将 LL1 或 LLO

作为汇合点的值外,这个过程与前面的过程基本相同。在这一过程中,采用的 Δv 值来自 *Human Spaceflight：Mission Analysis and design* 这本教科书。在把 LL1 作为汇合点的情况下,这些 Δv 值与 6.4.2 节中使用的有所不同。表 6.31 列出了这些 Δv 数值。

表 6.31　通过 LLO 运输和通过 LL1 运输的 Δv 的值对比

运输步骤	Δv (m/s)依据 LL1	Δv (m/s)依据 LLO
月表到 LLO 或 LL1	2520	1870
LLO 或 LL1 到月表	2520	1870
LLO 或 LL1 到 LEO	770	1310
LEO 到 LLO 或 LL1	3770	4040

通过 LL1 运输包含用于来往月表的较高 Δv 值,而通过 LLO 运输包括来往 LEO 的较高 Δv 值。因此经由 LL1 运输对 K_1 值更敏感,而通过 LLO 运输对 K_2 值更敏感,这正是表 6.32 中所示的情况。表 6.27 为依据把水从 LL1 输送到 LEO 的需求计算得到的电子表格示例。

表 6.32　作为 K_1、K_2 函数的运输到 LEO 的水与在月球上开采水的比值

$K_1 \Downarrow / K_2 \Rightarrow$	基于通过 LL1 的运输				基于通过 LLO 的运输		
	0.10	0.20	0.25	0.30	0.10	0.20	0.25
0.10	0.23	0.14	0.09	0.03	0.25	0.11	0.03
0.14	0.19	0.12	0.07	0.02	0.22	0.10	0.02
0.18	0.15	0.09	0.06	0.02	0.20	0.09	0.02
0.22	0.10	0.06	0.04	0.01	0.17	0.07	0.02
0.26	0.05	0.03	0.02	0.01	0.14	0.06	0.02
0.30					0.10	0.05	0.01
0.34					0.09	0.04	0.01
0.38					0.03	0.02	
0.42							

6.4.4　近地天体资源

小行星是典型的近地天体(near-Earth objects,NEOs),人类已经研究并分类了许多近地天体(Binzel et al.,2014；Granvik et al.,2012)。Rivkin 和 Emery(Rivkin and Emery,2010)发现司理星(24 Themis)上存在冰并提出了"水冰在小行星上比之前预想得更为常见,并且有可能在很多小行星内

部广泛分布,这些小行星位于比以前预期更近的日心距离处"。在其他小行星上已经探测到了水的存在(Licandro et al.,2011)。

由于早先阿波罗登月计划惊人的成功,NASA 正在制定一个有意义且负担得起的、载人太空计划。航天飞机和空间站都不能满足这个要求。在 21 世纪初 NASA 准备重返月球。然而重返月球的花费比预期高得多,并且这个探测活动要完成什么任务还不是很清楚。在 21 世纪的第 2 个 10 年,重返月球的计划退居次要地位而又重新考虑人类探测火星的计划。虽然探测火星作为星际探测的圣杯而出现已经超过了 50 年,投入、科技和政治挑战看上去非常巨大,NASA 得出在着手处理人类探测火星这一雄心勃勃的计划之前需要经过一个中间步骤。通过多少有些复杂的推理,NASA 提出了一个作为人类登陆火星先驱的小行星探测计划。一开始这项计划的目标是移动整个小行星,但是后来修改为从小行星表面捕获一个冰砾。

下面一段摘自 2015 年 3 月 15 日 NASA *News Release* 25～50 页[①]:

NASA 宣布火星之旅的下一步:小行星探测的进展

NASA 宣布小行星重定向任务(asteroid redirect mission,ARM)这一计划的更多细节,2020 年中期将测试人类深空探测需要的能力,包括火星探测等。

对于 ARM 来说,无人探测器将自动从近地小行星上捕获一个冰砾,然后把它移动到一个稳定的绕月轨道以便宇航员探测或研究,所有这些都将为推进登陆火星做准备。

ARM 将初步论证多个太空飞行能力,这些都是我们把宇航员送往深空所需要的,也是最终登陆火星需要的……从小行星上捕获冰砾的能力将对未来人类的深空探测产生深远影响,并且由此开辟太空飞行的新纪元。

与目标小行星交会对接后无人 ARM 飞船将用机械手从小行星表面捕获一个石块。然后 ARM 飞船将开始为期多年的太空旅行进入环月轨道。

未来太阳能电推进(SEP)飞船可以为人类探测深空预置货物或者运载工具,或者在火星等待宇航员,或者作为登陆火星的一个航路点。

---

① http://www. nasa. gov/press/2015/march/nasa-announces-next-steps-on-journey-to-marsprogress-on-asteroid -initiative/.

ARM 的太阳能电推进自动航天器将测试深空中的新轨道和导航技术,该技术利用月球引力将小行星送入稳定月球轨道,这一轨道称作远距逆行轨道。这对于宇航员来说是一个合适的、用于与去往火星的深空飞船交会对接的中继点。

ARM 自动航天器大约花 6 年时间把小行星质量运到月球轨道。到 2020 年中期 NASA 将用航天局的太空发射系统火箭发射猎户座飞船,它将携带执行与小行星质量交会对接并进行探测任务的宇航员。有关 ARM 的载人任务当前设想是包含两名宇航员,任务持续 24～25 天。

这次载人任务将进一步测试许多推进人类深空火星任务的新技术,这些技术包括新的传感器技术和用于猎户座飞船与搭载小行星质量的自动航天器对接的技术。宇航员将穿着为深空任务新研制的宇航服,在猎户座飞船外面进行太空行走、研究和收集小行星样本。

收集这些样本会帮助宇航员和任务管理者决定怎样才能更好地保护和安全地带回未来火星任务的样本。由于小行星由太阳系形成时期的残余物组成,所以样本可以为科学研究和对开采小行星资源感兴趣的商业实体提供有价值的数据。

"小行星是一个热点话题",NASA 星际科学主任 Jim Green 说,"不只是因为他们对地球构成了威胁,而是由于它的科学价值和作为 NASA 未来火星计划重要铺路石的意义"。

Elvis 等(Elvis et al.,2011)指出作为探测内部太阳系(包含火星)的目的地和中转站,NEOs 现在处于 NASA 人类探测太空的关键位置(Obama speech at KSC,2010)。他们检查了超低 Δv NEOs 的清单并初步评估了可能的目标(Elvis et al.,2011)。Foster 和 Daniels(Foster and Daniels,2010)描述了人类探测近地小行星任务概要的特征。

NASA 方法的问题在于这是一个自私自利的赘述。实施 ARM 任务确实可以获得一些有价值的东西,但是(这是一个非常大的借口)NASA 所做的任何事情都会为未来任务提供一些有效信息。真正的问题在于 ARM 任务的范围和花费与人类火星任务需求缺少均衡性。ARM 所能提供的有用信息比把同样多的钱投入到专门技术成熟的计划中所获得的有用信息要少得多。此外,SEP 是否可以被用于人类探测火星任务是值得怀疑的。ARM 不能为火星的进入、下降和登陆提供帮助。

Binzel(2014)对 NASA 访问小行星的最初 ARM 计划进行了评估:

人类太空探测的花费和复杂性需要根据终极火星目标的价值来衡量其中的每一要素。但是 NASA 下一个优先考虑的任务对这个目标没什么贡献。ARM 任务是一个花费数十亿美元的噱头，该任务获取一个小行星的一部分并将其带到离地球较近、方便宇航员可以拿到的地方。它需要一个辅助飞船来部署一个巨大的捕获袋，或者是一个与街机游戏机械手 Rube Goldberg 类似的奇特装置。这里面没有一项科技有助于把人送到火星。

NASA 在 NEOs 方面错过的是，如果水可以在 NEOs 上被有效开采并且可以不太昂贵地被运输到 LEO 或者其他地月之间的位置，这将对空间推进剂仓库的概念提供一个巨大的财务杠杆。任何利用小行星的计划都致力于一个主要目的：获得水，然后把水运输到这样一些地点，在这些地点去往外太空的宇宙飞船可用水来生成用作推进剂的氢气和氧气。

6.5　用于月球下降段推进剂的月球轮渡

证明在月球计划中保留 ISRU 具有合理性的需求包括：

（1）利用液氧并可能用到液氢的低温推进力在整个降落到月球和离开月球的过程中使用。

（2）除了上升推进剂外，要有一个 ISRU 产品的高杠杆用户。

（3）想要显著降低 IMLEO 必须使用 ISRU。

（4）ISRU 非常重要的潜力目标是下降段推进剂（总计 20～25 t）。

此外，为了使 ISRU 显著地影响月球探测活动，必须满足下面的条件：

（1）ISRU 必须在月球计划的基础结构中被构建以便所有的太空和发射运输工具从一开始就为使用 ISRU 而进行设计和确定大小（这与 ESAS 方法相反，它只是把 ISRU 作为附加物在探测活动的后期中使用，而不考虑 ISRU 的好处）。

（2）要先于人类探测活动之前开展无人探测活动以便勘探资源和建立工作的 ISRU 工厂，这个工厂作为首次人类探测的基本条件，毫无疑问将把人类重返月球的时间向后推迟几年。然而，NASA 没有明确选择发展无人先驱者。

（3）月球极地冰也许是可供选择的 ISRU 原料，因为对于一个可行系统而言，这是唯一合理的期望。

（4）氧气必须作为上升推进剂被保留。使用氢气作为上升推进时也是有用的。

（5）必须将对 ISRU 产品的利用扩展到下降推进剂与上升推进剂中。

（6）必须消除对下降段轨道中止的需求。

尽管这种方法的效益/成本比率仍不是很有利,但它远远优于只基于 ISRU 产生上升推进剂的方法。

可以假想一个在登月之前给到达的运输工具加注燃料的油轮渡口的概念。在这个概念里:

(1) 在月球轨道上建立一个永久补给站,它可以:

① 与进入的运输工具会合;

② 电解运输过来的水;

③ 存储 LH_2 和 LO_x;

④ 将 LH_2 和 LO_x 输送到附加运输工具上的燃料箱中。

(2) 在月球极地陨石坑建立一个长期的前哨站。

① 不断产生水;

② 把一些水转换成用于上升段的 LH_2 和 LO_x;

③ 作为油轮渡口的发射平台和接收站。

(3) 油轮渡口交通工具来回穿梭于月球前哨站和月球补给站之间,运送用于转换成 LO_x 和 LH_2 的水。

① 在月球前哨站生成的一些水,转化为 LO_x 和 LH_2,用作油轮飞船的上升推进剂;

② 一部分水被输送到月球补给站,转化成 LO_x 和 LH_2,以供油轮飞船返回前哨站。

(4) 准备降落到月球表面的飞船(和上升离开月球表面的)在带着用于上升段与下降段的推进剂下降之前在月球补给站加油。

从月球表面运输水到月球轨道的效率可以由表 6.25 得到,但这是在月球轨道而不是 LL1 上。只考虑月球到月球轨道之间的输送。由表 6.25 中可以得到表 6.33。

表 6.33　在月球上开采的、可以被运送到月球轨道上的水的百分比

K_1	采集的水的质量/t	输送到月球轨道的水的净质量/t	输送的净水百分比/%
0.10	52.8	20.4	38.6
0.14	55.4	17.9	32.4
0.18	58.5	15.0	25.6
0.22	62.4	11.3	18.2
0.26	67.2	6.7	10.0
0.30	73.6	0.8	1.1

注:K_1 是确定油轮渡口质量的一个参数(全部质量是惯性质量的 K_1 倍)。

IMLEO 潜在节省的质量如图 6.11 所示。最大的障碍是：如何在月表无人的情况下建立前哨站？IMLEO 最大的节省只会出现在这个系统建立后。如果必须需要人登陆（没有 ISRU）来建立前哨站，需要完整的 CEV/LSAM 来建立这个前哨站，且从 ISRU 获得的收益将被大大地减少。

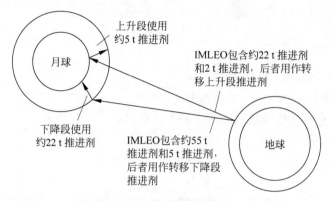

图 6.11　使用月球渡口为未来月球着陆车提供下降段和
上升段的推进剂所潜在约约的 IMLEO

6.6　在近地太空分级、组装和加注燃料

6.6.1　绕轨道而行的燃料仓库

6.6.1.1　简介

一个看上去困扰未来太空飞行任务讨论的问题，是梦想家和现实主义者观点的差异。梦想家往往富有远见，他们超越了目前的局限性和挑战进入到了概念领域，在概念领域可以对很多当前不可能实现的事情进行想象。然而，如果没有一条清晰可达的途径，对光明前途的空想是没有用的。与此相反，现实主义者（像笔者一样）勇敢面对眼前的困难，但危险的是，现实主义者很容易陷入由当前限制和挑战导致的困境中，从而以得出任何事情都是不可能的结论而告终。

看上去此起彼伏地谈论的一个话题是在近地太空建立用于宇宙飞船装配、推进剂储存和燃料加注的基地，通常建在拉格朗日点上，但有时候建在LEO 上。

对于推进剂补给站，梦想家处在支配主导地位。例如，Georgia TechGeorgia Tech 团队（St. Germain et al.，2002）建议使用 LEO 推进剂补给站,并提出了一个用于未来空间环境的新型发射系统,他们绘制性能度量与每年飞行次数的关系图,每年飞行次数的范围从几百次至 1000 次。

NASA 局长(Griffin,2005)在 2005 年 11 月的一次演讲中提到:

我们的任务架构在每次飞行中都要从地面携带自己的离地燃料。但是如果在轨有可用的燃料补给站,并且在任何时候燃料都能得到补充,那么离地平台在补充燃料后可携带更多有效载荷到达月球,最大化用于携带高价值货物的航天飞机重型车(shuttle-derived heavy lift vehicle,SDHLV)的效用。

Griffin 接着说,NASA 负担不起这样一个燃料补给站,"冷静地想,政府正在做的这些是错误的……它正是要留给工业界和市场的那种事业。"

Griffin 先生指出,未来当假定的月球计划被实施时,每年将有两次主要前往月球前哨站的任务,每次任务需要发射搭载宇航员的 25 t 重的发射器和在约 125 t 的 SDHLV 上的额外负载与离地平台。从地球发送的推进剂大约占发往 LEO 质量的一半。在 10 000 美元/g 的基础上估计,每年两次任务预计发送离地推进剂到 LEO 的年费用约为 25 亿美元。他认为,这种潜在每年 25 亿美元的市场将会吸引民营企业家。

Griffin 承认:

为了维护和运转燃料补给站,可能需要定期的人力支持。在地球轨道上需要生活空间……在燃油和其他消耗品的存放处它们将不总是最被需要的。轨道转移和货物运送服务会随着基于可重复使用空间拖船将货物由中心物资库运输到各个地方这一模式发展吗?燃料补给站操作员将会需要电力用于制冷以及其他的支撑系统。

但是,从他的角度来看,这些挑战可以变成机遇:人类的太空需求将为像 Bob Bigelow 这样的人提供一个商机,他正在开发太空栖息地。

波音公司已经认可了这一观点,并进一步展望了遥远的未来,其中包括月球水的出口业务、输送水到推进工作站、月球酒店、每日月球航班、用以支持 70 000 人口的超过 100 家地球轨道酒店和体育中心。

6.6.1.2　离地推进剂

对于月球和火星任务,从地球运送到 LEO 的总质量的很大一部分是推进剂。假设使用 LO_x-LH_2 推进 450 s 比冲量,LEO 处总质量的 50% 是用于离地向月的推进剂,而总质量的 60% 以上是用于离地向火的推进剂。

在 LEO,有以下几个用于为离地太空运载提供推进剂的概念性方法:

(1) 使用大型运载火箭从地球运输推进剂,还有离地和其他推进平台、栖息地、上升与下降的运载工具以及载人任务需要的其他系统。在这种情况下,驶离地球的推进剂被视为重型运载火箭的总货物的一部分。这是最直接的方法,它可以被看作一个基准,可以用来和其他方法进行比较。

(2) 第二个办法是在飞往月球或火星的运载工具和系统飞离地球时使用空推进剂箱,并于同一时间发送一个独立的专用燃料箱运载火箭发送推进剂到 LEO,飞往月球或火星的运载工具将和火星或月球运载工具交会对接,并给运载工具添加推进剂。由于飞离地球的推进剂占 LEO 处的质量超过一半,将用两个运载火箭代替一个重型运载火箭,且每个运载火箭是单独的重型运载火箭推力的一半。据推测,燃料箱运载火箭将比货物运载火箭便宜。然而,开发和实现两个一半尺寸的运载火箭总成本很可能大于开发一个全尺寸的运载火箭的成本。NASA 倾向通过减少不同硬件系统的数量来降低成本。例如,在最后的亚轨道下方点火和离开地球时使用单一推进系统,而不是使用两个较小的推进系统进行分级推进。如果他们使用分级推进系统,在飞离地球时,没必要携带亚轨道推进系统的静质量,从而降低了 LEO 处的初始质量。尽管这个方法有利于减少质量,但是并不能节约成本。

(3) 第三种方法是分别发射较小、较不可靠的(和成本更低)运载工具运送离地推进剂,然后将它们存储在太空中有动力的低温燃料补给站中。当从地球发射一个载人火箭时,它从地球携带空的燃料罐,在 LEO 处与燃料补给站汇合,然后添加燃料,最后出发前往目的地。这个方法是空间系统劳拉公司(Space system/Loral)基于他们的水瓶座系统[1]提出的。SPACE 杂志评论文章说:

为了使这个系统工作,仅发射消耗品一定比发射高价值、可能不可替代的载荷便宜很多。先前公布的研究(笔者没能找到这些文献)表明,发射可靠性允许减少到 0.67~0.8 的话,可以减少一个量级的发射成本。然而从传统航空航天的角度来看,0.67 的成功率看起来非常低,但是地面低成本输送系统可以接受。例如,渡槽和高压电力线,经常在发射途中失去三分之一的有效载荷,却依然非常成功。

然而,关于"因为地面系统操作传送成功率为 67%,因此推论这在太空也将是可以接受"的辩论可以被分析等同于"因为所有的桌子有四条腿,所有的马有四条腿,因此,所有的桌子都可以当成马"这种说法。当地面电力

---

① Low-cost launch and orbital depots: the Aquarius system(2006). http://www.thespacereview. com/article/544/1.

线或导水管以 67% 的效率工作时,副作用是产生热量和水蒸气。当空间系统出现故障时,其结果要么是金属从天空掉下来,要么是太空碎片阻塞了LEO。此外,连续损失 1/3 和一定(概率为 100%)损失总数的 1/3 之间具有显著差异。

(4) 第四种方法是开采假设在月球上存在的水冰,电解它产生 LO_x-LH_2,作为从月球到 LEO 往返运送水的油轮系统推进剂,在 LEO 处水电解为 LO_x-LH_2 用做飞离地球的燃料。如果开发和运营月球水运送系统的成本低于基准方法的成本,这一方法将会有很多优点。然而,分析得知从月球到 LEO 运送水的过程效率低下并可能非常昂贵。此外,在月球极地开采极冰的前景相当不确定。由于 NASA 不倾向制造核反应堆,在一个大陨石坑阴影区域中的操作与太阳能来源将有几千米的距离。

(5) 第五种方法类似第四种方法,不同之处在于水冰的来源是小行星,而不是月球。一些小行星的水含量可能超过月球极地火山口处 1% 的水含量,并且访问小行星的 Δv 比访问月球的要小一点(Gerlach,2005)。从小行星开采水的可能性值得被进一步研究。

(6) 在第四或第五种方法的范围内,人们可以设想在比 LEO 更远的地方建立燃油补给站,为离地后的步骤提供推进剂。一旦推进剂的供给位于地球引力的影响外,对燃油补给站就会存在许多有利的可能性。但是在重力场外寻找星际推进剂的来源是一个艰难的任务,类似老鼠试图弄清楚怎么在猫脖子上挂个铃铛一样。

很显然,随着飞离地球的运输量增加,这些方法(除了基准方法外)将会变得更有竞争力。

6.6.1.3　由地球输送燃料的 LEO 处推进剂补给站

补给站系统

许多文献和报道都提倡使用推进剂补给站,在那里存放从地球运来的推进剂。

根据 Griffin 的观点,推进剂仓库应该被私人公司建立,而不是 NASA,波音公司在 2007 年倡导 LEO 补给站可作为一个商业机会,它使用可重复利用的推进剂运载工具,这个运载工具将与完全安装的运载工具一起形成仓储中心[①]。这个概念依赖低成本发射器的开发(猎鹰 9 号,已经是成熟的技术)、低温流体管理能力的成熟(还是不确定的)、月球探测/开发计划的延

---

① LEO Propellant Depot: A Commercial Opportunity? http://www.lpi.usra.edu/meetings/leag2007/presentations/20071003.bienhoff.pdf.

续(现在看来已不再起作用)和长期推进剂采购协议的达成(尚未完成)。

一个大学团队在 2009 年提出可重复使用的月球运输体系,它利用轨道推进剂补给站来支持人类在月球表面上永久定居(Gaebler et al.,2009)。他们根据哪些运输车是可重复使用的,研究了将推进剂补给站整合进这一体系的大量可能的方式,并发现尽管标准是运输 1 kg 的载荷到月球表面需要 13 万美元,但是备选体系可以节省到 91 000 美元。他们的"Architecture8"允许将运输载荷到月球表面的花费节省到每千克 55 000 美元,但是这会带来其他的花费,最终没有花费每千克 91 000 美元的体系更吸引人(然而他们对全部优值系数缺乏清晰的认识)。虽然许多推进剂补给站所需要的科技被认为已经成熟,但运输推进剂、长期的压力控制、重启推进系统和蒸发汽化存储的 TRL 值大约只有 4。

2012 年发表了一个关于空间运营与服务基础设置的研究结果,其中考虑了推进剂补给站①。其中的一个概念提出用一个"拖船"从 LEO 到 GEO 运输通信卫星。一般来说,运载火箭(launch vehicles,LV)有超出通信卫星质量的运载能力。每一次发射,有效载荷都包括卫星质量加上 LV 满载的水的质量。水会被存放到补给站中,在太阳能和电解槽作用下为拖船提供把通信卫星从 LEO 运送到 GEO 的推进剂。

在 LEO 的补给站由水箱、电解槽和一个拖船组成,这些东西都是从地球表面发射上去的。来自地球的水会在补给站中转换为 LO_2 和 LH_2 供拖船使用。当 GEO 卫星到达 LEO 轨道时,拖船离开补给站,并使用相同的接口与卫星对接。拖船使用自己的推进剂把卫星从 LEO 运输到地球静止轨道或地球静止转移轨道(GEO/GTO)。一旦到达 GEO/GTO,拖船与卫星分离并返回 LEO 轨道。这确保了对于发射任何选定的发射器从地球到 LEO 的每千克花费最少。他们预计运输质量到 GEO 的成本会减少 40%,这看起来很乐观,此外,看起来现在形成的猎鹰 9 号在不需要推进补给的情况下可以达到与此相当的成本减少。

他们也声称在 LEO 处的水仓将成为给空间机构提供 LO_2 和 LH_2 的 LEO 来源,这对于大多数行星任务来说都具有很大的吸引力。然而,补给站收取的每千克推进剂的价格将会高于把它从地球直接运输到 LEO 的价格,所以这个主意的优点到底是什么还不是很清楚。Notardonato 等(Notardonato et al.,2012)提出了在太空建立一个基于存储水的补给系统

---

① LEO Propellant Depot：A Commercial Opportunity? http://www. lpi. usra. edu/meetings/leag2007/presentations/20071003. bienhoff. pdf.

的主意。

Wilhite(Wilhite,2013)提出一个先进的基于使用推进剂补给站的空间架构。在他看来,该系统的优势包括它通过增加发射次数(发射到 LEO 的推进剂次数)维系了美国航天团队,并且允许多个供应商竞争以减少运输到 LEO 的花费。其他的优势也被列出,但是笔者对此保持怀疑。他声称这一补给方法在技术上是可行的,但是在现在看来还过早,他还声称通过发射多个小 LVs 来运输推进剂,而不是一个大的 LV,这将会节省很多花费。就笔者个人而言,这不让我信服。人类探测火星任务的规模如此巨大以至于需要不可计数的推进剂发射以及非常复杂的发射与装配过程。

Wilkes 和 Klinkman 提出了一个不寻常的、有想象力的方法,此方法用分子泵收集大气(Wilkes and Klinkman,2007)。它提出在大约 325 km 的高度,每年聚集在轨道上的 300 t 大气可分解出 270 t 氧气、21 t 氮气、9 t 氩气和少于 1 t 的氢气。当混合气体首次被压缩而变热时,收集的氢气可能会与氧原子结合,大约每年生成 5 t 水。

NASA 对一项推进剂补给站需求的研究给出了报告[①]。动机是用几个中型商业运载火箭(commercial launch vehciles,CLVs)把推进剂运输到 LEO 而不是只用一个重型运载火箭(HLLV)。他们假定补给站标称轨道为一个高度 400 km、倾角 28.5°的圆轨道,且设计寿命为 10 年,达到使用寿命之后需要进行离轨和更换操作。假定在 20 年内有一系列需使用这个补给站的任务要执行,相对用 HLLV 运送推进剂到轨道,使用低成本的猎鹰重型火箭运送推进剂到轨道将节省相当大的开支。如果 NASA 在以后投资数十亿美元用于持续数十年的月球前哨站或小行星捕获活动,将需要反复多次的发射,在这种情况下,使用猎鹰重型火箭运送推进剂比采用 HLLV 运送要省很多钱。但问题是 NASA 是否能(和愿意)实施这一持续数十年的人类探测计划呢?

补给站的位置

Adamo(2010)讨论了 LEO 不同备选方案中推进剂仓库在不同位置的利弊。Grogan 等(Grogan et al.,2011)提出了一个在地球轨道和火星轨道使用推进剂补给的火星计划。

补给站设计

目前已经提出了许多低温推进剂补给站的设计方案。

---

① NASA Propellant Depot Requirements Study,HAT Technical Interchange Meeting,July 21,2011.

Street 和 Wilhite(Street and Wilhite,2006)设计了一个可容纳 50 t 推进剂、保存期限最长为 60 天的低温补给站。

Kutter 等(Kutter et al.,2008)提出了一个可容纳 140 t 的 LO_2 或 15 t 的 LH_2 的补给站。一个可展开遮阳板包裹着制冷结构和低温储罐。

整个补给站缓慢地绕其纵向轴线旋转以便获得离心加速度。这个加速度通过迫使液体向外甩向箱体侧壁使气体和液体分离，并在中心产生一个气态环状气隙。这个气体/液体被动分离使补给站低温流体管理减轻。通过气态核心排风来进行压力控制，这和低温上面平台的固定气隙排风相似。离心设置也简化了推进剂采集流程，避免了使用液体捕获装置。通过压差来实现推进剂进/出补给站，与现有低温平台上发动机的工作方式类似。

Chato 和 Doherty(Chato and Doherty,2011)报告了低温液氢的储存。他们列出了与低温储存有关的以下问题：

(1) 被动与主动(零蒸发)存储；

(2) 泄漏检测；

(3) 流体输送；

(4) 压力控制；

(5) 加压；

(6) 测量；

(7) 热控制；

(8) 轻型箱体设计；

(9) 混合分层。

他们列出了 1990 年以来在低温存储方面的许多研究和太空实验，也报道了低温存储仍然存在的几个问题的最新进展。

Chai 和 Wilhite(Chai and Wilhite,2014)报道了轨道推进剂补给站的低温热系统分析。他们针对一个氧氢比为 5∶1、重 225 t 的低温补给站研究了在被动热隔离(MLI)和主动热减少(低温冷却器)之间的系统级权衡。研究发现被动热隔离的最小蒸发率为每月 2.5% 的氢气和 0.5% 的氧气。使用低温冷却器可以显著降低蒸发率，虽然需要更多的质量。对于短期任务，如一次装载的人类登陆火星任务，被动热隔离方法是首选。对于持续使用数年的长期任务，主动系统更好。如果未来出现高效的低温冷却器，这一平衡将会偏向主动冷却。

6.6.2　在轨分级

Folta 等(Folta et al.,2005)最近发表的文章描述了在轨分级(on-orbit

staging,OOS)的概念,认为这对人类探测行动至关重要。Folta 等说:我们证实在很多快速往返火星(小于 245 天)的任务中使用由燃料优化的轨道发送预置单元和供给组合的 OOS,可以减少一个数量级的推进剂质量需求。因此作者强力暗示这样巨幅削减所需推进剂质量的短期往返火星任务是可行的。

Folta 等在论文中断言的基础是众所周知的。推进操作要求越高,将推进系统分级为多段的好处就越多,以至于用于加速推进阶段(相对于有效负载)的推进剂数量达到最小化。

对于推进要求中等的步骤,分级提供了中等的好处。例如,考虑从地球轨道开始的地-火转移入轨的情况,其中速度变化(Δv)大约为 4000 m/s,LH_2-LO_x 推进系统的比冲量是 460 s,阶段质量/推进剂质量比为 0.1。这些对应典型的长期火星任务。如果在 LEO(总初始质量有效载荷、平台和推进剂的质量总和)为 1 t,单级推进系统可以向火星发送 0.338 t 的有效载荷。如果将此推进系统分级,表 6.34 列出了不同分级级数下可向火星运送的有效负载。分级带来的好处是中庸的。

表 6.34　不同分级级数对应的可送往火星的有效载荷质量(单位:t)

级　　数	载荷/初始质量
1	0.338
2	0.354
3	0.358
4	0.360

如果考虑一个有效载荷从 LEO 到火星表面,然后又返回火-地转移入轨的往返行程,飞离地球使用 LO_x-LH_2 推进,此后使用 CH_4-LO_x 推进,在所有步骤(这里不使用空气辅助)都使用推进的前提下,表 6.35 中列出长期任务(在火星上的时间为 500~600 天)的 Δv 估计值。表 6.36 通过这些值总结了对所有步骤使用分级的效果。分级提供了中等的益处。然而超越两个层级以上的分级产生的好处会降低。

表 6.35　长期往返火星任务的 Δv 的估值

步　　骤	Δv/(m/s)
离地	4000
火星轨道入轨	2500
火星降落	4000
火星上升	4300
离火	2400

表 6.36 不同分级对应的往返旅程中发往火星表面的有效载荷质量(长期)

级 别 序 号	往返有效载荷/在 LEO 的初始质量
1	0.0097
2	0.0116
3	0.0122
4	0.0124

下一步,考虑一个高 Δv 值的短期火星任务。对于短期任务,由 Folta 等给出的 Δv 的值汇总于表 6.37 中。

表 6.37 火星往返短期任务的 Δv 估计值

步　骤	$\Delta v/(\mathrm{m/s})$
离地	8320
火星轨道入轨	8900
火星降落	4000
火星上升	4300
离火	9900

对于这些较高的 Δv 值,分级有非常大的百分比效果。对于往返任务,会发现有时候甚至不能用单级推进来实现。多级是必要的,否则火箭方程式将会"爆炸"。表 6.38 给出了结果。

表 6.38 不同分级对应的往返旅程中发往火星表面的有效载荷质量(短期)

级 别 序 号	往返有效载荷/在 LEO 的初始质量
1	不能完成
2	0.000 064 7
3	0.000 089 3
4	0.000 101 0

有一些需要注意的事项:

(1) 在这种情况下分级有非常大的百分比效果。甚至在第四阶段使有效载荷质量都有显著的百分比提升。Folta 等着重强调了这个百分比增加。

(2) 有效载荷质量的绝对值远低于长期任务的有效载荷质量。甚至在全部四个推进阶段的总有效载荷质量只是长期任务有效载荷质量的 1% 左右。

(3) 即使考虑短期任务需要少得多的生命保障和其他资源这一事实和短期任务运输工具的质量很可能降低 20%,尽管如此,短期任务需要的发射量差不多是长期任务所需量的 50 倍。

因此,不管是否使用分级方法,短期任务是不切实际并且负担不起的。Folta 等得到了一个相反的结论。描述 Folta 等文章的最佳方式是类推。

假设一个超重很夸张的重达 1200 lb(约 544 kg)的人发现了一个革新性的减肥食谱。通过这个食谱,他可以减少 30% 的体重到 840 lb(约 381 kg)。他非常骄傲自己可以减少那么多百分比的体重,因为一个轻微超重体重约为 200 lb(约 91 kg)的人使用同样的方法只能减掉 10% 的体重到 180 lb(约 82 kg)。当前百分比基准下前一个人将会很高兴,他可以向减肥百分比低的人吹牛。然而,即使完成了减肥,他仍然超重。后者虽然减少的体重百分比小,但是他的绝对体重却是更合适的。

6.7　运输氢气到火星上

6.7.1　地面和空间应用

氢气是被美国政府广泛强调的一种地面燃料,该燃料未来会被用于燃料电池驱动的运输工具。虽然到目前为止在燃料电池和氢存储方面的计划所取得的明显进展只存在于幻灯片的视图上而非在硬件上,但是有关燃料电池发展和氢气存储的政府计划已经开始实施。美国能源部(DOE)2014 年在网站上写道[①]:

用于交通运输应用上的在运输工具上的氢气存储继续成为氢燃料运输工具广泛商业化的最具技术挑战性的障碍。

DOE 为氢气存储设定的目标分为几类。对于汽车应用,最重要的因素是氢的质量百分数。DOE 在 2020 年的目标是 5.5%[②]。

与此同时,丰田已经开始销售限量的氢燃料电池汽车,并且延伸了加气站的产业链。现代的 Tuscon 描绘了一辆 2016 年的氢动力汽车,它在 10 000 psi(约 6.9×10^7 Pa)压强下存储 5.6 kg 的氢气。现代公司没有说明存储箱的质量。在此可以随便猜测一下,如果氢气占总质量的 4.5%,那么氢存储箱的质量为 $0.955 \times 5.6 / 0.045$ kg=118 kg=260 lb。

特斯拉的总裁 Elon Musk 声称氢燃料电池汽车是很荒诞的,氢气是一

[①]　NASA Propellant Depot Requirements Study,HAT Technical Interchange Meeting,July 21,2011.

[②]　Hydrogen Storage Technical Plan—DOE. http://energy. gov/sites/prod/files/2014/11/f19/fcto_myrdd_storage. pdf.

个令人难以置信的愚蠢的替代燃料[①]。特斯拉的言论被如下引述：

氢是一种能量储存机制。它不是一种能量来源，所以不得不从某些地方得到氢。如果从水中得到氢，那就要分解水，作为一种能量处理方式，电解是一种低效的方法。如果采用太阳能电池板并使用太阳能给电池组直接充电，与直接分解水，分离氧分子得到氢气，压缩氢气到一个高压状态（或者液化氢），再把它放到车上驱动燃料电池这一系列步骤相比，效率提高了一倍，这很可怕。为什么要这样做呢？这没有任何意义。

科学美国人在 2006 年的一篇文章中提到[②]：

包含电解、运输、充气和燃料电池转化的整个过程将仅仅把最初零碳电能的 20%～25% 用于驱动发动机。但是在电动车（EV）或者插电式混合动力车中，包含电力传送、车载电池充电和电池放电的整个过程会把最初电能的 75%～80% 用于驱动发动机。所以氢动力车的效率只有电动车的三分之一。

Bossel（2006）声称氢经济没有意义，因为需要大量能量来从某些物质（水、天然气、生物质）中分离氢气，压缩气体，给使用者运输气体，加上燃料电池不能转换的能量导致整体的能量使用效率只有约 25%。他还辩称氢气的好处（无毒、燃烧后变成水）是骗人的，因为氢气的产生依靠能量和水的可得性，而这两者都变得越来越稀有。

Zubrin（2007）重申了这些观点，声称氢经济概念就是一个"骗局"。

氢气的存储在 NASA 的需求和陆上运输的需求之间有一些重叠，尽管地面应用和太空任务应用对氢气存储的要求大不一样。

地面应用的需求包括：

（1）超过 1000 次循环。

（2）快速低能。

（3）低能量添加燃料。需要注意的是，液化氢气需要消耗约三分之一的氢气发热量，这使得液化存储对于地面应用没有吸引力。对于发射台上单次燃料添加的太空应用来说，液化氢气的能耗是无关紧要的。

（4）可低成本大规模生产的部件。

（5）地面交通工具的安全问题不同于太空运输工具的安全问题。

---

① Elon Musk Is Right：Hydrogen Is "An Incredibly Dumb" Car Fuel. http://thinkprogress. org/climate/2015/02/12/3621136/ tesla-elon-musk-hydrogen-dumb/.

② Hybrid Vehicles Gain Traction. http://www. scientificamerican. com/article/hybrid-vehiclesgain-trac/.

(6) 对于地面应用而言,体积可能比质量更重要。

(7) DOE 看来对能容纳约大于 5.5%氢气质量比的存储系统兴趣。

考虑应用于交通工具的陆上氢存储,如果从室温、1 Pa 气压的氢开始,将氢低温存储到箱体内,制冷和液化氢需要其所包含的全部发热量的 30%。如果存储的氢为燃料电池所用且利用率为 40%,那么氢的初始发热量只有 0.7×0.4=28%被用于最后的应用上。对于作为交通工具使用而言,这将会是一个严重的负面因素(Bossel,2006)。对于一次性的太空应用来说,这种损耗倒不是什么太大的问题。

氢气占质量的 5%～6%对地面交通工具而言是可接受的,但是在任何可以想象到的太空任务中这都将会高得令人难以负担。事实上,也可以运输水,因为水中含有 11.1%的氢。太空应用是由质量、体积和电力需求驱动的。此外,冷却和液化氢气所需要的能量是很高的,这使得存储液态氢的方式不适合需要反复添加燃料的地面应用。然而,对于通常包含将一个单次添加燃料的箱体运输到很远处的太空应用来说,最初需要用来液化氢所需要的能量是不太重要的。因此,液态存储对于太空应用有很大的优势。

DOE 技术项目(如 NASA 计划)似乎过度沉浸在时髦的语言中:史无前例的,突破性的,巨大挑战的,革命性的和改变游戏规则的。他们对未来的成就有野心勃勃的目标、指标和日程安排。然而资金似乎跟这些目标并不相称,并且由于采用许多小规模并行研究活动的方法加上管理的频繁变动使人们对这些目标能否实现产生了怀疑。DOE 资助的工作集中在用于氢气存储的固态吸附剂上,这种吸附剂使用了大量的纳米技术(所有工作都表现出了资金不足和过于形式化)。有关质量在大多数出版物和新闻里没有经常被提及,这是一个值得被关注的问题,而且连续几年的年终报告很类似,所有这些都表明工作进展已经变得缓慢[①]。除了技术进展方面的问题外,通过对比净能量与其他备选发现整个氢经济的概念并没有太多意义。

针对本书的目的,主要对如下需求感兴趣:把氢运输到火星表面或者月球表面和(或)将氢长期存储在月球或者火星上。这些氢可用作 ISRU 的原料,或直接作为推进剂,或用于燃料电池发电。

氢是一种潜在的太空飞行器推进剂,具有很高的比冲量(在与氧气发生反应的化学推进中是 450 s;在核热火箭推进中是 900 s)。由于氢可以很

---

① http://www1.eere.energy.gov/hydrogenandfuelcells/.

容易地从水中产生,所以氢推进剂有物流优势,因此如果当地有易得的水资源,氢就是一种基于月球或者火星上 ISRU 的天然推进剂。如果本地水不可用,运输氢到月球或火星上用作 ISRU 的原料也可能有很多好处。此外,氢是燃料电池的一种合适燃料,燃料电池可能成为人类探测月球和火星活动的电力系统的一部分。

氢的太空应用包括如下几部分。

当前的用途:

(1) 作为地球运载工具的推进剂;

(2) 用作从 LEO 到月球或火星或任意地方的、用于化学(H_2-O_2)推进的离地推进剂;

中期用途的猜想:

① 用作进入月球轨道和下降到月球表面的推进剂;

② 用作再生燃料电池的原料。

大概不太可能的用途:

(1) 作为离开月球上升段的推进剂;

(2) 从地球运到月球作为基于表层土壤的 ISRU 的原料;

(3) 从地球运到火星作为基于火星大气的 ISRU 的原料;

(4) 作为离地去月球或火星的核热火箭的推进剂。

然而目前唯一将氢作为推进剂的系统都是地面运载火箭和离地推进系统,尽管在发射后直到降落到月球表面的一周里氢都可以作为推进剂。氢未在太空任务中被广泛采用的原因是已知的氢在储存和运输方面的困难,特别是在延长时间的任务和满足体积约束的问题中这个困难更突出。对于运载火箭的应用,储氢容器可以在运载火箭起飞前短时间内打开盖子,并且在蒸发成为一个严重问题之前的一个相对比较短的时间内在火箭内完全燃烧干净。

对于太空应用,氢存储的关键优值系数是:

F_I=初始质量比=(氢气的初始质量)/(氢气的初始质量+存储系统的质量)

F_U=可用质量比=(氢气的可用质量)/(氢气的初始质量+存储系统的质量)

可用氢质量等于氢初始质量减去使用前氢蒸发量和使用后留在燃料箱中的残量。在主动系统中,存储系统的质量包含主动制冷机系统及其发电系统。

6.7.2　在不同物理和化学状态下的氢的存储

6.7.2.1　室温下作为高压气体的氢存储

研究储氢时做的第一件事是建立高压室温下高压气体氢存储的特性基线,这个工作看上去是很基本的。然而,在互联网上搜索有关容器质量的可用信息之后发现,虽然有很多相关网站,但只有其中部分网站详细地讨论了容器的质量。事实上,那么多网站在详细地讨论储氢,却几乎没什么有用的或有趣的信息,而且几乎从未提及"质量"这个词,这的确令人吃惊。最近发布的有关氢动力汽车的消息中没有提及存储容器的质量。

在本书的第 1 版(写于 2007 年)中,笔者引用了可用的 DOE 进展报告[①]。存储容器的历史表现在表 6.39 中给出。

表 6.39　历史上高压储氢容器的属性

时　　间	类　　型	属　　性
1980 年之前	Ⅰ型钢容器	氢占容器质量百分比:约 1.5%
1980—1987 年	Ⅱ型箍包裹容器	氢占容器质量百分比:约 2.3%
1987—1993 年	Ⅲ型完全包裹的铝容器	氢占容器质量百分比:约 3%
1993—1998 年	Ⅳ型全复合材料容器	氢占容器质量百分比:约 4.5%
2000—2003 年	先进的复合材料容器	氢占容器质量百分比:约 7%

表 6.39 中的氢气质量百分比的数据基于容器自身质量。当整个系统(包括托架、罐内调节器和管道)都被包括在内时,容器质量增加大约 30%,因此与端至端储存系统相比,氢气的实际质量百分比约为表 6.39 中数字的 70%~80%。此外,2000—2003 年的 7% 这个数字似乎被夸大了。DOE 的方法看来是为他们未来的成就设置指标,然后支持内部和承包商去设法实现这些目标。随着岁月的流逝,人们希望所取得的成就接近之前设定的数字指标,并希望设置新的、更高的指标。

2004 年前后,DOE 项目有一个开发并验证 5000 psi(约 3.45×10^7 Pa,1 psi≈6.89 kPa)压力下的容器的目标。该容器能够保存 7.5%~8.5%(仅以容器质量为基数)质量比的氢,即氢质量占整个系统质量的 5.7%。他们还有一个开发并验证 10 000 psi(约 6.89×10^7 Pa)压力下的容器的目标,该容器能够保存 6.0%~6.5%(仅以容器质量为基数)质量比的氢,即

---

① Department of Energy. Hydrogen, Fuel Cells, and Infrastructure Technologies 2002 Progress Report, Sec. III, Hydrogen Storage. Ibid 2003 and 2004.

氢质量占整个系统质量的 4.5%。这些容器被设计为应用于地面运输且需要可超过 1000 次的循环利用能力，而在空间应用中循环利用是没有必要的。值得注意的是，10 000 psi(约 6.89×10^7 Pa)压力下的容器的优势在于它能以一个较小的体积存储相同量的氢。然而 5000 psi(约 3.45×10^7 Pa)压力下的容器具有更大的质量效率，并具有更高的氢质量/容器质量比。此外，即使 10 000 psi 这样两倍的压强下容器中氢密度(在室温下)也仅为 5000 psi 压力状态下的 1.7 倍。所说的先进复合容器技术包含三层：①一种无缝的一体的、抗渗透性、交联的超高分子量聚合物衬垫；②一种包裹着多层碳纤维/环氧树脂层叠层的复合壳体；③耐冲击性的专有外部保护层。箱内调节器密闭将高压气体限制在容器内，同时消除了燃料存储子系统的下游高压燃料管道。当时先进容器的主要成本是碳纤维的成本。

LLNL(劳伦斯利弗莫尔国家实验室)的一个相关 DOE 任务组称："最近的理论研究结果表明最佳的储氢气方案是在压强高达 15 000 psi(约 1.03×10^8 Pa)的状态下存储气体。"他们还称："初步结果表明体积提升的价值约是质量提升价值的两倍(作为对现有技术的比率)。"LLNL 建造了 6 个 130L 的绝缘存储容器，但没有提到它们的质量。

APL 报告说，他们测试了 5000 psi 压力下的存储容器，发现未经处理的塑料衬垫具有 $0.8 \text{ cm}^3/(\text{h} \cdot \text{L})$ 的渗透速率，处理过的衬垫具有 $0.2 \text{ cm}^3/(\text{h} \cdot \text{L})$ 的渗透速率。该容器具有表 6.40 所示的属性。

表 6.40　APL 高压储氢容器的属性

项　　目	参　　数
总空重	73 kg
工作压强	3.4×10^7 Pa
氢的总容量	4.2 kg
气体/容器质量比	5.7%
外体积	266 L
内体积	166 L

考虑到高压存储固有的局限性，DOE 看上去正在寻找在其 2004 年提出的"大挑战"的游说下的革命性突破。

2010 年，Hua 等发表了面向汽车应用的高压氢存储技术的评估报告(Hua et al., 2010)。声称最近的技术提供了 3.5×10^7 Pa 压力下的容纳的 H_2 与容器质量之比为 5.5% 和 7×10^7 Pa 压力下的容纳的氢气与容器质量之比为 4.2%。这似乎并没有改善 10 年前声称的值。2015 年为 7×10^7 Pa

容器制订的目标为 5.5%，最终在未来将达到 7.5%。

DOE 在 2014 年回顾了储氢技术(Stetson,2014)。像往常一样，该报告设定的面向未来的指标似乎跟以前的指标没有很大不同。其中一个目标是开发具有氢质量比为 5.5% 的车载储氢系统。终极目标(没有明确的日期)是达到 7.5% 的氢质量比。

2015 年的文献检索并未透露有关使用压缩气体提高氢气/容器质量比的任何进展。

6.7.2.2　低温液体储存

对于太空应用来说，低温液体储存是一种最好的方法。

在 100 kPa 的压力和 20.4 K 的温度下，液态氢的密度为 70.97 kg/m^3。如果液氢被储存在其他压力下，温度和密度将如表 6.41 所示。如果使用氢气的系统需要在升高的压强下运行，那就有足够的理由在稍微升高的压强下储存液态氢。然而液态氢的密度在更高压强下将显著减小(温度升高更多抵消了更高的压强)，因此需要一个较大的容器。

表 6.41　有关氢的饱和液态存储的压强-温度-密度关系数据

温度/K	压强/kPa	密度/(g/mL)
16	21.86	0.075
17	33.3	0.074
18	48.75	0.073
19	68.88	0.072
20	94.53	0.071
21	126.38	0.069
22	165.34	0.068
23	212.15	0.067
24	267.65	0.065
25	332.6	0.064
26	407.96	0.062
27	494.49	0.060
28	593.16	0.058
29	704.92	0.056
30	830.96	0.053

对于陆上交通的应用，美国能源部正在支持所谓的低温压缩氢气储存的发展。在这个系统中，储存箱是一个压力容器。它在 20 K 左右装入冷氢。然而，与液氢的储存不同，由于来自周围的热增量导致的容器缓慢升

温，容器可承受更高的压强（约 $3.5×10^7$ Pa）。因此在氢气必须排放之前会经过很长的时间，并且在大多数驾驶情况下，大量的氢被汽车发动机消耗来使压强正好低于排放界限。这些容器可以容纳多达 7% 质量比的氢（Ahluwali et al.，2011）。

对于太空应用，有关储氢容器的质量的信息似乎比较少。

Plachta 和 Kittel（Plachta and Kittel，2003 年）对存储液态氢容器的质量给出了间接估计。对于球形容器，他们建议使用每单位表面积的容器质量为 $5.4 \ kg/m^2$。对于内衬间隔（MLI）绝缘材料，建议每层 $0.02 \ kg/m^2$ 或 50 层大约 $0.9 \ kg/m^2$。他们还建议考虑 5% 的空高和残余。对于直径 3.3 m 的球形储存容器，估计如下：

(1) 面积 $=A=34.21 \ m^2$；

(2) 体积 $=V=18.82 \ m^3$；

(3) 充满时的氢气质量 $=1320$ kg（100 kPa 条件下）；

(4) 可用的氢质量 $=1250$ kg；

(5) 容器质量 $=185$ kg；

(6) 绝缘材料质量（50 层 MLI）$=35$ kg。

因此蒸发之前由这个模型可知，初始可用氢载量为总质量的 $1250/1540=80\%$（$F_I=0.8$）。

其他参考文献对氢气容器质量要求提供了不太乐观的估计，但他们没有提供足够的数据来核实细节（Panzarella and Kassemi，2003）。Arif 等（Arif et al.，1990）给出了适合短期火-地轨道转移任务的储存液氢的容器质量的粗略估计，但是没有提供绝缘材料的细节。储存 5～10 t 氢的铝容器的氢质量比为 10%，所以氢将是总质量（不包括绝缘材料）的约 90%。

2013 年，NASA 公布了"改变游戏规则的复合低温燃料箱"，但没有提供有关质量的细节[①]。这些容器被设计用在运载火箭上，但据推测也可用于太空活动。

根据粗略的估计：可以将液态氢储存在这样一个具有如下质量分布的容器中，即容器质量大约占 20%、可用氢质量占 75%、剩余氢或空高质量占 5%（F_I 约为 0.75）。这不包括其他质量的影响，如对防护罩的需求或低温容器内含物对宇宙飞船结构的影响。对于月球运输之类短期应用，这些需求可能是最小的。对于长期应用而言，如火星运输，它们可能非常重要。对

---

① http://commcorner.msfc.nasa.gov/technology/TOP32099-Cryogenic-Applications.php；
https://www.nasa.gov/press/2013/july/nasa-tests-game-changing-composite-cryogenic-fuel-tank/.

于短期应用而言,氢存储在质量方面很有效,因此对于不同持续时间的各种太空应用的可行性问题将取决于热泄漏进容器的速率,这将导致整个任务期间的氢蒸发。或者可以使用主动制冷装置以热泄漏进容器的速率清除容器的热量,从而保证"零蒸发"(ZBO)。然而"零蒸发"的质量需求、能量需求和与可靠性相关的问题是复杂的。如果使用"零蒸发",热泄漏将决定所需制冷机系统的容量,这个容量可能会非常大。

6.7.2.3　降低温度的稠密气体的存储

一个低温制冷器从 80～120 K 的温度范围内的存储中移走 1 W 热量的电力需求远远没有从 20～30 K 的温度范围内的存储中移走 1 W 热量的电力需求那么高。因此可能会考虑在这个温度范围下储存氢气。图 6.12 给出了不同温度下随压力变化而变化的气态氢密度。在不同的压力和温度条件下超临界氢和液态氢大致有相同的密度。

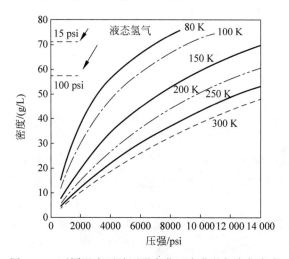

图 6.12　不同温度下随压强变化而变化的气态氢密度

例如,温度 90 K、5000 psi(约 34.5 MPa)压力下,或者温度 120 K、7000 psi(约 48.3 MPa)压力下的气体氢,与 100 psi(约 689.5 kPa)压力下的液态氢有相同的密度。在这样的超临界压力下的气态氢存储有颇具吸引力的特征,因为不需要液-气分离而且氢可以在不需要泵或者压缩机的情况下,通过压力供给用户。然而,这样一个容器的质量将主要由工作压强决定,且在这样的压强下氢储存系统中的氢含量有望达到 5%～7%。这对于前往月球或火星的任务来说没有吸引力。

Arif 等(Arif et al.,1990)考虑了作为氢氧推进器补给的氢和氧的超临界储存。他们没有具体说明储存温度，但是指出储氢箱在压强 250 psi（1724 kPa）、密度为 34 kg/m³ 时启动工作。此时对应的温度大概为 35 K。随着燃料箱中的氢逐步减少，通过加热的方式把燃料箱压强维持在 250 psi。这里考虑了两种燃料箱：铝制燃料箱和带有薄金属内衬缠绕纤维的燃料箱。他们估算铝制燃料箱会有大约与氢质量相等的质量，所以它大约能存储 50% 的质量的氢气。据称，使用复合材料燃料箱可存储 75% 质量比的氢。据估计，在 100 kPa 压强下存储液态氢，铝制燃料箱能存储约 92% 质量比的氢。

6.7.2.4　固态氢存储

固态氢相对于液态氢的潜在优势在于它的融化热可以作为热缓冲来对抗热泄漏，这一点能提高储氢器的寿命。然而，目前固态氢存储技术还有下列致使问题复杂化的难点：①以足够高的压强和流动速率向用户供应氢的困难；②与完全体积的内部金属泡沫相关的质量损失；③地面装载系统的附加复杂度。

交付给用户以升华固体方式存储的氢将是困难的。热源能升华一些固态氢，但是必须持续把氢蒸汽从燃料箱中移走以便使燃料箱的气压值低于三相点压强（7.0 kPa＝0.07 bar≈1.0 psi）防止固态氢融化。所以需要一个带进口（抽吸）压强低于 7.0 kPa 三相点压强的压缩机（基本上就是一个真空泵）。这个压缩机是用来直接给终端用户供应还是给蓄能器充电，都存在与所需要的流速或压力比相关联的重大问题和透过活塞、密封层等的渗透物问题。对电力的需求将是巨大的。可能会采用金属氢化物来维持燃料箱中的大气压力。对这方面的需求似乎还没有被分析。

不管使用什么方法来增加能量使氢气升华以便将氢气从存储箱中移出，都需要有个办法把固态氢保持在一定的位置上。相对密度为 2%（是固体铝块密度的 2%）的泡沫铝密度约为 56 kg/m³。而固态氢的密度为 86.6 kg/m³，因此使用这种泡沫将显著地增加燃料箱的质量。

地面支持系统的复杂性和把氢气固化在一个很大的燃料箱中的操作成本似乎令人生畏。用于添加固态氢的方法很可能是在液氢填充的燃料箱内部周围采用液氦循环来使氢冻结。这个方法很昂贵。氢燃料箱的压强仅为 7.0 kPa，这一事实引发了关于燃料箱结构稳固性和空气被吸收到燃料箱内的考量。

6.7.2.5　以浆态氢的状态存储

与液态氢相比，使用处在三相点压强处的浆态氢（slush hydrogen，

SLH)(7.04 kPa 或 1.02 psi)有其优势和劣势(Mueller et al.,1994;
Friedlander et al.,1991;Hardy and Whalen,1992)。从好的方面来看,
50%固态质量比例的浆态氢比标准沸点下液态氢的密度要高 15%,热容量
要高 18%(见表 6.42)。这里密度的增大能使燃料箱体积缩小,而增加的热
容量则能在一定的热泄漏比率下减少需要的气排放量。浆态氢还有个优势
就是允许固体部分比例进行变化以便在不排放的前提下适应热泄漏。在存
储过程中,由热泄漏引起了部分浆态氢中固体的融化,这就减少了固态质量
的百分比(部分蒸汽冷凝也能使燃料箱内压强保持在三相点处)。然而在
7 kPa 压强条件下怎样进行蒸汽提取还不太清楚。具有焦耳-汤姆逊膨胀
(Joule-Thomson expansion)装置的热力学排气系统可能会被浆态氢中的
固态氢颗粒阻塞。

表 6.42　液态氢、三相点氢、50%浆态氢的属性

氢 状 态	温度/K	压强/kPa	密度/(kg/m³)	散热器/(kJ/kg)
标准沸点下液态氢	20.3	101.4	71.2	446.0
三相点液氢	13.8	7.6	77.0	497.0
50%浆态氢	13.8	7.6	81.8	526.3

蒸汽提取问题有可能被解决,而浆态氢的低蒸汽压强呈现出与固态存储
氢一样在压缩机设计方面的问题。此外随热量的进入和固态氢的融化进而
导致浆态氢体积增加这一事实造成了浆态氢的地面处理很复杂。当热量泄
漏到浆态氢中时,部分固态氢将会融化,导致浆态氢的总体积增加。如果不
加以干预,浆态氢的体积将会超过燃料箱的体积进而从燃料箱的排气孔中溢
出。如果浆态氢完全融化,它将占据与同样质量液态氢一样大小的体积。使
燃料箱大到可以适应这一点(或部分填充燃料箱)就会使最初使用浆态氢带
来的密度/体积的节约无效。因此当热量泄漏到燃料箱中时,在反射平台上
就需要维持浆态氢中足够的固态百分比的浆态环境。在美国国家航天飞机
(National Aerospace Plane,NASP)设计工作中很多的地面处理问题已经得到
了解决,但是发展用于处理发射设备上浆态氢的基础设施将会相当昂贵。

6.7.2.6　在三相点处存储氢

三相点(TPH),即在 7.03 kPa 压强和温度 13.8 K 状态下的液态氢,
与标准沸点下的液氢相比会有 8%的密度增加和 12%的热容量增加。虽然
这些优势不像浆态氢那么大,但 TPH 并没有固态颗粒带来的附加复杂性,
所以它可能是未来太空交通工具的一种选择。

6.7.2.7 以吸附剂吸附氢形式存储

概述

物理吸附(物理吸附作用)是由于极化力引起的,还是由于气体分子与吸附剂的化学结合引起了化学吸附(化学吸附作用)? 这刻画了气体/吸附剂配对的特性。化学吸附的优势是它具有更加强烈的气体表面力,而物理吸附只有较弱的范德华力。通过这种更加强大的力可获得较大的气体存储密度。然而很难找到一种适合氢的化学吸附材料。游离氢化物合金已经被使用了,但是将它们用于商业存储系统中需要的量太大并且过于昂贵。物理吸附的吸着剂材料的优点在于它们能被用于多种气体,特别是氢气。所有的这些选择都面临在各种可能的应用中对高质量密度和高体积密度需求的挑战。

细微碳粉是一种广泛用于吸收和解吸气体的物理吸附材料(见图 6.13)。如果能够有效地处理,它将从处理产生的超高表面积中获得效用。一般情况下,吸附剂上的吸附能(ε)约为数十兆电子伏(MeV),由于弱力的作用,在低温下氢的物理吸附作用效果最好。因为吸附作用与 ε/kT 成比例,要在高到室温的情况下保持良好的碳对氢的吸附效果的话,吸附能 ε 应该增加到 200 MeV。因此用于在室温下有效存储氢气的物理吸附系统的"圣杯"是想办法构建一个吸附剂表面,该表面的有效吸附能被提高到大约 200 MeV。

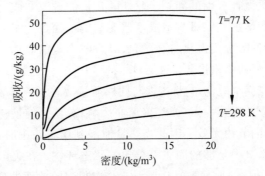

图 6.13 活性炭在 77～298 K 温度范围内的等温线
温度为 77 K 时活性炭能容纳常温下它能容纳的氢的 5 倍

美国 DOE 在 2014 年的年报中报道了一种约以 5.5% 氢质量比为目标的新型吸附材料[1]。

---

[1] US DOE annual report for 2014. http://www.hydrogen.energy.gov/annual_progress14_storage.html.

存储在纳米碳中

在碳纳米管被发现的 10 年间,它迅速变成纳米材料领域的焦点,许多期望都被建立在它们身上。科学家把这些分子大小的石墨管视为范围从超强复合材料到纳米电子学的许多潜在革命性技术的关键。大家都曾一度认为碳纳米管可能是存储氢气的最佳介质。

碳纳米管刚出现时,它们之所以吸引关注是因为这些管子被成捆地生产,质量很轻而且有高密度的小型均匀的圆筒状细孔(从单个纳米管的视角来看)。在特定的条件下,纳米管没有理由不允许氢气分子进入杆子内部空间或者管间的通道。但是关键的问题在于:在合理的气温和压强条件下,纳米管能存储和释放可实用数量的氢气吗?

一篇早期的文章(Chambers et al.,1998)称,某些石墨纳米纤维能在室温下以超过 50％氢质量比级别存储氢气,并声称此时氢密度比液氢还要高。当考虑到甲烷的氢含量质量比仅为 25％且在碳原子周围聚集着比甲烷更多的氢原子时是难以想象的,这样的结果确实难以置信。其他实验室对东北大学的发现进行的再现都没有成功。一年之后 Lin 等(Lin et al.,1999)报道了经过甲烷催化分解生成的掺杂碱金属的多层纳米管的引人注目的氢吸附能力。他们声称掺杂锂的纳米管在 380℃ 条件下吸收氢气的质量比为 20％,而掺杂钾的纳米管在室温下能使之达到 14％。但是其他实验室通过开展随后的研究对上述结果提出了质疑,认为水杂质的存在导致了上述结果。现在大家一致认为,这两个报告都是由于实验误差导致的假冒异常结果。

对纳米碳的氢储量进行夸大断言的年代现如今有希望变为历史,但是这些材料到底能存储多少氢的问题却依然悬而未决。一篇 2002 年的论文发现了一些质量比最高达 7％的最佳存储容量的碳纳米管,尽管其中大部分的纳米管实际只能达到约 3％的质量比(Dillon et al.,2002)。Chen 等(Chen et al.,2008)讨论了达到 DOE 质量比 6.5％的目标面临的主要困难。从那以后,他们发表了大量的关于把氢气存储在纳米管中的文章,但是并没有什么杰出的结果。Mosquera 等(Mosquera et al.,2014)仅仅得到了1.2％～2.0％质量比的氢气。

2006 年,一个谨慎的研究揭示了氢在纳米管上的存储是无效的(Clemens and Lee,2006)。Yao (2010)没有发现碳纳米管对氢气存储有效的证据。Liu 等(Liu et al.,2010)发现碳纳米管仅能吸收 1.7％质量比的氢气。

6.7.2.8　在金属氢化物中存储

金属氢化物是用来吸收氢气的金属合金。这些合金能被用来存储氢气源于它们吸收氢和释放氢的能力。氢气的释放与其温度直接相关。典型的金属氢化物能存储大约相当于它们质量 $1\%\sim2\%$ 的氢气。如果气温保持不变，那么其中的氢气将以不变的压强被释放。通过交替的加热和冷却，金属氢化物燃料箱能被重复地用来存储和释放氢气。它的储氢能力的限制因素在于燃料箱中杂质的积累。

对使用金属氢化物存氢系统的关键折中是是否有充足的热量用于从氢化物中取出氢气。燃料电池（或者其他耗氢部件）产生的额外热量必须要比在特定的流速和压力下把氢气从金属氢化物中释放需要的热量要大。用于加热氢化物的热量必须还要考虑用于把热从热源传到氢化物的热交换设备的低效情况。使用氢化物的另一个问题是从开始加热到氢气开始释放之间的时间差。由如钒、铌、铁-钛等重金属组成的氢化物能在环境温度下释放氢气，从而避免了时间差的问题。而其他由轻金属组成的氢化物则需要从一个辅助热源处获取热量以便使温度上升至能释放氢气的足够温度。表 6.43 展示了可能的金属氢化物存储材料和在这些材料中存储的氢气密度。应该注意到表中给出的密度只针对氢气。这并不代表氢化物材料和存储系统运转需要的其他辅助组件。

表 6.43　部分金属吸附剂中的氢气密度

金属氢化物	氢气密度/(kg/m^3)
氢化镁（MgH_2）	109.0
氢化锂（LiH）	98.5
氢化钛（$TiH_{1.97}$）	150.5
氢化铝（AlH_3）	151.2
氢化锆（ZrH_2）	122.2
氢化镧（$LaNi_5H_6$）	89.0

即使氢气在金属氢化物中的存储密度很高，但由于使用了重金属作为吸附剂，将会导致整个存储系统的质量变得很大。表 6.44 列出了最新的商用金属氢化物存储箱的产品规格。

表 6.44　部分金属吸附剂中的氢气质量百分比

氢气体积/m^3	氢气质量/kg	金属氢化物燃料箱质量/kg	100（氢气质量）/（金属氢化物质量）/%
0.042	0.0036	1.00	0.36
0.068	0.0058	0.86	0.68

氢气体积/m^3	氢气质量/kg	金属氢化物 燃料箱质量/kg	100(氢气质量)/ (金属氢化物质量)/%
0.327	0.0273	6.10	0.45
0.906	0.0767	16.78	0.46
1.274	0.1078	24.00	0.45
2.547	0.214	36.00	0.59

比起简单的氢化物,类似铝氢化物(AlH_4)的复杂金属氢化物材料有达到更高储氢质量的潜力。通过使用钛掺杂物作为催化剂,铝氢化物能可逆地存储和释放氢气。

复杂金属氢化物存在的问题包括低储氢容量、缓慢的吸收与释放动力以及成本。由于包含的反应热焓,复杂的金属氢化物面临的一个重要问题是重新加热时的热管理。

Motyka(2015)指出金属间氢化物一般情况下能容纳 2% 质量比的氢气。复杂的金属氢化物有更大的容量,其中容量最大的是达到了 18% 质量比的 $LiBH_4$。这些数值仅代表材料自身。把容器、连接部件、控制部件以及其他相关辅助系统考虑进来的话,总体的氢的质量百分比会剧烈下降。此外,除氢气的质量比外,还有一些其他的重要因素。报告指出:

在迄今为止研究过的任何氢化物中都没有同时发现由重力容量与体积容量、反应动力、热力学属性和可逆性构成的必要组合。

6.7.2.9　存储在小玻璃珠里

小玻璃珠能在一个微小的空心球体中存储氢气。如果受热,玻璃微珠的壁对于氢气的可渗透性会增加。而这就提供了填充球体的能力:通过把受热的玻璃珠放到一个高压氢气环境中。一旦冷却,这个球体就会把氢气锁在里边。接下来通过对玻璃珠加热使氢气释放出来。这种存储氢气的方法安全、无污染。其中玻璃珠的填充率与制作球体玻璃的属性、气体吸收时玻璃珠的温度(一般都为 150～40℃)和气体吸收时的压强相关。填充和净化率与随温度升高而增加的玻璃球体可渗透性成比例。在室温条件下填充/净化持续时间为 5000 h,在 225℃时需要 1 h,而在 300℃时只需要 15 min(Mueller and Durrant,1999)。随着温度升高,氢气可渗透性显著增加,使得微玻璃珠能在存储条件下保持氢气低损耗,在需要的时候就能提供充足的氢气流。工程设计玻璃珠可以使高达 10% 氢气质量比成为可能。在存储压强和存储的氢的质量百分数之间有取舍。在低存储气压下存储氢气的质量百分数增加了但是整体的氢气体积密度却降低了。这种情况的出现由要经受住存储气压并保持相同安全系数所需要的玻璃球壁厚度的增加导致。

虽然玻璃微珠的存储潜力引人注目，但站在系统的角度来看，使用它存在很多缺点。主要的问题是要向球体中充入和从球体中取出氢气，必须要对球体进行加热。这个热传递需要相当大的能量和很长时间才能完成。加热温度越高，氢气从球体里面出来得越快。但是站在系统的角度来看，加热过程必须要清晰。

Sridhar 等（Sridhar et al.，2015）的报告称，他们在 200℃、10 Pa 的条件下实现了 $HAZn_2$ 的 3.26% 质量比的氢存储容量。

6.7.3　太空中的蒸发

6.7.3.1　MLI 绝缘燃料箱的蒸发速率

泄漏到氢燃料箱中的热量

太空中最平常的绝缘方式就是多层绝缘（multi-layer insulation，MLI）。然而 MLI 在大气中却起不了作用，因此给 MLI 加上一层用于发射操作期间的、在空气中有效的绝缘材料，如泡沫或抽空的微球，是很有必要的。因为 MLI 并不能在火星上提供良好的绝缘能力，这种能在大气中起绝缘作用的绝缘层对于在有大气的火星上的存储很有必要。然而为在大气中应用而专门设计的绝缘层的热传递速度比为真空设计的抽空绝缘层的热传递速度要快得多。

发射台上的蒸发可以通过泡沫绝缘材料来控制。据估计大约有每小时 1.2% 的蒸发量（Guernsey et al.，2005）。这就是运载火箭要在尽可能接近发射时间的时刻打开燃料箱盖子的原因。在推进剂补给站蒸发是一个很重要的因素。Chai 和 Wilhite（Chai and Wilhite，2014）指出：

一个全被动的热管理策略会导致氢和氧的严重蒸发。以目前运载火箭的价格来算，这些蒸发相当于每个月几百万美元的损失。

他们也指出：“若使用主动制冷器，推进剂零蒸发也是可以达到的。”但是他们估计制冷器的电力需求会很高。

太空中的蒸发能被 MLI 绝热设备显著地控制。穿过 N 层 MLI 绝缘层的热流量（W/m^2）对 T_H（绝对外部温度）和 T_L（燃料箱内液氢的绝对温度）的依赖关系由下式（Guernsey et al.，2005）估计：

$$Q_{MLI}/A = \{1.8/N\}\{1.022 \times 10^{-4} \times [(T_H + T_L)/2][T_H - T_L] +$$
$$1.67 \times 10^{-11}(T_H^{4.67} - T_L^{4.67})\}$$

举个例子,如果 $N = 40$, $T_H = 302$,以及 $T_L = 20$,计算得到

$$Q_{MLI}/A = 0.5 \text{ W/m}^2$$

Chai 和 Wilhite(Chai and Wilhite,2014)提出了一个类似的相互关系,尽管他们的结果(见图 6.14)似乎导致了两倍之高的热泄漏。Chai 和 Wilhite 的模型取决于 MLI 的密度(层/cm)。图 6.14 中的结果是 40 层/cm 的情况。随着层密度的增加,热泄漏也在增加。

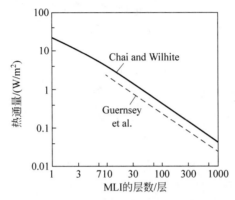

图 6.14　通过 MLI 的热泄漏量与 MLI 层数的关系

除穿过 MLI 的热量损失之外,由于接缝和渗透以及通过支架和连接管的传导导致的 MLI 退化所引起的热量泄漏必须被考虑进来以便估计热增益的整体速率。MLI 退化因子是包括源于接缝和渗漏在内的总热泄漏与穿过 MLI 覆盖层的热传递率的比例。传导因子是非绝缘传热率与穿过绝缘系统的传热率的比率。Haberbusch 等(Haberbusch et al.,2004)推荐使用值为 1.74 的 MLI 因子和值为 0.14 的传导因子。Guernsey 等(Guernsey et al.,2005)讨论了接缝、渗透和通过支架进行的传递,并推荐在仅基于 MLI 的热泄漏计算值的基础上增加 20%,然后再在它之上增加 50%的幅度以便包含不确定性。

Augustynowicz 等(Augustynowicz et al.,1999)提出了一个更加悲观的观点。这个研究宣称:"标准多层的绝热层(MLI)的实际热力性能比实验室差几倍,经常比理想性能差 10 倍。"MLI 的处理和安装是很棘手的。如果 MLI 被压紧,它就会短路层数,即压缩导致层数变少,使传热性增加。该研究给出了通过 MLI 进入低温储罐的热泄漏数据。MLI 的理想化绝热性能与实际绝热性能之间的差别尚且不确定。

实际上，对于任何应用，都应该考虑到氢气罐的总环境，包括它们对太空的视域、它们对其他宇宙飞船部件的视域、可能使用为了遮挡太阳或其他星体的遮挡物、通过支撑结构（支柱）的热传导和其他可能阻挡对太空的视域的障碍物，如支柱、推进器，其他燃料罐和其他各种各样的东西。

热泄漏和氢蒸发率

热泄漏 Q_{MLI}/A（W/m^2）和氢气蒸发率之间的关系可从氢的汽化热（446 kJ/kg）导出。每平方罐表面积的蒸发率为

$$(Q_{MLI}/A) \times 24 \times 3600/446\,000 = 0.194(Q_{MLI}/A) \text{ 每平方米罐表面积}$$

对于直径 D m、表面积为 πD^2 的罐体 可得整个罐体的蒸发率（kg/d）为

$$0.194(\pi D^2)(Q_{MLI}/A) = 0.6(D^2)(Q_{MLI}/A)$$

该氢罐装有液态氢（kg）

$$(4/3)(\pi)(D/2)^3(70) = 36.6D^3$$

因此氢的百分比损失率可以粗略地估计为

氢蒸发损失率 $= 100\{0.6(D^2)(Q_{MLI}/A)\}/\{36.6D^3\}$

$\qquad\qquad = (1.64/D)(Q_{MLI}/A)$（% 每天）（D 的单位为 m）

氢蒸发率 $= (5.5/M^{1/3})(Q_{MLI}/A)$（% 每天）

氢蒸发率 $= (49/D)(Q_{MLI}/A)$（% 每月）

氢蒸发率 $= (165/M^{1/3})(Q_{MLI}/A)$（% 每月）

对于直径 9.5 m 装有 32 t 氢的氢罐，月度损失将是大约 $5.2(Q_{MLI}/A)$（%每月）。对于直径更小的氢罐，如直径 3 m，月度损失将是约 $14.8(Q_{MLI}/A)$（%每月）。然而 NASA 的研究提供了更乐观的蒸发估计[①]。

如果（Q_{MLI}/A）可以达到约 0.5 W/m^2，那么直径 9.5 m 和 3 m 的氢罐的氢月度损失率将分别为 2.6% 和 7.4%。一个装有 5 t 氢气的氢罐每月损失率约为 5%。

Chai 和 Wilhite（Chai and Wilhite，2014）估计了大型氢燃料箱的月度热损失。他们称结果取决于氢罐尺寸、层密度（层/cm）和层数。随着氢罐层数从大约 10 层增加到 50～100 层，蒸发率会急剧下降。但随着氢罐层数超过 50～100 这个范围，蒸发率将进入回报逐渐减少的范围。对于 100 层的 MLI，他们估计含氢气 32 t 的氢罐的月度损失约为 3.5%。

用于登陆火星的燃料箱毫无疑问地会在去往火星的途中被安装在减速

---

① Lunar Architecture Focused Trade Study Final Report, 22 October 2004，NASA Report ESMD-RQ-0005. http://www.marsjournal.org/contents/2006/0004/files/ESMD-RQ-0005.pdf.

伞内部。计划在月球或火星登陆的配置可能使用许多可压缩氢气密度的小氢罐而非单个大氢罐，而且与单个大氢罐相比该配置提升了面积/体积比。

McLean 等（McLean et al.，2008 年）对液态氧（LO_x）推进剂和液态甲烷（LCH_4）推进剂的低温推进剂存储和交付系统进行了比较分析。他们利用了圆柱形燃料箱（LO_x 燃料箱容积约 3.55 m^3、LCH_4 燃料箱容积约 2.94 m^3）。这些燃料箱被要求要储存推进剂多达 235 天，定期通过 J-T 阀排出部分高压推进剂来冷却剩余的推进剂。优化了用以减少热泄漏的设计方案，但尽管如此，仍会发现"大型储罐热泄漏导致的质量消耗是极大的"。结论是："任务需求包含很大的推进剂消耗，对任务的总质量造成了重大影响。"他们还探索了一种利用制冷机的主动方法，通过：

使制冷量与渗漏到推进剂的热量相匹配，可以实现零蒸发。对主动制冷带来的质量方面的害处进行评估的结果显示：与被动制冷需要的推进剂质量相比，通过主动制冷方案可以节约很多质量。

McLean 等估计热负荷为 24 W、制冷机的电力需求为 410 W，两者比值为 410∶24＝17∶1。由于用体积来表示的罐体表面积 $A = 3.82V^{2/3}$，所以罐体的总表面积约为 24 m^2，这意味着相应的热泄漏是（Q_{MLI}/A）约为 1 W/m^2。

6.7.3.2　太空中蒸发的质量效应

任何需要在太空中存储液体制冷剂的系统都会不可避免地产生一定的热泄漏，这将导致冷冻剂的汽化，如果不排出过量蒸汽，最终会引起罐内压强升高。在零重力条件下，在液态制冷剂损耗的前提下排出蒸汽是一件棘手的事情，但这是可以做到的。

正如所看到的，在任何太空应用中的液态氢储存的可行性主要取决于热量渗漏到罐体的速率。如果采用蒸发排放，热量渗漏速率将决定最初燃料罐需要多大的空间用来提供在要求的存储时间到期之后需要的氢气质量。

假设在一开始给燃料罐加氢气的时候，氢气的质量为总质量的 75％、罐体的质量（包括隔热材料和零件）为 25％。接下来就可以估计在蒸发排放量为每月 X％连续排放 M 个月的前提下所需的初始存储总质量。下式中，下标"I"和"F"对应于"初始"和"最终"，下标"H"和"T"分别代表"氢"（Hydrogen）和"燃料箱"（Tank），"TOT"指的是总质量（氢气＋燃料箱）。因此

$$M_{TOT,I} = M_{H,I} + M_{T,I} = 1.33M_{H,I}$$
$$M_{T,F} = M_{T,I}$$

$$M_{H,F} = M_{H,I}(1 - MX/100)$$

$$M_{TOT,I} = 1.33 M_{H,F}/(1 - MX/100)$$

例如，如果 M 为 7 个月，$X\%$ 为 7%，初始总质量为最终交付的氢质量的 2.61 倍，那么最终交付的氢质量是初始总质量的 38%。显然，当 M 与 X 的乘积（MX）接近 100 时，所需的初始质量将会无限大。

运用 Plachta 和 Kittel（Plachta and Kittel，2003）的估算，可以推导出以下关于在任一蒸发率下为了在一定时间之后能提供给定质量的氢气需要的初始质量大小的推论。对于任意半径为 R 且一开始盛满液氢的燃料箱，燃料箱的质量（kg）约为

$$M_T = 6.3 \times A = 6.3 \times 4\pi R^2$$

且初始氢质量为

$$M_{H,I} = 70V = 70 \times (4/3)\pi R^3$$

初始总质量为

$$M_{TOT,I} = 6.3 \times 4\pi R^2 + 70 \times (4/3)\pi R^3$$

燃料箱内氢的蒸发速率与罐表面积 $A = 4\pi R^2$ 成比例。因此燃料箱内液氢在保存 N 天后的最终质量是

$$M_{H,F} = M_{H,I} - KAN$$

其中，K 是依赖热量传导到罐体的速率和氢的汽化热的一个常数。

Plachta 和 Kittel 估计，为了用隔热良好的燃料箱在保存 62 天之后提供 1250 kg 的氢，要求所需的燃料箱加上一开始添加氢的初始总质量约为 1700 kg。采用表达式 $M_{TOT,I} = 1700$，可以得出 $R = 1.71$ m，$M_T = 232$ kg，$M_I = 1468$ kg 和 $A = 36.7$ m^2。根据该模型可得

$$K = (M_I - M_F)/(A\ N) = (1465\ kg - 1250\ kg)/(36.7\ m^2 \times 62\ d)$$

$$= 0.096\ kg/(m^2 \cdot d)$$

热泄漏率估计为

$$0.096 \times 446\ 000(J/kg)/(24 \times 3600\ s/d) = 0.50\ W/m^2$$

对于持续 9 个月的火星之旅，$N = 270$ 天。在这种情况下

$$M_{H,I} = M_{H,F} + KA \times 270$$

但是在 $M_{H,I}$ 表达式中可以用下式把 A 转换成 $M_{H,I}$：

$$A = 4\pi R^2 = 4\pi [M_{H,I}/(70 \times (4/3)\pi)]^{2/3}$$

因此对于任意假定的 $M_{H,F}$ 和 N 值，可以通过逐次逼近的方法对下列方程中 $M_{H,I}$ 进行求解：

$$M_{H,I} = M_{H,F} + 4\pi [M_{H,I}/(70 \times (4/3)\pi)]^{2/3} NK$$

当 K 为 $0.096\ \mathrm{kg/(m^2 \cdot d)}$ 时，如果 $N=270$ 天，$M_{H,F}/M_{H,I}$ 约为 0.44，在运输过程中 56% 的氢蒸发了。

总之，采用真空多层隔热（MLI）绝热的氢燃料箱罐会从环境中吸收热量，吸热的速率取决于环境温度以及 MLI 层数。关于热泄漏率和蒸发速率的估计各式各样，精确地确定蒸发速率是困难的。对于室温环境下采用 $40\sim50$ 层 MLI 多层隔热的氢气燃料箱，理想的热表面泄漏为 $0.4\sim0.8\ \mathrm{W/m^2}$，这样，氢气大约以每月 $66/M^{1/3}\sim132/M^{1/3}$ 的速率蒸发。对一个盛有 $5000\ \mathrm{kg}$ 氢气的燃料箱来说，蒸发率为每月 $4\%\sim8\%$。在通往火星长达 9 个月的旅途中，很可能超过一半最初添加的氢气会蒸发掉。

6.7.3.3　零蒸发系统

从根本上来说，有两种太空低温存储方法：

（1）使用一个较大的燃料箱且允许蒸发，以便在存储时间之后依然可以获得需要的氢气质量。

（2）用一个一开始就装有最终需求质量氢气的燃料箱，同时提供主动的制冷系统来抵消与持续泄漏进来的热量等量的热量，从而避免蒸发。这就是"零蒸发"（ZBO）方法。如果用减速伞将燃料箱完全包裹起来，制冷负荷会非常高。然而对于没有用减速伞包裹的有效载荷，使用遮阳板可以大大降低制冷负载。

零蒸发（ZBO）系统不需要使用更大的燃料箱，但它需要一个制冷机、一个控制器、燃料箱内热传导设备和提供动力的电力系统。该系统更大的复杂性意味着比被动存储系统有更多风险。再者，ZBO 技术尚不成熟，而它的鼓吹者对热泄漏偏向乐观态度。

决定 ZBO 是否恰当的考量因素取决于对那些一开始就添加被动存储氢的大型燃料箱和带有 ZBO 和实现 ZBO 需要的制冷器、散热器、控制器及电力系统的小型燃料箱的对比结果。Plachta 和 Kittel（Plachta and Kittel，2003）进行了这样的对比分析，对于 ZBO 方案，他们估计了燃料箱、隔热组件、制冷机、太阳能电池阵列和散热器的质量。正如常识所料，他们发现对于足够长的存储时长，ZBO 方案质量更小，而对于短期存储任务，被动散热方案更合适。对于氢，在 LEO 处（此处有 ZBO 的估计质量与非 ZBO 的估计质量是相等的）的转换时长是变化的：从直径 2 m 的燃料箱约为 90 天，到直径 3.5 m 的燃料箱约为 60 天，到直径 5 m 的燃料箱约为 50 天。对于一个直径 3.3 m 的总质量约 $1525\ \mathrm{kg}$（包括罐体、隔热部件和氢）的燃料箱，他们估计使用 ZBO 系统所需的额外设备质量约 $175\ \mathrm{kg}$，所以整个任务期间

ZBO 系统的质量约为 1700 kg。采用非 ZBO 方案,所需质量随着任务时间的延长而增加,因为考虑到任务期间的蒸发必须采用更大的燃料箱。采用 ZBO 方案,设备质量与任务持续时间无关。持续时间为 0 的非 ZBO 存储系统需要的质量为 1525 kg,持续时间为 62 天时非 ZBO 存储系统的总质量增加到 1700 kg,持续时间为 270 天时该总质量为 2210 kg。因此对于长期储存,在估计热泄漏速率为 0.5 W/m² 的前提下,ZBO 系统似乎有明显的优势。根据 Plachta 和 Kittel 的模型,可以预见氢约占 ZBO 系统总质量的 1250/1700＝73.5%。这种燃料箱的表面积为 34.2 m²,所以在假设热泄漏为 0.5 W/m² 的情况下,估计其热泄漏约为 17 W。据 Guernsey(2005)所说,从温度为 20 K 下的燃料箱中移除 1 W 的热量通常需要 500 W 的电力。采用 ZBO 方案,电力需求将是 500×17 W＝8.5 kW。Plachta 和 Kittel 估计,这些电力可能需要质量约为 175 kg 的氢气来提供,这是对近地应用的乐观估计。对于火星可能要大一些。此外,如果在热泄露高于 0.5 W/m² 的情况下,电力需求会上升,进而导致所需质量估计也会上升。

已经开展了一项长达 1～10 年的长期制冷剂存储的研究(Haberbusch et al.,2004),对具有多层隔热系统和制冷机主动冷却屏蔽系统的球形液态燃料箱进行了分析。该研究调查了燃料箱的大小、流体储存温度(致密作用)、主动冷却护罩数目、在整个系统质量上的绝热材料厚度、输入功率和体积的影响。氢气温度为 21 K,损耗限额为 2%。并研究了一个在均匀外部温度为 294 K 的情况下,由两个低温制冷器制冷的燃料箱,该燃料箱的内屏蔽罩冷却至 16 K 或 21 K,外屏蔽罩冷却至 80 K(见图 6.15)。对三种情况进行了分析:

(1) 没有外部屏蔽罩的情况下存储 250 kg 或 4000 kg 的液氢。

(2) 采用温度为 80 K 的外部屏蔽罩时存储 250 kg 的液态氢。

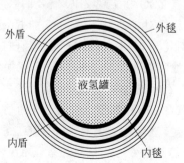

图 6.15　在研究中使用的燃料箱的布置

使用主动制冷,内屏蔽罩可以被冷却到 16 K 或 21 K,外屏蔽罩可以被冷却到 80 K

(3) 采用温度为 80 K 的外部屏蔽罩时存储 4000 kg 的液态氢。

覆盖层由具有涤纶网间距的双层涂铝聚酯薄膜构成。人们认为多层隔热 MLI 的有效传导率模型经过推断可达到 300 层,这是因为该模型在很大程度上是线性的。从测试中得到了对额外热泄漏建模的因素,额外热泄漏包括由于接缝处和渗透导致的 MLI 退化引发的热泄漏与通过支撑部件和管道的热传导引起的热泄漏。在模型中定义的 MLI 系数是接缝处和渗透引起的热泄漏率与通过覆盖层的热传导速率的比值。传导系数是非隔热热传导率与通过隔热系统的热传导速率的比值。使用的 MLI 系数与传导系数的取值分别为 1.74 和 0.14。MLI 系数是厚度和接缝类型的强函数,但不受温度影响。因此做出如下假设:在分析 300 层 MLI 时,不管边界温度如何可采用同样的 MLI 系数。

研究发现冷却内屏蔽罩的好处很明显比同时冷却内屏蔽罩和外屏蔽罩带来的好处更大。尽管没有具体说明热负荷的值,但在每一个模型中对匹配相应热负荷的 ZBO 系统的质量和能量需求进行了估计。

在仅对内屏蔽罩主动冷却,而允许外屏蔽罩无主动冷却处在“浮动”状态的情况下进行了一系列实验。结果发现,只冷却内屏蔽罩时,对于中等厚度的 MLI 覆盖层,零蒸发系统的能量和质量需求相对较高,但随着覆盖层厚度增加而显著降低。对于一个装有 4000 kg 氢的燃料箱(直径 3 m,长 9 m),使用 100 层覆盖层的 MLI 的最终结果是总系统总质量为 2000 kg、电力需求为 10 kW、总体积约为 60 m^3(只比实际氢的总体积 57 m^3 稍大)。燃料箱的表面积约为 86 m^2。根据经验法则(从液氢燃料箱上移走 1 W 的热量需要 500 W 的电力),渗漏到燃料箱内的热泄漏估计为 10 000/500 = 20 W,或者说 0.23 W/m^2。然而,使用之前描述的模型来预测 100 层 MLI 的热泄漏,结果会稍高一些(约 0.36 W/m^2)。仅冷却内屏蔽罩,氢占总质量的 4 000/6 000 = 67%。

进行了另外两个系列实验:燃料箱的质量分别为 250 kg 和 4000 kg,内屏蔽罩和外屏蔽罩均采用主动冷却。对 4000 kg 的燃料箱,在 MLI 的外覆盖层约 75 层时,存储系统的总质量最小并且随着内覆盖层变厚而减小。对于内覆盖层约 150 层,外覆盖层约 75 层的情况,存储系统的估计总质量为 1750 kg,电力需求约 2 kW,总体积约 64 m^3。那么氢占总质量的 4000/5750 = 70%。如果可以实现的话,这个数字非常吸引人。然而,正如本书所指出的那样,实际热泄漏往往比理想化的通过 MLI 的热泄漏高。

Plachta 等(Plachta et al.,2006)为航天器设计了一个有趣的 ZBO 结构,该航天器不使用减速伞包裹并且总是朝向太阳。他们使用了一个高效的防晒屏障。在防晒屏障后是航天器，在航天器后面放置液氧燃料箱。液氧燃料箱朝向遮阳屏的一面覆盖 MLI 隔热层，朝向深空的一面直接暴露。他们在液氧燃料箱和其后面的氢气燃料箱之间添加了 MLI 屏障。氢燃料箱朝向 MLI 隔热屏的部分覆盖 MLI 隔热层，而允许看不到航天器或防晒屏障任意局部的部分"看见"深空。它们能得到足够的辐射制冷以抵消渗漏到箱体内的热量，从而获得被动式零蒸发系统。不幸的是，该系统无法在减速伞内工作。

Hastings 等（Hastings et al.，2010 年）描述了一个零蒸发液态氢储存的大规模演示。他们使用的圆筒形燃料箱内部容积为 18.1 m^3，表面积为 35.7 m^2。这个燃料箱最大储氢量为 1280 kg。它被安装在带有护罩的真空室中，真空室中的温度可以在 80～320 K 任意设定。低温制冷机用 350 W 的电力输入提供温度 20 K、24 W 的冷却。该报告写得非常令人迷惑，对于笔者来说如何解释这一结果好像不太清楚。

6.7.4　将氢运送到火星并在火星存储

6.7.4.1　将氢运送到火星

DRM-1 和 DRM-3 任务要求将氢气运输到火星表面来生产推进剂和来自火星大气的生命支撑消费品，这样这些有价值物品就不需要从地球运过来了。在 DRM-3 中，向火星表面运送了 5.4 t 的氢气以便 ISRU 生产 39 t 的推进剂加上一个生命保障贮藏物。（奇怪的是，表 A4-3 似乎并未包含氢存储箱的质量，也没考虑蒸发。）

然而如果去掉生命支撑贮藏物，只用来生产上升推进剂的话，需求变成需要产生 30 t 的氧气。根据反应

$$CO_2 + 4H_2 = CH_4 + 2H_2O（Sabatier 反应）$$

$$2H_2O = 2H_2 + O_2$$

这样整个反应就是

$$CO_2 + 2H_2 = CH_4 + O_2$$

1 个质量单位的氢可以产生 8 个质量单位的氧。因此只需约 3.8 t 的氢气就可以生产所需要的上升推进剂（伴随额外的甲烷）。

显然，一个能提供 6% 质量比氢的高压强气体燃料箱的质量约 3.8/0.06 t＝63 t，这将使这种形式的 ISRU 彻底没有用处。事实上可以直接运水到火星作为氢气来源。水中氢元素质量占 11.1%，这比采用高压强气体燃料箱好，但这仍不足以证明 ISRU 的合理性，因为这要求必须运送 3.8/0.11 t＝

34 t 水到火星去。

往火星运氢气的可信方法的唯一可能性就是采用装有液氢的燃料箱。接下来的问题就是嵌入在减速伞内的燃料箱中的液氢的月度蒸发率。把这个货运飞船送到火星大概需要 9 个月。在此阶段估计被动系统的月度氢气蒸发率是困难的。根据之前的讨论,月度蒸发率很可能处在 4%～8%。包含绝热材料、零件和控制的氢燃料箱的总质量约为氢质量的 25%。

如果蒸发率在 4%左右,那么意味着 9 个月后燃料箱会失去约初始加氢量的 40%。因此初始加氢量应该为 3.8 t/0.6＝6.3 t。要求燃料箱的质量约为 1.6 t,容积约为 6300 kg/(70 kg/m³)＝90 m³。如果蒸发率在 8%左右,那么意味着 9 个月后燃料箱会失去约初始加氢量的 70%。因此初始加氢量应该为 3.8 t/0.3＝12.7 t。要求燃料箱的质量约为 3.2 t,容积约为 12 700 kg/(70 kg/m³)＝180 m³。

到达火星的可用氢质量是初始加氢量的 30%～60%。氢气和存储设备的总质量为 8～16 t,体积为 90～180 m³。在节约质量方面,即使是最乐观的估计也是微不足道的,并且要在减速伞内存储这么大体积的氢气将会更成问题。

采用主动低温制冷机的存储方式是可行的。采用 MLI 多层绝热,估计热泄漏率为 50～100 W。

6.7.4.2　在火星上存储氢

由于氢气会在火星表面快速蒸发,被动储氢方案很成问题。对火星上的存储氢进行长达 1 年的 ISRU 处理是不可想象的,哪怕似乎 DRM-3 任务假设这可以做到。为了避免在火星长时间存储氢气,Robert Zubrin 建议 ISRU 通过萨巴蒂尔反应(该反应轻微放热)尽快把氢气用完,并储存甲烷和水,直到水可慢慢通过电解转化成氧气。然而,Zubrin 的方案需要在短时间内获得大量的二氧化碳,这需要很大的能量。而且大量的氢气、氧气和甲烷在燃料箱之间转移会带来体积和后勤方面的挑战,目前还不清楚该方案是否适用。

火星上的大气压为 4～8 torr(533～1067 Pa,1 torr＝1 mmHg≈133.3 Pa)变化。通常情况下,着陆点都在大气压约 8 torr(1067 Pa)的低海拔地区,这使着陆变得简单。在这样的气压下,MLI 方案将远不如其在高真空环境中有效。三种绝热材料的性能如图 6.16 所示(Augustynowicz et al.,1999),该性能是气压的函数。值得注意的是,各种形式的绝热材料在较低气压下都表现较好(更小的 k)。

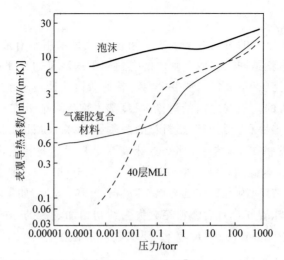

图 6.16　隔热性能与气压(torr)的关系[Based on data provided
by Augustynowicz and Fesmire(1999)]

MLI 在高真空中隔热性能较好，而气凝胶在火星气压(4～8 torr)下隔热性能较好

　　图 6.16 的数据根据等价有效传导率给出，该传导率要乘上温差，再除以隔热层厚度就得出每单位面积的热流。无论是使用泡沫还是最好的气凝胶隔热材料，对于火星气压(4～8 torr)来说，隔热层的厚度分别为 0.4 m 和 0.32 m，k 分别是 0.012 W/(m·K)和 0.005 W/(m·K)。对于火星上约 200 K 的平均温差(燃料箱外部温度减去燃料箱内部温度)，每单位面积的热流密度为 200 K/厚度。对于泡沫和气凝胶复合材料，在火星的气压下的最终热泄漏分别是 6.0 W/m^2 和 3.1 W/m^2。

　　如果乐观地假设在去往火星途中蒸发率只有每月 4%，初始加氢 6.3 t。采用球形燃料箱，其直径为 $D=[(6300/70)\times(1/6)\times3.14]^{1/3}$ m=5.5 m。在到达火星时，罐内含有 3.8 t 氢。燃料箱的表面积为 3.14×5.5^2 m^2=95 m^2。因此估计采用泡沫绝热的总体热泄漏为 570 W，采用气凝胶绝热的总体热泄漏为 295 W。氢气的汽化热为 446 000 J/kg，570 W 的热泄漏功率将导致蒸发速率为(570/446 000)$\times$3600$\times$24$\times$30 kg/m=3300 kg/m，已经高得难以承受。即使采用气凝胶，蒸发率也会达到 1700 kg/m。

　　如果主动散热存储采用气凝胶绝热，必须向火星上的燃料箱提供 295 W 的冷却能量。这可能需要功耗约为 4 kW 的制冷机。据推测，核反应堆可能可以提供足够的动力来达到这个目的。

6.7.5　本章小结

　　本章回顾了许多研究(太空)储氢的论文，对于太空中被动存储系统的蒸发率能达到怎样的水平,研究者意见不一。可以(至少在原则上)一直增加 MLI 的层数,但由于渗透、连接部件、接缝和处理因素等会导致高层数的渐进停滞,会使得存在一个收益和递减区。目前看来这个渐进停滞区在现实中可能处在 4%～8%的月度蒸发率范围内,但很难更精确地确定这一范围。

但除了运送氢气到火星这个问题以外,更大的问题在于在火星表面存储氢,火星上的 MLI 效率很低,而且其他绝热材料还不如高真空条件下的MLI 有效。

参考文献

Adamo, Daniel R. 2010. Potential propellant depot locations supporting beyond-LEO human exploration. https://spaceshowclassroom. files. wordpress. com/2011/04/propdepotchartsfisor1. pdf.

Ahluwali, R. K. et al. 2011. Cryo-compressed hydrogen storage: Performance and cost review. Presented at the R&D strategies for compressed, cryo-compressed and cryo-sorbent hydrogen storage technologies workshops on February 14 and 15, 2011, Argonne National Laboratory.

Arif, Hugh et al. 1990. Evaluation of supercritical cryogen storage and transfer systems for future NASA missions. AIAA 90-0719, 28th AIAA aerospace sciences meeting, Reno, NV, January1990.

Augustynowicz, S. D. , and J. E. Fesmire. 1999. Cryogenic insulation system for soft vacuums. Montreal CEC, 1999.

Augustynowicz, S. D. et al. 1999. Cryogenic insulation systems. 20th International refrigeration congress, Sydney, 1999.

Baker, Erin et al. 2006. Architecting space exploration campaigns: A decision-analytic approach. IEEEAC paper #1176.

Balasubramaniam, R. et al. 2008. Carbothermal processing of lunar regolith using methane. http://ntrs. nasa. gov/archive/nasa/casi. ntrs. nasa. gov/20080033111. pdf.

Balasubramaniam, R. et al. 2010. The reduction of lunar regolith by carbothermal processing using methane. International Journal of Mineral Processing 96: 54-61.

Binzel, Richard P. 2014. Find asteroids to get to Mars. Nature News Story, Oct 29, 2014.

Binzel, Richard P. et al. 2015. Physical properties of near-earth objects. http://www. lpi. usra. edu/books/AsteroidsIII/pdf/3048. pdf.

Blair, Brad R. et al. 2002. Space resource economic analysis toolkit: The case for commercial lunar ice mining. Final report to the NASA Exploration Team, December 20, 2002.

Bossel, Ulf. 2006. Why a hydrogen economy doesn't make sense. http://phys. org/news85074285. html.

Chai, Patrick R. , and Alan W. Wilhite. 2014. Cryogenic thermal system analysis for orbital propellant depot. Acta Astronautica 102: 35-46.

Chambers, A. , et al. 1998. Hydrogen storage in graphite nanofibers. Journal of Physical Chemistry B 102: 4253-4256.

Chato, D. J. , and M. P. Doherty. 2011. NASA perspectives on cryo H2 storage. DOE hydrogen storage workshop, Marriott Crystal Gateway Arlington, VA, February 15, 2011.

Chen, Y. L. , et al. 2008. Mechanics of hydrogen storage in carbon nanotubes. Journal of the Mechanics and Physics of Solids 56: 3224-3241.

Clark, D. L. 1997. In-situ propellant production on Mars: A Sabatier/electrolysis demonstration plant. ISRU interchange meeting 1997.

Clark, D. L. et al. 2001. Carbon dioxide collection and purification system for Mars. AIAA paper 2001-4660.

Clemens, B. M. , and Y. Lee. 2006. Engineered nanostructures for hydrogen storage. https://gcep. stanford. edu/pdfs/QeJ5maLQQrugiSYMF3ATDA/2. 1. 4. 3. clemens_06. pdf.

Crow, S. C. 1997. The MOXCE project: New cells for producing oxygen on Mars. In AIAA 97-2766, July, 1997.

Dillon, A. C. et al. 2002. Hydrogen storage in carbon single-wall nanotubes. NREL report CP-610-32405.

Ebbesen, Sune D. 2012. Solid oxide electrolysis cells—high pressure operation. In SYMPOSIUM water electrolysis and hydrogen as part of the future renewable energy system, Copenhagen, May 10-11, 2012.

Elvis, M. et al. 2011. Ultra-low delta-v objects and the human exploration of asteroids. http://arxiv. org/ftp/arxiv/papers/1105/1105. 4152. pdf.

Folta, David C. et al. 2005. Enabling exploration missions now: Applications of on-orbit staging. American Astronautical Society paper AAS 05-273.

Foster, Cyrus, and Matthew Daniels. 2010. Mission opportunities for human exploration of nearby planetary bodies. In AIAA 2010-8609.

Friedlander, Alan et al. 1991. Benefits of slush hydrogen for space missions. NASA TM 104503, October 1991.

Gaebler, John A. et al. 2009. Reusable Lunar transportation architecture utilizing orbital propellant depots. In AIAA 2009-6711.

Gerlach, Charles L. 2005. Profitably exploiting near-earth object resources. In 2005 International space development conference, National Space Society, Washington DC, May 19-22, 2005.

Granvik, M. , et al. 2012. The population of natural Earth satellites. Icarus 218: 262-

277. References 379.

Griffin, B. et al. 2004. A comparison of transportation systems for human missions to Mars. In AIAA 2004-3834.

Griffin, Michael D. 2005. NASA and the Business of Space. In American Astronautical Society 52nd annual conference, November 15, 2005.

Grogan, Paul T. et al. 2011. Space logistics modeling and simulation analysis using SpaceNet: Four application cases. http://ptgrogan. scripts. mit. edu/www/docs/grogan_space_2011b_preprint. pdf.

Guernsey, Carl S. et al. 2005. Cryogenic propulsion with zero boil-off storage applied to outer planetary exploration. Final report, April 8, 2005, (JPL D-31783).

Gustafson, Robert J. et al. 2009. Demonstrating Lunar oxygen production with the carbothermal regolith reduction process. In AIAA 2009-663.

Gustafson, Robert J. et al. 2010. Demonstrating the solar carbothermal reduction of lunar regolithto produce oxygen. In AIAA 2010-1163.

Haberbusch, Mark S. , et al. 2004. Thermally optimized zero boil-off densified cryogen storage system for space. Cryogenics 44: 485-491.

Hardy, Terry L. , and Margaret V. Whalen. 1992. Technology issues associated with using densified hydrogen for space vehicles. In NASA TM 105642, AIAA 92-3079, AIAA/SAE/ASME/ASEE 28th joint propulsion conference, Nashville, TN, July 1992.

Hartvigsen, J. et al. 2013. Progress toward enabling storage of off peak nuclear and intermittent renewable energy as sustainable domestic transportation fuels. Abstract #716, 224th ECS meeting, 2013, The Electrochemical Society.

Hastings, L. J. et al. 2010. Large-scale demonstration of liquid hydrogen storage with zero boil-off for in-space applications. NASA report NASA/TP—2010-216453.

Hickman, J. W. , et al. 2010. Optimization of the Mars ascent vehicle for human space exploration. Journal of Spacecraft and Rockets 47: 361-370.

Holladay, J. D. , et al. 2008. Compact reverse water-gas-shift reactor for extraterrestrial in situ resource utilization. Journal of Propulsion and Power 24: 578-582.

Hua, Thanh et al. 2010. Technical assessment of compressed hydrogen storage tank systems for automotive applications. Argonne National Laboratory report ANL-10/24.

Lacomini, Christine S. 2011. Demonstration of a stand-alone solid oxide electrolysis stack with embedded sabatier reactors for 100% oxygen regeneration. In AIAA 2011-5016.

Kutter, Bernard F. et al. 2008. Practical, affordable cryogenic propellant depot based on ULA's flight experience. In AIAA 2008-7644.

Laguna-Bercero, M. A. 2012. Recent advances in high temperature electrolysis using solid oxide fuel cells: A review. Journal of Power Sciences 203: 4-16.

Licandro, J. , et al. 2011. (65) Cybele: Detection of small silicate grains, water-ice, and organics. Astronomy and Astrophysics A34: 525-531.

Lin, Jiany, et al. 1999. Remarkable hydrogen uptake by alkali-metal. Science 285: 91.

Liu, C., et al. 2010. Hydrogen storage in carbon nanotubes revisited. Carbon 48: 452-455.

Lowman, Jr, D. Paul, and Daniel F. Lester. 2006. Build astronomical observatories on the Moon? Physics Today 59: 50.

Lester, Daniel F., et al. 2004. Does the lunar surface still offer value as a site for astronomical observatories? Space Policy 20: 99.

McLean, C. H. et al. 2008. Long term space storage and delivery of cryogenic propellants for exploration. In AIAA 2008-4853.

Mosquera, E., et al. 2014. Characterization and hydrogen storage in multi-walled carbon nanotubes grown by aerosol-assisted CVD method. Diamond and Related Materials 43: 66-71.

Motyka, T. 2015. Hydrogen storage engineering. DOE materials-based hydrogen storage summit: Defining pathways for onboard automotive applications. http://energy.gov/sites/prod/files/2015/02/f19/fcto_h2_storage_summit_motyka.pdf.

Mueller, P., and T. C. Durrant. 1999. Cryogenic propellant production, liquefaction, and storage for a precursor to a human Mars mission. ISRU III technical interchange meeting 8015.pdf.

Lockheed-Martin, Denver, CO, 1998, also (1999) Cryogenics 39: 1021-1028.

Mueller, Paul J. et al. 1994. Long-term hydrogen storage and delivery for low-thrust space propulsion systems. In AIAA-1994-3025, 30th ASME, SAE, and ASEE, joint propulsion conference and exhibit, Indianapolis, IN, June 27-29, 1994.

Notardonato, W. et al. 2012. In-space propellant production using water. http://ntrs.nasa.gov/archive/nasa/casi.ntrs.nasa.gov/20120015764.pdf.

Panzarella, Charles H., and Mohammad Kassemi. 2003. Simulations of zero boil-off in a cryogenic storage tank. 41st aerospace sciences meeting and exhibit, January 6-9, 2003, Reno, Nevada (AIAA 2003-1159).

Plachta, David, and Peter Kittel. 2003. An updated zero boil-off cryogenic propellant storage analysis applied to upper stages or depots in an LEO environment. NASA/TM—2003-211691, June 2003, AIAA-2002-3589.

Plachta, D. W., et al. 2006. Passive ZBO storage of liquid hydrogen and liquid oxygen applied to space science mission concepts. Cryogenics 46: 89-97.

Rapp, D. et al. 1997. Adsorption pump for acquisition and compression of atmospheric CO_2 on Mars. AIAA 97-2763, July, 1997.

Rapp, D. et al. 2015. The Mars oxygen ISRU experiment (MOXIE) on the Mars 2020 rover. Space forum 2015, Pasadena, CA, August 31-September 1, 2015.

Rapp, Donald. 2007. Solar power beamed from space. Astropolitics 5: 63-86.

Rivkin, Andrew S., and Joshua P. Emery. 2010. Detection of ice and organics on an asteroidal surface. Nature 464: 1322-1323.

Spudis, P. D. 2013. Evidence for water ice on the moon: Results for anomalous polar craters from the LRO Mini-RF imaging radar. Journal of Geophysical Research: Planets 118: 1-14.

Sridhar, Dalai. 2015. Fabrication of zinc-loaded hollow glass microspheres (HGMs) for hydrogen storage. International Journal of Energy Research 39: 717-726.

St. Germain, Brad et al. 2002. Tanker Argus: Re-supply for a LEO cryogenic propellant depot. IAC-02-V. P. 10.

Stetson, N. D. 2014. US Department of Energy Hydrogen Storage Program Area. 2014 annual merit review and peer evaluation meeting, June 16-20, 2014.

Street, David, and Alan Wilhite. 2006. A scalable orbital propellant depot design. http://www. ssdl. gatech. edu/papers/mastersProjects/StreetD-8900. pdf.

Teague, S. , and M. Hicks. 2011. 2011 HP: A potentially water-rich near-earth asteroid. http://www. lacitycollege. edu/academic/departments/physics/cure/reports/TeagueS_Sm11. pdf.

Thunnissen, D. P. et al. 2004. Advanced space storable propellants for outer planet exploration. In AIAA 2004-3438. Also: http://www. lr. tudelft. nl/en/organisation/departments/spaceengineering/space-systems-engineering/expertise-areas/space-propulsion/system-design/analyze-candidates/dry-mass-estimation/chemical-systems/sc-propulsion-mass-data/.

Wilhite, Alan. 2013. A sustainable evolved human space exploration architecture using commercial launch and propellant depots. http://spirit. as. utexas. edu/*fiso/telecon/Wilhite_2-13···/Wilhite_2-13-13. pdf.

Wilkes, John, and Paul Klinkman. 2007. Harvesting LOX in LEO: Toward a hunter-gatherer space economy. In AIAA 2007-6074.

Yao, Y. 2010. Hydrogen storage using carbon nanotubes. http://cdn. intechopen. com/pdfs-wm/10010. pdf.

Zubrin, Robert. 2007. The hydrogen hoax. The New Atlantis, Winter 2007.

Zubrin, Robert et al. 1994. Report on the construction and operation of a Mars in-situ propellant production unit. AIAA-94-2844.

Zubrin, Robert et al. 1997a. Mars in-situ resource utilization based on the reverse water gas shift. In AIAA-97-2767, 33rd AIAA/ASME joint propulsion conference, Seattle, WA, July 6-9, 1997.

Zubrin, Robert et al. 1997b. Report on the construction and operation of a Mars methanol in situ propellant production unit. ISRU II technical interchange meeting, February 4-5, 1997. Lunar and Planetary Institute, Houston, Texas, Paper 9004.

Zubrin, Robert et al. 1998. Report on the construction and operation of a Mars in situ propellant production unit utilizing the reverse water gas shift. In AIAA-98-3303, 34th AIAA/ASEE joint propulsion conference, Cleveland, Ohio, July 13-15, 1998.

第 7 章　未来数十年 NASA 载人火星探测任务可能失败的原因

　　摘要：火星任务从根本上不同于月球任务。借鉴月球任务的经验可以降低火星任务的风险，但与所需投资不成比例。月球上的 ISRU 与火星上的差异极大。尽管之前开展了大量的工作，但是载人火星任务的可行性和费用仍然不明确。20 世纪 90 年代，DRM-1 和 DRM-3 给出了飞往火星的方法，但是，这只是初步的研究。2005 年出现的 DRA-5 给出了对许多任务选项的广泛分析，但只是一个简要的综述。2014—2015 年，NASA 采纳了火星演化运动(evolvable Mars campaign，EMC)。通常的方法包括研发"进化的能力"，但是，似乎 EMC 仅仅只是 NASA 的另一件"打水漂"的活动，它基于模糊而短暂的观念，采用虚有其表的视图，完全缺乏详细的工程计算。随着 NASA 推出下一个长期计划，它因为种种原因而被废弃。载人火星任务所需的关键技术包括气动捕获、气动辅助再入下降与着陆、太空和火星低温推进剂长期储存、甲烷-氧推进系统、在火星表面提供电力的核反应堆、辐射防护、减轻低重力影响、长期生命保障系统以及 ISRU 和/或核热火箭。不幸的是，NASA 开发先进技术到成熟状态足以用于空间任务的记录不是很好。长期、持续、昂贵的技术研发很少由 NASA 完成。

7.1　月球-火星的联系

7.1.1　月球与火星任务的差别

　　从地球前往火星需要 6～9 个月，到月球只需要约 3 天，巨大的时间差异导致两种情况下宇航员的运输需求也有巨大差别。这些差别包括所需消耗品的质量、ECLSS 系统使用寿命和耐久性要求、辐射暴露、低重力暴露、居住舱体积和设施。考虑整个任务过程——地-火转移、表面停留和返回，火星任务和月球任务的差异是非常大的。虽然 Δv 的差异可以通过在火附近采用气动辅助技术得以部分减弱，但是不同转移过程 Δv 的需求差异仍然非常大。

长期火星任务的一些需求包括如下方面。

（1）所有转移段的推进系统、推进剂和气动辅助技术的研究与验证。

（2）定点着陆能力的研究与验证。

（3）提供维持生命所需消耗品和环境控制的系统研发：

① 约 200 天地-火转移；

② 约 550 天表面停留（在太空中滞留 200 天之后）；

③ 约 200 天火地转移（在太空中滞留 750 天之后）。

（4）减缓低重力环境暴露带来的副作用。

（5）过度暴露在辐射环境中的防护。

（6）提供地-火转移、表面停留和火-地转移期间的居住舱。

（7）为火星表面的科研和操作提供核能、设备和供给，研发能够在离着陆点一定距离的地方自主部署反应堆的系统。

（8）明确在各个阶段甚至拓展阶段可能出现的任务终止需求。

（9）明确 ISRU 技术——是什么/怎么做/什么时间实施。

（10）开发在地球轨道组装有效载荷的能力。

火星任务与月球任务存在根本上的差异是由于：

（1）火星任务需要在太空驻留 950 天，月球任务只需约 20 天。

（2）火星上没有"突击旅行"，一旦开始，宇航员必须在太空或火星上驻留约 950 天。

（3）大部分在月球任务中可以选择的任务中止选项在火星任务中都不适用。不同于月球任务中只要有故障就可以选择中止任务，火星任务需要紧张的、长期的验证和先导任务，以保证极高的可靠性。

（4）火星任务中的辐射和低重力影响也更严重，这是由于暴露在这种环境中的时间更长。

（5）不同于 ISS 或月球任务，火星的生命保障系统必须长期保证自动防故障装置正常运行。其测试与验证不仅昂贵还需要很长时间。

（6）火星的 ISRU 更灵活，而且能够产生更大的任务影响。然而，最有效的系统需要勘探火星本土的水。

（7）火星发射机会每 26 个月一次，每个机会的发射和返回特征都极不相同。不同机会所需的 Δv 差别很大，任务设计中需要考虑这些差异。

因此，过多地使用月球任务作为火星任务的范例是非常不合适的。

火星上的 ISRU 与月球非常不同，主要差异在 6.3.1 节已经讨论过了。

关于火星 ISRU 的主要未知点在于：

(1) 在近表土层中挖掘含水物并提取水的需求是什么？

(2) 在赤道附近近表土层中挖掘含水物,水以地面冰还是矿物质水合物的形式存在？

不幸的是,NASA 似乎还没有研究这些问题的计划。

7.1.2　开展月球任务作为降低火星任务风险的手段

Mendell(2005)在评述 2004 年总统的《空间探测愿景》中讨论了月球与火星的联系：

总统要求 NASA 在收集了大量关于火星的知识并在成功验证载人登月任务之后,执行载人火星探测任务……这个宣言的中心思想说明,开展月球任务和月面活动目的是掌握如何成功地实施载人火星探测。

Mendell 主张：

对载人登月如何"被用于载人登陆火星"和为什么"被用于载人登火星"有很多误解的观点,而且误传支持《空间探测愿景》的观点是不切实际的。特别有问题的是总统讲话中的一句,"在月球上组装和补给航天器需要相当少的能量就可以逃离较小的月球引力,由此只需较少的经费"。虽然,在月球发射所需的能量远小于从地球上发射的能量,但是初步系统分析表明,只是为了载人火星探测就要在月球上建立一个发射场是不现实的。

Mendell 建议："这种说法源于演讲撰稿人的一种误解而且设法躲过了校对。"

Mendell 特别指出了《空间探测愿景》中的两个方针：

开展月球探测活动是为了使人和机器人对火星以及太阳系内更远天体进行探测成为可能；利用月球探测活动来加快科技发展,研发并测试新的方法、技术和系统,包括对月球和其他空间资源的使用,以支持载人火星和对其他天体的探测。

他还提到《空间探测愿景》中的另一个方针：

研发和演示验证发电系统、推进系统、生命保障系统和其他关键能力,这些是支持更远距离、更大容量和更长周期的有人或无人火星及其他天体探测所必须具备的。

Mendell 讨论了老布什(George Herbert Walker Bush)总统 1989 年的《空间探测活动倡议》(*Space Exploration Initiative*,SEI)。Mendell 还讨论了是否将月球作为到达火星的中转站或者是否直接前往火星的问题。他指出："空间机构中很多人都要求避开月球而专注于载人火星探测。"这其中部分原因是"相对火星任务而言,月球任务比较枯燥",担心太空计划会"卡在月球上。换句话说,NASA 及其航天工业客户在月球任务上和相关设施上进行了投资以至于他们将找到借口无限期推迟火星任务"。Mendell 不去考虑这些利害关系,因为"两个计划在运行时必须承担技术资源上的巨大差异",还有其他一些主要差异,如发射窗口和最短任务周期限制。但是,这似乎提出了一个问题:如果火星任务和月球任务差异如此之大,那么月球探测任务如何支持火星探测任务呢?

于是,Mendell 就以下四个风险难题,讨论月球和火星任务:

(1) 宇航员生理学、医学、精神健康和能力方面保障的不确定性。

(2) 对载人火星探测的任务操作规模和范围缺乏经验。

(3) 在长达 1000 天的火星任务中(其中 500 天在火星上),硬件和软件系统的可靠性和可维护性,缺乏中止任务返回地球的能力。

(4) 政治可行性——随着长期表现出没有进展,中期缺乏实际的示范成效,公众将逐渐放弃这些太空计划。

Mendell 指出:"载人登月任务能够提供减轻所有这些风险的场地。"他说,在火星任务中不会有足够的时间和资金来充分测试火星任务系统,因此,虽然在月球任务中进行测试可能不会成为火星任务的最好范例,但它是减少长周期复杂空间系统风险的唯一可负担的方式。他还指出,月球任务可能被稍微推迟实施,借此转移由长期的火星研究计划造成的政治风险。于是他指出月球计划的主要目标是降低风险包括:

各层面的风险,特别是人的能力、任务操作和系统可靠性。这三类风险由火星任务的超长周期、缺乏中止任务返回地面和没有逻辑支持造成。因此,月球计划的最终目标是构造一个任务情景,包括设计团队、操作团队、管理团队和能够完全处理这些问题的技术水平。这样的场景是至少 6 个人的宇航员团队生活在远方的一套物理设备中至少 1 年的时间,而且不在地球的跟踪范围内,如在月球的背面。月球背面区域是模拟心理隔离的关键,这种心理隔离是火星探测者将会面对的。

他同意在月球单次任务前应该预先建立一个前哨阵地,在建立月球背面基地之前,可以利用前哨阵地测试和验证各种技术和系统。

最后,他讨论了退出月球策略,他认为"许多人关心月球计划将会自我延续,而人类对火星的探测将被无限推迟"。他坚持指出:"载人月球项目在一开始就必须包含退出策略。一旦探测项目的重心不再是月球,必须决定所有居留舱、探测器、能量站以及资源开采工厂的命运。"

Mendell 论点的问题不在于先开展载人登月是否会有利于后续的载人

火星任务。NASA 随时都会将人类送入太空,我们都可以从中学到东西。这不是关键。真正的问题回归到资金投入。将载人登月作为载人火星任务的先导任务来研究能否使 NASA 得到合理的收益?没有人知道月球任务的花费,假设为 500 亿～1 000 亿美元。NASA 花钱研究这个值得吗?如果 NASA 将所有的探测经费都投入到月球任务中,这难道不会扼杀了数十年来一直研究的火星任务或者又将火星任务推迟了几十年?细节决定成败,通过月球探测能够确切地减少多少火星探测的风险仍然相当含糊。而且,还有很多关系到任务成败的关键技术问题无法在月球任务中得到测试,例如,气动辅助再入、下降和在火星上着陆等,验证这些技术需要 20 年时间和数十亿美元的经费。

7.1.3　ISRU 是从月球到火星的跳板

2005 年 NASA 的《空间探测愿景》清楚地表明,人类重返月球将是迈向火星的基石。例如,NASA 的 5 个设想之一指出:

扩展人类在太阳系内的活动范围是从 2020 年人类重返月球开始的,该活动也是为人类探测火星和其他天体做准备。

NASA 的一个主要战略目标包括以下内容:

作为迈向火星或更远天体的跳板,NASA 第一个目标就是无人和载人探测月球。

为了响应 NASA 总部在月球表面开展科学活动分析的需求(该分析有益于火星科学探测),在火星探测计划分析工作组(Mars exploration analysis group,MEPAG)的监管下成立了月球-火星科学联系科学指导工作组(Moon-Mars science linkage science group,MMSSG)。Shearer(2004)在报告中说:

在美国总统提出的太阳系探测新设想中,月球和火星的科学联系已经变得非常重要。由于月球在地球附近,许多重要的技术和科学概念可以在月球上研究,这可以为了解类地天体起源和进化提供有价值的见解,同时也可以前馈到火星科学探测中。该委员会也支持关键技术验证,这些技术对月球和火星科学探测很有帮助,而且对人类永久居住在两个行星体上也非常重要。

MMSSG 强调:"水是有人探测任务中的重要资源,可用于生命保障和燃料供给。"MMSSG 还指出:

月球和火星表层土壤中包含了火箭推进剂的潜在成分,这样可以就地生成火箭推进剂,避免从地球运输。如果月球极区含有碳水化合物,加上表层土壤中太阳风的氢(H)和碳(C),以及通过还原钛铁矿或火山碎石玻璃产生的氧,这都是月球上重要的潜在资源。从表层土壤矿产中提炼推进剂的方法对月球和火星是类似的,包括挖掘、高温提炼、水电解,以及氧、氢或甲烷的液化。月球推进剂产品演示验证不仅会影响载人火星任务的设计,也证明从火星表层土壤中提炼推进剂的概念的合理性。

但是,月球和火星资源的相似性被严重夸大了。太阳风中沉积的氢和碳浓度非常低(以百万分之十分计),需要处理海量的表层土壤以获取大量的氢气和碳。在月球上,通过还原钛铁矿或火山碎石玻璃生成氧气需要非常高的温度处理大量土壤。也许存在水冰,可以在月球极区附近的火山口阴影区域采集,但没有足够的证据表明它是一种可用资源。缺乏电力显然是影响任务的关键。相反,火星的水沉积呈现出很高的浓度,在许多地区都可能存在可获取的近地表地下冰。从火星大气中可以轻而易举地获取碳,这与月球不同。萨巴蒂尔电解过程提供了产生甲烷和液氧的现成方法,电解二氧化碳的方法还在研发中。实际上,月球 ISRU 能为火星 ISRU 提供的支持非常少。此外,用实际的方法实现月球 ISRU 还存在一些疑问。下面给出推论:

(1)火星大气可以提供现成的碳和氧,这些资源在月球上不存在。

(2)水是火星和月球上潜在的非常有用的资源。

(3)水在火星上分布广泛,集中在表层上面约 1 m 或表层土壤中,含量范围从最靠近赤道地区为 8%～10%到极区几乎 100%。在高纬度地区,水以地下冰的形式存在,很容易处理。在赤道区域,水可能以地下冰、吸附水或矿物水合物的形式存在——目前还不得而知。对火星数千米深处存在液态水的可能性仍然是一种推测。

(4)月球上的水可能存在于极区阴影区域的地下冰局部沉积物中。发现、确定、获取、处理这种资源似乎比在火星上更具挑战。但是,获取和处理步骤上可能具有一些类似之处。没有迹象表明,NASA 将开展本土勘探任务以定位这些沉积物,NASA 已经反复暗示"不合逻辑",因此这种勘探不是必需的。电力仍然是探测这些阴影区域的一个难题。

(5)在月球上,通过加热硅酸盐岩石获取氧非常消耗能量,而且要求在温度非常高的反应堆中对固体和气体进行复杂的处理和控制。这种处理已经被广泛建议在月球 ISRU 上使用,但似乎比其他 ISRU 方法更具挑战性。现在仍然不清楚如何在这种反应堆中加入或取出土壤。

(6)由于缺少数据,评估月球上由太阳风沉积的资源非常困难。但是,浓度太低就需要处理数量巨大的表层土壤,这么高的电力需求使这种处理极其低效。

基于这些观察得到以下结论：

(1) 月球 ISRU 比火星 ISRU 更具挑战性，火星 ISRU 更有利于任务。

(2) 在月球和火星的 ISRU 之间有一个基本的技术相同点，需要液化并存储低温推进剂，但是，热环境非常不同。

(3) 如果月球极区冰可被挖掘用于 ISRU，那么，对月球和火星上的地下冰的获取和处理技术具有相同之处。

(4) 实施并进行遥控操作 ISRU 安装的过程缺乏实际意义，不过这也许是月球 ISRU 所能给火星 ISRU 带来的最大好处。

尽管存在这些可能性，似乎研发和验证月球 ISRU 将不能提供确保火星 ISRU 的可行性和可取性所需的关键必要验证。开展月球 ISRU 有益于火星 ISRU，但是，这些好处不足以得出月球 ISRU 对火星 ISRU 是必要或者重要的先行计划的结论。

7.2 火星计划的特点

对于火星任务，规划任务阶段和可靠估计飞行器的质量都为时过早。尽管之前开展了大量工作，对火星任务的可行性仍然不是十分明确。DRM-1 和 DRM-3 给出了火星任务的实施方式，但是，这些初期的研究还存在许多矛盾之处：

(1) 对辐射或低重力效应的考虑严重欠缺。

(2) 假设从 LEO 入轨采用的核热火箭的净重是很乐观的。

(3) 关于气动辅助再入和着陆都考虑乐观的假设。5.7 节指出，气动再入系统的质量远比 DRMs 中假设的大很多。

(4) 低温推进剂的存储和比冲也是非常乐观的。

(5) DRM-3 的飞行器质量比 DRM-1 减小了很多，但是很难找到所用方法的起源。

(6) 将 ISRU 需要的氢气运到火星表面上使用了质量轻且零蒸发的舱体。但在火星上存储氢气更困难。

(7) 表面核反应堆使用机器人安装并通过约 1 km 的电缆连接，但是没有详细给出怎么完成这项工作。

(8) 假设需要可充气居住舱。

(9) 假设 ECLSS 非常有效且持久，但没有数据或参考来支持该项假设。

2005 年和 2006 年出现了两项新的架构研究。3.8.8 节介绍了从 2006 年探测策略研讨会演变的任务设计。设计在很大程度上依赖 NTR 但未利用 ISRU。任务描述不充分,预估的 446 t 的 IMLEO 低了 3 倍。3.8.7 节介绍了 DRA-5。这项研究似乎是对许多任务选择的广泛分析,但不幸的是,只公开发行了一个简单的摘要,无法获取详细数据、分析以及假设条件,甚至无法确知这些是否存在。

2014—2015 年,NASA 采用火星演化运动计划 EMC(见 3.10 节)。通常的方法包括研发"进化的能力",这项技术也许有一天可以作为载人火星任务的基石。虽然这些能力中确有一些是非常重要而且值得研究的,但是,并不清楚 NASA 是否知道如何将这些能力整合到一次火星任务中去。很有可能这项计划由支持者驱动(见 7.3 节)。此外,图 3.17 非常含糊,无法明确感受到 NASA 有清晰的观点。而且小行星重定向任务也是一项没有用的任务,因为它的重点放在太阳能电推进上,但并没有切实可行的火星任务计划非常依赖太阳能电推进技术。

正如 3.10 节中所说:

似乎 EMC 仅仅只是 NASA 的另一项打水漂的活动,它基于模糊而短暂的观念,采用虚有其表的视图,完全缺乏详细的工程计算。随着 NASA 推出了下一个长期计划,它会因为种种原因而被废弃。

将上述技术联合起来形成载人火星任务实现方法后,需要明确火星系列探测而不仅仅是单次任务。这将会是包含几个开展长期技术研究与验证项目的连续系列任务(见图 7.1)。该活动可能需要 25 年的技术研发和分

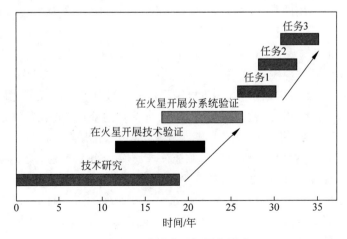

图 7.1　载人火星探测的活动

系统验证，在真正实施火星着陆之前就要花费几十亿美元。最关键的技术是定点着陆的气动辅助再入和下降。没有有效的气动辅助，IMLEO 的质量可能会增加 1000 多吨。其他的关键技术包括生命保障系统、辐射防护、减轻低重力影响、ISRU、核能源和栖息舱设计。还需要对核热火箭（NTR）进行可靠的评估——它的效率、费用、时序和风险。

7.3 目标驱动和支持者驱动计划的比较

Zubrin（2005）比较了目标驱动和支持者驱动计划，他指出：

在阿波罗模式中，通过以下方式来建立业务，第一，选择载人空间飞行的目标。之后，设计一项计划以实现这个目标。接着，开发相关的技术和设计来实现这项计划。然后完成设计并开始这些任务。航天飞机模式则完全不同。在这种模式下，所开发的技术与硬件部分和各个技术团队的想法一致。当宏伟的飞行项目开始，技术开发人员通过争论证明未来的意义以验证其合理性。对比这两种方式，可以发现阿波罗模式属于"目标驱动"而航天飞机模式属于"支持者驱动"。在阿波罗模式中，NASA 的努力是直接的，而在航天飞机模式下，NASA 的作用是随机和混乱的。

Zubrin 继续说道："航天飞机模式的效率极其低下。原因在于它花费了大量资金却缺乏清晰的战略目标。"他引用 Sean O'Keefe 的话（2001—2005 年初 NASA 局长），后者一再反驳评论家并称"NASA 不应是目标驱动"。Zubrin 指出，航天飞机模式的倡导者声称放弃对目标模式的选择，他们可以开发通用的技术，这些技术将可以在任何时间带人类去任何地方。不幸的是，航天飞机模式并未带着人类去任何地方，也似乎没有可能再带我们去任何地方。

在完成阿波罗项目之后，NASA 选择以太空航天飞机模式进入太空。不幸的是，这么多年以来，航天飞机主要用来运载宇航员和反复地做些小实验，未实现什么重大成就。事实上，相比所花费的资金，很多有效载荷都显得微不足道，想想都觉得非常难堪。就像 Zubrin 指出：

在这个任务中失去的哥伦比亚号没有重要的科学目的，没有与航天任务的成本相当的目标，更不用说多少亿美金的航天飞机和损失的 7 位宇航员……哥伦比亚飞行项目包括在零重力下油漆尿素混合的实验、观察蚂蚁农场以及其他类似的活动，所有的花费远远超过核聚变资源研究与胰腺癌研究等科研项目年度联邦预算总和。

事实上,航天飞机已经实现了这个目标,即最近的飞行中似乎有一个主要任务目标——在太空进行足够的检查和维修,以确保安全返回着陆!

也许Zubrin过于严谨,毕竟在支持者驱动的计划中实现的很多能力仍然非常有用且有价值。但是,问题在于技术领域和任务领域有着不同的理念。在一个任务活动中研发出了新的能力,它们将在第一时间满足任务需求。而当技术领域的新能力被研发出来后,似乎门槛也在不断提高,导致技术虽然不断进步,但却停留在无法得到成熟应用的状态中。

7.4　新技术需求

人类探测火星计划需要攻克的关键先进技术包括气动捕获、气动辅助EDL、火星和太空长期低温推进剂的存储、甲烷/氧气推进系统、火星表面的核反应堆,安全性方面包括:辐射防护、缓解失重、生命保障系统(ECLSS和循环),更需要思考的还包括ISRU技术和热核火箭技术。但是,这些技术中的部分技术受制于一些复杂因素,其效用和价值到目前还难以确定。例如,关于热核火箭技术,其包括启用的最小高度、干重、氢的存储需求、开发成本/时间和风险、本土资源获取技术。

不幸的是,NASA开发先进技术到成熟状态足以用于空间任务的记录不是很好。长期、持续、昂贵的技术研发很少由NASA完成。

7.5　NASA技术路线图

20世纪90年代,经历过几次失败的尝试后,小布什总统着手将NASA退回到2004年开始的目标驱动模式。不幸的是(或者对于已经收到资金的团队来说是幸运的),在2004年,该计划的启动没有展示出任何具有凝聚力的方式,而是非常零散和无组织的。在一次为获得通用技术的极近疯狂尝试后,大量的资金都被分配给了匆忙准备和审查的提案,该提案只被评估过一次,缺乏合理的计划,也并非一个将重返月球作为火星探测跳板的广义概念。虽然该项目名义上是目标驱动型,但事实上它却依旧保持原有风格——支持独立于任何专项任务计划的支持者,因为根本不存在任务计划。

2004年末,一项由国家研究委员会(National Research Council,NRC)审查的NASA路线图项目着手设计人类探测月球和火星的未来任务结构。该过程应照了格言"徒有美好愿望却不赴努力实现,后悔莫及"。总共有26

个委员会,其中的一半属于战略规划,另一半则关心能力建设,且每一个委员会都有 20～40 名成员。委员会之间的交流非常少,也从未设想过将每个委员会的想法组成一个整体的计划。考虑到提纲、约束、目标和资金配置都没有向委员会提供,所以也不可能有整体计划。换而言之,至少有一些团队以支持者驱动模式工作,包括由过度浪费计划所倡导的技术,这些技术可使 NASA 破产,这些项目也不是技术项目或者程序项目。

Zubrin 提到:

在 NASA 团队里提起载人火星计划,你会陷入很多话题,例如,在不同位置设置空间站和加油站的建议,空想的先进推进技术,把自己定义为必要的任务先驱而花费成千上万的资金来安排无数的活动等。不同委员会的利益代表团编写了几十年的"路线图"计划,各自都努力使"路线"通向自己的地方。(火星演化运动就是很好的例子。)

随着时间的推移,实现路线图的过程也变得不同,每一个委员会都有自己的支持者,因此,提高它们的规模和潜在的花销都会超出实际,这也使得整个过程变得不现实。

2005 年春天,Michael Griffin 博士被任命为 NASA 新一代管理者。在他的管理下,最先进行了两件事:①取消了在 2004 年批准的大部分未完成的技术研发任务;②宣布了路线图活动的完成,并将 26 份报告送到档案馆,永不使用。随后,Griffin 先生集结了许多他个人熟识的技术专家和系统专家(有些人可以说是他的密友)形成一个团结的工作组,共同制定后续任务计划和载人空间探测最初所需的关键技术。这项"60 天科研"持续了 60 多天来准备,花费了更长的时间才公布,这可能是因为如果正确无误地完成了工作,他们会发现,载人任务开始会比预计得更加复杂、困难、充满挑战而且花费更高。ESAS 报告的首次亮相是通过一个泄漏的版本出现在 "NASA 观察"中。虽然 NASA 可能对这份文件进行保密,但在"NASA 观察"的出现使得相关工作人员束手无策之后,这份报告就被公布于众了(没有内容和附表)[①]。也许值得注意的是,历史上,NASA 集中主要精力重新梳理未来发展的一些计划都在 60～90 天完成。最重要的决定往往在最短时间内完成。

---

① Official Technical Reports released by the Johnson Space Center, Houston, TX. http://www.nasa.gov/mission_pages/exploration/news/ESAS_report.html.

7.6　空间科学事业

7.6.1　空间科学事业技术范围

　　NASA 可能对先进技术抱着非常矛盾的观点。一方面，NASA 可能采用狭隘的观点：研发机构应该致力于为太空探测开发航天器并强调空间任务所需技术的重要性，而忽视世界科技发展和趋势。另一方面，又感到危机，NASA 最终可能会像马车时代末期的公司那样，制造出了世界上最好的赶马车的鞭子，却过时了。对于整个世界而言，21 世纪最有前景的技术在微电子、计算机、机器人科学和微生物学这几方面。NASA 是应该追逐这些世界性的发展运动并在迅速扩张的技术领域中开发技术，还是应该采取狭隘眼光只研发更好的航天器和设备所需的技术？这篇报道指出，虽然 JPL 已经严重倾向跟随世界的发展趋势，但 NASA 却更倾向重点研究"相关"技术。实际上，在 19 世纪 80 年代和 90 年代，一篇关于 JPL 技术基金的评论揭示了 JPL 将大部分基金分配给了与深空探测联系很少的新奇想法，而且大部分都没有取得实际成效（笔者在 JPL 秘密开展这项研究，但没有公开）。

　　这么多年来，NASA 的技术项目完全独立于 NASA 的任务。直到大约 1990 年，这两种文化才被广泛认为存在隔阂。在任务这一块，强调的是为避免风险，尽量少使用新科技来执行可行的任务；然而在技术这方面，更多的是追寻具有"前所未有的、突破性的、革命性的"观念，而这些观念很少成功。大多情况下，这些技术需要几十年才能逐步成熟，NASA 很少能够停下来等这些研究完成之后再开展任务。意识到技术范畴和任务范畴之间存在如此大的差异，20 世纪 90 年代，NASA 管理部门在 NASA 文化中灌输一种新的理论框架：技术经费在建议的未来任务启用和提高过程中，应按其公认的重要性比例来分配。

　　理论上听起来很不错。但是，要用事实证明就不会像看起来那么简单。其中的一个问题是列出的新任务清单总是比可承受的数量多。另一个问题是新任务的设计者通常尝试减少他们对新技术的需求，考虑到 NASA 研发新技术到成熟应用的记录少之又少。更多的情况是，他们根本不重视对技术的需求。第三个问题是，从事开发新技术的工程师和科学家与设计任务者存在文化上的差异，他们之间的交流通常没有期望得那么好。但是，最严重的问题是任务优先次序的更新似乎比它们所需的技术更新得更快。（给大家讲一个小故事。1979 年，笔者来到 JPL，遇到 Bob Miyake 在园区中散步，就问他在做什么。Miyake 说"太阳探测器"。这是一个计划两年后启动的项目。2006 年笔者又在 JPL 遇到 Miyake 穿过园区，问他在做什么，他说："我还在研究太阳探测器，我们仍旧希望工程开始实施。"）即便如此，在 20 世纪 90 年代和 21 世纪初，技术优先化的卓越基础都与假定的未来任务需求相关联。

2004 年，在 Griffin 先生扣押了载人探测计划的空间科学事业（space science enterprise，SSE）经费之后，载人探测计划的开展为 2005—2006 年的 SSE 技术发展蒙上了阴影，如果没有经费支持和连续保障，全球所有的计划、分析和意识形态都无法产生效果。Griffin 先生离开 NASA 后，这些得到了整顿，但是，NASA 内部优先且有经费支持的技术研发仍然存在很大问题。

对于一个像 NASA 这般的任务和技术都非常丰富的机构，制订一个具有意义的先进技术计划是非常困难的。这些年以来，NASA 的 SSE 已经非常清楚地明确了所需的技术领域并为其提供经费支持。倘若浏览一下"RTOP"列表上的标题，就不禁感到其已经包含了许多重要课题（虽然可能不是全部的）。但另外，很多年来，NASA 在先进技术方面的预算已经很少了。NASA 处理大量需求和资金不足的方法是先向一项需要 1 亿美元的技术研究投资数十万美元，然后因为缺乏持续研究而中断，再几年之后，以全部的努力白费作为结束。最后，资金转移到另一技术领域，这一技术又因为缺乏基金导致出现一样的最终结果，各项技术周而复始。因此，虽然 NASA 所支持的任务清单令人印象深刻，但是 NASA 开发的太空飞行任务列表非常短。

从实验室到任务的技术转化在当前官僚体系下并不是十分有效的，即便在将来，如果优先次序频繁更换，内部项目定期地转变成外部项目（反之亦然），未来计划所列的项目过于冗长而超出了 NASA 的预算，NASA 的宗旨每隔几年也发生巨大的改变，那么，技术转移还是不会十分有效。在这种情况下，专门负责实现应用工程先进技术的机构将会严重缺乏明确的方向。这种研究机构与难以确定的程序应用相脱离，它们更倾向响应环境规则的需要而不是上面关于技术转移的命令。其中的环境规则包括：①NASA 的研究和先进技术的预算不足；②公平性导致很多团队在经费预算约束条件下所拥有的经费支持不足，而不是将经费集中在少数几个有能力的研究团队中；③不将项目经理的批准作为对研究人员的激励，而是通过发表论文和同行认可来鼓励研究人员；④研究机构通常通过积少成多的进行研究工作发表大量论文和取得关键性"突破"来获得更多的赞誉，而不是像以前那样集中同样的经费支持来生产一个可行的硬件。许多 NASA HQ 技术管理者似乎并不明智（这可能就是为什么他们在 NASA 工作的原因），这个不可否认的事实也是非常重要的原因。

航天技术的电力生成设备在一定程度上获得了成功（也存在一些失败）。目前已实现的大部分空间任务都是在离太阳比较合适的距离范围内实施的。因此，可使用太阳能电池阵列，并在偶尔或定期断电时使用电池（比方说进入某行星阴影的时候）。该系统非常成功，空间太阳能电池阵列产业也由于地面太阳能电池阵列的推进而受益不少。地面太阳能电池阵列的规模和获得的经费支持都相当大。同样，地面电池产业因为 NASA 在空间任务中不断使用太阳能电池而大幅进步。但是，空间任务对电池的要求与地面电池的要求非常不同，特别是在忍耐低温的要求方面。NASA 工程师开发了新类型的电解质和电极，使得改造后的商业电池可以在低温下工作，并把这种技术转让给了空间任务的电池生产商。

但是，有些空间任务只有太阳能还不够。这些任务包含探测外行星，探测月球极区环形山，长期的火星地表任务以及利用核能推进的任务等。所有的任务都需要不同形式的核能。以前的空间任务使用的都是非太阳能，我们称之为放射性同位素热电发生器（radioisotope thermoelectric generator，RTG）。此设备可以将放射性钚元素所释放热能的一小部分转换成电能。RTG 用来给火星和更远任务供给电力。这些任务中的 RTG 采用热电材料，能将 6％ 的热能转化成电能。这么低的转化效率有两点坏处：①质量/电力比非常高；②会消耗大量的钚，而钚元素是非常稀有的。

NASA 用了十多年时间支持两条平行的技术路线来提高转化效率：①研发高级热电材料；②研发循环机械发动机或产生器，将热能转化为电能。经过一些失败的教训，NASA 开始尝试开展提高转换率和功率的项目。此外，DOE 也支持高级热电材料的开发。虽然有前景的新的转化效率为 8％～12％ 的高级热电材料已经在实验室中进行测试，但是，仍然需要大量的深入研究才能准备好将其应用于实际应用[①]。

研发高效循环设备实现 RTG 热能到电能的转化工作已经开展了数十年。该系统潜在的将钚释放的热能转化为电能的转化效率约为 25％；极大地提升了效率。这项工作非常重要，因为美国将钚（^{238}Pu）同位素用于 RTG 电力供给的能力非常短缺。相比热电材料，这项转化效率的提升可以

---

① http://energy.gov/sites/prod/files/2014/03/f10/fieurial.pdf；http://thermoelectrics.matsci.north western.edu/publications/index.html.

使美国对外太空任务中钚（^{238}Pu）同位素的供给量降低四分之一。近年来，有关循环开发方面的报告非常多（Chan et al.，2014；Orti，2015），但是 2010 年前的相关报告也非常多，因此，NASA 技术研发人员的评估报告过于乐观似乎已成为一种常态。显然，由 GRC 运行的高级斯特灵（Stirling）放射性同位素生成器（advanced stirling radioisotope senerator，ASRG）在 2012 年的设计检验中出现了很多问题。管理者重新将该项目从 GRC 改为分配给洛克希德（Lockheed）。2013 年初，洛克希德有 140 名员工从事该项技术的研发，每年的花费约 5.5 千万美元。令人震惊的真相是，在该项目投资了 2.72 亿美元后[1]，2015 年，NASA 突然决定取消进一步研究 ASRG。根据《太空新闻》，洛克希德公司将该项目的参与者从 140 人减到 25 人。显然，一项小的残留计划将遗留到 GRC 中[2]。

NASA 的行星科学部部长 Jim Green 指出："我们的决定纯粹是因为经费预算的限制。"洛克希德计划继续进行的话，需要在 3 年内投资 1.7 亿美元。Green 的话被用来说明，在经费紧张的时期，已有系统（MMRTG）已经经过试验和测试，NASA 不应该投资支持更高效的系统。"我们虽然做了艰难的决定，但并不意味着扼杀。"但事实上就是将该系统扼杀了。第一，在开始的时候，NASA 没有提示研制这套电力系统最终会投资多少钱。第二，虽然 GRC 的员工具备初期研发的能力，但是他们无法将这个系统推向研制出工程样机的成熟应用状态（显然本该 5 年前就实现这一点）。第三，研发过程给 NASA 技术研发能力蒙上了阴云，因为耗资 2.72 亿美元却没有得到任何收获，这是严重的资金浪费。第四，NASA 和 DOE 在开发为空间探测任务的 RTG 提供电力的同位素资源过程中没有协同工作。第五，斯特灵 RTG 将钚的供给维持时间延长了 4 倍。第六，MMRTG 是非常笨重且效率低的设备，在 BOL 只能提供 120 W 功率。也许最有讽刺意义的是，在 Griffin 时代，NASA 列出的许多月球探测规划都假定任务计划所使用的 RTG 已经被研发完成。

《自然》上发表的论文记录了美国在 ^{238}Pu 储备方面的问题（Witze，2014）。1988 年，作为废除核武器的一部分，美国的钚储备全面停止。DOE

---

[1] Lockheed Shrinking ASRG Team as Closeout Work Begins. http://www. spacenews. com/39124lockheed-shrinking-asrg-team-as-closeout-work-begins/♯sthash. 5xuXtaiP. dpuf.

[2] NASA's cancellation of Advanced Sterling Radioisotope Generator casts doubt on future deepspace missions. http://www. gizmag. com/nasa-cancels-advanced-sterling-radioisotope-generator/29880/；http://www. planetary. org/blogs/casey-dreier/2013/20131115-nasa-just-cancelled-its-asrgprogram. html.

从俄罗斯购买了少量同位素,但美俄关系恶化使该项活动终止。现在,NASA 有约 35 kg 钚产品——足够供应 6 个 120 W 的 RTG,NASA 愿意每年支付大约 5000 万美元以支持 DOE 重启 ^{238}Pu 的生产,这样,从 2021 年起每年会增加 1 kg。

载人火星任务对电力的需求远远大于 RTG 所能支持的能力,因此,必须使用核反应堆。发展空间的核反应堆却存在太多的政治问题,因为太空要素属于 NASA 的范畴,而核要素却属于能源部(DOE)的职责。这两部门从未有效地合作过。另外,空间核反应堆的研发极具技术上的挑战,涉及工业承包商、NASA 以及 DOE。20 世纪 80 年代,美国国防部尝试开发空间核反应堆技术(SP-100),但这个项目陷入困境以致最后不了了之。2003 年,NASA 大张旗鼓地决意以新的形式重建 SP-100 计划,并将这个复杂的任务称为木星冰月轨道器(Jupiter icy Moons orbiter,JIMO)。在经过大量的初步研究和分析后,NASA 高层进行了改组,木星冰月轨道器的计划被取消了,核反应堆计划也被扼杀在摇篮里。这种缺乏连续性和持久性的事情在 NASA 历史上也是常有的。目前,尽管核反应堆对于载人月球或火星探测任务都是肯定需要的,但是,是否研发空间核反应堆技术仍然处于不稳定状态。

7.6.2　先导中心

NASA 中心既是研究与技术(R&T)中心(LaRC、ARC、GRC),也是应用中心(GSFC、JPL、MSFC、NASA)。NASA 开发先进技术的理念在于"先导中心"的概念,该概念指出只有一个中心部门(通常是 R&T 中心)被指定开展某个技术领域所需的研究和技术开发,其他中心负责研究将新技术应用到任务中。例如,LaCR 是结构与结构材料的先导中心,GRC 是电力系统、电推进和空间通信的先导中心,GSFC 是研发低温技术的先导中心。这些机构都有自己指定领域中的专业人员和设施,并开展相关的 R&T 工作以实现并提升 NASA 未来的任务能力。

先导中心的概念是用来避免 NASA 各中心之间先进技术的重复研发。该理论就是通过建立一个具有最好设备、独立预算的中心,使该中心具备技术攻关能力,并为所有应用中心的不同未来任务提供所需的技术。事实上,即便不承认或很少被承认,指定的先导中心也都有自己的议程,中心主要做一些满足其他应用中心程序化需求的表面文章工作,实际上这是众所周知的。此外,大量工作都集中在未来概念刚出现的早期阶段,即使有也很少研究在空间任务中被成熟应用的概念。即使目的明显是为任务提供新技术,例如斯特灵 RTG，但是，良好的愿望最终铺就了通往地狱的路，显然并不成功。这使应用中心很少研发出有用的新产品。结果，为了满足未来规划任务的需求，各个应用中心都建立了从小到中等规模的技术开发项目。对于很多计划中的项目而言，指定的先导中心以外的团队所做的努力非常重要。在过去的几十年，NASA 对先导中心以外机构的管理发生了很大变化。20世纪 80 年代，NASA 不向先导中心以外的机构提供经费支持，而是将技术研发经费都集中给了先导中心。但是，20 世纪 90 年代，在 Dan Goldin 的"更小，更廉，更快"概念的引领下，技术研发项目采用公开竞争方式，目标是只有思路最好的小组才能赢得竞争，而不在于该小组的地位。（但是，竞争技术建议并非没有问题——经常有些机构承诺了很多而实际上并不能实现。）2005—2006 年，在 Michael Griffin 的领导下，先导中心的技术集权化再次被建立。

曾经先导中心的方式并不有效，目前也没有效果，以后也不可能产生效益。只要先导中心系统依然保持运作，NASA 空间科学任务所需的航天器技术将很可能无法得到长足发展。

7.6.3　SSE 技术总结

研发 SSE 技术所面临的问题包括：

（1）规划了过多的未来任务；

（2）未来任务最小化了对新技术的需求；

（3）未来任务优先级的变化；

（4）任务-技术之间的文化差异；

（5）新技术研究所需要的时间和资金都超出了 TRL3 和 TRL4；

（6）过于强调令人难以置信的、突破性的、前所未有的、革命性的、充满变化的、颠覆性的技术，而对逐步演化的技术造成了损害；

（7）先导中心与具有最好理念和最强能力的最好人员之间的较量；

（8）无穷尽的开始、停止、再开始；

（9）长期计划——计划、再计划、再重新计划；

（10）组织、再组织和缺乏管理的连续性；

（11）控制（管理）和知识（技术）的分离。

有趣的是，大部分逐渐走向成熟化过程的技术（至少在以前）显然都需要在空间项目中得到应用，而不是仅在技术团体中实现。技术成熟化中最奇怪的事情是，虽然该项技术几乎没有机会得到实现，但是，几乎每个人都在讨论这个话题，就好像技术实现过程已经非常明显、清晰了一样。

7.7　人类探测技术

7.7.1　NASA 的人类探测技术

多年来，NASA 和其他 NASA 中心在与人类探测有关的各个领域开展了技术研究。像 JPL 一样，NASA 对技术开发采用了非常广泛的方法，其中大部分与载人任务关系不大（如对纳米管过分关注）。NASA 的技术报告可以从其维护的一个网站上下载[①]。这是一个非常好的功能。然而，只有少数报告似乎与 NASA 开发载人航天的使命有关。与进行重大研究的人类使命相关的三个关键领域是生命保障、人工重力和辐射效应。在 Francis Cucinotta 的领导下，研究人员在辐射效应方面开展了卓越的技术工作。然而，NASA 任务规划者似乎对辐射效应的效果过于乐观了（如 Connolly，2004）。

NASA 在 2006 年之前开发的一个关键研究领域是高级生命保障（advanced life support，ALS）计划，并在这个项目中完成了大量的工作。虽然取得了一些非常好的进展，但这个计划的重点似乎在于效率，而不是可靠性和寿命。这项工作的几个报告可从 NASA 获得，如 5.1.2 节所述。然而，很难看到自 2006 年以来取得的进展。NASA 偶尔发布计划和路线图，其中包括在 2015 年 5 月发布的一份报告，但在其中找不到任何与 2006 年以前工作的联系。NASA 似乎非常擅长发表关于未来的美妙意向声明，但 2006 年后 ECLSS 似乎已经陷入窘境。

NASA 研究的另一个关键领域是人工重力。这在 5.3.2 节和 5.3.3 节中进行了讨论。到目前为止，主要是些概念性的工作，尽管似乎包括了一些使用离心机的实验（Paloski，2004）。然而，笔者没有能够找到任何有关实验结果的报告。

7.7.2　近十年的巨大变化

值得注意的是，与 2006 年本书第 1 版编写时相比，NASA 对人类探测的整体推动力与 2014—2015 年显著不同。因此，第 1 版的几个部分现在已经过时，曾经的主流（回到月球），现在也已经过时。当本书第 3 版编写时，很有可能 NASA 将在一个全新的计划下运行。

[①]　http://ston.jsc.nasa.gov/collections/TRS/.

本书的第 1 版描述了总统在 2004 年宣布新的人类探测计划的情况，然后探测系统研究和技术总监（exploration system research and technology director）开始征求关于人类和机器人技术研究和开发的建议。值得注意的是，这些征求建议书的要求是紧急发出的，而提案人只有 1 个月的时间提交建议书，这是一个相当不可思议的短暂时限。似乎是为了使这些建议尽快得到资助，因此所选研究项目的价值对探测系统而言非常短暂。

这些研究工作在 Griffin 先生领导 NASA 时只生效了约 1 年。他早期的行动之一是终止大多数正在进行的技术开发工作。笔者引用了 NASA HQ 备忘录，其中在 2004—2005 年分配用于探测 R&T 的 7.85 亿美元在 2006 年被取消，以支持宇航员探测车（crew exploration vehicle）开发。在第 1 版中笔者如是说：

在一个组织中有一些根本性的缺陷，项目可能在 1 年内获得巨大的奖励，但在下一年又被取消。Griffin 先生的预算会持续多久？

这个问题的答案现在已经很明显了：大约 3 年。

值得注意的是，2005—2008 年，强调返回月球，为辐射屏蔽材料开发提供资金，用于解决宇航员生理问题以支持火星转移的人工重力研究以及长期闭环生命保障技术的开发。"月球前进基地或火星转移需求决定未来投资的需求"。

2006 年撰写的本书的第 1 版，在当前 NASA 方向的基础上，提出了到 2020 年 NASA 发展方向的愿景。计划是，在 2020 年之前，几乎所有的资金都将投入月球计划，火星工作将在 2020 年后开始。书中还提出："这个计划在 2020 年实施的可能性不大。"

如果实施这一计划，则 2020 年火星技术的预期状态可以被总结如下。

消极方面的情况：

（1）火星探测任务中关于大型航天器（大于 30 t）的大气捕获和大气辅助下降技术实际上几乎没有取得实际的实验进展。

（2）核热推进器实质上的成就仅限于理论研究。

（3）在火星上没有进行现场实验来通过安置中子光谱仪绘制地表水资源的分布图，不能通过地表采样进行验证，也不能通过原型挖掘机来确定需求。

（4）火星 ISUR 技术无重大进展。

（5）长期（200～1000 天）生命保障系统不确定的寿命和可靠性。

（6）地表核能反应堆的开发没有实质性进展。

（7）人工重力硬件的测试和建造无重大进展。

（8）核辐射的威胁无重大进展。

积极方面的情况：

（1）月球基地的设计可以作为火星任务中的模型。

（2）生命保障系统已准备就位，可以可靠运行几个月（效率和寿命依旧未知）。

（3）地表层移动装备已经在月球上做过实地测试。

（4）离开地球的系统基于 LO_x-LH_2 推进器。

（5）可在近地低轨道和月球轨道进行会合、组装和拆卸工作。

笔者也曾指出：

与 2004—2006 年探月任务的情况不同，2020 年的技术水平还不足以直接设计火星飞行器和火星探测任务。在 2006 年设计人类火星探测的飞行器和任务的结构还为时过早。在设计人类火星探测任务的过程中，NASA 需要采取宽广的视野来设计完整的计划。这需要更多地对备选方案进行全面的系统分析。系统分析整合了额外 20 年的研发、验证计划和任务功能和备选任务架构的影响及对新技术的要求。任何适用于人类火星探测任务的可行方案都需要大规模、完全的大气辅助进入、下降和着陆系统。这将需要花费 20 年的时间开发及验证计划。未能认识到该问题将会产生不现实的长期计划。在 2020 年，NASA 将不能整合已有的技术来完成火星探测任务。NASA 面临的问题包括了急需发展新技术，而这些技术不仅成本巨大而且需要长时间地在火星上进行验证。NASA 将不可能即刻执行火星探测任务和设计航天器，因为存在太多的未知因素。NASA 能够完成一项花费近 20 年的预研计划，最终完成人类到达火星的任务吗？

事实证明，返回月球只持续了几年就流产了，之后 NASA 的航天飞机和空间站（Shuttle and Space Station）项目陷入了死水。所有预期的负面结果都出现了，没有一个积极的结果产生。2015 年又有了火星演化运动（Evolvable Mars Campaign），这也可能会在几年后成为历史。

7.8　未来展望

7.8.1　限制

在获得了阿波罗计划的显著成就之后，NASA 未能为人类在太空中建立可行的角色。在完成阿波罗计划之后，NASA 选择以航天飞机的形式开发通用的进入太空的工具。航天飞机完成了一些有用的任务，但总的来说，收益远远小于其巨大的投资。航天飞机已经到达了某个阶段，今后的飞行具备一个主要的任务目标，即在太空进行足够的维修，以确保安全着陆！当然，航天飞机不是进一步深入空间的跳板。国际空间站（ISS）已被证明是一个非常昂贵的无效投资，仍然不知道接下来该怎么做。ISS 是一个很难安装望远镜的地方，除了作为资金池外几乎没有其他用途。

但是正如 Bell（2005）所说，可重复使用的运载火箭浪费了大量的质量，效率相对较低。贝尔说：

愤怒的读者现在说，"如果这一切都很明显，为什么这些无望的设计得到批准？为什么美国政府为不可能的项目花费数十亿美元？这是没有意义的！"是的，这没有意义，但经常发生，政府花费巨额的资金在没有技术意义的航空航天项目上，出于政治原因，或简单的无知，或者因为决策者已经被收买了。

当 Griffin 博士在 2005 年接管 NASA 时，他试图逐步终止航天飞机和 ISS，为他的新探测计划（Exploration Program）腾出预算，该计划几乎完全针对重返月球项目。他遇到了某些国会议员的强烈反对，他们不允许中断"美国进入太空"，似乎这本身就具有先天的价值。一些国会议员倾向延长航天飞机的运行时间，以便为 ISS 提供服务（显然只是为了跟进国际合作伙伴），而当不再需要航天飞机的时候，也不再需要 ISS 了。面对抵制他逐步终止航天飞机和 ISS 的愿望，Griffin 博士决定利用 NASA 内部的其他计划获得资金。结果，NASA 的预算产生了混乱，NASA 活动的主要焦点是如何使用最少的新技术使人类返回月球。NASA 技术和探测计划被严重削减，所有以前的计划立即被废除。这导致了一种长期的趋势，即时断时续地支持 NASA 计划。支持 Griffin 博士的内部人士进行了几项仓促的研究，以评估人类返回月球的可行性、要求和成本，并且如人们所期望的那样，结论过于乐观。返回月球计划继续被推动着，但直到几年后才举办了研讨会，并试图回答这个问题，为什么应该返回月球，收益是什么。这些研讨会没有为返回月球提供很好的理由。随着岁月的流逝，人类返回月球的成本和困难增加，而 NASA 应该回到月球的理由仍然是模糊的。到 2012 年，返回月球的动力似乎已经不重要了。值得注意的是，总统提出的 2016 年 NASA 预算约为 185 亿美元，包括用于科学的 53 亿美元和用于空间站和飞行支持的 40 亿美元。约 30 亿美元被分配给中心和代理商管理和运营。只有约 28 亿美元被用于探测系统开发，4 亿美元被用于探索 R&D。2017—2020 年的估计预算遵循了同样的方法并考虑了通货膨胀。

关于NASA是否能基于这样的预算组织开展火星任务的问题立马就浮现出来了。没有人知道组织开展一个成熟的火星探测活动要花多少钱，但是看上去可能要花超过1000亿美元。如果NASA每年出资20亿～30亿美元，随着早期工作经过了几十年的老化，这个项目可能永远不会被完成。

7.8.2　澄清火星任务选项

NASA似乎有两个主要驱动力。一个是使用机器人和望远镜技术在太阳系和太阳系以外探测外星生命。另一个是将人类送入太空，但没有中心主题或目标。事实上，NASA还没有想出为什么他们想把人类送到太空，除了如果没有把人类送到太空，预算会更少以外。

本书的第3章描述了载人火星任务60年来的规划。然而，没有详细记录和广泛接受的具体任务计划。DRA-5提供了NASA最近的一项尝试（截至2005年），描述了人类火星任务的选项和特征，但"细节决定成败"，不幸的是，DRA-5中没有提供此项尝试的细节。

最近，各种个人和团体已经为人类火星任务提出了替代方案。未来空间运营（the future in-space operations，FISO）工作组远程会议演示为审查和讨论这些概念提供了一个良好的平台[①]，一些相关介绍包括：

火星演化运动概述（Doug Craug，NASA HQ）。这在3.10节中进行了详细的描述，这个计划包括一些好的技术开发，但在许多重要问题上比较模糊。它似乎不包括发展大规模的火星大气辅助进入、下降和着陆。而且完全不清楚如何将构件组装成一个任务。和往常一样，很难讨论对这种方法的承受能力。

"21世纪30年代负担得起的载人火星任务"（Hoppy Price，NASA JPL）。Price以下面这个问题开始：

如何保持在年度承受能力约束之下，并在利益相关者的利益范围内提供有吸引力的任务？

他通过将该计划分为三个阶段，来试图回答这个关于人类火星任务的问题：①火星轨道和登陆火卫一的任务；②在火星上登陆24天的任务；以及③登陆火星1年或以上的任务。对于第一阶段，他广泛使用太阳能电推进以运送货物到火卫一附近地区，旅行时间大约4年。他声称，IMLEO的

---

① Future In-Space Operations (FISO) Working Group Telecon Presentations. http://spirit. as. utexas. edu/ * fiso/telecon. cgi.

第一段任务将低于 500 t。第二阶段任务利用了第一部分的大部分技术和飞行器，并让宇航员在火星上登陆仅 24 天。后来的任务将涉及 1 年的表面停留。对飞行器质量的估计（在这些研究中通常）非常乐观。值得注意的是，Price 展示了 2015—2045 年的预算配置，但在图表上没有垂直标尺（美元）。将计划分解成这些阶段的想法是好的。但可能的结果是，与纸上谈兵的图表相比，当到了更详细地研究这个概念的时候，飞行器的质量和成本已经大大增加了。

3.9.8 节讨论了使用飞越和返回轨道的火星探测架构。这个概念有一些优点，但也有一个缺点，即宇航员被限制在一个太空栖息舱中 932 天，他们将处于辐射和零重力空间中。

显然，NASA 对于如何实现人类到达火星的任务没有一个明确的计划。人们普遍认为由于资金的原因导致不足以直接执行这样的任务。似乎需要某种渐近的过程。NASA 的火星演化运动是一种模糊的做法。Price 的分段计划似乎更具体，但同样是不可能实现的。

7.8.3　基本需求

在 NASA 开展将人类送往火星的计划之前，需要研究、澄清和量化几个关键的技术问题。

7.8.3.1　推进系统

NTR（核热火箭）的实际特征应在中立的基础上进行严格评估，尤其要加强对开发和验证这种技术的成本、氢的存储需求、总干质量和安全启动的最低海拔方面的评估。如果证实这些特征在成本可以接受的条件下是在能提供明显好处的范畴内，那么这项技术应该开发就绪并且被纳入到任务计划之内。如果不能，就应该将 NTR 从考虑范围之内排除。因为对长期太空任务提供电力的表面核反应堆的需求是确定的，所以应该在前期 SP-100 和普罗米修斯已完成工作的基础上尽早启动对这种反应堆的开发。如果 NASA 着手进行 NTR 的研究，在技术计划中应该重点研究 NTR 反应堆和表面动力反应堆之间技术共通的部分。

好几个任务研究都建议火星任务采用太阳能电推进（SEP）（如 3.6.1 节、3.8.6 节和 3.9.5 节）。尽管在演示的时候 SEP 的某些方面具有吸引力，但 SEP 引进了大量的技术性、计划性和逻辑性的困难，而这些困难被鼓吹者掩盖。要么可以证明 SEP 有实际的可行性和任务价值，要么抛弃这种想法。这些困难包括用于研发和验证的成本、氙气燃料的需求、低质量和低成本 SEP 阵列的可行性、延长的转移时长及对宇航员特快飞行器的迫切需要等。

尤其是减速伞内的低温推进剂存储是一项关键技术，但这个重要技术已经被 NASA 严重地忽视了。在火星表面上低温推进剂存储同样重要。似乎根本没有任何与这些问题相关的研究。

最后，上升阶段的干质量对于确定推进剂的质量是很重要的。这有待进一步研究。

7.8.3.2　气动辅助的进入、下降和着陆技术

气动辅助的进入、下降和着陆（EDL）技术是未来人类火星探测的最重要（到目前为止）的技术之一。通过对比表 4.22 和表 4.23 可以得出，除非实施气动辅助 EDL，否则火星探测 IMLEO 的价值太高以至于无法被考虑周全。4.4.3 节中已经讨论过这种技术。在 EDL 方案中必须考虑精确的着陆准确性。考虑到火星上规模逐渐增大的测试系统的需求和每 26 个月的发射间隔，开发 EDL 系统计划有可能不仅需要花费几十亿的资金，而且还要用大概 20 年的时间。

在 2005 年 NASA 路线图路演期间，气动捕获、进入、下降和着陆（aerocapture、entry、descent and landing，AEDL）团队概述了一个能确保载人航天器在火星上着陆的计划（Manning，2005）。他们指出在月球和火星上的飞行动力学的不同之处。在月球上，弹道"进入"后要经历长达 11 min 的推进下降以便在地表着陆。末段下降点火发生在高度为 18 km、速度为 1.7 km/s 的地方。然而，基于在火星上需要更高的进入速度和因大气层很高（大于 100 km）而需要气动热防护的事实，月球上的方法不能用于火星。大气中自然条件（密度和风）的强烈变化会扰乱系统工作（比月球上引力变化更糟糕）。系统需要强力解决这些不确定性因素。在载人着陆方面，必须考虑飞行动力学的差异。在某种意义上，火星探测的问题是，相对月球而言，火星存在大气层，以至于不能像在月球上着陆那样在火星上着陆；而相对地球而言，火星上的大气层又相对稀薄，以至于也不能像在地球上那样着陆（假设航天器在 30 km 高空开始着陆，此处火星大气只有地球的 1%）。但是，绝对需要大气以便使用气动辅助系统，并且避免了使用采用不合理的 IMLEO 的全程推进进入模式。就像 AEDL 团队所指出的一样，"目前还没有发现可行的载人 AEDL 系统，但是有很多需要评估和测试的有希望的想法。"

AEDL 团队概述了一个开发具有适当的进入和下降能力的、跨度为几

十年的路线图,该路线图分步实施如下:

(1) 确认火星大气和交互模型。EDL 就地测量和 3 个火星年(大约 6 个地球年)的大气跟踪调查任务。

(2) 选定什么能工作。载人 AEDL 架构的系统评估。

(3) 选定基线。小规模 AEDL 组件开发和架构评估测试(地球上)。

(4) 确认 AEDL 模型。按比例缩放的火星 AEDL 验证飞行。

(5) 研发并确保全尺寸硬件合格。基于地球的全尺寸开发和地球飞行测试项目。

现在还没有估算这个项目的花费,但是可能会很高。此外,在火星上进行全尺寸验证是必需的。

因为必须要把多种载荷运送到相同地点且重型货舱的移动性受限,所以精确着陆是载人探测最关键的需求。精确着陆与 AEDL 紧密地联系在一起。必须设计一个详细的精确着陆能力实现路线图。

大约 5 年后,另一个路线图项目也被开发出来(Adler,2010)。该项目给出了利用图 5.25 所示的 EDL 系统关键技术的 20 年发展路线图。值得注意的是,该报告并没有给出项目的经费预算。

7.8.3.3 栖息舱和太空舱

火星探测任务研究的一个关键部分包括对最少 4 个维持生命所需选项的分析:①在 6~8 个月内把宇航员从地球轨道带到火星上的转移栖息舱组件;②经过 6~8 个月把宇航员从火星送回地球的地球返回舱(ERV);③宇航员在火星表面居住约 1.7 年的火星表面栖息舱以及④如果采用火星轨道交会对接返回架构,用于从火星表面降落和上升以实现与 ERV 交会对接的小太空舱。然而,降落与上升太空舱将是有区别的。如果采取从火星直接返回的方式,本质上就不会使用 ERV,但是,在从火星返回地球的整个过程中,转移栖息舱会在火星上着陆并用于宇航员居住。

必须将这些栖息舱设计成质量最小的同时又能提供满足需要的空间、生命保障和其他安全和生存所需要的设施。在定义 IMLEO 需求方面,栖息舱的质量至关重要。

上升太空舱的质量特别重要,因为该质量直接决定了所需要的上升推进剂的质量大小。

7.8.3.4 维持生命的消耗品

消耗品包含 4 个主要的方面:大气、水、废物处理和食物。如 5.1 节指出,6 名宇航员在火星表面维持生命 600 天(对应火星任务的表面阶段)需要超过 100 t 的水、3.6 t 的氧和 10.8 t 的大气缓冲气体。这些数字如此巨大,如果按面值将其转成 IMLEO 将使任务变得负担不起。到目前为止产生的所有 DRMs 都已经对这些消耗品进行了应对,而不是简单地通过乐观地规划使用基于为空间站开发的方法的循环技术来应对。不幸的是,并没有提供很多的细节。一个重要的因素是每个循环过程中被循环使用的消耗品的百分比,这决定了备份缓存的大小。另外,循环设备的质量必须被包含在内。但更重要的是,循环设备的可靠性需要明确。达到满足可靠性的条件可能需要大量的冗余和备件。到今天为止还没有任何一个 ECLSS 系统能够达到火星任务所需的寿命要求。由于需要在模拟火星任务的状态下对这些系统进行多年长期的测试,因此验证 ECLSS 系统将是昂贵又耗时的。

正如 5.1.2 节所述,NASA 的先进生命保障(advanced life support, ALS)项目在 2006 年之前做了些有益的工作。然而事实上,从那以后 NASA 几乎没有发表什么成果。2013 年举行了一次关于长期 ECLSS 可靠性的研讨会(Sargustingh and Nelso,2014)。该研讨会得出如下结论:

NASA 已经把可靠性作为对未来太空探测极其重要的部分来强调了,尤其是在生命保障系统和环境控制领域,可是在提高可靠性意味着什么或者说在如何评估可靠性方面没有达成一致。在把可靠性确定为可再生水架构折中研究优值系数之一的过程中,这种不一致就变得很明显了。

虽然研讨会在如何定义可靠性方面达成了部分一致,但是否有与可靠性相关的实际数据这一点并不是很清楚。

在火星表面使用循环技术的一个替代是使用火星本地的水来供水,并在电离后供氧。在火星上,大气缓冲气体原则上是从大气中的二氧化碳中分离出来的,但循环利用更加可取。无疑火星本地水的可获得性将消除几乎全部的循环利用及由其带来的风险。将消耗品和推进剂带来的好处一并考虑的时候,就会发现基于水的 ISRU 很有吸引力,尤其是对探测火星来说。尽管如此,循环利用在地球与火星之间的转移过程中是被需要的。如果 NASA 坚持需要一个从地球到火星表面的轨道中止选项,在轨 ERV 将不得不考虑提供长达 500～600 天的生命保障的可能性。没有一个长寿命的、极度高效的 ECLSS 系统,这将是不可能的。

7.8.3.5　本地资源利用

2005 年之后的几年期间,月球计划正处在巅峰,NASA 在 ISRU 技术上进行了很多大笔投入,但仅仅是对月球 ISRU。没有资金用来资助火星 ISRU。因此,在 2005 之后的时间里,月球 ISRU 收到了来自 NASA 的大量新资助。NASA 月球 ISRU 项目的管理者不可能从证明月球 ISRU 不实用的系统研究中获得好处。这将使指定由他们来领导的项目变得没有依据。设想你自己仅仅通过多年运营 NASA 的 ISRU 项目而获得了一点小钱儿来维持生活，突然一大笔钱砸到了你的膝盖上，仅仅针对月球 ISRU。你可能做什么？要是我的话，带上月球 IRSU 一起拿钱跑路了。那正是他们的做法——通过简单地辩称 ISRU 能够减少 IMLEO 来回避月球 ISRU 的成本和可行性问题。

月球资源包括表层土壤中的硅酸盐和氧化铁（FeO）、来自太阳风的嵌入表层土壤中的微粒以及在极地附近永久阴影区的环形山土壤微孔内的水冰。利用这些资源的过程必须处理巨量表层土壤、需要可能无法满足的电量以及包含一些看上去不太实际的操作。从硅酸盐中获得氧所需的极端反应条件（2600 K）使这个处理变得不切实际。从氧化铁中获得氧气更可行，但依然需要处理巨量的表层土壤和高能量，并且以批量方式自动处理固体颗粒的可行性问题还是没有得到解决。由于来自太阳风的嵌入微粒非常稀疏，需要用很高的能量来处理巨量的表层土壤。获取永久阴影区的环形山表层土壤微孔内的水冰需要依靠能在有很高能量而且没有太阳能的冷黑环境下运转的重型机械。

再者，这些过程的主要产品是氧气，可能对月球上 ISRU 产生的氧气的需求不是很大，这是因为没有计划使用氧气作为上升推进剂，如果需要轨道中止的话，上升推进剂是从地球带上去的，而且 ECLSS 将减少用于呼吸的一般性氧气需求。此外，即使在氧气被用于推进剂这种不可能的情况下，月球推进剂生产中内在的杠杆作用也远远小于火星推进剂生产过程中的杠杆作用。

除实现月球 IRSU 的技术困难和对 ISRU 产品的项目需求的匮乏以外，还有可购买性的问题。从来自环形山阴影冰中提取水的可购买性取决于定位最佳水冰源的探测成本。分析表明，这个成本太高以至于负担不起。

相反，火星 ISRU 倒有一些有吸引力的可选方法。实施 RWGS 过程需要开展大量的工作，而且它也可能是实用的。S/E 过程除了需要氢气资源以外整体是可行的。虽然火星近地表水的探测成本并不便宜，这个研究依然有价值。在做这些事情的过程中，做一些有价值的火星科学研究的机会将被充分展现出来，这远比肯定不会有什么结果的且已经夭折的寻找火星生命的研究要有价值的多。RWGS 和 S/E 两个过程通过为火星任务提供上升推进剂来显著减少 IMLEO，与此同时利用本地水的 S/E 也以 ECLSS 备份的形式提供了额外的安全保障。二氧化碳的固态氧化物电解是比较有价值的另外一个方法。S/E 系统只需要氧气的供给,这一点已经完全被证实了。需要进一步的开发用于确保 RWGS 和电解二氧化碳的实用性方法。

使用 ISRU 生成火星上的推进剂提供了两个好处。一个是它完全消除了从地球运送上升推进剂的需求,另外一个是允许轨道飞行器保留在椭圆轨道上。这个椭圆轨道需要额外的上升推进剂(与圆轨道相比),但是这些推进剂可以由 ISRU 来生产。进入和离开该轨道的 Δv 比进入和离开圆轨道的 Δv 还要低。这减少了必须从地球上携带用于轨道进入和离开的推进剂质量。总的来说,采用 ISRU 导致的 IMLEO 减少可达到约 450t 的量级,而且令人惊讶的是,其中的大部分是由进入和离开椭圆轨道(与圆轨道相对)的较低 Δv 减少的,并不是由运送到火星表面用于上升推进的质量的减少造成的。

6.3 节详细讨论了火星 ISRU。有 3 个可能的 ISRU 级别:

(1) 通过电解大气中的二氧化碳生产氧气。这可提供从火星上升需要的推进剂质量的 78%。

(2) 从地球携带氢气,生产甲烷和氧气。

(3) 基于火星本地水的使用生产甲烷和氧气。

20 世纪 90 年代的 DRM-1 和 DRM-3 采用了级别 2。为获得最佳的甲烷与氧气的混合比,还用了一些对大气二氧化碳的电解。然而并没有公开地处理把氢气运输到火星并存储在那里的相关问题。DRA(Circa,2005)推荐了级别 1,尽管这个结论存在争议。没有任何 DRM 依赖火星本地的水级别 3。这需要一系列用来定位水存储和验证获得水的能力的先导任务。

级别 1 需要开发固态氧化物二氧化碳的电解技术。NASA 当前正在资助所谓的 MOXIE 项目中的原型单元的开发,该原型计划在 2020 火星漫步者上运转(见 6.3.4.4 节)。

级别 3 具有最大的潜在优势,但是需要最大的投入来研究其实用性。在火星上实现级别 3 需要开展一项运动:

(1) 该运动中的第 1 步已经完成(详见附录 C 中 C3.4 节),该步骤利用中子谱仪(neutron spectrometer,NS)从轨道上在范围约为 200 km 的水平空间像素内定位氢信号。下一步应该是在低轨道上使用改进版的 NS 仪器来提高分辨率和精度。为月球勘探轨道飞行器而设计的 NS 看上去比在火星奥德赛号(Odyssey)上所使用的改进了很多。

(2) 尽管事实上 NASA 似乎没有一点要这么做的意思,但第 2 步骤应该是发射一些长距离装备有动态主动式 NS 的机动系统(如气球、飞机、直升机、风滚草等)到从轨道上看到的有丰富近表水的几个地区,这些机动系统能覆盖几万米,以便一开始就确定:①轨道上收到的氢信号在多大程度上可通过更可靠的地表测量来证实;②氢信号在 1 m 大小像素区域内是如何分布的(是均匀分布还是类似某种西洋跳棋棋盘那样分布?);③对氢信号在深度为 1~1.5 m,特别是相当于覆盖含水层的粉状上层的厚度的垂直方向上分布的更好估计。

(3) 根据步骤 2 的结果,将对选择哪个具体的地点(或哪些地点)来开展更详细的测量和验证做出决策。NASA 可能将短程漫游系统送至所选地方,以便①使用 NS 更为详细地在地图上标出该地点;②对地下进行采样用来验证由安装在漫游器上的动态 NS 测量到的水等价物容量值;③确定地表下水的实际存在形式(地下冰还是矿物质水合物);④从样本中提取水并测定其纯度和潜在的净化需要;⑤确定土壤的强度和对地点的挖掘需要。如果这些步骤都可被机械化地完成,为什么有人(除了 NASA 外)还要将宇航员送到那里来做这些事呢?

(4) 开发一个规模约为月球 ISRU 1/10 的验证系统。把它运到指定地点,启动,接下来它就开始自动在那里运转。

不巧是,ISRU 对能量的需求量很大。甚至全尺寸系统的 1% 就需要约 400 W 的电力。NASA 没有可用于测试火星上按比例增加的 ISRU 系统的电力系统。

7.8.3.6 电力系统

人类探测火星和在月球上长期居住需要核反应堆,这似乎是不可避免的。粗略估计,ISRU 的电力需求与维持宇航员生命所需的电力是相同的,因此,同样的电力系统可以在宇航员到达前,用来生产推进剂和维持生命的消耗品,在宇航员到达后直接支撑宇航员的生命活动。这还需要验证。

在为空间探测设计核反应堆方面存在大量政治上的困难,因为太空部分由 NASA 负责而核部分由 DOE 负责。这两个组织不是总能与对方有效地开展工作。另外,空间核反应堆的开发是一个复杂的技术挑战,以前设计空间核反应堆的尝试都深陷困境,最后不了了之。

任何火星任务或长期月球任务都需要来自核反应堆的电力。对于火星任务,反应堆在宇航员离开地球前大约 26 个月发射,然后在火星上自动部署并开始为 ISRU 系统提供电力,该 ISRU 系统用于在宇航员离开地球前填满上升飞行器的推进剂燃料箱。对来自反应堆的辐射进行防护要求将反应堆部署到足够远的地方(约 1 km?)并且要加上表层土壤护道或堆积起来的土壤抑或可能是水套这样的防护罩。需要一个自动系统来部署反应堆，并将反应堆与主基地用电缆连接起来。此外，ISRU 必须与上升飞船是分开的，但它要将低温推进剂输送到 MAV 燃料箱中。

7.8.3.7　地点选择

虽然在这个时候不适合为人类火星探测选择具体的地点，但对 NASA 来说，早日定义影响决策的各种因素、在尽可能大的程度上约束和限制着陆点的不同选项范围是很重要的。大体上，总是优先选择在低高度地区着陆，因为这些地区的较高大气密度使气动辅助着陆更容易。迄今为止，NASA 已经基于低高度、着陆安全性（没有大石块）和推测发现生命证据的可能性对着陆点进行了选择。虽然近地表的地下冰在高纬度地区更丰富且这些资源对任务可行性有重要影响，但依然还有其他原因（气候、太阳能的可用性等）导致选择不在高纬度地区着陆。NASA 应该尽可能早地限定着陆选项的范围以便系统工程研究专注在最终可被接受的框架内来开展，而不是浪费时间来研究最终由于技术原因甚至可能是非技术原因而被否定的选项。

7.8.3.8　火星先导任务

显然需要一系列机器人先导火星任务来确保载人探测任务的关键技术切实可行。航天器每 26 个月发射一次，这要求非常认真地规划先导任务，以确保获得最大化的回报，并且要避免计划发生意外。

火星探测项目分析小组（Mars exploration program analysis group，MEPAG）提出了关于人类火星探测任务准备工作的观点[①]。依据火星探测项目分析小组所述，"无人任务就是作为最终人类太空探险的先导任务。月球轨道器、环月飞行器和测量仪器等都为阿波罗飞船的探月着陆铺设了道路，同样地，一系列的无人火星探测项目任务都为未来人类探测火星绘制了蓝图。"

火星探测项目分析小组的目标 Ⅵ 文件阐述了一些科学和工程问题，特别是那些可以增强安全系数、降低成本以及增强火星上的宇航员生产能力的问题。为了解决这些问题，火星探测项目分析小组制定了两个目标。目标 A 是"充分获得有关火星的知识，将此用来设计和实施在资金、风险和

---

① MEPAG (2005). Mars Scientific Goals, Objectives, Investigations, And Priorities: 2005, 31p. white paper posted August, 2005 by the Mars Exploration Program Analysis Group (MEPAG). http://mepag. jpl. nasa. gov/reports/index. html.

性能方面可接受的载人探测任务"；目标 B 是"在飞行器发射、转移过程中以及在火星表面，进行风险/成本比例的降低以及基础设施的演示"。分析小组继续说，"特别是，机器人先导任务将会部分地获取并分析数据，实现技术和飞行系统的演示，部署支持未来人类探测任务的设备，以减少成本和降低人类探测任务中的风险为目的。"

在可测量的领域范围内，火星探测项目分析小组确认了对以下几个方面的需求。

（1）火星尘埃的属性：一个明显而又重要的问题，即火星尘埃对机械及其连接部位构成了极大的威胁，而且如果人体吸入尘埃，对人类健康也会有潜在的威胁。但是，火星探测项目分析小组似乎已经提出了一项过度、臃肿、费用难以承担的项目来描述火星尘埃："一项对表层土壤采样的完整分析，包含了形状及尺度的分布、矿物学、电和热传导性、摩擦生电和光电效应性质以及化学性质（特别是产生腐蚀影响的化学性质），上述表层土壤的采样深度要足以能够为人类地表操作提供帮助。"

（2）高于地面 90 km 的大气流体变化会影响进入、下降和着陆（EDL）和起飞以及轨道上升（TAO）过程，这些变化包括周围恶劣条件和尘埃暴。正是由于火星尘埃具有这样的特征，大气成分也是一个非常重要的因素。但是，需要再一次说明的是，由火星探测项目分析小组提出的测量方案似乎是过度和难以负担得起的。

（3）确定人类访问火星的每个地点是否在可接受的风险范围内是免于受生物危害影响的，生物危害对人类和其他陆地生物会产生不利的影响。为此，需要测定的最主要内容是"测定在火星地表及表层土壤是否有广泛存在的生命，空气中的尘埃是否是其运输的载体。如果有生命存在，那么它是否存在生物危害。"这个愚蠢的需求唤起了人们对"头上有触角的小绿人"的幻想。

（4）描述用来支持最终人类探测任务 ISRU 的潜在的水资源的特性。虽然火星探测项目分析小组认为这是一件重要的研究，但他们同样指出了如下几点注意事项：①可着陆站点的范围还没有被确定；②需要开展进一步的系统工程来解决在火星上基于水资源的 ISRU。因而，该小组建议采用一种合适的、合理的测量方法来测量不同纬度的水的实用性。

在技术演示和验证的领域内，火星探测项目分析小组给出如下建议：

（1）进行一系列 3 次大气捕获飞行演示。

（2）演示用于软着陆、精度在 10～100 m 的精确火星着陆端到端系统，并使用该系统特征来代表火星人类探测系统。

（3）进行一系列 3 个 ISRU 技术演示。

选择大气捕获和精确着陆进行演示。但是，这两个过程可能在同一次飞行中一起被演示（至少在演示的后阶段）。

这 3 个 ISRU 技术演示需要一些讨论与研究。第 1 个建议的演示是 ISRU 大气处理。当获取无尘大气和净化压缩二氧化碳时，这些假设需要推迟到测定尘埃属性以后。然而，火星探测项目分析小组认为，这些事情应该要提"早"进行研究，这似乎看起来与要及早研究尘埃相冲突。此外，从已经收集的二氧化碳中来获得氧气没有技术价值，因为它完全可以在实验室中进行演示。第 2 个建议的 ISRU 演示就是"ISRU 土壤含水层的（早期）处理"。这是一个很好的演示，但是需要等待勘探水中的沉积物以及任务之间的 26 个月延迟，26 个月的间隔将暗示"早期"进行演示是不可能实现的。最终的 ISRU 演示就是"人工规模应用的处理预演"（human-scale application dress rehearsal）。这需要一个 1/20 规模的全尺寸端到端的 ISRU 系统来进行演示。但这依然是一个规模大、造价高的系统。不过，这样的演示仍然非常重要。

所建议的其他演示（通信、导航、材料降解）似乎并不像上述演示那样紧迫。

虽然火星探测项目分析小组的报告给出了很好的建议，建议应该如何实现较高水平的测量，但没有提供所要的时间表或计划方案。完成火星探测项目分析小组的建议是昂贵、费时的。NASA 最近取消了探月任务中的无人先导任务的事实证明，该任务没有给火星探测任务中无人先导任务打好基础。

7.8.3.9　降低火星尘埃的影响

如火星探测项目分析小组指出的那样，火星尘埃将会对机器和连接部分产生严重的危害，而且吸入这些尘埃也会对人体健康产生潜在的危害。尽管火星探测项目分析小组介绍了大量关于火星尘埃表征的内容，但是从实用的观点来看，项目仅仅需要的是足以用来设计系统的数据，这个系统要么是完全隔绝火星尘埃，要么是容忍火星尘埃的。并不清楚内容中为何要包括光电效应和腐蚀性，因为光电效应看上去与其无关，也没有理由相信腐蚀性是火星上的一个因素。火星尘埃的大小和组成似乎是一个重要的因素。需要明白的是，一些组成成分如何随地点和季节而变化。

火星探测项目分析小组似乎并不打算进行火星尘埃隔离或尘埃包容系统的演示，或许大部分实验可以在地球上的实验室中完成？

7.8.3.10　在地球轨道上进行测试

在地球轨道上的测试应该在合适的地方进行。其中的一个主要应用就是 AEDL 系统，以下介绍了一些额外的应用。

太空组装

发射飞行器到火星的高传动比（详见 4.9 节）表明，全尺寸的飞行器在没有进行低轨组装的条件下不可能一下子被发射到火星，除非研发更大的运载火箭。从 LEO 发射到火星轨道的传动比接近 5∶1，而发射到火星表面近似 10∶1。对于运载火箭来说，将 150 t 质量发射到 LEO，表明最大的飞行器在没有组装的情况下运送到火星轨道的质量可达到 150 t/5＝30 t，到达火星表面的质量达到 150 t/10＝15 t。

可以肯定的是，在火星上需要质量更大的飞行器，而且还需要进行太空组装。最简单的组装只有两个部分的连接。另外，还可以进行其他更复杂的组装。无论在哪里组装，都可以在近地低轨进行测试。

人造重力

人造重力和太空组装有密切关系。飞行器顶部通过构架或者系链与宇航员转移飞船相连，并在飞往火星的过程中产生缓慢的哑铃结构旋转。这些组装过程可以在近地低轨上测试。

7.9　NASA 的 HEO 有足够的信心吗？

NASA 拥有一个技术准备级别（technology readiness level，TRL）标准来表征技术的相对成熟度[①]。该标准范围从 1 到 9，其中，2 表示一个在纸上形成的概念，9 代表已被空间飞行器验证过。

NASA 人类探测和运行办公室（Human Exploration and Operations Office，HEO）似乎无视这个标准的前 6 个级别，看起来他们追求技术时，认为该项技术已经处于 TRL6 了，并立即需要进行空间验证（TRL7）。当想要开发一种技术时，要求承包商从 TRL7 开始。像 Nike 鞋一样，他们的态度似乎是：“去做就对了”。

6.3.4.4 节描述了一个例子，NASA 为 2020 火星探测器的 ISRU 系统的飞行验证发布了 AO。该 AO 要求承包商为没有地面原型的系统构建飞行硬件，但该技术远未准备好用于飞行。在"NASA 未做什么"一节中，描

---

① http://www.nasa.gov/pdf/458490main_TRL_Definitions.pdf.

述了在实现飞行之前,在 TRL6 级别生产原型系统的实验室开发的逻辑过程。事实上,NASA 没有这样做,表明回到 NASA 总部,他们根本不知道技术状态,或需要在太空做什么。

7.10　结论

令人悲伤的事实是,尽管自 20 世纪 50 年代以来,NASA 一直计划实施载人火星任务(见第 3 章),但仍然没有可行的任务计划。DRA-5 报告已被发布十余年,它基本上是对几乎没有正式文件的基础工作的简要总结。此外,DRA-5 实际上没有提出明确的任务计划,只列出了替代方案,而不是具体细节。笔者所知道的唯一的任务计划是 1968 年的波音任务研究(见 3.2.4 节),它为还未被触及的后续研究设置了详细的高标准。没有详细的任务规划,NASA 如何计划一项载人火星任务? 不可否认,这样的计划可能随着进一步的技术发展而演变,但是需要选择确定的框架,这样可以开发适应整体架构的子系统。

另一方面,也许在回答一些关键的技术问题之前,不可能定义具体的任务计划。这些包括:

核热推进(NTP)的现实(非鼓吹的)潜力是什么?

(1) 在 LEO 中启动 NTP 是否在政治上可以被接受?

(2) 作为推进剂负载的函数的实际干质量是多少?

(3) 如何在火星上储存氢气以使 NTP 进入轨道是可行的?

(4) 如何在火星轨道储存氢气达 1.5 年并从该轨道返回地球?

(5) 需要什么成本/计划时间表来验证 NTP?

气动辅助进入、下降和着陆在火星可行吗,它的特点和要求是什么?

(1) 本书 5.7.5 节中的路线图有多现实? 年成本是多少?

(2) 为质量达几吨的有效载荷的减速伞定义尺寸和质量。

(3) 更详细地描述质量达几吨的有效载荷的端到端 EDL 过程。

(4) 火星接近质量与着陆有效载荷质量的比率是多少?

(5) EDL 如何实现精确定位着陆?

ECLSS 的最新技术状态,并与载人火星的需求相比较。

(1) 详细描述一个适合于载人火星任务的 ECLSS 系统。

(2) 质量、电力和体积要求是什么?

(3) 需要多少备份能力?

(4) 对寿命和可靠性有什么了解?

（5）轨道系统与火星表面上的系统有何不同？

（6）明确一个消除现有技术水平与所需系统之间差距的方案。

（7）火星本地水的可用性对火星 ECLSS 的影响如何？

在载人火星任务中与辐射暴露有关的风险是什么？

（1）如何将火星任务中人类接触辐射的风险降到可接受的水平？

（2）生物处理；

（3）屏蔽；

（4）任务时间；

（5）宇航员选拔。

在火星人类任务中暴露于零和低重力的风险是什么？

（1）如何将火星任务中人类暴露于零重力和低重力的风险降低到可接受的水平？

（2）生物处理；

（3）机械系统；

（4）宇航员选拔。

密闭空间中的人为因素

5.4 节讨论了将宇航员长期限制在密闭空间中所引起的问题。将 6 名宇航员封闭 2.5 年的任务仍然存在许多挑战。除了这些常见的挑战外，在这个领域内说不出口的话题是性。

原位资源利用

正如前面指出的那样，以前的 NASA 任务研究的范围是从地球带来氢气以实施火星 ISRU，到只产生氧气，再到根本没有 ISRU。虽然大多数任务研究都提倡某种形式的 ISRU，开发火星 ISRU 技术的资金几十年来是最低的。当 NASA 最终在 2014 年为 ISRU 资助大量资金时，处理方式却非常低效（见 7.9 节）。最大的回报是在火星上利用本地水，但这需要大量的初始投资。如果将无人火星探测计划从生命搜索转向寻找无障碍水，这将是非常有用的。正如之前多次指出的那样，NASA 没有电力系统来测试火星上的耗电 ISRU 系统。

小结

除选择一个具体的任务计划作为载人火星任务以及超前研发关键技术以实现这样的任务外，NASA 必须决定真正执行一次载人火星任务，这是它从 20 世纪 50 年代以来没有实现的。当然，问题在于 NASA 的预算被如此紧密地分配给无数子系统，似乎不可能腾出足够的资金认真开展载人火星任务。

NASA 计划的摇摆性质有事实为证。就在 2008 年,本书的第 1 版表述了整个 NASA 的人类探测重点是回到月球,对火星任务的规划可能推迟到 2025—2030 年。今天,回到月球似乎不太可能,NASA 已经开发了所谓的火星演化运动,在 3.10 节讨论过。除了即使这个项目开发了一些有用技术的事实外,没有人知道如何解释这个项目和载人火星任务的关系。即使火星演化运动可能会加速实现载人火星远征,基于以前的 NASA 历史证据,火星演化运动将有一个有限的寿命,几年后,会被一个全新的目标和一个新的途径取代。如果要写本书的第 3 版,似乎相当肯定的是火星演化运动将成为历史。

正如在 7.8.1 节中指出的那样:

没有人知道在火星上进行一次全面的人类探险会花费多少,但似乎可能会超过 1000 亿美元。如果 NASA 每年为这样一个项目提供 20 亿～30 亿美元的资助,那么它可能永远不会被完成,因为开展早期工作就要消耗几十年。

因此,独立于当时具体的 NASA 计划,NASA 财政预算中没有足够的资金用于支持未来几十年成熟的载人火星探测任务。

参考文献

Adler, Mark et al. 2010. DRAFT entry, descent, and landing road map—technology area 09. http://www. nasa. gov/pdf/501326main_TA09-EDL-DRAFT-Nov2010-A. pdf.

Bell, Jeffrey. 2005. The cold equations of spaceflight. http://www. spacedaily. com/news/oped-05zy. html.

Chan, J. et al. 2014. System-level testing of the advanced stirling radioisotope generator engineering hardware. http://ntrs. nasa. gov/archive/nasa/casi. ntrs. nasa. gov/20140016757. pdf.

Connolly, John F. 2004. Estimating the integrated radiation dose for a conjunction-class Mars mission using early MARIE data, Earth & Space 2004, engineering, construction, and operations in challenging environments. 9th Biennial conference of the Aerospace Division.

Manning, R, Ed. 2005. Aerocapture, Entry, Descent and Landing (AEDL) Capability Evolution Toward Human-Scale Landing on Mars, Report of the Capability Roadmap: Human Planetary Landing Systems, March 29, 2005.

Mendell, W. W. 2005. Meditations on the new space vision: The moon as a stepping stone to Mars. Acta Astronautica 57: 676-683.

Oriti, Salvatore M. 2015. Advanced stirling radioisotope generator engineering unit 2

(ASRG EU2) final assembly. http://ntrs. nasa. gov/archive/nasa/casi. ntrs. nasa. gov/20150004104. pdf.

Paloski，W. H. 2004. Artificial gravity for exploration class missions? (NASA-JSC Report) September 28，2004.

Sargusingh，Miriam J. ，Jason R. Nelson. 2014. Environmental Control and Life Support System Reliability for Long-Duration Missions Beyond Lower Earth Orbit. 44th International conference on environmental systems，July 13-17，in Tucson，Arizona.

Shearer，C，et al. 2004. Findings of the Moon_Mars science linkage science steering group unpublished white paper，29 p，posted October，2004 by the Mars Exploration Program Analysis Group (MEPAG). http://www. mepag/reports/index. html.

Witze，Alexandra. 2014. Nuclear power：Desperately seeking plutonium. http://www. nature. com/news/nuclear-power-desperately-seeking-plutonium-1. 16411.

Zubrin，Robert. 2005. Getting space exploration right. The New Atlantis.

附 录 A 月球上的太阳能

摘要：本章描述了月球表面可获得的太阳辐射强度，适用于任何纬度的水平表面或倾斜表面，并对近似永久日照区和两极永久阴影区的太阳辐射强度进行了综述。

A.1 月球定向的一级近似

一般认为，月球近似地在黄道平面上绕地球沿圆轨道运行，旋转轴垂直于黄道平面。月球的一面总是朝向地球。月球绕着地球公转（见图 A.1）。

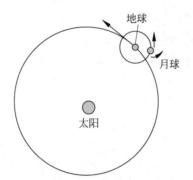

图 A.1 月球在黄道面绕地公转的简易模型

此时地球绕日公转

月球的自转周期是 27.32 天。但是由于地球也在不停公转，这使得月球绕地球公转的周期为 29.53 天，这一点由图 A.2 可知。图中，月球从位置 A 处开始运动，此时地球位于位置 1 处。1 个月后，地球位于位置 2 处。当月球围绕地球公转一圈至 B 处时，它相对恒星而言又回到了原始位置，因此它的自转也完成了一个周期。但是，从地球观察者的视角来看，只有当角 S-1-A 与角 S-2-C 相等时，月球才算到达等效点。因此点 C 代表的是朔望月（29.53 天），点 B 代表的是恒星月（27.32 天）。与此类似，位置 A 处的观察者所看到的太阳光线的方向与 B 处不同，但是与 C 处相同。因此，太阳的位置每 29.53 天重复一次（对于月球上的观测者而言）——朔望月是研究月球上太阳能的时间尺度。

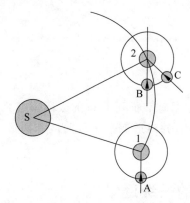

图 A.2　地球和月球在一个月的周期内的运动

A、B、C 是月球的位置，1 和 2 是地球的位置，箭头表示月球总是固定的一面指向地球

事实上，月球的公转平面并不是在黄道面上（而是平均倾斜了 5.15°），月球的旋转轴与黄道面的垂线也有 1.54° 的夹角。月球公转轨道的偏心率是 0.055。除此之外，月球轨道面进动（与黄道的交点顺时针转动）周期为 6793.5 天（18.6 年），大部分是由于太阳引力摄动引起的。在近似轨道中，没有考虑这些影响。

A.2　水平面上的太阳辐射

当考虑月球赤道上的某一点时，随着月球绕自转轴旋转，该处相对太阳的位置会不断变化。在某个时间段内，该处将旋转至月球的远日端，太阳光无法照射到那里。随后该点又会从远日端出现，突然进入光照区。这一点会继续相对太阳旋转 $29.53/2 = 14.77$ 天后再次运动到月球背对太阳的一面。

对于与月球赤道平行的任一水平面而言，太阳的辐射量为

$$S = S_0 \cos \xi \tag{A.1}$$

如图 A.3 所示，ξ 是从 $\xi = 0$ 处起算的角度值，月球从 P1 处旋转至 P2 处，ξ 由 $-90°$ 变为 $90°$，S_0 是太阳常数，其值为每天文单位 1367 W/m^2。因为 ξ 由 $-90°$ 变化至 $90°$ 需要 14.77 天，因此可以写作

$$S = \mathrm{Socos}(\pi D/14.77) \tag{A.2}$$

其中，D 是一个变量（以天为单位），从 P1 处的 $-14.77/2 = -7.38$ 天变化至 P2 处的 $+7.38$ 天。

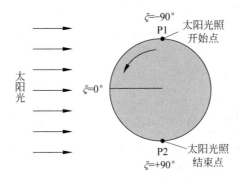

图 A.3　月球赤道平面俯视图中的月球轨道以及赤道上
可见太阳光的时间段（在点 P1 和点 P2 之间）

图 A.4 展示的是月球轨道的侧视图。

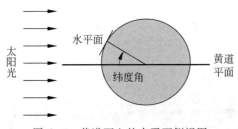

图 A.4　黄道面上的水平面侧视图

由于月球曲率的影响，图 A.4 中由纬度角定义的任意处水平面接收的太阳辐射量为

$$S = \mathrm{Socos}(\pi D/14.77)\cos L \tag{A.3}$$

如果以小时为单位计算月球的旋转，取 $D = H/24$，则有

$$S = \mathrm{Socos}(0.008\,86H)\cos L \tag{A.4}$$

在可接收太阳光的 14.77 天内，每平方米平面上接收到的太阳能为

$$E = \mathrm{Socos}L \int_{-177}^{+177} \cos(0.008\,86H)\,\mathrm{d}H \tag{A.5}$$

$$\mathrm{So}\,\frac{2}{0.008\,86}\cos L = 225.7\mathrm{Socos}L \tag{A.6}$$

图 A.5 表明不同时间在不同纬度水平面上的太阳辐射强度预测值。该预测值的周期为 14.77 天。当该表面垂直于太阳光线时，辐射强度最大，

最大值出现在周期一半时。如果某一平面朝赤道面以一定纬度角倾斜,那么无论该处纬度是多少,辐射强度曲线都与赤道处相等。图 A.6 给出了太阳辐射强度相对于时间和纬度的等高线图。图 A.7 则给出了作为纬度函数的每 14.77 天周期内落在水平表面上的太阳能量(W·h)。

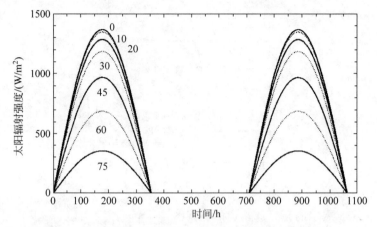

图 A.5　不同纬度处水平表面太阳辐射强度随时间的变化
如果该表面朝赤道以一定的纬度角倾斜,倾斜角与该处纬度值相等,不管它的纬度是多少,其太阳辐射强度都是纬度为 0°时的值

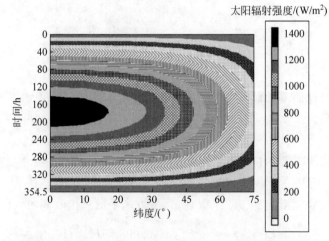

图 A.6　不同时间不同纬度处水平面上太阳辐射强度的变化
如果平面向赤道面倾斜,倾斜角等于该处的纬度,那么无论纬度是多少,辐射强度都与纬度为 0°处相等。垂直面上的辐射强度值可以通过反纬度轴得到(左边为 90°,右边为 0°)

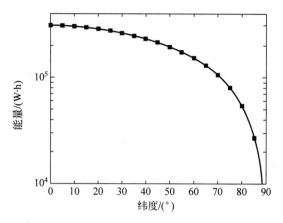

图 A.7 每 14.77 天内水平面上接收的总能量

A.3 垂直面上的太阳辐射

垂直面上的太阳辐射是定向的,因此,在 14.77 天周期的初始时刻,辐射方向与太阳光互相垂直,其值为

$$S = So \cos(0.008\ 86H)\sin L$$

如图 A.8 所示,垂直面的太阳辐射强度类似水平面的太阳辐射强度,只是相位改变了 90°。在起始时刻和 354.5 h 处太阳辐射强度达到最大值,在 177.3 h 处则为零。

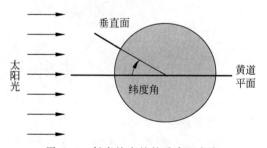

图 A.8 任意纬度处的垂直面方向

A.4 赤道夹角为纬度角的倾斜面的日照

在同一个经度面上以纬度角向赤道面倾斜的表面(见图 A.9)总是与赤道面相同经度上的一点有相同的指向。因此,它与赤道水平表面有同样的

太阳能量

$$S = So\cos(0.009\,62H)$$

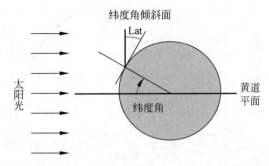

图 A.9 与赤道面以纬度角倾斜的水平面与赤道的方向一致

A.5 始终垂直于太阳光的面

涉及月球上任一点的水平面,可以用两个角度来定义一个倾斜平面的方向(见图 A.10)。

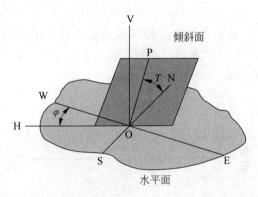

图 A.10 倾斜面的位置通过角 $T = (90° - \theta)$ 和水平面上方位角 φ 来确定

EW 和 NS 分别是水平面上指向东西方向和南北方向的直线,HO 是倾斜面和水平面之间的交线

θ 为垂线与位于倾斜面上且在水平面上投影为北-南线之间的夹角(注意 $\theta = 90° - T$,倾斜角由水平方向起算)。

φ 为自西向东的方位角,是水平面上的东-西线与倾斜面和水平面交线之间的夹角。

倾斜角与纬度角相等的面（$T=L$）总是与赤道面的方向相同。根据表 A.3,可以得出图 A.11,其中,平面 OA 与太阳垂直。因此,当图 A.10 中的角 φ 与图 A.11 中的 $-(90°-\xi)$ 相等时,与南北方向夹角为 T 的平面垂直于太阳光方向。因为 ξ 每 14.77 天旋转 180°,如果旋转速度保持在每小时 0.508°（见图 A.12 和图 A.13）,则这个倾斜面便会一直与太阳光垂直。在实际应用中,可以通过步进机动来实现这一点,每 5.91 小时步进 3°就能够确保该平面与太阳光之间的夹角永远在 3°以内。

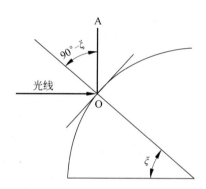

图 A.11　从月球北极上方俯视黄道面

平面沿东西方向倾斜$-(90°-\xi)$之后便与太阳光垂直

图 A.12 中表明了方位与时间的变化

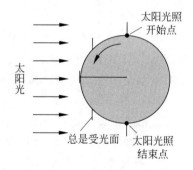

图 A.12　黄道面俯视图中旋转一平面使其永远面向太阳

保持与太阳光垂直的平面在 14.77 天周期中接收到的总能量可以由下式简单给出:

$$E = 354.4\text{So} = 484\,000\ \text{W}\cdot\text{h/m}^2$$

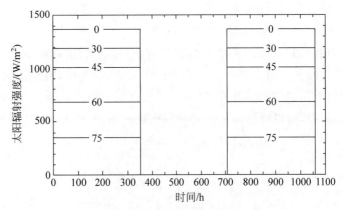

图 A. 13　不同纬度水平面上太阳辐射强度与时间之间的关系

该水平面沿东西方向以 0.508°/h 的速度转动从而一直面向太阳。如果该平面与赤道面的夹角为纬度角,那么其上的太阳辐射强度同赤道处相等

A. 6　非理想月球轨道的影响

正如 A. 1 中所说的那样,月球运动的平面并不是完全在黄道面上(倾斜了 5. 15°),月球旋转轴与黄道面垂线之间的夹角为 1. 54°。月球的平均偏心率为 0. 055。除此之外,月球轨道面进动(与黄道的交点顺时针转动)的周期为 6793. 5 天(18. 6 年),主要是由太阳引力摄动引起的。在近似轨道中,这些影响都没有被考虑。

网络上的一组数据表明,月球表面在空间中是固定的(除去进动之外),并且沿恒定方向与黄道面成 5. 15°的夹角。这种情况下,5. 15°的偏差改正可能会被简单地视为 5. 15°的倾角。进动会改变倾斜面的方向,每 6793. 5 天改变 360°,即每天改变 0. 053°。在 14. 77 天的太阳能收集周期里,总变化量是 0. 78°,这对于非集中式太阳能采集方法可以忽略不计。

尽管月球旋转轴存在 1. 54°的倾角会给依赖集中率的太阳能收集器造成一些影响,但是对于二维太阳能电池板来说实在是微不足道。

考虑到这些因素的影响,月球上的集中式收集器需要准确的方位指向。

A. 7　月球上太阳能电池的工作温度

Landis 等(Landis et al. ,1990)指出月球土壤是一种很好的绝缘材料,因此,月球上的太阳能电池只能从一边辐射,而太空中的太阳能电池阵列可以从两边辐射。根据 T^4 辐射定律,这会导致月球上的太阳能电池阵列比太空中的电池阵列的温度上升 19%。地球静止卫星的一个典型电池板阵列温度大约是 32℃,Landis 等表示,月球上的电池阵列温度可能在 90℃。他预测阿波罗 11 和阿波罗 12 监测到的温度大致在这个范围内。1990 年制造的太阳能电池在月球表面输出的能量每升高 1℃ 大约要少 0.3%,这意味着与太空中电池阵列相比,其能量输出大约要低 17%。

随着电池效率的提高,电池产生的热量减少了,并且工作温度增长也有所降低。最近一项分析表明,目前的三接面高效太阳能电池的工作温度约为 69℃。

A.8　赤道上的太阳能系统

我们已经知道,赤道上一块太阳能电池阵列有若干种安装方式。太阳的位置在 354 h 的日照期间内,会从一开始的正东方变到中间时刻的正上方,最后变化至正西方。如果一块电池板是水平固定的,那么,所产生的电能将会在 354 h 的日照期间呈余弦函数变化,在随后 354 h 内会为零。如果电池板持续地绕着一条南北方向的水平线,以每 354 h 旋转 180° 的速率自东向西运动,那么,它就在 354 h 的初始时刻垂直对着东方,中间时刻位于水平位置,在最后时刻垂直面对西方,所产生的能量将会是一个常数,并且在日照期间的 354 h 内一直保持最大值。

A.8.1　短周期系统(小于 354 h)

为了避免使用可移动追踪电池阵列,Landis 和同事们解决了让固定方向电池组在 354 h 白昼期间持续产生恒定能量的难题。问题的关键在于,能量存储倾向向大规模方向发展,而尽可能输出近似恒定能量的电池组配置将在白昼期间降低对存储的需求。这可能对月球上的短期驻留探测十分有用(小于 354 h),尽管这也许不会产生最大能量值。这种解决方法涉及了使用两个电池板的帐篷式结构,一个向东方倾斜,另一个向西方倾斜,见图 A.14。电池板与水平方向成 α 角,帐篷结构的内部永远是黑的。太阳光线与法线的夹角为 θ,这个角在 354 h 的白昼期间从 $-90°$ 变化至 90°。Landis 与同事们解决了能量输出与角度 θ 的变化关系,这一点在图 A.15 中通过不同的 α 值可以看出。可以看到,在 354 h 的白昼期间,$\alpha = 60°$ 时输出能量值最大。按照在 354 h 的白昼期间内,与帐篷斜面面积相等并始终跟踪太阳方向的电池阵列输出能量值为 1,则平均能量值是 $(1+\cos\alpha)/\pi$,

$\alpha=60°$时,该值为 0.48。水平电池板所提供的平均能量值更高(追踪电池板的为 0.637),354 h 内的能量值变化量会更大。

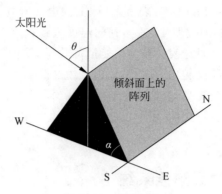

图 A.14 帐篷结构

N、S、E 和 W 表示方向,太阳能电池板放置在两个斜面上

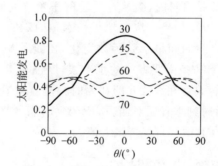

图 A.15 帐篷式电池板输出太阳能与 α 角以及太阳光线与

垂直方向间夹角 θ 之间的关系

在 354 h 的白昼期间,θ 角从 $-90°$变化至 90°。与帐篷斜边面积

相等的单个电池板始终面对着太阳旋转,产生的能量是 1.0

α 为 60°的帐篷电池板所产生的能量是同等面积但一直面对太阳的电池板的一半,但是,帐篷电池板是固定的且没有追踪机制。在 14.77 天的周期里,60°帐篷电池板的输出能量变化量大约为 $\pm7\%$。

A.8.2 长期系统(大于 354 h)

对于在若干个白昼黑夜周期内使用太阳能电池板提供能量的赤道区域,能量存储系统必不可少。Landis 和同事们估算了前面介绍过的具有能量存储系统的三角帐篷的这种情况。

在这种情况下,太阳能电池必须具有一定规模才能保证白昼阶段存储的能量可以满足随后的黑夜周期所需。见公式

$$P_N = FP_D$$

$$P_G = (1 + F/E)P_D$$

其中,F 为能量比值=(354 h 内的黑夜阶段所产生的平均能量)/(354 h 的白昼阶段所产生的平均能量);E 为存储效率=存储系统提供的平均能量/存储的能量;P_D 为 354 h 内的白昼阶段平均能量载荷;P_N 为 354 h 内的黑夜阶段平均能量载荷;P_G 为 354 h 内白昼阶段必须产生的能量以满足昼夜平均能量需求。

因此,为了减小存储,Landis 等将日出时的电池板能量设置成与白昼载荷量 P_D 一样(日出的那一刻还未从存储系统中接收任何能量)。他们通过电池板倾斜角 α 的一个等式来描述:

$$\alpha = \cos^{-1}\left[(k^2 - 4/\pi^2)/(k^2 + 4/\pi^2)\right]$$

其中,$k = F/E$。

举个例子,假设白天和夜晚所需能量相等,并且能量存储效率为 100%。那么,日出时的能量一定是平均白天能量值的一半,并且角度 α 为 35.3°。追踪电池板每单位面积需提供 58% 的能量。给定一个更接近实际的例子,假设晚上所需的能量是白天时的一半并且双程存储效率是 60%。那么,$F/E = 0.833$,电池板角度 $\alpha = 38.4°$。这提供了追踪电池板每单位面积 57% 的能量。随着 F/E 减小,α 角增大。这种方法改变了电池板倾斜角,所以,白天收集的太阳能足以保证白天的负荷与夜间存储需求。但是,值得注意的是,夜间能量需求占白昼能量的比重很小。在这些情况下,电池板与水平面之间的倾斜角太大以至于白天能量会变化至载荷要求值之下,这要求白天也要进行能量存储。那么,电池板面积需要增大并且燃料电池辐射器需要在更高的白昼温度下工作。一个具有双程存储系统效率为 60% 且只有 5% 电力的帐篷电池会产生的倾斜角度为 60.9°。帐篷倾角大于 60° 时,所产生的能量便会低于载荷能量水平。当 $k = (2\sqrt{3})/\pi$ 时,倾斜角 α 等于 60°。图 A.16 和图 A.17 展示了使用帐篷电池时,设定了在满足白天电力需求的日出发电量初始值的基础上,能够满足夜晚使用需求的白天产生能量的变化情况。

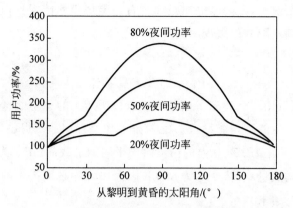

图 A. 16　高夜间能量比值（20％,50％或 80％）的影响
电池板面积取决于高的夜间能量比值

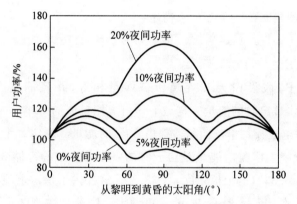

图 A. 17　低夜间能量比值（0％～20％）的影响
夜间能量比值低的时候,能量低于 100％时白天也需要存储能量

A. 9　月尘的影响

　　月尘不同于地球上的灰尘：它类似玻璃或者煤的碎屑——形状不规则,尖锐且紧密联结。在阿波罗号的日照区,因为颗粒物受到太阳紫外线的静电吸引,细粉尘漂浮在宇航员膝盖上方,甚至是头顶上。

　　关于火星以及月球上粉尘对太阳能电池板影响的信息还很有限。然而,火星与月球上的情况存在很明显的区别。在火星上,粉尘一直飘浮在空中,区域或者全星球的沙尘暴会偶尔激起大量粉尘。在月球上,没有大气层,因此,粉尘只会因为人类活动或者流星体撞击而上下起伏,尽管粉尘运

动的距离更长,但相比火星上搅动后的下降速度要快得多。而且,月尘性质
与火星尘的性质截然不同。

Katzan 和 Stidam(Katzan and Stidam,1991)指出:

(1)月球旋转时,白天/黑夜分界线由一条明暗线来表示,灰尘被明暗
线的运动激起并受到静电吸引。

(2)宇航员在月球上行走时激起的灰尘最高可达 4 m,最远可达 8 m。

(3)探险车会激起更多粉尘,颗粒物最远可以运动 20 m。

(4)星球表面粉尘最重要的来源是太空设备的着陆与发射。阿波罗 12
号给 155 m 远处的探测者号覆盖了灰尘。据估计,探测者号上的灰尘量约
为 1 mg/cm^2。粉尘平均运动速度在 40~100 m/s,颗粒物最快速度可达
2 km/s。

Katzan 和 Stidam 模拟月球粉尘进行了测试,得到的数据参见图 A.18。
他们的数据表明,大约需要 2.7 mg/cm^2 的灰尘才能产生 50% 的遮蔽效果。
Katzan 和 Stidam 预测的阿波罗月球探测器触地的影响可参见图 A.19。
Katzan 和 Stidam 认为,月尘对太阳能电池板的威胁是巨大的。

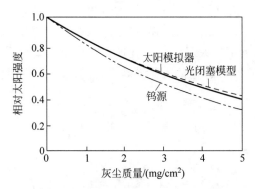

图 A.18　穿过 20~40 μm 厚的灰尘后相对太阳辐射强度
数据适用于透明度、短回路流以及光学闭合模型

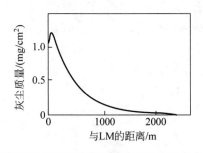

图 A.19　对阿波罗月球探测器触地附近位置的粉尘堆积量预测

A.10 极区的太阳能系统

A.10.1 极区

月球旋转轴与黄道面的夹角为 1.533°，并且在空间中是固定的。月球与地球同时绕日旋转，因此，这个倾角的方向会发生季节性的变化，在月球的夏季，月球极向日倾斜，6 个月后便是月球的冬季，背日倾斜。在这两个极值之间，对应春分点和秋分点，每 3 个月月球倾斜轴与太阳的连线垂直一次。

在月球极向日倾斜的 6 个月里（当地的夏季），站在月极上的观测者会清楚地看见，太阳每个月都会环绕地平线一周。这和地球上的"午夜太阳"效应一模一样。然而，因为月球倾角很小，太阳的高度不会高于 1.533°（3 倍太阳直径），并且只会在 6 个月的中间时段即夏至日到达最高点（见图 A.20）。在这 6 个月的开始和末尾，太阳会围绕所谓的水平面中心环绕。在"冬天"，太阳会落在地平线以上不超过 1.533°的位置上。因此，对于极点附近一块非常平坦的区域而言，太阳光只有半年可见，在这半年里，太阳高度变化范围为 0°～1.54°，下半年太阳便会落到地平线以下。显而易见，如果观察者在一个 360°视角的峰顶，这种情况将得到改善。

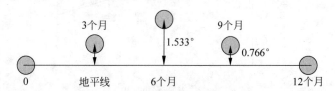

图 A.20　从月极上某点看太阳的视高度

在当地夏天期间，视直径为 0.5°的太阳在夏至日（6 月 21 日）处于水平线上方 3 倍视直径处

如果考虑一名观测者在一个具有 360°视角平台的塔顶上携带旋转太阳能采集器，可以确定所需的塔高，能够不管在冬季还是夏季总能看到至少一半太阳，见图 A.21。

为了让观测者在所有季节看到至少一半以上的太阳，要求

$$(R + H)\cos\theta = R$$

$$H = (R\sec\theta - 1)$$

$$\theta = 1.533°, \quad R = 1738 \text{ km}$$

可以得到 $H = 622$ m。

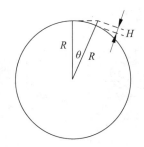

图 A.21　冬天在极区可以看见月球需要的高度为 H

如果月球极点上一个旋转太阳能采集器的高度比附近平坦的地面(距离在 45 km 内)高出 622 m,那么,无论是在夏天还是冬天,至少可以看见太阳的一半(见图 A.21 以及相关文档中的讨论)。如果采集器高出 1244 m,那么,它一直都可以看见太阳的全貌,但是,在冬至日这一天,太阳底部会与地平线相切。

当观测地远离实际极点处时,月球就会在当地的冬天遮蔽太阳照射,除非该地在一个足够高的峰顶且两边的坡度都很陡峭,这样才能"在当地的冬季看到极点上方"。Bussey 等(Bussey et al.,1999,2005)研究了已有的数据。1999 年的论文中写道,使用 Clementine 图像数据进行的月球南极光照分析表明:

没有一个地方可以永远接收太阳光。然而却存在几个地区,在冬天时光照程度大于月日的 70%。其中的两个只相隔 10 km 的地区,在夏天时光照时间达到了 98% 以上(全年的汇总统计,见图 A.22)。

据估计,可持续接收光照的地区温度约为 (220 ± 10) K,与月球其他地方相比,这里的温度十分适宜。过度日照区与过度荫蔽区之间的边界线是建设基地的好地方。

Bussey 等(Bussey et al.,2003)估计,在北极至少有 7500 km^2 的区域,在南极至少有 6500 km^2 的区域永远处于黑暗之中。另外,离极点纬度 10° 以上的火山口处存在永远阴影区(见图 A.23)。因此,有可能存在寒气与不稳定的沉积物。

在相关论文(Bussey et al.,2005)中,Bussey 等深入分析了北极区域。月球北极在高原地区,位于三个巨大的陨石坑之间——Peary(88.6°N,33.0°E;直径73km),Hermite(86.0°N,89.9°W;直径 104 km)和 Rozhdestvensky(85.2°N,155.4°W;直径 177 km)。因为极点刚好就在几个陨石坑边缘外面,处在一个相对较高的位置上,因此增加了某些地区永远接收光照的可能性。与此相

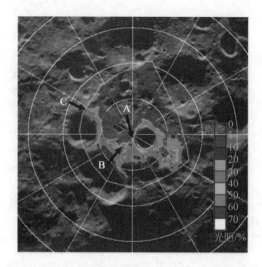

图 A.22　一个地球年内月球南极区域光照百分比[Reproduced from Bussey et al. (2005)，by permission of Nature Publishing Group. 见文前彩图]

三个光照最强烈的区域在图中标注为 A、B、C

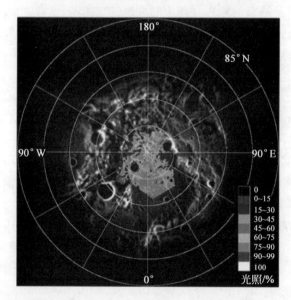

图 A.23　月球北极包含永久阴影区的简单撞击坑位置[Reproduced from Bussey et al. (2005)，by permission of Nature Publishing Group. 见文前彩图]

北极 12°范围以内永久阴影区的总面积是 7500 km²

比，月球南极恰好在南极—艾肯(Aitken)撞击盆地(直径 2500 km)之内，根据克莱门汀号(Clementine)的 UVVIS 数据(每像素 500 m)进行计算，这里没有一个地方在南半球的冬季可以持续接收光照。他们研究了 53 幅用飞船上 UVVIS 相机拍摄的覆盖北极的相片,空间分辨率大约是每像素 500 m。每一幅相片覆盖大约 190 km×140 km 的范围。这些图像展示了在月球夏季,受日照地区的面积与太阳方位角之间的函数关系。月球北极光照定量图显示了在月球夏季,月球表面某一点被照明的时间百分比(见图 A.24)。根据已有信息,还不能肯定这些地区是永久日照区,因为这些数据是鉴于夏季而不是冬季。考虑到在南极附近没有持续日照,科研人员十分肯定这些区域是北极附近日照最充足的地区,并且这也是月球上最有可能的永久日照区。毕竟,大量的资料也证实了永久阴影区的存在。这与 Peary 火山口的小型陨石坑(直径不大于 3 km)、Peary 边缘的两个更大的陨石坑(直径 14 km 和 17 km)以及在 Peary 陨石坑外的高原地区都有关联。

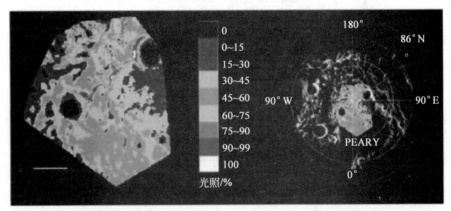

图 A.24　月球北极光照定量图[Reproduced from Bussey et al. (2005),
by permission of Macmillan Publishers Ltd. 见文前彩图]
图上彩色温标表明,月球夏季的一天,表面某一处光照时间百分比。在左边,在 Peary 火山口边缘可以发现几个白色区域(78 km 直径范围)夏季会被连续照射。地图的空间覆盖范围为极点 1°~1.5°。左侧的光照比例尺是 15 km。右侧的彩色光照地图叠加在灰色组合的 Clementine 马赛克上,用于空间参考

Bussey 等(Bussey et al.,2010)使用从 Kaguya 激光高度计获取的拓扑图,改善了月球极地光照条件的分析方法,对月球南极区域的光照条件进行了深入研究。他们生成了一个 2020 年的月球南极处平均光照地图。从这一分析中,他们确定这一区域光照最强。在靠近 Shackleton 火山口边缘地区(88.74°S,124.5°E)有最强的光照(大约是全年的 86%)。然而其他相隔不过 10 km 的两个地区一共获得了 94% 的光照。他们还发现在南极点附近存在一些区域,在夏天有几个月的连续光照。对这些区域,他们也给出一

年中的遮蔽位置和遮蔽时期。最后分析了南极点附近重点区域光照状态从夏季到冬季的季节性波动,并得出结论,在南极点附近区域的光照状态使这个区域成为未来理想的前哨基地。其中一个结果如图 A.25 所示。

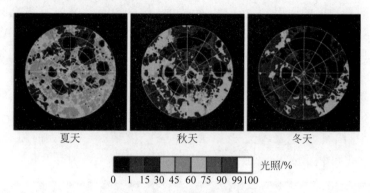

夏天　　　　　　　　秋天　　　　　　　　冬天

光照/%

0　1　15　30　45　60　75　90　99 100

图 A.25　月球夏季、秋季和冬季的光照定量图［Reproduced from Bussey et al.
(2010),by permission of Ben Bussey. 见文前彩图］
每个图覆盖南纬 86°到极点的范围。经度 0°位于每张图的顶部

Speyerer 和 Robinson(Speyerer and Robinson,2012)利用月球勘测轨道照相机(Lunar reconnaissance orbiter camera,LROC)获得的月球南北极区域多时相高分辨率影像从阴影区界定光照区,从而分析月球年内极区光照环境。他们认定,月球表面局部地区依然保持接近全年 94% 的光照,最长的遮蔽期仅持续了 43 h。他们给出了靠近月球极点的潜在探测区域的实际地表光照的高分辨率影像数据。与以前的结论类似,基于对一整年光照环境特点的分析,他们没有发现任何真正的永久性光照地区。围绕高强度光照区域的火山口边缘、山脉和其他的断层块会遮挡整年的光照。

Geoffrey Landis 自 20 世纪 80 年代就开始研究月球上的太阳能。他评估了在月夜供以生存的能量存储媒介,发现需要大规模的能量存储。而在赤道处,354 h 的黑夜期里,能量存储十分困难。在极区附近,由于有 6 个月的黑夜期,能量存储会更为艰难。可再生燃料电池似乎是存储能量的最佳选择,尽管这项技术还不是很成熟。正如 Landis 指出的那样,尽管是在仲夏,当太阳位于水平线以上 1.5°时,"漆黑的夜空笼罩着大半个月球,导致探测工作(甚至是行走)非常困难。"

A.10.2　GRC 太阳极区研究

2004 年,GRC 的一个团队为月球近南极区设计了一个太阳能设备。在他们的设计中,居住接口的供电要求是白天持续 50 kW(大约半年时间是

持续日照,半年时间处于日落状态)。日落会持续长达 199 h(尚不清楚作者是怎么得出这个结论的)。

假设一个南极着陆点(位于 Malapert 山 86°S,0°,5 km 高度处)。该地离潜在水冰处 60～100 km 远。

一个加高的太阳能电池板被垂直放置,对日追踪效果极好(单轴,带方位角的太阳追踪常平架),忽略太阳指向损失。太阳能电池的流星体撞击损伤也可以忽略不计。部署的单电池太阳能电池阵列是一个与栖息舱垂直放置的多联结水晶式太阳能电池,乐观的转换效率是 35%(AM0,1-Sun,28℃)。电池的面积质量估计为 1.34 kg/m²,部署与支撑结构的质量大约为 1.51 kg/m²。

能量存储基于具有可再生质子交换膜(regenerative proton exchange membrane,PEM)的燃料电池(RFCs),燃料转换效率达 55%,电解转换效率达 90%,设定水平为 240 kW·h。气态反应物储存在复合材料罐中。储存系统的质量估计是基于 412 kW·h/kg 的性能水平,包括罐子、反应物、附件、电子元件和热控制器。

各部分质量如下:

(1) 太阳能电池阵列 505 kg;

(2) 常平架和电子设备 40 kg;

(3) RFC 系统 582 kg。

太阳能电池阵列 5.4 m 宽,32.6 m 高,面积为 177 m²。

太阳能电池板在任务结束时能量为 56.7 kW,太阳耀斑辐射造成了 5.6% 的电池板能量损失,并且电池板的工作温度估计为 69℃。

最低值为 240 kW·h 的能量存储系统可以支持在 Malapert 山顶预计最长夜晚里 1 kW 负载的持续供电。这对于支持宇航员的生存而言是远远不够的,甚至都不足以维持生命。对 35 kW 负载持续供电 199 h 大约需要一个 7000 kW·h 的能量存储系统。乐观的 RFC 系统质量是 627 W·h/kg(注意,RFC 的能源技术性能并非如此优良),充电周期为 30 天,RFC 能量存储系统质量可能大于 11 100 kg。在月球赤道区域 328 h 夜间持续供应 35 kW 的电能需要 11 500 kW·h 的能量存储系统。乐观的 RFC 系统质量为 631 W·h/kg 且充电时长为 354 h(白天),RFC 能量存储系统的质量可能大于 19 635 kg。

相较而言,一个 50 kW 的核能反应器的质量约为 6000 kg(可能这个乐观估计值会翻倍,但是有一点仍旧是不变的:月球上的长期太阳能系统并不是很好,核能反应器更加合适)。

　　对于任意选定的着陆点，地形遮掩的影响必须被考虑。包括两种类型：局部地形特性和远处地形特性。局部的地形可能会在电池板上暂时性地造成阴影。这引起的电池板能量损失一般比阴影部分更大，取决于电池板的带状分布情况。升高电池板可以减少能量损失（例如，放在设备顶端）。远处地形可能会遮挡住部分的太阳面，减少总辐射强度。这样导致的能量损失与辐射损失成正比。

　　GRC 报告认为，在月球南极持续日照季节（约 180 天），采用太阳能系统是可行的。一个 50 kW 的太阳能系统组件（不包括 PMAD）的质量约为 1 t。报告表明，在日食期间太阳能系统不可用，因为这期间需要进行大质量的能量存储，类似地，长期（大于 14 天）的月球赤道任务也要求进行大量的能量存储。

参考文献

Bussey，D. B. J. ，et al. 1999. Illumination conditions at the lunar South Pole. Geophysical Research Letters 26：1187-1190.

Bussey，D. B. J. ，et al. 2003. Permanent shadow in simple craters near the Lunar Poles. Geophysical Research Letters 30：11.

Bussey，D. B. J. ，et al. 2005. Permanent sunlight at the lunar North Pole. Nature 434：842.

Bussey，D. B. J. ，et al. 2010. Illumination conditions of the South Pole of the Moon derived using Kaguya topography. Icarus 208：558-564.

Katzan，Cynthia M. and Curtis R. Stidham. 1991. Lunar Dust Interactions with PV Arrays" IEEE Photovoltaic Specialists Conference，22nd，Las Vegas，NV，Oct. 7-11，1991，Conference Record. Vol. 2（A92-53126 22-44）. New York，Institute of Electrical and Electronics Engineers，Inc. ，p. 1548-1553.

Landis，G. et al. 1990. Design considerations for lunar base photovoltaic power systems. NASA technical memorandum 103642，and ActaAstronautica 22：197-203.

Speyerer，Emerson，J. ，and Mark，S. Robinson. 2012 Persistently illuminated regions at the lunar poles：Ideal sites for future exploration. Icarus 222：122-136.

附录 B　火星上的太阳能

　　摘要：针对在不同时间和纬度、不同层级的光深下的水平和倾斜的表面，给出了对当前火星轨道的太阳能强度估计。提供了相应的图和表格。描述了一个简单（但又相当有效）的、用来刻画阳光穿过火星大气的传播模型。勾画出了数百万年间火星轨道的演变历史轮廓，同时描述了其对历史上火星气候产生的影响。过去的冰河时代重新分配了整个火星的水。详细讨论了灰尘沉积对太阳能电池阵的影响。

B.1　当前火星轨道上的太阳能强度

B.1.1　引言

　　火星自转轴相对于其运动平面倾角为 25.2°，与地球的情况相似。火星倾斜情况见图 B.1。

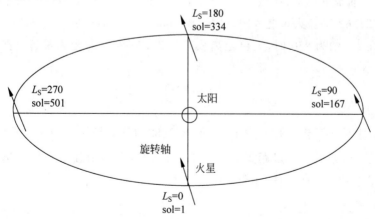

图 B.1　火星绕日运动时的自转轴

在火星表面，太阳高度角是太阳入射光线和水平面之间的夹角。天顶角和高度角的和为 90°。火星自转轴倾斜在太空中的固定方向导致在中纬地区仲夏正午时天空中的太阳高度角比仲冬时的要高 $2 \times 25.2° = 50.4°$。在赤道处，冬天到夏天的转换是高度角从 $-25.2°$ 变化至 $+25.2°$，因此在中纬度地区，正午时的太阳基本都在正上方。因为 25.2° 的余弦值是 0.90，所以赤道处水平面上的太阳能强度随季节的变化不太大。逐渐远离赤道时，夏日和冬日时太阳高度角差别所造成的影响便更加突出。

火星在绕日轨道上的位置是由一个参数来刻画的，这个参数叫做日心经度或者太阳经度，符号为 L_S。L_S 在春分点的时候为 0°，夏至时为 90°，秋分点为 180°，冬至时为 270°。北半球的夏季、秋季和冬季分别为 90°、180° 和 270°。南半球的季节是相反的。在 2028—2030 年的时间段内太阳经度 L_S 的实际日期是[①]：

$L_S = 0°$，2028 年 8 月 17 日；

$L_S = 90°$，2029 年 3 月 3 日；

$L_S = 180°$，2029 年 9 月 3 日；

$L_S = 270°$，2030 年 1 月 28 日。

火星的绕日轨道比地球的绕日轨道更像椭圆，近日点的太阳能强度比远日点处大 45%。南半球夏季时火星离太阳的距离更近，南半球夏季时的太阳能强度强，冬季时强度相对较低。在北半球，冬季时太阳离火星更近，使得冬季和夏季之间太阳能强度的差别一定程度地减少。火星上的一个昼夜循环（绕自转轴旋转一周）叫做一个"火星日（sol）"，1 火星日（1 sol）= 24.62 地球时（24.62 h）。火星绕太阳一周需要 668.60 火星日（686.98 个地球日）。

在 L_S 约为 250° 时，火星距离太阳最近，70° 左右时距离最远。距离公式为

$$\frac{r}{r_{av}} = \frac{1 + 0.0934(L_S - 250°)}{0.9913}$$

其中，r_{av} 是火星与太阳之间的平均距离（1.52AU），r 是任一"火星日"火星距太阳的实际距离。1AU 距离处的火星大气圈外太阳辐射强度为 1367 W/m^2，在火星上的太阳能强度（单位：W/m^2）是

---

① Mars Calendar. The Planetary Society. http://www.planetary.org/explore/space-topics/mars/mars-calendar.html.

$$I_{ext} = 592 \left(\frac{r}{r_{av}} \right)^2 = 592 \left[\frac{1 + 0.0934\cos(L_S - 250°)}{0.9913} \right]^2$$

这个火星大气圈外太阳辐射强度施加在与火星大气层上方太阳光线垂直的面积上。

天顶角(z)是过火星上任一位置的垂线与该点太阳入射光线之间的夹角,天顶角公式为

$$\cos z = \sin d \sin L + \cos d \cos L \cos \frac{2\pi t}{24.6}$$

其中,d 是观测地的太阳赤纬(单位为度),L 是观测地的纬度(单位为度),t 是一天中的时刻(单位为小时,太阳正午时视为 0 时),火星上一昼夜是 24.6 h。太阳赤纬从 0°(太阳经度 L_S 为 0°时,太阳赤纬 d 也为 0°)开始,随着 L_S 变化而变化,具体关系如以下公式:

$$\sin d = \sin 25.2° \times \sin L_S = 0.4258 \sin L_S$$

由于 t 以 h 为单位,从正午开始计时,所以一天之内 t 的取值范围为 $-12.3 \sim +12.3$。$t = 0$ 时(即为当地太阳正午),天顶角

$$z = |L - d|$$

在仲夏 d 接近 $+25.2°$ 时,正午时的天顶角是一年中最小的。在仲冬 d 接近 $-25.2°$ 时,正午时的天顶角是一年中最大的。如果某地纬度超过 64.8°,在仲冬时节会有一段时间都看不到太阳。

B.1.2 洁净火星大气中的辐照度

一年中的任意一天中任意时刻任意纬度处水平面(假设没有大气层)上的太阳能辐射强度都可以通过计算得到。即

$$I_h = I_{ext} \cos z$$

没有大气层的情况下,水平面上每天的总辐照度是

$$S = \int_{-12.3}^{+12.3} I_h \, dt$$

假设在没有大气层的情况下,水平面上太阳正午时的太阳能强度峰值和每日总辐照度的数据表都可以通过计算得到。通过计算给出了火星上的辐照度上限,如表 B.1 和表 B.2 所示。

表 B.1　无大气情况下正午时水平面上的辐射峰值（单位：W/m²）

L_s	纬度/(°)										
	75	60	45	30	15	0	−15	−30	−45	−60	−75
0	145.6	281.3	397.9	487.3	543.5	562.7	543.5	487.3	397.9	281.3	145.6
22.5	217.5	334.4	428.4	493.3	524.5	520.0	480.0	407.4	307.0	185.6	51.6
45.0	270.5	371.0	446.3	491.2	502.6	479.7	424.2	339.7	232.1	108.7	0.0
67.5	305.0	395.0	458.2	490.1	488.6	453.8	388.1	295.9	183.6	58.7	0.0
90.0	322.5	410.3	470.1	497.9	491.7	452.1	381.6	285.1	169.2	41.8	0.0
112.5	321.7	416.6	483.2	516.9	515.3	478.6	409.3	312.1	193.6	61.9	0.0
135.0	297.8	408.6	491.5	540.9	553.4	528.2	467.1	374.1	255.6	119.7	0.0
157.5	245.8	377.8	484.1	557.4	592.7	587.6	542.4	460.3	346.9	209.7	58.3
180.0	165.5	319.7	452.1	553.7	617.6	639.4	617.6	553.7	452.1	319.7	165.5
202.5	66.5	239.0	395.2	524.5	618.1	669.5	675.3	635.1	551.6	430.5	280.1
225.0	0.0	152.6	325.9	477.0	595.6	673.6	705.7	689.7	626.7	521.0	379.8
247.5	0.0	85.4	266.9	430.3	564.3	659.8	710.4	712.6	666.2	574.4	443.5
270.0	0.0	59.4	240.6	405.4	542.6	642.8	699.2	707.9	668.4	583.4	458.6
292.5	0.0	81.6	255.1	411.2	539.3	630.6	679.0	681.1	636.7	549.0	423.9
315.0	0.0	140.2	299.3	438.1	547.0	618.6	648.1	633.4	575.6	478.5	348.8
337.5	59.3	213.2	352.5	467.9	551.3	597.2	602.4	566.5	492.0	384.0	249.8
360.0	145.6	281.3	397.9	487.3	543.5	562.7	543.5	487.3	397.9	281.3	145.6

表 B.2　无大气时水平面上每日辐射总量（单位：W·h/m^2）

L_s	纬度/(°)										
	−75	−60	−45	−30	−15	0	15	30	45	60	75
0.0	1141	2202	3114	3815	4256	4406	4256	3815	3114	2202	1141
22.5	241	1205	2172	3014	3663	4071	4209	4071	3665	3036	2280
45.0	0	554	1474	2376	3159	3756	4123	4239	4108	3781	3496
67.5	0	224	1058	1978	2836	3552	4074	4367	4435	4359	4207
90.0	0	133	935	1872	2770	3540	4123	4487	4637	4667	4529
112.5	0	236	1114	2086	2991	3747	4295	4605	4676	4598	4438
135.0	0	610	1621	2615	3478	4135	4541	4667	4521	4162	3850
157.5	273	1360	2453	3405	4140	4600	4758	4600	4143	3429	2578
180.0	1296	2504	3540	4337	4836	5006	4836	4337	3540	2504	1296
202.5	2937	3906	4718	5240	5422	5242	4716	3882	2797	1552	310
225.0	4910	5309	5766	5951	5791	5274	4435	3336	2066	777	0
247.5	6116	6339	6448	6347	5921	5166	4125	2876	1538	325	0
270.0	6440	6635	6593	6381	5865	5033	3938	2662	1331	189	0
292.5	5845	6059	6162	6066	5660	4937	3943	2748	1469	310	0
315.0	4509	4876	5296	5466	5319	4844	4074	3063	1899	713	0
337.5	2620	3486	4209	4674	4836	4676	4207	3461	2494	1385	276
360.0	1141	2202	3114	3815	4256	4406	4256	3815	3114	2202	1141

表 B.1 和表 B.2 说明：

（1）火星离太阳最近的时候，南纬 15°～30°的正午太阳能峰值强度达到最大。

（2）北纬 15°附近太阳能强度受季节变化影响最小。

（3）朝两极移动时，会出现很多长期的季节性阶段，在这些阶段内太阳总是都不落山或者总是不升起。在极区，某些时段内会出现相当高强度的辐照度。

（4）因为太阳日很长，夏天时高纬度地区的日辐照度会很高。

B.1.3 大气的影响

对于完全洁净的大气环境，在夏季和冬季时太阳高度的差别只体现为对水平面上的辐照度的余弦影响。然而，在太阳高度很低的冬天，火星大气的浑浊度通过发生在较长路径上的吸收与散射作用使太阳高度差异的影响变得更加突出。接下来的部分会讨论火星大气吸收与散射的过程。

B.1.3.1 直射光束

直射光束太阳辐射强度是经过大气时未被吸收与散射的到达地面的太阳辐射通量。建立直射光束的衰减模型很容易。考虑厚度为 dx 的大气薄片，如图 B.2 所示，垂直分量 dx 对应的路径长度是 $du = \csc(z)dx$。

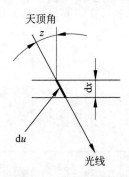

天顶角

光线

图 B.2　垂直距离 dx 上的路径距离 $du = \csc z\,dx$。

如果在厚度为 dx 的大气薄片上的入射通量是 I，入射通量中的一部分（$a\,du$）会被吸收和散射。du 中被减少的通量为

$$dI = Ia\,du$$

通过在整个大气层厚度上进行积分（加和），可得到达地面时的直射正常强度是

$$I_{\text{ground}} = I_{\text{extraterrestrial}} \exp(-a\lambda)$$

其中,λ 是通过大气层的路径长,a 是每单位长度的损失系数。

对于垂直入射的光束,沙尘光深是

$$D = a\lambda_0$$

其中,λ_0 是穿过大气层的垂直路径长度。(注意,大多数发表的论文中使用 τ 代表光深。)光深是在大气层单位截断面积上垂直圆柱中所有颗粒物的截断面积总和。因此,如果垂直圆柱中所有的颗粒都被放置在一个单位面积的平面上,被覆盖的部分就是光学深度(见图 B.3)。

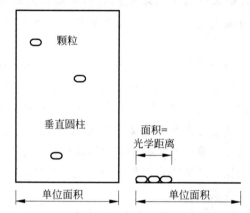

图 B.3　光学距离等于单位面积上垂直圆柱内颗粒物所占的面积之和

光深大于 1 表明,如果将垂直圆柱中所有的颗粒都放置在单位面积的单一平面内的话,这些颗粒物将占满不止一层。

对于非垂直的光线,穿过大气层的路径长度是 $\lambda = \lambda_0/\cos z$。因此,总的来说,地面上的直射正常光束的强度是

$$I_{\text{ground}} = I_{\text{extraterrestrial}} \exp(-D/\cos z)$$
$$= 到达地面的辐射的直射分量$$

或者

$$Q(D,z) = \exp(-D/\cos z)$$

其中,$Q(D,z)$ 是直射分量的传播系数。这个公式被称为比尔定律(Beer's law)。

如果在光束传播过程中只发生吸收过程,比尔定律将到达火星表面的大气层外界辐射描述为 D 和 $\cos z$ 的函数(即没有被吸收的辐射部分)。然而,火星大气层对太阳光的吸收大部分是在紫外波段,并且总的来说,在太阳光穿过火星大气层的全光谱通路上,对阳光的吸收仅仅是次要的影响因素。灰尘造成的散射是更重要的因素。除了以直线的方式传播到火星表面的直射阳光分量外,多种散射会将四散的光发射到火星表面上。每一次散

射作用都扩散了散射辐射,光束经历多次散射使得散射辐射路径变得弯弯曲曲。部分散射作为散射分量辐射到达了火星表面,与直射光束叠加在一起。散射的结果会在接下来几个部分进行讨论。

水平面上的直射光束辐射等于直射光束强度乘以 cosz。水平面上的总辐射通量是太阳光的直射辐射通量与从整个大气层散射下来的漫射部分之和。

B.1.3.2　火星大气层中太阳光的散射与吸收的简单双通量模型

本节将介绍有关火星大气层中太阳光的散射与吸收的一个相对简单的模型。

首先考虑一个单位横截面积的垂直大气柱体。B.5.4 部分给出了柱体内部灰尘颗粒的数量估计。柱体光深为 0.5(对应相对比较晴朗的火星天气)时,柱体内大约含有 2.5×10^6 个颗粒。这些颗粒总的光学截面积是柱体面积的一半——这就是光深的定义。因此,在统计上,光束通过这样一个柱体时的路径涉及光与数百万个细小灰尘颗粒的先后相互作用。

如果大气中颗粒物的平均密度是 n(个/单位体积),单位面积柱体内颗粒物的总数量(N)将取决于如下公式:

$$D = Nq = nTq$$

其中,q 是颗粒物光学相互作用的横截面积,T 是大气层的厚度,D 是光深。大气层的厚度 T 乘以单位面积就是柱体的体积,得到

$$N = nT$$

当光线与一个颗粒物作用时,一些光线会被散射形成一个向前的锥状物,一些光束散射后形成一个向后的锥状物,还有一些光束会被吸收。可以计算单次散射反照率

$$w = 光被散射的量 / 光被散射和吸收的总量$$

在散射光中,f 表示向前散射的部分,$b = (1 - f)$ 是向后方散射的部分。

注意在颗粒物与光线的任何一次相互作用中

$$wf = 光被前向散射的量 / 光被散射和吸收的总量$$
$$1 - wf = 光被后向散射的量 / 光被散射和吸收的总量$$
$$wb = 光被背向散射的量 / 光被散射和吸收的总量$$

实际情况是,散射光会在一个复杂的三维系统里同更多的灰尘颗粒相互作用。Pollack 等(Pollack et al.,1990)、Haberle 等(Haberle et al.,1993)和 Crisp 等(Crisp et al.,2001)对这种三维辐射传播系统做过更详尽

的分析。向前散射程度高于向后散射,并且很多向前散射的光束会投影到一个顶角相对狭小的圆锥体上去。而一些光束原本入射点是 A,最后却到达了点 B(B 离 A 稍微有点距离)的事实没有导致什么太重要的后果。主要关注的是能穿过大气到达地面的辐射光线,而不是它们在大气层中的来处。因此,考虑忽略这个问题的第三个维度的双通量模型是恰当的。该模型做了如下近似:在每次光线与灰尘相互作用之后,光纤要么被吸收沿着原方向向后散射,要么沿着原方向向前散射。在某种程度上,散射光线倾向围绕在原方向上的向前圆锥体或向后圆锥体,是一种很好的近似。

火星大气的简易模型见图 B.4。大气层上方的入射辐射通量 A 为 1。这是沿着光束原方向的运动通量。

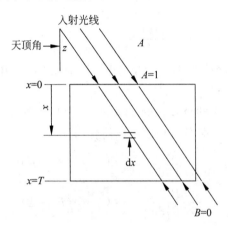

图 B.4 火星大气的简易模型

大气层顶端坐标 $x=0$,是垂直距离的起算点,地面上 $x=T$,太阳天顶角是 z

在大气层内部,后向散射的存在使任一点 X 处都存在前向光束通量和后向光束通量,分别用 $A(x)$ 和 $B(x)$ 表示。在地面上没有后向光束通量,因此 $B(T)=0$ 是另外一个边界条件。对于天顶角为 z 的倾斜入射的光束而言,光线的路径长度由 dx 变为 d$u=\sec z\,\mathrm{d}x$。

取光线路径上的一个增量 du,坐标为 $u=x\sec z$,发生在长度为 du 这一段上的吸收与散射作用决定了微分方程中 A 与 B 的变化。在任一段增量 du 中有

(1) 散射与吸收所导致的 A 中向下的太阳光通量的损失为 $(1-wf)A$;

(2) 散射作用导致 B 中向下的太阳光束通量的增加量为 wbB;

(3) 散射与吸收所导致的 B 中向上的太阳光束通量的损失为 $(1-wf)B$;

（4）散射作用导致 A 中向上太阳光束的增加量为 wbA。

因此，可以列出两个微分方程：

$$\frac{\mathrm{d}A}{(D/T)\mathrm{d}u} = -(1-wf)A + wbB$$

$$\frac{\mathrm{d}B}{(D/T)\mathrm{d}u} = -(1-wf)B + wbA$$

Chu 和 Churchill(Chu and Churchill, 1955)给出了这个微分方程组的解。在地面上，$u = T/\cos z$，该点处 A 的值为

$$A = \frac{\mathrm{e}^{-p/\cos z}(1-G^2)}{1-G^2\mathrm{e}^{-2p/\cos z}}$$

其中：

$$G = \frac{D(1-wf+wb)-p}{1-wf+wb+p}$$

入射光束通量被当作一个单位量，地面上的 A 值就是预计的传播系数。

如果不存在光束的吸收，$w=1$，$p\to 0$，$G\to 1$，A 的表达式是无法确定的 $(0/0)$。这种情况下，微分方程便可以简化为

$$\frac{\mathrm{d}A}{(D/T)\mathrm{d}u} = -(1-f)(A-B)$$

$$\frac{\mathrm{d}B}{(D/T)\mathrm{d}u} = -(1-f)(B-A)$$

如果用 $(A+B)$ 和 $(A-B)$ 来替换变量 A 和 B，微分方程可以简化为

$$\frac{\mathrm{d}(A+B)}{(D/T)\mathrm{d}u} = 0$$

$$\frac{\mathrm{d}(A-B)}{(D/T)\mathrm{d}u} = -2(A-B)$$

以上方程的解很简单：

$$A+B = 1$$

$$A-B = \exp\frac{-2D(1-f)}{\cos z}$$

将这两个等式相加，可以求出地面上 A 的值是

$$A = 0.5\left[1 + \exp\frac{-2D(1-f)}{\cos z}\right]$$

很有趣的是，这个双通量模型表明，在不存在光束吸收的情况下，传播系数不会低于 50%。产生这种现象的物理原因是，即使光深很大，光束也

会被多次地向前和向后反射,直到一半的光束向前继续传播,一半的光束向后继续传播。

对于火星上的灰尘,最佳近似值是

$$w = 0.93, \quad b = 0.17, \quad f = 0.83$$

图 B.5 给出了这些参数的双通量模型示意图。图中显示了不同光深下考虑了光束吸收作用时传播系数的完整表示和未考虑吸收作用时的传播系数的简单表示。随着光深和天顶角增加,忽略吸收作用会造成很严重的误差。

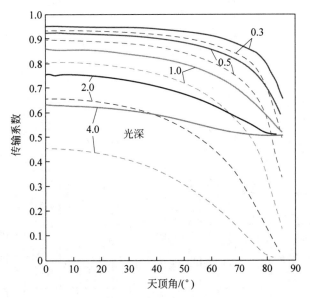

图 B.5   考虑/不考虑吸收作用时的双通量模型的传播系数估计(见文前彩图)
虚线包括吸收和散射;实线仅包括散射,忽略了吸收

B.1.3.3   太阳光在火星大气中散射吸收的复杂模型

Pollack 等(Pollack et al. ,1990)对光照在大气层中的传播过程进行了相对严谨的处理,对火星上球状粉尘颗粒物的散射作用分析更为细致。他们以表格的形式给出了在关于任意颗粒光深和太阳天顶角条件下到达火星平面的净向下光束通量传播系数(小数的形式)。因为这是净辐射的传播系数,因此它代表火星表面向下和向上的光束通量之差。将这个差除以(1-albedo)可以得到向下的辐射通量 $T(D,z)$。表 B.3 中列出了 $T(D,Z)$ 的值。

表 B.3　向下通量的传播系数 $T(D,z)$，T 为 D 和 z 的函数

OD	0	10	20	30	40	50	60	70	80	85
0.1	0.983	0.981	0.980	0.978	0.973	0.967	0.952	0.922	0.839	0.706
0.2	0.962	0.961	0.956	0.953	0.946	0.929	0.903	0.842	0.711	0.522
0.3	0.941	0.94	0.934	0.929	0.918	0.896	0.860	0.787	0.624	0.458
0.4	0.920	0.919	0.912	0.906	0.891	0.864	0.822	0.741	0.558	0.414
0.5	0.90	0.90	0.891	0.884	0.864	0.836	0.787	0.698	0.502	0.380
0.6	0.881	0.879	0.872	0.861	0.839	0.806	0.752	0.659	0.460	0.353
0.7	0.862	0.859	0.851	0.839	0.814	0.778	0.718	0.617	0.426	0.331
0.8	0.844	0.840	0.833	0.818	0.789	0.750	0.684	0.578	0.400	0.311
0.9	0.828	0.822	0.814	0.797	0.767	0.722	0.652	0.541	0.373	0.293
1.0	0.813	0.806	0.797	0.778	0.744	0.698	0.622	0.506	0.352	0.280
1.1	0.792	0.788	0.778	0.758	0.723	0.671	0.599	0.481	0.333	0.266
1.2	0.774	0.769	0.759	0.736	0.702	0.650	0.576	0.459	0.320	0.256
1.3	0.758	0.752	0.741	0.718	0.681	0.630	0.553	0.438	0.303	0.244
1.4	0.740	0.734	0.722	0.699	0.662	0.607	0.531	0.421	0.291	0.233
1.5	0.723	0.718	0.703	0.68	0.644	0.589	0.511	0.402	0.279	0.224
1.6	0.708	0.700	0.687	0.663	0.626	0.569	0.490	0.387	0.267	0.217
1.7	0.691	0.683	0.668	0.646	0.607	0.549	0.471	0.369	0.258	0.209
1.8	0.677	0.667	0.651	0.631	0.590	0.533	0.453	0.353	0.249	0.201
1.9	0.662	0.652	0.634	0.612	0.571	0.516	0.437	0.338	0.241	0.196

续表

OD	0	10	20	30	40	50	60	70	80	85
2.00	0.647	0.637	0.620	0.597	0.556	0.498	0.420	0.326	0.231	0.189
2.25	0.613	0.602	0.580	0.557	0.513	0.456	0.381	0.294	0.211	0.173
2.50	0.576	0.566	0.547	0.521	0.478	0.420	0.351	0.269	0.193	0.161
2.75	0.540	0.531	0.513	0.489	0.446	0.392	0.326	0.249	0.176	0.151
3.00	0.511	0.50	0.482	0.460	0.418	0.367	0.303	0.229	0.167	0.142
3.25	0.482	0.471	0.456	0.433	0.393	0.342	0.282	0.214	0.156	0.133
3.50	0.457	0.444	0.430	0.408	0.370	0.322	0.267	0.200	0.147	0.122
4.00	0.411	0.400	0.386	0.367	0.329	0.287	0.236	0.178	0.131	0.111
5.00	0.327	0.318	0.306	0.287	0.256	0.226	0.184	0.144	0.104	0.089
6.00	0.253	0.248	0.239	0.222	0.198	0.170	0.144	0.114	0.089	0.076

这些传播系数的绘图参见图 B.6。从 $T(D, z)$ 数据可以看出,随着太阳天顶角和光深的增加,传播系数在缓慢渐次变小。这是因为颗粒对光线的散射主要是正向的并生成了相当大的漫射部分,即便是在高 D 值和 z 值导致 z 直射部分剧烈减少的情况下也是如此。在 D 约为 0.5 的"晴朗"火星天气且太阳正在头顶上方($z \approx 0$)时,辐射直流分量将由传播系数决定：

$$\exp(-D/\cos z) = \exp(-0.5) \approx 0.6$$

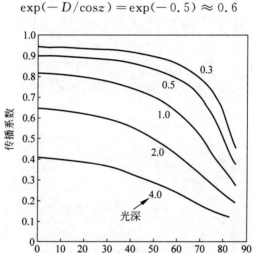

图 B.6 对于不同的光深,Pollack 等给出的 $T(D, z)$ 与天顶角的依赖关系

然而由表 B.3 可知波拉克(Pollack)传播系数(包括直射和漫射)为 0.9。可得出结论,即当太阳正好位于火星上方且光深为 0.5 时,火星大气层外太阳辐射(ET)的 60% 以直射的形式到达火星地面,另外 30% 到达地面的形式是散射光束。反之,如果 $D = 3$ 且 $z = 50°$,直射通量是 ET 的 $\exp(-3/0.64)$ 倍,即 0.009 倍,向下的通量是 ET 的 0.367 倍,因此向下的通量主要是由散射通量组成的,直射通量可以忽略不计。这也表明了散射模型对火星上漫射辐射的重要性。

波拉克模型的估算结果与简易双通量模型预估的结果的比较参见图 B.7。当光深和天顶角都很小时,双通量模型效果出奇的好。

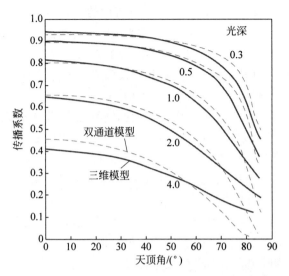

图 B.7 Pollack 等(Pollack et al.,1990)的双通量模型与三维模型的对比

B.2 水平和倾斜平板的太阳辐射强度

关于火星上太阳辐照度的前期工作由 Appelbaum 和 Flood(Appelbaum and Flood,1990),Appelbaum 和 Landis(Appelbaum and Landis,1991),Appelbaum 等(Appelbaum et al.,1995,1996)开展,这些论文为本节的讨论奠定了基础。

B.2.1 术语

λ:实际路径长度

λ_0:垂直路径长度

a:比尔定律中的吸收系数

A:双通量模型中的太阳向下辐射通量

α:反照率

b:后向散射部分

B:双通量模型中的向上辐射通量

d:火星赤纬

D:光深

f:前向散射部分

G:双通量模型中的参数

GB：太阳光穿过大气垂直到达火星表面的光束强度

GBH：大阳光穿过大气到达火星水平表面的光束强度，有 GBH＝GBcosz

GBT：太阳光穿过大气到达倾斜平面的光束强度

GDH：与直射光来源不同，火星上太阳光到水平表面的散射强度，有 GDH＝GH－GBH

GDT：火星上太阳光到达倾斜平面的漫射光束（源于非直射光束）强度

GDTI：假定火星天空中散射辐照度各向同性时的 GDT 估计

GDTS：假定漫射源于太阳方位时对 GDT 的估计

GH：穿过火星大气层到达火星表面水平面的总太阳光（既包含直射分量又包含漫射部分）强度

GRT：底面反射对倾斜地表平面上的太阳光辐射强度的贡献量

GT：通过大气既包含直射分量又包含漫射部分到达火星上倾斜平面的全部太阳光（既包含直射分量又包含漫射部分）强度

H：火星上一天的小时时间。火星上的一天从 1:00—25:00,13:00 正好将太阳正午平分（注意，每天的实际时间长度为 24.7 h）

I：太阳光强度

I_{ext}：火星大气层外部的太阳光强度

I_h：火星水平表面上的太阳光强度

K_1：GDTI 的系数

K_2：GDTS 的系数

L：纬度

L_S：日心经度，基于春分点处 $L_S＝0$（在一个火星年内 L_S 从 0°变化到 360°）

n：在大气气柱中灰尘颗粒的平均密度（单元体积内灰尘颗粒数目）

N：在一个单位面积的竖直气柱中灰尘颗粒的总数

p：双通量模型中的参数

q：灰尘颗粒与光发生交互作用的横截面积

Q：比尔定律中关于直射的传播系数

r：从太阳到火星的当前距离

r_{av}：从太阳到火星的平均距离

SH：无大气层情况下，火星上水平表面的太阳光强度

$\sin d$：$\sin 25.2° \times \sin L_S＝0.4258\sin L_S$

SN：无大气层的情况下，火星上水平表面入射光线为法线的平面带上的太阳光强度

ST：无大气层的情况下，火星上倾斜平面（角度为 TT）的太阳光强度

t：一天内范围从-12 h 到$+12$ h，在太阳正午时 $t=0$

T：大气层的厚度

$T(D,z)$：水平表面的总太阳辐照度的传播系数，是光深和天顶角的函数（正如 Pollack 等用表格列出的）

TT：倾斜的太阳能收集器平面的倾斜角

u：路径的倾斜部分的长度，有 $u=x\csc z$

w：单次散射反照率，该指标定义为：散射的光总量/散射光和被吸收的光的总量

x：路径的垂直要素

z：天顶角（火星表面上某点与太阳连线和该点铅垂线之间的夹角）

z_T：相对于倾斜平面的太阳天顶角

B.2.2　水平平面的太阳辐照度

需要把水平平面上的太阳光强度视为纬度、季节和光深的函数来进行估计。如前所述：

$$\sin d = \sin 25.2° \sin L_S = 0.4258 \sin L_S$$
$$\cos z = \sin d \sin L + \cos d \cos L (2\pi t/D)$$
$$GH = SN \cos z\, T(D,z)$$
$$GB = SN \exp(-D/\cos z)$$
$$GBH = GB \cos z$$
$$GDH = GH - GBH$$

B.3　固定倾斜表面上的太阳光强度

通过倾斜太阳能收集器平面，能使照射到阵列平面上的太阳射线与阵列平面之间的夹角发生变化（见图 B.8）。平板太阳能收集器常规的安装方式是在高纬度将平板板面倾斜朝上，北半球高纬度地区朝南，南半球高纬度地区朝北。在这种情况下，尽管穿过大气层到达收集器的太阳射线的路径长度远远要比到达赤道的路径长，但太阳光照向太阳能收集器的角度和赤道上的角度是一致的。

晴朗的天气环境下，可以通过倾斜平板朝向太阳来增强高纬度地区冬天的太阳光强度。这是在地球上众所周知的太阳能利用方法。但是，这样的倾斜会减弱在夏天的辐射强度。同时，在密布灰尘的高纬度地区，大多数

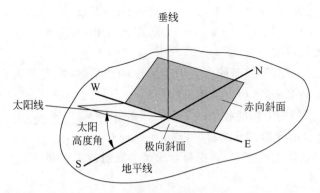

图 B.8　面向极点和面向赤道的斜面和与太阳连线的夹角的差异

的辐照度是漫散射的,而一个倾斜的平面比水平平面正对着的天空范围更少,所以这种倾斜可能会适得其反。

当收集器平面以倾斜角 TT 向上倾斜朝向太阳时,以下三种情况都会影响太阳对平面的辐射强度。

(1) 因为相对于水平面的天顶角发生了改变,所以直射的强度会随之变化。把相对于倾斜平面的太阳天顶角称为 Z_T。Z_T 可以用纬度与平面倾斜角的差值来替换纬度角进行估算(用 $L-TT$ 来替换 L)。

$$\cos z_T = \sin d \sin(L-TT) + \cos d \cos(L-TT)\cos(2\pi t/24.6)$$

当 $TT=L$ 时,$\cos z_T$ 的公式得到了简化:

$$\cos z_T = \cos d \cos(2\pi t/24.6)$$

而太阳在火星上每小时旋转大约 $14.6°$。在倾斜平面上的直射强度为

$$GBT = GB\cos z_T$$

(2) 因为照射到倾斜平面上的是漫射部分的投影,倾斜平面上散射部分就受到影响。这个影响很难被精确估计。下面的部分会详细讨论这个问题。

(3) 有来自倾斜平面前方地表反射太阳射线照射到倾斜平面上,这部分的大小与地表反照率成正比。

B.3.1　倾斜平面上的漫射部分

在两种极端情况下很容易估计倾斜平面上的漫射部分。第一种极端情况是假定漫射辐射在整个天空中发出是各向同性的(GDTI)。高光深和大天顶角(此时太阳在低空中运行,大气层很厚)时就很接近这种极端情况。另外一种情况是假定漫射辐射来自太阳附近,发生了变化(GDTS)。当光深很低和天仰角很小(此时太阳在头顶上运行,大气层很薄)时很接近这种情况。

在火星上拍得的照片表明真实情况处在这两种极端情况之间(见图 B.9)。

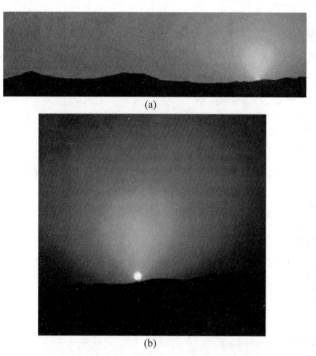

(a)

(b)

图 B.9　火星探路者号拍摄的太阳下山时分的照片(见文前彩图)

　　步骤包括估计以上两种极端情况下倾斜平面上散射部分的极端可能值,然后利用这两个估计值构造如下线性组合:

$$\text{GDT} \approx K_1(\text{GDTI}) + K_2(\text{GDTS})$$

式中,$K_1 + K_2 = 1$。

　　并没有权威的方法可以用来估计这些系数。使用基于"当 $D/\cos z$ 变大时,K_1 将逐渐趋近 1,而当 $D/\cos z$ 变小的时候,K_2 将逐渐趋近 1"这个看法的启发式方法来估计这些参数。下面给出了一个讲得通的关于 K_2 的简便函数:

$$K_2 = \frac{1}{1 + D/\cos z}$$

　　在图 B.10 中给出了这个函数的图像。在到达水平表面的散射部分是各向同性(散射光均匀地来自天空的各个部分)的极端情况下,水平表面倾斜的收集器只能朝向部分范围的天空:当收集器水平时能朝向全部天空,当收集器垂直时只能朝向半边天空。于是在倾斜角为 TT 时,照射到平面上的散射部分可由下式给出:

$$\text{GDTI} = \text{GDH}\cos^2(\text{TT}/2)$$

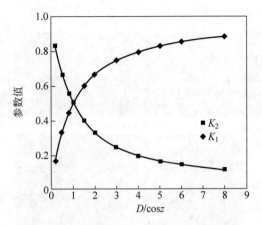

图 B.10　参数随 $D/\cos z$ 变化而变化情况

倾斜的收集器所面对的空间部分是 $\cos^2(TT/2)$（见图 B.11）。这使得照射到倾斜收集器上的散射部分比照射到水平表面上的要少。

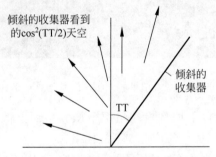

图 B.11　倾斜的收集器看到的部分天空

然而通过观测发现，火星上空的散射光并非是各向同性的，而是具有源函数的规律，即在靠近太阳处最强，在远离太阳的方向倾斜一个角度处减弱。这样的情况下，倾斜的收集器没有"看到"的天空部分是远离太阳的部分，因此倾斜平面（GDT）上的散射量毫无疑问要比基于各向同性假设的估计量要大得多。

在另一种极端情况下，假设火星大气对太阳射线的散射全是小角度散射，而且散射射线以光束的形式从靠近太阳处出发到达火星。在这种情况下，就能把整个太阳辐射输入看成全部来自太阳的方向。这样就可以如下估计 GDTS：

$$GDTS = GDH \, \frac{\cos z_T}{\cos z}$$

如前所述，对固定倾斜平面上散射量按照下式进行估计：

$$GDT \approx K_1(GDTT) + K_2(GDTS)$$

B.3.2　来自倾斜收集器前方地面的反射

除了直射量和散射量之外，倾斜收集器前方地面的反射太阳光线也贡献了一些太阳辐射。将地面反照率记为 α。于是，如图 B.12 所示，地面反射的贡献量可由下式计算：

$$GRT = \alpha(GH)\sin^2(TT/2)$$

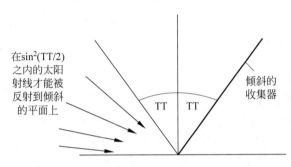

图 B.12　只有在 $\sin^2(TT/2)$ 空间部分内的太阳射线才能被反射到倾斜的收集器表面

B.3.3　倾斜平面上总的辐射量

倾斜平面上接收到的光束强度：

$$GBT = GB\cos z_T$$

倾斜平面上总的太阳光强度是直射光束输入量、散射输入量以及倾斜收集器前面地面反射输入量的总和。

于是，倾斜收集器表面上总太阳光强度由下式表示：

$$GT = GBT + GDT + GRT$$

$$GT = GB\cos z_T + K_1(GDTI) + K_2(GDTS) + \alpha(GH)\sin^2(TT/2)$$

B.3.4　旋转倾斜平面

对旋转倾斜平面的处理方法与固定倾斜平面类似，它们的区别在于旋转倾斜收集器平面是始终正对着太阳的。对于旋转倾斜太阳能收集器来说，下式中的时间因子"t"总是 0（在太阳中午时刻的实际值）。

$$\cos z_T = \cos d \cos(2\pi t/D)，\qquad 那么 \cos z_T = \cos d$$

除此之外，剩下的计算过程完全相同。

B.4　火星上太阳能强度的数值估算

B.4.1　水平平面上的太阳能

B.4.1.1　每天日照总量

依据目前的火星轨道状况(离心率为 0.093,倾斜度为 25.2°,近日点的 L_S 为 250°),照射到水平平面上的太阳能可使用 Pollaok 传播系数来计算(见表 B.3)。图 B.13(a)～图 B.13(e)分别代表了光深取 0.3,0.5,1.0,2.0,4.0 时一天的日照总量(是 L_S 和纬度的函数的等高线绘图)。光深为 0.3 代表大气是极为清洁的,取 0.5 时说明是正常的天气,取 1.0 和 2.0 时是沙尘暴天气,4.0 是处于近赤道纬度附近发生的最强全火星性的沙尘暴,是极端峰值光深。

有三个因素决定日照的量级。一个因素是纬度,它决定通过大气层的太阳射线的天顶角范围。另外一个因素是在 $L_S=250$°时火星距太阳的距离最近,而当 $L_S=70$°时距太阳最远的事实。这导致等高线图 B.13 中左下象限绘图中的等高线绘图向有更高日照数值的方向扭曲。第三个因素是赤纬的季节性变化,赤纬的变化范围是从夏至日的+25.2°到冬至日的−25.2°。夏至日出现在北半球是在 $L_S=90$°和南半球的 $L_S=270$°时,如图 B.13 所示。这将导致等高线绘图在右上象限和左下象限中向有更高太阳强度的方向偏离。

太阳日照总强度最高的纪录是在南半球处于夏季,当火星离太阳最近的时候。当白天最长时,在高纬度地区太阳日照总强度达到峰值。随着光深的增加,全火星日照都将减少,但在高纬度地区减少更多,这是由于穿过大气层的路径长度增加所致。因此,光深很高时,对在高纬度地区的日照的影响要比对在近赤道纬度地区的影响更大。

B.4.1.2　水平平面按小时计算的日照量模式

针对不同纬度水平平面上按小时计算的日照量如图 B.14 所示。如图 B.14(a)所示,在高纬度地区,夏天日照的时间很长,然而冬至点附近根本没有太阳。按小时计算的日照量在全年范围内变化非常大。在 15°N,一年中按小时计算的日照变化量是最小的,因为在冬天火星北方最接近太阳,而这恰好对冬天火星上太阳高度角较低这个事实起到了平衡作用(见图 B.14(c))。在中纬度地区,如 45°,全年都有一些日照,但夏季/冬季变化很大。在南半球所有纬度夏季/冬季的变化总是更大,因为在夏天火星南半球更接近太阳,而在冬天南半球更加远离太阳。

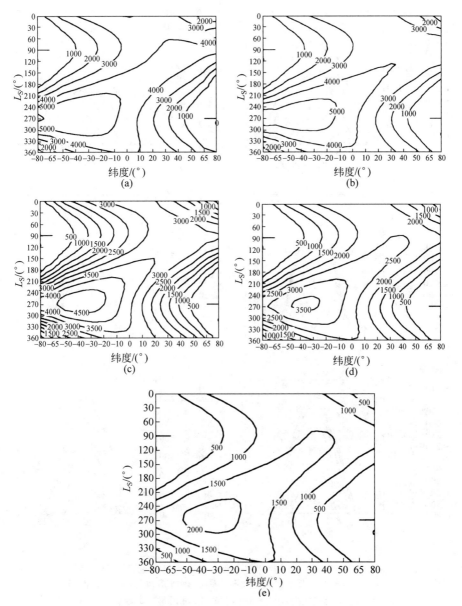

图 B.13　不同因素对日照量级的影响

（a）光深为 0.3 时，水平平面上每日日照总量（W·h/m²）；（b）光深为 0.5 时，
水平表面上每日日照总量（W·h/m²）；（c）光深为 1.0 时，水平表面上每日日照
总量（W·h/m²）；（d）光深为 2.0 时，水平表面上每日日照总量（W·h/m²）；
（e）光深为 4.0 时，水平表面上每日日照总量（W·h/m²），此时火星上发生全火
星性的沙尘暴。发生全火星极度沙尘暴时的日照量（光深约 4.0）

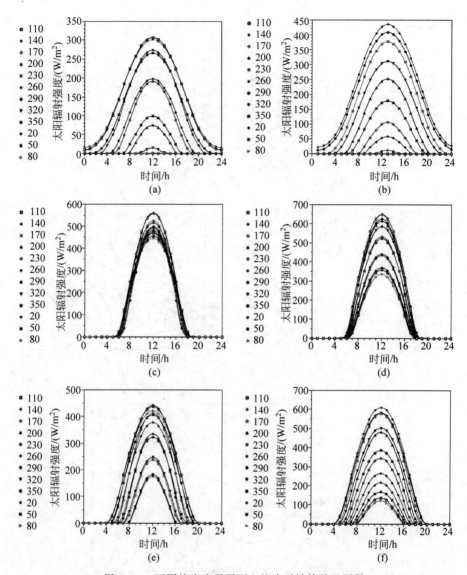

图 B.14　不同纬度水平平面上按小时计算的日照量

(a) 光深为 0.5 时，火星上北纬 70°地区在不同 L_S 下，水平表面上的按小时计算的太阳辐射强度（W/m²）。这些曲线当 $L_S=230°$，260°和 290°时都与 x 轴重合（这个纬度下在冬天中期是没有太阳辐射的）；(b) 光深为 0.5 时，火星上北纬 70°地区在不同 L_S 下，水平表面上的按小时计算的太阳辐射强度（W/m²）；(c) 光深为 0.5 时，火星上北纬 15°地区在不同 L_S 下，水平表面上的按小时计算的太阳辐射强度（W/m²）；(d) 光深为 0.5 时，火星上南纬 15°地区在不同 L_S 下，水平表面上的按小时计算的太阳辐射强度（W/m²）；(e) 光深为 0.5 时，火星上北纬 45°地区在不同 L_S 下，水平表面上的按小时计算的太阳辐射强度（W/m²）；(f) 光深为 0.5 时，火星上南纬 45°地区在不同 L_S 下，水平表面上的按小时计算的太阳辐射强度（W/m²）

B.4.1.3 一个火星年中在水平表面上的总日照量

一整火星年在水平表面上的太阳辐射强度（1 火星年＝668 火星日），如图 B.15 所示。注意半球之间的不对称性：因为在南方夏天有更高的太阳辐射，所以南半球接收到更多年太阳能输入。

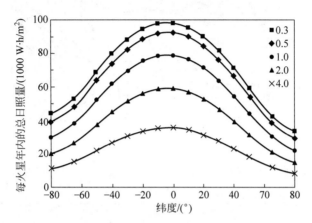

图 B.15　一个火星年里，不同的光深（由不同的数据点表示）下水平表面上的总日照量

B.4.2　倾斜平面上太阳辐射

B.4.2.1　固定倾斜表面

光深为 0.5 时，针对在面向极点和面向赤道的 20°斜面上的太阳辐射进行了计算和绘图。

图 B.16 展示了面向赤道的斜面上的太阳辐射强度。纬度为 L 处 20°斜面上的太阳辐射强度大约与在纬度 $L+10°$ 处水平表面上的辐射强度相等。

图 B.17 展示了面向极点的斜面上的太阳辐射强度。纬度为 L 处 20°斜面上的太阳辐射强度大约与在纬度 $L-10°$ 处水平表面上的辐射强度相等。

图 B.18 展示了面向极点和面向赤道斜面上的太阳辐射强度的差异。面向极点和面向赤道的坡度为 20°的斜面上的太阳辐射量差异可达每个火星日 1000 W·h/m²。

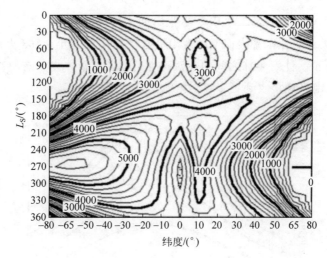

图 B.16　光深为 0.5 时，面向赤道坡度为 20°的斜面上每天的总太阳能辐射量（单位：W·h/m²）

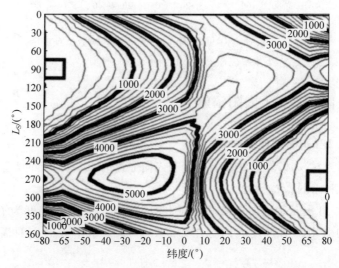

图 B.17　光深为 0.5 时，面向极点坡度为 20°的斜面上每天的总太阳能辐射量（单位：W·h/m²）

B.4.2.2　旋转向日倾斜平面

在高纬度地区，清洁空气环境下，将太阳能收集器阵列板从水平面向上倾斜其纬度数值的角度，同时每小时旋转 14.6°确保它始终朝向太阳，这样做可以获得相当多的太阳能增量。在光深增大时，太阳能增量就会减少，光深的漫射百分比增加。把太阳能收集器平面倾斜仅能提高太阳直射量，与此同时，这种倾斜也减少了太阳散射量，因为一个倾斜的平板只能"看见"部

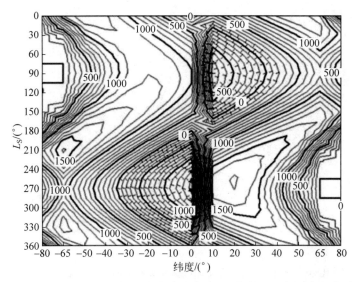

图 B.18　在光深为 0.5 时，面向赤道坡度为 20°的斜面上与面向极点坡度为 20°斜面上的每天太阳能辐射总量的差异（单位：W·h/m²）

分天空。图 B.19 和图 B.20 分别展示了光深在 0.3 和 0.5 以及 1.0 时，带有水平阵列的旋转倾斜阵列在南纬 80°和北纬 65°一天收集到的总的太阳辐射量。在光深为 0.3 和 0.5 时，使用旋转倾斜太阳能收集器获得的辐射总量的提升是相当可观的，而在光深为 1.0 时，这种提升是极小的。

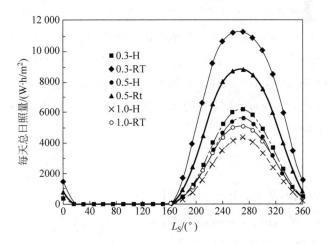

图 B.19　南纬 80°地区太阳能收集器表面上每天总日照量

太阳能收集器表面被控制从水平面向上倾斜了 80°，以及以每小时 14.6°速度旋转确保其始终朝向太阳。图中不同的曲线对应不同光深。在此称旋转倾斜表面为 RT，称水平表面为 H

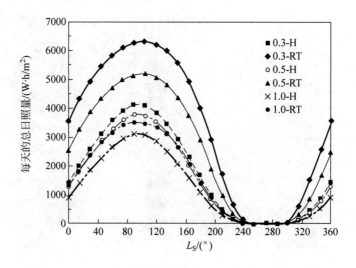

图 B.20　北纬 65°地区太阳能收集器表面上的每天太阳辐射总量

太阳能收集器表面被控制从水平面向上倾斜了 65°，以及以每小时 14.6°速度旋转确保其
始终朝向太阳。图中不同的曲线对应不同光深。称旋转倾斜表面为 RT，水平表面为 H

B.4.3　火星上过去百万年里的太阳能

B.4.3.1　火星的轨道变化

火星运动的轨道经历了准周期性的变化，变化周期大约为 10 万年的量级。图 B.21 展示了在过去 100 万年里其轨道倾斜度和离心率的变化。此外，近日点经度岁差在历史上的变化导致了火星两极之间夏季日照峰值超过 50% 的不对称，这个不对称最长每 25 500 年循环一次。

因为火星大气层外 1AU 处的太阳能强度为 1367 W/m^2，而照射到火星上的太阳能为

$$I_{\text{ext}} = 592\left(\frac{r}{r_{\text{av}}}\right)^2 = 592\left[\frac{1 + \varepsilon\cos(L_S - L_{\text{min}})}{1 - \varepsilon^2}\right]^2$$

天顶角（z）通过下式给出：

$$\cos z = \sin d\,\sin L + \cos d\,\cos(2\pi t/24.6)$$

其中，d 为观测点的赤纬（单位为度），L 是观测点的纬度（单位为度），t 是一天的时间（小时数，太阳正午时取值 0），24.6 h 是火星上一天的时间长度。当火星距太阳最近时，L_S 的取值为 L_{min}。在 $L_S = 0$ 时，赤纬取初始值

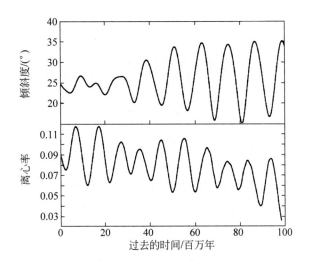

图 B.21 火星在过去的几百万年间倾斜度和离心率的历史变化［Based on data from Laskar et al. (2002)］

为 0°,而且它依据下面的公式随 L_S 值变化:

$$\sin d = \sin\varphi \sin L_S$$

式中,φ 为倾斜度(现在为 25.2°),这个值以往变化很大。而将昼夜平分岁差视为一个以 51 000 年为周期不断变化的量来估计。

这样,L_{min} 的数值可以用下式近似估计:

$$\cos L_{min} = \cos[250° - 360°(Y/51\,000)]$$

其中,Y 即为距今的年数;L_{min} 现在为 250°,并以 51 000 年为周期随着时间均匀变化。

图 B.21 中通过将倾斜度和离心率作为过去时间的函数来进行数值拟合,再与昼夜分点岁差的近似变化量相结合就可以计算出火星在过去 100 万年间任意时刻的太阳辐射量。

B.4.3.2 100 万年里对水平表面的日照量

图 B.22 和图 B.23 分别给出了北方和南方不同的纬度下水平表面上的日照量。倾斜度高的时期在高纬度地区使日照增加,而赤道附近低纬度地区使日照减少。在高纬度地区的百分比效应是非常大的。在纬度 80°处水平表面上的日照变化量跨度几乎达到倾斜度/离心率/岁差变化周期的 3 倍,

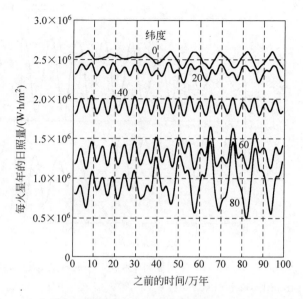

图 B.22　一个火星年里北半球几个不同纬度地区在水平表面的汇总日照量

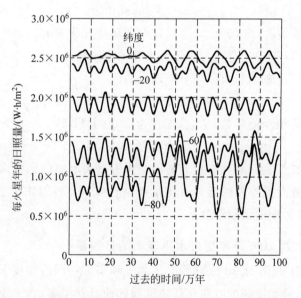

图 B.23　在一个火星年里南半球几个不同纬度地区在水平表面的汇总日照量

高纬度地区的波峰与低纬度地区的谷底是一致的。1 火星年里南纬 80° 日照量

在 $6×10^5 \sim 1.4×10^6$ W·h/m² 变化——接近 3 倍

在赤道附近的日照变化仅有 12%。图 B.24 展示了北半球高纬度、南半球高纬度以及赤道附近地区水平表面日照量的对比。南北半球的波峰和波谷之间的差异是因为昼夜平分点岁差的缘故，这个差异不断改变 L_{min}（火星距离太阳最近时 L_S 的值）。当 L_{min} 接近 $90°$ 时，北半球的波峰更高。而当 L_{min} 接近 $270°$ 时，南半球的波峰会更高。例如，通过将图 B.24 中 750 000 年前的波峰做更细致的研究，可以得到表 B.4。在从距现在（years before present，YBP）750 000 年时，L_{min} 为 $74°$（接近 $90°$），进而北纬 $80°$ 地区的日照就会比南纬 $80°$ 更强一些。相比之下，780 000YBP 时，L_{min} 为 $285°$（接近 $270°$），进而南纬 $80°$ 地区的日照强度就会高于北纬 $80°$ 地区。离太阳最近的极点的持续交替贯穿了为期 51 000 年的火星历史。

高纬度地区的峰值与低纬度地区的谷底是一致的。1 火星年里北纬 $80°$ 日照量在 $5×10^5 \sim 1.4×10^6$ W·h/m^2 变化——接近 3 倍。

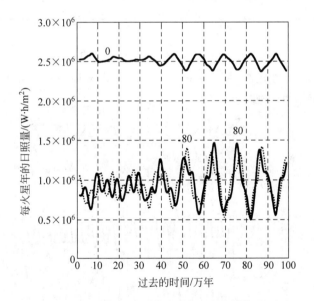

图 B.24　1 火星年里在赤道附近地区、南半球高纬度以及
北半球高纬度地区水平表面汇总日照量的对比
高纬度地区日照峰值与赤道附近低纬度的谷底一致。这种南北半球高纬度地区峰值与谷底的排列取决于昼夜平分点岁差。当火星在北半球夏天离太阳更近时，北半球的峰值更高，而当火星在南半球夏天离太阳更近时，南半球的峰值更高

表 B.4　火星在 75 万年前日照量和轨道属性的变化

距现在的时间/万年	倾角/(°)	偏心率	L_{min}	每火星年 80°N 的日照/(W·h/m²)	每火星年 80°S 的日照量/(W·h/m²)
70	17.3	0.065	81	666 552	548 707
71	20	0.058	151	741 965	680 754
72	22.5	0.062	222	761 971	866 552
73	25.5	0.066	292	851 592	1 031 847
74	29.0	0.070	3	1 097 855	1 085 439
75	**33.0**	**0.075**	**74**	**1 409 831**	**1 121 310**
76	34.2	0.081	144	1 416 605	1 217 938
77	32.6	0.076	215	1 162 053	1 333 291
78	**29.0**	**0.072**	**285**	**974 361**	**1 214 174**
79	24.6	0.067	356	895 897	909 488
80	20.7	0.062	66	806 128	676 107
81	17.1	0.058	137	634 086	562 618

B.4.3.3　在过去 100 万年里倾斜平面上的日照量

图 B.25～图 B.28 展示了过去几百万年以来面向极点和面向赤道 30°倾角的平面上的日照量。

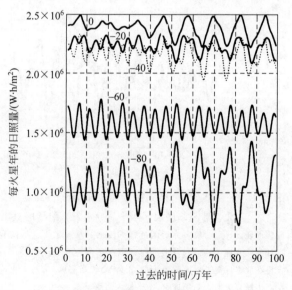

图 B.25　过去百万年间南半球上向赤道倾斜 30°的表面上的日照量

纬度已经在图中给出

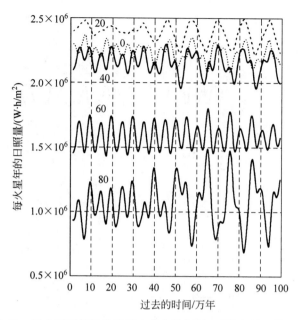

图 B.26　过去百万年间北半球上向赤道倾斜 30° 的表面上的日照量

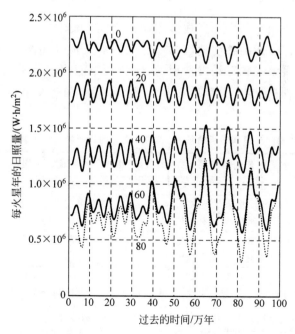

图 B.27　过去百万年间北半球上向极点倾斜 30° 的表面上的日照量

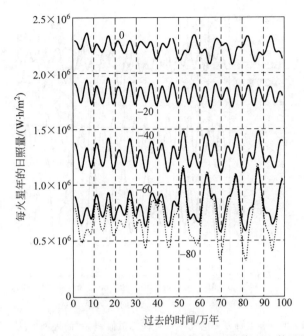

图 B.28　过去百万年间南半球上向极点倾斜 30°的表面上的日照量

　　表 B.5 给出了朝向赤道或极点倾角为 30°倾斜表面上与水平表面上日照量的对比。在高纬度地区向赤道倾斜的正面作用会被减少,因为高纬度地区很多太阳辐射是漫散射的,倾斜太阳能收集器平面会减少太阳能收集器平面"看见"天空的范围。表 B.6 展示了关于南半球的类似信息。

表 B.5　北半球朝向赤道和极点倾角为 30°的表面上的日照量与水平表面上的日照量对比

纬度	相比于水平面朝向赤道倾斜 30°的效果	相比于水平面朝向极点倾斜 30°的效果
0	年均日照量约 5% 递减	年均日照量约 10% 递减
20°N	年均日照量微量递减	年均日照量 30%～35% 递减
40°N	年均日照量约 15% 递增	年均日照量 30%～35% 递增
60°N	年均日照量约 25% 递增	年均日照量 35%～40% 递增
80°N	年均日照量约 30% 递增	年均日照量约 30% 递增

表 B.6　南半球朝向赤道和极点倾角为 30°的表面上的日照量与水平表面上的日照量对比

纬度	相比于水平面朝向赤道倾斜 30°的效果	相比于水平面朝向极点倾斜 30°的效果
0	年均日照量约 5% 递减	年均日照量约 10% 递减
20°S	年均日照量约 5% 递减	年均日照量约 25% 递减

纬度	相比于水平面朝向赤道倾斜 30°的效果	相比于水平面朝向极点倾斜 30°的效果
40°S	年均日照量约 15% 递增	年均日照量约 35% 递增
60°S	年均日照量 20%~25% 递增	年均日照量约 40% 递增
80°S	年均日照量约 20% 递增	年均日照量约 30% 递增

可以看到,在纬度大于 40°的地区,面向极点的倾斜平面接收的日照量比水平面要少 30%~40%,而面向赤道的倾斜平面接收的日照量比水平面上的要多 15%~30%。

B.5　阵列表面上灰尘的影响——简单模型

B.5.1　引言

Landis(1996)在早期著作中估计了火星大气里的灰尘落到太阳能收集器水平表面上的速率。现在的论文响应了他的方法,但是对参数进行了一些修改。Landis 采用的基本方法包括以下步骤:

(1) 假设一个光深。

(2) 采纳来自其他研究的关于火星灰尘粒度尺寸的分布。

(3) 估计一个平均灰尘颗粒的横截面积。

(4) 估计在选定的光深条件下的一个火星大气气柱中每平方厘米的颗粒数目。

(5) 估计灰尘落到火星表面的下降时间。

(6) 估计每火星日落到太阳能收集器水平表面上的灰尘颗粒数目。

(7) 估计这些落上的灰尘导致的太阳辐射的减少量。

Landis 的论文发表之后,新得到的数据指出了不同的灰尘颗粒平均尺寸(Tomasko et al.,1999)。所以在计算时必须进行小小的改变。此外,增加了用来描述落上的灰尘是如何分布到单个颗粒厚度区域、两个颗粒厚度区域等内容,最终得到了一个模型,这个模型可以用来预测落到太阳能收集器表面的灰尘未被清理时造成的昏暗程度。因为缺乏数据,现在还无法估计灰尘移动的速率。

B.5.2　光深

光深的定义为来自单位横截面积的大气垂直气柱中的所有颗粒,用于散射和吸收的堵塞面积。把垂直气柱中的每个颗粒用于散射和吸收的横截面积加和,这个和就是光深。海盗号和探路者号的数据显示在时常保持"清洁"的天气里,光深约为 0.5(见图 B.29 展示的探路者号的数据)。最近,火星探测漫游者(Mars exploration rover,MER)数据表明光深的数值可以降到 0.3 左右(见图 B.30 展示的 MER 数据)。光深为 0.5 意味着垂直气柱内所有颗粒单层排列在水平平面上后,有一半面积会被堵塞。另外 Petrova 等(Petrova et al.,2011)证实了来自高分辨率成像技术科学实验(HiRise)材料的 0.5 的光深。在一次严重的火星全球性沙尘暴高峰期光深可上升至 4~5(见图 B.31)。

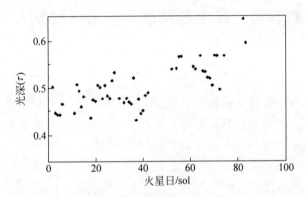

图 B.29　火星探路者号任务测得的光深(Crisp et al.,2004)

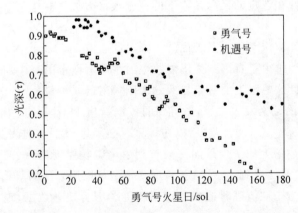

图 B.30　火星探测漫游者号任务测得的光深[Based on data from Crisp et al.(2004)loc cit]

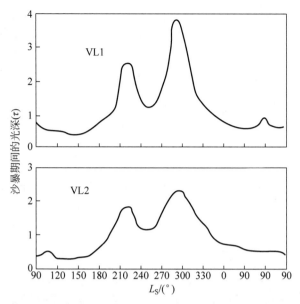

图 B.31 海盗号着陆器(LV)在一次严重火星全球沙尘暴期间测得的
光深(Kahn et al.,1992)

B.5.3 粒度分布

Landis(1996)指出,火星上灰尘的颗粒尺寸的估计分布有一个狭窄的
尖形和一个延伸到许多大尺寸中的相当长的尾部。如果说最可能的粒子半
径为 r_m,那么伸向较大粒子的"长尾"确保平均粒子半径大约为 $2.7r_m$。在
Landis 计算时,证据显示 r_m 大约为 $0.4\ \mu m$。然而,现在更多的数据表明
r_m 的值要小些,大约为 $0.25\ \mu m$。

现将本书中使用的粒子的平均尺寸与 Landis 使用的进行对比。

表 B.7　本书使用的粒子平均尺寸与 Landis 使用的粒子平均尺寸的对比

粒子半径/μm	当前计算值	Landis 计算值(Landis,1996)
最可能的半径	0.25	0.40
平均半径	0.70	1.10
基于面积平均的半径	1.60	2.75
基于质量平均的半径	2.50	3.90

B.5.4 垂直大气气柱中灰尘粒子的数目

本书现在使用 Landis 的方法计算底面积为 $1\ cm^2$ 的垂直大气气柱灰

尘粒子的数目。

下面计算过程都假设光深为 0.5。

光深的定义为

$$D = 垂直大气气柱内的粒子数目 \times$$

$$每个粒子散射和吸收的平均面积 / (1\ \text{cm}^2)$$

所以

$$N = \frac{D}{A_S}$$

其中，A_S 是用于光吸收和散射的有效面积。A_S 与粒子的几何面积 A_P 相关，关系式为

$$A_S = A_P Q_{ext}$$

其中，Q_{ext} 就是所谓的消失效率或散射效率。结果证明由于衍射效应，$Q_{ext} > 1$。Pollack 1990 年的模型（也就是 Landis 使用的）中 $Q_{ext} = 2.74$，但是在 Tomasko(Tomasko,1999)基于 PF 数据集建立的一个较新的模型中，$Q_{ext} = 2.6$。

另外，结果表明大多数散射在向前的方向上。只有 23% 的散射和吸收减弱了前向传输。因此决定 D 的有效面积 A_S（单位：cm^2）为

$$A_S = A_P Q_{ext}$$

因此，有

$$A_S = 0.23\pi \times (1.6 \times 10^{-4})^2 \times 2.6$$

$$N = 6 \times 10^6\ 个粒子，在\ 1\ \text{cm}^2\ 平面\ 20\ \text{km}\ 高的圆柱内$$

$$N \approx 3\ 个粒子\ /\text{cm}^3$$

B.5.5　尘埃颗粒下落的速度

接下来会计算灰尘颗粒降落到水平表面上的速率。

Landis 估算了灰尘落到水平表面上的速度，通过用气柱中灰尘粒子的数目除以下落的时间（灰尘颗粒从气柱落到水平表面的平均用时）。Landis 用两种方法估算了下落用时。一个办法是使用斯托克斯定理，另外一种方法是基于对沙尘暴消退速度的粗略观测。图 B.31 中给出了一场沙尘暴消退速度的例子。从中可以看出下落用时大约为(80±40)火星日。这意味着下降速度大约为每天(火星日)1 cm^2 面积气柱中 75 000 个灰尘颗粒。

B.5.6　初始遮蔽速率

初始状态下,情况似乎是这样的,几乎所有的灰尘着陆时都是离散的颗粒而没有团聚结块。一个灰尘颗粒的有效遮盖面积以前做出的估计约为 5×10^{-8} cm^2。

对于每火星日 75 000 个颗粒,每火星日的遮蔽比率为 0.004,或者为 0.4%。

B.5.7　尘埃的长期积累

随着尘埃持续落到火星表面,除了电池表面外,一些尘埃会落到其他的尘埃颗粒上。渐渐地,电池板表面被分成以下几个部分:

(1) 没有尘埃的部分;

(2) 单层尘埃的部分(A 区);

(3) 双层尘埃的部分(B 区);

(4) 三层尘埃的部分(C 区);

(5) 四层尘埃的部分(D 区),等等。

这些尘埃积累的速度遵循以下微分方程:

$$\frac{dA}{dt} = 0.0065 \times (1 - A - B - C - D - \cdots - A)$$

$$\frac{dB}{dt} = 0.0065 \times (A - B)$$

$$\frac{dC}{dt} = 0.0065 \times (B - C)$$

$$\frac{dD}{dt} = 0.0065 \times (C - D), 等等$$

因子 0.0065 等于 0.0015/0.23 用来变换成几何(不是光学的面积)面积,积分的结果见图 B.32。根据该模型,100 火星日之后电池阵列的 30% 将被单层尘埃覆盖,7% 被双层尘埃覆盖。

这些尘埃层对光的遮挡效应只能粗略地估计。对于被单层尘埃覆盖的表面,假设遮挡面积为 0.23 倍覆盖面积。对于被双层尘埃覆盖的表面,假设光的传输效率是 0.77×0.77,所以遮挡面积就是 0.41 倍双层覆盖的面积。类似地,对于多层尘埃的情况,此处采用比 0.77 更高次的幂。如果尘埃没有被清除,采用这种粗略假设可以得出遮光率与火星日的关系曲线,见图 B.33。

每种姿态下电池阵列上的尘埃质量可以用尘埃颗粒数与每个尘埃颗粒

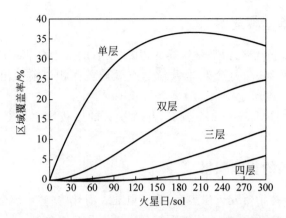

图 B.32　假设每个尘埃粒子随机下落，预测的不同层数的尘埃微
粒在 OD=5 时的分布（该分布是火星日的函数）

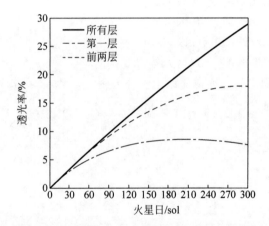

图 B.33　若没有尘埃被清除，不同层数的遮光率和火星日的对应关系

最上面的曲线表示的是针对所有层的。下面分别对应第一层尘埃和头两层尘埃（OD=0.5）

的质量之积来估算，尘埃颗粒数为

$$(A + 2B + 3C + 4D + \cdots)/(0.8 \times 10^{-7} \, cm^2)$$

要计算尘埃颗粒的平均质量，必须采用质量加权的平均半径，即 2.5 μm。
那么一个尘埃颗粒的平均质量约为

$$4/3\pi(2.5 \times 10^{-4})^3 \delta \, g = 5.8 \times 10^{-11} \delta \, g$$

其中，δ 是尘埃颗粒的密度。在任意姿态下，阵列表面的灰尘质量为

$$(A + 2B + 3C + 4D + \cdots)(\delta)(7.3 \times 10^{-4}) \, g/cm^2$$

　　图 B.34 展示了针对几个可能的尘埃密度遮光率与尘埃积累进度对应
关系的结果曲线。

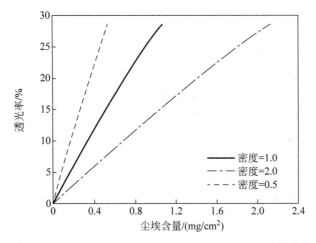

图 B.34 假设没有尘埃被清除,针对几个可能的尘埃密度值给出
了遮光率与尘埃积累进度之间的估计依赖关系

B.6 探路者号和 MER 的尘埃遮挡观测数据

火星探路者号提供了几个关于积累的尘埃对太阳能电池板的相关影响
的不同数据来源。Ewell 和 Burger(Ewell and Burger,1997)分析了主光电
池发电系统,该系统在正午时大约发电 175 W,而且还发现在典型的一天内
发电的大致情况与根据太阳和电池模型预测的发电量大概一致。这是对太
阳能电池性能的绝对比较。

其他不依赖太阳能电池性能的测试,尤其是那些提供每太阳日相对效
能的测试更有价值。其中一个就是材料黏附实验(materials adherence
experiment,MAE)(Landis and Jenkins,2000)。MAE 装置的目的就是通
过测量可靠地将灰尘覆盖造成的电力输出恶化,与由其他原因或表面太
阳强度变化引起的输出变化导致的电力输出恶化区分开来。这套装置第一
次定量地测量了尘埃沉积量和落在太阳能电池表面的灰尘对太阳能电池性
能的影响。MEA 太阳能电池实验利用一个带有可分离防护玻璃罩的
GaAs(砷化镓)太阳能电池来测量落尘引起的光学遮挡。实验过程中,偶尔
把玻璃罩从太阳能电池板前面旋开以对短路电流(I_{sc})进行测量。通过对
有保护玻璃罩和没有保护玻璃罩时电池的电流大小进行对比,可测量被尘
埃覆盖的玻璃罩的遮光率和玻璃罩本身的反射率。在上述测量值中减去已
知的玻璃罩的反射率,就得到尘埃导致的遮挡率。上述测量在当地正午和

14 时(LST)进行。可惜的是,探测器相对太阳光线的倾斜与当地地形相关,因此测量的结果会由于非正交入射角而导致轻微的变化。在正午进行测量时,一般来说,入射角可在合理的公差范围内,但在一天之中的晚些时候进行观测时将发生相当多的散射。实验要求旋转臂把保护玻璃罩从电池板面前完全移开。火星漫游者激活执行装置,等待预定的一定时间后测量太阳能电池。然后盖上玻璃罩再次测量。保护玻璃罩反射了 6% 的入射光线。因此可以通过测量短路电流 I_{sc} 在电池板没有被保护玻璃罩遮挡时是否提高了至少 6% 来证实保护玻璃罩是否打开。经过 36 个火星日的运转后,保护玻璃罩被卡住,来自 MAE 的有关尘埃沉积率的进一步数据丢失。大部分结果仅限前 20 个火星日。

从 MAE 实验的结果可以得出结论,在初期尘埃遮光率每火星日增加约 0.3%。一些火星探测规划者关注到,在这个速度下 90 火星日后遮光率会达到 27%,180 火星日后达到 54%。正如即将看到的,这看上去不太可能。

持续暴露在环境中的漫步者号上包含一个太阳能电池板。一般来说,在大部分火星日中的火星当地时间 13:00—14:00 时测量短路电流。这个时段恰好避开了早上的冰云和探路者号桅杆的阴影。通过使用太阳辐射强度与火星日的关系模型,研究者可以预测在实验开展期间探路者号所处纬度日中太阳辐射强度。如果将这个太阳能强度任意改变成之前某火星日测量得到的短路电流值,那么就可以通过对比短路电流 I_{sc} 和已改变的太阳辐射强度来确定接下来的任务中尘埃的相对影响。在比对过程中,每个火星日都要采用当天的光深。Ewell 和 Burge(Ewell and Burge,1997)与 Crisp(2001)各自独立进行了相关计算工作,但 Crisp 用的太阳辐射模型稍微有些不同。根据将哪个火星日的太阳能强度调整为已测量到的 I_{sc},曲线可能有所不同。Crisp 的计算结果见图 B.35。注意在前 20 个火星日遮挡率会急速增加。似乎在这之后,即便有更多的尘埃累积起来,一些尘埃仍然会被清除。

假设灰尘累计率保持每火星日 0.4% 遮蔽率不变且灰尘清除率与太阳能阵列上的灰尘数量成比例,可以得到有关火星上太阳能阵列遮盖率的一个十分简单的模型。通过定义 F 为电池板上覆尘面积比例,可以得到遮盖率的增长速率:

$$\frac{dF}{dt} = 0.004 - KF$$

其中,K 为待定常量。如果将这个微分方程沿着时间轴从 $t=0$ 到 $t=S$

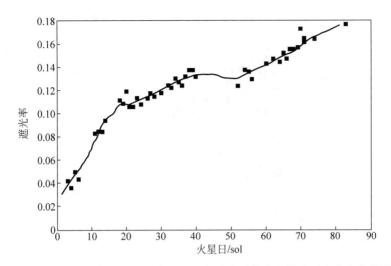

图 B.35　Crisp 等(Crisp et al.,2001)对探路者号的太阳能阵列遮光率的估计

(sols)进行积分,可以得到:

$$F = (0.004/K)[1 - \exp(-KS)]$$

这是一种渐近的关系:当 S 增大时, F 逐渐接近 $0.004/K$。预估的每火星日太阳能强度与遮盖率因子的乘积可用来与太阳能电池的恶化数据相比较。

MER 漫游者采集了一个标准电池单元和主太阳能电池阵列的电流数据。中午时分标准电池单元和电池阵列的数据都是可获得的。还有每天太阳能电池的全天数据。这些数据可以与关于预期的电流变化的太阳能模型以及电池阵列上尘埃遮挡导致的差异作比较。

图 B.36 和图 B.37 显示了相关的日中太阳能电池输出功率和太阳辐射强度在前 200 火星日内的对比。曲线的不同之处归因于灰尘的遮挡率。这个简单模型对数据的最佳拟合是 K 大致为 0.01 时,对应在很长时间后的 40% 的极端遮挡率。然而,数据显示一些灰尘在单一事件中可能被清除,这些单一事件包括风或灰尘颗粒的大块滑动。图 B.38 展示了机遇号比较长期的数据,图 B.39 展示了类似的勇气号数据。

经过更长一段时间之后,研究人员发现机遇号上太阳能电池产生的电能得到了显著的恢复,接近表面非常干净的太阳能电池的发电水平(见图 B.39)。要强调的是,这并非因为季节变化或者光深变化导致的,而是表示太阳能电池板阵列表面确实干净了。目前不清楚是何原因导致了电池阵列的清洁,但是从机遇号主桅杆所拍摄的清扫前后的照片中窥得一些迹

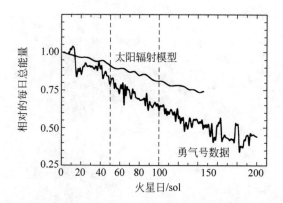

图 B.36　相关的勇气号太阳能电池输出功率和太阳辐射强度在前
200 火星日内的对比［Based on data in Stella et al. (2005)］

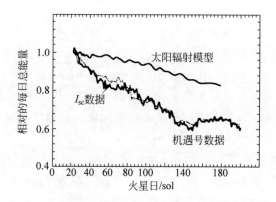

图 B.37　相关的机遇号太阳能电池输出功率和太阳辐射强度在前 200
火星日内的对比［Based on data in Stella et al. (2005)］

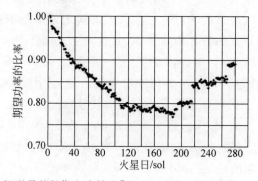

图 B.38　机遇号的长期电力输出［Based on data in Stella et al. (2005)］

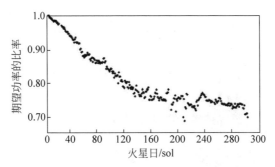

图 B.39　勇气号实际可用电能和假设电池板上没有尘埃时期望的电能输出的比率的估计值[Based on data in Stella et al. (2005)]

象：不仅仅是机遇号的上层表面被清理过了，机遇号下面地面上的尘埃也明显减少了（见图 B.40）。这说明尘埃清理可能是风引起的。

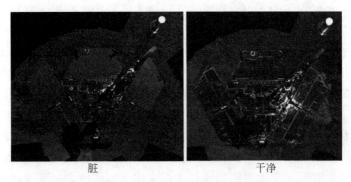

脏　　　　　　　　　　　　　干净

图 B.40　机遇号太阳阵列自我清洁的例子（Adapted from"Image of the Day"，space.com：http://www.space.com/imageoftheday/image_of_day_050222.html）

　　勇气号实际得到电能与预期电能的比例如图 B.39 所示，在约 72% 处触底。对于机遇号，初期由于蒙尘导致的损失与勇气号相似，都是在前 120 个火星日内由灰尘导致的阵列电流衰减 20%。然而，蒙尘导致的功率衰减持续增加直至第 190 个火星日时，机遇号的电能损失突然提高了 3%。接下来在第 219 个火星日和第 270 个火星日分别有 5% 和 4% 的突然提升，最终到第 303 个火星日时计算出的因尘埃导致的电能损失只有 11%（见图 B.38）。这说明机遇号的尘埃被一系列不同的事件清除了。猜测是因为可能的风力清除作用，并且这种风力清除力度会被太阳能阵列倾斜的姿态增强。不管原因如何，这都是当尘埃在电池板上积累到比较厚的时候，其黏着性比较弱的证据。

B.7　表面尘埃的风成清除

1990 年前后，GRC 的科学家针对风积表面尘埃沉积和清除做了些实验。

可能猜测到实验中最重要的几个变量：

(1) 尘埃的尺寸分布；

(2) 表面上尘埃的数量；

(3) 风速；

(4) 风向与表面夹角；

(5) 模拟尘埃的性质。

在一项研究中，样品被撒上各种火星模拟尘埃，然后暴露在风洞的风中来确定何种情况下尘埃可以被风吹走。针对不同的风速改变风吹样品的角度。实验中使用了三种模拟尘埃：抛光氧化铝颗粒、玄武岩和氧化铁。三种尘埃模拟剂的颗粒尺寸分布分别为 $7 \sim 25 \mu m$，$5 \sim 20 \mu m$，$0.5 \sim 2.6 \mu m$。抛光氧化铝颗粒和玄武岩似乎太大了以至于不能代表火星上的尘埃，但是氧化铁的颗粒尺寸刚好在恰当的大小范围内。

由于很可能第一层尘埃会比后续尘埃对表面黏附得更紧，所以在小颗粒的风积清除过程中，电池表面上的尘埃数量似乎非常重要。风力把遮光率从 90% 减小到 50% 比把遮光率从 30% 减小到 10% 要容易得多，这是个利好。尘埃移除的实验对不同模拟尘埃采用了不同的遮光率[遮光率＝(初始发射量－无尘发射量)/初始发射量]，抛光氧化铝颗粒的遮盖率为 $0.2 \sim 0.8$，玄武岩的遮盖率为 $0.3 \sim 0.4$，氧化铁的遮盖率为 $0.15 \sim 0.25$。但遗憾的是，细氧化铁的实验被小尘埃厚度限制了。

大多数实验集中在抛光氧化铝颗粒(尺寸 $7 \sim 25 \mu m$)上进行，这些颗粒与火星尘埃相比是大的。实验表明：

(1) 需要很高的风速(约 100 m/s)才能将水平表面上的尘埃颗粒移除。

(2) 风速为 10 m/s 时，任何攻角的风都无法移除尘埃。

(3) 风速大于 35 m/s 时，攻角约大于 20° 的风移除尘埃的效果最好。

用玄武岩($5 \sim 20 \mu m$)进行实验得到的结果与抛光氧化铝颗粒的实验结果相似，从中可以得出颗粒大小(而非化学组成)是影响尘埃附着性的最重要因素。

由于颗粒的小尺寸，用氧化铁($0.5 \sim 2.6 \mu m$)进行的实验可能跟火星实际情况最相关。该结果只被简单地报道过。据称在风速低于 85 m/s 时几乎没有尘埃被移除。即使在风速大于 85 m/s 的时候,攻角必须大于 20°才能有效地将尘埃移除。但是,考虑到被氧化铁粉末覆盖的表面,其遮光率不超过 25% 的事实,该表面一定主要是由单层或双层灰尘区域组成的。如果尘埃层更多,则灰尘更容易被风吹走。

从这个试验中可以得出结论,颗粒大小为 0.5～2.6 μm 时,表面上轻量的灰尘将很难被风吹走。人们注意到,落有最小尘埃微粒(氧化铁)的表面,即使颠倒过来,上面的尘埃一点都不会掉落下来,这表明附着力的强度是很大的。

最新的一项研究采用了不同的方法。该实验主要考虑随风飘动的灰尘在洁净表面的沉积,随风飘动的灰尘被从积灰表面吹走的情况和随风飘动的灰尘导致的表面磨损。后续研究采用不含尘埃的风针,对较大颗粒重复了积尘移除的实验。实验证实,在风速大于 30 m/s 时,中等攻角情况下就可以轻易地移除大颗粒(大于 8 μm)尘埃。除了 1990 年的文章中采用的火星尘埃模拟剂外,他们还采用了一种颗粒大小为 5～100 μm 的人造玻璃粉尘,其尺寸明显在火星模拟尘埃的首选范围之外。用随风飘动的尘埃和初始干净的表面分别进行了实验。在低攻角时遮光率为 0～10%,而在高攻角时遮光率为 20%～30%。随风飘动的灰尘沉积似乎不及只在表面上落下的效率。非常奇怪的是,风速低的时候遮光率更低。在风速低于 85 m/s 时,物体表面的磨损不明显,即使是风速超过 85 m/s,也没有对遮光率造成大的影响。

太阳能电池表面在火星上的结局仍然有点神秘。似乎火星表面的风会把电池阵列表面的较大颗粒尘埃吹走,尤其是当电池板倾斜角度为 20°或超过 20°时。少量较小颗粒尘埃不太可能被风吹走。当多层小颗粒尘埃堆积时,或者尘埃结块,它们附着得都不太紧,很有可能被风吹走。

B.8　太阳能电池阵列上的尘埃导致的遮光率

B.8.1　JPL 实验(2001 年)

2001 年,JPL 做了一个初步实验来确定尘埃积累和遮光率之间的关系。实验对比了穿过布满灰尘的玻璃罩的光频谱与照射到玻璃罩上的光频谱,结果显示,当玻璃上有足够的尘埃以至于光线在传输过程中减弱了 45% 时,穿过布满灰尘的玻璃罩的光谱几乎没有受到影响。这表明为在火星光谱内运转设计的太阳能电池,即使在玻璃盖板上有尘埃积聚导致太阳能强度减少的时候仍然能够按原计划运行。这个火星光谱会被大气中的尘埃改变,但不会被电池板表面的尘埃改变,这与尘埃导致的前向散射锥有关。无论在大气还在电池表面,短波光线被散射成一个比长波光线被散射成的圆锥体更宽的圆锥体,但是在电池表面这几乎没有什么差别,因为所有向前散射的光线都会传播到表面上。在大气中,多次散射会耗尽短波光线,使其不能到达地面。

研究人员开发了相应的实验方法来模拟火星尘埃物质、测量尘埃颗粒分布和在表面上的沉积灰尘。与火星上尘埃颗粒大小相当的颗粒尺寸已经被确定了。在遮光率(太阳能电池短路电流减少的百分数)为 20%处电池表面上灰尘数量估计约为 0.3 mg/cm^2。图 B.41(a)和(b)给出了一些测试电池的照片。非常令人感兴趣的是,有些玻璃表面虽然人眼看上去很脏,但仍有比较高的光线传播能力。

通过分别测量电池板上有无尘埃覆盖层时的质量来获得每个电池板上的尘埃数量。图 B.42 展示了由此得到的有关遮挡率与尘埃累积进度的关系。图片顶端的水平轴表示在没有灰尘清除的情况下,以 0.0017 mg/sol 的不变速率积累对应的沉积量所需的火星日。

这些结果提供了尘埃对水平火星太阳能阵列的影响的预期。如果尘埃在光深为 0.5 时以恒定的速率积累,并且没有发生尘埃清除,那么在 200 个太阳日之后遮挡率达到 25%～30%看上去是可能的。对遮挡率为 20%～30%的电池的实验处理表明大量尘埃很容易被风吹掉,且其中一些尘埃可以通过振动来清除。

B.8.2　关于尘埃遮挡率的概要和结论

可以得出以下结论：

(1) 在火星上任何纬度,任意季节,任意光学深度,其水平面上的太阳辐射强度都可以非常合理地被估算出来。如果能够对散射分量给出一个非常合理的近似,那么倾斜表面的太阳辐射强度能被估算出来。相关数据已经汇集成表格并绘图表示。

(2) 在估算火星上可以产生的电能时主要的未知因素是灰尘累积对太阳能阵列的不确定性影响。

(3) 如果落在太阳能阵列上的灰尘全部积累起来,可以用一个简单的模型(最初由 Landis 在 1996 年提出的)来估算太阳能电池板遮挡率的初始速率。估算结果为：在光深为 0.5 时预测的遮挡率的初始速率为 0.4%/sol。

(4) 随着电池板上的尘埃逐渐积累,电池板将被分类为单层区域、双层

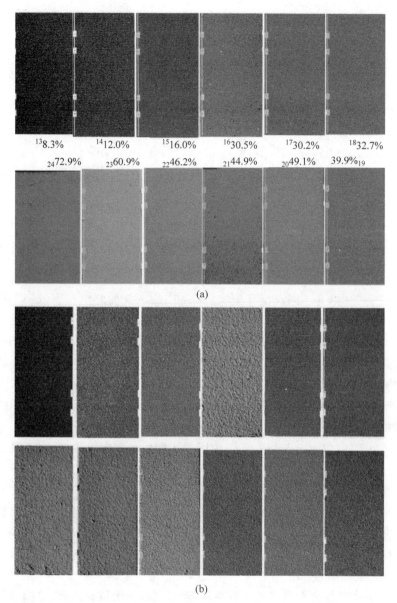

(a)

(b)

图 B.41　一些测试电池的照片[Adapted from Rapp(2004).见文前彩图]
(a) 一组涂有不同数量模拟火星尘埃(JSC 1)的 12 个太阳能电池照片。小字体数字为
样本编号,大字体数字为每个样本的遮挡百分比。无尘埃表示样品会完全变黑;
(b) 一组涂有不同数量模拟火星尘埃(卡本代尔黏土)的 12 个太阳能照片。小字体数
字为样本编号,大字体数字为每个样本的遮挡百分比。无尘埃表示样本会完全变黑

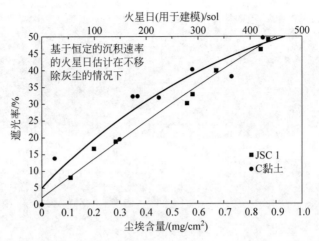

图 B.42　采用两种不同的火星尘埃模拟剂测量的太阳能电池板遮光率与
尘埃累积速度的关系［Adapted from Rapp(2004)］

区域、三层区域等。假设没有尘埃清除，把 Landis 的简单模型做一个扩展应用到所有层上，那么就可以估计遮挡率对火星日的依赖关系。计算结果显示，100 个火星日之后，电池表面有 30% 的区域覆盖单层尘埃，7% 的区域覆盖双层尘埃，1% 的区域覆盖三层尘埃，最后总的遮挡率为 11%。如果假设尘埃密度为 0.5 g/cm^3，那么这个结果对应大约 0.18 mg/cm^2 的灰尘负荷。该模型预测，如果没有尘埃清除，200 个火星日之后遮挡率可能达到 20%。

（5）因为在 B.3 节和 B.4 节中所描述的模型中假设没有尘埃清除，所以其给出的数字代表光学深度为 0.5 时预测的遮挡率的上限。光深越大，尘埃沉积越多。

（6）在 JPL 进行的实验表明，在没有灰尘清除的情况下，100 个火星日后遮挡率可能达到 12%～15%，200 个火星日后将达到 25%～30%。但是尘埃遮挡率达到 20% 时，至少其中有一些尘埃可以通过吹风或振动来清除，这是很可能的。

（7）火星探测车获得的数据显示，经过 200 个火星日之后，遮挡率共计达到 25%～30%。光深从大约 1 开始，然后在两个位置随着时间的推移而减少。

（8）通过将用于得出尘埃沉积速度的模型与实测衰减曲线相对比，可以预测出，如果没有尘埃清除，在天气好的时候尘埃会在火星上的太阳能电池上累积并最终在 100 个火星日后达到约 15% 的遮挡率，在 200 个火星日后达到约 25% 的遮挡率。尽管在 200 个火星日之后尘埃还是会继续积累，但风力和火星车的碰撞导致的尘埃清除最终会达到一个平衡状态，此状态下遮挡率会在很长的时间内保持在 20%～30%。虽然在一定程度上可以对尘埃累积的过程建模分析，但灰尘清除过程相当难以理解。

（9）这些结果表明，在火星上太阳能电池也可能拥有很长的寿命。在没有显著的尘埃减少的情况下，火星车太阳能电池板的遮挡率逐渐提高并最终稳定在 25%～30%。要是有显著的灰尘减少（由于振动或由于静电），遮挡率可能长期保持在小于 10% 的范围之内。

参考文献

Appelbaum, J., et al. 1995. Solar radiation on mars: Stationary photovoltaic array. Journal of Propulsion and Power 11: 554-561.

Appelbaum, J., and D. J. Flood. 1990. Solar radiation on mars. Solar Energy 45: 353-363.

Appelbaum, J., and G. A. Landis. 1991. Solar radiation on mars: Update 1991. NASA technical memorandum 105216 (September 1991). A slightly shorter version was published in Solar Energy 50: 35-51 (1993).

Appelbaum, J., et al. 1996. Solar radiation on mars: Tracking PV array. Journal of Propulsion and Power 12: 410-419.

Chu, C. M., and S. W. Churchill. 1955. Numerical solution of problems in multiple scattering of electromagnetic radiation. Journal of Physical Chemistry 59: 855.

Crisp, D., et al. 2004. The performance of gallium arsenide /germanium cells at the Martian surface. Acta Astronautica 54: 83-101.

Ewell, R. C., and D. R. Burger. 1997. Solar array model corrections from mars pathfinder lander data. Photovoltaic Specialists Conference, 1997. Conference Record of the Twenty-Sixth IEEE, Page(s): 1019-1022.

Haberle, R. M., et al. 1993. Atmospheric effects on the utility of electric power on mars. in Resources of Near-Earth Space, U of Arizona Press, 1993.

Kahn, R., et al. 1992. The Martian dust cycle. in Mars, edited by H. H. Kieffer, et al., University of Arizona Press, pp. 1017-1053 (1992).

Landis, G. A. 1996. Dust obscuration of mars solar arrays. Acta Astronautica 38: 885-891.

Landis, G., and P. Jenkins. 2000 Measurement of the settling rate of atmospheric dust on mars by the mae instrument on mars pathfinder. Journal of Geophysical Research 105: 1855-1857 (25 January 2000). Presented at the AGU Fall meeting. San Francisco CA, December 6-10, 1998.

Laskar, Jacques et al. 2002. Orbital forcing of the Martian polar layered deposits.

Nature 419: 375-376.

Petrova, E. V. et al. 2011. Optical depth of the Martian atmosphere and surface albedo from high resolution orbiter images. http://www-mars. lmd. jussieu. fr/paris2011/ abstracts/petrova_paris 2011. pdf.

Pollack, J. B. , et al. 1990. Simulations of the general circulation of the martian atmosphere I. Polar Processes. Journal of Geophysical Research 95:1447-1473.

Rapp, Donald. 2004. Solar energy on Mars. JPL Report D-31342.

Stella, Paul M. , et al. 2005. Design and performance of the MER (mars exploration rovers) solar arrays. 31st Photovoltaic Specialists Conference, January 3-7, 2005.

Tomasko, M. G. et al. 1999. Properties of dust in the Martian atmosphere from the imager on mars pathfinder. Journal of Geophysical Research-Planet 104: 8987-9007.

附 录 C 火星上的水

摘要：附录 C 更加详尽地回顾了火星上水的存在。通过模型和数据描述了火星表面水的分布。特别感兴趣的是,可被 ISRU 利用的储存于地表面下 1～2 m 的水。明显地,这些储存的水都在高纬度地区(大于 65°)。基于平衡假设的扩散模型显示:在干燥土层下面存在冰层。对于平均土壤条件,上层的厚度随着纬度降至 50°～60°而增加,纬度低于 50°时土层厚度将变成 2 m。即使在温带地区热惯量低,地质帽阻止水蒸气向上蒸发,也不确定冰川期残留的冰是否被保留了下来。在这些地区的水可能被黏土、沸石和矿物水化吸收了。

C.1 介绍

综合各种理论模型和实验数据,有很明显的迹象表明,近表面地下水广泛分布于火星的高纬度区域,并且在某些位置延伸到更低的纬度区域。这对火星探测的 ISRU 具有重要意义。显然,在火星两极纬度 55°～60°的区域,水以冰或雪的形式存在,而近赤道区域的水可能是化学的水合矿物质,吸附在自然黏土和沸石上,不可能是地下冰。

通过观测火星极地冰冠和测量火星大气的水汽浓度,可以直接发现火星上的水。水汽和火星的多孔地表相互作用,根据温度和水汽浓度的不同,水汽会将水存储到多孔地表或者从多孔地表中吸收水分。许多学者都对这一过程做了广泛的建模。

对火星环形山的形态学研究表明,火星地下可能存在巨大的冰库。如果被证实,这些冰库将是初始层以上火星地下冰的一种重要存在形式。只有少数几个模型考虑了这种情况。

为了理解和预测目前火星地表土的多孔间隙中近表面地下水的稳定性,必须了解一些基本的科学原理和火星的一些性质。这包括:

(1) 水的相图和水在不同的温度—压强下的状态。

(2) 火星表面温度——年平均温度和季节变化是纬度的函数。

(3) 火星上的水汽浓度及其随季节和纬度的变化。

(4) 火星表土的性质与火星表土的孔隙率和冰塞孔隙效应之间的函数关系。

(5) 近表面温度与火星表面温度的季节性变化和火星表土性质之间的相关性。

(6) 在一定的近表面温度条件下,大气穿透火星多孔表土的扩散率。

在早期火星自转轴倾角更大的时候,温带地区形成了丰富的地下冰。虽然现在地下冰不在平衡状态,但是部分区域的各种因素抑制了冰的升华,地下冰还是被保留了下来。因此,还必须理解:火星上的太阳能分布、火星轨道参数的历史演化、轨道演化对不同纬度上太阳能强度的影响。

另外,研究火星环形山的形态学特征,探索其所反映的火星地下水分布与深度和高度的函数关系非常重要。

这些问题在一些科学文献中或多或少地被讨论过。下面是相关现状的一个简介:

(1) 人们探测了火星某些地区大气中的水汽浓度,但是探测数据每年都不同。水汽浓度与纬度和季节相关,这里利用一个粗略估计的合理的大气水汽浓度数据来分析火星地下冰的形成。

(2) 测量和分析火星的天气温度数据,可以获得火星表面年平均温度与纬度的函数关系。

(3) 模型显示,火星地表土的气孔、通道之间的气体扩散和热传导效率非常低,在地下几米处火星的地下温度才能达到火星表面年平均温度。在靠近地面的几米范围内,在出现季节性热流时,地下温度会在火星表面温度和地下数米深的年平均渐近温度之间变动。

(4) 水的相图很好理解。在 273.2 K 以下,水都以冰的形式存在。

(5) 在火星上的任何地方,如果渐近地下温度足够低,导致水汽压(或者冰)在此温度条件下比大气中的水汽分压更小,水将会在表土中扩散并且以升华成冰的形式存在于地下。这个过程相当缓慢,但是几千年的倾斜周期(万年),已经足够使水在地下冰和大气之间发生巨大的转移运动。

(6) 考虑到某些地区近表面地下温度足够低,而水汽的大气分压足够高,可以形成地下冰。地下冰保持稳定的最小深度依赖表面温度和更深的地下渐近温度之间的变化。很多作者对温度变化(由土壤的热惯性决定)做了详细的计算,估算了不同土质不同海拔地下冰稳定形成的最小深度

（冰床）。

　　（7）尽管不同作者使用的方法细节不尽相同，但是模型的总体思路都很相似。总结如下。

　　① 赤道地区的年平均温度太高，而赤道地区大气的水汽浓度太低，以至于在当前条件下，地下冰无法达到热力学稳定。该地区的地下冰会逐渐升华。

　　② 在近极地区域，全年温度都很低，而平均水汽浓度足够高，地面上和地下冰得以保持稳定。表面冰盖会季节性地变大、缩小。北半球的夏季大量冰升华，提高了北半球大气水汽浓度，而南半球这种效应要小一些。

　　③ 从极地向赤道移动，到达某一纬度时，地下冰的稳定平衡深度急剧增加。这一纬度可能为 $50°\sim60°$，由土质、本地气温、本地水汽浓度、坡度等因素决定。

　　④ 如果火星的表土跟猜想的一样疏松多孔，且水汽和温度测量正确，那么，根据物理化学规律，高纬度地区的表土孔洞中一定存在大量的地下冰，而且地下冰稳定存在的分界线由地形、土质和当地气候决定，在纬度 $50°\sim60°$。地下冰的形成速度由尚不清楚的地下土质决定。

　　⑤ 相较过去轨道倾角更大的时候，当前火星地下冰的稳定性差别很大，那时候两极接收到更多的太阳热量而温带接收更少的太阳热量。在那一时期，火星上大部分地区的近地表地下冰都很稳定，温带地区则存在相当可观的地下冰。另外，周期性岁差的作用会引导水在两极之间运动，最终在中纬度地区保存大量地下冰。

　　⑥ 火山口的记录数据表明，在火星深处存在大型的地下冰库，一个完整的地下水分布模型应该考虑这一点。

　　（8）奥德赛伽马射线/中子谱仪在 $5°\times5°$（300 km×300 km）区域内测量了火星地下约 1 m 深处的水含量。测量结果与之前的模型相符，该模型预测火星近地表地下冰广泛分布于纬度 $55°\sim60°$ 的区域。数据还显示，在赤道附近的一些区域水含量相对较高（$8\%\sim10\%$），这些地区的反射率较高且热惯性低。这暗示可能有一些遗留的冰在冰河时期之后慢慢减少，但是仍然有一部分被保留在地下。

　　（9）赤道地区的部分高含水量区域是一个谜团。一方面，热力学模型表明，接近地面的地下冰在赤道地区不稳定；另一方面，奥德赛探测器的数据暗示地下冰的存在。有可能是先前纪元在陡峭区域遗留的亚稳态地下冰。这可能是因为土壤天生具有含结晶水的盐。但这些区域与高反照率、低热惯性区域几乎完全一致，这说明有可能真的是地下冰。而且，奥德赛数据的像素尺寸比较大，一个大像素 8%～10% 的平均含水量可能是由于某个平均含水量更高的小区域（地面的土质和坡度使之可能）与周围更干燥的背景区域混合平均的结果。在过去的几百万年间，火星春分点的倾斜、离心率和岁差使得相对太阳辐射在不同纬度地区发生了相当大的变化。显然，在某些时期地下冰会从两极地区转移到温带地区。尽管在温带地下冰在热力学上不稳定，但仍有可能有一些地下冰保留到现在。早期能够遗留地下冰的合理解释就是：在过去的千万年间，温带地区冰的形成过程必定比冰的升华过程快（Head et al.，2005；Karlsson；2005）。

C.2 背景信息

C.2.1 火星上的温度

很多仪器设备已经绘制了火星表面的温度分布。年平均气温主要受纬度影响，其他次要的影响因素包括海拔、地质和大气因素。其他表面的热惯性和反照率有明显的纬度分布规律和相对次要的经度变化。年平均温度在极地低至约 160 K，在赤道地区达到 220 K，全球平均约 200 K。全球平均温度分布见图 C.1。

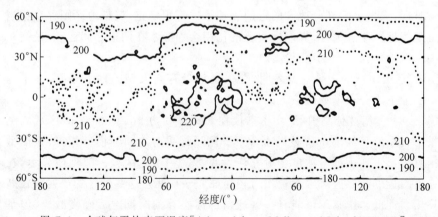

图 C.1　全球年平均表面温度［Adapted from Mellon and Jakosky(1995)］

没有冰的情况下，近表面温度主要由反照率（对阳光的反射率）和一个叫热惯性的物理量决定。热惯性的定义如下：

$$I = (k\rho c)^{1/2} (\mathrm{J} \cdot \mathrm{m}^{-2} \cdot \mathrm{K}^{-1} \cdot \mathrm{s}^{1/2})$$

其中，k 为热导率［W/(m·K)］，p 为密度（kg/m³），c 为比热容［J/(kg·K)］。

　　顾名思义,热导率表示一种物质传导和存储热的能力,在行星科学中被当成表征行星表面均匀存储热量的能力。热惯性越高,温度分布越均匀。当同样的太阳能辐射到表面上时,热惯性越高的物质温度上升越少。火星的热惯性分布见图 C.2。

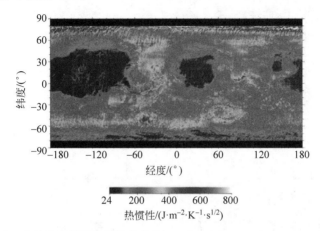

图 C.2　火星高分辨率热惯性分布[Reproduced by permission from Putzig et al.(2005),by permission of Elsevier Publishing,见文前彩图]

　　低热惯性地区的年平均温度较低,因为在高温季节这些地区温度更高,相对于热惯性高的地区增加了向太空辐射热损失(根据 T^4 辐射法)。温带地区日温度变化在中午的时候可以达到 290 K。但是,夜晚即使在赤道附近温度也会降到 200 K。

　　相对于火星表面温度的季度变化和日变化来说,火星表面和火星地下之间的热传递更慢。火星表面温度每天变化,即使是按季节来看,表面下几米深的土壤也没有时间来根据变化的表面边界(温度)条件及时做出反应。因此,地下几米深处的温度分布是由平均边界条件——年平均温度决定的。所以,火星地下瞬时温度在变化剧烈的表面温度和地下(由土质和热惯性决定,一般是几米深处)持续渐近温度之间变动。

　　有很多作者基于对地下土质的不同假设构建了火星地下热传导的模型,并获得了温度分布/深度的函数图。图 C.3 展示了一种情况(纬度 55°S、假定的土壤和表面土质、不考虑空隙冰)下火星的地下温度分布。

　　图 C.3 表明,火星表面温度随着季节会有很大的变动,但是,地下一定深度的温度却有相同的特征,它们都趋近年平均温度。在这个例子中,地下被当成一个连续一致的介质,温度在地下约 3 m 处达到渐近值(180 K)。在第二个例子中,假设多孔表土在 0.5 m 深以下被地下冰填满,其他条件

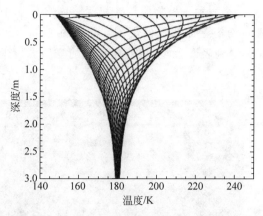

图 C.3　按照均匀地下介质,以 25 天为间隔计算出一个火星年的地下温度变化图
　　　　(Mellon et al. 2003,by permission of Elsevier Publishing)

　　南纬 55°、热惯性 250J·m^{-2}·K^{-1}·s$^{1/2}$,尽管一年中火星表面温度在 150～240 K 摆动,
　　但是渐近地下温度趋近 180 K

不变。地下冰充塞高热导率表层土壤使得计算结果如图 C.4 所示。

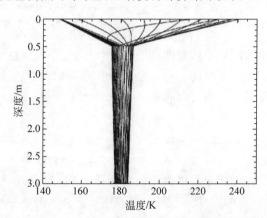

图 C.4　两层地下土,25 天为间隔的火星全年地下温度变化图(Mellon et al.2003,
　　　　by permission of Elsevier Publishing)

　　南纬 55°,上层热惯性为 250 J·m^{-2}·K^{-1}·s$^{1/2}$,下层热惯性为 2290 J·m^{-2}·K^{-1}·s$^{1/2}$

　　将图 C.3 和图 C.4 近表面温度变化综合起来看,随着深度增加会出现
一个缓慢但不可避免的温度上升(地温梯度)现象,这是由炽热的火星内部
向外的地热流造成的。在地球上,地温梯度是指温度变化和岩石圈深度(地
幔和地壳以上)的比率。从这个简单的传导方程可以看出地温梯度和地热
流密切相关:

地热流(W/m^2)＝热导率[W/(m·K)]×地温梯度(K/m)

不同的参考资料给出了对这些变量不同的估值。在地球上,包括洋壳和大陆地壳的平均地温梯度是 61.5 mW/m^2,典型的地热等温线是 30～35 K/km。火星的地温梯度和地热流都没有被准确了解。不同的参考资料给出的火星地热流的粗略估值为 15～30 mW/m^2。但是,有限元地幔对流估计模拟意味着地热流相对均值有 50% 的横向变化。冻土的热导率大约是 2 W/(m·K),但是,干裂表土的热导率可能是其 1/10(或者更低)。在热导率为 2 W/(m·K)的情况下,30 mW/m^2 的地热流会造成 15 K/km 的地温梯度。所以,如果地表平均温度为 200 K,那么,273 K 的等温线将在地下约 5 km 深处。而如果热导率是 0.2 W/(m·K),273 K 的温度将出现在地下约 500 m 深处。Hoffman(2001)粗略估计了火星上热流约为 17.5 mW/m^2,地热梯度变化比较剧烈,在干燥地区约为 10.6 K/km,但是在冰渗透区,他估算该值为 6.4 K/km(Hoffman,2001)。

为了说明地温梯度和材料属性之间的关系,Mellon 和 Phillips 将相同热导率、相同密度的冰冻土、无冰砂岩、无冰土壤的地温梯度图和水的相图叠加起来。假设地表年平均温度是 180 K。如图 C.5 所示。融冰点的深度跟热导率密切相关,而不同地质材料的热导率可能相差一两个数量级;其他不确定性因素,如地热流也有影响,但相对次要。对于高热导率的冰冻土和砂岩,融冰点在地下几千米深处。但是对于低热导率的疏松干土,估计融冰点的深度为 100～200 m。显然情况变化很大,其主要由热导率决定。

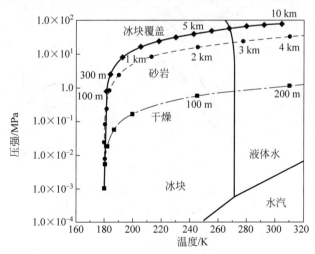

图 C.5 冰冻土、干砂岩、干土的地温梯度和水的相图叠加图

[Based on data from Mellon and Phillips(2001)]

假设近表面温度为 180 K。纵坐标是岩石圈压力

C. 2. 2　火星上的压强

火星大气的 95.5％是二氧化碳,剩余部分主要是氩气和氮气。Viking（海盗号）在火星上北纬 48°和北纬 22°处两个位置进行了压力测量。数据表明：

（1）火星上的季节性压力变化具有明显的年周期性。

（2）火星的气压随季节变化很大,峰值出现在南半球的夏天（北半球的冬天）,低压出现在南半球的冬天（北半球的夏天）,在北半球的春天有一个次高压。

（3）不同的纬度气压差异很大,高纬度地区气压大。

典型的气压范围为 7~10 mbar（700~1000 Pa,1 mbar＝100 Pa）,较低海拔处气压较高。大气的重要部分季节性的冷凝发生在极地冰盖,因为极夜的极端低温使得大气的主要成分——二氧化碳发生凝结。这一现象是图 C.6 中 Viking 压力测量仪数据出现大增幅、低频变动的原因。第一个气压低谷出现在南半球的冬天,大约第 100 个火星日,此时大量的火星大气凝滞在火星南极冰盖。第二个气压高峰出现在第 430 个火星日,此时是北半球的冬天,这个冬天时间更短而且没有那么冷,这是因为火星轨道的偏心率较大。Viking 任务显示,在一年中火星表面气压变化幅度为 25％~30％。

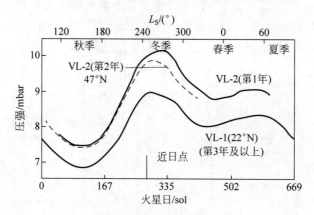

图 C.6　Viking 任务在火星上测量的气压[Based on data from Tillman(1998)]

C. 2. 3　火星上的水汽浓度

由于较低的扩散温度,火星上水汽浓度也很低,并且随纬度和季节的变化非常大。火星科学家通常用单位"可沉淀微米数"（pr μm）来描述火星水汽含量。"可沉淀微米数"是指同一区域大气气柱中水汽全部凝结的水量（用水柱高度表示）。这个单位是从轨道观测点到地面相应区域形成圆柱的水汽积分得来的。水的密度是 $1000\ kg/m^3$，所以 $1\ pr\ \mu m = 10^{-3}\ kg/m^2$。结合水汽的垂直分布规律，利用大气气柱的可沉淀微米数可以求得一个转换参数，进而估计出火星表面水汽分压。假设水汽在大气中的垂直分布标高为 $H = 10\ 800\ m$。这样，一个 $1\ m \times 1\ m$ 大气气柱的含水量（每可沉淀微米 $pr\ \mu m$）为

$$M = 0.001H\ kg$$

密度约为

$$\rho = 0.001H\ kg/(10\ 800\ m \times 1\ m \times 1\ m) = 9.3 \times 10^{-8} H\ kg/m^3$$
$$= 9.3 \times 10^{-11} H\ g/cm^3$$

然后，假定温度为 $220\ K$，利用理想气体状态方程，可以得到压强（mmHg）为

$$P = \rho RT$$
$$= (9.3 \times 10^{-11}/18) \times 82.1\ cm^3 - atm/mol - K \times 760\ (mmHg)/atm \times 220\ K$$
$$= 0.000\ 07\ (mmHg)/pr\ mm$$
$$= 9.3 \times 10^{-3}\ Pa/pr\ mm$$

由此可以粗略地将任意压力值（$pr\ \mu m$）转换为表面压力（Pa）。

图 C.7(a)给出了 Viking 探测器测量的全球水汽测量数据。在北半球夏季，北极附近区域水汽高度集中的现象说明，水汽来自北极地区的升华物，而且地表温度必须达到约 $205\ K$ 才能实现水汽的集中。实际上，图 C.7(a)给出了将圆柱密度转化为表面压力的方式，当极区的圆柱密度达到约 $90\ pr\ \mu m$ 时，相应的表面压力略低于 $0.8\ Pa$，这隐含着表面温度为 $205 \sim 210\ K$（根据水的相图）。在该温度下，冰盖即使没有二氧化碳也会融化成水。

Smith（2002）表示，TES 用来监测自 1999 年 3 月到 2011 年 3 月火星水随纬度、经度和季节的变化（结果见图 C.7(b)的彩色部分）。在南、北半球，水汽丰度的最大值都出现在高纬地区的仲夏，在北半球最大值达到 $100\ pr\ \mu m$ 而在南半球最大值为 $50\ pr\ \mu m$。在南、北半球，较低的水汽丰度都出现在中高纬地区的秋天和冬天。

Smith 还展示了火星年平均水汽丰度，见图 C.7(c)彩色部分。上面的图是原始数据，下面的图是经过地形修正的数据。这些结果清楚地显示了北纬 $0° \sim 30°$ 有两处显著的高水汽丰度地区。而且从图 C.7(d)可以看到整个 $0° \sim 30°N$ 纬度带的水汽丰度都高于其他纬度地区。

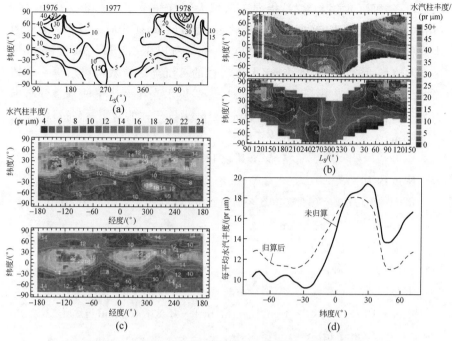

图 C.7　不同方式获得的火星水汽柱丰度（见文前彩图）

（a）Viking 获得的火星全球水汽分布。等高线单位是 pr μm；阴影部分没有数据。箭头表示尘暴。右下角表示采样点大小。深色黑线表示极夜的边界。作为粗略的估计，把 pr μm 数乘以 0.000 07 就可以得到用 mmHg 表示的表面水汽分压［Reproduced with permission of the Copyright Clearance center and John Wiley and Sons Publishing Company（Jakosky，1985）］

（b）由 TES（全球热辐射光谱仪）得到根据经纬度分布的水汽柱丰度。由 Viking 项目观测发现气象等高线是平滑的［Reproduced with permission of the Copyright Clearance center and John Wiley and Sons Publishing Company（Smith，2002）］

（c）季节性的平均水汽柱丰度图，季节性的平均水汽柱丰度除以 $P_{surf}/6.1$ 来消除地形影响。气象等高线显示平滑［Reproduced with permission of the Copyright Clearance center and John Wiley and Sons Publishing Company（Smith，2002）］

（d）年平均水汽柱丰度随纬度的变化。归算值是初始值除以 $P_{surf}/6.1$（Smith，2002）

C.3　地下冰的均衡模型

C.3.1　简介

　　从 1966 年至今，有很多研究分析了火星大气和地下之间水的移动。这需要理解与纬度成函数关系的地下温度、对应温度下冰的蒸汽压、当地平均水汽分压之间的关系。在任何地点,只要平均表面水汽分压超过冰的蒸汽压,而且处于近地表的季节性热流覆盖深度以下的地下温度中,冰就可以在此深度及以下保持稳定。稳定是指①在此深度及以下,表土孔隙中的冰不会升华损失,以及②在此深度及以下只要时间充分,大气中的水汽会扩散到这些孔隙中凝结成冰并将所有孔隙填满。由此可以获得一幅地下冰稳定的最小深度与纬度的函数图。也有一些研究人员研究了大气和地下水之间的转移速率。

起初的模型假设火星地下是均衡一致的,但最终会被两层地下模型取代。两层模型的上层是干燥土壤,下层是包含冰塞孔隙的土壤。两层之间的分界面被称为"冰床"。两层模型看起来更加真实并且与在轨卫星观测结果相符。如果上层是干燥的,那么它的热惯性将比较低,因此,表面温度变化无法传导到地下很深的地方。经过一段时间,浅层地下的温度将达到表面温度的平均值。由于高反射率/低热惯性的表面土质,火星表面(年平均)相对较寒冷。在那些表面温度太高(同时/或者湿度太低)的地区,地下冰难以形成,"冰床"的位置(实际上)会非常非常深。

使用土质和湿度的平均值后,模型显示极地冰床将出现在很浅的位置,随着纬度降低,冰床的位置越来越深,并在纬度 55°~60° 达到地下约 1 m。当纬度低于 55°~60° 时,因为年平均温度超过大气中水汽的冰点,地下冰不稳定。如果土质不采用平均值,而采用低热惯性/高反射率的值,根据模型和参数的不同,地下冰稳定存在和不稳定存在的分界线可以达到的纬度值约为 50°。在这些土质条件下,计算结果对大气中水汽含量非常敏感,如果随意地取一个较大值(与真实数据不符),在纬度很低的地方地下冰都可以保持稳定。地表的不一致性,如面朝极低的斜坡、极端的表面土质,可以让地下冰在比平均预期纬度更低的一些小区域内保持稳定。但是在赤道附近,斜坡将不具有这样的效果。目前没有在纬度 40° 以下区域发现稳定存在的地下冰。

除了研究当前地下冰的稳定性模型外,也有一些文章是关于地下冰的历史演变,这些文章强调:

(1) 地下冰的形成和升华都很缓慢,并且需要通过小孔扩散。

(2) 在过去的几百万年间(以及更早之前),火星轨道平面、轨道偏心率、轨道交点的位置(近日点经度的进动)发生过很大的准周期变动。这些变动对火星不同地区的太阳能输入造成了很大的影响,结果导致了表面温度分布的变化和火星地表水的重新分布。

(3) 根据推测,在火星轨道倾角较大的时期,极地相对更温暖而赤道地区更寒冷。此时大量的水从极地冰盖蒸发，并且在火星赤道和中纬度地区形成大量的地下冰。而且，由于周期性的岁差，火星的南北极会根据椭圆轨道到太阳的最近距离调整位置，其周期大约为51 000年。这将造成两极之间周期性的冰转移，且很有可能在中纬度地区储存相当可观的地下冰。随着过去几十万年火星进入后冰河时期，赤道和中纬度地区的大部分地下冰都升华了。然而在局部地区，尘埃阻碍了冰的升华，且极端的土壤特性使得其温度较低，不稳定的地下冰有可能从之前的冰河时期被保存到现在。这给 Odyssey 探测器在赤道局部地区观测到 8%～10% 的水储量提供了一种可能的解释。

尽管理论模型关注的主要是水在火星大气和地下之间的流动，但火星的地下可能存在更深的水库（冰在中间层，更深的位置可能有液态水），这可能是火星水的主要来源。在这种情况下，研究人员必须把大气-地表和深层地表-浅层地下之间这两组的水流动结合起来分析。Hoffman(2001)表示，赤道区域表层下 3～5 km 处有冰土，8 km 下有流动的海水。液体水可能存在于极点处约 16 km 下。

C.3.2　火星地下冰的稳定性模型——研究现状

Leighton 和 Murray(Leighton and Murray,1966)在 1966 年发表的开创性论文指出，假设大气水汽浓度为 10^{-3} g/cm³（相当于 10 pr μm），在此浓度时，冰上水汽压对应的霜冻点约为 190 K。因此，对于温度低于 190 K 的多孔土壤，水汽会在表土孔隙中凝结成冰。他们表示，在纬度 40°～50° 面朝两极的地区，这样的地面温度会是主流，因此，水会转移到这些地区并凝结成永久冻土。Leighton 和 Murray 估计的冰床深度见图 C.8。

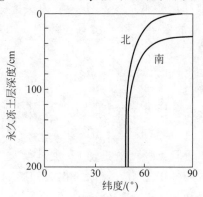

图 C.8　永久冻土层深度和纬度的关系

他们说:

最令人惊讶的是,饱和俘获层没有延伸到哪怕至少几十米以下,所以,很有可能每平方厘米的土壤孔隙中有几百克水。我们无法确定永久冻土延伸到多深,但是可以估计地下永久冻土顶面的深度。在给定的纬度,这个顶面会在年平均水汽压和大气平均水汽压相等的地方,这样水和大气的年净交换就是零。

1979 年,Farmer 和 Doms(Farmer and Doms,1979)利用 Viking 探测器的火星水丰度测量数据绘制了水汽丰度与纬度的函数图。他们说:

在检测大气和表土之间可能存在的静力平衡点时,首先要保证在一个给定的季节,该地区的土壤温度不超过当地大气的霜点温度。静力平衡点的位置就是冰床深度,在此深度以下,土壤中的水可以保持固态,这个深度是纬度和季节的函数。那些全年温度都在霜点以下的表土是永久冻土区:原则上这些地区可以作为一个长久保持(超过一年)的水库。

除了永久冻土区外,他们还指出,在中纬地区存在临时冻土区,这些地区的地温只有在寒冷的季节才能保持在霜点以下。

决定地下冰分布的关键因素是年平均水汽丰度,它直接决定了一个地区的霜点温度,其必须和估计的地温对比。基于火星赤道平均水汽浓度为 12 pr μm 这一假设,Farmer 和 Doms 猜想火星全球霜点温度为 198 K。在极地水汽浓度更高,冰床实际深度会比保守估计得浅。

Farmer 和 Dome 模型的结果见图 C.9。

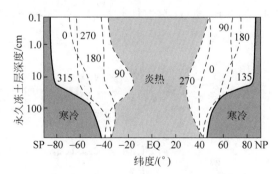

图 C.9　Farmer 和 Doms 模型的结果
曲线上的数字是 L_S 值(90°对应北部夏至,270°对应北部冬至)

用交叉线画出阴影的区域(标注了"寒冷")到左侧实线是南部(到右侧是北部),全年地温都没有超过霜点温度(这个模型中是 198 K)。因此,实线就是可以作为永久冰窟的永久冻土区的边界线。标注为"热"的阴影区域是一年中每一天地下温度会超过 198 K 的地区,这些地区没有永久冻土存在。白色区域代表那些在一年中有些时候地下温度低于 198 K 的地区,在这些地区允许一些冰形成,但是,其他时候当地温超过 198 K,允许地下冰升华。那些临时冻土区在寒冷季节可以作为中纬度地区的水汽储槽。

这些结果表明,不同深度的地下冰在纬度大于 45°的地区可以保持稳定,但是当纬度低于约 52°时,冰床的深度快速降至 1 m 以下。

在每个半球从冬季到夏季的季节性变化过程中,临时冻土层边界向赤道移动(图中相同 L_S 的破折号线所示),并且在冬至抵达最低纬度。

1985 年,Jakosky(1985)写了一篇关于火星水的多方面研究的综述文章《火星水的季节循环》。地下冰的部分,他引用 Farmer 和 Doms 的结论,但是,Jakosky 也提醒说,Farmer 和 Doms 所采用的模型太过简单,因为霜点温度是随季节和纬度变化的,但他们假设为全球平均值。

1992 年,Paige(1992)用一个复杂的热力学模型来研究火星地下水,该模型允许火星表土有高中低不同的热惯性。火星卫星在轨观测显示,热惯性变化幅度很大,推测低热惯性地区被绝热的细微尘埃毯覆盖。这些热惯性低的地区在当地夏天会经历更高的最高温,而冬天的最低温更低,因为每天的温度变化幅度很大。按照 T^4 辐射定律,夏天更高的表面温度会导致更多的热辐射。因此,在季节性热流下,这些地区的表面温度更低,从而使得较浅的地下冰也可以保持稳定。除了可变的热惯性系数外,Paige 还引入了两层地下模型,该模型上层是热惯性低的干燥土壤,下层是热惯性高得多的冻土。他用深层为冻土(高热惯性)、浅层干燥土壤覆盖其上的模型得出的结果见图 C.10。

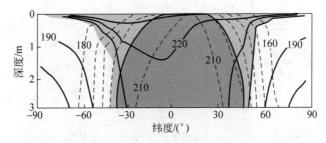

图 C.10 Paige 给出的包含高热惯性冰的火星平均土壤热惯性分布
白色区域是地下冰永久稳定地区,浅灰色区域是地下冰半稳定地区,深灰色区域是地下冰不稳定地区。实线表示最高温度,虚线表示最低温度,间隔为 10℃

Mellon 和 Jakosky(Mellon and Jakosky,1993)发表了一篇关于火星地下水的重要论文。他们把反射率和热惯性的地理分布和纬度－60°～60°太阳辐射强度随纬度的分布包括进去,得出了时变模型。他们发现,在年平均表面温度低于大气霜点的地区,大气水蒸气的热驱动扩散作用可以在表土浅层几米形成地下冰。历经数千年,冰会在孔隙中沉积并将其填满,最终冰会占据地下空间的 30%～40%。图 C.11 为冰床深度和纬度的关系。

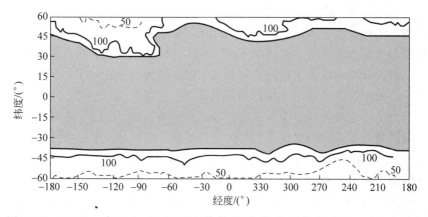

图 C.11　Mellon 与 Jakosky(1993)估算的稳定冰层深度〔Reproduced with permission of the Copyright Clearance Center and John Wiley and Sons Publishing Company(Mellon and Jakosky,1993)〕

等高线表示的是地表以下深度为 25 cm、50 cm 和 100 cm 的位置,中间的黑色区域表明任意深度的冰层都不稳定,平均大气水丰度是 10 pr μm

　　Mellon 和 Jakosky(Mellon and Jakosky,1993)对地下冰建立了热稳定性和扩散稳定性的模型。得出结论:除有纬度的影响外,由于热惯性的变化和反射的影响,极点边界附近纬度 20°～30°的表面固体冰会发生变化。在经度 90°～120°处,低温会使表面冰在更低纬度保持稳定。

　　Mellon 和 Phillips(Mellon and Phillips,2001)主要关注解释在纬度 30°～70°S 处冲沟的来源(见 C.7.3.1)。在这个过程中,他们预估了在这个纬度范围内冰床的深度与地面坡度的函数关系,并假设土壤特性和大气含水量的均值。基于此,他们发现在火星当前状况下,当前纬度范围倾斜表面对"冰床"深度有很大的影响。在 30°S 处,没有稳定的"冰床"向赤道面倾斜,或向极点倾斜的坡度小于 20°。向极点倾斜大于 20°的倾斜坡地下2 m 处有稳定的"冰床"。在 50°S 处,"冰床"的深度范围从向极点倾斜40°～60°处的约 60 cm 到向赤道倾斜 20°的 2 m。在 70°S 处,"冰床"的深度范围是从向极点倾斜 40°～60°处约 30 cm 到向赤道倾斜 40°的 80 cm之间。

　　除对当前情况的一些估算外,他们也通过火星轨道的倾斜状况来研究过去几个世纪可能发生过的现象，并发现，当倾斜角超过 31°时，在南纬 30°的地方，地面坡度为 −60°～60°时，稳定的火星冰层在深度 2 m 处会发生突变。任意纬度处，轨道倾斜角越大，冰层越薄。这些结论表明，轨道倾角足够大时，赤道处的地下冰层趋向稳定。

Mellon 等（Mellon et al. ,2003）重新分析了火星地下的冰层。他们再次估算了火星地下冰层的稳定性以及冰层的深度分布，并且将这些理论估计值与火星奥德赛航天器的伽马射线分光仪观测的泄漏中子分布进行比较。他们计算的地下冰层分布值基于先前计算值的修正结果：①考虑了冰层中以及冰层下的冰冻土壤的热导性影响（尽管 Paige 之前也这样处理）；②考虑了近地面大气湿度与地面高度之间的关系；③使用了来自火星全球观测的最新高分辨率惯性、反射率、高程图像。所有的这些观测结果都与基本参数（但并未确定）全球水蒸气中可凝结部分的年平均微米数成比例。将他们的结果与奥德赛中子分光仪的结果进行比较，可以发现这个参数为 10～20 pr μm，最大范围不超过 5～30 pr μm。参数为 10 pr μm 时结果见图 C.12（有色部分）。这些结果表明，从北纬 50°±5°到南纬 55°±5°，冰床深度可达 1 m。如果全球年平均水丰度高达 20 pr μm，厚度为 1 m 的冰层区的纬度范围会向赤道方向扩大 4°。

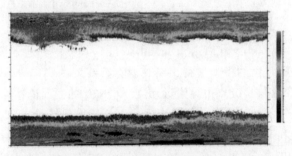

图 C.12　基于每年全球平均 10 pr μm 的水蒸气压力，Mellon 等绘制的"冰床"深度［Reproduced from Mellon et al.（2003），by permission from Elsevier Publishing. 见文前彩图］

Schorghofer 和 Aharonson（2004）对火星地下的冰层稳定性进行了分析。他们的分析囊括了两部分：①平衡冰层深度与纬度；②地表条件变化造成的地表下冰层变化率。模型对大气水蒸气热动力平衡状态的地下冰层进行了预测。根据地表下的一维热模型，利用在一个火星年内热辐射光谱仪处理得到的热惯性地图、反照率图、轨道参数以及局部地表压力可以得到温度值。他们发现，冰层深度范围从纬度 85°时 20 g/cm² 到纬度 70°时

$50\ \text{g/cm}^2$，再到纬度 $60°$ 处大约 $100\ \text{g/cm}^2$，到达低纬地区时冰层深度突然下降。用 g/cm^2 表示的深度在已知密度时可以算出线性距离。例如，如果密度是 $1.5\ \text{g/cm}^3$，那么，冰层深度就等于以 g/cm^2 所计算的深度除以 1.5。这些结果在平均气象条件下都与原来的计算结果相符，并估计，由于大气层与地表之间水蒸气的剧烈变化，在纬度 $25°$ 以下的区域，少量的地表下霜雾会在寒冷季节聚集，它们聚集在白日温度变化的渗透深度下方，季节温度变化的渗透深度上方。图 C.13 表示，一整年内地表下冰层不稳定的区域，尤其是热惯性很低的区域，可能在某段时间内又是稳定的。至今所有的火星探测器除了 VL-2 外，都是在地下冰层长期处于不稳定状态的高热惯性区域着陆的。

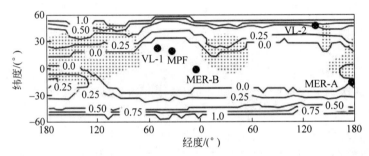

图 C.13　在一年内冰点温度比表面温度高的部分（Schorghofer and Aharonson，2004）
　　　　阴影部分表示热惯性很高的区域，圆圈表示的是火星上的着陆地点

C.3.3　火星上水的长期演变

　　一些学术论文探讨了这样一个问题，假设火星地表下本来就存在冰层，那么，在地表孔隙与大气接触的几十亿年过程里，这些冰层是如何演化的。然而，这些论文中提出的所有模型都受限于我们对于几十亿年内火星环境认识的缺乏。

　　1968 年，Smoluchowski(1968)使用了一个模型：假设在 10 年前，10 m 厚的冰层上覆盖有厚度为 L m 的冰层，冰层升华的速率是关于 L、地层孔隙率和孔径尺寸的函数。他由此得出一个结论，当孔隙率与孔径尺寸足够小的时候，几米厚或者更厚一点的地层都可以使地下冰层保存 10 年。

　　1983 年，Clifford 和 Hillel(Clifford and Hillel，1983)进行了一项更广泛的分析，研究在赤道附近纬度 $-30°\sim30°$ 内，100 m 厚的无冰表层土壤覆盖下原始厚度为 200 m 的冰层演化过程。在分析过程中，他们建立了一个冰层通过有孔隙表层土壤散失的具体模型。得出的结论是，基于土壤结构、地温梯度以及历史温度变化曲线,赤道区域的冰层似乎并不能保存这么久。所有的地下冰层都应该有充足的时间升华,散发到大气中。

1986 年,Fanale 等(Fanale et al.,1986)研究了火星地下冰层的长期演化过程。他们的结论是在纬度低于 30°~40°的地区,地表土层下的冰层会升华散失,然而高纬度地区的地表土层下的冰层可以一直保持住。

Mellon 等(Mellon et al.,1997)也研究了火星上冰层的长期演化过程,但是他们考虑了二次冷凝作用,即冰层蒸发,水分在地层中由下至上流动,在遇到温度足够低的地下温度时再次凝结。他们假设地层下冰层饱和状态时为 200 m 厚。在纬度 −50°~50°的区域内,地下冰层是从冰层上层开始散失的。靠近地层的冰层逐渐散失,脱水后的地层逐渐变厚导致了冰床的形成,且冰床的深度随时间增加。(注意:这与基于地下冰层和大气间平衡态的冰床模型具有显著区别,这种冰床是流动的,在足够长的时间内便会消失。)在大概 700 万年之后,冰床深度变成一个取决于纬度和地层性质的稳定值。随后,深层的冰层会大量挥发,二次冷凝作用使冰层的深度维持不变。当冰床之上的地层都完全脱水时,冰床的间断厚度也保持不变,而且当冰床之下的冰层还在逐渐随时间升华时,冰床便处于似稳定状态。似稳定状态下,较浅的地下冰层会有越来越多的冰散失到大气中,在大概 1900 万年之后,所有的地下冰层都消失了。然而,Mellon 等表示:"如果较深冰层可以提供至少不小于冰层散失速率的水蒸气,那么这种稳定态的分布可以永远持续。"

这些结果表明,在地质时间尺度上,地下水的散失速率非常快,200 m 厚的地下冰层在仅仅 1900 万年后就会消失。在地表季节性热波下几米的深度处,温度随深度的增长十分缓慢。情况是这样的,浅层水蒸气受到来自低温区域的驱动力向水蒸气压强更低的低温冰层运动。如果地表是密封的,而地层含冰量又已经饱和,那么便没有水蒸气的流动了。然而,地表对大气开放,在平均地表温度高于霜点时水蒸气就会散失到大气中。水蒸气会向上扩散取代地表失去的水蒸气。深层水蒸气会上升补充表面流失的水分。这更像是一个存在于含水量充足的深层地层到含水量为零的表层地层间的冰密集度梯度,而不是一个分界线上含水量为零的阶梯函数。

C.3.4 过去约一百万年内火星轨道变化的影响

B.4.3 节中提到,火星轨道在过去几百万年里发生了很大的变化。对于火星上的水演化,最重要的因素便是轨道倾角的变化,但是偏心率和昼夜平分日的周期性进动也与之相关。这些变化会对传播到火星上的太阳能随纬度分布的变化造成主要影响,很有可能会导致火星横跨纬度内水资源的重新分配。

Mellon 和 Jakosky(Mellon and Jakosky,1995)延续了他们先前(1993年)的工作,将轨道振荡考虑在内,他们发现火星轨道倾角会改变赤道(火星稳定状态下的赤道)到纬度高达 70°的区域内稳定地下冰层的地质边界,这些地区水分蒸发的剧烈程度也足以在几千年的时间尺度内,在地下冰层中造成戏剧性的变化。据估计,由于大气水分交换的速率远快于火星轨道倾角的变化速率,因此,1～2 m 厚的上层土壤中含冰量也出现很大差异。他们对近 100 万年内火星近地表地下冰层在不同轨道倾角时的变化进行了分析。指出,火星气候会因轨道倾角变化而产生两大变化:①由于日照量相对纬度的重新分布而产生的温度变化;②在轨道倾角较大时,极区夏日水分蒸发加快,导致大气水丰度增高,影响其他纬度地区水蒸气与地层作用时的蒸发与传播的速率和方向。结果显示,大气中水丰度的增加比赤道和中纬地区地下冰层沉积造成的温度变化更重要。一个综合/扩散模型标出了地下冰层形成与散失作为深度、纬度和火星轨道历史的函数。他们的模型既描述了冰层稳定的区域与时间段,也描述了冰层不稳定的区域与时间段,但是早期存在的冰层仍有残留,因为还没有过去足够长的时间让它蒸发完全。他们估计,40%的地层孔隙率会保证最多 0.37 g/cm² 的冰被保存下来。

尽管水蒸气从极区传播至赤道地区需要几年的时间,但是,这与火星轨道倾角变化的时间(几千年以上)相比还是要快得多。因此,假设极区冰层散失速率的加快也会导致大气平均含水量同等程度的增加。现在大气平均水丰度大约是 10 pr μm,轨道倾角是 25.2°,他们绘制了大气平均水丰度与大范围轨道倾角变化的图像,结果见图 C.14。

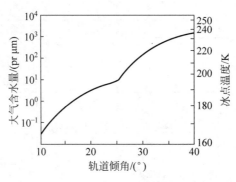

图 C.14　大气平均水蒸气丰度估算值与轨道倾角的关系,右边显示的是不同水蒸气压强对应的冰点温度(Mellon and Jakosky,1995)

根据这个模型，火星轨道倾角为 32°时，大气中水蒸气丰度可能是现在轨道倾角为 25.2°的 35 倍。这会使霜点温度从 195 K 上升到 218 K，那么，所有纬度地区地下冰层都能保持稳定。水蒸气压与温度之间的关系并不是线性的，地下冰扩散与地表水蒸气压之间有直接依赖关系，当火星进入一个高轨道倾角的阶段时，地下冰层向低纬度地区移动的速度加快，在轨道倾角足够大的时候，火星全球都将分布着稳定的地下冰层。随后，轨道倾角随时间变小，近地冰层由于升华作用逐渐消失。因此，在过去几百万年里，大范围稳定地下冰层期与高纬度稳定地下冰层期交替出现。因为火星轨道倾角的变化在过去 30 万年内变化较小，这段时期被认为是非常规稳定期。

值得注意的是，这项研究发现"在高轨道倾角状态下，冰层累积的速度比低轨道倾角状态下冰层散失的速度要快"。因此，地下冰层深度曲线在高轨道倾角初期会有明显的大幅下降，之后随着轨道倾角减小曲线逐渐趋于平缓。这可能是随着轨道倾角变小，在温暖期，地下温度较低导致水蒸气压强和冰层升华速率也减小。这项研究提供了海量的数据，很难简明扼要地概括所有结论。但是结论表明，地下冰层稳定的范围与冰层深度是轨道倾角的函数，结果见表 C.1。

表 C.1　纬度为 $-60°\sim60°$ 地下冰层稳定的地区

轨道倾角/(°)	冰层稳定区的北纬	冰层稳定区的南纬	稳定冰层的典型值范围	特　　点
19.6	≥58°	≥55°	>100	$-60°\sim60°$ 地区间冰层稳定性很低
22.0	≥55°	≥52°	≥100	北边开始出现经度差异
24.6	≥40°~50°	≥50°	75~100	北边出现更多经度差异
25.2	≥38°~48°	≥48°	75~100	现今的状态
27.1	20°~40°	≥42°	50~100	北边出现显著的经度变化，经度为 $+30°\sim-100°$ 间的稳定区变迁至低纬区
29.3	0°~30°	≥30°	10~50	在经度 $-100°$ 附近所有纬度区冰层都处于稳定状态
31.1	几乎任意纬度	几乎任意纬度	5~10	仅有赤道附近几个地区冰层不是永久稳定
32.4	几乎任意纬度	几乎任意纬度	5~10	冰层处处稳定
33.0	几乎任意纬度	几乎任意纬度	2~10	冰层处处稳定

这些年来,水从极区到温带地区再回归极区的周期性转移很可能与轨道倾角的变化有关,因为轨道倾角与近北极区冰层的分层沉积观测值可能具有某种关联。据估计,在温带地区,全球转移至温带地区的水大约是 40 g/cm^2,总计约达 6×10^{16} kg。

这项研究主要针对从极地附近以水蒸气的方式通过大气层转移的地下冰层。类似这样的永久地下冰层可能是通过大气层到季节性热波之间的沉积作用,在干燥的地层之下形成的,季节性热波地区的地面温度比空气温度低,水蒸气在地层缝隙中冷凝。这种热波可能会渗透好几米。在热波之下,地热梯度成为主导因素,温度随深度缓慢增加,消除来自大气对冰层堆积的驱动力。研究表明,如果冰填满热波层之下的地层空隙,那么这些冰一定是很久以前便存在于那个地方的,而不是来自极区与近地地层之间周期性循环交换的冰。在地表以下足够深的地方,温度会超过 273 K,很有可能这种深度下存在液态水。然而,在这种情况下,从该深度处升华的水蒸气会在深度小于 10 m、温度低于凝固点的地层冷凝,使温度高于 273 K 的所有地下区域都含有冰层。在过去几百万年里轨道倾角不断变化的情况下,在高轨道倾角时期,"冰层升华的速度已经足以使近地表地层的孔隙在短短几千年内被冰完全填满"。相反地,轨道倾角变小时研究发现"在轨道倾角变化一个周期即将增大之前,升华作用可以使地下冰层厚度减小到 1 m 左右"。在纬度约 50°附近,发现了一个稳定的地下冰层,在高轨道倾角时期积累的冰层比低轨道倾角时期散失的冰层要多。同样值得注意的是,在大量水被表层土壤以冰的形式吸收或者释放的阶段,火星地表循环往复的膨胀收缩可能会导致火星表面出现小规模的可观测到的地理特性。

可以得到如下结论:

(1) 由于模型中的假设较为简单而导致具体的计算值不够精确,但是计算值大体上仍然是有效的。

(2) 当轨道倾角小于 22°时,在纬度 −60°～60°的大部分地区的地下冰层都不稳定。

(3) 当轨道倾角大于 30°时,在纬度 −60°～60°的大部分地区的地下冰层都是稳定的,冰床深度近似为几十个厘米。

(4) 当轨道倾角在 26.5°～29.5°时,温带地区地下冰层稳定的区域急剧扩张,冰层厚度从大于 100 cm 下降到几十厘米。轨道倾角的微小变化也会导致这种敏感地区冰分布的巨大变化。

(5) 现今轨道倾角为 25.2°,略低于高度敏感区域的轨道倾角度数,如果轨道倾角在未来几十万年里增大,火星上的水分布也会产生巨大变化。

(6) 轨道倾角的周期性变化似乎会在中纬度地区(45°～55°)地表下约 1 m 的深度处沉积更厚的冰层。这可能是一个发展至今的长期冰层沉积过程，尽管现在地下冰层并不处于热力学稳定态，这种沉积过程不会发生在低纬度地区。

Chamberlain 和 Boynton(Chamberlain and Boynton，2004)在过去火星轨道倾角变化的基础上，研究地下冰层保持稳定所需要的条件。他们运用了一个热学模型和一个水蒸气扩散模型。通过热学模型可以求出火星上不同时期不同深度处的温度。温度是关于纬度、反照率和热惯性的函数。热学模型可以确定稳定冰层的深度。如果冰床顶层的水蒸气平均密度与大气中的水蒸气平均密度相等，那么冰层就可以保持稳定。在水蒸气扩散模型中，水是可以转移的。热学模型所确定的温度可以区分三种状态下的水：水蒸气、吸附水和冰。水蒸气呈现唯一的流动状态，吸附水会对水蒸气的扩散起到缓冲作用。水蒸气扩散模型存在冰匮乏和冰富集的起始条件。水蒸气扩散模型可以计算稳定冰层在长时间内的深度演变。随着地下冰层分布的变化，地下热学特性也会随之发生变化。冰填满地下空隙时，地层热导性增加。水蒸气扩散模型与热学模型迭代运用可以在冰层重新分布时更新温度变化。在研究结果中，Chamberlain 和 Boynton 展示了不同轨道倾角下，地下冰层稳定度与纬度的相关数据。过去火星轨道倾角发生过很大的变化。在两组地下特征下进行分析：

(1) 明亮、积灰的地面(反照率=0.30，热惯性=100 SI 单位)；

(2) 黑暗、多岩石的地面(反照率=0.18，热惯性=235 SI 单位)。

结果见图 C.15。

结果表明，火星轨道倾角较小时，近赤道低纬地区的地下冰层永远都处于不稳定状态。然而，随着轨道倾角增加，逐渐会达到一个点(取决于土壤特性)，在这个点处，地下冰层的非连续转变从不稳定变为了稳定态。根据这个模型，在明亮积灰的地面，这种状态变化需要轨道倾角在 25°～27°时才发生，而在黑暗多岩石的地面需要在 29°～31°才发生。现在轨道倾角为 25.2°，火星正处在一种情况的边缘状态，即赤道附近的地下冰层在某些地方可以达到稳定状态。根据表 B.22，在过去几百万年里，有几个时段轨道倾角达到了 35°。在过去 40 万年里，轨道倾角曾经达到过 30°，并且在 80 000 年前还高达 27°。在那些时期，根据表 B.23～表 B.29，冬天赤道地区接收到的太阳能显著减少，夏天高纬度地区接收到的太阳能显著增加。尽管具体的细节尚未得知，但是根据表 C.15 可以知道，在过去那些年里，肯定发生过高纬度地区近地面地下冰层向温带地区的转移。过去 50 000 年里轨道倾

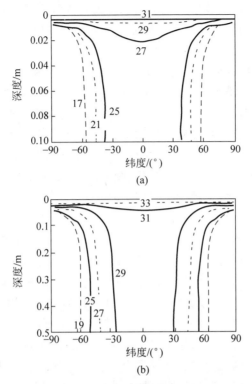

图 C.15　不同轨道倾角下,稳定地下冰层最小厚度与纬度的
关系(Chamberlain and Boynton,2004)
(a) 明亮、积灰的地面;(b) 黑暗、多岩石的地面

角一直都不大于 25.2°,表明更早时期内沉积在地下的冰层一直在挥发消减,向极区转移。然而,这些过程可能十分缓慢,并且受到某些地方灰尘的阻碍作用。因此,在赤道附近某些明亮的、低热惯性地区,特别是向极区倾斜的区域,很有可能一些早期残留的地下冰层保存至今。这样就可以解释为何奥德赛号探测器会在赤道带上观测到一些高含水量地区。Skorov 等(Skorov et al.,2001)指出,具有低热惯量的布满尘土的地区可以增强地下冰的稳定性,至少在中高纬度地区是这样的。

C.3.5　南极极地冰冠演变

研究来自大气的地下冰层沉积的关键在于研究在地下温度条件下的地下冰层蒸汽压与大气中水蒸气分压的关系。Jakosky 等(Jakosky et al.,2005)研究了南极极地冰冠对大气中水蒸气分压的作用。他们讨论了在过去水蒸气分压更高、中纬地区地下沉积冰的可能性。这些沉积冰中的部分因为没有充足的时间来使地下冰层完全挥发而还残留在那里。接下来的内容基于 Jakosky 等的论文。

极冠是大气中吸收与消耗的水蒸气的主要存储地区。由于暴露的北极冰冠在夏季的挥发作用，北半球水丰度峰值为 100 pr μm。南半球含水量要低得多，因为南极冰冠表面有一层二氧化碳，使得地下冰层难以挥发。因此，南极冰冠的温度不足以使大量冰层挥发。这种极区冰冠的差异反映在明显的从北至南大气平均水分布梯度上。在南极，冰层应该在二氧化碳层之下，因为冰层的挥发性不如二氧化碳。二氧化碳霜的覆盖阻碍了水蒸气向大气中挥发。如果南极区的二氧化碳覆盖层消失，地下冰层将暴露在大气中。没有了二氧化碳层的覆盖，南极区夏季的温度会上升得比北极区更高，因为在南半球的夏季火星离太阳最近，那么大量的水就会挥发至大气中。南半球水含量峰值可能会达到几百 pr μm。低纬地区含水量也受到极区的影响，并且在南北极平均含水量之间。北极极区年平均大气含水量现在大约是 30 pr μm；南极极区在无二氧化碳层覆盖时平均大气含水量近似是 150 pr μm。因此，低纬地区年平均大气含水量可能为 100 pr μm 左右，是现在观测值的 6 倍以上，这可能会导致冰层在低纬地区的大量沉积。在现今阶段，南极极区上的二氧化碳层会不会消失呢？季节性二氧化碳循环的理论模型表明，南极冰冠存在两种截然不同的稳定状态。一种状态下，二氧化碳整年都存在，并且在冬季的冷凝量与夏季的升华量恰好或者近似能够保持平衡；另一种状态下，二氧化碳冰层在仲夏时节会消失，下层的物质暴露在空气中，这层物质的温度会大幅升高。可以设想南极极区在这两种稳定状态间的转换过程。也有证据证明，极区可以在某些时刻维持这两种稳定状态。1969 年，在地球上进行的火星大气水含量测量表明，南半球的水含量比随后观测到的要多得多。当时大气中水蒸气的丰度很高，足以证明南极残余冰冠的存在。最近，火星全球勘探者（MGS）和火星快车（MEX）探测器观测到的结果表明，南极极区的部分区域在夏季时会暴露出冰层。如果这种冰层的暴露状态每一年都在变化，就可以解释南半球夏季大气水含量年变化达到 10 倍的原因。如果南极极区在夏季有暴露在空气中的冰层，那么该现象导致的大气中水丰度的增加可能会使火星全球地表下大部分的水冰都保持稳定状态。在冰层稳定的状态下，水蒸气会在地表下凝结，并且在相对较短的时间内凝华成冰。大量水冰凝固在地表下所需的时间可能缩短到 $10^3 \sim 10^4$ 年，这跟轨道倾角的变化过程相比已经很短了。如果南极极区只是在最近才被覆盖上二氧化碳霜的，那么对于低纬地区升华与蒸

发过程还尚不稳定的水冰而言,可能还没有经历足够长的时间让它们散失
到空气中。因此,目前全年都覆盖着二氧化碳冰层的南极极区可能并不能
代表最近几个世纪火星南极的情况,即使这种状态是目前由宇宙飞船观测
得到的。相反,最具代表性的状态可能是南极极区在夏季失去二氧化碳冰
层的时候。这种情况可能就发生在几十年前、100 年前或者 1000 年前,那
些时候水冰可能在现在的轨道条件下都保持着近全球范围内的稳定状态。
100 年或者 1000 年前沉积的冰现在可能处在一个过渡期,尽管现在冰层也
并不稳定。

C. 4　在火星轨道上观察得到的对火星地下水的实验性探测结果

C. 4. 1　中子光谱学简介

据 Boynton 等(Boynton et al. ,2002):

当宇宙射线到达火星的大气层和地表时,它们通过各种核反应从原子
核中产生中子。中子与周围的原子核碰撞消耗能量,同时也激发了其他原
子核,随后在衰退期发射出伽马射线。在中子得到热能后,它们会被原子核
捕获,随后也会在衰退期发射伽马射线。一些中子逃离了火星表面,可以在
火星轨道上被探测到。这些逃逸的中子流可以体现出中子被吸附或是被捕
获的数量。这些过程与火星表面和大气的性质有关,因为不同的元素捕获
中子的横截面不一样,吸附中子的能力也不一样。氢原子核捕获中子的能
力格外强,因为氢原子核的质量和中子质量几乎相等。中子的状态按照惯
例可以分为三个能带:快速、超热和热。

能带分为热(能量低于 0. 4 eV)、超热(0. 4 eV$<E<$0. 7 MeV)和快
(0. 7 MeV$<E<$1. 6 MeV)中子。

通过测量不同能带上的中子流,可以估计火星上空约 1 m 处的氢原子
含量,从而推测水的含量。然而,如果火星表面有一层二氧化碳,那么就很
难推测氢原子的量。

轨道上中子分光仪每 20 s 会返回几条中子光谱和一条伽马光谱,这等
效于中子的运动或者火星地表上方 59 km 处中子的状态。这些数据随后
被汇集到感兴趣的区域,从而改善统计结果。对于数据大量减少的情况,这
些数据只用在 5°纬度范围内来改善信噪比。这些数据只记录了氢原子的丰
度而忽略了它们的分子缔合;然而,这些结果是以水等效氢(water-equivalent

hydrogen，WEH）的质量分数形式给出的（或者仅仅是水的质量分数）。

这些数据与火星表面氢的实际分布之间的关系并不是直接相关的。如果中子流是连续的，氢随深度分布也是一致的，那么，氢的浓度也就和伽马射线的强度成比例。因为氢的浓度随深度变化，氢密度与伽马射线之间的关系也更加复杂。相似地，如果存在水含量不变的单一地层，中子流可以认为是水含量的函数。然而，如果水含量的垂直分布是变化的，事实大抵也是如此，那么，伽马射线与中子信号相对于水分布的函数关系也很复杂。原始数据只能够被用于某种关于水垂直分布的特定模型来求解水含量。对于所有模型，除了氢以外，元素的浓度是火星探路号探测器的阿尔法质子X射线分光仪所探测到的火星土壤中元素的密度。在最初的探测工作中，得到的结果都被归一化，以便于和海盗一号（Viking 1）着陆点上含水质量占1%的土壤吻合。在随后的工作中，通过使用来自覆盖有二氧化碳冰层的极区采集数据作为基准点，这导致归一化数据中出现了一些小的变化（基本上说，最小的1%会上升到2%）。

用于处理大部分数据的模型是一个双层模型，在这个模型中，厚度为D，含水质量分数为2%的上层干燥地层覆盖着一块含水质量分数为X%的极大的厚片。中子计数率可以通过设置X和D的任意值产生的具体模型计算得到。这里涉及两个参数，并且在最近的研究中，使用了能量不同的中子来分辨X和D的值。

C.4.2 原始数据简化——中子光谱学

假设一个简单的双层模型，上层含有1%的水，热中子流和超热中子流是下层地层不同含水量下（质量分数不同）干燥地层过载厚度的函数。上层地层含水量为2%时，也可以得到一个相似的曲线图。在高纬度地区，2%含水量的曲线图拟合度更好，而在低纬度地区1%的含水量曲线图拟合度更好。对于高纬度地区，数据显示，下层水含量大约是35%。高纬地区（60°～80°）上层地层的冰层厚度为20～50 g/cm^2，纬度为40°的地区冰层厚度可以达到100 g/cm^{2}以上。

C.4.3 改良数据简化——中子光谱学

进一步的研究提供了一种改进的数据整理程序（Feldman et al.，2004）。季节性的二氧化碳霜会使整体数据分为三个部分，移除受到影响的数据十分必要。秋分点之前在南半球观测得到的数据（与以火星为中心的经度L_S相符）用于生成南半球60°S处的数据。在北半球边界一个相似的

过程中使用的是 $L_S=100$ 时的数据。在中纬地区($-60°\sim60°$)的数据都被取平均值,可以得到宇宙射线通量变化的计数率改正、大气厚度的全球变化和 NS 高压变化的影响,还可以计算出中纬地区地形因素导致的大气厚度变化修正。

原始的数据分析归一化了海盗一号探测器得到的数据,该数据表明在上层地层含水量约为 1%。在分析中还发现,在中纬地区上层土壤含水量为 1%,而更高的纬度地区上层土壤含水量为 2% 时,这些数据与模型的拟合效果最好。在最新的分析研究中,对覆盖有二氧化碳层无法显示氢信号的区域进行了精确的测量,而这个测量得出了所有地区上层土壤中含水量均为 2% 的结论。

跟以前一样,运用了单一模型和双层模型。双层模型中包括两部分:含水量质量分数为 2% 且厚度为 D 的上层,含水量质量分数为 X% 且厚度无限大的下层。因为在深度 $1\sim2$ m 以下,中子数据就不再灵敏,任何关于 $1\sim2$ m 之下地层含水量的假设都不具有相关性。不同于最初使用热中子和超热中子数据的分析过程,改良后的数据分子结合了超热中子与高能量中子的数据。尽管早期的分析表明,热中子对地下深度比快中子更敏感,研究者却有意识地忽略这一点,因为对热中子的数据分析需要了解地表土壤的性质(特别是最强中子吸收元素的丰度:Fe、Ti、Cl、Gd 和 Sm)。这些物质的丰度无法从火星 Odyssey 探测器伽马射线观测中得出。

C.4.4　基于采用中子光谱学的均匀土壤模型的含水量

基于一个统一地层的简易模型(不分层),地层含水部分的质量未知,只使用超热中子数据,在假设最低含水量为 2% 的前提下,可以估算出全球含水量,结果见图 C.16(有颜色部分)。如图 C.16 所示,在上层含水量为 2% 的双层模型中,下层地层含水量要比简易模型中的含水量高。对于中纬度地区($-45°\sim45°$),图 C.16 中数据的修正计算式为

含水率(两层模型中的下层)

$=0.998(表中的含水率)+1.784(表中的含水率)^2+0.000\,435$

对于赤道地区,表中含水率为 10%(含水率$=0.10$),双层模型中下层的含水量估计值为

$$0.0998+0.0178+0.0004=0.118 \text{ 或 } 11.8\%$$

这种估计值基于上层含水量为 10%,如果上层更厚,修正会更大。

C.4.5　基于双地层模型下赤道和中纬地区含水量

低含水量地层埋藏深度的一阶近似值可以通过超热中子和快中子计数率的综合研究得出。在假想的均匀土壤模型下,处理超热中子数据而得到的双层模型中,下层地层水含量的估算值会偏低。快中子数据所得到的含水量会比超热中子数据得到的含水量要小,因为氢原子的快速特征随深度衰减得更快,并且在一般情况下深处的水比浅层地下的水要多。当最上层干燥地层的厚度上升到 $100~g/cm^2$ 以上时,超热中子和快中子的曲线都趋于平坦,含水量估算值都为 2%。换句话说,如果相对干燥的上层地层厚度超过 1 m,那么,位于该地层下的富水地层不能被火星轨道上逃逸中子的光谱探测到。

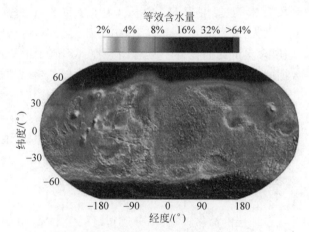

图 C.16　基于使用超热中子数据的均匀土壤模型(不分层)得出的在火星上层 0~1 m 水含量的全球变化(Feldman et al.,2004. 见文前彩图)

为了定义显示水质量分数与上层的厚度之间的关系已经开发了很多模型,其中显示水质量分数是快速中子流观测值得出的与超热中子流观测值得出的含水量之和。如图 C.16 中所示,根据均匀土壤模型,在赤道区域有三个地方水的质量分数达到了 10%。双层模型提供对这些地区水分布、其他近赤道地区和中纬地区更深入的理解。出于这个目的,在赤道方向 ±45° 范围内的中子计数率观测值被放入纬度范围为 5° 的准相等的地域空间单元中。数据分析表明,在近赤道附近大多数水等效氢都位于干燥地层以下。这些数据中的主体似乎表明,上层厚度可以达到 $10\sim20~g/cm^2$ 且局部点厚度可以达到 $40~g/cm^2$ 甚至 $60~g/cm^2$,少量地区含水量可以超过 10%。

C.4.6 中子观测的深度

中子的能量与中子产生时的深度有着明显的联系。快速中子发射伽马射线的速度的最大深度不超过几十厘米,然而超热中子则是从地表以下 1~3 m 深处的地层处产生的。结合超热能量范围观测与能量超过 1 MeV 的中子流观测值,可以从浅层地层到深度为 1~2 m 的地层之间的任意深度处重建水丰度分布。这也可以检验单层模型对地下分层结构的描述。

为了从中子数据中提取关于地层结构的信息,Mitrofanov 等(Mitrofanov et al. ,2003)建立了两种典型的地层模型。一种模型利用了地下水随深度均匀分布的情况;另一种使用的是双层模型,较干燥的上层地层(含水量为 2%)覆盖在下层富水层上。在第一种模型中只有一个自由参数:含水量,在第二种模型中有两个自由参数:上层地层厚度与下层地层的含水量。计算值受限于火星上所选的高纬度地区。探测了位于赤道附近阿拉伯高地内的一些湿润地区,从而在近赤道地区找到含水量最高的区域,尽管在该地区还没有精确的地形数据用于分析。研究区域一般为 600 km×600 km。据说只有双层模型适用于这些数据,但是这种说法并没有得到详细阐明。

图 C.17 和图 C.18 描述了含冰层的厚度以及含水量。上层干燥土壤的厚度单位是 g/cm^2,实际深度与密度相关。如果密度假设是 2 g/cm^3,那么,以厘米记数的土壤厚度就是上图中的纵坐标除以 2。南极极区土壤厚度很低(在 70°N 以上厚度为 0~15 g/cm^2)并且随着纬度的下降而增大。在纬度 70°N 之上的地区含水量随经度的变化很小,但是在纬度 60°N 附近的地区变化很大,在南极区域土壤厚度较大,土壤厚度在高纬度地区会变小。浅层土壤含水量足够高,表明地表以下可能是浑浊的冰而不是空隙含冰的土层,尽管在某一深度处这两者的区别昭然若揭。

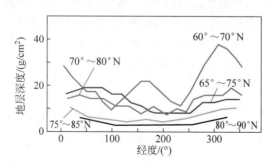

图 C.17 表示南极浅层地层的深度(Mitrofanov et al. ,2003. 见文前彩图)

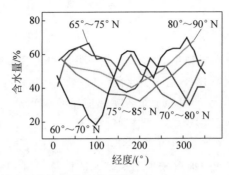

图 C.18　南极区域底层土壤目前的含水量（Mitrofanov et al.,2003.见文前彩图）

在南半球,土壤厚度较大(在 70°S 处达到了 15～20 g/cm^2),但是含水量与北半球相似。然而,在北半球纬度 60°附近的地区,含水量下降得更为剧烈。笔者简要地提到,阿拉伯高地湿润地区的计算结果显示,富水区域在地表以下 30～40 cm 处,含水量为 9％～10％。据说,赤道附近最湿润的地区(30°E,10°N)含水量为 16％,位于地下 30 cm 处。

C.4.7　冰层暴露的当前影响

Byrne 等(Byrne et al.,2009)报道称,在轨火星探测器上使用 HiRise 观测到米级至十米级直径撞击坑。这些小的撞击发生频繁。在撞击发生之后,通过观测撞击坑发现被掘出的物质非常像冰。一个月后,白色的冰逐渐消失,表明其升华了,虽然也可能是覆盖了一层灰尘导致其不能被看见。观测纬度从 43°～56°N 的近地表冰。如果过去冰是从扩散的大气水蒸气聚集而来,那么,某一纬度地区大气中水蒸气的含量在 20 世纪 40 年代比今天还高,大概为 20 pr μm。

Dundas 等(Dundas et al.,2014)报道称,从环火轨道上观察,发现许多新的小的环形山。小的环形山位于 38°N 和 20°S 。这意味没有冰。然而,有 18 座新环形山位于 39°～65°N,也没有证实近表层有冰。位于北纬最低的环形山口径 8～12 m,表明环形山的深度可能有 0.6～1.0 m。如果大气水含量比当前值多两倍,在这种平衡过程中,才能形成冰。因此,这些冰可能是前时代遗留下来的。

C.4.8　在高纬度环形山上的冰

火星快车探测器拍到一座大型环形山表面部分覆盖着冰[①]。这座环形

[①]　https://solarsystem.nasa.gov/yss/display.cfm? Year＝2012&Month＝4；http://www.esa.int/Our_Activities/Space_Science/Mars_Express/Water_ice_in_crater_at_Martian_north_pole.

山位置为纬度 70.5°N,经度 103°E,直径 35 km,最深处 2 km。冰覆盖的地区直径为 12 km,冰厚度似乎超过 1 km。

Bertilsson (2010) 评估了在高纬度北部覆盖表层冰的环形山中,观测到覆盖着冰的环形山分布在 60°~80°N。100 座环形山中至少 50% 覆盖着冰,也可能超过 50%,有冰的环形山全都被编录在案。

C.4.9 表层冰红外线测量

Vincendon 等 (Vincendon et al. ,2011) 报道称,火星快车和火星侦察轨道器上装配的红外线图像成像光谱仪提供的证据证实火星表面有冰。他们测量的样本仅是几微米的冰,因此,他们没有得到冰的厚度信息。在秋季和冬季(或者南半球的早春)可以观测到冰。在北部,表层冰存在于 32°N 以下或者 12°S 以下。残冰在陡峭的山坡上被发现,朝向当地半球的极点。通常即使不是地下土层,一些向极区倾斜的地方也会出现霜(环形山壁、平顶山和凸岩等)。

C.5 中子数据与火星物理特性的比较

C.5.1 地表与大气特性

一项实验表明,赤道附近高含水量地区(纬度范围 ±45°)的观测值与描述火星表面与火星气候局部特征的多个参数之间可能存在某种统计关系。Jakosky 等 (Jakosky et al. ,2005) 在图 C.19 中展示了相应的图形。Jakosky 等探索了地层水丰度与可能影响水丰度的每一个物理特性之间的定量关系。在平滑处理后者的数据集以匹配中子观测的空间分辨率后,他们通过计算超热中子含量(从水含量中衍生而来)与图 C.19 中每一个物理参数的关联程度来确定定量关系。

研究只比较了纬度 ±45° 间的数据,并发现,含水量与任一参数之间,无论是单一参数还是一组参数都缺乏统计关联。他们得出这样的结论:"诚然,图 C.19 中观测数据得出的对比结果,或者是定量比较都不能表明两者间具有明显的关联,并且也没有哪一个物理参数可以独立解释水分布的原因。"

这项统计分析表明,水丰度与不同参数之间没有因果关系。从数学的角度出发,可以说没有"充分"的关联。也就是说,还没有足够多的参数来确定水含量就会很高。这一点的解释是——如只考虑反照率——有很多地区反照率高而含水量低,还有一些反照率高含水量也很高。

另一方面,如果忽略含水量与物理特性之间的"充分"关联,而是寻找"必要"关联,可以想象,虽然有很多地区反照率很高而含水量却很低,但是那些含水量高的地区中可能也会有高反照率的地区。在这种情况下,高反照率可能是一个必要条件却不是充分条件,在实际情况中也是如此。图 C.19 中的等高线是在图中水丰度最高的区域周围绘制的;在图 C.19(a)中这些等高线与其他区域重叠。重叠区域见图 C.19。

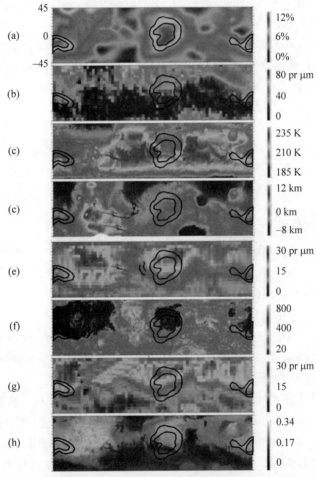

图 C.19　赤道附近高含水量地区的观测值与描述火星表面和局部
气候特征的参数之间的关系(Jakosky et al.,2005.见文前彩图)

(a)中子谱仪测量到丰富的水储量;(b)水汽储量的年度峰值;(c)表面温度的年平均值;(d)地形;
(e)地形修正后的水汽年平均值;(f)热惯量;(g)未经地形修正的水汽年平均值;(h)反照率

从图 C.19(b)开始研究,可以发现:

(1) 图 C.19(b)高水丰度与大气中出现更高水蒸气密度峰值的地区之间具有一定的联系。

(2) 图 C.19(c)高水丰度与较低的表面温度之间出现大范围的重叠。

(3) 图 C.19(d)高水丰度与向极区倾斜的坡地的北面之间存在很强的相关性。

(4) 图 C.19(e)大气中平均水蒸气浓度较高(进行了地形改正)的地区之间存在一定的相关性。

(5) 图 C.19(f)高水丰度与低热惯性之间存在很好的相关性。

(6) 图 C.19(g)大气中平均水蒸气浓度(没有进行地形改正)较高的区域之间相关性很低。

(7) 图 C.19(h)高水丰度与高反照率之间有较好的相关性。

因此,可以得出一个结论(Jakosky 等并不认同),高水丰度的赤道地区与较高的水蒸气浓度峰值、较低的地表温度、向北极倾斜的斜坡非顶点的地区、较低的热惯性值以及较高的反照率有关。值得强调的是,正如 Jakosky 等发现的那样,如果任意选取一个地点,该地点上水蒸气浓度较高,地表温度较低,位于面向北极的斜坡非顶点的地区,并且热惯性较低,反照率较高,在该地点上发现水丰度高的区域也是随机的。只有回过头来,挑选一个水丰度本来就很高的地方,高水丰度才有可能与较高的水蒸气浓度峰值、较低的地表温度、面向北极的斜坡非顶点的地区、热惯性普遍较低而反照率普遍较高这几点相关联。这些因素都表明,这种水可能是大气中水蒸气积累而最终转化形成的地下冰。Jakosky 等误以为:

尽管这样高的水丰度可能是由黏土中吸收的水分或者是镁盐中水合作用含有的水导致的,其他的观测结果却显示这样的可能性不大。含水区域的空间分布模式与该区域的土壤成分、地形、现在的大气水含量、纬度或热物理学特性之间没有一致的函数关联。水的空间分布有两个最大值和两个最小值,这很容易与大气现象联系起来。我们认为,高水丰度可能是由地表浅层存在的流动地下冰导致的。如果大气中水丰度是现在的好几倍,这些纬度地区地下几十厘米深处的冰就都能保持稳定,就像极区±60°纬度范围的冰都能在现有水丰度条件下保持稳定。如果南极极冠地区表面的二氧化碳层消失了,即使是在现在的轨道条件下,也可以实现较高的大气水丰度;因为一旦二氧化碳层消失,其下的冰层就可以在南半球的夏季向大气提供水分。如果这种假设是正确的话,那么①现在低纬地区的冰并不稳定并且处于向大气升华散失的过程中;②现在只在火星南极长期存在的二氧化碳层结构可能并不能代表过去，哪怕是 10 000 年之内二氧化碳层的状态。

在图 C.7(b)中，Smith 提供了火星上水蒸气的分布。Smith 也提供了反照率和热惯性的等高线图，见图 C.20。水蒸气浓度、反照率、热惯性和近地表水之间的相关性十分显著。从火星快车上得到的观察结果表明，火星上高反照率的地区总的来说与图 C.20 是一致的(Vincendon et al.，2014)。

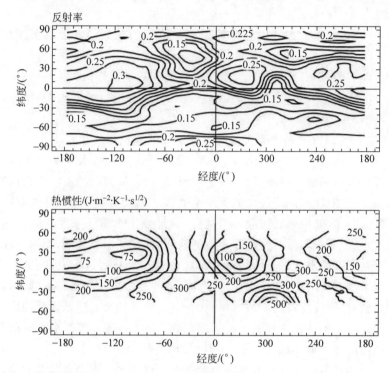

图 C.20　火星上反照率和热惯性的地图(Vincendon et al.，2014)

Sizemore 和 Mellon(Sizemore and Mellon，2006)给出了一个关于在异构火星地下情况的地下冰稳定性多维数值模型。他们发现，不均匀性使"冰床"里产生很多波动/地貌，这种波动在水平方向绵延数米。

C.5.2　中低纬度区域水沉积与地形的关系

图 C.21(带色部分)对火星表面 6 条南北方向的直线上地表地形和近地面水等效氢(WEH)的分布进行了比较。

对于图 C.21 中的每一条垂直白线上 WEH 和地形的比较见图 C.22。图 C.22 中的数据像素是 $2° \times 2° = 160\ km \times 160\ km$。因此，这些数据可以代表该地区的平均值，图形分析结果见表 C.2。

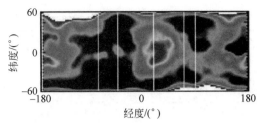

图 C.21　水等效氢的分布[Reproduced with permission of the Copyright Clearance Center and
John Wiley and Sons Publishing Company(Feldman et al.,2005). 见文前彩图]
红色表示约 10% 的水,深紫色表示约 2% 的水,图 C.22 沿着垂直的 6 条白线给
出了 WEH 相对高程的比较

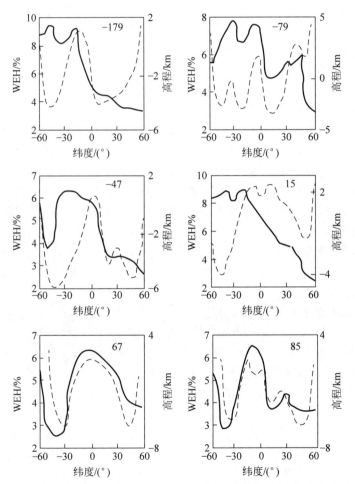

图 C.22　在火星表面同一经度上(见图 C.21 中的垂直白线)6 条南北直线区域上
WEH 相对高程的图比较(Feldman et al.,2005)

虚线表示现在的水丰度,实线是高程,单位为 km

表 C.2　沿图 C.21 中 6 条横截线水丰度峰值与高程的关系

水丰度峰值与高程	垂直线					
	1	2	3	4	5	6
水丰度峰值/%	9.6	5.8	5.4	9.5	6.0	5.8
高程峰值/km	10.0	7.2	6.4	8.7	3.7	3.6
水丰度峰值处的高程/km	7.0	5.7	5.2	8.0 和 6.5	3.7	2.0
水丰度峰值处的纬度/(°)	−5.0	−8.0	+5.0	−10.0 和 +12.0	+5.0	−20.0

可以注意到,在所有图中,随着纬度由南半球向北极不断增大,高程的大体趋势是由大到小。高程的差值最大可以达到约 6 km(20 000 ft)。还可以发现,水丰度峰值与高程峰值之间存在较好的相关性,水丰度峰值与水丰度峰值地点处的高程之间也存在较好的相关性。

Feldman 等(Feldman et al.,2005)强调的一些很有意思的结论有:

(1) 总体上看,赤道上水浓度可能比纬度 20°～40°地区的水浓度要高。

(2) 纬度在 −15°以北的任意长斜面上,水浓度峰值处的纬度一般都比高程峰值处纬度略大一些。

(3) 火星表面南北直线上高程峰值越大,且水含量峰值区域的高程也越大,那么水含量峰值就越大。

很有可能在北方的夏季,从极区向南流动的“气”流携带的水蒸气气压很高,甚至到了赤道附近都比那些高海拔区域地表下的水蒸气气压要大,因此,在朝向极点的斜面上部会沉积地下冰。这种类比并不完善,但是有一点类似,太平洋含水分饱和的气流会在环绕着洛杉矶的山脉两翼而不是洛杉矶中心产生更多降水。

同样,在图 C.22 中值得注意的是,所有图中水丰度都在 60°N 附近的地方急剧升高,那里一定存在着地下冰。

很难确定赤道附近水沉积是以矿物质水合作用的形式还是以地下冰的形式存在。但是,正如 Feldman 等所描述的那样,这种水似乎是由北方气候性变化散发而沉积形成的。在高海拔、低热惯性与高反照率地区存在着水,表明水丰度高的区域地下温度相对其他赤道附近区域较低。温度曲线表明,随着海拔增高,平均温度显著降低,更有可能沉积地下冰(Hilosn and Wilson,2004)。

使用红外反射率仪器探测了火星表面的地表冰。Vincendon 等(Vincendon et al.,2010)报告称:

在南半球,冰的分布会随着纬度的变化而发生剧烈的变化。在 60°W 附近水手号峡谷的北墙(13°S,10°E 处)发现了冰,这些冰在朝向赤道(40°S,20°W)处没有被观测到。冰在北半球分布得更加均匀,但是在朝向赤道的 32°N 处没有观测到冰。

C.5.3　赤道附近近地表水的季节性分布

Kuzmin 等(Kuzmin et al.,2005)提出了赤道附近沉积水随深度与纬度的季节性变化数据,主要结果见图 C.23。最上面的数据代表最慢的中子与最大深度(不超过 2 m),最下面的图代表最快速的中子与最小深度(约 10 cm)。图 C.23 表明,中子速度越小,恒定中子流运动轨迹就越水平,表明深层的水不易受到季节性波动的影响,而浅层水随季节发生变化。在经度 160°和 310°处近地表沉积水的浓度似乎呈"手指"状的起伏变化。Kuzmin 指出,这些与南北极区冰冠的衰退有关(分别在经度 310°与 160°的地区)。

C.5.4　由红外反射率光谱仪探测到的火星上的水

Audouard 等(Audouard et al.,2014)指出,反射率光谱学提供了一项技术用于证实,在行星表面和处于随屈光率(波长和成分)与土壤结构而变化的各个深层处,水或氢氧根离子是否存在。"在火星上,被以前的望远镜和空间探测器认定,约 3 μm 波长范围具有强吸收力,因为其中存在含水材料(基本对称和非对称的膨胀)"。反射波长有效深度仅至表层土下约 100 μm,因此,他们仅估计了地表处很薄一层的含水量。

从火星快车探测器上 OMAGE 收集的光谱数据可以推测出火星表面的水合作用。他们获得 1.8 km×1.8 km 大小的像素数据。在全球基础上,他们发现,在纬度-30°~+30°处,表层水含量仅有 4%,在 30°~60°N 上升到 5%~6%,北纬更高处会超过 10%。

Audouard 等(Audouard et al.,2014)试图讨论水含量变化与热惯性、反照率和成分之间的关系,测量中采用的如此小的样本可能无法代表问题的大部分,比如,在火星土壤最上层的 1 m 中到底有什么。

C.5.5　化合矿物和吸附水

Bish 等(Bish et al.,2003)开展了对沸石水合作用、黏土矿物的研究,得出结论:火星环境中存在大量的水,至少在火星奥德赛号的观测下是这样。这个结论在之后的工作中也得到了证实(Tokano and Bish,2005)。

Jänchen 等(Jänchen et al.,2006)做了一个火星相关的微小或介孔矿吸水性的试验研究。他们研究自然沸石、黏土矿物质和在火星大气条件下的地表环境中的硫化物的吸水性。并发现:"在当前火星环境中,当局部水蒸气压力为 0.1 Pa,温度为 333~193 K 时,多微孔矿物依然含水,在空隙容积中大概含有 2.5%~25%质量分数的水。"

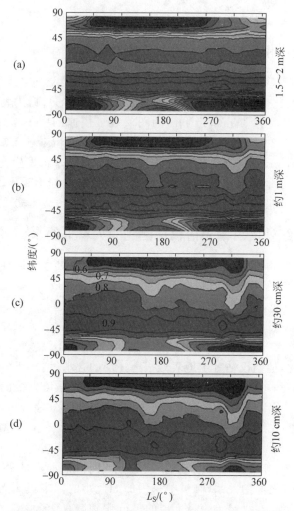

图 C.23　中子通量与季节和纬度的关系[Reproduced with permission of the Copyright Clearance Center and John Wiley and Sons Publishing Company(Kuzmin et al.,2005). 见文前彩图]
(a) 最慢的中子(深度＝1.5~2 m)；(b) 慢中子(约 1 m)；(c) 快中子(20~30 cm)；
(d) 最快的中子(约 10 cm)，高的中子通量表示低的水浓度，反之亦然

C.6　极冠

　　火星南北极的极冠在当地的冬季增加,在当地的夏季缩减。它的增加与缩减速率一直都在变化。

　　下文是基于 Jakosky 发表于 1985 年的里程碑式的论文给出的。在每

一个极区都有残余极冠和季节性极冠。残余极冠一整年都存在,季节性极冠夏季消失,冬季再次出现。

北极残余极冠似乎应该是水冰,因为极冠表面温度比二氧化碳层温度要高,而且在极冠上方聚集有大量水蒸气。白色的极冠区表面温度是 205～210 K,符合冰的反照率 0.45。在这样的温度下,二氧化碳冰的蒸气压大于 200 kPa。因此,如果存在二氧化碳冰,快速的挥发过程会耗尽所吸收的太阳能,使温度保持在 150 K 左右(600 Pa 压强下,固态二氧化碳与气态二氧化碳保持平衡时的温度)。因此,极冠区的二氧化碳冰应该很少,残余的极冠很有可能是水冰。纯水冰的反照率十分接近 1,与此相比,极冠反照率偏低,这表明大量有污染的灰尘与水冰一同存在于极冠区。

南极极冠更加复杂,残余的二氧化碳冰从未消失过。当然,由于极冠十分寒冷,水可能以冰的形式存在于二氧化碳层中或者是位于二氧化碳层下方。有证据显示,若干年后二氧化碳层可能会消失,下层的水冰层则会重见天日。

自从 Leighton 和 Murray 开始研究火星极冠区的周期性循环变化之后,普遍的观点是二氧化碳冰形成了大部分季节性极冠层。

令人吃惊的是,南北两极残余极冠由不同的霜构成,且南极极冠凝结的冰层温度更低,虽然南半球夏季更热。两极冠之间的区别有高程差异、热辐射差异、全球灰尘暴的季节性时间以及夏季和冬季的时间长短。

火星椭圆轨道造成了两极冬季与夏季的时间长短的差异,这会导致不同的二氧化碳冷凝量。在冬季,南极极冠有 372 个火星日都是在黑暗中,然而在全年 669 个火星日中,北极极冠只有 297 天是在黑暗中。因为光照会阻碍二氧化碳的沉积,所以南极极冠二氧化碳沉积量比北极极冠的高。全球灰尘暴发生在南半球的夏季,此时南半球季节性极冠几乎快要消失了,而北半球极冠厚度接近最大值——灰尘在极冠变化过程中一定起到了重要作用。

接下来的一段内容是来自 S. Byrne 的私人谈话:

极冠区土层中二氧化碳沉积与挥发的季节性循环会造成大气压强 30%的变化量。在当地的冬季,冷凝的二氧化碳气体会形成厚约 1 m 的大范围极冠冰层,从极区向该半球的中高纬度地区延伸。在夏季,这些季节性极冠开始消散并最终消失。二氧化碳冰层的消失使比两极的范围小得多的残余冰层暴露在空气中。北极残余极冠由水组成,而南极残余极冠主要由二氧化碳冰组成。这些残余极冠在整个夏季都暴露在空中,直到下一个冬季来临,它们又被季节性二氧化碳冰层覆盖。大气气压的剧烈变化是季节性极冠的消亡与凝聚造成的。

南极残余极冠的二氧化碳(不参与消亡/凝聚的年度循环)总量不受限

制。Leighton 和 Murray(Leighton and Murray,1966)认为,残余极冠中有大量固态二氧化碳并没有参与年度循环,但是,如果火星轨道参数发生变化导致极区日照量增加,这些二氧化碳可能会开始参与循环过程。他们认为,这些额外的二氧化碳储备会控制平均大气压的长期变化,季节性沉积控制年度变化。南极残余冰层也属于这种额外冰层储备。然而,Byrne 和 Ingersoll(Byrne and Ingersoll,2003)通过分析火星轨道器携带的摄像机得到的高分辨率图像,根据残余极冠的可视厚度与特征,估算了额外储备冰的质量。必然得出的结论是:残余极冠中存在着极少量的二氧化碳,哪怕二氧化碳完全散失了也很难被注意。他们总结到,火星上能观测到的二氧化碳几乎全都位于大气-季节性霜的体系中。

火星上大气与极冠区之间的二氧化碳交换导致了极冠增加与消退的季节性循环。二氧化碳是火星大气的主要组成成分,在火星上的冬季时期会在两极冷凝,沉积为二氧化碳霜。在春秋两季由于太阳光的辐射二氧化碳层逐渐升华,接近 30% 的大气参与到这个季节性过程中来了。虽然北极季节性的二氧化碳层最后会完全消失,但是南极的残余极冠上却始终有一层薄冰覆盖。

下层的残余极冠中含有大量水冰(Kelly et al.,2003)。在极区观测的水的比例很高,以至于看上去与水蒸气在土层空隙中的沉积量不太相符。能够对含冰量给出合理解释所需的孔隙率太高,以至于无法解释在极区观测到高含冰量的现象。因此,需要另一个安置具有高冰/尘土比率的冰的机制。一种过去可以在不同条件下运作的机制便是,将冰以雪或霜的形式直接沉积在极区土层的表面。现在的火星并不适用于这种机制,但是可能过去是适用的(Clifford et al.,2000)。在最新的报告中,探地雷达的观测结果显示:"火星南极区域冰冻层等效于覆盖火星全球 11 m 深的液体。"(Plaut et al.,2007)

C.7　火星上的液态水

C.7.1　表面温度超过 273.2 K 的区域

根据水的相图,纯净的液态水不可能在 273.2 K 以下存在,虽然盐水可以在低于这种温度的环境下安然无恙。

根据地热梯度,火星的内部温度肯定高于 273.2 K。因此,水可能在地下几千米的深度存在,盐水以液体存在的最大深度比纯水要浅(理论上讲)。

对于近地表位置,液态水保持平衡状态的条件有两个。一个是温度大于 273 K。如果大气压约为 6 mmHg(800 Pa,1 mmHg≈133.3 Pa),温度在 277.2 K 以上,液态水就会沸腾化为水蒸气。大气压为 6 mmHg(800 Pa),温度在 273.2~277.2 K 时,水不会沸腾(见图 C.24)。然而,即使水在这种温度条件下不会沸腾,却还是会蒸发。蒸气压与分压之间的差值促进了蒸发的进行。在火星表面,风力再小的微风都可以通过带走水蒸气加快水的蒸发,这一点对盐水同样适用。然而,火星上的盐水沸腾比纯水沸腾要难得多(Harberle et al.,2001)。

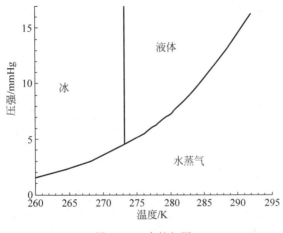

图 C.24　水的相图

Haberle 等(Haberle et al.,2001)进行了深入的分析,以识别火星上表面温度可以间歇达到 273.2 K 以上的地区。北半球 30°N 以北的区域地面最高温度从来不会超过 273 K。因此,地面温度不够高,纬度 30°以北的地区不可能出现液态水。图 C.25 表示的是,地面温度和地表压强升高到三相点以上,但是低于沸点的地区。这些地区是通过一个火星年中满足以上条件的时间长短来表示的。根据图 C.25,北半球 0°～30°纬度地区内有三个大范围区域,它们满足保证液态水不会沸腾的最小条件。这些区域的总面积占火星表面的 29%。

Haberle 等(Haberle et al.,2001)称:

这些区域的存在并不意味着液态水就形成于这些地方。要形成液态水,必须要有冰,必须有能量来源以克服蒸发导致的热量损失(在这种情况下是太阳能)。第一个条件,冰的存在,是我们所发现的三个热带地区面临的第一个问题,因为最近几个世纪这些纬度地区的冰都不稳定。这对于

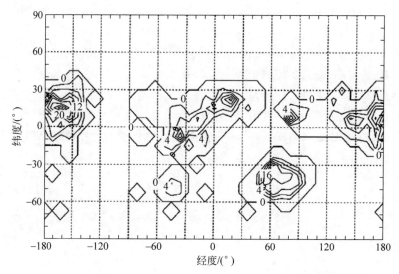

图 C.25　一个火星年中地面温度与地表压强高于三相点但低于沸点的时间长度与发生地区 ［Reproduced with permission of the Copyright Clearance Center and John Wiley and Sons Publishing Company（Haberle et al.，2001）］

等高线的间隔是 4 个火星日

Hellas 和 Argyre 陨击盆地而言也是一个问题，尽管没有那么严峻；第二个问题，也是主要的一个问题是，在火星环境下蒸发速率很有可能变得非常快。然而，现在低压二氧化碳大气中冰蒸发的估计值是基于理论得出的，需要精密的实验来证明。很有可能，吸收了太阳能热量的液态水根本就不存在于现在的火星上。

　　值得注意的是，尽管图 C.25 显示了某些地点有很多天的温度都高于273.2 K，这几天并不是连续的。火星上夜晚的温度不会高于 190 K。如果把一碗水放在这些被选区域之中的某一处，白天水会逐渐蒸发，剩下的晚上会凝固。如果把一杯水倒在火星地层上，它会渗透到地下，在温度低于冰点的地下凝固成冰。

　　Haberle 等也检验了盐水对融化的影响，他们认为，火星上很难存在纯水，因为盐是火星土壤的重要组成成分。盐的存在会降低熔点，降低溶液的平衡蒸气压。对于 251 K 共晶盐水，类似图 C.25 中统计数字为温度高于251 K 的上限为每年 90 个火星日。显然，盐的存在导致融化可能发生的地区的范围以及这种条件存在的时间都增大。对于 NaCl 共晶，事实上整个火星（极区除外）在一个火星年内的某个时间都满足融化的条件，包括萨西斯高原。然而，火星上的年平均温度不可能超过 220 K，因此，倾倒在火星表面的盐水都会渗透,然后在足够深的地方凝固。

　　火星上没有哪个地方在一天之内好几个小时的温度都可以保持在 273.2 K 之上。尽管在某些地区,高浓度的含盐量以及灰尘的覆盖会阻碍蒸发,为液态水提供一个短暂的存在环境,但似乎火星表面的液态水在短暂的过渡期后仍难以继续存在。液态水和大气永远都不会达到平衡状态,因此,倘若时间足够,水就会蒸发。在某些地区,太阳光的照射会使地表温度在中午的某个时段达到 273.2 K 以上,而在 24.7 h 的火星日中,剩余时段的温度依旧在熔点以下。在当地夏季,地表温度(到地表下几厘米处)升高到熔点以上会打破融化、蒸发与再凝固过程的平衡。

　　根据图 C.24,如果地表温度超过 273.2 K,大气压超过 4.5 mm Hg (600 Pa)——很有可能会这样——并且地表中有冰存在,部分冰可能会融化变成水。这种液态水与绝对湿度较低的大气接触便会蒸发,并且无论地表还剩余多少水到了夜晚都会凝固。然而,由于土壤有空隙,液态水很有可能会快速渗透到地下并且在土壤空隙中凝固成冰。因此,火星表面的液态水无法长时间存在(如果可以存在的话)。

　　因为火星探测项目致力于探测火星上是否存在生命,也知道生命体存活需要水的滋养,所以探测火星上的液态水一直是热门课题——尽管火星上可能并没有液态水。

　　Hecht(2002)进行了一项详细的热传递分析,在他分析的特殊情况下,洞穴背面在火星离太阳最近的季节面对着太阳。他总结道,地表吸收太阳能的速率可以大于地表向周围物体散失热能的速率,这会导致地表或地下冰层暂时性的融化。这种方法取决于对火星表面具体的热传递分析,包括太阳能的吸收和所选择的特殊环境下的各种降温机制。这些论点一般都很合理,但是参数的选取就很边缘化,而且地表的冰也很少会融化。接下来,本书会从几个方面来介绍这种方法。

　　大气的透明度是通过光深定义的,通常由符号 τ 表示。在火星探路者号的 83 个火星日期间内的光深从来没有低于过 0.45,也没有高于过 0.65。在 450 个火星日内,海盗号探测器在两个地点观测到的光深也不低于 0.5,并且在全球灰尘暴时期还曾高达 5.0。火星车观测到的光深一开始很接近 0.9,这是因为受到了灰尘暴残留的影响,接下来的 200 个火星日内光深逐渐减小,在火星车的一个位置上光深为 0.5,另一个位置上为 0.3。Hecht 在所有的计算中都用到了 0.1 这个值。这是一个极值,可能在现今尚未发现的条件下出现,但是根据经验,要得到这样的极值似乎不可能。似乎 0.3 的光深就已经是这些计算中可以得到的最小值了,接下来的分析中也用到了这个值。

这种解释面临的另一个问题与太阳和火星之间的几何关系有关。Hecht 假想了一个在较高纬度地区向极区倾斜的斜面,见图 C.26。经度为 270°处,纬度为 64.8°以北的区域都笼罩在黑暗中,没有任何直接光照,尽管一些散射光可能会达到该区域。北极点在火星最高点以下 270 km 处(火星半径为 3380 km)。在纬度 75°N 处,这个点仍然在 L_S 为 270°处的顶点下方 53 km 处,并且没有直接光照,在 L_S 为 270°处这个点也处于黑暗中。

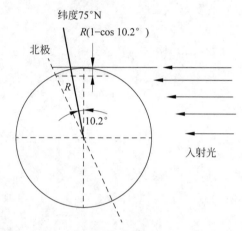

图 C.26　当 $L_S = 270°$时,火星向远离太阳方向倾斜 25.2°时的示意图

当地的冰层是否会融化,会融化多少,由太阳热量和各种制冷机制间的差值决定。Hecht 估计热量是通过辐射、蒸发、对流和传导这些方式消耗的。

Hecht 得到如下结论:

有三个因素约束火星冰盖的融化。首先,辐射平衡必须在晴朗、阳光灿烂且无风的日子里进行优化;表面反射率低;斜坡在白天的某段时间内朝向太阳;存在一个用于使表面避免暴露在部分天空下的几何结构。其次,到火星土壤床的电导率一定要小,这个条件必须由火星土壤来满足并非通过较厚冰层来满足。第三,表面温度一定被压低了一些读数,这种抑制或许通过冰壳的形成进行,或许通过在水中的盐分的融合来完成。此外,决定径流特征位置的因素是冰盖本身的积累。有人建议,这种积累可简单地归咎为周围区域冬天霜冻的聚集。

这些结论听起来像是通用的表述。但需要进行详细的分析,以确定加热速率是否足以克服冷却机制。

C.7.2 地表以下的液态水

Hoffman(2001)表示火星的热活性似乎远小于地球,并具有更低的热通量和地热梯度(大约是地球的 $1/4 \sim 1/3$)。他指出,有两个主要因素决定着火星上的当前热流:放射性的热量和地质时期热损失过程的效率。火星的平均密度是 3.9,与此相比,地球的平均密度是 5.5。经过全面考虑,Hoffman 做了如下假设:火星上的放射性热量少于地球上的放射性热量,为每单位质量 75%。这导致在对轻量元素造成的稀释进行校正后每单位面积的热通量是地球的 28%。在地球上,无论是海洋还是大陆地壳,平均地温梯度均为 $61.5 \, MW/m^2$,因此对于火星而言,Hoffman 也期望平均地温梯度是这个数值的 28%,大约为 $17.5 \, MW/m^2$。其他一系列的估计值为 $15 \sim 30 \, MW/m^2$,而这个数值几乎接近这个范围的下限。

Heldmann 和 Mellon(Heldmann and Mellon,2004)采用的地温热通量的估值为 $30 \, MW/m^2$。温度梯度通过通量确定,通量取决于热传导率。冰层土壤的热导率大约为 $2 \, W/(m \cdot K)$,但对于干燥碎片化的表层土壤来说,或低于其值的 10 倍甚至更低。在热导率是 $2 \, W/(m \cdot K)$ 的情况下,通量可以转化为 $15 \, K/km$ 的温度梯度,这样如果在平均表面温度是 $200 \, K$ 的情况下,$273 \, K$ 等温线会达到大约 $5 \, km$ 的深度。在热导系数是 $0.2 \, W/(m \cdot K)$ 的情况下,温度会达到 $500 \, m$ 深度的水平(地温梯度是 $150 \, K/km$)。

McKenzie 和 Nimmo(McKenzie and Nimmo,1999)认为:"火星表面的温度梯度不仅取决于综合的地壳放射性,同时也取决于地幔的热通量,并且会在 $6 \, K/km$(这里地壳的贡献可以忽略)到 $20 \, K/km$ 之间的范围变化,如果表面温度达到 $200 \, K$,永冻层根基的深度就会处于 $11 \sim 3 \, km$。"

Kiefer(2001)认为:"如今火星平均表面热通量的估值为 $15 \sim 30 \, MW/m^2$。有限元地幔对流模拟表明,相对于平均值有大约 50% 的横向变化。对于完整的玄武岩地壳,热导率为 $2 \sim 3 \, W/(m \cdot K)$。对于颗粒状的表层土壤,热导率的数值将会显著减少。"

需要指出,在 $15 \sim 30 \, MW/m^2$ 的范围内温度梯度的值,从表面衡量的 $273 \, K$ 温度水平的深度值,也就是说 $200 \, K$ 的值为

$$273 \, K \text{ 时的深度} = 73 \, K \times 1000 \times \text{热传导率} \, W/(m \cdot K)/(15 \sim 30) \, MW/m^2$$
$$= 2.5 \sim 5 \, km$$

假设在 $273 \, K$ 深度处有一个液体蓄水池,那么它将会产生水汽压力,水汽将

会上升并渗透过多孔的表层土壤,导致覆盖表层土壤上的地冰充满气孔和间隙,直到由于近地表区域的升华作用使之变干。因此,如果有一个深度较大的蓄水池,地下的热导率将具有"气孔充满地冰"的表层土壤特性,也许会处在 1～3 W/(m・K)的范围内。因此,蓄水池的深度应该位于 3～15 km 的范围内。另外,如果没有较深的液体蓄水池而是由干燥多孔的表层土壤构成,其热传导率也许会在 0.05 W/(m・K)左右。在这种情况下,273 K 的深度只是数百米,但是下表面是干燥的。

Mellon 和 Phillips(Mellon and Phillips,2001)描述了位于较深的火星下表面处(几百米的阶次)的一个温度总体情况变化模型,并且估计了在这个深度上由地热生成的液态水储量。火星上位于数百米深处表层土壤的热导率是未知的,热导率可以在一个非常广的范围内变化,取决于土壤的压缩度和多孔性,特别要注意的是,冰是否填满了这些气孔。干燥的颗粒状土壤热导率大约在 0.05 W/(m・K)左右,因为其中气体传导占据主要地位。对于干燥的表面层来说,这是一个很好的数值,但是厚度却无从知晓。浓密的冰凝土壤热导率差不多是 2.5 W/(m・K),取决于冰层对土壤的比例和温度。在这些极端值的中间,有一些热导率的中间值,这些中间值受许多过程的影响:结冰、密实化、地压紧缩和硬化。

为了说明对材料特性的依赖,在水相图上,Mellon 和 Phillips 将与冰胶结土、无冰砂岩和无冰土壤一致的热传导和密度的常数值叠加在一起,假设 180 K 为不变的年平均表面温度,如图 C.25 所示。对于热传导率较高的冰胶结土和砂岩而言,273 K 等温线的深度位于地下 3～7 km,而对于热导率较低的未胶结干燥土壤,273 K 的等温线的深度估计在 100～200 m。

C.7.3 海水

Möhlmann 和 Thomsen(Möhlmann and Thomsen,2011)讨论过火星上的海水。海水由液态水溶液或者聚集在近地表面上大气中的水形成,这一系列冰海水的共融温度为 200～271 K,文章也展示了一些盐水混合物的热力学相图。这些结果表明:在朝着太阳方向倾斜于低纬度地区的火星表面,液体海水曾在短时期内存在过。

Martinez 和 Renno(Martinez and Renno,2013)提供了有关冰海水的额外数据,并且回顾了可获得的影像数据,其中关于表面海水流的影像数据可以对观察到的现象给出合理解释。

C.7.4   近期地表水流成像暗示

C.7.4.1   冲沟

火星的壮观摄影首先是由水手 9 号拍摄的，紧接着是由海盗号、火星全球勘探者和奥德赛探测器拍摄的。现如今，火星快车和 MRO 探测器提供的大量证据表明，过去在火星表面上曾经有水流动。对于那些做出巨大的努力去解释火星表面曾经有水流动现象的行星科学家们来说，这些图片是非常有利的，如冲沟、寒冷的热带冰川湖泊和年代并不久远的近地表冰盖。在这些不同的观测中，冲沟的出现也许已经受到了特别关注。

对于火星冲沟的观测表明：最近一段时期地表附近液态水的存在很难和当前寒冷的气候契合。冲沟的轮廓如图 C.27 所示。

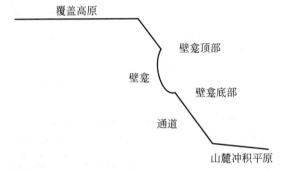

图 C.27   冲沟轮廓（Heldmann and Mellon，2004）
从壁凹顶部到底部的深度数值变化范围很大，从不到 100 m 到 1 km

这些特征显示出表层材料流体侵蚀类型的特征形态和液态水已经被认为是一种可能的流体。然而，这些年轻的地质年代的冲沟在某种程度上是对现今火星寒冷条件下产生液态水的一个悖论。因此，它们的形成机制仍然存在争议。几种水源模型连同其他比水更具潜力的侵蚀性液体的模型一并被建立起来。年代较近的小冲沟通常出现在火星上纬度为 30°～70°的两个半球的山坡上，尽管这种现象在南半球更频繁一些。值得注意的是，存在一个在 30°S～30°N 的赤道区域，冲沟的壁凹宽几百米，渠道长达几公里，深几十米。较为典型的冲沟一般起始于数百米的坡顶，然后出现在坑壁上，这些坑壁高于周围地形或靠近凸岩的顶部，而这些冲沟渠恰恰是液态水流动导致的。Christensen（2003）认为冲沟可以由富有水的冰雪融化形成，这些冰雪在过去的 10 万～100 万年内，从高倾斜度的地方由两极到中纬度地区融化而下。他认为，冰雪融化会产生足够侵蚀冲沟 5000 年之久的水。

Heldmann 和 Mellon 对在 30°～72°S 处类似陆地水冲沟的、小规模的、地质年龄较小的 106 种冲沟进行了详细的回顾和分析，这是冲沟现象存在的主要区域。他们比较了冲沟形成的不同模型，主要对大量的物理和维度属性的观测数值进行了相应的比较。火星冲沟出现在各种地形类型中，在研究的纬度范围内(30°～72°S)，在 33°～40°S 的区域内发现的冲沟数量最多。也有比较多的在 69°～72°S 的高纬度地区。沟渠的尺寸可以被广泛地绘制成表格，但是能从中得出什么结论尚不清楚。

但是不幸的是，因为总共只有 106 个冲沟有记载，每个统计组中数量很小，所以这些统计都是近似的。值得注意的是，在纬度为 60°～63°S 的区间内明显缺乏冲沟的存在。Heldmann 和 Mellon 强调了在这条狭窄的纬度范围内的冲沟缺失现象，并用它帮助证明自己的结论，即液体含水是冲沟形成的基础。他们坚信，在 60°～63°S 纬度范围内的地区恰好位于中间区域，受到倾斜变化的影响最小，既不像两极特性又不像赤道，在此范围内的沟渠缺失现象归因于倾斜时间内缺乏冷热交替的环境。然而这可能是由于稀疏数据导致的统计特性。

Heldmann 和 Mellon 对每一个假设的理论模型(液态二氧化碳水库，浅层液态水含水层，融化的地下冰，干燥的滑坡，融化的雪水和深层液体含水层)进行了广泛讨论和评价，为冲沟的形成努力寻找最有说服力的机制。解释冲沟形成其实就是围绕着找到一些方法证明液态水出现在 100 m 的较浅深度处。或者说，需要一个 T 大于 273 K 这样深度的区域，如果地下具有高热导率特性，273 K 等温线将达到深达数公里的深度。但是如果地下由多孔的、破碎的、松散聚集的表层土壤组成，那么 273 K 等温线可能就只有几百米那样浅。但令人困惑的是，这种多孔的表层土壤如果暴露在较低的水潭的水蒸气中，就会充满冰。因此，一个可能的组态就是：273 K 等温线在较浅的深度，让液态水稳定在这一深度从而包住湿的土壤含水层，如图 C.28 所示。

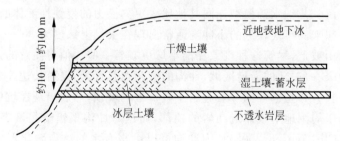

图 C.28　地下含水层的模型(Kolb et al.，2003；Mellon and Phillips，2001)

这个深受 Heldmann 和 Mellon(Heldmann and Mellon,2004)青睐的模型看来经过了极其精巧的设计。他们得到了这样的结论:"极有可能冲沟的凹室底部处在液态水的稳定区域内。这一发现意味着液态水可能存在于这一深度的含水层中。"这一结论基于这样的假设:覆盖层导热系数极低,同时冰块充满壁凹处密封了含水层。关于液体含水层的最好观点是它解释了为什么冲沟出现在斜坡的上半部分。但是,没有一个观点是让人完全信服的。没有证据证明这种结构的存在,凭直觉它们可能频繁出现的概率似乎很小。

沟渠的方向则更为有趣。冲沟出现在 30°～44°S 纬度范围内朝向两极。这可能表明,在高倾角时期,只有比较冷的地方可以储存足够的地下冰雪。不幸的是,Heldmann 和 Mellon 没有提供每个纬度分组的热惯量和反照率数据;他们只提供包括所有纬度的一个大组的数据。在 44°～58°S 纬度范围的沟往往面向赤道,这可能表明,在高倾角时期,只有这里有足够的太阳能输入才能让地下冰融化。在 58°～72°的纬度范围内的沟主要面向两极,这很难涉及地下冰的融化。然而,根据 Heldmann 和 Mellon 的理论:方向结果数据中可能存在固有偏差,因为 MOC 主要以极坡(特别是冲沟在最初发现后不久的图像)为目标,在 MOC 图像中,面向赤道的斜坡具有共同的更亮的饱和度,这使对冲沟的辨识较为困难。

Heldmann 和 Mellon 探讨的地面冰层融化的规律很难被采纳。它在一开始参考 Costard(2002)的论文,该论文认为在高纬度地区,面向极点的斜坡最温暖。显然,这个主张看上去是不正确的。

很奇怪,Heldmann 和 Mellon 没有解释冲沟主要限于南半球的原因。

Head 等(Head et al. ,2008)分析了各种试图解释冲沟的理论和数据。他们也提出了冲沟形成的解释:如果少量的雪或霜聚集在凹室和水槽中,那么,在微观环境中它们会从上向下融化从而形成冲沟。

C.7.4.2 表面条痕

正如从环火轨道上看到的那样,黑暗坡的条痕集中在奥林匹斯山火山周围,一个纬度范围为从 90°～180°W 和 30°～30°N 的区域。暗条纹总是出现在斜坡上,主要在陨石坑和峡谷里面,在小山上也有出现。它们几乎都位于火星海拔(零海拔高度)以下。暗条纹集中在成簇的平行条纹上,其中所述条纹的上坡端与一个普通的岩石层(见图 C.29 和图 C.30)对齐。

Motazedian(2003)认为:液体流动是说明这些特征最可靠的过程,可能基于奥林匹斯山周围的地热活动,导致冰融化或以其他方式驱动液体水从含水

图 C.29　火山口里面的暗黑条纹,图像的右上角是火山口,左下角是坑底
MOC Image E03-02458(Motazedian,2003)

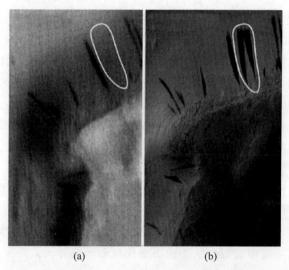

(a)　　　　　　　　　(b)

图 C.30　最近的照片中两幅影像在同一个区域的较新的条纹
MOC Image SP2-37303 和 E02-02379
(a) 1998 年 6 月 18 日；(b) 2001 年 3 月 26 日

层中流出。该参考表明,液体溶解了含水层的盐分,形成盐水。溶液中的盐
分使冰点降低,从而让水流动在火星表面。由于盐水沿着斜坡顺流而下,所
以它在黑色矿物的表面留下了岩漆的痕迹,这些是从溶液中沉淀下来的。

　　Schorghofer 等(Schorghofer et al. ,2002)还检查了火星的坡条纹。他
们系统地分析了分辨率高于 23 000 的图像并得出以下结论:

坡条纹在热惯性小的地区完全形成,如陡坡,且只在那些坡顶温度超过275 K的地方。最北端的条纹在最寒冷的环境中形成,温暖朝南的山坡上则会优先形成条纹。有斜坡条纹的站点的重复图像只有在两幅图像的时间间隔中间,包括暖季的时候才会发生变化。令人惊奇的是(根据理论,靠近表面的水停留时间很短),该数据表明:可能由于少量的水是瞬时存在于火星的低纬度近表面区域,并且经历了高日照时段引起的相变,从而引发了大量移动。

这个模型假定太阳能的热量可以熔化近表面的冰,即使液体水在火星表面上不稳定,它仍然可以在一个较短的时间内持续流动。要提及的是,熔点以上的温度只能出现在表层土壤上部0.5 cm范围内。他们指出,条纹贯穿得似乎不是很深,因为预先存在的表面纹理往往保留在该特征下方的地方,并且在其终止的地方,没有可见的、堆积的岩屑。熔解温度的穿透深度小与质量流被限制为薄层的解释一致。

McEwen 等(McEwen et al.,2014)检验了在赤道区域"斜波纹线"的数据和理论。他们建议将液体海水作为观测源。Ojha 等(Ojha et al.,2015)发现了盐水合物的光谱证据,在一个季节四个位置出现了大量的斜波纹线,这表明季节性的斜波纹线是火星上现存水运动的结果。

C.8　来自撞击坑的证据

C.8.1　概述

Schultz 等(Schultz et al.,1992)提供了一个关于1990个撞击坑的火星地下水指标的综述。根据对地温梯度的粗略估计,绘制了一个地表下的简易示意图,如图 C.31 所示。

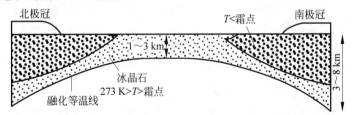

图 C.31　基于对地温梯度的粗略估计绘制的地表下的简易示意图
在黑色区域中,温度总是低于霜点,并且与升华到大气中比较而言,地冰是永久稳定的。在低温岩石圈的温度总是低于273 K,所以地冰可以形成,但是在一年的部分时间中,温度也许会在霜点以上。低于融化等温线,$T>273$ K,液态水可以存在

在高纬度地区,地下始终保持着低于霜点的状态,从表面下降延伸到较为显著的深度。在足够的深度处,地热梯度使温度上升到大于 273 K 的状态,从而液态水可能存在。融化等温线的深度向两极增加。这两个区域之间是所谓的低温岩石圈,其中温度始终低于水的凝固点,但或许只会在季节的基础上跌破霜点。

他们认为,地下孔隙度的变化,从表面上的大约 20% 到 2 km 深度处的 10%,到 4 km 深度处的 5%,再到 8 km 深度处的 2.5% 等,以此类推。Schultz 等没有讨论这一点,但考虑到深度数公里处的多孔性,必须得出的结论是,如果液态水存在于低于融化等温线处,它会向上蒸发,形成蒸汽压力,从而引起高处的冰凝结。因此,如果液态水存在于某个深度处,在它们上面也必然存在大量的冰。实际上,上部区域将会在间隙中充满冰,对于从下面升起的蒸汽来说,上部区域将起到冷阱的作用。

大型火星陨石坑通常有碎渣片,有的在它们的外边缘有明显的低脊或悬崖。这种类型的环形山称为垒弹坑。据观察,在一般情况下,火星新型环形山的大部分为垒环形山。大多数火星陨石坑被降解为不再显示喷出物形态的程度。但是,在这些陨石坑中确实表现出喷射覆盖物、分层喷射物,包括那些表现出壁垒的状态占据了主导地位。已经发现,在任何局部区域,垒环形山在低于临界的直径状态下无法形成。的确,开始位置的直径随位置而变化。例如,在一个地区,碰巧是 4 km 处,所有直径小于 4 km 的陨石坑会缺乏边缘流出物,并呈现出月球陨石坑的外观。直径大于 4 km 的火山口主要是壁垒陨石坑。普遍认为,垒陨石坑通过影响冰载或水载的表层土壤形成,当然,尽管垒陨石坑的形态的另一种解释是基于干喷出物与大气的相互作用(Schultz,2005)。

Kuzmin 和 Costard 在他们早期的工作中,基于海盗号探测器的数据描述了超过 10 000 个壁垒陨石坑的形态和位置。他们发现,在赤道附近,初始直径通常为 4~7 km,而在 50°~60° 的纬度处,初始直径减小至 1~2 km。自 1990 年以来,火星陨石坑被大量研究。

C.8.2　Nadioe Barlow 与其同伴们的工作

Barlow 和 Bradley(Barlow and Bradley,1990)对火星陨石坑在大范围纬度和形态内进行了研究,这些研究是理解火星的壁垒陨石坑以及地下水流动与火山口形态的基础。以前的研究已经导致了不一致的结果,这可能是由于有限的区域范围和有限的图像分辨率。而后,Barlow 和 Bradley 对火星喷出物和内部形态进行了一项新研究——用海盗号探测器传来的整个火星表面的影像试图解决关于这些特征形成的方式和地点的一些未解之谜。

Barlow 和 Bradley 指出，如果发现整个行星的形态为均匀分布，这将表明，或者目标属性在全球范围（不可能）是均匀的，或是冲击速度导致了这些特征的形成。另外，如果特定形态的陨石坑都集中在行星的某些区域，那么目标属性就有可能是这些特征形成的原因。

基于两种理论目标之间的区别，他们利用整个火星表面上（主要为 $60°N\sim50°S$）直径大于等于 8 km 的超过 3800 个陨石坑的数据，以获得关于火星撞击坑有效的喷出物分布统计结果和内部形态的数据。分析中使用的大多数图像，在不考虑纬度的情况下，具有 $200\sim250$ m/像素的分辨率。云或霾会掩盖火山口形态的细节。由于云层覆盖，他们没有进行极地$-50°$纬度的研究。

七种不同类型的火山口形态定义如下：

（1）单层喷出物（SLE）；

（2）双层喷出物（DLE）；

（3）多层喷射物（MLE）；

（4）径向勾画（Rd）；

（5）多样性（Di）；

（6）煎饼（Pn）；

（7）无定形（Am）。

SLE 的环形山周围环绕着单层的层状喷出沉积物，而 DLE 环形山则被两个完整层围绕，一个重叠在另一个的上面。多层环形山由三个或多个部分或完整陨石坑组成。SLE、DLE 和 MLE 环形山也许会出现壁垒。图 C.32 显示了 SLE 和 MLE 环形山的示例。Rd 形态由自火山口向外辐射抛出物的线性条纹组成，并与周边月球和水星环形山喷出的毛毯状喷射物有一些相似之处。Di 的形态由叠加在层状形态上的径向喷出物组成，而 Pn 的形态涉及位于在周围地形之上抬升的基座上的环形山和喷出物，当然这可能是侵蚀的结果。Am 的形态古怪，不能被归于任何其他类别。这七种形态已经成为后续喷射物的分类基础，并且被用来研究喷射物的各种形态是如何揭示地下挥发物的分布信息的。

Barlow 和 Bradley 发现，在 2648 个陨石坑（或者说是 69% 的陨石坑）之中，三种层状喷射物形态（单层、双层、多层）的任何一个，都与"大多数火星的冲击坑的喷射物为层状结构"的观测情况一致。对环形山的大小频率分布的分析表明，陨石坑起源于小行星冲撞的末期（lower hesperian epoch）

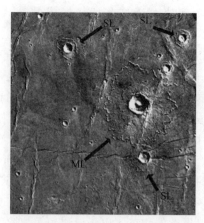

图 C.32　SLE 和 MLE 喷射物的形态的示例,影像的中心的位
置位于(19°S,70°W),MLE 火山口的直径是 24 km
[Barlow,2001. By permission of N. Barlow]

或小行星冲撞之后的时期(upper hesperian and upper,middle,and lower
amazonian epochs)。

单层喷射物陨石坑(single-layer ejecta craters,SLES)是火星上出现最
多的喷出物形态。它们显示出与坑直径较强的相关性,主要出现在直径小
于 30 km 处。直径和深度的各种形态的总结在表 C.3 中。

表 C.3　已经发现的陨石坑的深度

形　态	直径/km	深度/km	发生范围
SLE	8～20	0.75～1.63	所有纬度但在北部递减
DLE	8～50	0.75～3.55	主要为 40°～65°N
MLE	16～45	1.35～3.25	所有纬度包括顶部 0°～30°N
Pn	<15	<1.27	
Rd	>64	>4.34	所有纬度
Di	45～128	3.25～7.89	所有纬度但更多在 30°～60°N
Am	>50	>3.55	

Barlow 和 Bradley 作出的解释可以总结于图 C.33 中。据推测,有一
个干燥的上层(在图 C.34 中未示出),下面是冰层,在某些纬度处下面是一
个盐水层,在以上所有地形的下面是一个弱挥发性层。非常小的撞击坑从
来没有渗透到冰层,并主要呈现出煎饼的形态,尺寸足够小。到冰层的陨石
坑主要形成 SLE 形态。在较大的陨石坑中可能同时挖掘到冰和海水层,呈
现 MLE 形态。在非常大的陨石坑中主要挖掘干燥区域形成径向形态。

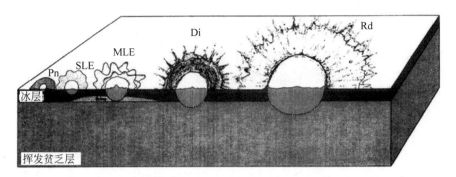

图 C.33　Barlow 和 Bradley 提出的挥发物与喷出物的形态分布的关系［Reproduced with permission of the Copyright Clearance Center and John Wiley and Sons Publishing Company(Barlow and Bradley,1990)］

堆积成富含冰的基底导致了薄煎饼(Pn)和单层(SLE)喷出物形态的形成。液态水或盐水的堆积形成了多层(MLE)陨石坑,而径向(Rd)喷出物形态是由于喷出物的主要成分是挥发贫乏性物质。多元(Di)喷出物形态形成于撞击活动发生时,这会挖掘到挥发性强/挥发性弱的边界附近的深度

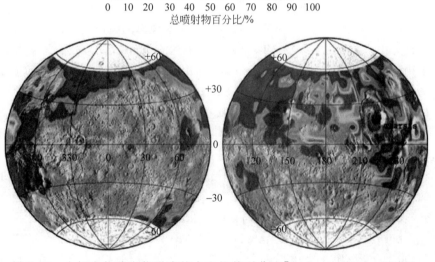

图 C.34　由挥发物喷出物形成的火山坑的百分比［Barlow and Perez(2003). Reproduced with permission of the Copyright Clearance Center and John Wiley and Sons Publishing Company. 见文前彩图］

　　进一步的研究扩展了 Barlow 和 Bradley 的分析。Barlow 进行了一个全球性的研究,这个研究是关于具体的喷出物形态与火山坑直径、纬度和地形的依赖关系。Barlow 发现,在所有纬度和所有地形上喷出物都以 SLE

形态为主,但直径范围依赖纬度。在赤道地区的 5~25 km 直径范围的陨石坑中,喷出物仍然以 SLE 形态为主,但在高纬度地区的范围扩大至直径 60 km。在赤道地区,MLE 的形态则被发现在直径为 25~50 km 的陨石坑周围。呈现 MLE 形态的陨石坑极少出现在高纬地区。这些结果似乎证实了先前的想法,即 MLE 形态对应冰和盐水两者的堆积,并且 MLE 形态主要局限于低纬地区。

Barlow 和 Perez(Barlow and Perez,2003)利用海盗号和 MGS 探测器研究全球$-60°\sim+60°$S 纬度范围内的质量最好的 SLE、DLE 和 MLE 影像,并将这些图像分割成一块块 $5°\times5°$经纬度范围的部分,以确定局部区域的影响,提升了他们在 *Barlow Catalog of Large Martian Impact Craters* 中使用信息来进行这项研究的水平。该目录包含分布在整个星球的 42 283 个陨石坑信息(直径大于 5 km)。目录条目包含有关陨石坑的位置、大小、地层单元、喷出物形态(如果有的话)、内部形态(如果有的话)以及保存状态的信息。这些数据最初从海盗探测器的轨道任务中获得,但目前正在使用火星全球探勘者号和火星奥德赛数据进行修订。典型的分辨率在 40 m/像素左右。

图 C.34 显示了由于下地表具有挥发性呈现出的喷出物形态的陨石坑的百分比。结果发现,对于年代最久远的(Noachian-aged)单元,陨石坑喷出物的比例小于约 30%。Hesperian-aged 的单元具有 30%~70%的喷出物陨石坑的比例,其中最年轻的(Amazonian-aged)单元,要么显示出高比例(大于 70%),要么是任何类型的陨石坑总数都极少。从图 C.34 中可以很清晰地看到:对于碎渣陨石坑而言,北半球与南半球相比具有显著优势,但也和南半球高频发生的区域一样,有显著的纵向变化。类似的情况在 SLE、DLE 和 MLE 陨石坑图中分别给出。该 SLE 陨石坑的地图表明,SLE 的陨石坑在火星各地普遍存在。然而,DLE 的地图(见图 C.35,在彩色部分)表明 DLE 形态的陨石坑倾向集中在北部 35°~60°N。

Barlow(2006)用火星全球勘探者(MGS)、火星奥德赛和火星快车(MEX)的新影像证据升级了以前的研究,旨在更详细地研究火星陨石坑的特征,试图比以前能更好地理解目标挥发物以及形成这些特征的大气的作用。这个修订目录的数据分析提供了有关分布的最新细节以及火星北半球的 6795 个陨石坑的形态细节。一些研究结果是:

呈现出 SLE 形态的陨石坑占分层喷出物形态的主要部分。在 3279 个喷出物形态的陨石坑中,1797 个(55%)呈现出 SLE 的形态。其中,SLE 陨石坑不占主导地位的唯一地区是在双层喷出物(DLE)形态的陨石坑集中处

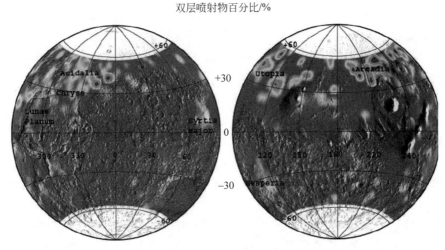

图 C.35　所有 DLE 形态喷发火山的百分比［Barlow and Perez(2003). Reproduced with permission of the Copyright Clearance Center and John Wiley and Sons Publishing Company. 见文前彩图］

(40°～60°N)。

　　DLE 陨石坑在 40°～60°N 占据主导地位,直径在 5 km(或者更小)和 115 km 之间。它们占据喷出物形态(920 个陨石坑)的 28%。对于溅射覆盖物的研究表明,在撞击时刻外层物质比内层具有更多的流体。

　　在此研究中,3279 个喷出物形态的陨石坑中有 506 个多层陨石坑(占 15%)。它们的直径范围是 5.6～90.7 km,但是普遍大于 10 km。

　　Barlow 的论文讨论了两点关于"壁垒陨石坑的主要成因是挥发性物质"的解释。一个是喷射物质的提取深度,而另一个是陨石坑的形态分布与区域年代的关系。还存在着一些不确定性:堆积深度是否有助于溅射覆盖物或仅仅是顶部。对于古老和年轻的位置,环状的观测变化率低和火山口喷出物的大小表明,3 km 以上的含冰量在整个北部平原并没有剧烈变化,而且这些陨石坑的时间记录变化也不大。

C.8.3　对其他撞击坑的研究

　　一些研究者进行了火星上小面积陨石坑的局部性研究,这具有比全球研究更高的分辨率。

　　Reiss 等(Reiss et al.,2006)用火山口大小频率去估计火星上的两个赤道地区的年龄。这两个地区的年代通常在 35 亿～40 亿年前（BYA）。在这两个位置，他们发现了一系列初始直径为 1 km 的大量小型壁垒陨石坑。它们的深径比通常在 0.12～0.15，对于那些原始的陨石坑来说，这一比例预计将接近 0.20。

Demur 和 Kurita（Demur and Kurita,1998）研究了火星上 30°N 附近的 200 km×200 km 的区域，在这里所有的特征都被刷新，所有的陨石坑也都是在最近一次的刷新后形成的。他们的研究结果表明，一系列的壁垒陨石坑的初始直径为 0.3 km，直径为 0.5～0.7 km 的壁垒陨石坑的数量最多。这些值比全球研究的结果要小。

Boyce 等（Boyce et al.,2000）制作了一个用 5°×5°的网格来测量壁垒火山口的初始尺寸的地图。其结果如图 C.36 所示，从图 C.36 中很明显可以看到：

（1）在 30°N～60°S 的广阔区域中，大多数是初始直径的中间值（5～11 km），除了从赤道到 45°的区域外，其中散落着更小的初始直径（1～4 km）。

（2）30°N 以内的极地的初始直径很大（12～20 km）。

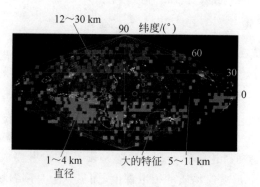

图 C.36　与壁垒形成相关的初始直径分布［Adapled from Boyce et al.（2000），by permission of the authors］

在北半球，壁垒陨石坑的初始直径向极地方向是持续增加的。这暗示着壁垒陨石坑的形成是由于发生在高纬度地区液态水的深度不断增加导致的。未分化流动火山口喷出物的初始直径大小显示出从 30°N 向极地逐渐降低的趋势，这与地下冰的稳定性一致。Boyce 等认为，壁垒碎渣陨石坑由富含水的靶物质生成，而其他主要类型的火山口的流动喷出物主要由靶物质的冰产生。但是，在南极地区趋势并不是如此。液态水出现在南半球的浅层处，这似乎并不可能，所以这种情况仍然没有得到解决。

Mouginis-Mark 和 Boyce(Mouginis-Mark and Boyce,2005)用 THEMIS 数据来改进更早的基于海盗号观测的 DLE 陨石坑的数据。他们的 DLE 陨石坑图如图 C.37 所示。

图 C.37　DLE 陨石坑的位置〔Modified from Mouginis-Mark and Boyce (2005),by permission of Peter J. Mouginis-Mark〕
据推测,纵轴为纬度,范围为 90°N~90°S,横轴是经度

C.8.4　评论

Barlow 和他同事的各篇论文普遍在分析中采取现象学观点,这意味着火山口是通过形态、经纬度、大小,某些情况下还采用地形特征进行分类和编目的。基于此,给出了不同的模式。基于这些模式,他们解释了关于受影响地形的性质和地下水的分布。例如,SLE 环形山广泛出现在横跨火星的区域,但在赤道区域的尺寸往往较小,但它们在较高纬度处呈现出较大的直径。MLE 陨石坑往往尺寸很大。这与以下观点一致:

(1)高纬地区的 SLE 陨石坑都有地下冰,随地下冰一直延伸到更深处。

(2)MLE 垒环形山的形成是由于液态水,因为只有在赤道纬度的巨大陨石坑中才能观测到它们,这些陨石坑深入(3~6 km 深度)到可能存在液态水层的地方,在高纬度地区液态水层更深的地方没有观察到 MLE。

它也与"SLE 壁垒陨石坑的形成是由于地下冰"的观点一致,因为:

(1)它们占高纬度地区小型壁垒陨石坑的大部分。

(2)它们占赤道地区小型壁垒陨石坑的大部分,其中还没有达到假设液体层的深度。

然而,Barlow(2006)指出,他们最近一直在采用更高分辨率的 THEMIS 和 MOC 的数据,寻找直径小于 10 km 的 MLE 火山口。Barlow 表示,多层(也许是双层形态的外层)可以引发强挥发性喷出物与火星大气

产生某些相互作用。

由于所有的数据表明，一些最小初始直径的壁垒陨石坑已经在任意地点出现，所以这强烈地意味着：存在一个相对干燥的上层，它距离可以产生壁垒形态的富水层还有较大的深度。

如前面提到的，Boyce 等（Boyce et al.，2000）给出了一些不同现象的不同解释。他们认为，垒碎渣环形山由富含水的靶材料生成，而液化喷出物环形山的其他主要类型的靶物质是冰。

人们希望用详细的模型来补充现象学的解释，这些模型是对冲击物与表面的整个相互作用过程（包含温度分布、喷出物模式与大量火山口的形成）的建模。该模型应该包括喷出物与火星大气的相互作用。这是一个复杂的主题，这里不会对这个领域的各种论文进行回顾，而只做一些非常简短的评论。

O'Keefe 等（O'Keefe et al.，2001）证明，地外天体对表面的撞击会产生非常高的温度从而使地下冰被蒸发。他们对岩石、冰和岩石与冰混合物的影响也进行了分析。对于岩石与冰的混合物，能量优先存储在更多的压缩挥发性成分中，进而热液压裂发生了。结果似乎表明，目标（冰含量）的组成和物理状态在形成喷出物模式中发挥了重要作用。

Pierazzo 等（Pierazzo et al.，2005）指出，他们通过对火星撞击进行三维仿真得出的初步结果，旨在约束这个红色星球热体系的演变初始值和演变建模的初始条件。对于撞击陨石坑早期阶段的仿真使我们能够确定由于火星表面上不同的撞击引起的在目标中的冲击熔化的量和压力-温度分布。对于确定目标的最终热力学状态，火山口崩塌的后期阶段显得很有必要，包括火口隆起、熔融池的最终分配、加热的目标物质和火山口周围的热喷出物。他们认为，有必要跟踪火山口形成的整个活动，描绘出从撞击到最终火山口形成在下方所产生的热场完整画面。

他们发现，最小环形山位于 373 K 的等温线处，对应于水的沸点，掩埋在低于坑底 1 km 的地方，对于在 20～40 km 的火山口，在 373 K 的等温线达到约 5 km 的深度。对于更大的火山口撞击后水热系统的程度来说，似乎由下岩石静压力的渗透性来控制。

Schultz（2005）对最近的分析做了一个总结，表明：土壤-大气相互作用在形成火星的火山口喷出物的过程中起到了显著的作用，甚至可以考虑大多数（如果不是全部）观察到的形态，而不必让地下挥发物发挥作用。这个主题是很难理解的。

最终，壁垒陨石坑的初始数据、中子能谱仪数据和地下冰稳定性理论模型之间的关系似乎是短暂的。全球火山口数据显示了几公里的最小初始直径,而高分辨率的特殊区域研究说明了低至 300 m 的直径。这些对应全球情况下几百米的深度,对于少部分的特定地区就会下降到可能 100 m 的地方。但是,中子谱仪数据表明,一些水存在于地下 1 m 的顶部,理论模型表明,在大约 −50° 和 50° 的纬度范围内,地下冰通常也不稳定。从壁垒陨石坑中发现的水比用中子谱仪观测到的深一些。此外,理论模型表明,赤道区域的地下冰在任何深度都不太稳定,虽然可能在过去完全不同。似乎中子谱仪的观测数据和陨石坑数据之间没有任何直接联系。

该地下冰形成的理论模型主要涉及寒冷的表层土壤与大气水蒸气层的相互作用,当然也有一些模型尝试涉及地下水资源的长期影响。在大多数模型中,大气是水的来源而表层土壤相当于水槽。各种模型通过用含水蒸气的本地大气建立地下冰的热和扩散相互作用的模型,估计了地下冰在任何地方的稳定性。在高纬度地区,近表面(顶部几米)的地下冰是稳定的,并在暴露于当地大气的条件下自发形成。在赤道纬度,地下冰的蒸气压过高从而致使地下冰逐渐升华,把水蒸气加入到大气中,最终使得其向两极发展。在几万到几十万年期间,随着火星轨道变化,较高和较低纬度的太阳能平衡也会变化,相对于火星椭圆轨道,南北极的作用也一样。这将导致不同位置的地下冰在这样的时间跨度下,稳定性发生显著变化。

但是,所有模型都存在一个问题。模型在处理大气层和本地地下冰的相互作用时,只覆盖了几米的范围。然而,壁垒陨石坑记录表明,在几百米的深度处通常会有一个全球性的、厚的、重载的、充满冰的表层土壤,但可能在某些地方,不到 100 m 甚至是在温带地区。进一步推测,但仍如火山口的记录声明的含义那样,特别是在温带地区,液体水库可能存在于更大的深度(1.5∼5 km)处。所有这些地表模型的问题是,它们仅处理表层土壤和大气的连接,而没有联系到深度的边界。假设在深达几公里的地方有一个液体储水器,底层是不透的岩石。如果这个液态水层之上的表层土壤发生延伸性断裂(普遍认为),那么水蒸气会向上扩散到表面。水蒸气会冻结在表层土壤的气孔和空隙中,这种冰将继续产生蒸气压。因此,水蒸气会继续进一步向上扩散,温度随深度减小而降低,导致蒸汽表面上移,蒸汽压力成指数级下降。在这幅图中,如果时间足够,位于深地表的地下冰将会充满所有纬度的表层土壤。假设尝试向近地表模型中加入陨石坑记录,结果将如图 C.38 所示。

在纬度足够高的地区,地下温度(在昼夜温度控制地表温度的深度处),始终保持低于大气霜点,表层土壤从这个浅的深度向上都充满了地下冰。

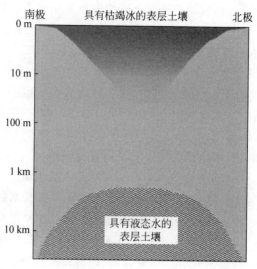

图 C.38　火星地下水的可能分布的主观性概念

与此相反，在赤道纬度地下温度总是高于大气霜点，因此，将有水蒸气从地下到大气中的净流出。所以，在昼夜温度控制地表温度的小深度处，水含量梯度基本为零，并随着深度增加而缓慢上升，直到某个深度的孔和空隙都充满冰。可能是几百米，但有些局部地区可能是几十米。这个描述纯粹是假设性的，但它确实与观测到的 SLE 和 MLE 壁垒陨石坑相关。有一些研究试图解决这种情况；然而，结果并不完全令人满意。

C.9　小结

根据前几节的内容，得出如下结论：

"近地表的地下冰可能与火星大气保持平衡"——在这个条件下，40 多年来，很多杰出的火星科学家一直在对此建模，所得到的结论基本类似。科学家们预测：在纬度足够高的地区，火星表层土壤的气孔和间隙中的地下冰是稳定的。显然，地下冰只是在极区地表以下稳定。在低纬度地区形成了冰床，其中干燥的表层土壤中的冰床深度随着纬度的降低而增加，覆盖了一个水填充层。在 55°～60° 附近的某些纬度处（或者根据土壤属性和坡度可能低至 45°），冰床可能在 1～3 m 下面。在低纬度地区的冰床深度急剧增加，并且在纬度通常低于 55° 地区的地下冰不是热力学上稳定的，它可升华到大气中。这些是平衡模型，然而不排除它们来自远古时期的非平衡冰的可能性，这些冰会在冰盖不具有热力学稳定性的地区非常缓慢地消失。

火星奥德赛探测器的中子光谱仪采用 $5° \times 5°$ 的经纬度单元扫描火星表面 1 m 的深度。这些数据支持不小于 55°纬度模型的预测。在接近两极地表处,显然浅冰床中可以检测出高水浓度。

在纬度为 $-45° \sim 45°$ 的区域中,可以发现残留的水含量从来不会低于约 2%,或许是代表着土壤的矿物化学结合水。在这个区域内的不同局部地方,在顶部 1 m 测量的水含量可高达 8%～10%。快中子数据与超热中子数据比较表明,存在着一个干燥的上层,在它下面有一个较高的水含量层。干燥层的厚度大于 20～30 cm。

具有相对较高的水含量(8%～10%)的局部赤道地区是一个难解的谜。一方面,热力学模型预测,在广阔的赤道地区近地表的地下冰并不稳定;另一方面,一部分奥德赛探测器的数据暗示存在地下冰。也许在高倾角的先前时期遗留下了亚稳定的地下冰。或者它是土壤中富含结晶水的盐和吸附在黏土或沸石中的水。这些区域与高反照率和低热惯性的区域有所重叠的事实表明,它可能是(但不像)地下冰。此外,奥德赛探测器数据的像素很大,并且 8%～10%这样的百分比可能代表较高的水浓度分散在局部小范围中(表面的属性和坡度是支持的)。在过去 100 万年间,倾角、偏心率、岁差和火星的春分点已经引起了到达火星的太阳输入的变化,在火星高纬度地区和低纬度地区的太阳能输入已发生了巨大的变化。当然,在某些时期,地下冰是从极地地区转移到温带地区的。这可能就是为什么即使在温带地区的热力学性质不稳定,一些地下冰仍然保存到了今天。为了给过去时期残余的地下冰一个适当的解释,在几十或几百万年的时间中,冰沉积的过程必须比冰在温带地区升华的过程更快。

需要探索有 8%～10%含水量的赤道地区以确定这些地区水的状态。第一步骤是改进轨道观测的空间分辨率;毕竟最后了解地面实况要靠着陆器。

在火星内部深处,温度会升高到液态水可以存在的点。目前,没有令人信服的证据表明它确实如此。MARSIS 和 SHARAD 仪器可以提供一些这方面的数据。如果液态水存在于火星地表下几公里深的地方,从液态水中升起的水蒸气将在低于冰点的温度通过多孔的表层土壤。因此,除非在上面存在一个巨大的厚冰填充表层土壤,否则不可能在特定的深度处获得液态水。雷达仪器和对地雷达被用来搜寻地下水资源。然而,大部分有用的数据适用于所谓的极地层沉积和极地地形。不会探测到液态水。根据 Plaut(2014)所说:

缺少探测到(流动水)的原因并不清楚,但可能是一个或多个因素组合造成的结果。其中的原因可能是,地表上层几千米没有地下液态物质储存。在上部几千米没有达到冰的溶解温度。尽管假设存在地下蓄水层中的海水可能抵消这个效果,抑或液态水处在浅层,但在地壳岩石之下,当前雷达信号不能探测到。只有在新的熔岩流中才可以看到密集无冰岩石穿透到约100 m深度处。含有矿物水合物的古老岩石还不容易被雷达穿透,小蓄水层可能存在于浅层地下,但由于横向伸展的限制,它们在雷达图像上并不明显。最后,如果蓄水层的各个上层边界的填充多孔是可变迁的,非传导性的反差可能不会明显到可以产生可探测的回波。

陨石坑记录表明,火星内部延伸至数千米处主要充满了水。这个"水库"与近地表水的联系还没有被充分研究。

参考文献

Audouard, Joachim, et al. 2014. Water in the Martian regolith from OMEGA/Mars Express. Journal of Geophysical Research Planets 119: 1-21.

Barlow, Nadine, G. 1999. Subsurface volatile reservoirs: Clues from martian impact crater morphologies. The Fifth International Conference On Mars, July 18-23, 1999—Pasadena, California; N. G. Barlow (2001) Impact Craters As Indicators Of Subsurface Volatile Reservoirs. Conference on the Geophysical Detection of Subsurface Water on Mars, paper 7008.

Barlow, Nadine, G. 2001. Impact craters as indicators of subsurface volatile reservoirs. Conference on the Geophysical Detection of Subsurface Water on Mars, paper 7008.

Barlow, Nadine, G. 2006. Impact craters in the northern hemisphere of mars: Layered ejecta and central pit characteristics. Meteoritics and Planetary Science Archives, Special Issue on the Role of Volatiles and Atmospheres on Martian Impact Craters, vol. 41. University of Arizona.

Barlow, Nadine, G., and Carola, B. Perez. 2003. Martian impact crater ejecta morphologies as indicators of the distribution of subsurface volatiles. Journal of Geophysical Research 108: 5085.

Barlow, Nadine, G., and T. L., Bradley. 1990. Martian impact craters: Dependence of ejecta and interior morphologies on diameter, latitude, and terrain. Icarus, 87: 156-179.

Bertilsson, Angelique. 2010. Ice amount in craters on the Martian Northern Polar Region. M. S. Thesis, LuleåUniversity of Technology, Luleå, Sweden.

Bish, David, L. et al. 2003. Stability of hydrous minerals under Martian surface conditions. Icarus 164: 96-103.

Bish, L., et al. 2011. Hydrous minerals on the Martian surface. http://www. clays.

org/annual%20meeting/48th_annual_meeting_website/abstract. pdf.

Boyce, Joseph, M. , et al. 2000. Global distribution of on-set diameters of rampart ejecta craters on mars: Their implication to the history of Martian water. Lunar and Planetary Science XXXI, paper 1167.

Boynton, W. V. , et al. 2002. Distribution of hydrogen in the near surface of mars: Evidence for subsurface ice deposits. Science297: 81-85.

Byrne, S. , and A. P. Ingersoll. 2003. A sublimation model for Martian south polar ice features. Science299: 1051-1053.

Byrne, S. et al. 2009. Distribution of mid-latitude ground ice on mars Chamberlain, M. A. , and W. V. Boynton. 2004. Modeling depth to ground ice on mars. Lunar and Planetary Science XXXV, Paper 1650.

Christensen, Philip, R. 2003. Formation of recent Martian gullies through melting of extensive water-rich snow deposits. Nature422: 45-48.

Clifford, S. M. , and D. Hillel. 1983. The stability of ground ice in the equatorial region of Mars. Journal of Geophysical Research88: 2456-2474.

Clifford, Stephen, M. et al. 2000. The state and future of mars polar science and exploration. Icarus 144: 210-242.

Costard, F. , et al. 2002. Formation of recent Martian debrisflows by melting of near-surface ground ice at high obliquity. Science295: 110-113.

Demura, Hirohide, and Kei, Kurita, 1998. A shallow volatile layer at ChrysePlanitia, Mars. Earth Planets Space50: 423-429.

Fanale, F. P. , et al. 1986. Global distribution and migration of subsurface ice on Mars. Icarus 67: 1-18.

Farmer, C. B. , and P. E. Doms, 1979. Global seasonal variations of water vapor on Mars and the implications for permafrost. Journal of Geophysical Research84: 2881-2888.

Feldman, W. C. , et al. 2004. Global distribution of near-surface hydrogen on Mars. Journal of Geophysical Research109: E09006.

Feldman, W. C. , et al. 2005. Topographic control of hydrogen deposits at mid-to low latitudes of mars. Journal of Geophysical Research110: E11009.

Haberle, Robert, M. , et al. 2001. On the possibility of liquid water on present-day Mars. Journal of Geophysical Research106: 317-323.

Head, James, W. , et al. 2005. Tropical to mid-latitude snow and ice accumulation, flow and glaciation on Mars. Nature434: 346-351.

Head, James, W. , et al. 2008. Formation of gullies on mars: Link to recent climate history and insolation microenvironments implicate surface water flow origin. PNAS105: 13, 258-13, 263.

Hecht, M. H. 2002. Metastability of liquid water on Mars. Icarus 156: 373.

Heldmann, Jennifer, L. , and Michael. T. Mellon, 2004. Observations of Martian gullies and constraints on potential formation mechanisms. Icarus 168: 285-304.

Hinson, D. P., and R. J. Wilson. 2004. Temperature inversions, thermal tides, and water ice clouds in the Martian tropics. Journal of Geophysical Research109: E01002.

Hoffman, N. 2001. Modern geothermal gradients on Mars and implications for subsurface liquids. Paper 7044, Conference on the Geophysical Detection of Subsurface Water on Mars.

Jakosky, Bruce M. 1985. The seasonal cycle of water on Mars. Space Science Reviews 41: 131-200.

Jakosky, Bruce M. et al. 2005. Mars low-latitude neutron distribution: Possible remnant near-surface water ice and a mechanism for its recent emplacement. Icarus 175: 58-67; Erratum: Icarus 178: 291-293.

Jänchen, J. et al. 2006. Investigation of the water sorption properties of Mars-relevant micro- and meso-porousminerals. Icarus 180: 353-358.

Karlsson, N. B. 2015. Volume of Martian midlatitude glaciers from radar observations and iceflow modeling. Geophysical Research Letters42: 2627-2633.

Kelly, N. J. et al. 2003. Preliminary thickness measurements of the seasonal polar carbon dioxide frost on mars. Sixth International Conference on Mars (2003) Paper no. 3244; W. V. Boynton et al. 2003. Abundance and distribution of ice in the polar regions of mars: more evidence for wet periods in the recent past. Sixth International Conference on Mars, Paper no. 3259.

Kiefer, Walter S. 2001. Water or ice: Heatfluxmeasurements as a contribution to the search for water on mars. Conference on the Geophysical Detection of Subsurface Water on Mars, Paper 7003.

Kolb, Kelly J. et al. 2003. A model for near-surface groundwater on mars, http://academy.gsfc.nasa.gov/2003/ra/kolb/poster_details.pdf.

Kuzmin, R. O. et al. 2005. Seasonal redistribution of water in the surficial martian regolith: Results of the HEND data analysis. Paper 1634, Lunar And Planetary Science XXXVI.

Leighton, R. B., and B. C. Murray. 1966. Behavior of carbon dioxide and other volatiles on Mars. Science153: 135-144.

Martínez, G. M., and N. O. Renno. 2013. Water and brines on mars: Current evidence and implications for MSL. Space Sciences Reviews175: 29-51.

McEwen, Alfred S. et al. 2014. Recurring slope lineae in equatorial regions of Mars. Nature Geoscience7: 53-58.

McKenzie, Dan., and Francis, Nimmo. 1999. The generation of Martianfloods by the melting of ground ice above dykes. Nature397: 231-3.

Mellon, M. T. and B. M. Jakosky. 1993. Geographic variations in the thermal and diffusive stability of ground ice on Mars. Journal Geophysical Research98: 3345-3364.

Mellon, M. T. et al. 1997. The persistence of equatorial ground ice on Mars. Journal of Geophysical Research102: 19, 357-19, 369.

Mellon, M. T. , and B. M. Jakosky. 1995. The distribution and behavior of Martian ground ice during past and present epochs. Journal of Geophysical Research100: 11781-11799.

Mellon, M. T. et al. 2003. The presence and stability of ground ice in the southern hemisphere of Mars. Icarus 169: 324-340.

Mellon, Michael T. , and Roger, J. Phillips. 2001. Recent gullies on Mars and the source of liquid water. Journal of Geophysical Research106: 23165-23179.

Mitrofanov, I. G. et al. 2003. Vertical distribution of shallow water in Mars subsurface from HEND/Odyssey Data. Microsymposium38: MS069.

Möhlmann, D. , and K. Thomsen. 2011. Properties of cryobrines on Mars. Icarus 21: 123-130.

Motazedian, T. 2003. Currentlyflowing water on Mars. Lunar and Planetary Science XXXIV, paper 1840. (This was a precocious piece of work by an undergraduate at the University of Oregon).

Mouginis-Mark, Peter J. , and Joseph M. Boyce, 2005. The unique attributes of martian double layeredejecta craters. Lunar and Planetary Science XXXVI, paper 1111.

Ojha, L. et al. 2015. Spectral evidence for hydrated salts in recurring slope lineae on Mars. Nature Geoscience on Line, 28 September 2015.

O'Keefe, John D. et al. 2001. Damage and rock-volatile mixture effects on impact crater formation. International Journal of Impact Engineering 26: 543-553.

Paige, D. A. 1992. The thermal stability of near-surface ground ice on Mars. Nature356: 43-45.

Pierazzo, E. et al. 2005. Starting conditions for hydrothermal systems underneath martian craters: 3D hydrocode modeling. inLarge Meteorite Impacts III, edited by T. Kenkmann et al. , Geological society of America, Special Paper 384, pp. 443-457.

Plaut, J. 2014. A decade of radar sounding at Mars. Eighth International Conference on Mars. Paper 1464.

Plaut, J. et al. 2007. Subsurface radar sounding of the south polar layered deposits of Mars. Science 316: 92-95.

Putzig, N. E. et al. 2005. Global thermal inertia and surface properties of Mars from the MGS mappingmission. Icarus 173: 325-341.

Reiss, D. et al. 2006. Small rampart craters in an equatorial region on Mars: Implications for near-surface water or ice. Geophysical Research Letters32: L10202; 2006. Rampart craters in thaumasiaplanum, Mars. Lunar and Planetary Science XXXVII, Paper 1754.

Schorghofer, N. , and O. Aharonson. 2004. Stability and exchange of subsurface ice on Mars. Lunar and Planetary Science XXXV, paper 1463; N. Schorghofer,. and O.

Aharonson. 2005. Stability and exchange of subsurface ice on Mars. Journal of Geophysical Research 110: E05003.

Schorghofer, Norbert, et al. 2002. Slope streaks on Mars: Correlations with surface properties and the potential role of water. Geophysical Research Letters29: 2126-9.

Schultz, H. 2005. Assessing lithology from ejecta emplacement styles on Mars: The role of atmospheric interactions. Workshop on the role of volatiles and atmospheres on Martian impact craters, July 11-14, 2005, LPI Contribution 1273.

Sizemore, H. G., and M. T. Mellon. 2006. Effects of soil heterogeneity on martian ground-ice stabilityand orbital estimates of ice table depth. Icarus 185: 358-369.

Skorov, Y. V. et al. 2001. Stability of water ice under a porous nonvolatile layer: Implications to the south polar layered deposits of Mars. Planetary and Space Sciences49: 59-63.

Smith, Michael D. 2002. The annual cycle of water vapor on Mars as observed by the Thermal Emission Spectrometer. Journal of Geophysical Research107: 5115.

Smoluchowski, R. 1968. Mars: retention of ice. Science159: 1348-1350.

Squyres, S. W. et al. 1992. Ice in the martian regolith. inMars, edited by H. H. Kieffer et al. University of Arizona Press.

Tillman, James E. 1998. Mars atmospheric pressure. http://www-k12. atmos. washington. edu/k12/resources/mars_data-information/pressure_overview. html.

Tokano, T., and David L. Bish. 2005. Hydration state and abundance of zeolites on Mars and the watercycle. Journal of Geophysical Research Planets110: http://onlinelibrary. wiley. com/doi/10. 1029/2005JE002410/full.

Vincendon, Mathieu et al. 2010. Water ice at low to mid-latitudes on Mars. Journal of Geophysical Research115: E10001 http://onlinelibrary. wiley. com/doi/10. 1029/2010JE003584/full.

Vincendon, Mathieu et al. 2011. Water ice at low to mid-latitudes on Mars. Journal of Geophysical Research115: E10001.

Vincendon, Mathieu et al. 2014. Mars express measurements of surface albedo changes over 2004-2010. Icarus 251: 145-163.